Springer Collected Works in Mathematics

More information about this series at http://www.springer.com/series/11104

David Hilbert

Gesammelte Abhandlungen II

Algebra, Invariantentheorie, Geometrie

2. Auflage

Reprint of the 1970 Edition

Springer

David Hilbert (1862 – 1943)
Universität Göttingen
Göttingen
Germany

ISSN 2194-9875
Springer Collected Works in Mathematics
ISBN 978-3-662-48259-9 (Softcover)
978-3-662-24586-6 (Hardcover)
DOI 10.1007/978-3-662-26737-0

Library of Congress Control Number: 2012954381

Mathematics Subject Classification (2010): 79.0X, 01A75

Springer Heidelberg New York Dordrecht London

Printed on acid-free paper

Springer-Verlag GmbH Berlin Heidelberg is part of Springer Science+Business Media
(www.springer.com)

DAVID HILBERT
GESAMMELTE ABHANDLUNGEN

BAND II

ALGEBRA · INVARIANTENTHEORIE GEOMETRIE

Zweite Auflage

Mit 12 Abbildungen

SPRINGER-VERLAG BERLIN HEIDELBERG GMBH 1970

ISBN 978-3-662-24586-6 ISBN 978-3-662-26737-0 (eBook)
DOI 10.1007/978-3-662-26737-0

Ursprünglich erschienen bei Springer-Verlag 1970
Softcover reprint of the hardcover 2nd edition 1970

Library of Congress Catalog Card Number 32-23172.

Titel-Nr. 1669

Vorwort zum zweiten Band.

Der vorliegende zweite Band enthält die Abhandlungen über Algebra, Invariantentheorie und Geometrie. Herr VAN DER WAERDEN hat ein Nachwort zu den algebraischen und invariantentheoretischen Arbeiten hinzugefügt. Aus meinem Buch über die Grundlagen der Geometrie ist lediglich die Note „Über Flächen von konstanter Gaußscher Krümmung" abgedruckt worden. Im übrigen enthält der vorliegende Band anstatt dieses Werkes eine von Dr. ARNOLD SCHMIDT verfaßte Übersicht über meine geometrischen Untersuchungen.

Den genannten Herren und Herrn Dr. ULM, welcher die Hauptarbeit bei der Herausgabe übernommen hat, sowie dessen Mitarbeitern Dr. MAGNUS, Fräulein Dr. TAUSSKY und Herrn WITT spreche ich für ihren Anteil an dem Werke meinen herzlichsten Dank aus.

Göttingen, Juli 1933.

DAVID HILBERT.

Inhaltsverzeichnis.

1. Über die invarianten Eigenschaften spezieller binärer Formen, insbesondere der Kugelfunktionen[1].

[Inauguraldissertation, Königsberg i. Pr. 1885.]

Die vorliegende Untersuchung beschäftigt sich mit der Frage nach den invarianten Eigenschaften, evtl. Kriterien solcher spezieller binärer Formen, deren Natur durch gegebene algebraische Differentialgleichungen gekennzeichnet ist. Sie zerfällt in zwei Teile. *Der erste Teil* behandelt die allgemeinen Methoden, welche zur direkten Herleitung invarianter Kriterien aus der gegebenen Differentialgleichung Verwendung finden können. Die erzielten Resultate verhelfen je nach ihrer Gestalt und Eigenart teils zur Konstruktion eines Systems von Invariantenrelationen, deren Existenz die Transformierbarkeit einer Form mit allgemeinen Koeffizienten in jene spezielle bedingt, teils dienen sie als Mittel zur Bewerkstelligung dieser Transformation. *Der zweite Teil* bezweckt es, die allgemeinen Deduktionen des ersten für einen Spezialfall von besonderem Interesse, nämlich für die Differentialgleichung der Kugelfunktion zu verwerten, eine Untersuchung, welche ich auf Veranlassung von Herrn Professor LINDEMANN unternommen habe. Als Ergebnis erscheint in der Tat für die allgemeine Kugelfunktion jeden Grades und jeder Ordnung eine Reihe invarianter und simultan-invarianter Beziehungen, durch deren Benutzung die beiden fundamentalen Fragen nach den Bedingungen der Möglichkeit und den Mitteln zur Ausführung der Transformation einer Form mit allgemeinen Koeffizienten in eine bestimmte Kugelfunktion Erledigung finden. Die Schlußbetrachtung kehrt zu allgemeineren Gesichtspunkten zurück, indem sie einerseits den Platz kennzeichnet, welchen der behandelte Spezialfall der Kugelfunktion innerhalb einer umfassenderen Gattung von Problemen einnimmt, andererseits auch für die Behandlung jener allgemeineren Fragen die erfolgreiche Verwendung der Prinzipien des ersten Teiles in Aussicht stellt. –

Erster Teil.

§ 1. Die Invarianten und Kovarianten eines Formensystems als Funktion der einseitig Derivierten.

Unsere Schlußfolgerungen bedienen sich des folgenden Fundamentaltheorems zur wesentlichen Grundlage:

[1] Siehe auch dieser Band Abhandlung 4.

Jede Invariante oder Kovariante einer binären Form f ist in einfacher Weise als Funktion der einseitig, d. h. nach einer Variablen genommenen Differentialquotienten darstellbar. Führen wir nämlich die im folgenden stets wiederkehrende Bezeichnung ein

$$\left.\begin{aligned} f_0 &= \qquad f \qquad = (a_1 x + a_2)^n, \\ f_1 &= \frac{(n-1)!}{n!}\,\frac{df}{dx} = a_1 (a_1 x + a_2)^{n-1}, \\ f_2 &= \frac{(n-2)!}{n!}\,\frac{d^2 f}{dx^2} = a_1^2 (a_1 x + a_2)^{n-2}, \\ &\cdots\cdots\cdots\cdots\cdots \\ f_i &= \frac{(n-i)!}{n!}\,\frac{d^i f}{dx^i} = a_1^i (a_1 x + a_2)^{n-i}, \end{aligned}\right| \tag{1}$$

so ergibt sich die fragliche Darstellung, wenn in der Invariante, evtl. in der Quelle (d. h. in dem ersten Gliede) der Kovariante die Koeffizienten $a_0, a_1, a_2, \ldots$ durch die mit den bezüglichen Zahlenfaktoren multiplizierten Differentialquotienten $f_0, f_1, f_2, \ldots$ ersetzt werden[1].

Zum Beweise dieses Theorems untersuchen wir die Änderung, welche die Differentialquotienten f_i bei der linearen Transformation der Form f ihrerseits erfahren. Wird der Transformation der Form f die linear gebrochene Substitution

$$x = \frac{\alpha x' + \beta}{\gamma x' + \delta}$$

zugrunde gelegt, so stellen sich die Koeffizienten der transformierten Form

$$f' = (a_1' x' + a_2')^n$$

symbolisch durch die Gleichungen dar

$$\begin{aligned} a_1' &= \alpha a_1 + \gamma a_2, \\ a_2' &= \beta a_1 + \delta a_2. \end{aligned}$$

Hiernach ergeben sich für die Differentialquotienten f_i' der transformierten Form f' die Ausdrücke

$$\left.\begin{aligned} f_i' &= a_1'^i (a_1' x' + a_2')^{n-i} \\ &= (\alpha a_1 + \gamma a_2)^i (\gamma x' + \delta)^{n-i} (a_1 x + a_2)^{n-i} \\ &= (\gamma x' + \delta)^{n-i} (a_1 x + a_2)^{n-i} (a_1 [\alpha - \gamma x] + \gamma [a_1 x + a_2])^i \\ &= (\gamma x' + \delta)^{n-i} (\alpha - \gamma x)^i (f + u)^i \\ &= \varrho^i z^{n-2i} (f + u)^i, \end{aligned}\right| \tag{2}$$

[1] Die Möglichkeit dieser Darstellung der Invarianten und Kovarianten scheint bisher wenig beachtet oder verwertet zu sein, vgl. jedoch Faà di Bruno: Theorie der binären Formen 1881, § 14, 11 in der deutschen Bearbeitung von Th. Walter, während das französische Original den betreffenden Passus nicht aufweist. Übrigens gilt unser Satz auch in seiner Erweiterung auf ternäre, quaternäre usw. Formen, deren Invarianten und Kovarianten in analoger Weise als Funktion der Differentialquotienten resp. nach zwei, drei usw. Variablen darstellbar sind.

wo nach der Potenzierung

$$f^i = f_i$$

einzusetzen ist, während den Zeichen ϱ, z und u die Bedeutung

$$\varrho = \alpha\delta - \beta\gamma,$$

$$z = \gamma x' + \delta = \frac{\varrho}{\alpha - \gamma x},$$

$$u = \frac{\gamma(\gamma x' + \delta)}{\varrho} = \frac{\gamma}{\alpha - \gamma x}$$

zukommt. Jede Kovariante C der Form f genügt nun der Definitionsgleichung

$$C(a', x_1', x_2') = \varrho^p C(a, x_1, x_2)$$

oder nach Einführung *einer* Variablen statt der beiden homogenen

$$C(a', x') = \varrho^p z^\chi C(a, x),$$

wo χ den Grad der Kovariante in den Variablen bedeutet. Soll demnach eine Funktion C der einseitig Derivierten $f_0, f_1, f_2, \ldots$ eine Kovariante sein, so muß die Beziehung

$$C(f') = \varrho^p z^\chi C(f)$$

statthaben. Andererseits wird durch Einsetzung des obigen Ausdruckes (2) für die f', sobald wir die Funktion C in den f als homogen etwa vom Grade g und als isobar (d. h. in jedem ihrer Glieder von gleicher Indexsumme $\sum i$) voraussetzen:

$$C(f') = \varrho^{\sum i} z^{gn - 2\sum i} C(f + u).$$

Durch Vergleichung der rechten Seiten beider Gleichungen ergibt sich neben den Erfordernissen

$$\sum i = p, \quad gn - 2p = \chi$$

noch die folgende, zugleich hinreichende Bedingung

$$C(f + u) = C(f),$$

d. h. die Funktion C muß der Differentialgleichung

$$\frac{dC}{du} = f_0 \frac{dC}{df_1} + 2 f_1 \frac{dC}{df_2} + 3 f_2 \frac{dC}{df_3} + \cdots = 0$$

genügen, und umgekehrt:

Jede homogene und isobare Funktion C der Differentialquotienten f_i ist eine Kovariante der Form f, wenn sie der Differentialgleichung[1]

$$f_0 \frac{dC}{df_1} + 2 f_1 \frac{dC}{df_2} + 3 f_2 \frac{dC}{df_3} + \cdots = 0$$

genügt.

---

[1] Vgl. die bekannten Differentialgleichungen der Invarianten und Kovarianten als Funktion der Koeffizienten. Salmon: Algebra der linearen Transformationen 1877 § 143.

Um die Kovariante C in gewöhnlicher Weise als Funktion der Koeffizienten der Form und der Variablen auszudrücken, setzen wir

$$C = c_0 x^\chi + c_1 x^{\chi-1} + c_2 x^{\chi-2} \cdots + c_\chi .$$

Die $\varkappa$-malige Differentiation dieser Identität nach x liefert für $x = 0$

$$\left[\frac{d^\varkappa C}{dx^\varkappa}\right]_{x=0} = \varkappa!\, c_{\chi-\varkappa} .$$

Mit Berücksichtigung der Relation

$$\frac{df_i}{dx} = (n-i)\, f_{i+1}$$

und Benutzung des abkürzenden Operationssymbols

$$\begin{aligned} \Delta &= n f_1 \frac{d}{df_0} + (n-1) f_2 \frac{d}{df_1} + (n-2) f_3 \frac{d}{df_2} + \cdots, \\ \Delta^2 &= \Delta\Delta , \\ \Delta^3 &= \Delta\Delta\Delta , \\ &\cdots\cdots \end{aligned}$$

nimmt die linke Seite obiger Gleichung die Form an

$$[\Delta^\varkappa C]_{x=0} = [\Delta^\varkappa C]_{f_i = a_{n-i}} = \varkappa!\, c_{\chi-\varkappa}$$

oder nach Vertauschung von a_{n-i} mit a_i, wodurch bekanntermaßen $c_{\chi-\varkappa}$ in $(-1)^p c_\varkappa$ übergeht:

$$c_\varkappa = (-1)^p \frac{1}{\varkappa!} [\Delta^\varkappa C]_{f_i = a_i} . \tag{3}$$

Im speziellen Falle $\varkappa = 0$ erhalten wir die Quelle der Kovariante

$$c_0 = (-1)^p [C]_{f_i = a_i} .$$

In Formel (3) finden wir demnach die bekannte Ableitung der Koeffizienten einer Kovariante aus ihrer Quelle wieder. Auch der Robertssche Satz von der Gleichheit der Quelle des Produktes zweier Kovarianten mit dem Produkte ihrer Quellen, sowie der Cayleysche Satz, nach welchem die Ausführung der Operation

$$a_0 \frac{d}{da_1} + 2\, a_1 \frac{d}{da_2} + 3\, a_2 \frac{d}{da_3} + \cdots$$

an einer Kovariante einer Differentiation derselben nach der ersten Variablen x_1 gleichkommt, sind unmittelbare Folgen unserer Überlegungen.

Die bisher verwendeten Schlüsse führen für den Fall eines gegebenen Systems von mehreren Grundformen $f, \varphi, \psi, \ldots$ zu folgender leicht erweisbaren Verallgemeinerung:

Jede isobare Funktion C der einseitig Derivierten $f_i, \varphi_i, \psi_i, \ldots$, welche in den Derivierten jeder einzelnen Form homogen, und zwar von den Graden resp. $g_f, g_\varphi, g_\psi, \ldots$ sein möge, ist eine simultane Kovariante des Systems $f, \varphi, \psi, \ldots$, *sobald sie der Differentialgleichung*

$$DC = f_0 \frac{dC}{df_1} + 2 f_1 \frac{dC}{df_2} + 3 f_2 \frac{dC}{df_3} + \cdots,$$
$$+ \varphi_0 \frac{dC}{d\varphi_1} + 2 \varphi_1 \frac{dC}{d\varphi_2} + 3 \varphi_2 \frac{dC}{d\varphi_3} + \cdots,$$
$$+ \psi_0 \frac{dC}{d\psi_1} + 2 \psi_1 \frac{dC}{d\psi_2} + 3 \psi_2 \frac{dC}{d\psi_3} + \cdots,$$
$$\cdots\cdots\cdots\cdots = 0$$

genügt. Sie ist in den Variablen vom Grade

$$\chi = g_f n_f + g_\varphi n_\varphi + g_\psi n_\psi + \cdots - 2p,$$

und der Koeffizient von $x^{\chi-\varkappa}$ *in derselben wird durch die Gleichung*

$$c_\varkappa = (-1)^p \frac{1}{\varkappa!} [\Delta^\varkappa C]_{f_i = a_i,\ \varphi_i = \alpha_i \ldots}$$

bestimmt, wo durch das Symbol $\Delta^\varkappa$ *die* $\varkappa$*-malige Ausführung der Operation*

$$\Delta = n_f \ f_1 \frac{d}{df_0} + (n_f - 1) f_2 \frac{d}{df_1} + (n_f - 2) f_3 \frac{d}{df_2} + \cdots$$
$$+ n_\varphi \varphi_1 \frac{d}{d\varphi_0} + (n_\varphi - 1) \varphi_2 \frac{d}{d\varphi_1} + (n_\varphi - 2) \varphi_3 \frac{d}{d\varphi_2} + \cdots$$
$$+ n_\psi \psi_1 \frac{d}{d\psi_0} + (n_\psi - 1) \psi_2 \frac{d}{d\psi_1} + (n_\psi - 2) \psi_3 \frac{d}{d\psi_2} + \cdots$$
$$\cdots\cdots\cdots\cdots$$

angedeutet werden soll.

§ 2. Die Operationssymbole D und Δ.

Bereits während der bisherigen Betrachtungen sind wir den beiden Differentiationsprozessen D und Δ begegnet. Wegen der hervorragenden Verwendung, welche dieselben im folgenden finden werden, dürfte schon hier eine nähere Behandlung derselben unerläßlich sein. Zum Zweck kürzerer Ausdrucksweise sei es dabei gestattet, *jede isobare Funktion der Differentialquotienten* f_i *evtl.* $\varphi_i, \psi_i, \ldots$, *welche bei eventueller Annahme eines Systems von mehreren Formen* $f, \varphi, \psi, \ldots$ *in bezug auf die Differentialquotienten jeder einzelnen Form homogen ist, als „Funktion der einseitig Derivierten" oder kurz als „Derivante" des Systems* $f, \varphi, \psi, \ldots$ *zu bezeichnen.* Das vor eine Derivante gesetzte Symbol $D^\varkappa$ resp. $\Delta^\varkappa$ soll ferner die $\varkappa$-malige Ausführung der resp. Differentiationsprozesse

$$D = f_0 \frac{d}{df_1} + 2 f_1 \frac{d}{df_2} + 3 f_2 \frac{d}{df_3} + \cdots$$
$$+ \varphi_0 \frac{d}{d\varphi_1} + 2 \varphi_1 \frac{d}{d\varphi_2} + 3 \varphi_2 \frac{d}{d\varphi_3} + \cdots$$
$$+ \psi_0 \frac{d}{d\psi_1} + 2 \psi_1 \frac{d}{d\psi_2} + 3 \psi_2 \frac{d}{d\psi_3} + \cdots$$
$$\cdots\cdots\cdots\cdots$$

$$\begin{aligned}\Delta = n_f\ f_1 \frac{d}{d f_0} + (n_f - 1)\, f_2 \frac{d}{d f_1} + (n_f - 2)\, f_3 \frac{d}{d f_2} + \cdots \\ + n_\varphi \varphi_1 \frac{d}{d\varphi_0} + (n_\varphi - 1)\, \varphi_2 \frac{d}{d\varphi_1} + (n_\varphi - 2)\, \varphi_3 \frac{d}{d\varphi_2} + \cdots \\ + n_\psi \psi_1 \frac{d}{d\psi_0} + (n_\psi - 1)\, \psi_2 \frac{d}{d\psi_1} + (n_\psi - 2)\, \psi_3 \frac{d}{d\psi_2} + \cdots \\ \cdots\cdots\cdots\cdots\cdots\cdots\cdots\cdots\end{aligned}$$

andeuten. Steht eine Kombination solcher Symbole vor einer Derivante, so ist zuerst das derselben unmittelbar zunächst stehende Operationssymbol, dann das vorhergehende usw. ausgeführt zu denken. Ist endlich eine Unterscheidung der partiellen Differentiationsprozesse je für die einzelnen Formen f, $\varphi, \psi, \ldots$ notwendig, so werden die Buchstaben D und Δ durch angeheftete Indices $f, \varphi, \psi, \ldots$ ausgezeichnet, z. B.:

$$\begin{aligned} D_f &= f_0 \frac{d}{d f_1} + 2 f_1 \frac{d}{d f_2} + 3 f_2 \frac{d}{d f_3} + \cdots, \\ \Delta_f &= n_f\ f_1 \frac{d}{d f_0} + (n_f - 1)\, f_2 \frac{d}{d f_1} + (n_f - 2)\, f_3 \frac{d}{d f_2} + \cdots, \\ D_\varphi &= \varphi_0 \frac{d}{d\varphi_1} + 2\varphi_1 \frac{d}{d\varphi_2} + 3\varphi_2 \frac{d}{d\varphi_3} + \cdots, \\ \Delta_\varphi &= n_\varphi \varphi_1 \frac{d}{d\varphi_0} + (n_\varphi - 1)\, \varphi_2 \frac{d}{d\varphi_1} + (n_\varphi - 2)\, \varphi_3 \frac{d}{d\varphi_2} + \cdots, \\ &\cdots\cdots\cdots\cdots\cdots\cdots\cdots\cdots \end{aligned}$$

Für den Fall einer einzigen Grundform f stellt sich der allgemeinste Ausdruck für die Derivante in der Summenform

$$F = \Sigma A\, \nu_0 \nu_1 \nu_2 \ldots f_0^{\nu_0} f_1^{\nu_1} f_2^{\nu_2} \ldots \qquad \begin{pmatrix} \nu_0 + \nu_1 + \nu_2 + \cdots = g, \\ \nu_1 + 2\nu_2 + 3\nu_3 + \cdots = p \end{pmatrix}$$

dar. Um die Wirkung unserer Symbole auf diesen Ausdruck zu erkennen, verstehen wir vorübergehend unter F ein Glied obiger Summe und setzen

$$\begin{aligned} F &= f_0^{\nu_0} F^{(0)}, \\ F^{(0)} &= f_1^{\nu_1} F^{(1)}, \\ F^{(1)} &= f_2^{\nu_2} F^{(2)}, \\ &\cdots\cdots \end{aligned}$$

Es ergibt sich dann durch eine einfache Rechnung das Gleichungssystem

$$\begin{aligned} \{D\Delta - \Delta D\} F &= f_0^{\nu_0} \{D\Delta - \Delta D\} F^{(0)} + n\nu_0 F, \\ \{D\Delta - \Delta D\} F^{(0)} &= f_1^{\nu_1} \{D\Delta - \Delta D\} F^{(1)} + (n-2)\,\nu_1 F^{(0)}, \\ \{D\Delta - \Delta D\} F^{(1)} &= f_2^{\nu_2} \{D\Delta - \Delta D\} F^{(2)} + (n-4)\,\nu_2 F^{(1)}, \\ &\cdots\cdots\cdots\cdots\cdots\cdots \end{aligned}$$

Durch Multiplikation der zweiten Gleichung mit $f_0^{\nu_0}$, der dritten mit $f_0^{\nu_0} f_1^{\nu_1}$ usw. und Addition folgt das Resultat

$$\begin{aligned}\{D\Delta - \Delta D\} F &= (n[\nu_0 + \nu_1 + \nu_2 + \cdots] - 2[\nu_1 + 2\nu_2 + \cdots]) F \\ &= (g n - 2p) F = \chi F, \qquad (4)\end{aligned}$$

d. h. *die Ausübung der Operation $D\Delta - \Delta D$ kommt einer Multiplikation der Derivante mit dem ihr eigentümlichen Zahlenfaktor*

$$\chi = g n - 2p$$

gleich.

Betrachten wir nunmehr die simultane Derivante zweier Grundformen f und φ, welche sich in der Gestalt

$$F_{(p)} \Phi_{(0)} + F_{(p-1)} \Phi_{(1)} + F_{(p-2)} \Phi_{(2)} \cdots + F_{(0)} \Phi_{(p)}$$

darstellt, wo F resp. Φ Derivanten der Formen f resp. φ allein mit den durch ihren Index bezeichneten Gewichten bedeuten. Die Zerlegung der Symbole D und Δ in ihre Teile

$$D = D_f + D_\varphi,$$
$$\Delta = \Delta_f + \Delta_\varphi$$

verhilft dann zu der Gleichung

$$\begin{aligned}&\{D\Delta - \Delta D\} F_{p-k} \Phi_k \\ &= \Phi_k \{D_f \Delta_f - \Delta_f D_f\} F_{p-k} + F_{p-k} \{D_\varphi \Delta_\varphi - \Delta_\varphi D_\varphi\} \Phi_k \\ &= (g_f n_f + g_\varphi n_\varphi - 2p) F_{p-k} \Phi_k,\end{aligned}$$

welche offenbar die allgemeinere Folgerung gestattet:

Auch für simultane Derivanten von mehreren Grundformen $f, \varphi, \psi, \ldots$ gilt Formel (4), sobald wir nur der Konstanten χ den für eine simultane Derivante charakteristischen Zahlenwert

$$\chi = g_f n_f + g_\varphi n_\varphi + g_\psi n_\psi + \cdots - 2p$$

erteilen.

Durch wiederholte Anwendung des Symbols D auf Formel (4) bei gleichzeitiger Benutzung derselben für die Derivanten DF, $D^2F, \ldots$ ergibt sich die allgemeine Relation

$$D^\nu \Delta - \Delta D^\nu = \nu(\chi + \nu - 1) D^{\nu-1}. \qquad (5\text{a})$$

In analoger Weise erzielt man durch wiederholte Anwendung des Symbols Δ auf Formel (4) bei gleichzeitiger Benutzung derselben für die Derivanten ΔF, $\Delta^2 F, \ldots$ die weitere Formel

$$D\Delta^\nu - \Delta^\nu D = \nu(\chi - \nu + 1) \Delta^{\nu-1}. \qquad (5\text{b})$$

Beide Formeln (5a) und (5b) erscheinen als Spezialfälle der folgenden Relationen von allgemeinstem Charakter, deren Richtigkeit leicht mit Hilfe der

Formeln (5a) und (5b) durch den Schluß von ν, μ auf $\nu + 1, \mu + 1$ bestätigt wird[1]:

$$D_\nu \Delta_\mu = \Delta_\mu D_\nu + \binom{\chi + \nu - \mu}{1} \Delta_{\mu-1} D_{\nu-1} + \binom{\chi + \nu - \mu}{2} \Delta_{\mu-2} D_{\nu-2} + \cdots, \quad (6a)$$

$$\Delta_\mu D_\nu = D_\nu \Delta_\mu + \binom{\mu - \nu - \chi}{1} D_{\nu-1} \Delta_{\mu-1} + \binom{\mu - \nu - \chi}{2} D_{\nu-2} \Delta_{\mu-2} + \cdots, \quad (6b)$$

$$D_\varkappa = \frac{1}{\varkappa!} D^\varkappa, \quad \Delta_\varkappa = \frac{1}{\varkappa!} \Delta^\varkappa.$$

In der Anwendung auf eine Kovariante C (vgl. § I) geht wegen

$$DC = 0$$

die Formel (6a) in die einfachere über

$$D_\nu \Delta_\mu C = \binom{\chi + \nu - \mu}{\nu} \Delta_{\mu-\nu} C \quad (7a)$$

oder

$$D^\nu \Delta^\nu (\Delta^\varkappa C) = \frac{(\chi - \varkappa)!\,(\varkappa + \nu)!}{(\chi - \varkappa - \nu)!\,\varkappa!} \Delta^\varkappa C, \quad (7b)$$

d. h. *die Kovarianten und ihre Differentialquotienten nach* x: $\Delta^\varkappa C$ *sind vor den übrigen gemeinen Derivanten dadurch gekennzeichnet, daß, von einem Zahlenfaktor abgesehen, die Operation* $D^\nu\ \Delta^\nu$ *an ihnen keine Änderung hervorruft.*

Dieser speziellen Eigenschaft wegen sollen dieselben „spezielle Derivanten" heißen.

§ 3. Die Derivante und das Kovariantensymbol [ ].

Eine Derivante F heißt vom Range ν, *wenn in der Reihe*

$$DF, \quad D^2F, \quad D^3F, \quad \ldots,$$

$D^{\nu+1}F$ *die erste Bildung ist, welche identisch verschwindet.* Wie die Anwendung der Formel (6b) ergibt, ist dann in der Reihe

$$\Delta F, \quad \Delta^2 F, \quad \Delta^3 F, \quad \ldots,$$

$\Delta^{\chi+\nu+1} F$ die erste identisch verschwindende Bildung, d. h.

---

[1] Sämtliche Formeln dieses Paragraphen gelten ihrer Ableitung zufolge auch für negative und gebrochene Exponenten $\nu_0, \nu_1, \nu_2 \ldots$ im allgemeinen Ausdrucke für die Derivante F. Wie ich in einer späteren Arbeit ausführlicher zu begründen gedenke, kann diese Bemerkung z. B. zum Nachweis des kovarianten Charakters von

$$\Delta^{\nu+1} f_0^{\frac{1}{\varkappa}}, \quad n = \varkappa \nu$$

dienen. Das identische Verschwinden dieser Kovariante liefert dann das notwendige und hinreichende Kriterium dafür, daß die Form f die $\varkappa$-te Potenz einer Form ν-ten Grades ist. Wir finden aus obigem Ausdrucke für $\nu = 1$ die Hessische Kovariante, für $\nu = 2$ die bekannte Kovariante

$$Q = (a_0^2 a_3 - 3 a_0 a_1 a_2 + 2 a_1^3) x^{3(n-2)} + \cdots.$$

Die Derivante F vom Range ν ist vom $(\chi+\nu)$-ten *Grade in bezug auf die Variable x.*

Mit Benutzung der Formel (7 b) erhalten wir nun aus der Derivante F ν-ten Ranges sukzessive folgendes System von Kovarianten

$$\begin{aligned}
C^{(\nu)} &= D^\nu F, \qquad\qquad (\sigma=\chi+2\nu)\\
C^{(\nu-1)} &= D^{\nu-1}\,F-\frac{(\sigma-\nu)!}{\sigma!\,\nu!}D^{\nu-1}\Delta^\nu C^{(\nu)},\\
C^{(\nu-2)} &= D^{\nu-2}\,F-\frac{(\sigma-\nu)!}{\sigma!\,\nu!}D^{\nu-2}\Delta^\nu C^{(\nu)}-\frac{(\sigma-\nu-1)!}{(\sigma-2)!\,(\nu-1)!}D^{\nu-2}\Delta^{\nu-1}C^{(\nu-1)},\\
C^{(\nu-3)} &= D^{\nu-3}\,F-\frac{(\sigma-\nu)!}{\sigma!\,\nu!}D^{\nu-3}\Delta^\nu C^{(\nu)}-\frac{(\sigma-\nu-1)!}{(\sigma-2)!\,(\nu-1)!}D^{\nu-3}\Delta^{\nu-1}C^{(\nu-1)}\\
&\quad-\frac{(\sigma-\nu-2)!}{(\sigma-4)!\,(\nu-2)!}D^{\nu-3}\Delta^{\nu-2}C^{(\nu-2)},\\
&\dots\dots\dots\dots\dots\dots\\
C^{(0)} &= F-\frac{(\sigma-\nu)!}{\sigma!\,\nu!}\Delta^\nu C^{(\nu)}-\frac{(\sigma-\nu-1)!}{(\sigma-2)!\,(\nu-1)!}\Delta^{\nu-1}C^{(\nu-1)}\\
&\quad-\frac{(\sigma-\nu-2)!}{(\sigma-4)!\,(\nu-2)!}\Delta^{\nu-2}C^{(\nu-2)}\dots-\frac{(\sigma-2\nu+1)!}{(\sigma-2\nu+2)!\,1!}\Delta\,C^{(1)}
\end{aligned}$$

oder nach sukzessiver Einsetzung der Werte von $C^{(\nu)}$, $C^{(\nu-1)}$, $C^{(\nu-2)}\dots$ auf der rechten Seite

$$\begin{aligned}
C^{(\nu)} &= D^\nu F,\\
C^{(\nu-1)} &= \left\{D^{\nu-1}-\frac{1}{\sigma}\Delta\,D^\nu\right\}F,\\
C^{(\nu-2)} &= \left\{D^{\nu-2}-\frac{1}{(\sigma-2)\,1!}\Delta\,D^{\nu-1}+\frac{1}{(\sigma-2)\,(\sigma-1)\,2!}\Delta^2 D^\nu\right\}F,\\
&\dots\dots\dots\dots\dots\dots\\
C^{(0)} &= \left\{1-\frac{1}{(\sigma-2\nu+2)\,1!}\Delta\,D+\frac{1}{(\sigma-2\nu+2)(\sigma-2\nu+3)\,2!}\Delta^2D^2-+\cdots\right\}F.
\end{aligned}$$

Die Einführung der abkürzenden Bezeichnung

$$[F]=\left\{\frac{1}{(\chi+1)!}-\frac{\Delta\,D}{1!\,(\chi+2)!}+\frac{\Delta^2D^2}{2!\,(\chi+3)!}-+\cdots\right\}F$$

oder nach der Umformung mittels Formel (6b)

$$[F]=\frac{1}{\chi!}\left\{1-\frac{1}{2}D_1\Delta_1+\frac{1}{3}D_2\Delta_2-\frac{1}{4}D_3\Delta_3+-\cdots\right\}F$$

gestattet obiges System von Kovarianten in der einfachen Form zu schreiben

$$\begin{aligned}
C^{(0)} &= (\sigma-2\nu+1)!\;[F],\\
C^{(1)} &= (\sigma-2\nu+3)!\;[DF],\\
C^{(2)} &= (\sigma-2\nu+5)!\;[D^2F],\\
&\dots\dots\dots\dots\\
C^{(\nu)} &= (\sigma+1)!\;[D^\nu F],
\end{aligned}$$

während die letzte Gleichung des vorangehenden Gleichungssystems die Identität

$$F = \gamma_0 C^{(0)} + \gamma_1 \Delta_1 C^{(1)} + \gamma_2 \Delta_2 C^{(2)} + \cdots + \gamma_\nu \Delta_\nu C^{(\nu)},$$

$$\gamma_\varkappa = \frac{(\chi + \varkappa)!}{(\chi + 2\varkappa)!\,\varkappa!}$$

liefert, d. h.:

Jede Derivante ν-ten Ranges ist auf eine eindeutig bestimmte Weise als Summe von $(\nu + 1)$ speziellen Derivanten darstellbar. Die Kovarianten $C^{(0)}$, $C^{(1)}$, $C^{(2)}$, ..., $C^{(\nu)}$ sind gleichsam als die Erzeugenden der Derivante F zu betrachten.

Das Operationssymbol [ ] bedarf noch einer kurzen Behandlung.

Betrachten wir ein System von mehreren Grundformen $f, \varphi, \psi, \ldots$ und legen die simultane Derivante in ihrer einfachsten Gestalt

$$f_0^{\varkappa_0} f_1^{\varkappa_1} f_2^{\varkappa_2} \cdots \varphi_0^{\lambda_0} \varphi_1^{\lambda_1} \varphi_2^{\lambda_2} \cdots \psi_0^{\mu_0} \psi_1^{\mu_1} \psi_2^{\mu_2} \cdots$$

zugrunde, so möge m die Anzahl der möglichen Derivanten F dieser Art vom Grade $n_f, n_\varphi, n_\psi, \ldots$ resp. in den $f_i, \varphi_i, \psi_i, \ldots$ und vom Gewichte p, ferner m' die Anzahl der möglichen Derivanten F' von obiger Gestalt und denselben Graden $n_f, n_\varphi, n_\psi, \ldots$ resp. in den $f_i, \varphi_i, \psi_i, \ldots$ mit dem Gewichte $p - 1$ bezeichnen. Jede Derivante F stellt sich nun nach dem Früheren als Summe spezieller Derivanten durch die Formel

$$F = \gamma_0 C^{(0)} + \gamma_1 \Delta_1 C^{(1)} + \gamma_2 \Delta_2 C^{(2)} + \cdots$$

dar, woraus nach (7b)

$$\Delta D F = 0 + \gamma_1' \Delta_1 C^{(1)} + \gamma_2' \Delta_2 C^{(2)} + \cdots$$

folgt, d. h.

$$[\Delta D F] = 0. \tag{8}$$

Die m Bildungen DF sind nun Derivanten von denselben Graden in den $f, \varphi, \psi, \ldots$ wie die F und F', und vom Gewichte $p - 1$ wie die Derivanten F'; sie werden daher durch die m' Derivanten F' linear ausdrückbar sein, etwa

$$D F = \sum F'.$$

Daraus folgt durch Substitution in (8) die Existenz der m linearen Gleichungen

$$[\sum \Delta F'] = \sum [\Delta F'] = 0$$

zwischen den m' Bildungen $[\Delta F']$. Das erhaltene Gleichungssystem bedingt daher im Falle $m \geqq m'$ das Bestehen der m' Gleichungen

$$[\Delta F'] = 0,$$

welche ihrerseits wegen der notwendigen Beziehung

$$\Delta F' = \sum F$$

ein System von m' linearen Bedingungen zwischen den m Kovarianten $[F]$

repräsentieren. Wie bekannt ist[1], existieren in der Tat gerade $m - m'$ untereinander linear unabhängige Kovarianten von bestimmtem Grade und Gewichte, deren vollständige Aufstellung durch obige Methode ermöglicht wird.

Im einfachsten Fall bei Zugrundelegung bilinearer Derivanten F und F' zweier simultaner Formen f und φ gestaltet sich die Ausführung obiger allgemeinen Deduktionen wie folgt:

Die beiden Systeme der Derivanten F und F' werden durch die $m = p$ resp. $m' = p - 1$ Bildungen

$$F = f_0\varphi_p, \quad f_1\varphi_{p-1}, f_2\varphi_{p-2}, \ldots, f_p\varphi_0,$$
$$F' = f_0\varphi_{p-1}, \quad f_1\varphi_{p-2}, f_2\varphi_{p-3}, \ldots, f_{p-1}\varphi_0$$

erschöpft. Mithin bestehen zwischen den p Kovarianten

$$[F] = [f_0\varphi_p], [f_1\varphi_{p-1}], [f_2\varphi_{p-2}], \ldots, [f_p\varphi_0]$$

nach dem Obigen die $(p-1)$ linearen Relationen

$$\begin{aligned} n_f[f_1\varphi_{p-1}] + (n_\varphi - p + 1)[f_0\varphi_p] &= 0, \\ (n_f - 1)[f_2\varphi_{p-2}] + (n_\varphi - p + 2)[f_1\varphi_{p-1}] &= 0, \\ \cdots\cdots\cdots\cdots\cdots\cdots\cdots\cdots\cdots \\ (n_f - p + 1)[f_p\varphi_0] + \qquad n_\varphi[f_{p-1}\varphi_1] &= 0, \end{aligned}$$

d. h. es existiert nur eine Kovariante der verlangten Art, nämlich die p-te gegenseitige Überschiebung der beiden Formen f und φ

$$[f_0\varphi_p] = f_0\varphi_p - \binom{p}{1} f_1\varphi_{p-1} + \binom{p}{2} f_2\varphi_{p-2} - + \cdots (-1)^p f_p\varphi_0 \,^*, \tag{9}$$

was durch direkte Ausführung des Symbols linker Hand leicht bestätigt wird. *Das Operationssymbol* [ ] *erscheint hiernach im Lichte einer Verallgemeinerung des bekannten Überschiebungsprozesses.*

§ 4. Die Umformung gegebener invarianter Kriterien eines Formensystems.

Die bisherigen Entwicklungen setzen uns in den Stand, mit Leichtigkeit ein allgemeines Theorem abzuleiten, welches unseren späteren Darlegungen als Ausgangspunkt dienen wird.

Das Formensystem $f, \varphi, \psi, \ldots$ sei durch die Forderung charakterisiert, daß die Simultankovariante

$$S(f_i, \varphi_i, \psi_i, \ldots)$$

identisch verschwindet. Greifen wir dann aus der Reihe der simultanen Formen $f, \varphi, \psi, \ldots$ eine bestimmte, etwa die Form η, heraus, so entsteht die Auf-

---

[1] Vgl. Faà di Bruno: § 18, 1, wo allerdings der betreffenden Anzahlberechnung die Annahme einer einzigen Form f zugrunde liegt.

* Diese Gleichung ist bis auf einen konstanten Faktor richtig, siehe Abh. 4.

gabe, ein invariantes Kriterium des Systems von der Gestalt

$$\Gamma_{(1)} H_{(1)} + \Gamma_{(2)} H_{(2)} + \Gamma_{(3)} H_{(3)} + \cdots = 0 \tag{10}$$

aufzusuchen, worin $\Gamma_{(1)}, \Gamma_{(2)}, \Gamma_{(3)}, \ldots$ simultane Kovarianten des Systems $f, \varphi, \psi, \ldots$ mit Ausschluß der Form η; $H_{(1)}, H_{(2)}, H_{(3)}, \ldots$ dagegen Kovarianten der einzelnen Form η bedeuten. Um diesen Zweck zu erreichen, bilden wir die Determinante

$$C = \left\{ \begin{Vmatrix} 1 & \Delta & \Delta^2 & \cdots \\ D_\eta & D_\eta \Delta & D_\eta \Delta^2 & \cdots \\ D_\eta^2 & D_\eta^2 \Delta & D_\eta^2 \Delta^2 & \cdots \\ \cdot & \cdot & \cdot & \cdot \end{Vmatrix} \right\} S, \tag{11}$$

wo die Horizontalreihen in der angedeuteten Weise so weit fortzusetzen sind, bis eine nochmalige Wiederholung der Operation D_η ihre sämtlichen Elemente zu Null machen würde. Da nun

$$\begin{aligned} D D_\eta^\iota \Delta^\varkappa &= (D_\eta + D_{f+\varphi+\psi+\cdots}) D_\eta^\iota \Delta^\varkappa \\ &= D_\eta^\iota (D_\eta + D_{f+\varphi+\psi+\cdots}) \Delta^\varkappa \\ &= D_\eta^\iota D \Delta^\varkappa \\ &= \text{const } D_\eta^\iota \Delta^{\varkappa-1} \quad \text{nach (7a)} \end{aligned}$$

wird, so ergibt sich, daß einerseits die Determinante (11) bei Anwendung des Symboles D wegen Identifizierung ihrer Vertikalreihen, andererseits bei Anwendung des Symboles D_η wegen Identifizierung ihrer Horizontalreihen verschwindet, d. h.

$$DC = 0, \quad D_\eta C = 0,$$

folglich auch

$$\{D - D_\eta\} C = D_{f+\varphi+\psi+\cdots} C = 0.$$

Da überdies die in Rede stehende Determinante selbst wegen

$$S = 0, \quad \Delta S = 0, \quad \Delta^2 S = 0,$$

also infolge der speziellen Natur des Formensystems identisch verschwindet, so erhalten wir das Resultat:

Die durch das Symbol (11) *gegebene Determinante, mit Null identifiziert, liefert ein invariantes Kriterium des Formensystems von der verlangten Gestalt* (10).

Die Verallgemeinerung des eingeschlagenen Verfahrens leuchtet von selbst ein, wenn es sich darum handelt, Invariantenkriterien von der Gestalt

$$\Gamma_{(1)} H_{(1)} \mathrm{Z}_{(1)} + \Gamma_{(2)} H_{(2)} \mathrm{Z}_{(2)} + \cdots = 0$$

zu entdecken, wo $\Gamma_{(1)}, \Gamma_{(2)} \ldots$ simultane Kovarianten der Formen $f, \varphi, \psi, \ldots$ mit Ausschluß von η und ζ; $H_{(1)}, H_{(2)}, \ldots$ resp. $\mathrm{Z}_{(1)}, \mathrm{Z}_{(2)}, \ldots$ Kovarianten der einzelnen Formen η resp. ζ allein bedeuten usw.

Endlich sei noch sowohl für das Determinantensymbol (11) wie für die bei der letzterwähnten Verallgemeinerung zu benutzenden Symbole bemerkt, daß sich meist bei ihrer Anwendung durch geeignete Kombination der Horizontalreihen im Resultate wesentliche Vereinfachungen erzielen lassen; vgl. unten § 7 und 8.

§ 5. Die Ableitung invarianter Kriterien aus der gegebenen Differentialgleichung des Formensystems.

Die spezielle Natur des Formensystems $f, \varphi, \psi, \ldots$ sei nicht, wie nach der vorigen Annahme durch das Verschwinden einer Kovariante, sondern allgemein durch eine Differentialgleichung von der Gestalt

$$F(f_i, \varphi_i, \psi_i, \ldots) = 0 \tag{12}$$

gekennzeichnet, wo F eine Derivante vom ν-ten Range bezeichnen mag[1]. Die Koeffizienten der Formen des Systems sind demgemäß entweder bloße Zahlen oder in bestimmter Weise von einer beschränkten Anzahl von Parametern abhängig. Es entsteht zunächst die Frage nach der einfachsten, in allgemeiner Form angebbaren Kovariante des Systems, deren identisches Verschwinden eine Folge der stattfindenden Differentialgleichung (12) ist und umgekehrt das Formensystem definiert. Für $\nu = 0$ ist F selber die gesuchte Kovariante, und es wird sich überhaupt zeigen, daß die Größe der Zahl ν wesentlich die Einfachheit der resultierenden Kovariante bedingt.

Bedeutet nämlich τ eine willkürliche lineare Hilfsform, so erweist sich der Ausdruck

$$S^{(\nu)} = \{\tau_0^\nu - \tau_0^{\nu-1}\tau_1 D_1 + \tau_0^{\nu-2}\tau_1^2 D_2 - + \cdots\} F \tag{13}$$

wegen

$$\{D_\tau + D\} S^{(\nu)} = 0$$

als Simultankovariante des Formensystems $f, \varphi, \psi, \ldots$ und der linearen Form τ. Zugleich wird, wie leicht ersichtlich, *ein beliebiges Formensystem $f, \varphi, \psi, \ldots$ immer dann und nur dann in jenes spezielle mit der Eigenschaft* (12) *linear transformiert werden können, sobald eine lineare Form τ von der Art existiert, daß die Simultankovariante $S^{(\nu)}$ identisch verschwindet.*

Um des weiteren ein von der willkürlichen linearen Hilfsform τ unabhängiges invariantes Kriterium zu gewinnen, ersetzen wir in dem Determinantensymbol (11) η durch die lineare Form τ und erhalten durch Anwendung desselben auf die Simultankovariante $S^{(\nu)}$ eine Kovariante von der Gestalt $\tau_0^\mu \Gamma$, weil ja τ als lineare Form außer ihren Potenzen keine weiteren invarianten Formen besitzt. Nach Berechnung der Determinantenelemente führt in der Tat die Substitution

$$\tau_0 = 1, \quad \tau_1 = 0$$

[1] Vgl. den Anfang des § 3.

zu einem Kovariantenkriterium der verlangten Art in Gestalt der verschwindenden $(\nu + 1)$-reihigen Determinante

$$\left\{\left\|\begin{matrix} c_0^0 & c_1^0 & \dots & c_\nu^0 \\ c_0^1 & c_1^1 & \dots & c_\nu^1 \\ \cdot & \cdot & \cdot & \cdot \\ c_0^\nu & c_1^\nu & \dots & c_\nu^\nu \end{matrix}\right\|\right\} F, \tag{14}$$

wo dem allgemeinen Elemente die Bedeutung des Operationssymboles

$$c_\iota^\varkappa = \varDelta_\iota D_\varkappa + \binom{\varkappa - \nu - 1}{1} \varDelta_{\iota-1} D_{\varkappa-1} + \binom{\varkappa - \nu - 1}{2} \varDelta_{\iota-2} D_{\varkappa-2} + \cdots$$

zukommt.

Für die ersten beiden Fälle $\nu = 1, 2$ möge unser Determinantensymbol (14) seinen vollständigen Ausdruck finden wie folgt:

$$\left\{\left\|\begin{matrix} 1 & \varDelta_1 \\ D_1 & \varDelta_1 D_1 - 1 \end{matrix}\right\|\right\} F, \quad \left\{\left\|\begin{matrix} 1 & \varDelta_1 & \varDelta_2 \\ D_1 & \varDelta_1 D_1 - 2 & \varDelta_2 D_1 - 2\varDelta_1 \\ D_2 & \varDelta_1 D_2 - D_1 & \varDelta_2 D_2 - \varDelta_1 D_1 + 1 \end{matrix}\right\|\right\} F.$$

Die allgemeine Kovariante (14), deren identisches Verschwinden für das spezielle Formensystem $f, \varphi, \psi, \dots$ wir als eine Folge der Differentialgleichung (12) erkannten, erscheint in der Variablen x vom Grade $(\nu + 1)\,\chi$. Da diese Zahl, wenigstens für $\chi \gtreqless 1$ den Grad $\chi + \nu$ der Derivante F in der Variablen x erreicht resp. übersteigt, so dürfte zu erwarten sein, daß das identische Verschwinden der Kovariante (14) im allgemeinen zugleich die hinreichende Bedingung liefert, wenn es sich um die Möglichkeit handelt, ein System mit allgemeinen Koeffizienten in unsere spezielle Form mit der Eigenschaft (12) mittels linearer Substitution zu transformieren. Die strenge Entscheidung in dieser Frage muß jedoch jedem einzelnen Falle überlassen bleiben.

Ist zur Charakterisierung des speziellen Systems eine größere Anzahl von Differentialgleichungen

$$F = 0\,, \quad F' = 0\,, \quad F'' = 0\,, \dots$$

notwendig, so werden sich neben den Kovariantenkriterien

$$C(F) = 0\,, \quad C(F') = 0\,, \quad C(F'') = 0\,, \dots$$

unter Umständen durch Kombination mehrerer verschwindender Derivanten $F, F', F'', \dots$ noch andere teilweise einfachere Kovariantenkriterien von der Gestalt

$$C(F, F') = 0\,, \quad C(F, F'') = 0\,, \quad C(F, F', F'') = 0\,, \dots$$

ergeben. Das hierdurch gekennzeichnete Problem soll jedoch hier keine Untersuchung finden.

In betreff der allgemeinen Natur der invariantentheoretischen Probleme, für deren Erledigung die Prinzipien und allgemeinen Überlegungen dieses und der vorhergehenden Paragraphen von Nutzen sind, verweisen wir auf § 10, während in den zunächst folgenden Paragraphen des zweiten Teiles der Spezialfall der Kugelfunktion eine eingehende Behandlung erfahren wird.

Zweiter Teil.

§ 6. Die Kugelfunktion $P^n(p, x)$ als binäre Form n-ten Grades mit ihren nächstliegenden simultaninvarianten Eigenschaften.

In der bisherigen Literatur scheinen die Fälle ziemlich vereinzelt zu sein, in denen Formen oder gar Formensysteme spezieller Natur vom Standpunkte invariantentheoretischer Anschauungen aus eingehendere Behandlung gefunden haben. Die interessanteste und wichtigste Unternehmung dieser Art rührt von KLEIN[1] her, welcher seiner geometrisch-funktionentheoretischen Betrachtungsweise entsprechend durch bloße geometrische Hilfsmittel die nach WEDEKIND[2] auch hinreichenden invarianten Kriterien für die in sich selbst linear transformierbaren Formen ableitet. Im übrigen war man zur Auffindung invarianter Relationen auf die umständliche direkte Ausrechnung aller in Frage kommenden Invarianten und Kovarianten angewiesen[3]. Die allgemeinen Entwickelungen des ersten Teiles der vorliegenden Untersuchung sind dazu bestimmt, ein in erweitertem Umfange wirksames Mittel an die Hand zu geben, indem dieselben alle solche Formen einer gemeinsamen invariantentheoretischen Behandlung zugänglich machen, deren spezielle Natur durch algebraische Differentialgleichungen gekennzeichnet werden kann.

Unter den sich bietenden speziellen Formen dieser Art nimmt die allgemeine Kugelfunktion $P^n(p, x)$ schon ihrer sonstigen Wichtigkeit wegen ein besonderes Interesse für sich in Anspruch.

Die allgemeine Kugelfunktion $P^n(p, x)$ n-ten Grades und p-ter Ordnung, deren Untersuchung in dem angedeuteten Sinne der Gegenstand der folgenden Paragraphen sein wird, besitzt die Gestalt

$$\left.\begin{aligned} P^n(p, x) = x^n &- \frac{n(n-1)}{2(2n+p-3)}\, x^{n-2} + \frac{n(n-1)(n-2)(n-3)}{2\cdot 4(2n+p-3)(2n+p-5)}\, x^{n-4} \\ &- \frac{n(n-1)(n-2)(n-3)(n-4)(n-5)}{2\cdot 4\cdot 6(2n+p-3)(2n+p-5)(2n+p-7)}\, x^{n-6} + \cdots \end{aligned}\right\} \quad (15)$$

---

[1] Math. Ann. Bd. 9 S. 196.

[2] Studien im binären Wertgebiet. Habilitationsschrift 1876; vgl. ferner GORDAN: Über Formen mit verschwindenden Kovarianten. Math. Ann. Bd. 12 S. 147.

[3] Vgl. z. B. die Behandlung der Modular- und Multiplikatorgleichung 6-ten Grades CLEBSCH: Binäre Formen § 114 und 115 nach JOUBERT und GORDAN, 1872.

und genügt der Differentialgleichung

$$(x^2-1)\frac{d^2 P^n(p,x)}{dx^2}+p\,x\frac{dP^n(p,x)}{dx}-n(n+p-1)\,P^n(p,x)=0\,. \qquad (16)$$

Eine dritte Definitionsart der Kugelfunktion, welche für unsere Zwecke in betracht kommt, unterscheidet zwischen den Fällen ungerader und gerader Ordnung wie folgt[1]:

$$p\equiv 1\,(\mathrm{mod}\,2)\qquad P^n(p,x)=\frac{d^l\cos m\,\vartheta}{dx^l}\qquad \begin{pmatrix} l=\frac{p-1}{2}, & m=n+\frac{p-1}{2}\\ \cos\vartheta=x & \end{pmatrix}$$

$$p\equiv 0\,(\mathrm{mod}\,2)\qquad P^n(p,x)=\frac{d^l(x^2-1)^m}{dx^l}\qquad \left(l=n+p-2,\ m=n+\frac{p}{2}-1\right).$$

Der letzten Darstellungsweise zufolge nehmen die Kugelfunktionen gerader Ordnung nach invariantentheoretischen Gesichtspunkten gewissermaßen den Kugelfunktionen ungerader Ordnung gegenüber eine bevorzugte Stellung ein. Ihre Identität mit den Differentialquotienten einer Potenz der quadratischen Form

$$\pi=x^2-1$$

gibt in der Tat zu einigen vorläufigen Überlegungen Anlaß, welche ihres Ergebnisses wegen der Bemerkung wert erscheinen.

Mittels Einführung der neuen binären Variablen

$$\xi_1=x+1\,,\quad \xi_2=x-1 \qquad (17)$$

erhält die Kugelfunktion wegen

$$\pi=\xi_1\,\xi_2$$

die Gestalt

$$P^n(p,x)=\frac{d^l\xi_1^m\,\xi_2^m}{dx^l}=\left[\frac{d^l(\xi_1+\lambda\,\eta_1)^m(\xi_2+\lambda\,\eta_2)^m}{d\lambda^l}\right]_{\lambda=0,\ \eta_1=\eta_2=1},$$

d. h. *die Kugelfunktion* $P^n(p,x)$ *für* $p\equiv 0$ *(mod 2) ist die l-te Polare des m fachen Punktepaares*

$$x=-1\quad\text{und}\quad x=+1$$

für den unendlich fernen Punkt als Pol genommen.

Die Bildung der fraglichen Polare durch Ausführung der Differentiation nach λ liefert in einfachster Weise die mittels der linearen Substitution (17) transformierte Kugelfunktion in der Gestalt[2]

$$P^n(p,x)=\binom{l}{m}\xi_1^n+\binom{n}{1}\binom{l}{m-1}\xi_1^{n-1}\xi_2$$
$$+\binom{n}{2}\binom{l}{m-2}\xi_1^{n-2}\xi_2^2\cdots+\binom{l}{m-n}\xi_2^n. \qquad (18)$$

---

[1] Vgl. HEINE: Handbuch der Kugelfunktionen, Teil III § 124 S. 452, 1878.

[2] Für $p=2$ ergibt sich die bekannte Darstellung der Kugelfunktion X_n, vgl. HEINE: Handbuch der Kugelfunktionen Bd. 1 § 5:

$$X_n=\xi_1^n+\binom{n}{1}^2\xi_1^{n-1}\xi_2+\binom{n}{2}^2\xi_1^{n-2}\xi_2^2\cdots+\xi_2^n.$$

Bilden wir, der Auffassung von (9) entsprechend, die i-te gegenseitige Überschiebung der beiden Formen

$$f = \pi^m, \quad \varphi = \pi^\mu,$$

so muß dieselbe, als Kovariante der Formen f und φ, auch Kovariante der Form π sein, und da letztere als quadratische Form, von ihren Potenzen abgesehen, die Diskriminante

$$\pi_0 \pi_2 - \pi_1^2$$

als einzige invariante Bildung besitzt, so ergibt sich

$$(f, \varphi)_i = f_0 \varphi_i - \binom{i}{1} f_1 \varphi_{i-1} + \binom{i}{2} f_2 \varphi_{i-2} - + \cdots = C(\pi_0 \pi_2 - \pi_1^2)^s \pi_0^t.$$

Wegen der Notwendigkeit der Übereinstimmung von Gewicht und Grad in den π_i gelten für die noch unbekannten Potenzexponenten s und t die Bestimmungsgleichungen

$$2s = i, \; 2s + t = m + \mu,$$

oder

$$s = \frac{i}{2}, \; t = m + \mu - i.$$

Damit infolgedessen für ein ungerades i auf der rechten Seite obiger Identität keine Irrationalität auftrete, muß notwendig die Konstante C für diesen Fall den Wert 0 annehmen. Setzen wir andererseits im Falle eines geraden i:

$$C(\pi_0 \pi_2 - \pi_1^2)^{\frac{i}{2}} = C',$$

so erhalten wir die Relationen

$$f_0 \varphi_i - \binom{i}{1} f_1 \varphi_{i-1} + \binom{i}{2} f_2 \varphi_{i-2} - + \cdots = 0 \qquad (i \equiv 1 \pmod 2) \quad \text{(19a)},$$

$$= C' \pi^{m+\mu-i} \quad (i \equiv 0 \pmod 2) \quad \text{(19b)}.$$

Aus der letzteren (19b) ergibt sich für $i = 2\mu$ durch l-malige Anwendung des Symbols Δ, was einer l-maligen Differentiation nach x gleichkommt

$$f_l \varphi_{2\mu} - \binom{2\mu}{1} f_{l+1} \varphi_{2\mu-1} + \binom{2\mu}{2} f_{l+2} \varphi_{2\mu-2} - + \cdots = C'' \frac{d^l \pi^{m-\mu}}{d^l x},$$

oder, da f_l und $\frac{d^l \pi^{m-\mu}}{d x^l}$ nichts anderes als Kugelfunktionen P und P' vorstellen:

Die 2μ-te Überschiebung einer Kugelfunktion gerader Ordnung $P^n(p, x)$ über die μ-te Potenz der quadratischen Form π liefert eine neue Kugelfunktion $P^{n'}(p', x)$ vom Grade $n' = n - 2\mu$ und der Ordnung $p' = p + 2\mu$.

Aus der ersteren vorhin abgeleiteten Relation (19a) ergibt sich für $i = 2\mu - 1$ durch $(l+1)$-malige Anwendung des Symbols Δ die Gleichung

$$f_l \varphi_{2\mu} - \binom{2\mu}{1} f_{l+1} \varphi_{2\mu-1} + \binom{2\mu}{2} f_{l+2} \varphi_{2\mu-2} - + \cdots$$
$$+ C\left\{f_{l+1} \varphi_{2\mu-1} - \binom{2\mu-1}{1} f_{l+2} \varphi_{2\mu-2} + \binom{2\mu-1}{2} f_{l+3} \varphi_{2\mu-3} - + \cdots\right\} = 0.$$

Da nun nach vorigem Satze der erste Teil der linken Seite dieser Identität selbst eine Kugelfunktion ist, so ist es auch der zweite, d. h.:

Die $(2\mu - 1)$-te Überschiebung einer Kugelfunktion gerader Ordnung $P^n(p, x)$ über die μ-te Potenz der quadratischen Form π ist selber eine Kugelfunktion $P^{n'}(p', x)$ vom Grade $n' = n - 2\mu + 1$ und von der Ordnung $p' = p + 2\mu - 2$.

Die eben bewiesenen Sätze sowie die Benutzung der Identität[1]:

$$\frac{d^{\varkappa} P^n(p, x)}{dx^{\varkappa}} = C \frac{d^{\varkappa+\mu} P^{n'}(p', x)}{dx^{\varkappa+\mu}} \qquad \left\{\begin{aligned}(n' &= n + \mu)\\ (p' &= p - 2\mu)\end{aligned}\right.$$

oder

$$P_{\varkappa} = P'_{\varkappa+\mu}$$

ermöglicht mit Leichtigkeit die Ableitung mannigfaltiger verschwindender Simultankovarianten in der folgenden Determinantengestalt

$$\begin{vmatrix} P_0 P_1 P_2 \cdots P'_0 P'_1 P'_2 \cdots P''_0 P''_1 P''_2 \cdots \\ P_1 P_2 P_3 \cdots P'_1 P'_2 P'_3 \cdots P''_1 P''_2 P''_3 \cdots \\ P_2 P_3 P_4 \cdots P'_2 P'_3 P'_4 \cdots P''_2 P''_3 P''_4 \cdots \\ \cdots\cdots\cdots\cdots\cdots\cdots\cdots\cdots\cdots \end{vmatrix}$$

wo die P, P', P'' ... Kugelfunktionen verschiedenen Grades und verschiedener Ordnung bedeuten. Ein näheres Eingehen auf derartige simultankovariante Bildungen scheint jedoch hier nicht am Platze zu sein, zumal die fundamentalen Fragen nach den Bedingungen der Möglichkeit und den Mitteln zur Ausführung der Transformation einer Form mit allgemeinen Koeffizienten in eine bestimmte Kugelfunktion die Aufstellung von kovarianten Kriterien einer einzelnen Kugelfunktion erfordern, mithin auf dem eingeschlagenen Wege ein Fortschritt in maßgebendem Sinne nicht zu erwarten ist. Wie die folgenden Paragraphen zeigen sollen, wird vielmehr die Anwendung der in § 4 und § 5 dargelegten Prinzipien eine erfolgreiche Behandlung obiger Fragen ermöglichen.

§ 7. Die invarianten Bedingungen für die Möglichkeit der Transformation einer binären Form mit allgemeinen Koeffizienten in die Kugelfunktion $P^n(p, x)$.

Den Entwicklungen des § 1 entsprechend gilt für die Kugelfunktion und ihre einseitigen Differentialquotienten nach x sowie für die quadratische

[1] Vgl. Heine: Handbuch der Kugelfunktionen, Teil III, § 124 S. 452.

Form π die Bezeichnung

$$
\begin{aligned}
P^n(p, x) &= P_0, \\
\frac{dP^n(p, x)}{dx} &= n P_1, \\
\frac{d^2P^n(p, x)}{dx^2} &= n(n-1) P_2, \\
&\ldots\ldots\ldots\ldots \\
x^2 - 1 &= \pi_0, \\
x &= \pi_1, \\
1 &= \pi_2.
\end{aligned}
$$

Die Einführung dieser Substitution in die Differentialgleichung für die Kugelfunktion (16) gibt derselben nach Weglassung des gemeinsamen Faktors n die einfache Gestalt

$$F = (n-1)\pi_0 P_2 + p\,\pi_1 P_1 - (n+p-1)\pi_2 P_0 = 0. \tag{20}$$

Diese simultane Derivante F der Kugelfunktion und der quadratischen Form π besitzt den Rang 1, da sie, wie leicht ersichtlich, bereits nach 2-maliger Anwendung des Symbols D verschwindet. Den Deduktionen des § 5 zufolge können wir daher nach Bildung der Simultankovariante (13)

$$
\begin{aligned}
-2\cdot S^{(1)} = {} & p\,\tau_0(\pi_0 P_2 - 2\pi_1 P_1 + \pi_2 P_0) - (2n-2+p) \\
& \times \{\tau_0(\pi_0 P_2 - \pi_2 P_0) - 2\tau_1(\pi_0 P_1 - \pi_1 P_0)\}
\end{aligned} \tag{21}
$$

für die Kugelfunktion $P^n(p, x)$ folgenden Satz aussprechen:

Eine allgemeine binäre Form f n-ten Grades ist immer dann und nur dann in die Kugelfunktion $P^n(p, x)$ linear transformierbar, wenn eine quadratische Form π und eine lineare Form τ existieren, welche mit f derart verbunden sind, daß die Simultankovariante $S^{(1)}$ (21) der drei Formen f, π und τ identisch verschwindet.

Je nachdem wir ferner in dem Determinantensymbole (11) in § 4 für η die quadratische Form π oder die lineare Form τ einsetzen, erhalten wir nach Unterdrückung der bezüglichen Potenzen von π resp. τ die beiden folgenden für die Kugelfunktion $P^n(p, x)$ identisch verschwindenden Simultankovarianten

$$
C(P, \tau) = \begin{vmatrix}
(n-1)\tau_0 P_2 - (2n+p-2)\tau_1 P_1, & p\tau_0 P_1 + (2n+p-2)\tau_1 P_0, & (n+p-1)\tau_0 P_0 \\
(n-2)\tau_0 P_3 - (2n+p-3)\tau_1 P_2, & (p+2)\tau_0 P_2 + (2n+p-4)\tau_1 P_1, & (n+p)\tau_0 P_1 - \tau_1 P_0 \\
(n-3)\tau_0 P_4 - (2n+p-4)\tau_1 P_3, & (p+4)\tau_0 P_3 + (2n+p-6)\tau_1 P_2, & (n+p+1)\tau_0 P_2 - 2\tau_1 P_1
\end{vmatrix}, \tag{22}
$$

$$
C(P, \pi) = \begin{vmatrix}
(n-1)\pi_0 P_2 + p\pi_1 P_1 - (n+p-1)\pi_2 P_0, & (n-2)\pi_0 P_3 + (p+2)\pi_1 P_2 - (n+p)\pi_2 P_1 \\
(2n+p-2)(\pi_0 P_1 - \pi_1 P_0), & (2n+p-3)\pi_0 P_2 - (2n+p-4)\pi_1 P_1 - \pi_2 P_0
\end{vmatrix}, \tag{23}
$$

von denen die letztere nach Einführung der Bezeichnungen

$$P = a_0 x^n + \binom{n}{1} a_1 x^{n-1} + \cdots,$$
$$\pi = b_0 x^2 + 2 b_1 x + b_2,$$
$$H = (a_0 a_2 - a_1^2) x^{2(n-2)} + \cdots,$$
$$\delta = b_0 b_2 - b_1^2,$$
$$(H, \pi)_2 = (a_2^2 b_0 - a_1 a_3 b_0 - a_1 a_2 b_1 + a_0 a_3 b_1 + a_1^2 b_2 - a_0 a_2 b_2) x^{2(n-3)} + \cdots,$$
$$(P, \pi)_2 = (a_2 b_0 - 2 a_1 b_1 + a_0 b_2) x^{n-2} + \cdots$$

die übersichtliche Gestalt

$$C(P,\pi) = c_1 \pi (H,\pi)_2 + c_2 \delta H + c_3 [(P,\pi)_2]^2 \quad \begin{cases} (c_1 = \ \ (2n+p-2)(n-2)) \\ (c_2 = -(2n+p-2)(p+2)) \\ (c_3 = \ \ (n+p-1)) \end{cases} \qquad (24)$$

annimmt. Daß die Forderung des identischen Verschwindens einer jeden der beiden Kovarianten (22) und (24) für sich auch eine hinreichende Bedingung für die fragliche Möglichkeit der simultanen Transformation von P und τ resp. P und π abgibt, lehrt die einfache Umkehrung des eben zur Herleitung der Kovarianten benutzten Verfahrens, indem das Verschwinden der Determinanten (22) und (23) direkt die Existenz einer quadratischen Form π resp. einer linearen Form τ mit der Eigenschaft $S^{(1)} = 0$ bedingt. Das gewonnene Resultat läßt sich wie folgt aussprechen:

Damit eine allgemeine binäre Form f vom n-ten Grade in die Kugelfunktion $P^n(p, x)$ transformierbar sei, ist die Bedingung notwendig und hinreichend, daß eine lineare Form τ resp. eine quadratische Form π von der Art existiert, daß die simultane Kovariante (22) *resp.* (24) *identisch verschwindet.*

Es bliebe noch übrig, den eingeschlagenen Weg in der Weise zu verfolgen, daß wir das Determinantensymbol (11) nach Einsetzung von τ resp. π für η auf die Simultankovariante (22) resp. (24) anwenden. Dadurch ergeben sich invariante Kriterien von der Gestalt

$$C_{(0)} = 0$$

resp.

$$\pi^2 C_{(1)} + (\pi_0 \pi_2 - \pi_1^2) C_{(2)} = 0,$$

worin $C_{(0)}$, $C_{(1)}$ und $C_{(2)}$ Kovarianten der Form P allein, und zwar von den Graden resp. 12, 10 und 10 in den Koeffizienten bedeuten. Die Darstellung dieser Kovarianten durch bekannte und übersichtliche Bildungen ist jedoch bereits für die einfachsten Fälle mit derartig umständlichen Rechnungen verknüpft, daß wir auf ein Unternehmen in diesem Sinne verzichten, und in betreff der beschränkten Verwendbarkeit jener Kriterien auf die beiden folgenden Paragraphen verweisen, wo für den hervortretenden Mangel nach verschiedenen Richtungen hin Ersatz beschafft wird.

§ 8. Die den Kugelfunktionen aller Ordnungen p gemeinsame Kovariantenrelation.

Den in § 4 angedeuteten Gesichtspunkten entsprechend wird bei direkter Anwendung des Determinantensymbols

$$\begin{vmatrix} 1 & \Delta^1 & \Delta^2 & \Delta^3 & \Delta^4 & \Delta^5 \\ D_\pi & D_\pi \Delta^1 & D_\pi \Delta^2 & D_\pi \Delta^3 & D_\pi \Delta^4 & D_\pi \Delta^5 \\ D_\pi^2 & D_\pi^2 \Delta^1 & D_\pi^2 \Delta^2 & D_\pi^2 \Delta^3 & D_\pi^2 \Delta^4 & D_\pi^2 \Delta^5 \\ D_\tau & D_\tau \Delta^1 & D_\tau \Delta^2 & D_\tau \Delta^3 & D_\tau \Delta^4 & D_\tau \Delta^5 \\ D_\tau D_\pi & D_\tau D_\pi \Delta^1 & D_\tau D_\pi \Delta^2 & D_\tau D_\pi \Delta^3 & D_\tau D_\pi \Delta^4 & D_\tau D_\pi \Delta^5 \\ D_\tau D_\pi^2 & D_\tau D_\pi^2 \Delta^1 & D_\tau D_\pi^2 \Delta^2 & D_\tau D_\pi^2 \Delta^3 & D_\tau D_\pi^2 \Delta^4 & D_\tau D_\pi^2 \Delta^5 \end{vmatrix} \tag{25}$$

auf die Simultankovariante $S^{(1)}$ (21) die letztere die Gestalt

$$\mathrm{T}_{(1)} \Pi_{(1)} \Gamma_{(1)} + \mathrm{T}_{(2)} \Pi_{(2)} \Gamma_{(2)} + \cdots, \tag{26}$$

annehmen, wo $\mathrm{T}_{(1)}, \mathrm{T}_{(2)}, \ldots, \Pi_{(1)}, \Pi_{(2)}, \ldots, \Gamma_{(1)}, \Gamma_{(2)}, \ldots$ Kovarianten der Formen τ, π resp. der Form P allein bedeuten. Durch Berechnung der einzelnen Determinantenelemente und geeignete Kombination der Horizontalreihen der Determinante erkennen wir, daß die oben allgemein als notwendig aufgestellte Gestalt (26) sich in vorliegendem Falle zu einem einzigen Produkte von drei Faktoren, nämlich

$$\tau_0^6,\ \pi_0^6,\ \Gamma$$

vereinfacht, von denen der letztgeschriebene in der Determinantengestalt

$$\begin{vmatrix} (n-1)P_2 & (n-2)P_3 & (n-3)P_4 & (n-4)P_5 & (n-5)P_6 & (n-6)P_7 \\ pP_1 & (p+2)P_2 & (p+4)P_3 & (p+6)P_4 & (p+8)P_5 & (p+10)P_6 \\ (n+p-1)P_0 & (n+p)P_1 & (n+p+1)P_2 & (n+p+2)P_3 & (n+p+3)P_4 & (n+p+4)P_5 \\ (2n+p-2)P_1 & (2n+p-3)P_2 & (2n+p-4)P_3 & (2n+p-5)P_4 & (2n+p-6)P_5 & (2n+p-7)P_6 \\ (2n+p-2)P_0 & (2n+p-4)P_1 & (2n+p-6)P_2 & (2n+p-8)P_3 & (2n+p-10)P_4 & (2n+p-12)P_5 \\ 0 & P_0 & 2P_1 & 3P_2 & 4P_3 & 5P_4 \end{vmatrix}$$

erscheint. Durch zweckentsprechende Kombination einerseits der zweiten und vierten, andererseits der dritten und fünften Horizontalreihe ergibt sich schließlich die folgende einfachste Gestalt

$$\begin{vmatrix} (n-1)P_2 & (n-2)P_3 & (n-3)P_4 & (n-4)P_5 & (n-5)P_6 & (n-6)P_7 \\ P_1 & P_2 & P_3 & P_4 & P_5 & P_6 \\ P_0 & P_1 & P_2 & P_3 & P_4 & P_5 \\ 0 & P_2 & 2P_3 & 3P_4 & 4P_5 & 5P_6 \\ 0 & P_1 & 2P_2 & 3P_3 & 4P_4 & 5P_5 \\ 0 & P_0 & 2P_1 & 3P_2 & 4P_3 & 5P_4 \end{vmatrix} \tag{27}$$

Diese Kovariante ist vom Grade 6 in den Koeffizienten, vom Gewichte 18, mithin vom Grade 6 $(n-6)$ in den Variablen. Um sie durch übersichtlichere kovariante Bildungen auszudrücken, stellen wir sie zunächst für $n = 6$ dar. Als Invariante der Form 6-ten Grades nimmt sie dann notwendig die Gestalt an

$$c_1 A^3 + c_2 A B + c_3 C, \tag{28}$$

wo A, B, C die drei bekannten, allein in Frage kommenden Invarianten der Form 6-ten Grades bedeuten, nämlich

$$A = a_0 a_6 - 6 a_1 a_5 + 15 a_2 a_4 - 10 a_3^2,$$

$$B = \begin{vmatrix} a_0 & a_1 & a_2 & a_3 \\ a_1 & a_2 & a_3 & a_4 \\ a_2 & a_3 & a_4 & a_5 \\ a_3 & a_4 & a_5 & a_6 \end{vmatrix},$$

$$C = a_0^2(a_3^2 a_6^2 - 6 a_3 a_4 a_5 a_6 + 4 a_3 a_5^3 + 4 a_4^3 a_6 - 3 a_4^2 a_5^2)$$
$$+ a_0 (18 a_1 a_2 a_4 a_5 a_6 + \cdots) + \cdots *.$$

Die Konstanten in der Relation (28) bestimmen sich am einfachsten aus der allgemeinen Determinante (27), indem wir $n = 6$ einsetzen und der Reihe nach die beiden Spezialisierungen

1. $a_0 = a_1 = a_2 = a_4 = a_5 = a_6 = 0,$
2. $a_1 = a_2 = a_3 = a_5 = 0$

zur Anwendung bringen. Dadurch ergibt sich

$$c_1 = 0, \qquad c_2 = 4, \qquad c_3 = -5.$$

Um schließlich auf den allgemeinen Fall $n > 6$ überzugehen, schreiben wir die Elemente der ersten Horizontalreihe der Determinante (27) in der Zerteilung

$$5 P_2 + (n-6) P_2, \quad 4 P_3 + (n-6) P_3, \quad 3 P_4 + (n-6) P_4,$$
$$2 P_5 + (n-6) P_5, \quad P_6 + (n-6) P_6, \quad (n-6) P_7,$$

dann erscheint, dieser Teilung entsprechend, auch die Determinante selber als Summe zweier Determinanten, deren erste eine Kovariante mit der berechneten Quelle (28) repräsentiert, deren zweite die Vorschreibung des gemeinsamen Zahlenfaktors $(n-6)$ gestattet. Die angedeutete Operation liefert somit als *definitives Ergebnis die Relation*

$$4 A B - 5 C + (n-6) D = 0, \tag{29}$$

---

* Vgl. Clebsch: Binäre Formen § 76 und Salmon: Algebra der linearen Transformationen § 252.

worin die Kovarianten A, B, C, D allgemein für die Form n-ten Grades die Bedeutung haben

$$A = (a_0 a_6 + 6 a_1 a_5 + 15 a_2 a_4 - 10 a_3^2)\, x^{2(n-6)} + \cdots,$$

$$B = \begin{vmatrix} a_0 & a_1 & a_2 & a_3 \\ a_1 & a_2 & a_3 & a_4 \\ a_2 & a_3 & a_4 & a_5 \\ a_3 & a_4 & a_5 & a_6 \end{vmatrix} x^{4(n-6)} + \cdots,$$

$$C = (a_0^2 [a_3^2 a_6^2 - 6 a_3 a_4 a_5 a_6 + 4 a_3 a_5^3 + 4 a_4^3 a_6 - 3 a_4^2 a_5^2] \\ + a_0 [18 a_1 a_2 a_4 a_5 a_6 + \cdots] + \cdots)\, x^{6(n-6)} + \cdots,$$

$$D = \begin{vmatrix} a_0 & a_1 & a_2 & a_3 & a_4 & a_5 \\ a_1 & a_2 & a_3 & a_4 & a_5 & a_6 \\ a_2 & a_3 & a_4 & a_5 & a_6 & a_7 \\ 0 & a_0 & 2a_1 & 3a_2 & 4a_3 & 5a_4 \\ 0 & a_1 & 2a_2 & 3a_3 & 4a_4 & 5a_5 \\ 0 & a_2 & 2a_3 & 3a_4 & 4a_5 & 5a_6 \end{vmatrix} x^{4(n-6)} + \cdots\text{*}.$$

---

* Eine einfache Umformung dieser Determinante ergibt:

$$D = \frac{1}{20} \begin{vmatrix} a_0 & 5a_1 & 10a_2 & 10a_3 & 5a_4 & a_5 \\ a_1 & 5a_2 & 10a_3 & 10a_4 & 5a_5 & a_6 \\ a_2 & 5a_3 & 10a_4 & 10a_5 & 5a_6 & a_7 \\ 0 & a_0 & 4a_1 & 6a_2 & 4a_3 & a_4 \\ 0 & a_1 & 4a_2 & 6a_3 & 4a_4 & a_5 \\ 0 & a_2 & 4a_3 & 6a_4 & 4a_5 & a_6 \end{vmatrix} x^{6(n-6)} + \cdots.$$

In dieser Gestalt erscheint D als zu einer Gruppe von Kovarianten gehörig, deren allgemeiner Repräsentant die Form der $\varkappa$-reihigen Determinante

$$\begin{vmatrix} a_0 & \binom{\varkappa-1}{1} a_1 & \binom{\varkappa-1}{2} a_2 & \binom{\varkappa-1}{3} a_3 \cdots a_{\varkappa-1} \\ a_1 & \binom{\varkappa-1}{1} a_2 & \binom{\varkappa-1}{2} a_3 & \binom{\varkappa-1}{3} a_4 \cdots a_{\varkappa} \\ \cdot & \cdot & \cdot & \cdots\cdots \\ 0 & a_0 & \binom{\varkappa-2}{1} a_1 & \binom{\varkappa-2}{2} a_2 \cdots a_{\varkappa-2} \\ 0 & a_1 & \binom{\varkappa-2}{1} a_2 & \binom{\varkappa-2}{2} a_3 \cdots a_{\varkappa-1} \\ \cdot & \cdot & \cdot & \cdots\cdots \\ 0 & 0 & a_0 & \binom{\varkappa-3}{1} a_1 \cdots a_{\varkappa-3} \\ 0 & 0 & a_1 & \binom{\varkappa-3}{1} a_2 \cdots a_{\varkappa-2} \\ \cdot & \cdot & \cdot & \cdots\cdots \end{vmatrix} x^{\gamma} + \cdots$$

annimmt. Den kovarianten Charakter dieser Determinante und ihre allgemeine Bedeutung als Kovariante für die Form n-ten Grades nachzuweisen, bedarf es einer größeren

Die gefundene Kovariantenrelation (29) ist im Vergleich zu den Kovariantenrelationen am Schlusse des vorigen Paragraphen nicht nur von willkommener Übersichtlichkeit und Einfachheit, sondern sie besitzt auch die überraschende Eigenschaft, den Parameter p, welcher die Ordnung der Kugelfunktion anzeigt, nicht zu enthalten. Sie ist mithin den Kugelfunktionen aller Ordnungen p vom n-ten Grade gemeinsam, während allerdings schon aus diesem Grunde ihre Existenz keine hinreichende Bedingung für die Transformation einer allgemeinen Form in eine bestimmte Kugelfunktion abgeben wird.

Für den Fall der Kugelfunktion 6-ten Grades

$$P^6(p,x)=(p+5)(p+7)(p+9)x^6-15(p+5)(p+7)x^4+45(p+5)x^2-15 \quad (30)$$

ist die Kovariantenrelation (29) leicht direkt zu bestätigen. Die Berechnung der Invarianten A, B, C liefert nämlich das Resultat

$$\begin{aligned} A &= -2^2\cdot 3\cdot 5\,(p+5)(p+6)(p+7),\\ B &= 2^2\cdot 3\,(p+5)^3(p+7)(p+10)^2,\\ C &= -2^6\cdot 3^2(p+5)^4(p+6)(p+7)^2(p+10)^2, \end{aligned}$$

und es ist in der Tat

$$4AB-5C=0.$$

§ 9. Die Transformation einer Form mit allgemeinen Koeffizienten in die Kugelfunktion $P^n(p, x)$.

Sobald die Möglichkeit der Transformation einer allgemeinen Form in die spezielle Kugelfunktion nachgewiesen oder vorausgesetzt ist, bedarf es zur wirklichen Bewerkstelligung dieser Transformation der Kenntnis der quadratischen Form π. Als erster Versuch, dieselbe zu erlangen, würde die Benutzung der am Schlusse des § 7 angegebenen invarianten Relation

$$\pi^2 C_{(1)} + (\pi_0\pi_2 - \pi_1^2)\, C_{(2)} = 0$$

naheliegen. Wie bereits erwähnt, ist jedoch die Berechnung und Darstellung des Kovariantenpaares $C_{(1)}$ und $C_{(2)}$ durch übersichtliche Bildungen schon für die einfachsten Fälle mit so unbequemen Rechnungen verknüpft, daß dasselbe zu einer ausführbaren Darstellung der quadratischen Form π nicht verwendbar und daher einer genaueren Behandlung nicht würdig erscheint.

Um vielmehr auf einfacherem Wege unseren Zweck zu erreichen, kehren wir zur Betrachtung des Determinantensymbols (25) zurück. Wie aus der

---

Ausführlichkeit. Als einfachstes Beispiel der erwähnten Art ergibt sich die bekannte Kovariante

$$\begin{vmatrix} a_0 & 2a_1 & a_2 \\ a_1 & 2a_2 & a_3 \\ 0 & a_0 & a_1 \end{vmatrix} x^{3(n-2)} + \cdots = (3a_0a_1a_2 - a_0^2a_3 - 2a_1^3)\,x^{3(n-2)} + \cdots.$$

Bauart derartiger Determinantensymbole hervorgeht, verliert dasselbe durch die Unterdrückung der zweiten Horizontal- und der letzten Vertikalreihe nur seine Eigenschaft der Darstellbarkeit in der besonderen Gestalt (26), ohne seinen simultankovarianten Charakter einzubüßen. Das in vorgeschriebener Weise verkürzte Determinantensymbol lautet

$$\begin{vmatrix} 1 & \Delta^1 & \Delta^2 & \Delta^3 & \Delta^4 \\ D_\pi^2 & D_\pi^2\Delta^1 & D_\pi^2\Delta^2 & D_\pi^2\Delta^3 & D_\pi^2\Delta^4 \\ D_\tau & D_\tau\Delta^1 & D_\tau\Delta^2 & D_\tau\Delta^3 & D_\tau\Delta^4 \\ D_\tau D_\pi & D_\tau D_\pi\Delta^1 & D_\tau D_\pi\Delta^2 & D_\tau D_\pi\Delta^3 & D_\tau D_\pi\Delta^4 \\ D_\tau D_\pi^2 & D_\tau D_\pi^2\Delta^1 & D_\tau D_\pi^2\Delta^2 & D_\tau D_\pi^2\Delta^3 & D_\tau D_\pi^2\Delta^4 \end{vmatrix}.$$

Durch Anwendung desselben auf die Simultankovariante $S^{(1)}$ (22) und nach Einsetzung der schon früher benutzten Werte für die Elemente dieser Determinante lassen sich durch geeignete Kombination der Horizontalreihen die entsprechenden Vereinfachungen wie oben erzielen, so daß sich für die Determinante nach Unterdrückung des unwesentlichen Faktors π_0^4 die schließliche Gestalt (Gl. 31) ergibt. Um die gefundene Determinante (31) durch übersichtliche invariante Bildungen darzustellen, setzen wir an

$$\begin{aligned} \mathsf{T} &= \pi\Pi + [\pi_0\,\Delta\Theta - \mu\,\pi_1\,\Theta], \qquad (32) \\ &= \pi\Pi + \mu(\pi, \Theta)_1, \end{aligned}$$

wo

$$\mu = 5n - 22$$

bedeutet. Θ enthält nur die Differentialquotienten

$$P_0,\ P_1,\ P_2,\ P_3,\ P_4,\ P_5$$

und ist eine Kovariante vom Grade 5 in den Koeffizienten, vom Gewichte 11 und vom Grade μ in den Variablen. Wie man aus dem Formensystem der allgemeinen binären Form 5-ten Grades ersieht, existiert von der verlangten Art nur eine Kovariante, nämlich die erste Überschiebung, d. h. die Funktionaldeterminante der beiden Kovarianten i und j, also

$$(i, j)_1 = \begin{vmatrix} a_0 & a_1 & a_2 & a_3 & a_4 \\ a_1 & a_2 & a_3 & a_4 & a_5 \\ 0 & a_0 & 2a_1 & 3a_2 & 4a_3 \\ 0 & a_1 & 2a_2 & 3a_3 & 4a_4 \\ 0 & a_2 & 2a_3 & 3a_4 & 4a_5 \end{vmatrix} x^{\mu} + \cdots *$$

$$\mathsf{T} = \begin{vmatrix} (n-1)\pi_0P_2+p\pi_1P_1 & (n-2)\pi_0P_3+(p+2)\pi_1P_2 & (n-3)\pi_0P_4+(p+4)\pi_1P_3 & (n-4)\pi_0P_5+(p+6)\pi_1P_4 & (n-5)\pi_0P_6+(p+8)\pi_1P_5 \\ 0 & P_1 & 2P_2 & 3P_3 & 4P_4 \\ 0 & P_0 & 2P_1 & 3P_2 & 4P_3 \\ P_0 & P_1 & P_2 & P_3 & P_4 \\ (2n+p-2)P_1 & (2n+p-3)P_2 & (2n+p-4)P_3 & (2n+p-5)P_4 & (2n+p-6)P_5 \end{vmatrix}. \qquad (31)$$

* Vgl. S. 23 Anmerkung.

und daher

$$\Theta = c_0(i, j)_1 . \tag{33}$$

Π enthält die Differentialquotienten

$$P_0, P_1, P_2, P_3, P_4, P_5, P_6,$$

den letzten P_6 jedoch nur linear; außerdem ist Π eine Kovariante vom Grade 5 in den Koeffizienten, vom Gewicht 12, mithin vom Grade $\mu - 2$ in den Variablen. Bei ihrer Darstellung können daher außer den Kovarianten A und B* und der Form f selber nur noch die Kovarianten

$$i = (a_0 a_4 - 4 a_1 a_3 + 3 a_2^2) x^{2(n-4)} + \cdots,$$

$$j = \begin{vmatrix} a_0 & a_1 & a_2 \\ a_1 & a_2 & a_3 \\ a_2 & a_3 & a_4 \end{vmatrix} x^{3(n-4)} + \cdots,$$

$$(H, f)_6 = (a_0 a_2 a_6 - a_1^2 a_6 - 3 a_0 a_3 a_5 + 3 a_1 a_2 a_5 \\ + 2 a_0 a_4^2 - 3 a_2^2 a_4 - a_1 a_3 a_4 + 2 a_2 a_3^2) x^{3n-16} + \cdots$$

zur Verwendung kommen[1], und zwar in der Verbindung

$$\Pi = c_1 f B + c_2 i (H, f)_6 + c_3 j A . \tag{34}$$

Führen wir die Ausdrücke (33) und (34) für Θ und Π in (32) ein, so bestimmen sich die 4 Konstanten c_0, c_1, c_2, c_3 leicht dadurch, daß wir irgend 4 vorkommende Glieder, am bequemsten die Glieder

$$\pi_1 P_0^2 P_2 P_4 P_5, \quad \pi_0 P_0^2 P_2 P_4 P_6, \quad \pi_0 P_0^2 P_3^2 P_6, \quad \pi_0 P_0^2 P_2 P_5^2$$

auswählen, ihre Zahlenkoeffizienten sowohl in der Determinante (31) als auch in dem Kovarianten-Ausdrucke T (32) bestimmen und miteinander identifizieren. Auf diesem Wege findet man die allgemeinen Werte jener 4 Konstanten wie folgt:

$$\left.\begin{aligned} c_0 &= 3p + 4(n-1), \\ c_1 &= -10(n-4)(n-5)p - 4(n-4)(5n^2 - 39n + 68), \\ c_2 &= 5(n-2)(n-5)p + 2(n-1)(n-5)(5n-14), \\ c_3 &= -(n-5)(5n-8)p - 2(n-1)(5n^2 - 36n + 56). \end{aligned}\right\} \tag{35}$$

Die Bestimmung der quadratischen Form π wird nunmehr durch die Kovariante (32) ermöglicht, welche durch Identifikation mit Null bei der

---

* Vgl. S. 23 oben.

[1] Die etwa noch in Betracht zu ziehende Kovariante $(i, j)_2$, welche für die Form 5-ten Grades die bekannte lineare Kovariante abgibt, ist mit obigen Kovarianten durch die Relation

$$(i, j)_2 = j A - f B$$

verknüpft.

von uns benutzten Bezeichnungsweise eine lineare homogene Differentialgleichung für π darstellt. Das Integral derselben lautet nach bekannter Art

$$\pi = \Theta^{\frac{2}{\mu}} e^{\frac{2}{\mu}\int \frac{\Pi}{\Theta} dx}. \tag{36}$$

Die Faktorenzerlegung der Kovariante Θ vom Grade μ in den Variablen

$$\Theta = \text{const}\,(x - \alpha_1)(x - \alpha_2)\cdots(x - \alpha_\mu)$$

ermöglicht die Partialbruchentwickelung des unter dem Integralzeichen stehenden Bruches in der Form

$$\frac{\Pi}{\Theta} = \frac{\Pi(\alpha_1)}{\Delta\Theta(\alpha_1)}\,\frac{1}{x - \alpha_1} + \frac{\Pi(\alpha_2)}{\Delta\Theta(\alpha_2)}\,\frac{1}{x - \alpha_2}\cdots + \frac{\Pi(\alpha_\mu)}{\Delta\Theta(\alpha_\mu)}\,\frac{1}{x - \alpha_\mu}.$$

Die Benutzung dieser Relation gibt dem Ausdrucke (36) für π die Gestalt

$$\begin{aligned}\pi &= \Theta^{\frac{2}{\mu}}(x - \alpha_1)^{\frac{2}{\mu}\frac{\Pi(\alpha_1)}{\Delta\Theta(\alpha_1)}}(x - \alpha_2)^{\frac{2}{\mu}\frac{\Pi(\alpha_2)}{\Delta\Theta(\alpha_2)}}\cdots(x - \alpha_\mu)^{\frac{2}{\mu}\frac{\Pi(\alpha_\mu)}{\Delta\Theta(\alpha_\mu)}}\\ &= (x - \alpha_1)^{\frac{2}{\mu}\left\{\frac{\Pi(\alpha_1)}{\Delta\Theta(\alpha_1)}+1\right\}}(x - \alpha_2)^{\frac{2}{\mu}\left\{\frac{\Pi(\alpha_2)}{\Delta\Theta(\alpha_2)}+1\right\}}\cdots(x - \alpha_\mu)^{\frac{2}{\mu}\left\{\frac{\Pi(\alpha_\mu)}{\Delta\Theta(\alpha_\mu)}+1\right\}},\end{aligned} \tag{37}$$

womit zunächst die auch unmittelbar aus (32) ersichtliche Tatsache einleuchtet, daß die Kovariante Θ die quadratische Form π als Faktor enthalten muß. Nehmen wir demnach $x - \alpha_1$ und $x - \alpha_2$ als die beiden linearen Faktoren von π an, so liefert die Identifizierung der Potenzexponenten auf beiden Seiten der Gleichung (37) die folgenden Relationen

$$\left.\begin{aligned}\frac{\Pi(\alpha_1)}{\Delta\Theta(\alpha_1)} &= \frac{\mu}{2} - 1,\\ \frac{\Pi(\alpha_2)}{\Delta\Theta(\alpha_2)} &= \frac{\mu}{2} - 1,\\ \frac{\Pi(\alpha_3)}{\Delta\Theta(\alpha_3)} &= \quad - 1,\\ \frac{\Pi(\alpha_4)}{\Delta\Theta(\alpha_4)} &= \quad - 1,\\ \cdots&\cdots\cdots\\ \frac{\Pi(\alpha_\mu)}{\Delta\Theta(\alpha_\mu)} &= \quad - 1,\end{aligned}\right\} \tag{38}$$

aus denen durch Multiplikation für beliebige Werte von z die Identität

$$\prod_{i=1}^{i=\mu}\left\{z - \frac{\Pi(\alpha_i)}{\Delta\Theta(\alpha_i)}\right\} = (z+1)^{\mu-2}\left(z + 1 - \frac{\mu}{2}\right)^2 \tag{39}$$

entsteht. Das Produkt auf der linken Seite ist eine symmetrische Funktion der μ Wurzeln α_i, und zwar erscheinen die Koeffizienten sämtlicher Potenzen von z notwendigerweise als absolute Invarianten unserer Form f. Der hierin ausgesprochene Satz darf als Erweiterung des Hermiteschen Satzes[1] gelten

---

[1] SALMON: Algebra der linearen Transformationen § 250; im englischen Original 2. Auflage S. 301.

und gestattet in ähnlicher Weise wie dieser auch direkte Beweise seiner Richtigkeit, unter denen der einfachste auf der Benutzung der symbolischen Rechnungsart beruht. Bezeichnen nun

$$J_0,\ J_1,\ J_2,\ \ldots,\ J_\mu$$

die fraglichen Koeffizienten in der Entwickelung des Produktes (39), so ergibt die Vergleichung der Koeffizienten der Potenzen von z das folgende System von Invarianten-Kriterien für die Kugelfunktionen

$$\left.\begin{aligned} J_0 &= 1, \\ J_1 &= 0, \\ J_2 &= -\frac{1}{4}\mu(\mu-2), \\ &\ldots\ldots\ldots \\ J_\mu &= \frac{1}{4}(\mu-2)^2. \end{aligned}\right| \tag{40}$$

Die Gleichung

$$J_0 z^\mu + J_1 z^{\mu-1} + J_2 z^{\mu-2} \cdots + J_\mu = 0$$

mit Koeffizienten von absolut invariantem Charakter besitzt die allgemeine Wurzel

$$z_i = \frac{\Pi(\alpha_i)}{\Delta\Theta(\alpha_i)},$$

welche insofern selber als irrationale μ-deutige absolute Invariante der Form f aufzufassen ist. In dem für die Kugelfunktionen zutreffenden Falle des Statthabens des invarianten Bedingungssystems (40) nimmt jene irrationale Invariante z_i nicht μ, sondern nur 2 verschiedene Zahlenwerte, nämlich

$$\frac{\mu}{2} - 1 \quad \text{und} \quad -1$$

an, von denen der erste im Sinne der Gleichungen (38) den beiden Wurzelwerten von $\pi = 0$, der zweite den $\mu - 2$ übrigen Wurzelwerten von $\Theta = 0$ zugeordnet erscheint. Diese einfache und ohne Verleugnung des invarianten Prinzips gewonnene Unterscheidung der beiden Gruppen von Wurzelwerten

$$\alpha_1,\ \alpha_2 \quad \text{und} \quad \alpha_3,\ a_4,\ \ldots,\ \alpha_\mu$$

zeigt zugleich, den Sätzen der allgemeinen Gleichungstheorie entsprechend, die Möglichkeit und Methode einer rationalen Ausführung der Spaltung der Form Θ in die beiden Faktoren

$$(x-\alpha_1)(x-\alpha_2) \quad \text{und} \quad (x-\alpha_3)(x-\alpha_4)\cdots(x-\alpha_\mu).$$

Dem Obigen zufolge besitzen nämlich die beiden Gleichungen

$$\Theta = 0 \quad \text{und} \quad \frac{\Pi}{\Delta\Theta} = \frac{\mu}{2} - 1$$

2 und nur 2 gemeinsame Wurzeln α_1 und α_2 oder, um eine dem invarianten

Charakter der Frage angemessene Ausdrucksweise zu gebrauchen, die beiden Kovarianten

$$\Theta \quad \text{und} \quad \tau_0 \Pi + \frac{1}{2}\mu(\mu-2)(\tau, \Theta)_1, \tag{41}$$

wo τ eine beliebige lineare Form bedeutet, enthalten zwei und nur zwei gemeinsame lineare Faktoren $x - \alpha_1$ und $x - \alpha_2$. Die Ableitung des Produktes der letzteren

$$(x - \alpha_1)(x - \alpha_2) = \pi$$

ist daher in bekannter Weise durch rationale Operationen möglich. Mit der vollzogenen Darstellung der Form π ist unsere Aufgabe in ganzer Vollständigkeit erledigt:

Das Bestehen des invarianten Bedingungssystems (40) *ist notwendig und hinreichend, um in der angegebenen Weise die quadratische Form π als gemeinschaftlichen Faktor der beiden Kovarianten* (41) *ableiten zu können. Das Verschwinden der Simultankovariante $C(f, \pi)$* (24) *der Form f und der gefundenen quadratischen Form π ist fernerhin für die Möglichkeit der linearen Transformation der vorliegenden Form f in die Kugelfunktion $P^n(p, x)$* (15) *eine notwendige und hinreichende Bedingung*[1]. *Zugleich leistet dieselbe Substitution, welche die quadratische Form π in die speziellen Gestalten*

$$x_1^2 - x_2^2 \quad \text{resp.} \quad \xi_1 \xi_2$$

überführt, an der Form f die in Rede stehende Transformation in die spezielle Gestalt der Kugelfunktion

$$P^n(p, x) \ (15) \quad \text{resp.} \quad P(\xi) \ (18).$$

Zum Schlusse soll die im vorstehenden allgemein entwickelte Methode zur Bestimmung der quadratischen Form π durch wirkliche Aufstellung der in Frage kommenden Kovarianten für die Kugelfunktionen $P^5(p, x)$ und $P^6(p, x)$ durchgeführt und damit ihre Verwendbarkeit und verhältnismäßige Einfachheit gezeigt werden.

I. $n = 5,\ \mu = 5n - 22 = 3.$

$$\begin{aligned}
P^5(p, x) &= (p+5)(p+7)x^5 - 10(p+5)x^3 + 15x,\\
(i, j)_1 &= -2^5 \cdot 3^2 (p+5)^2 (p+8)(x^2 - 1),\\
(i, j)_2 &= 2^2 \cdot 3^2 (p+5)^2 (p+8)(3p+16)x.
\end{aligned}$$

[1] Die Hinzufügung dieser Forderung war nötig wegen der bisher von mir noch nicht beseitigten Unsicherheit betreffs der Frage, ob das Statthaben des Gleichungssystems (40) nicht schon allein als Bedingung für die Möglichkeit der in Rede stehenden Transformation hinreichend sei. Die Entscheidung hierüber dürfte von einer Diskussion des Resultates zu erwarten sein, welches sich aus der Substitution des Ausdruckes (36) für π in (24) ergibt.

Die Konstanten c_0, c_1, c_2, c_3 in (35) erhalten die Werte

$$\begin{aligned} c_0 &= \quad 3p + 16, \\ c_1 &= \quad 8, \\ c_2 &= \quad 0, \\ c_3 &= -8, \end{aligned}$$

durch deren Einführung die Kovarianten Θ und Π in folgender Gestalt erscheinen:

$$\begin{aligned} \Theta &= \quad (3p + 16)(i, j)_1, \\ \Pi &= \quad 8fB - 8jA \\ &= -8(i, j)_2.^* \end{aligned}$$

Infolgedessen nehmen die beiden Kovarianten (41) die Form an

$$\text{const}\,(x^2 - 1) \quad \text{und} \quad \text{const}\,\tau_0\,(x^2 - 1);$$

folglich

$$\pi = \text{const}\,(x^2 - 1).$$

In der Tat bestätigt auch die Rechnung

$$\left.\begin{aligned} \alpha_1 &= +1 \\ \alpha_2 &= -1 \end{aligned}\right\} \qquad \left[\frac{\Pi}{\Delta\Theta}\right] = \frac{1}{2}$$

$$\alpha_3 = \quad \infty \qquad \left[\frac{\Pi}{\Delta\Theta}\right] = -1.$$

II. $n = 6$, $\mu = 5n - 22 = 8$.

$$\begin{aligned} P^6(p, x) &= \quad (p+5)(p+7)(p+9)x^6 - 15(p+5)(p+7)x^4 \\ &\qquad + 45(p+5)x^2 - 15, \\ A &= -2^2 \cdot 3 \cdot 5(p+5)(p+6)(p+7), \\ B &= \quad 2^2 \cdot 3(p+5)^3(p+7)(p+10)^2, \\ i &= \quad 6(p+5)\{(p+5)(p+7)(p+8)x^4 + 2p(p+7)x^2 \\ &\qquad + (7p+40)\}, \\ j &= -2(p+5)^2(p+10)\{(p+5)(p+7)^2x^6 + 3(p+1)(p+7)x^4 \\ &\qquad + 9(p+7)x^2 - 9\}, \\ (H, f)_6 &= \quad 2^3 \cdot 3(p+5)^2(p+7)(p+10)\{(p+6)x^2 - 2\}, \\ (i, j)_1 &= \quad \varkappa(x^2 - 1)\{(p+5)(p+7)x^5 + 10(p+7)x^3 + 15x\}, \end{aligned}$$

wo zur Abkürzung

$$\varkappa = -2^5 \cdot 3^2(p+5)^3(p+4)(p+7)(p+10)$$

---

* Vgl. Anmerkung S. 26.

geschrieben ist. Die Konstanten c_0, c_1, c_2, c_3 erhalten die Werte

$$\begin{aligned} c_0 &= \quad 3p + 20, \\ c_1 &= -\; 4(5p + 28), \\ c_2 &= \quad 20(p + 8), \\ c_3 &= -\; 2(11p + 100), \end{aligned}$$

durch deren Einführung die Kovarianten Θ und Π die Gestalt annehmen

$$\Theta = \varkappa(3p + 20)(x^2 - 1)\{(p + 5)(p + 7)x^5 + 10(p + 7)x^3 + 15x\},$$

$$\Pi = \varkappa(3p + 20)\{(p + 5)(p + 7)x^6 + 5(p + 7)(p + 11)x^4 + 15(2p + 19)x^2 + 15\}.$$

Die beiden Kovarianten (41) werden mithin

$$\text{const}\; (x^2 - 1)((p + 5)(p + 7)x^5 + 10(p + 7)x^3 + 15x)$$

und

$$\text{const}\; (x^2 - 1)\{6\tau_1((p + 5)(p + 7)x^5 + 10(p + 7)x^3 + 15x) - 5\tau_0((p + 5)(p + 7)x^4 + 6(p + 7)x^2 + 3)\},$$

folglich

$$\pi = \text{const}\; (x^2 - 1).$$

Auch bestätigt in der Tat die Rechnung

$$\left.\begin{aligned} \alpha_1 &= +1 \\ \alpha_2 &= -1 \end{aligned}\right\} \left[\frac{\Pi}{\Delta\Theta}\right] = 3,$$

$$\left.\begin{aligned} \alpha_3 &= 0 \\ \alpha_4 &= \infty \\ \alpha_5 &= +\sqrt{-\frac{5}{p+5} + \frac{1}{p+5}\sqrt{\frac{10(p+10)}{p+7}}} \\ \alpha_6 &= -\sqrt{-\frac{5}{p+5} + \frac{1}{p+5}\sqrt{\frac{10(p+10)}{p+7}}} \\ \alpha_7 &= +\sqrt{-\frac{5}{p+5} - \frac{5}{p+5}\sqrt{\frac{10(p+10)}{p+7}}} \\ \alpha_8 &= -\sqrt{-\frac{5}{p+5} - \frac{1}{p+5}\sqrt{\frac{10(p+10)}{p+7}}} \end{aligned}\right\} \left[\frac{\Pi}{\Delta\Theta}\right] = -1.$$

§ 10. Schlußbetrachtung.

Die Paragraphen 7 bis 9 dürften die wesentlichsten Ergebnisse enthalten, welche aus der Anwendung der allgemeinen Entwicklungen des ersten Teiles dieser Arbeit auf die Kugelfunktion gewonnen werden können. In vorliegendem Schlußparagraphen möge es noch gestattet sein, in kurzen Worten diejenigen allgemeineren Gesichtspunkte hervorzuheben, welche zu dem oben erörterten besonderen Falle der Kugelfunktion durch naturgemäße Spezialisierung hinleiten.

Eine binäre Form f vom n-ten Grade wird gewissen, ihre Allgemeinheit beschränkenden Bedingungen unterworfen werden müssen, sobald eine andere ihr derart zugehörige Form φ vom m-ten Grade existieren soll, daß die gegenseitige i-te Überschiebung beider Formen

$$(f, \varphi)_i = (f\,\varphi)^i f_x^{n-i} \varphi_x^{m-i} \qquad \left(i < \frac{n+1}{2}\right)$$

identisch verschwindet[1]. Die fraglichen Bedingungen für die Form f werden invariante sein und im allgemeinen in Gestalt einer identisch verschwindenden Kovariante auftreten. Auch sind derartige Kovariantenkriterien unter Umständen einer übersichtlichen Darstellung fähig. Die beiden Fälle der ersten ($i = 1$) und der letzten Überschiebung ($i = m$) geben zu unmittelbar anschaulichen Deutungen Anlaß, und zwar auf Grund der beiden bekannten Sätze:

1. *Existiert für die Form f eine andere ihr derart zugehörige Form φ, daß die Funktionaldeterminante beider, nämlich*

$$(f, \varphi)_1 = (f\,\varphi) f_x^{n-1} \varphi_x^{m-1}$$

identisch verschwindet, so ist die Form f eine Potenz der Form φ.

2. *Existiert für die Form f eine ihr derart zugeordnete Form φ vom m-ten Grade, daß die m-te Überschiebung beider, nämlich*

$$(f, \varphi)_m = (f\,\varphi)^m f_x^{n-m}$$

identisch verschwindet, so ist die Form f (im allgemeinen) als Summe der n-ten Potenzen von m linearen Formen darstellbar. Die letzteren werden aus der Faktorenzerlegung der Form φ gewonnen.

Diesen beiden gekennzeichneten Fällen entspricht im Sinne invarianter Kriterien das identische Verschwinden der Bildungen resp.

1. der Kovarianten[2]:

$$\Delta^2 \overline{f_0^{\frac{n}{1}}}, \quad \Delta^3 \overline{f_0^{\frac{n}{2}}}, \quad \Delta^4 \overline{f_0^{\frac{n}{3}}}, \ldots,$$

2. der Katalektikant-Kovarianten:

$$\begin{vmatrix} f_0 & f_1 \\ f_1 & f_2 \end{vmatrix}, \quad \begin{vmatrix} f_0 & f_1 & f_2 \\ f_1 & f_2 & f_3 \\ f_2 & f_3 & f_4 \end{vmatrix}, \quad \begin{vmatrix} f_0 & f_1 & f_2 & f_3 \\ f_1 & f_2 & f_3 & f_4 \\ f_2 & f_3 & f_4 & f_5 \\ f_3 & f_4 & f_5 & f_6 \end{vmatrix} \ldots .$$

Bleiben wir jedoch bei der Funktion f selber noch nicht stehen, sondern betrachten wir deren Polaren in bezug auf einen bestimmten Punkt, so ge-

---

[1] Derartige Bedingungen spielen vielfach in neueren Untersuchungen über Apolarität usw. eine hervorragende Rolle.

[2] Vgl. Anmerkung S. 8.

langen wir bei Zugrundelegung der ersten Überschiebung über eine quadratische Form $\varphi = \pi$, d. h. für den einfachsten überhaupt in Betracht zu ziehenden Fall, nämlich

$$m = 2\,, \quad i = 1\,,$$

zu der allgemeinen Kugelfunktion $P^n(p, x)$ in der Gestalt (18). Von invariantentheoretischen Gesichtspunkten aus kann also eine Verallgemeinerung der Kugelfunktion nach zwei Seiten hin vorgenommen werden: einmal, indem wir der zugrunde gelegten Form φ einen höheren als den zweiten Grad erteilen und zweitens, indem wir eine höhere Überschiebung über φ als die erste zum Verschwinden bringen. Für die in Rede stehenden Polaren oder einseitigen Differentialquotienten solcher allgemeineren Formen f lassen sich in der Tat ähnliche Differentialgleichungen, d. h. verschwindende Derivanten aufstellen wie für die Kugelfunktionen selber. Als Beispiele mögen die beiden folgenden Fälle dienen:

I. $m = 3, \quad i = 2.$

$$F = (n' - 2)\,\varphi_0 P_3 - (2n' - p - 5)\,\varphi_1 P_2 + (n' - 2p - 4)\,\varphi_2 P_1 + (p + 1)\,\varphi_3 P_0 = 0\,.$$

II. $m = 3, \quad i = 1.$

$$F = (n' - 1)(n' - 2)\,\varphi_0 P_3 - (n' - 2p - 6)(n' - 1)\,\varphi_1 P_2 - (2n' - p - 3)(p + 2)\,\varphi_2 P_1 - (p + 1)(p + 2)\,\varphi_3 P_0 = 0\,,$$

worin p die Ordnung, n' den Grad der Polaren P bedeutet, also

$$P_0 = f_p \text{ und } n' = n - p\,.$$

Im ersten Falle ist die Derivante F vom Range $\nu = 1$; im zweiten vom Range $\nu = 2$. Allgemein wird der Rang der durch Polarisation entspringenden Derivante den Wert der Differenz

$$\nu = m - i$$

annehmen[1].

Das Gesagte genügt, um die Kugelfunktion als Spezialfall innerhalb einer umfassenderen Gattung von Formen zu kennzeichnen, deren Zusammenhang und Einheitlichkeit durch invariantentheoretische Gesichtspunkte Begründung erhält.

Zugleich sind durch obige Andeutungen eine Reihe allgemeinerer Fragen berührt, zu deren rationeller und erfolgreicher Behandlung die Prinzipien des ersten Teiles der vorstehenden Untersuchung ebenfalls geeignete Mittel bieten werden.

---

[1] Vgl. § 3.

2. Über die notwendigen und hinreichenden kovarianten Bedingungen für die Darstellbarkeit einer binären Form als vollständiger Potenz.

[Mathem. Annalen Bd. 27, S. 158—161 (1886).]

Die binäre Form $f_{(n)}$ vom Grade $n = \mu\nu$ sei die μ-te Potenz der Form $\varphi_{(\nu)}$ vom ν-ten Grade, so daß die Relation:

$$f_{(n)} = \varphi_{(\nu)}^{\mu}$$

besteht. Beide Seiten dieser Gleichung mögen in die $\frac{1}{\mu}$-te Potenz erhoben und darauf $\nu + 1$ mal nach der einen nicht homogenen Variabeln x differenziert werden. Da der Ausdruck $\varphi_{(\nu)}$ die Variable höchstens im Grade ν enthält, so folgt die Bedingung

$$\frac{d^{\nu+1} f_{(n)}^{\frac{1}{\mu}}}{d x^{\nu+1}} = 0, \tag{1}$$

deren Existenz somit jedenfalls für die Form $f_{(n)}$ als notwendig erscheint, damit dieselbe die μ-te Potenz einer Form $\varphi_{(\nu)}$ sein kann. Gehen wir nun umgekehrt von der Bedingung (1) aus, so ist klar, daß aus derselben durch $\nu + 1$fache Integration nach x eine Relation von der Gestalt

$$f_{(n)}^{\frac{1}{\mu}} = \psi_{\nu} \tag{2}$$

entspringt, worin $\psi_{(\nu)}$ eine unbestimmte binäre Form ν-ten Grades bedeutet, deren Koeffizienten nichts anderes als die $\nu + 1$ auftretenden Integrationskonstanten sind. Da somit in Gleichung (2) rechter Hand eine rationale Form steht, so gilt das gleiche von ihrer linken Seite, d. h. die Form $f_{(n)}$ ist notwendig infolge der bestehenden Bedingung (1) eine vollständige μ-te Potenz, wodurch sich das oben gefundene Kriterium (1) für die fragliche Darstellbarkeit der Form $f_{(n)}$ auch als ein hinreichendes erweist.

Es bleibt noch übrig, den gewonnenen Ausdruck linker Hand von (1) in seiner Eigenschaft als Kovariante der Form $f_{(n)}$ zu erkennen und demselben zugleich eine für die Berechnung geeignete Gestalt zu geben. Als Hilfsmittel hierfür bedarf es einiger allgemeiner Sätze, welche sich auf die Darstellbarkeit einer jeden invarianten Form als Funktion der einseitigen Derivierten ihrer Grundform beziehen. Führen wir nämlich für die einseitigen Differentialquotienten der Grundform $f_{(n)}$ nach der einen nicht homogenen Variablen x die Bezeichnungen ein:

$$f_0 = f_{(n)},$$
$$f_1 = \frac{(n-1)!}{n!} \frac{d f_{(n)}}{dx},$$
$$f_2 = \frac{(n-2)!}{n!} \frac{d^2 f_{(n)}}{dx^2},$$
$$\cdots\cdots\cdots$$
$$f_n = \frac{1}{n!} \frac{d^n f_{(n)}}{dx^n},$$

so gelten mit Benutzung der beiden abkürzenden Differentiationssymbole

$$D = f_0 \frac{\partial}{\partial f_1} + 2 f_1 \frac{\partial}{\partial f_2} + 3 f_2 \frac{\partial}{\partial f_3} + \cdots,$$
$$\Delta = n f_1 \frac{\partial}{\partial f_0} + (n-1) f_2 \frac{\partial}{\partial f_1} + (n-2) f_3 \frac{\partial}{\partial f_2} + \cdots$$

die folgenden für unseren Zweck erforderlichen Sätze[1]:

I. *Jede homogene und isobare Funktion C der Differentialquotienten* $f_0, f_1, f_2, \ldots, f_n$ *ist eine Invariante oder Kovariante der Form* $f_{(n)}$, *wenn sie der Differentialgleichung*

$$D C = 0$$

genügt.

II. *Die Quelle, d. h. das erste Glied dieser Kovariante, ergibt sich einfach, wenn wir in jenem Ausdrucke C die mit den bezüglichen Zahlenfaktoren multiplizierten Differentialquotienten* $f_0, f_1, f_2, \ldots, f_n$ *durch die entsprechenden Koeffizienten* $a_0, a_1, a_2, \ldots, a_n$ *der Grundform ersetzen.*

III. *Die Anwendung des Differentiationssymbols* Δ *auf eine homogene und isobare Funktion der einseitigen Derivierten* $f_0, f_1, f_2, \ldots, f_n$ *kommt einer Differentiation jener Funktion nach der einen nicht homogenen Variablen x gleich.*

IV. *Für wiederholte und abwechselnde Anwendung der beiden Differentiationssymbole D und* Δ *auf eine Funktion der bezeichneten Art gelten allgemein die Formeln:*

$$D^k \Delta^l = \Delta^l D^k + \binom{\chi + k - l}{1} \cdot l \cdot k \, \Delta^{l-1} D^{k-1}$$
$$+ \binom{\chi + k - l}{2} l(l-1) \cdot k(k-1) \, \Delta^{l-2} D^{k-2} + \cdots, \qquad \text{(3a)}$$

$$\Delta^l D^k = D^k \Delta^l + \binom{l - k - \chi}{1} \cdot l \cdot k \, D^{k-1} \Delta^{l-1}$$
$$+ \binom{l - k - \chi}{2} l(l-1) \cdot k(k-1) \, D^{k-2} \Delta^{l-2} + \cdots, \qquad \text{(3b)}$$

[1] Betreffs der Begründung und ausführlichen Behandlung derselben sei auf meine Inauguraldissertation „*Über die invarianten Eigenschaften spezieller binärer Formen, insbesondere der Kugelfunktionen*" § I und § II verwiesen; siehe auch Abh. 4 in diesem Band.

worin χ den mit n multiplizierten Grad der fraglichen Funktion in den f, vermindert um ihr doppeltes Gewicht, bedeutet.

Was nun unser Kriterium (1) anbetrifft, so nimmt zunächst die linke Seite desselben nach III die Gestalt an:

$$\Delta^{\nu+1} f_0^{\frac{1}{\mu}}. \tag{4}$$

Dieser Ausdruck reduziert sich nach einmaliger Anwendung des Symboles D unter Benutzung der Formel (3a) in IV auf Null wegen

$$D\Delta^{\nu+1} f_0^{\frac{1}{\mu}} = \Delta^{\nu+1} D f_0^{\frac{1}{\mu}} + \binom{0}{1} \Delta^{\nu} f_0^{\frac{1}{\mu}} = 0$$

und ist dadurch nach I als Kovariante der Grundform $f_{(n)}$ legitimiert. Schließlich ist offenbar, daß wir die gebrochenen und irrationalen Bestandteile des Ausdruckes (4) nachträglich durch einfache Multiplikation desselben mit $f_0^{\nu-\frac{1}{\mu}+1}$ in Wegfall bringen, ohne dabei den invarianten Charakter des Ausdruckes oder seine Eigenschaft als notwendiges und hinreichendes Kriterium für die fragliche Darstellbarkeit der Form $f_{(n)}$ zu beeinträchtigen. Führen wir daher die Bezeichnung ein:

$$C_\nu = f_0^{\nu-\frac{1}{\mu}+1} \Delta^{\nu+1} f_0^{\frac{1}{\mu}}, \qquad \nu\mu = n, \tag{5}$$

so können wir das gewonnene Resultat wie folgt zusammenfassen:

Das identische Verschwinden der Kovariante C_ν (5), welche in den Koeffizienten der Grundform $f_{(n)}$ den Grad $\nu + 1$, das nämliche Gewicht $\nu + 1$, mithin in den Variabeln den Grad $(n-2)(\nu+1)$ besitzt, liefert die notwendige und hinreichende Bedingung für die Darstellbarkeit der Form $f_{(n)}$ vom Grade $n = \mu\nu$ als vollständige μ-te Potenz einer Form $\varphi_{(\nu)}$ ν-ten Grades.

Es bleibt noch übrig, die gewonnene Kovariante C_ν für die ersten Fälle mittels ihrer Definitionsgleichung (5) wirklich auszuwerten und durch bekannte und übersichtliche kovariante Bildungen darzustellen. Wir erhalten nach Unterdrückung unwesentlicher Zahlenfaktoren für $\nu = 1, 2, 3, 4$ die einfachen Werte

$$C_1 = H, \qquad C_3 = 3(2n-3)H^2 - (n-2)A f_{(n)}^2,$$
$$C_2 = T, \qquad C_4 = 4(3n-4)HT - (n-3)B f_{(n)}^2,$$

worin die Bezeichnungen gelten:

$$\begin{aligned}
f_{(n)} &= a_0 x^n + \binom{n}{1} a_1 x^{n-1} + \cdots + a_n = a_x^n = b_x^n = c_x^n,\\
H &= (a_0 a_2 - a_1^2) x^{2n-4} + \cdots = \tfrac{1}{2}(ab)^2 a_x^{n-2} b_x^{n-2},\\
T &= (a_0^2 a_3 - 3 a_0 a_1 a_2 + 2 a_1^3) x^{3(n-2)} + \cdots = (ab)^2 (bc) a_x^{n-2} b_x^{n-3} c_x^{n-1},\\
A &= (a_0 a_4 - 4 a_1 a_3 + 3 a_2^2) x^{2(n-4)} + \cdots = \tfrac{1}{2}(ab)^4 a_x^{n-4} b_x^{n-4},\\
B &= (a_0^2 a_5 - 5 a_0 a_1 a_4 + 2 a_0 a_2 a_3 + 8 a_1^2 a_3 - 6 a_1 a_2^2) x^{3n-10} + \cdots\\
&= (ab)^4 (ac) a_x^{n-5} b_x^{n-4} c_x^{n-1}.
\end{aligned}$$

Die für $\nu = 1$ und $\nu = 2$ gewonnenen Resultate stimmen sehr gut mit der bekannten Tatsache überein, der zufolge das identische Verschwinden der Hesseschen Kovariante H die Darstellbarkeit der Form $f_{(n)}$ als n-te Potenz einer linearen Form und das identische Verschwinden der Kovariante T für die biquadratische Form die Ausartung derselben in ein Quadrat einer quadratischen Form bedingt.

Der Zweck dieser Note liegt zugleich darin, gelegentlich eines so einfachen und greifbaren Beispieles, wie das behandelte ist, auf die Brauchbarkeit desjenigen bisher verborgenen Verfahrens hinzuweisen, welches durch die vier oben kurz mitgeteilten Sätze an die Hand gegeben wird und vorwiegend dazu geeignet erscheint, in naturgemäßer Weise die gebrochenen und irrationalen algebraischen Gebilde der invariantentheoretischen Forschung zugänglich zu machen.

Leipzig, den 30. November 1885.

3. Über einen allgemeinen Gesichtspunkt für invariantentheoretische Untersuchungen im binären Formengebiete[1].

[Mathem. Annalen Bd. 28, S. 381–446 (1887).]

Die Theorie der algebraischen Invarianten hat sich vorzugsweise bei Untersuchungen im *binären* Variablengebiete zu bewähren, wo noch die Gruppe aller linearen Transformationen der Variablen den fundamentalen Begriff der allgemeinsten umkehrbar-eindeutigen Zuordnung vollkommen erschöpft. Von den einfachsten Grundlagen ausgehend, hat sich auch in der Tat gerade die Invariantentheorie der *binären* Formen zu einer umfangreichen Disziplin entwickelt, deren Lehren in verschiedene Gebiete der Analysis und Geometrie eingreifen. Sehen wir jedoch von allen Anwendungen ab, so machen sich in der einschlägigen Literatur zwei verschieden geartete Tendenzen geltend, denen entsprechend eine Einteilung sämtlicher in Frage kommender Probleme in zwei umfassende Kategorien zweckmäßig erscheint. Die *erste* Kategorie trägt einen mehr zahlentheoretisch-formalen Charakter, indem sie alle diejenigen Untersuchungen und Fragestellungen umfaßt, welche sich auf Anzahl, Grad und Ordnung der invarianten Bildungen sowie auf Struktur und Herstellung vollständiger Formensysteme beziehen. Die gekennzeichnete Klasse von Problemen findet die notwendige Ergänzung in der *zweiten* Kategorie, deren Tendenzen vorzugsweise auf die Erforschung der analytischen Natur und Bedeutung der invarianten Bildungen gerichtet sind. Das Studium der letzteren ist hier nicht ausschließlich Selbstzweck, sondern zugleich ein gefügiges und rationelles Mittel zu allgemeineren Untersuchungen im binären Formengebiete. Zur zweiten Kategorie gehören alle Untersuchungen über Kanonisierung und andere Darstellungen binärer Formen als Kovarianten oder Kombinanten, über Ermittlung und Deutung invarianter Kriterien, über auftretende Ausartungen binärer Formen, sowie alle Fragen in bezug auf Formen und Formensysteme spezialisierten Charakters. Während nun den Problemen erster Kategorie zwei ausgebildete Methoden, nämlich die „symbolische" von Clebsch und die „abzählende" von Sylvester zur Verfügung

---

[1] Die nachfolgende Untersuchung wurde vom Verfasser im Juni 1886 der philosophischen Fakultät zu Königsberg i. Pr. als Habilitationsschrift vorgelegt. — Vgl. übrigens eine vorläufige Mitteilung in den sächsischen Berichten vom 7. Dezember 1885.

stehen, erfreuen sich diese Methoden in ihrer Anwendung auf Probleme der zweiten Kategorie keiner gleich allgemeinen Erfolge. Dementsprechend sind bisher meist nur vereinzelte und spezielle, wenn auch an sich hochinteressante Fragen aus dem Bereiche der zweiten Kategorie zur Behandlung gelangt, und es dürfte bei der Bedeutsamkeit und Mannigfaltigkeit der sich aufdrängenden Fragen ein umfassenderer Gesichtspunkt not tun.

Für die Inangriffnahme von Problemen der letzteren Art bieten sich von vornherein zwei mögliche Wege, je nachdem wir für vorgeschriebene Ausartungen des Grundformensystems nach den notwendigen Kriterien fragen oder umgekehrt unter Annahme der Existenz gewisser invarianter Relationen durch Beschreibung der entsprechenden Ausartung des Grundformensystems nach einer Deutung für jene Relationen suchen. Wie nun die bisher der Untersuchung zugänglichen Einzelfälle bestätigen, geben im allgemeinen einfache an eine Grundform gestellte Anforderungen, wie z. B. die Forderung einer Doppelwurzel, keineswegs zu übersichtlichen invarianten Bildungen Anlaß, während umgekehrt das identische Verschwinden einfacher Kovarianten, wie z. B. einer bestimmten Überschiebung der Grundform über sich selber, nur selten eine einfache Deutung für jene Grundform gestattet. Um in diese eigentümlichen Verhältnisse und ihren analytischen Zusammenhang einen Einblick zu erhalten, sowie zugleich für eine ausgedehnte Reihe darauf bezüglicher Fragen ein Untersuchungsmittel zu gewinnen, erscheint *die systematische Behandlung einer gewissen allgemeinen Gattung irrationaler Invarianten und Kovarianten des Grundformensystems* notwendig.

Zu der erwähnten Gattung irrational-invarianter Bildungen führen naturgemäß und unmittelbar die folgenden Überlegungen. Das vorgelegte Grundformensystem bestehe aus den binären Formen $f_1, f_2, f_3, \ldots$ in bestimmter Anzahl und von vorgeschriebenen Ordnungen. Um dasselbe zu der Gesamtheit aller binären Formen von beliebiger Ordnung in invariante Beziehung zu bringen, fingieren wir als allgemeinsten Repräsentanten jener Gesamtheit eine völlig willkürliche Form φ und gelangen von dieser schrittweise unter ausschließlicher Benutzung der einfachsten invarianten Prozesse zu simultanen Bildungen zusammengesetzterer Art, indem wir wie folgt operieren. Wir ordnen zunächst die Formen des vorgelegten Systems $f_1, f_2, f_3, \ldots$ in eine bestimmte Reihenfolge mit beliebig gestatteter Wiederholung etwa: $f_{q_1}, f_{q_2}, \ldots, f_{q_\varkappa}$ und erteilen denselben in dieser Anordnung gewisse Überschiebungszahlen resp. $i_1, i_2, \ldots, i_\varkappa$ zu. Die gemachten Festsetzungen genügen zur Definition der Überschiebungen

$$\left.\begin{aligned} (f_{q_1}, \varphi)_{i_1} &= \varphi_1\,, \\ (f_{q_2}, \varphi_1)_{i_2} &= \varphi_2\,, \\ \cdots&\cdots \\ (f_{q_\varkappa}, \varphi_{\varkappa-1})_{i_\varkappa} &= \varphi_\varkappa\,. \end{aligned}\right| \tag{1}$$

Bezeichnen wir nun die Ordnungen der vorgelegten Formen, der Reihenfolge $f_{q_1}, f_{q_2}, \ldots, f_{q_\varkappa}$ entsprechend, mit $n_1, n_2, \ldots, n_\varkappa$, und die Ordnungen der fingierten Form φ resp. der abgeleiteten Formen $\varphi_1, \varphi_2, \ldots, \varphi_\varkappa$ mit ν resp. $\nu_1, \nu_2, \ldots, \nu_\varkappa$, so bestehen zwischen diesen Zahlen die Relationen

$$\begin{aligned} n_1 - 2\,i_1 &= \nu_1 - \nu\,, \\ n_2 - 2\,i_2 &= \nu_2 - \nu_1\,, \\ &\cdots\cdots\cdots \\ n_\varkappa - 2\,i_\varkappa &= \nu_\varkappa - \nu_{\varkappa-1}\,. \end{aligned}$$

Soll demnach die Ordnung $\nu_\varkappa$ der Form $\varphi_\varkappa$ mit der Ordnung ν der Ausgangsform φ übereinstimmen, so ergibt sich dafür durch Addition obiger Gleichungen die von der Gradzahl ν unabhängige Bedingung

$$n_1 + n_2 + \cdots + n_\varkappa = 2(i_1 + i_2 + \cdots + i_\varkappa) \tag{2}$$

als hinreichend; d. h.: *Sind für eine gewisse Reihenfolge der Formen unseres Systems die Überschiebungszahlen $i_1, i_2, \ldots, i_\varkappa$, der Bedingung* (2) *entsprechend, gewählt, so charakterisieren jene Zahlen auf Grund unseres obigen Verfahrens eine bestimmte Transformation des gesamten Formenvorrates φ in dem Sinne, daß jede Form φ unter Vermittelung des linear zugeordneten Formenkreises $\varphi_1, \varphi_2, \ldots, \varphi_{\varkappa-1}$ schließlich in eine Form $\varphi_\varkappa$ von gleicher Ordnung übergeht.*

Wollen wir die Deutung einer binären Form ν-ter Ordnung als Punkt eines ν-fach ausgedehnten Raumes benutzen, so haben wir uns $\varkappa$ Räume $R, R_1, R_2, \ldots, R_{\varkappa-1}$ von der Dimensionenzahl resp. $\nu, \nu_1, \nu_2, \ldots, \nu_{\varkappa-1}$ vorzustellen. Jedem Punkte im Raume R, wie er durch die Form φ festgelegt ist, erscheint vermöge der Formeln (1) ein bestimmter Punkt φ_1 im Raume R_1, dem letzteren wieder ein weiterer Punkt φ_2 im Raume R_2 linear zugeordnet usw. Interpretieren wir die schließlich gewonnene Form $\varphi_\varkappa$ wieder als Punkt in dem ursprünglichen Raume R, so führt jene Kette von Zuordnungen zu einer Kollineation im Raume R, und bei weiterer Fortsetzung der Operation ist leicht ersichtlich, wie auch für jeden der anderen Räume eine entsprechende Kollineation zustande kommt. Unsere Aufgabe läuft nun im wesentlichen auf die Untersuchung dieser Kollineationen und ihrer Fundamentalgebilde, d. h. derjenigen Punkte, Geraden, Ebenen usw. hinaus, welche bei der Ausführung jener Kollineationen in sich übergehen.

Kehren wir zur analytischen Fassung unseres Problems zurück, so handelt es sich in erster Linie um die Herstellung und Charakterisierung aller solcher Formen, Formenbüschel, Formenbündel φ usw., welche die Eigenschaft besitzen, sich nach $\varkappa$-maliger Wiederholung des oben beschriebenen invarianten Prozesses zu reproduzieren. Die Irrationalität der fraglichen Gebilde zeigt sich von der Lösung gewisser determinierender Gleichungen abhängig, deren Koeffizienten rationale Invarianten des Grundformensystems sind. In den

Wurzeln der erwähnten determinierenden Gleichungen erkennen wir eine allgemeine Gattung *irrationaler Invarianten*, während jene Fundamentalgebilde selber ein zugehöriges System *irrationaler Kovarianten* bestimmen. Die folgende Untersuchung begründet in eingehenderer Weise, wie die Diskussion dieser irrational-invarianten Gebilde als Mittel zum Studium des vorgelegten Grundformensystems dient.

Nach vorausgeschickter Kennzeichnung des allgemeinen Problems erscheint es als eine naturgemäße Spezialisierung desselben, wenn wir uns zunächst *mit dem Falle nur einer Grundform und einmaliger Überschiebung* eingehend beschäftigen. Beschränken wir demzufolge die charakteristische Anzahl $\varkappa$ des allgemeinen Falles auf die Einheit, so nimmt die allgemeine Bedingung (2) die einfache Gestalt

$$n = 2i \tag{3}$$

an, worin n die, wie man sieht, notwendig gerade vorauszusetzende Ordnung der vorgelegten binären Grundform f, und i die zur Verwendung gelangende Überschiebungszahl bedeutet. Die durch Spezialisierung des Formelsystems (1) hervorgehende Relation

$$(f, \varphi)_i = \psi$$

liefert dann die Definitionsgleichung einer Transformation, vermöge welcher irgendeine Form φ aus dem gesamten Formenvorrate in eine Form gleicher Ordnung ψ übergeführt wird. Unseren früheren allgemeinen Auseinandersetzungen zufolge entsteht in erster Linie die Frage nach denjenigen Formen φ von der Ordnung ν, welche die Eigenschaft besitzen, sich nach ihrer i-ten Überschiebung über die gegebene Grundform f bis auf einen konstanten Faktor λ ungeändert zu reproduzieren, so daß die Identität

$$(f, \varphi)_i = \lambda \varphi \tag{4}$$

gilt. Damit ist der eigentliche Ausgangspunkt für die nachfolgenden Betrachtungen gewonnen, in deren weiterem Verlaufe sich das eingehende Studium jenes Formensystems φ als ein rationelles Forschungsmittel im Gebiete der binären Formen gerader Ordnung bewährt findet.

§ 1. Die determinierende Gleichung und ihre Diskussion.

Unsere vorgelegte Grundform f und andererseits unser Formenrepräsentant φ mögen in ausführlicher Schreibart wie folgt lauten:

$$f = a_0 x_1^n + \binom{n}{1} a_1 x_1^{n-1} x_2 + \binom{n}{2} a_2 x_1^{n-2} x_2^2 + \cdots + a_n x_2^n,$$

$$\varphi = \alpha_0 x_1^\nu + \binom{\nu}{1} \alpha_1 x_1^{\nu-1} x_2 + \binom{\nu}{2} \alpha_2 x_1^{\nu-2} x_2^2 + \cdots + \alpha_\nu x_2^\nu.$$

Die nunmehrige Fragestellung verlangt die Übereinstimmung sämtlicher $\nu + 1$ Koeffizienten für die beiden Seiten der Formel (4), und somit zerfällt die Bedingung (4) in $\nu + 1$ Bedingungsgleichungen für die $\nu + 1$ nicht homogenen Unbekannten

$$\frac{\alpha_1}{\alpha_0}, \quad \frac{\alpha_2}{\alpha_0}, \ldots, \frac{\alpha_\nu}{\alpha_0}, \quad \lambda,$$

worin sich von vornherein die Widerspruchsfreiheit und Bestimmtheit des Problems offenbart: *Im allgemeinen existiert für jede Ordnung* $\nu \geqq i$, *d. h.* $\geqq \frac{n}{2}$ *ein bestimmtes Formensystem* φ, *welches der Grundform* f *im Sinne der Gleichung* (4) *zugehört.*

Die $\nu + 1$ aus Formel (4) durch Vergleichung der Koeffizienten beider Seiten erwachsenden Bedingungsgleichungen benutzen wir zunächst dazu, um aus ihnen die $\nu + 1$ homogenen, linear auftretenden unbekannten Koeffizienten der Form φ:

$$\alpha_0, \; \alpha_1, \ldots, \alpha_\nu$$

zu eliminieren, wodurch sich die determinierende Gleichung

$$\Delta(\lambda) = 0 \tag{5}$$

ergibt. Wie durch das in Klammern beigefügte Argument λ angedeutet werden soll, enthält die Determinante linker Hand außer den Koeffizienten der gegebenen Grundform f nur noch die Unbekannte λ, und zwar ausschließlich linear in den Elementen einer Diagonale, also im Grade $\nu + 1$. Da der Koeffizient dieser höchsten Potenz von λ einen bestimmten, von Null verschiedenen Zahlenwert annimmt, so ist es unter keinen Umständen möglich, daß die gefundene Determinante identisch für alle Werte λ verschwindet. Es gilt ferner allgemein der Satz:

Die Determinante $\Delta(\lambda)$ *besitzt gegenüber den linearen Transformationen der Grundform* f *einen invarianten Charakter, d. h. nach ihrer Entwicklung sind sämtliche Koeffizienten der Potenzen von* λ *Invarianten der Grundform* f.

Der Beweis dieses Satzes in seiner vollen Allgemeinheit gestaltet sich am einfachsten, wenn wir im Hinblick auf Formel (4) die Bedeutung und Entstehungsweise der Determinante $\Delta(\lambda)$ zur Geltung bringen. Vermöge der linearen Substitution

$$x_1 = \alpha x_1' + \beta x_2',$$
$$x_2 = \gamma x_1' + \delta x_2'$$

mit der Substitutionsdeterminante

$$\varrho = \alpha\delta - \beta\gamma$$

führen wir die Formen f und φ simultan in die Gestalten f' und φ' über und erhalten dann auf Grund der simultankovarianten Natur des Gebildes $(f, \varphi)_i$ die Relation

$$(f, \varphi)_i - \lambda\varphi = \varrho^{-i}(f', \varphi')_i - \lambda\varphi' = \varrho^{-i}\{(f', \varphi')_i - \varrho^i\lambda\varphi'\},$$

welche zu den folgenden Betrachtungen Anlaß gibt: Vermöge der beliebig zu wählenden Transformationskonstanten α, β, γ, δ entspricht jedem Formenpaare f, φ mit der Eigenschaft (4) für ein bestimmtes λ ein anderes Formenpaar f', φ' mit der analogen Eigenschaft

$$(f', \varphi')_i = \lambda'\varphi'$$

für ein $\lambda' = \varrho^i\lambda$. Ist also λ in dem fraglichen Sinne eine der Grundform f zugeordnete Konstante, so findet dieselbe Zuordnung zwischen der Konstanten $\lambda' = \varrho^i\lambda$ und der Form f' statt, und umgekehrt. Das Bestehen einer solchen Zugehörigkeit von f und λ ist nun nach dem Bisherigen an die einzige Bedingung des Verschwindens der Determinante $\Delta(\lambda)$ geknüpft. Da mit der Erfüllung dieser Bedingung auch gleichzeitig die Zugehörigkeit von f' und λ' in dem fraglichen Sinne statthaben soll, so wird notwendig die in den Koeffizienten der transformierten Form f' gebildete Determinante $\Delta'(\lambda')$ mit der ursprünglichen bis auf eine von Null verschiedene Konstante C übereinstimmen müssen, also

$$\Delta'(\lambda') = \Delta'(\varrho^i\lambda) = C\,\Delta(\lambda).$$

Die Konstante C finden wir durch Vergleichung der Koeffizienten von $\lambda^{\nu+1}$ gleich der $i(\nu+1)$-ten Potenz von ϱ und haben somit die Beziehung

$$\Delta'(\varrho^i\lambda) = \varrho^{i(\nu+1)}\Delta(\lambda),$$

welche nichts anderes als unseren obigen Satz zum Ausdruck bringt. Zugleich bemerken wir, *daß λ als Wurzel der determinierenden Gleichung* (5) *mit invarianten Koeffizienten selber eine irrationale Invariante der Grundform f vom Gewichte i darstellt.* Für die Entwicklung der Determinante $\Delta(\lambda)$ nach Potenzen von λ gilt der Ansatz

$$\Delta(\lambda) = J_0\lambda^{\nu+1} + J_1\lambda^{\nu} + J_2\lambda^{\nu-1} + \cdots + J_{\nu+1}.$$

Hierin bedeutet J_0 eine von Null verschiedene Zahl; J_1 muß sich bei der Unmöglichkeit rationaler linearer Invarianten auf Null reduzieren, während J_2 der einzig existierenden quadratischen Invariante $(f, f)_n$ proportional ausfällt. Die folgenden Koeffizienten $J_3, J_4, \ldots, J_{\nu+1}$ sind Invarianten resp. vom Grade $3, 4, \ldots, \nu+1$ in den Koeffizienten der Grundform f.

Die Determinante $\Delta(\lambda)$ besitzt jedoch noch andere bemerkenswerte Eigenschaften, zu deren Erforschung ein näheres Eingehen auf ihren Bau erforderlich ist. Wir schreiben zu dem Zwecke die i-te gegenseitige Überschiebung der beiden Formen f und φ in der Gestalt

$$(f,\varphi)_i = \sum_{\sigma=0}^{\sigma=\nu}\{(-1)^\nu k_0^\sigma a_{i+\sigma-\nu}\alpha_\nu + (-1)^{\nu-1} k_1^\sigma a_{i+\sigma-\nu+1}\alpha_{\nu-1} + \cdots + k_\nu^\sigma a_{i+\sigma}\alpha_0\}\, x_1^{\nu-\sigma} x_2^\sigma,$$

worin die mit oberem und unterem Index versehenen Buchstaben k die bezüglichen Zahlenkoeffizienten der ausgeführten Simultankovariante bedeuten. Die Determinante wird dann

$$\Delta(\lambda) = \begin{vmatrix} k_0^0 a_{i-\nu}, & k_1^0 a_{i-\nu+1}, & \ldots, & k_{\nu-1}^0 a_{i-1}, & k_\nu^0 a_i - \lambda \\ k_0^1 a_{i-\nu+1}, & k_1^1 a_{i-\nu+2}, & \ldots, & k_{\nu-1}^1 a_i + \binom{\nu}{1}\lambda, & k_\nu^1 a_{i+1} \\ \cdot\;\cdot\;\cdot & \cdot\;\cdot\;\cdot & \cdot\;\cdot\;\cdot & \cdot\;\cdot\;\cdot & \cdot\;\cdot\;\cdot \\ \cdot\;\cdot\;\cdot & \cdot\;\cdot\;\cdot & \cdot\;\cdot\;\cdot & \cdot\;\cdot\;\cdot & \cdot\;\cdot\;\cdot \\ k_0^\nu a_i - (-1)^\nu \lambda, & k_1^\nu a_{i+1}, & \ldots, & k_{\nu-1}^\nu a_{i+\nu-1}, & k_\nu^\nu a_{i+\nu} \end{vmatrix}. \tag{6}$$

Doch leiten wir zuvor einige eigentümliche Beziehungen zwischen den Zahlen k durch Benutzung der symbolischen Darstellungsweise der Kovariante $(f,\varphi)_i$ ab, indem wir unter Bezugnahme auf die Relation (3) setzen:

$$\begin{aligned}(f,\varphi)_i &= (a\alpha)^i a_x^i \alpha_x^{\nu-i} = \sum_{\sigma=0}^{\sigma=\nu}\sum_{\varrho=0}^{\varrho=\nu}(-1)^{\nu-\varrho} k_\varrho^\sigma a_{i+\sigma-\nu+\varrho}\alpha_{\nu-\varrho} x_1^{\nu-\sigma} x_2^\sigma \\ &= (a_1\alpha_2 - a_2\alpha_1)^i (a_1 x_1 + a_2 x_2)^i (\alpha_1 x_1 + \alpha_2 x_2)^{\nu-i} \\ &= \sum_{\sigma=0}^{\sigma=\nu}\sum_{\varrho=0}^{\varrho=\nu}(-1)^{\nu-\varrho} k_\varrho^\sigma a_1^{i-\sigma+\nu-\varrho} a_2^{i+\sigma-\nu+\varrho}\alpha_1^\varrho \alpha_2^{\nu-\varrho} x_1^{\nu-\sigma} x_2^\sigma. \end{aligned} \tag{7}$$

Die letztere Gleichung (7) wird offenbar in ihrer Gültigkeit nicht beeinträchtigt, wenn man in ihr der Reihe nach folgende beide Vertauschungen vornimmt. Erstens setzen wir für a_1, α_1, x_1 die Zeichen resp. a_2, α_2, x_2 und umgekehrt, wodurch sich ergibt:

$$\begin{aligned}&(-1)^i (a_1\alpha_2 - a_2\alpha_1)^i (a_1 x_1 + a_2 x_2)^i (\alpha_1 x_1 + \alpha_2 x_2)^{\nu-i} \\ &= \sum_{\sigma=0}^{\sigma=\nu}\sum_{\varrho=0}^{\varrho=\nu}(-1)^{\nu-\varrho} k_\varrho^\sigma a_1^{i+\sigma-\nu+\varrho} a_2^{i-\sigma+\nu-\varrho}\alpha_1^{\nu-\varrho}\alpha_2^\varrho x_1^\sigma x_2^{\nu-\sigma} \\ &= \sum_{\sigma=0}^{\sigma=\nu}\sum_{\varrho=0}^{\varrho=\nu}(-1)^{\varrho} k_{\nu-\varrho}^{\nu-\sigma} a_1^{i-\sigma+\nu-\varrho} a_2^{i+\sigma-\nu+\varrho}\alpha_1^\varrho\alpha_2^{\nu-\varrho} x_1^{\nu-\sigma} x_2^\sigma. \end{aligned}$$

Die ursprüngliche Gleichung (7) liefert aber nach ihrer Multiplikation mit $(-1)^i$:

$$\begin{aligned}&(-1)^i (a_1\alpha_2 - a_2\alpha_1)^i (a_1 x_1 + a_2 x_2)^i (\alpha_1 x_1 + \alpha_2 x_2)^{\nu-i} \\ &= \sum_{\sigma=0}^{\sigma=\nu}\sum_{\varrho=0}^{\varrho=\nu}(-1)^{i+\nu-\varrho} k_\varrho^\sigma a_1^{i-\sigma+\nu-\varrho} a_2^{i+\sigma-\nu+\varrho}\alpha_1^\varrho\alpha_2^{\nu-\varrho} x_1^{\nu-\sigma} x_2^\sigma. \end{aligned}$$

Durch Vergleichung der Koeffizienten in beiden Doppelsummen erhalten wir für die Zahlen k die allgemeine Relation

$$k_{\nu-\varrho}^{\nu-\sigma} = (-1)^{i+\nu} k_\varrho^\sigma. \tag{8}$$

Zweitens werde in der ursprünglichen Gleichung (7) α_1 in $-x_2$, α_2 in x_1 und umgekehrt x_2 in $-\alpha_1$, x_1 in α_2 umgewandelt; dann ist

$$(-1)^{\nu-i}(a_1 x_1 + a_2 x_2)^i (a_1 \alpha_2 - a_2 \alpha_1)^i (\alpha_1 x_1 + \alpha_2 x_2)^{\nu-i}$$
$$= \sum_{\sigma=0}^{\sigma=\nu} \sum_{\varrho=0}^{\varrho=\nu} (-1)^{\nu+\sigma} k_\varrho^\sigma a_1^{i-\sigma+\nu-\varrho} a_2^{i+\sigma-\nu+\varrho} \alpha_1^\sigma \alpha_2^{\nu-\sigma} x_1^{\nu-\varrho} x_2^\varrho$$
$$= \sum_{\sigma=0}^{\sigma=\nu} \sum_{\varrho=0}^{\varrho=\nu} (-1)^{\nu+\varrho} k_\sigma^\varrho a_1^{i-\sigma+\nu-\varrho} a_2^{i+\sigma-\nu+\varrho} \alpha_1^\varrho \alpha_2^{\nu-\varrho} x_1^{\nu-\sigma} x_2^\sigma .$$

Die ursprüngliche Gleichung (7) ergibt andererseits durch Multiplikation mit $(-1)^{\nu-i}$

$$(-1)^{\nu-i}(a_1 \alpha_2 - a_2 \alpha_1)^i (a_1 x_1 + a_2 x_2)^i (\alpha_1 x_1 + \alpha_2 x_2)^{\nu-i}$$
$$= \sum_{\sigma=0}^{\sigma=\nu} \sum_{\varrho=0}^{\varrho=\nu} (-1)^{\varrho+i} k_\varrho^\sigma a_1^{i-\sigma+\nu-\varrho} a_2^{i+\sigma-\nu+\varrho} \alpha_1^\varrho \alpha_2^{\nu-\varrho} x_1^{\nu-\sigma} x_2^\sigma ,$$

woraus durch Vergleichung der Koeffizienten für die Zahlen k die weitere allgemeine Relation

$$k_\sigma^\varrho = (-1)^{i+\nu} k_\varrho^\sigma \tag{9}$$

gewonnen wird. Die beiden Formeln (8) und (9) fassen wir kurz in die Doppelgleichung

$$k_\varrho^\sigma = k_{\nu-\sigma}^{\nu-\varrho} = (-1)^{i+\nu} k_\sigma^\varrho \tag{10}$$

zusammen, welche für uns ein besonderes Interesse beansprucht, da sie die Determinante (6) und damit unsere Gleichung (5) als Bestimmungsgleichung für λ einer näheren Behandlung zugänglich macht.

Die $\nu + 1$ Wurzeln λ der determinierenden Gleichung (5) mögen $\lambda^{(0)}$, $\lambda^{(1)}$, ..., $\lambda^{(\nu)}$ heißen. Nach dem Früheren sind dies die einzigen Werte, welche die Konstante λ annehmen darf, damit zur Grundform f eine zugehörige Form φ mit der Eigenschaft (4) existieren kann. Wie wir leicht erkennen werden, ist fernerhin zur Diskussion der determinierenden Gleichung und damit überhaupt zur Weiterentwickelung unseres Problems eine durchgehende *Unterscheidung folgender vier Hauptfälle* notwendig:

$$\left.\begin{array}{lll} \textit{Hauptfall}\ \ \text{I:} & i \equiv 0, & \nu \equiv 0 \pmod 2 \\ \quad ,, \quad \text{II:} & i \equiv 1, & \nu \equiv 1 \quad ,, \\ \quad ,, \quad \text{III:} & i \equiv 1, & \nu \equiv 0 \quad ,, \\ \quad ,, \quad \text{IV:} & i \equiv 0, & \nu \equiv 1 \quad ,, \end{array}\right| \quad n = 2i, \quad \nu \lesseqqgtr i.$$

Vertauschen wir nämlich in der Determinante (6) die Horizontalreihen mit den Vertikalreihen derart, daß die Diagonalelemente

$$k_0^0 a_{i-\nu},\ k_1^1 a_{i-\nu+2},\ \ldots,\ k_\nu^\nu a_{i+\nu}$$

ihre Plätze nicht ändern, so ergibt sich

$$\Delta(\lambda) = \begin{vmatrix} k_0^0\, a_{i-\nu}, & k_0^1\, a_{i-\nu+1}, \ldots, & k_0^{\nu-1}\, a_{i-1}, & k_0^\nu\, a_i - (-1)^\nu \lambda \\ k_1^0\, a_{i-\nu+1}, & k_1^1\, a_{i-\nu+2}, \ldots, & k_1^{\nu-1}\, a_i + (-1)^\nu \binom{\nu}{1} \lambda, & k_1^\nu\, a_{i+1} \\ \cdots & \cdots & \cdots & \cdots \\ \cdots & \cdots & \cdots & \cdots \\ k_\nu^0\, a_i - \lambda, & k_\nu^1\, a_{i+1}, & \ldots, k_\nu^{\nu-1}\, a_{i+\nu-1}, & k_\nu^\nu\, a_{i+\nu} \end{vmatrix}$$

und nach Benutzung der Relation (9) und Multiplikation sämtlicher Elemente mit $(-1)^{i+\nu}$:

$$\Delta(\lambda) = (-1)^{(\nu+1)(i+\nu)}$$

$$\times \begin{vmatrix} k_0^0\, a_{i-\nu}, & k_1^0\, a_{i-\nu+1}, \ldots, & k_{\nu-1}^0\, a_{i-1}, & k_\nu^0\, a_i - (-1)^i \lambda \\ k_0^1\, a_{i-\nu+1}, & k_1^1\, a_{i-\nu+2}, \ldots, & k_{\nu-1}^1\, a_i + (-1)^i \binom{\nu}{1} \lambda, & k_\nu^1\, a_{i+1} \\ \cdots & \cdots & \cdots & \cdots \\ \cdots & \cdots & \cdots & \cdots \\ k_0^\nu\, a_i - (-1)^{i+\nu} \lambda, & k_1^\nu\, a_{i+1}, & \ldots, k_{\nu-1}^\nu\, a_{i+\nu-1}, & k_\nu^\nu\, a_{i+\nu} \end{vmatrix}$$

$$= (-1)^{(\nu+1)(i+\nu)}\, \Delta((-1)^i \lambda).$$

Die so gewonnene Relation

$$\Delta(\lambda) = (-1)^{(\nu+1)(i+\nu)}\, \Delta((-1)^i \lambda) \tag{11}$$

liefert für ein gerades i, also in den beiden Hauptfällen I und IV nichts anderes als die Identität

$$\Delta(\lambda) = (-1)^{\nu(\nu+1)}\, \Delta(\lambda).$$

Für den Hauptfall II dagegen erhalten wir

$$\Delta(\lambda) = \Delta(-\lambda),$$

d. h. $\Delta(\lambda)$ ist eine gerade Funktion von λ; die $\nu + 1$ Wurzeln λ unserer determinierenden Gleichung (5) ordnen sich in $\frac{\nu+1}{2}$ Paare entgegengesetzt gleicher Wurzeln. Für den Hauptfall III endlich führt die Formel (11) zu der Relation

$$\Delta(\lambda) = -\Delta(-\lambda),$$

d. h. $\Delta(\lambda)$ ist eine ungerade Funktion von λ; von den $\nu + 1$ Wurzeln der determinierenden Gleichung ist eine gleich Null, während sich die übrigen ν in $\frac{\nu}{2}$ Paare entgegengesetzt gleicher Werte anordnen. Was die beiden bisher noch nicht in analoger Weise unterschiedenen Hauptfälle I und IV betrifft, so ist allein der erstere von beiden dadurch ausgezeichnet, daß für ihn die determinierende Gleichung im allgemeinen $\nu + 1$ wesentlich untereinander verschiedene Wurzeln liefert. Für Hauptfall IV nämlich erscheint unsere Determinante (6) vermöge der den Zahlen k anhaftenden Eigenschaft (9) als schiefsymmetrisch bezüglich des Diagonalgliedes:

$$k_0^0 a_{i-\nu},\ k_1^1 a_{i-\nu+2},\ \ldots,\ k_\nu^\nu a_{i+\nu}.$$

Da dieselbe zudem geradreihig ausfällt, so stellt sie einem bekannten Determinantensatze zufolge das vollständige Quadrat eines Ausdruckes dar, welcher λ im $\frac{\nu+1}{2}$-ten Grade enthält. Die $\nu+1$ Wurzeln λ der determinierenden Gleichung ordnen sich demnach für Hauptfall IV in $\frac{\nu+1}{2}$ Paare gleicher Wurzeln. Zur Erleichterung der Übersicht bei späterer Bezugnahme gruppieren wir *die* $\nu+1$ *Wurzeln der determinierenden Gleichung* (5) *in den vier Hauptfällen* wie folgt:

$$\left.\begin{array}{ll}\textit{Hauptfall}\ \ \mathrm{I}: & \lambda^{(0)}, \lambda^{(1)}, \lambda^{(2)}, \lambda^{(3)}, \ldots, \lambda^{(\nu)}.\\ \quad,,\ \ \mathrm{II}: & \lambda^{(0)}, \lambda^{(1)} = -\lambda^{(0)}, \lambda^{(2)}, \lambda^{(3)} = -\lambda^{(2)}, \ldots, \lambda^{(\nu-1)}, \lambda^{(\nu)} = -\lambda^{(\nu-1)}.\\ \quad,,\ \ \mathrm{III}: & \lambda^{(0)}, \lambda^{(1)} = -\lambda^{(0)}, \lambda^{(2)}, \lambda^{(3)} = -\lambda^{(2)}, \ldots, \lambda^{(\nu-2)}, \lambda^{(\nu-1)} = -\lambda^{(\nu-2)}, \lambda^{(\nu)} = 0.\\ \quad,,\ \ \mathrm{IV}: & \lambda^{(0)}, \lambda^{(1)} = \lambda^{(0)}, \lambda^{(2)}, \lambda^{(3)} = \lambda^{(2)}, \ldots, \lambda^{(\nu-1)}, \lambda^{(\nu)} = \lambda^{(\nu-1)}.\end{array}\right\} \quad (12)$$

Damit ist die Untersuchung der determinierenden Gleichung im allgemeinen erledigt. Die speziellen Vorkommnisse betreffs weiteren Zusammenfallens von Wurzeln werden in § 4 ausführlich zur Sprache gelangen.

§ 2. Die Bestimmung des Systems der irrationalen Kovarianten φ.

Nach Ableitung der Bestimmungsgleichung für die Konstante λ handelt es sich um die Ermittlung und Diskussion der fraglichen Formen φ selber. Wählen wir zu dem Zwecke von den oben gefundenen $\nu+1$ Wurzeln eine aus, etwa $\lambda^{(\mu)}$ und setzen ihren Wert in die Bedingung (4) an Stelle des anfangs unbestimmten Faktors λ ein, so ergibt sich für die $\lambda^{(\mu)}$ zugeordnete Form $\varphi^{(\mu)}$ die besondere Bedingungsgleichung

$$(f, \varphi^{(\mu)})_i = \lambda^{(\mu)} \varphi^{(\mu)}, \qquad (13)$$

welche durch Vergleichung der Koeffizienten auf beiden Seiden in folgende $\nu+1$ lineare Bestimmungsgleichungen für die $\nu+1$ homogenen allein noch unbekannten Koeffizienten $\alpha_0^{(\mu)}, \alpha_1^{(\mu)}, \ldots, \alpha_\nu^{(\mu)}$ der Form $\varphi^{(\mu)}$ zerfällt:

$$\left.\begin{array}{l}(-1)^\nu k_0^0 a_{i-\nu}\alpha_\nu^{(\mu)} + (-1)^{\nu-1} k_1^0 a_{i-\nu+1}\alpha_{\nu-1}^{(\mu)} + \cdots + k_\nu^0 a_i \alpha_0^{(\mu)} - \lambda^{(\mu)}\alpha_0^{(\mu)} = 0,\\ (-1)^\nu k_0^1 a_{i-\nu+1}\alpha_\nu^{(\mu)} + (-1)^{\nu-1} k_1^1 a_{i-\nu+2}\alpha_{\nu-1}^{(\mu)} + \cdots + k_\nu^1 a_{i+1}\alpha_0^{(\mu)} - \binom{\nu}{1}\lambda^{(\mu)}\alpha_1^{(\mu)} = 0,\\ \cdots\cdots\cdots\cdots\cdots\cdots\cdots\cdots\cdots\cdots\\ (-1)^\nu k_0^\nu a_i \alpha_\nu^{(\mu)} + (-1)^{\nu-1} k_1^\nu a_{i+1}\alpha_{\nu-1}^{(\mu)} + \cdots + k_\nu^\nu a_{i+\nu}\alpha_0^{(\mu)} - \lambda^{(\mu)}\alpha_\nu^{(\mu)} = 0.\end{array}\right\} \quad (14)$$

Da infolge der Wahl von $\lambda^{(\mu)}$ die Determinante dieses Systems verschwindet, so führen die erhaltenen Bedingungen für die gesuchten Koeffizienten $\alpha_0^{(\mu)}$, $\alpha_1^{(\mu)}, \ldots, \alpha_\nu^{(\mu)}$ zu keinem Widerspruch. Zwischen jenen $\nu + 1$ Bedingungsgleichungen besteht vielmehr eine lineare Abhängigkeit, vermöge welcher je *eine* von ihnen mit den übrigen ν stets gleichzeitig befriedigt erscheint. Nachdem wir damit die Möglichkeit der Auflösung des Gleichungssystems (14) erkannt haben, ist es unsere Aufgabe, die Bestimmung der gesuchten Koeffizienten $\alpha_0^{(\mu)}, \alpha_1^{(\mu)}, \ldots, \alpha_\nu^{(\mu)}$ ohne Bevorzugung oder Auszeichnung einer der $\nu + 1$ Gleichungen (14) wirklich durchzuführen. Zu dem Zwecke fingieren wir eine neue $(\nu + 2)$-te Unbekannte u und betrachten an Stelle des früheren Systems (14) das folgende:

$$\left.\begin{array}{l}
(-1)^\nu k_0^0 a_{i-\nu}\alpha_\nu^{(\mu)} + (-1)^{\nu-1} k_1^0 a_{i-\nu+1}\alpha_{\nu-1}^{(\mu)} + \cdots + k_\nu^0 a_i \alpha_0^{(\mu)} - \lambda^{(\mu)}\alpha_0^{(\mu)} + y_2^\nu u = 0, \\
(-1)^\nu k_0^1 a_{i-\nu+1}\alpha_\nu^{(\mu)} + (-1)^{\nu-1} k_1^1 a_{i-\nu+2}\alpha_{\nu-1}^{(\mu)} + \cdots + k_\nu^1 a_{i+1}\alpha_0^{(\mu)} \\
\qquad\qquad - \binom{\nu}{1}\lambda^{(\mu)}\alpha_1^{(\mu)} - \binom{\nu}{1} y_1 y_2^{\nu-1} u = 0, \\
\cdots\cdots\cdots\cdots\cdots\cdots\cdots\cdots\cdots\cdots \\
(-1)^\nu k_0^\nu a_i \alpha_\nu^{(\mu)} + (-1)^{\nu-1} k_1^\nu a_{i+1}\alpha_{\nu-1}^{(\mu)} + \cdots + k_\nu^\nu a_{i+\nu}\alpha_0^{(\mu)} - \lambda^{(\mu)}\alpha_\nu^{(\mu)} \\
\qquad\qquad + (-1)^\nu y_1^\nu u = 0,
\end{array}\right| \tag{15}$$

wo noch als letzte Gleichung mit der Unbekannten $\varphi^{(\mu)}$ die Identität hinzutritt:

$$(-1)^\nu \alpha_\nu^{(\mu)} x_2^\nu + (-1)^\nu \binom{\nu}{1} \alpha_{\nu-1}^{(\mu)} x_1 x_2^{\nu-1} + \cdots + (-1)^\nu \alpha_0^{(\mu)} x_1^\nu - (-1)^\nu \varphi^{(\mu)} = 0. \tag{16}$$

Das aufgestellte Gleichungssystem (15), (16) enthält $\nu + 2$ lineare Gleichungen mit den $\nu + 3$ homogenen Unbekannten $\alpha_\nu^{(\mu)}, \alpha_{\nu-1}^{(\mu)}, \ldots, \alpha_0^{(\mu)}, u, \varphi^{(\mu)}$. Für die Verhältnisse der letzteren liefert demnach die gewöhnliche Auflösungsmethode mittels Determinanten das Ergebnis:

$$\alpha_\nu^{(\mu)} : \alpha_{\nu-1}^{(\mu)} : \cdots : u : \varphi^{(\mu)} = \Delta_\nu^{(\mu)} : \Delta_{\nu-1}^{(\mu)} : \cdots : \pm\Delta(\lambda^{(\mu)}) : \Delta(x, y, \lambda^{(\mu)}), \tag{17}$$

worin $\Delta_\nu^{(\mu)}, \Delta_{\nu-1}^{(\mu)}, \ldots$ die den Unbekannten $\alpha_\nu^{(\mu)}, \alpha_{\nu-1}^{(\mu)}, \ldots$ entsprechenden Determinanten des Systems bedeuten und insbesondere die Determinante $\Delta(x, y, \lambda^{(\mu)})$ in ausführlicher Schreibweise folgende Gestalt annimmt:

$$\Delta(x, y, \lambda^{(\mu)})$$

$$= \begin{vmatrix}
k_0^0 a_{i-\nu}, & k_1^0 a_{i-\nu+1}, & \ldots, k_{\nu-1}^0 \alpha_{i-1}, & k_\nu^0 a_i - \lambda^{(\mu}, & y_2^\nu \\
k_0^1 a_{i-\nu+1}, & k_1^1 a_{i-\nu+2}, & \ldots\; k_{\nu-1}^1 a_i + \binom{\nu}{1}\lambda^{(\mu)}, & k_\nu^1 a_{i+1}, & -\binom{\nu}{1} y_1 y_2^{\nu-1} \\
\cdots & \cdots & \cdots & \cdots & \cdots \\
\cdots & \cdots & \cdots & \cdots & \cdots \\
k_0^\nu a_i - (-1)^\nu \lambda^{(\mu)}, & k_1^\nu a_{i+1}, & \ldots, k_{\nu-1}^\nu a_{i+\nu-1}, & k_\nu^\nu a_{i+\nu}, & (-1)^\nu y_1^\nu \\
x_2^\nu, & -\binom{\nu}{1} x_1 x_2^{\nu-1}, & \ldots, (-1)^{\nu-1}\binom{\nu}{1} x_1^{\nu-1} x_2, & (-1)^\nu x_1^\nu, & 0
\end{vmatrix} \tag{18}$$

Aus der Proportion (17) finden wir für die Unbekannte u den Wert Null, dessen Einsetzung das Gleichungssystem (15) in das ursprüngliche System (14) überführt. Damit kennzeichnen sich die eben erhaltenen Lösungen (17) zugleich als Lösungen des Systems (14) und erscheinen überdies wesentlich unabhängig von den eingeführten Parametern y_1, y_2. Die Beziehung (17) lehrt ferner die Proportionalität der Form $\varphi^{(\mu)}$ mit der Determinante $\Delta(x, y, \lambda^{(\mu)})$, d. h.:

$$\Delta(x, y, \lambda^{(\mu)}) = \varphi^{(\mu)}(x)\, \psi^{(\mu)}(y), \tag{19}$$

worin für $\varphi^{(\mu)}$ genauer $\varphi^{(\mu)}(x)$ geschrieben ist, und $\psi^{(\mu)}(y)$ eine noch unbestimmte Funktion von y_1, y_2 und den Koeffizienten der Grundform f bedeutet. Für die Ermittlung der letzteren Funktion ist es unerläßlich, die oben begonnene Unterscheidung der vier sogenannten Hauptfälle wieder aufzunehmen. Setzen wir nämlich in (18) y_1, y_2 für x_1, x_2 und umgekehrt, und vertauschen dann in der Determinante die Horizontalreihen mit den Vertikalreihen ohne Verstellung der Diagonalelemente:

$$k_0^0\, a_{i-\nu},\ k_1^1\, a_{i-\nu+2},\ \ldots,\ k_\nu^\nu\, a_{i+\nu},\ 0,$$

so finden wir:

$$\Delta(y, x, \lambda^{(\mu)})$$

$$= \begin{vmatrix} k_0^0\, a_{i-\nu}, & k_0^1\, a_{i-\nu+1}, & \ldots, & k_0^{\nu-1}\, a_{i-1}, & k_0^\nu\, a_i - (-1)^\nu \lambda^{(\mu)}, & y_2^\nu \\ k_1^0\, a_{i-\nu+1}, & k_1^1\, a_{i-\nu+2}, & \ldots, & k_1^{\nu-1}\, a_i + (-1)^\nu \binom{\nu}{1} \lambda^{(\mu)}, & k_1^\nu\, a_{i+1}, & -\binom{\nu}{1} y_1 y_2^{\nu-1} \\ \cdot & \cdot & \cdot & \cdot & \cdot & \cdot \\ \cdot & \cdot & \cdot & \cdot & \cdot & \cdot \\ k_\nu^0\, a_i - \lambda^{(\mu)}, & k_\nu^1\, a_{i+1}, & \ldots, & k_\nu^{\nu-1}\, a_{i+\nu-1}, & k_\nu^\nu\, a_{i+\nu}, & (-1)^\nu y_1^\nu \\ x_2^\nu, & -\binom{\nu}{1} x_1 x_2^{\nu-1}, & \ldots, & (-1)^{\nu-1}\binom{\nu}{1} x_1^{\nu-1} x_2, & (-1)^\nu x_1^\nu, & 0 \end{vmatrix}.$$

Multiplizieren wir in dieser Determinante die 1-te, 2-te, ..., $(\nu+1)$-te Vertikalreihe und die letzte Horizontalreihe mit $(-1)^{i+\nu}$, so ergibt sich mit Benutzung der Relation (10):

$$\Delta(y, x, \lambda^{(\mu)}) = (-1)^{\nu(i+\nu)}\, \Delta(x, y, (-1)^i \lambda^{(\mu)}). \tag{20}$$

Diese allgemeine Formel ist der früher gefundenen Relation (11) analog. In dem Hauptfalle I: $i \equiv 0$, $\nu \equiv 0 \pmod 2$ liefert sie die Beziehung

$$\Delta(y, x, \lambda^{(\mu)}) = \Delta(x, y, \lambda^{(\mu)}),$$

deren Anwendung auf (19) die Gleichungen

$$\varphi^{(\mu)}(x)\, \psi^{(\mu)}(y) = \varphi^{(\mu)}(y)\, \psi^{(\mu)}(x);$$

also

$$\psi^{(\mu)} = \varphi^{(\mu)}$$

und des weiteren

$$\left.\begin{aligned} \Delta(x, y, \lambda^{(\mu)}) &= \varphi^{(\mu)}(x)\,\varphi^{(\mu)}(y) \\ \Delta(x, x, \lambda^{(\mu)}) &= [\varphi^{(\mu)}(x)]^2 \end{aligned}\right\} \tag{21}$$

zur Folge hat. In dem zweiten Hauptfall: $i \equiv 1$, $\nu \equiv 1 \pmod 2$ nimmt die allgemeine Formel (20) die Gestalt an:

$$\Delta(y, x, \lambda^{(\mu)}) = \Delta(x, y, -\lambda^{(\mu)}).$$

Setzen wir der Einfachheit halber μ als gerade voraus, so ist nach (12) für Hauptfall II:

$$\lambda^{(\mu+1)} = -\lambda^{(\mu)},$$

und die erhaltene Relation schreibt sich in der Gestalt

$$\Delta(y, x, \lambda^{(\mu)}) = \Delta(x, y, \lambda^{(\mu+1)}),$$

oder mit Benutzung von (19):

$$\varphi^{(\mu)}(y)\,\psi^{(\mu)}(x) = \varphi^{(\mu+1)}(x)\,\psi^{(\mu+1)}(y),$$

also

$$\psi^{(\mu)} = \varphi^{(\mu+1)}, \quad \psi^{(\mu+1)} = \varphi^{(\mu)},$$

und wir erhalten somit die endgültigen Formeln

$$\left.\begin{aligned} \Delta(x, y, \lambda^{(\mu)}) &= \varphi^{(\mu)}(x)\,\varphi^{(\mu+1)}(y), \\ \Delta(x, y, \lambda^{(\mu+1)}) &= \varphi^{(\mu+1)}(x)\,\varphi^{(\mu)}(y), \\ \Delta(x, x, \lambda^{(\mu)}) &= \Delta(x, x, \lambda^{(\mu+1)}) = \varphi^{(\mu)}(x)\,\varphi^{(\mu+1)}(x). \end{aligned}\right\} \tag{22}$$

Aus der letzteren Relation folgt noch, daß $\Delta(x, x, \lambda)$ eine gerade Funktion von λ ist. Für den dritten Hauptfall: $i \equiv 1$, $\nu \equiv 0 \pmod 2$ haben wir mittels Formel (20):

$$\Delta(y, x, \lambda^{(\mu)}) = \Delta(x, y, -\lambda^{(\mu)}). \tag{23}$$

Setzen wir wiederum der Einfachheit halber μ als gerade voraus und schließen vorläufig den Sonderfall $\mu = \nu$ aus, so ist nach (12) für Hauptfall III:

$$\lambda^{(\mu+1)} = -\lambda^{(\mu)},$$

und die gefundene Relation schreibt sich:

$$\Delta(y, x, \lambda^{(\mu)}) = \Delta(x, y, \lambda^{(\mu+1)}),$$

oder mit Benutzung von (19):

$$\varphi^{(\mu)}(y)\,\psi^{(\mu)}(x) = \varphi^{(\mu+1)}(x)\,\psi^{(\mu+1)}(y),$$

also

$$\psi^{(\mu)} = \varphi^{(\mu+1)}, \quad \psi^{(\mu+1)} = \varphi^{(\mu)}.$$

Dieselbe Formel (19) führt somit zu dem Gleichungssystem

$$\left.\begin{aligned} \Delta(x, y, \lambda^{(\mu)}) &= \varphi^{(\mu)}(x)\,\varphi^{(\mu+1)}(y), \\ \Delta(x, y, \lambda^{(\mu+1)}) &= \varphi^{(\mu+1)}(x)\,\varphi^{(\mu)}(y), \\ \Delta(x, x, \lambda^{(\mu)}) &= \Delta(x, x, \lambda^{(\mu+1)}) = \varphi^{(\mu)}(x)\,\varphi^{(\mu+1)}(x), \end{aligned}\right\} \tag{24}$$

wo die letzte Gleichung die Determinante $\Delta(x, x, \lambda)$ als gerade Funktion von λ kennzeichnet. Der bisher ausgeschlossene Fall $\mu = \nu$ erledigt sich durch Einsetzung des Wertes

$$\lambda^{(\nu)} = -\lambda^{(\nu)} = 0$$

in (23). Wir finden dann

$$\Delta(y, x, 0) = \Delta(x, y, 0) = \varphi^{(\nu)}(x)\,\psi^{(\nu)}(y),$$

mithin

$$\psi^{(\nu)} = \varphi^{(\nu)}$$

und schließlich

$$\left.\begin{aligned}\Delta(x, y, 0) &= \varphi^{\nu}(x)\,\varphi^{\nu}(y),\\ \Delta(x, x, 0) &= [\varphi^{\nu}(x)]^2.\end{aligned}\right\} \tag{25}$$

Bevor wir zur analogen Behandlung des letzten Hauptfalles übergehen, möge hier noch der folgende Satz zur Sprache gelangen:

Die Determinante $\Delta(x, y, \lambda)$ besitzt gegenüber den linearen Transformationen der Grundform einen invarianten Charakter; d. h. entwickeln wir dieselbe nach Potenzen von λ wie folgt:

$$\Delta(x, y, \lambda) = C_0\,\lambda^{\nu} + C_1\,\lambda^{\nu-1} + \cdots + C_{\nu},$$

so sind die Koeffizienten $C_0, C_1, \ldots, C_{\nu}$ rationale Kovarianten von der Ordnung ν für jede der beiden Variablenreihen x_1, x_2; y_1, y_2, dagegen vom Grade $0, 1, \ldots, \nu$ in den Koeffizienten der Grundform f.

Die Richtigkeit dieses Satzes wird leicht erkannt, sobald wir uns analoger Überlegungen wie beim Beweise des entsprechenden Satzes auf Seite 42—43 bedienen. Wenden wir nämlich die vorhin gewonnenen Relationen für unsere Determinante $\Delta(x, y, \lambda)$ nach linearer Transformation der Grundform f an, so muß offenbar das rechter Hand sich ergebende Formenprodukt mit dem durch direkte Transformation hervorgehenden Ausdrucke $\varphi'(x')\psi'(y')$ bis auf eine Konstante übereinstimmen, d. h. unter Beibehaltung der früheren Bezeichnungsweise wird

$$\Delta'(x', y', \lambda') = C\,\varphi'(x')\,\psi'(y') = C\,\varphi(x)\,\psi(y)$$

und folglich

$$\Delta'(x', y', \varrho^i\,\lambda) = C\,\Delta(x, y, \lambda),$$

wodurch, nach Bestimmung der Konstanten C als $\nu(i-1)$-ter Potenz der Substitutionsdeterminante ϱ, unsere Behauptung erwiesen ist.

Die gewonnenen Formeln (21), (22), (24), (25) ermöglichen für die ersten drei Hauptfälle die Bestimmung der Form $\varphi^{(\mu)}$, und zwar in der Weise, daß außer der Hilfe rationaler Kovarianten nur die Kenntnis der irrationalen Invariante $\lambda^{(\mu)}$ erforderlich ist. *Die Form $\varphi^{(\mu)}$ bezeichnen wir demnach als eine der irrationalen Invariante $\lambda^{(\mu)}$ zugehörige irrationale Kovariante der Grundform f.*

Wir wenden uns schließlich zur Erörterung des vierten Hauptfalles: $i \equiv 0$, $\nu \equiv 1 \pmod 2$, welcher eine gesonderte Stellung einnimmt. Die allgemeine Relation (20) nimmt die Gestalt an:

$$\Delta(y, x, \lambda^{(\mu)}) = -\Delta(x, y, \lambda^{(\mu)}),$$

oder mit Benutzung von (19):

$$\varphi^{(\mu)}(y)\,\psi^{(\mu)}(x) = -\varphi^{(\mu)}(x)\,\psi^{(\mu)}(y).$$

Mittels des Ansatzes

$$\psi^{(\mu)} = C\,\varphi^{(\mu)}$$

ergibt sich die Relation

$$C\,\varphi^{(\mu)}(y)\,\varphi^{(\mu)}(x) = -C\,\varphi^{(\mu)}(x)\,\varphi^{(\mu)}(y),$$

welche nur durch die Annahme eines verschwindenden C befriedigt werden kann. Eine Folge hiervon ist das identische Verschwinden der Determinante $\Delta(x, y, \lambda^{(\mu)})$ oder, was ebensoviel sagt, das gleichzeitige Verschwinden sämtlicher ersten Unterdeterminanten von $\Delta(\lambda^{(\mu)})$. Der letztere Umstand nötigt zur Wiederaufnahme der Betrachtungen, welche im Anschluß an das Gleichungssystem (14) zu der wichtigen Relation (19) geführt haben. Die dort entwickelten Schlüsse verlieren ihre Wirksamkeit, sobald neben der Determinante $\Delta(\lambda^{(\mu)})$ des Systems (14) noch sämtliche ersten Unterdeterminanten verschwinden und damit die lineare Abhängigkeit der Gleichungen des Systems (14) derart gesteigert wird, daß stets je zwei von ihnen Folge der $\nu - 1$ übrigen sind. Um auch unter diesen Umständen die Bestimmung der gesuchten Koeffizienten $\alpha_0^{(\mu)}, \alpha_1^{(\mu)}, \ldots, \alpha_\nu^{(\mu)}$ ohne Bevorzugung oder Auszeichnung irgend einer der $\nu + 1$ Gleichungen (14) wirklich durchzuführen, fingieren wir außer der Unbekannten u noch eine weitere $(\nu + 3)$-te Unbekannte $u^{(1)}$ und betrachten an Stelle des Systems (14) das folgende:

$$\left.\begin{aligned}
&-k_0^0\,a_{i-\nu}\,\alpha_\nu^{(\mu)} + k_1^0\,a_{i-\nu+1}\,\alpha_{\nu-1}^{(\mu)} + \cdots + k_\nu^0\,a_i\,\alpha_0^{(\mu)} - \lambda^{(\mu)}\,\alpha_0^{(\mu)} + y_2^\nu u \\
&\qquad\qquad + y_2^{(1)\nu} u^{(1)} = 0,\\
&-k_0^1\,a_{i-\nu+1}\,\alpha_\nu^{(\mu)} + k_1^1\,a_{i-\nu+2}\,\alpha_{\nu-1}^{(\mu)} + \cdots + k_\nu^1\,a_{i+1}\,\alpha_0^{(\mu)} - \binom{\nu}{1}\lambda^{(\mu)}\,\alpha_1^{(\mu)}\\
&\qquad\qquad - \binom{\nu}{1} y_1 y_2^{\nu-1} u - \binom{\nu}{1} y_1^{(1)} y_2^{(1)\nu-1} u^{(1)} = 0,\\
&\cdots\cdots\cdots\cdots\cdots\cdots\cdots\cdots\cdots\cdots\cdots\\
&-k_0^\nu\,a_i\,\alpha_\nu^{(\mu)} + k_1^\nu\,a_{i+1}\,\alpha_{\nu-1}^{(\mu)} + \cdots + k_\nu^\nu\,a_{i+\nu}\,\alpha_0^{(\mu)} - \lambda^{(\mu)}\,\alpha_\nu^{(\mu)}\\
&\qquad\qquad - y_1^\nu u - y_1^{(1)\nu} u^{(1)} = 0.
\end{aligned}\right\} \quad (26)$$

Um die Unbestimmtheit der Lösungen zu vermeiden, fügen wir noch die lineare Gleichung

$$-\alpha_\nu^{(\mu)} x_2^{(1)\nu} - \binom{\nu}{1}\alpha_{\nu-1}^{(\mu)} x_1^{(1)} x_2^{(1)\nu-1} - \cdots - \alpha_0^{(\mu)} x_1^{(1)\nu} = 0 \qquad (27)$$

mit den willkürlichen Parametern $x_1^{(1)}$, $x_2^{(1)}$ hinzu, während für die Unbekannte $\varphi^{(\mu)}$ die Relation

$$-\alpha_\nu^{(\mu)} x_2^\nu - \binom{\nu}{1} \alpha_{\nu-1}^{(\mu)} x_1 x_2^{\nu-1} - \cdots - \alpha_0^{(\mu)} x_1^\nu + \varphi^{(\mu)} = 0 \tag{28}$$

bestehen bleibt. Das aufgestellte Gleichungssystem (26), (27), (28) enthält $\nu + 3$ lineare Gleichungen mit den $\nu + 4$ homogenen Unbekannten: $\alpha_\nu^{(\mu)}$, $\alpha_{\nu-1}^{(\mu)}, \ldots, \alpha_0^{(\mu)}, u, u^{(1)}, \varphi^{(\mu)}$. Für die Verhältnisse der letzteren liefert demgemäß die gewöhnliche Auflösungsmethode mittels Determinanten das Ergebnis

$$\alpha_\nu^{(\mu)} : \alpha_{\nu-1}^{(\mu)} : \cdots : u : u^{(1)} : \varphi^{(\mu)} = \Delta_\nu^{(\mu)} : \Delta_{\nu-1}^{(\mu)} : \cdots$$

$$: \pm \Delta(x^{(1)}, y^{(1)}, \lambda^{(\mu)}) : \pm \Delta(x, y, \lambda^{(\mu)}) : \Delta\begin{pmatrix} x, & y & \\ x^{(1)}, & y^{(1)} & \lambda^{(\mu)} \end{pmatrix}, \tag{29}$$

wo $\Delta_\nu^{(\mu)}, \Delta_{\nu-1}^{(\mu)}, \ldots$ die den Unbekannten $\alpha_\nu^{(\mu)}, \alpha_{\nu-1}^{(\mu)}, \ldots$ entsprechenden Determinanten des Systems bedeuten und insbesondere die Determinante $\Delta\begin{pmatrix} x, & y & \\ x^{(1)}, & y^{(1)} & \lambda^{(\mu)} \end{pmatrix}$ in ausführlicher Schreibweise eine Gestalt annimmt, wie sie sich andererseits direkt durch zweimalige Ränderung unserer ursprünglichen Determinante (6) ergibt, nämlich

$$\Delta\begin{pmatrix} x, & y & \\ x^{(1)}, & y^{(1)} & \lambda^{(\mu)} \end{pmatrix}$$

$$= \begin{vmatrix} k_0^0 a_{i-\nu}, & k_1^0 a_{i-\nu+1}, & \ldots, & k_{\nu-1}^0 a_{i-1}, & k_\nu^0 a_i - \lambda^{(\mu)}, & y_2^\nu, & y_2^{(1)^\nu} \\ k_0^1 a_{i-\nu+1}, & k_1^1 a_{i-\nu+2}, & \ldots, & k_{\nu-1}^1 a_i + \binom{\nu}{1}\lambda^{(\mu)}, & k_\nu^1 a_{i+1}, & -\binom{\nu}{1} y_1 y_2^{\nu-1}, & -\binom{\nu}{1} y_1^{(1)} y_2^{(1)^{\nu-1}} \\ \cdot & \cdot & \cdot & \cdot & \cdot & \cdot & \cdot \\ \cdot & \cdot & \cdot & \cdot & \cdot & \cdot & \cdot \\ k_0^\nu a_i + \lambda^{(\mu)}, & k_1^\nu a_{i+1}, & \ldots, & k_{\nu-1}^\nu a_{i+\nu-1}, & k_\nu^\nu a_{i+\nu}, & -y_1^\nu, & -y_1^{(1)^\nu} \\ x_2^\nu, & -\binom{\nu}{1} x_1 x_2^{\nu-1}, & \ldots, & +\binom{\nu}{1} x_1^{\nu-1} x_2, & -x_1^\nu, & 0, & 0 \\ x_2^{(1)^\nu}, & -\binom{\nu}{1} x_1^{(1)} x_2^{(1)^{\nu-1}}, & \ldots, & +\binom{\nu}{1} x_1^{(1)^{\nu-1}} x_2^{(1)}, & -x_1^{(1)^\nu}, & 0, & 0 \end{vmatrix}. \tag{30}$$

Mit Rücksicht auf das identische Verschwinden der einfach geränderten Determinante folgt aus der Proportion (29) für jede der beiden Unbekannten u und $u^{(1)}$ der Wert Null, dessen Einsetzung das Gleichungssystem (26) in das ursprüngliche Gleichungssystem (14) überführt. Die der Proportion (29) entnommenen Verhältniswerte der Unbekannten befriedigen daher zugleich das System (14) und erscheinen überdies wesentlich unabhängig von den Parametern y_1, y_2 und $y_1^{(1)}, y_2^{(1)}$. Der letztere Umstand rechtfertigt den Ansatz

$$\Delta\begin{pmatrix} x, & y & \\ x^{(1)}, & y^{(1)} & \lambda^{(\mu)} \end{pmatrix} = \varphi^{(\mu)}(x, x^{(1)})\, \psi^{(\mu)}(y, y^{(1)}). \tag{31}$$

Sehen wir nun vorläufig von etwaigen weiteren Ausartungen des Gleichungssystems (14) ab, so läßt das letztere im gegenwärtigen Falle eine einfach und nur eine einfach unendliche Mannigfaltigkeit von Lösungswerten für die Unbekannten zu. Diese Tatsache findet ihren Ausdruck darin, daß die Funktion $\varphi^{(\mu)}(x, x^{(1)})$ in (31) bei variablen Parametern $x_1^{(1)}, x_2^{(1)}$ ein Formenbüschel repräsentiert, also notwendigerweise die Gestalt annimmt:

$$\varphi^{(\mu)}(x, x^{(1)}) = \varphi_0^{(\mu)}(x)\,\chi_0^{(\mu)}(x^{(1)}) + \varphi_1^{(\mu)}(x)\,\chi_1^{(\mu)}(x^{(1)}). \tag{32}$$

Da ferner die Determinante (30) für $x_1 = x_1^{(1)}$, $x_2 = x_2^{(1)}$ identisch verschwindet, so haben wir auch

$$\varphi^{(\mu)}(x^{(1)}, x^{(1)}) = \varphi_0^{(\mu)}(x^{(1)})\,\chi_0^{(\mu)}(x^{(1)}) + \varphi_1^{(\mu)}(x^{(1)})\,\chi_1^{(\mu)}(x^{(1)}) = 0.$$

Auf Grund dieser Beziehung nimmt (32) die neue Gestalt

$$\varphi^{(\mu)}(x, x^{(1)}) = F(x^{(1)})\left\{\varphi_0^{(\mu)}(x)\,\varphi_1^{(\mu)}(x^{(1)}) - \varphi_1^{(\mu)}(x)\,\varphi_0^{(\mu)}(x^{(1)})\right\}$$

an, wo $F(x^{(1)})$ einen nur von $x_1^{(1)}, x_2^{(1)}$ abhängigen Quotienten bedeutet. Da nun die Determinante (30) durch Vertauschung von x_1, x_2 und $x_1^{(1)}, x_2^{(1)}$ nur ihr Vorzeichen ändert, so gilt das gleiche von der Funktion $\varphi^{(\mu)}(x, x^{(1)})$ und wir erhalten aus der letzten Formel

$$\varphi^{(\mu)}(x, x^{(1)}) = F(x)\left\{\varphi_0^{(\mu)}(x)\,\varphi_1^{(\mu)}(x^{(1)}) - \varphi_1^{(\mu)}(x)\,\varphi_0^{(\mu)}(x^{(1)})\right\},$$

d. h. $F(x^{(1)}) = F(x)$ stellt notwendig eine Konstante, etwa die Einheit dar. Schließlich ersetzen wir in der Determinante (30) y_1, y_2 durch x_1, x_2; $y_1^{(1)}, y_2^{(1)}$ durch $x_1^{(1)}, x_2^{(1)}$ und umgekehrt, und vertauschen dann ihre Vertikalreihen mit den Horizontalreihen ohne Verstellung der Diagonalelemente:

$$k_0^0\,a_{i-\nu},\ k_1^1\,a_{i-\nu+2},\ \ldots,\ k_\nu^\nu\,a_{i+\nu},\ 0,\ 0.$$

Die so erhaltene Determinante geht durch Multiplikation der 1-ten, 2-ten, ..., $(\nu+1)$-ten Vertikalreihe und der vorletzten und letzten Horizontalreihe mit -1 unter Vermittelung der Relation (10) genau in die frühere Gestalt (30) über. Wir gewinnen damit die Beziehung

$$\Delta\begin{pmatrix} y, & x & \lambda^{(\mu)} \\ y^{(1)}, & x^{(1)} & \end{pmatrix} = \Delta\begin{pmatrix} x, & y & \lambda^{(\mu)} \\ x^{(1)}, & y^{(1)} & \end{pmatrix}$$

oder wegen (31)

$$\varphi^{(\mu)}(y, y^{(1)})\,\psi^{(\mu)}(x, x^{(1)}) = \varphi^{(\mu)}(x, x^{(1)})\,\psi^{(\mu)}(y, y^{(1)}),$$

folglich

$$\psi^{(\mu)}(y, y^{(1)}) = \varphi^{(\mu)}(y, y^{(1)}) = \varphi_0^{(\mu)}(y)\,\varphi_1^{(\mu)}(y^{(1)}) - \varphi_1^{(\mu)}(y)\,\varphi_0^{(\mu)}(y^{(1)}).$$

Demnach ergeben sich zur Bestimmung der gesuchten Formen $\varphi^{(\mu)}$ als Endresultat die Formeln:

$$\left.\begin{aligned} \Delta\begin{pmatrix} x, & y & \lambda^{(\mu)} \\ x^{(1)}, & y^{(1)} & \end{pmatrix} &= \left\{\varphi_0^{(\mu)}(x)\,\varphi_1^{(\mu)}(x^{(1)}) - \varphi_1^{(\mu)}(x)\,\varphi_0^{(\mu)}(x^{(1)})\right\} \\ &\quad \times \left\{\varphi_0^{(\mu)}(y)\,\varphi_1^{(\mu)}(y^{(1)}) - \varphi_1^{(\mu)}(y)\,\varphi_0^{(\mu)}(y^{(1)})\right\}, \\ \Delta\begin{pmatrix} x, & x & \lambda^{(\mu)} \\ x^{(1)}, & x^{(1)} & \end{pmatrix} &= \left\{\varphi_0^{(\mu)}(x)\,\varphi_1^{(\mu)}(x^{(1)}) - \varphi_1^{(\mu)}(x)\,\varphi_0^{(\mu)}(x^{(1)})\right\}^2. \end{aligned}\right\} \tag{33}$$

Nach den letzteren Ausführungen ist jede Form des Büschels $c_0\varphi_0^{(\mu)} + c_1\varphi_1^{(\mu)}$ im Sinne der Bedingung (13) dem Wurzelwerte $\lambda^{(\mu)}$ zugeordnet. Während also in den ersten drei Hauptfällen jedem der $\nu + 1$ untereinander verschiedenen Wurzelwerte λ eine einzige Form φ entspricht, existieren im vorliegenden vierten Hauptfalle nur $\frac{\nu+1}{2}$ untereinander verschiedene Wurzelwerte λ, deren jeder zur Konstruktion zweier zugeordneter Formen φ_0 und φ_1 Anlaß gibt. Aus den Formeln

$$(f, \varphi_0^{(\mu)})_i = \lambda^{(\mu)}\,\varphi_0^{(\mu)}, \qquad (f, \varphi_1^{(\mu)})_i = \lambda^{(\mu)}\,\varphi_1^{(\mu)}$$

ist dann die Gleichberechtigung der fraglichen Formen mit irgend zwei linearen Kombinationen ihrer selbst direkt erkennbar. Um mit den früheren drei Hauptfällen in möglichster Übereinstimmung zu bleiben, mögen im Hinblick auf die Festsetzungen (12) unter Annahme eines geraden μ die Bezeichnungen gelten:

$$\varphi_0^{(\mu)} = \varphi^{(\mu)}, \qquad \varphi_1^{(\mu)} = \varphi^{(\mu+1)},$$

durch deren Einführung die Bestimmungsgleichungen (33) in die folgenden übergehen:

$$\left.\begin{aligned} \Delta\begin{pmatrix} x, & y & \\ x^{(1)}, & y^{(1)} & \lambda^{(\mu)} \end{pmatrix} &= \{\varphi^{(\mu)}(x)\,\varphi^{(\mu+1)}(x^{(1)}) - \varphi^{(\mu+1)}(x)\,\varphi^{(\mu)}(x^{(1)})\} \\ &\quad \times \{\varphi^{(\mu)}(y)\,\varphi^{(\mu+1)}(y^{(1)}) - \varphi^{(\mu+1)}(y)\,\varphi^{(\mu)}(y^{(1)})\}, \\ \Delta\begin{pmatrix} x, & x & \\ x^{(1)}, & x^{(1)} & \lambda^{(\mu)} \end{pmatrix} &= \{\varphi^{(\mu)}(x)\,\varphi^{(\mu+1)}(x^{(1)}) - \varphi^{(\mu+1)}(x)\,\varphi^{(\mu)}(x^{(1)})\}^2. \end{aligned}\right\} \quad (34)$$

Durch Anwendung ähnlicher Schlüsse, wie oben, läßt sich zeigen, *daß auch die gegenwärtig auftretende Determinante* $\Delta\begin{pmatrix} x, & y & \\ x^{(1)}, & y^{(1)} & \lambda \end{pmatrix}$ *gegenüber den linearen Transformationen der Grundform einen invarianten Charakter besitzt; d. h. entwickeln wir dieselbe nach Potenzen von λ in der Gestalt*

$$\Delta\begin{pmatrix} x, & y & \\ x^{(1)}, & y^{(1)} & \lambda \end{pmatrix} = C_0\,\lambda^{\nu-1} + C_1\,\lambda^{\nu-2} + \cdots + C_{\nu-1},$$

so sind die Koeffizienten $C_0, C_1, \ldots, C_{\nu-1}$ rationale Kovarianten von der Ordnung ν für jede der vier Variablenreihen x_1, x_2; y_1, y_2; $x_1^{(1)}, x_2^{(1)}$; $y_1^{(1)}, y_2^{(1)}$ dagegen resp. vom Grade $0, 1, \ldots, \nu - 1$ in den Koeffizienten der Grundform.

Schließlich erledigen wir noch die naheliegende Frage nach der Jacobischen Kovariante des gefundenen Formenbüschels. Zu dem Zwecke kombinieren wir in der Determinante (30) die vorletzte und letzte Horizontalreihe derart, daß die Absonderung des Faktors $x_1 x_2^{(1)} - x_2 x_1^{(1)}$ möglich wird. Wir erhalten dann nach Vollziehung des Grenzüberganges $x_1^{(1)} = x_1$, $x_2^{(1)} = x_2$ die Relation

$$\frac{1}{\nu}\lim_{x^{(1)}=x}\frac{\Delta\begin{pmatrix}x, & y & \\ x^{(1)}, & y^{(1)} & \lambda^{(\mu)}\end{pmatrix}}{x_1 x_2^{(1)} - x_2 x_1^{(1)}}$$

$$= \begin{vmatrix} k_0^0 a_{i-\nu}, & k_1^0 a_{i-\nu+1}, & \ldots, & k_{\nu-1}^0 a_{i-1}, & k_\nu^0 a_i - \lambda^{(\mu)}, & y_2^\nu, & y_2^{(1)^\nu} \\ \cdot & \cdot & \cdot & \cdot & \cdot & \cdot & \cdot \\ \cdot & \cdot & \cdot & \cdot & \cdot & \cdot & \cdot \\ k_0^\nu a_i + \lambda^{(\mu)}, & k_1^\nu a_{i+1}, & \ldots, & k_{\nu-1}^\nu a_{i+\nu-1}, & k_\nu^\nu a_{i+\nu}, & -y_1^\nu, & -y_1^{(1)^\nu} \\ 0, & x_2^{\nu-1}, & \ldots, & -\binom{\nu-1}{1} x_1^{\nu-2} x_2, & x_1^{\nu-1}, & 0, & 0 \\ x_2^{\nu-1}, & -\binom{\nu-1}{1} x_1 x_2^{\nu-2}, & \ldots, & x_1^{\nu-1}, & 0, & 0, & 0 \end{vmatrix}.$$

Da nun der Wert von

$$\frac{1}{\nu}\lim_{x^{(1)}=x}\frac{\varphi^{(\mu)}(x)\,\varphi^{(\mu+1)}(x^{(1)}) - \varphi^{(\mu+1)}(x)\,\varphi^{(\mu)}(x^{(1)})}{x_1 x_2^{(1)} - x_2 x_1^{(1)}}$$

nichts anderes als die gesuchte Jacobische Kovariante $F^{(\mu)}(x)$ darstellt, so haben wir zu deren Bestimmung die Formeln

$$\left.\begin{aligned} \Delta'(x, y, \lambda^{(\mu)}) &= J^{(\mu)}(x)\,J^{(\mu)}(y), \\ \Delta'(x, x, \lambda^{(\mu)}) &= [J^{\mu}(x)]^2, \end{aligned}\right\} \tag{35}$$

worin die Bezeichnung gilt:

$$\Delta'(x, y, \lambda)$$

$$= \begin{vmatrix} k_0^0 a_{i-\nu}, & k_1^0 a_{i-\nu+1}, \ldots, & k_{\nu-1}^0 a_{i-1}, & k_\nu^0 a_i - \lambda, & 0, & y_2^{\nu-1} \\ k_0^1 a_{i-\nu+1}, & k_1^1 a_{i-\nu+2}, \ldots, & k_{\nu-1}^1 a_i + \binom{\nu}{1}\lambda, & k_\nu^1 a_{i+1}, & y_2^{\nu-1}, & -\binom{\nu-1}{1} y_1 y_2^{\nu-2} \\ \cdot & \cdot & \cdot & \cdot & \cdot & \cdot \\ \cdot & \cdot & \cdot & \cdot & \cdot & \cdot \\ k_0^\nu a_i + \lambda, & k_1^\nu a_{i+1}, \ldots, & k_{\nu-1}^\nu a_{i+\nu-1}, & k_\nu^\nu a_{i+\nu}, & y_1^{\nu-1}, & 0 \\ 0, & x_2^{\nu-1}, \ldots, & -\binom{\nu-1}{1} x_1^{\nu-2} x_2, & x_1^{\nu-1}, & 0, & 0 \\ x_2^{\nu-1}, & -\binom{\nu-1}{1} x_1 x_2^{\nu-2}, \ldots, & x_1^{\nu-1}, & 0, & 0, & 0 \end{vmatrix}. \tag{36}$$

Offenbar ist auch diese Determinante gegenüber den linearen Transformationen der Grundform invariant, indem bei ihrer Entwickelung nach Potenzen von λ:

$$\Delta'(x, y, \lambda) = C_0\,\lambda^{\nu-1} + C_1 \lambda^{\nu-2} + \cdots + C_{\nu-1}$$

die Koeffizienten $C_0, C_1, \ldots, C_{\nu-1}$ *rationale Kovarianten von der Ordnung* $2\nu - 2$ *für jede der beiden Variablenreihen* $x_1, x_2; y_1, y_2$, *dagegen vom Grade* $0, 1, \ldots, \nu - 1$ *in den Koeffizienten der Grundform* f *darstellen.*

Der Übersicht halber seien im folgenden diejenigen Ergebnisse kurz zusammengestellt, welche in den vier Hauptfällen zur Bestimmung der gesuchten $\nu + 1$ Formen $\varphi^{(0)}, \varphi^{(1)}, \ldots, \varphi^{(\nu)}$ dienen. *Bezeichnet allgemein* $\varphi^{(\mu)}$ *die im Sinne der Formel* (13) *dem Wurzelwerte* $\lambda^{(\mu)}$ *zugeordnete Form, so gelten bei Zugrundelegung der Festsetzungen* (12) *die Formeln*:

$$\text{\textit{Hauptfall} I:}\quad \left.\begin{aligned} \Delta(x, y, \lambda^{(\mu)}) &= \varphi^{(\mu)}(x)\,\varphi^{(\mu)}(y) \\ \Delta(x, x, \lambda^{(\mu)}) &= [\varphi^{(\mu)}(x)]^2 \end{aligned}\right\} \quad (\mu = 0, 1, \ldots, \nu).$$

$$\text{,, II:}\quad \left.\begin{aligned} \Delta(x, y, \lambda^{(\mu)}) &= \varphi^{(\mu)}(x)\,\varphi^{(\mu+1)}(y) \\ \Delta(x, y, \lambda^{(\mu+1)}) &= \varphi^{(\mu+1)}(x)\,\varphi^{(\mu)}(y) \\ \Delta(x, x, \lambda^{(\mu)}) &= \Delta(x, x, \lambda^{(\mu+1)}) \\ &= \varphi^{(\mu)}(x)\,\varphi^{(\mu+1)}(x) \end{aligned}\right\} \quad (\mu = 0, 2, \ldots, \nu - 1).$$

$$\text{,, III:}\quad \left.\begin{aligned} \Delta(x, y, \lambda^{(\mu)}) &= \varphi^{(\mu)}(x)\,\varphi^{(\mu+1)}(y) \\ \Delta(x, y, \lambda^{(\mu+1)}) &= \varphi^{(\mu+1)}(x)\,\varphi^{(\mu)}(y) \\ \Delta(x, x, \lambda^{(\mu)}) &= \Delta(x, x, \lambda^{(\mu+1)}) \\ &= \varphi^{(\mu)}(x)\,\varphi^{(\mu+1)}(x) \end{aligned}\right\} \quad (\mu = 0, 2, \ldots, \nu - 2).$$

$$\begin{aligned} \Delta(x, y, 0) &= \varphi^{(\nu)}(x)\,\varphi^{(\nu)}(y) \\ \Delta(x, x, 0) &= [\varphi^{(\nu)}(x)]^2 \end{aligned}$$

$$\text{,, IV:}\quad \begin{aligned} \Delta\begin{pmatrix} x, & y \\ x^{(1)}, & y^{(1)} \end{pmatrix}\lambda^{(\mu)} &= \{\varphi^{(\mu)}(x)\,\varphi^{(\mu+1)}(x^{(1)}) - \varphi^{(\mu+1)}(x)\,\varphi^{(\mu)}(x^{(1)})\} \\ &\quad \times \{\varphi^{(\mu)}(y)\,\varphi^{(\mu+1)}(y^{(1)}) - \varphi^{(\mu+1)}(y)\,\varphi^{(\mu)}(y^{(1)})\} \\ \Delta\begin{pmatrix} x, & x \\ x^{(1)}, & x^{(1)} \end{pmatrix}\lambda^{(\mu)} &= \{\varphi^{(\mu)}(x)\,\varphi^{(\mu+1)}(x^{(1)}) - \varphi^{(\mu+1)}(x)\,\varphi^{(\mu)}(x^{(1)})\}^2 \end{aligned}$$

$$\left.\begin{aligned} \Delta'(x, y, \lambda^{(\mu)}) &= J^{(\mu)}(x)\,J^{(\mu)}(y) \\ \Delta'(x, x, \lambda^{(\mu)}) &= [J^{(\mu)}(x)]^2 \end{aligned}\right\} \quad (\mu = 0, 2, \ldots, \nu - 1).$$

Die Determinanten $\Delta(x, y, \lambda)$, $\Delta\begin{pmatrix} x, & y \\ x^{(1)}, & y^{(1)} \end{pmatrix}\lambda$ *und* $\Delta'(x, y, \lambda)$ *bedeuten den Formeln* (18), (30), (36) *zufolge bekannte ganze Funktionen von* λ; *ihre Koeffizienten sind Kovarianten der gegebenen Grundform* f. *Die eindeutige Zugehörigkeit der irrationalen Kovariante* $\varphi^{(\mu)}$ *zum Wurzelwerte* $\lambda^{(\mu)}$ *erleidet eine allgemeine Ausnahme nur im vierten Hauptfalle, wo jede Form des Formenbüschels* $\varphi^{(\mu)}, \varphi^{(\mu+1)}$ *mit der Jacobischen Kovariante* $J^{(\mu)}(x)$ *in gleichberechtigter Weise der Doppelwurzel* $\lambda^{(\mu)} = \lambda^{(\mu+1)}$ *zugeordnet erscheint.*

§ 3. Die Diskussion des Formensystems φ.

Der gegenwärtige Paragraph beschäftigt sich mit der Untersuchung der Eigenschaften, welche das Formensystem φ als ein System irrationaler Kovarianten der fraglichen Art kennzeichnen. Unsere Betrachtungen führen gleichzeitig zu einer Darstellung der Grundform f und gewisser rationaler Kovarianten derselben unter Vermittlung der Formen φ.

Wir zeigen zunächst, *daß die* $\nu + 1$ *Formen* $\varphi^{(0)}, \varphi^{(1)}, \ldots, \varphi^{(\nu)}$ *ein System linear voneinander unabhängiger Formen* ν*-ter Ordnung bilden.* Denn bestehe zwischen ihnen eine lineare Relation etwa von der Gestalt

$$c^{(0)}\varphi^{(0)} + c^{(1)}\varphi^{(1)} + \cdots + c^{(\nu)}\varphi^{(\nu)} = 0, \tag{37}$$

so folgt aus derselben nach Multiplikation der Formel (13) mit $c^{(\mu)}$ und Summation von $\mu = 0$ bis $\mu = \nu$ die weitere Relation

$$\lambda^{(0)} c^{(0)}\varphi^{(0)} + \lambda^{(1)} c^{(1)}\varphi^{(1)} + \cdots + \lambda^{(\nu)} c^{(\nu)}\varphi^{(\nu)} = 0. \tag{38}$$

Die Multiplikation derselben Formel (13) mit $\lambda^{(\mu)} c^{(\mu)}$ und Summation von $\mu = 0$ bis $\mu = \nu$ liefert auf Grund der eben erhaltenen Relation (38) in analoger Weise

$$\lambda^{(0)^2} c^{(0)}\varphi^{(0)} + \lambda^{(1)^2} c^{(1)}\varphi^{(1)} + \cdots + \lambda^{(\nu)^2} c^{(\nu)}\varphi^{(\nu)} = 0. \tag{39}$$

Die Fortsetzung dieser Operation ergibt

$$\left.\begin{array}{l} \lambda^{(0)^3} c^{(0)}\varphi^{(0)} + \lambda^{(1)^3} c^{(1)}\varphi^{(1)} + \cdots + \lambda^{(\nu)^3} c^{(\nu)}\varphi^{(\nu)} = 0, \\ \cdots\cdots\cdots\cdots\cdots\cdots\cdots\cdots \\ \lambda^{(0)^\nu} c^{(0)}\varphi^{(0)} + \lambda^{(1)^\nu} c^{(1)}\varphi^{(1)} + \cdots + \lambda^{(\nu)^\nu} c^{(\nu)}\varphi^{(\nu)} = 0, \end{array}\right\} \tag{40}$$

und nach Elimination der Ausdrücke $c^{(0)}\varphi^{(0)}, c^{(1)}\varphi^{(1)}, \ldots, c^{(\nu)}\varphi^{(\nu)}$ aus den nunmehr erhaltenen Gleichungen (37), (38), (39), (40) erscheint als notwendige Folge die Identität

$$\begin{vmatrix} 1 & 1 & \ldots & 1 \\ \lambda^{(0)} & \lambda^{(1)} & \ldots & \lambda^{(\nu)} \\ \cdot & \cdot & \cdots & \cdot \\ \cdot & \cdot & \cdots & \cdot \\ \lambda^{(0)^\nu} & \lambda^{(1)^\nu} & \ldots & \lambda^{(\nu)^\nu} \end{vmatrix} = \prod^{\mu<\varkappa} (\lambda^{(\mu)} - \lambda^{(\varkappa)}) = 0.$$

Die darin ausgesprochene Forderung der Gleichheit zweier Wurzeln λ ist in den ersten drei Hauptfällen offenbar nicht erfüllt, sobald unter vorläufiger Ausschließung aller Vorkommnisse spezieller Natur die betrachtete Grundform f eine Form vom allgemeinsten Charakter bedeutet. Dementsprechend kann eine lineare Relation von der Art (37) nicht existieren. Betreffs des vierten Hauptfalles nehmen die Gleichungen (37), (38), (39), (40) infolge der paarweisen Gleichheit der Wurzeln λ die Gestalt an:

$$\begin{aligned} &(c^{(0)}\varphi^{(0)} + c^{(1)}\varphi^{(1)}) + (c^{(2)}\varphi^{(2)} + c^{(3)}\varphi^{(3)}) + \cdots \\ &\qquad + (c^{(\nu-1)}\varphi^{(\nu-1)} + c^{(\nu)}\varphi^{(\nu)}) = 0, \\ &\lambda^{(0)}(c^{(0)}\varphi^{(0)} + c^{(1)}\varphi^{(1)}) + \lambda^{(2)}(c^{(2)}\varphi^{(2)} + c^{(3)}\varphi^{(3)}) + \cdots \\ &\qquad + \lambda^{(\nu-1)}(c^{(\nu-1)}\varphi^{(\nu-1)} + c^{(\nu)}\varphi^{(\nu)}) = 0, \\ &\cdots\cdots\cdots\cdots\cdots\cdots\cdots\cdots\cdots\cdots \\ &\lambda^{(0)^{\frac{\nu-1}{2}}}(c^{(0)}\varphi^{(0)} + c^{(1)}\varphi^{(1)}) + \lambda^{(2)^{\frac{\nu-1}{2}}}(c^{(2)}\varphi^{(2)} + c^{(3)}\varphi^{(3)}) + \cdots \\ &\qquad + \lambda^{(\nu-1)^{\frac{\nu-1}{2}}}(c^{(\nu-1)}\varphi^{(\nu-1)} + c^{(\nu)}\varphi^{(\nu)}) = 0, \end{aligned}$$

wovon das Verschwinden der Determinante

$$\begin{vmatrix} 1 & 1 & \dots 1 \\ \lambda^{(0)} & \lambda^{(2)} & \dots \lambda^{(\nu-1)} \\ \cdot & \cdot & \cdot \\ \cdot & \cdot & \cdot \\ \lambda^{(0)\frac{\nu-1}{2}} & \lambda^{(2)\frac{\nu-1}{2}} & \dots \lambda^{(\nu-1)\frac{\nu-1}{2}} \end{vmatrix} = \prod^{\mu<\varkappa} (\lambda^{(\mu)} - \lambda^{(\varkappa)}) \quad \left(\mu, \varkappa = 0, 2, \dots, \frac{\nu-1}{2}\right)$$

eine Folge ist, die mit der angenommenen Allgemeinheit der zugrunde gelegten Form f nicht vereinbart werden kann.

Des weiteren leiten wir eine eigentümliche invariante Beziehung zwischen den Formen des Systems φ ab, indem wir die ν-te Überschiebung $\varphi^{(\varkappa)}$ über die Formel (13) bilden, wie folgt:

$$((f, \varphi^{(\mu)})_i\, \varphi^{(\varkappa)})_\nu = \lambda^{(\mu)} (\varphi^{(\mu)}, \varphi^{(\varkappa)})_\nu .$$

Unter Zugrundelegung der schon zu Anfang benutzten Bezeichnungen

$$f = a_x^n; \quad \varphi^{(\mu)} = \alpha_x^{(\mu)\nu}; \quad \varphi^{(\varkappa)} = \alpha_x^{(\varkappa)\nu}$$

lautet jene Identität in symbolischer Schreibweise:

$$(a\,\alpha^{(\mu)})^i\, (a\,\alpha^{(\varkappa)})^i\, (\alpha^{(\mu)}\, \alpha^{(\varkappa)})^{\nu-i} = \lambda^{(\mu)} (\alpha^{(\mu)}\, \alpha^{(\varkappa)})^\nu,$$

woraus wir durch Vertauschung der Indices μ und $\varkappa$ die zweite Relation gewinnen:

$$(a\,\alpha^{(\varkappa)})^i\, (a\,\alpha^{(\mu)})^i\, (\alpha^{(\varkappa)}\, \alpha^{(\mu)})^{\nu-i} = \lambda^{(\varkappa)} (\alpha^{(\varkappa)}\, \alpha^{(\mu)})^\nu.$$

Multiplizieren wir diese letztere Relation mit $(-1)^{\nu-i+1}$ und addieren sie dann zur ersteren, so bleibt

$$\lambda^{(\mu)} (\alpha^{(\mu)}\, \alpha^{(\varkappa)})^\nu + (-1)^{\nu-i+1}\, \lambda^{(\varkappa)} (\alpha^{(\varkappa)}\, \alpha^{(\mu)})^\nu = 0$$

oder

$$\{\lambda^{(\mu)} - (-1)^i\, \lambda^{(\varkappa)}\}\, (\varphi^{(\mu)}, \varphi^{(\varkappa)})_\nu = 0.$$

Ist hierin der erstere Faktor von Null verschieden, so muß der zweite Null ergeben, d. h. *es besteht die Relation*

$$(\varphi^{(\mu)}, \varphi^{(\varkappa)})_\nu = 0 \tag{41}$$

für alle Werte der Indices μ und $\varkappa$, für welche nicht die Beziehung

$$\lambda^{(\mu)} = (-1)^i\, \lambda^{(\varkappa)}$$

gilt. Um die Bedeutung dieses Ergebnisses im einzelnen zu erkennen, stellen wir in der folgenden Tabelle für die vier Hauptfälle alle diejenigen Wertepaare der zusammengehörigen Indices μ, $\varkappa$ auf, für welche die Überschiebung $(\varphi^{(\mu)}, \varphi^{(\varkappa)})$ endlich bleiben darf. Für die Anordnung und Bezeichnungsweise der $\nu + 1$ Wurzeln λ gelten die früheren Festsetzungen:

$$\left.\begin{array}{ll} \textit{Hauptfall}\ \text{I}: & \mu, \varkappa = 0, 0; = 1, 1; = 2, 2; \ldots = \nu, \nu, \\ \quad ,,\ \text{II}: & \mu, \varkappa = 0, 1; = 2, 3; = 4, 5; \ldots = \nu - 1, \nu, \\ \quad ,,\ \text{III}: & \mu, \varkappa = 0, 1; = 2, 3; = 4, 5; \ldots = \nu - 2, \nu - 1; = \nu, \nu, \\ \quad ,,\ \text{IV}: & \mu, \varkappa = 0, 1; = 2, 3; = 4, 5; \ldots = \nu - 1, \nu. \end{array}\right\} \quad (42)$$

Daß die in vorstehender Tabelle ausgezeichneten Überschiebungen $(\varphi^{(\mu)}, \varphi^{(\varkappa)})_\nu$ auch wirklich im allgemeinen von Null verschieden sind, lehrt folgende Überlegung. Die Funktionalinvariante Φ des Formensystems φ besitzt wegen der oben erwiesenen linearen Unabhängigkeit der Formen φ einen von Null verschiedenen Wert. Betrachten wir nun das Produkt

$$\begin{vmatrix} \alpha_0^{(0)} & \alpha_1^{(0)} & \ldots & \alpha_\nu^{(0)} \\ \alpha_0^{(1)} & \alpha_1^{(1)} & \ldots & \alpha_\nu^{(1)} \\ \cdot & \cdot & \cdot & \cdot \\ \cdot & \cdot & \cdot & \cdot \\ \alpha_0^{(\nu)} & \alpha_1^{(\nu)} & \ldots & \alpha_\nu^{(\nu)} \end{vmatrix} \cdot \begin{vmatrix} \alpha_\nu^{(0)} & -\binom{\nu}{1}\alpha_{\nu-1}^{(0)} & \ldots & (-1)^\nu \alpha_0^{(0)} \\ \alpha_\nu^{(1)} & -\binom{\nu}{1}\alpha_{\nu-1}^{(1)} & \ldots & (-1)^\nu \alpha_0^{(1)} \\ \cdot & \cdot & \cdot & \cdot \\ \cdot & \cdot & \cdot & \cdot \\ \alpha_\nu^{(\nu)} & -\binom{\nu}{1}\alpha_{\nu-1}^{(\nu)} & \ldots & (-1)^\nu \alpha_0^{(\nu)} \end{vmatrix},$$

so ergibt sich durch Ausführung der Multiplikation nach dem bekannten Multiplikationsgesetze der Determinanten:

$$\begin{vmatrix} (\varphi^{(0)}, \varphi^{(0)})_\nu & (\varphi^{(0)}, \varphi^{(1)})_\nu & \ldots & (\varphi^{(0)}, \varphi^{(\nu)})_\nu \\ (\varphi^{(1)}, \varphi^{(0)})_\nu & (\varphi^{(1)}, \varphi^{(1)})_\nu & \ldots & (\varphi^{(1)}, \varphi^{(\nu)})_\nu \\ \cdot & \cdot & \cdot & \cdot \\ \cdot & \cdot & \cdot & \cdot \\ (\varphi^{(\nu)}, \varphi^{(0)})_\nu & (\varphi^{(\nu)}, \varphi^{(1)})_\nu & \ldots & (\varphi^{(\nu)}, \varphi^{(\nu)})_\nu \end{vmatrix} = N\Phi^2,$$

worin N das Produkt aller Binomialkoeffizienten von ν mit geeignetem Vorzeichen bedeutet. Die Auswertung der Determinante linker Hand liefert unter Benutzung der Relationen (41) *die Resultate:*

$$\left.\begin{array}{ll} \textit{Hauptfall}\ \text{I}: & (\varphi^{(0)}, \varphi^{(0)})_\nu\, (\varphi^{(1)}, \varphi^{(1)})_\nu \ldots (\varphi^{(\nu)}, \varphi^{(\nu)})_\nu = N\Phi^2, \\ \quad ,,\ \text{II}: & (\varphi^{(0)}, \varphi^{(1)})_\nu^2\, (\varphi^{(2)}, \varphi^{(3)})_\nu^2 \ldots (\varphi^{(\nu-1)}, \varphi^{(\nu)})_\nu^2 = N\Phi^2, \\ \quad ,,\ \text{III}: & (\varphi^{(0)}, \varphi^{(1)})_\nu^2\, (\varphi^{(2)}, \varphi^{(3)})_\nu^2 \ldots (\varphi^{(\nu-2)}, \varphi^{(\nu-1)})_\nu^2\, (\varphi^{\nu}, \varphi^{\nu})_\nu = N\Phi^2, \\ \quad ,,\ \text{IV}: & (\varphi^{(0)}, \varphi^{(1)})_\nu^2\, (\varphi^{(2)}, \varphi^{(3)})_\nu^2 \ldots (\varphi^{(\nu-1)}, \varphi^{(\nu)})_\nu^2 = N\Phi^2. \end{array}\right\} \quad (43)$$

Da die Invariante Φ nicht verschwinden darf, so gilt dasselbe auch von jedem einzelnen Faktor der linken Seite, womit unsere Behauptung betreffs der

Endlichkeit der in Tabelle (42) bezeichneten Überschiebungen erwiesen ist. Wir werden später erkennen, wie dieselben zugleich eine einfache Darstellung als Funktion der Wurzelwerte λ gestatten.

Was die Frage nach den weiteren invarianten Eigenschaften betrifft, welche das System φ als ein irrational-kovariantes Formensystem im fraglichen Sinne charakterisieren, so bedienen wir uns in unserer Untersuchung des folgenden bereits von CLEBSCH eingeführten Differentiationssymbols[1]:

$$\Omega^\sigma = \frac{\nu-\sigma!\;\nu-\sigma!}{\nu!\;\nu!}\left\{\frac{\partial^{2\sigma}}{\partial x_1^\sigma\,\partial y_2^\sigma} - \binom{\sigma}{1}\frac{\partial^{2\sigma}}{\partial x_1^{\sigma-1}\,\partial x_2\,\partial y_1\,\partial y_2^{\sigma-1}} + \cdots + (-1)^\sigma\frac{\partial^{2\sigma}}{\partial x_2^\sigma\,\partial y_1^\sigma}\right\}.$$

Die Anwendung desselben auf eine Kovariante $C = a_x^\nu b_y^\nu$ von zwei Variablenreihen $x_1, x_2;\ y_1, y_2$ liefert die neue Kovariante $(ab)^\sigma\, a_x^{\nu-\sigma} b_y^{\nu-\sigma}$ von einer um σ geringeren Ordnung bezüglich beider Variablenreihen. Bezeichnen wir die aus dieser durch Identifizierung beider Variablenreihen entstehende Kovariante von einer Variablenreihe mit Ω^σ, so gilt für die ursprüngliche Kovariante die folgende nach Potenzen der identischen Kovariante (xy) fortschreitende Entwicklung[2]

$$C = \underset{y=x}{D^\nu\,\Omega^0} + \alpha_1\,(x\,y)\underset{y=x}{D^{\nu-1}\,\Omega^1} + \alpha_2\,(x\,y)^2\underset{y=x}{D^{\nu-2}\,\Omega^2} + \cdots + \alpha_\nu\,(x\,y)^\nu\underset{y=x}{\Omega^\nu},$$

worin die Vorsetzung des Symbols D eine entsprechend wiederholte Polarisation nach y_1, y_2, dagegen $\alpha_1, \alpha_2, \ldots, \alpha_\nu$ gewisse Zahlenkoeffizienten bedeuten.

Das obige Differentiationssymbol Ω^σ wenden wir nun zunächst rücksichtlich der ersten drei Hauptfälle auf die Gleichungen (21), (22), (24), (25) an. Im vierten Hauptfalle legen wir den Ausdruck für die Formenkombination

$$\varphi''(x)\,\varphi^{(\mu+1)}(y) - \varphi^{(\mu+1)}(x)\,\varphi^{(\mu)}(y)$$

zugrunde, wie er sich nach Formel (34) gleich der Quadratwurzel aus der geradreihigen schiefsymmetrischen Determinante $\Delta\begin{pmatrix} x, x & \\ & \lambda^{(\mu)} \\ y, y & \end{pmatrix}$ ergibt. Nach Ausführung unserer Operation kehren wir vermöge der Substitution $y_1 = x_1$, $y_2 = x_2$ zu invarianten Bildungen mit einer Variablenreihe zurück und gelangen dadurch, wie einfache Überlegungen zeigen, beziehungsweise in den vier Hauptfällen zu folgenden Ansätzen:

---

[1] Vgl. CLEBSCH: Theorie der binären algebraischen Formen, § 6 und § 12.

[2] l. c. § 7 und § 8.

Hauptfall I:

$$\begin{aligned}\underset{y=x}{\Omega^\sigma} &= C_0^{(2\nu-2\sigma)}\,\lambda^{(\mu)^\nu} + C_1^{(2\nu-2\sigma)}\,\lambda^{(\mu)^{\nu-1}} + \cdots + C_\nu^{(2\nu-2\sigma)}\\ &= (\varphi^{(\mu)}, \varphi^{(\mu)})_\sigma \qquad \begin{cases}(\mu = 0, 1, \ldots, \nu),\\ (\sigma = 0, 1, \ldots, \nu),\end{cases}\end{aligned}$$

Hauptfall II:

$$\begin{aligned}\underset{y=x}{\Omega^\sigma} &= C_1^{(2\nu-2\sigma)}\,\lambda^{(\mu)^{\nu-1}} + C_3^{(2\nu-2\sigma)}\,\lambda^{(\mu)^{\nu-3}} + \cdots + C_\nu^{(2\nu-2\sigma)}\\ &= (\varphi^{(\mu)}, \varphi^{(\mu+1)})_\sigma \qquad \begin{cases}(\mu = 0, 2, \ldots, \nu-1),\\ (\sigma = 0, 2, \ldots, \nu-1),\end{cases}\\ &= C_0^{(2\nu-2\sigma)}\,\lambda^{(\mu)^\nu} + C_2^{(2\nu-2\sigma)}\,\lambda^{(\mu)^{\nu-2}} + \cdots + C_{\nu-1}^{(2\nu-2\sigma)}\,\lambda^{(\mu)}\\ &= (\varphi^{(\mu)}, \varphi^{(\mu+1)})_\sigma \qquad \begin{cases}(\mu = 0, 2, \ldots, \nu-1),\\ (\sigma = 1, 3, \ldots, \nu),\end{cases}\end{aligned}$$

Hauptfall III:

$$\begin{aligned}\underset{y=x}{\Omega^\sigma} &= C_0^{(2\nu-2\sigma)}\,\lambda^{(\mu)^\nu} + C_2^{(2\nu-2\sigma)}\,\lambda^{(\mu)^{\nu-2}} + \cdots + C_\nu^{(2\nu-2\sigma)}\\ &= (\varphi^{(\mu)}, \varphi^{(\mu+1)})_\sigma \qquad \begin{cases}(\mu = 0, 2, \ldots, \nu-2),\\ (\sigma = 0, 2, \ldots, \nu),\end{cases}\\ &= C_1^{(2\nu-2\sigma)}\,\lambda^{(\mu)^{\nu-1}} + C_3^{(2\nu-2\sigma)}\,\lambda^{(\mu)^{\nu-3}} + \cdots + C_{\nu-1}^{(2\nu-2\sigma)}\,\lambda^{(\mu)}\\ &= (\varphi^{(\mu)}, \varphi^{(\mu+1)})_\sigma \qquad \begin{cases}(\mu = 0, 2, \ldots, \nu-2),\\ (\sigma = 1, 3, \ldots, \nu-1),\end{cases}\\ &= C_\nu^{(2\nu-2\sigma)} = (\varphi^{(\nu)}, \varphi^{(\nu)})_\sigma \qquad (\sigma = 0, 2, \ldots, \nu),\end{aligned}\tag{44}$$

Hauptfall IV:

$$\begin{aligned}\underset{y=x}{\Omega^\sigma} &= C_0^{(2\nu-2\sigma)}\,\lambda^{(\mu)^{\frac{\nu-1}{2}}} + C_1^{(2\nu-2\sigma)}\,\lambda^{(\mu)^{\frac{\nu-3}{2}}} + \cdots + C_{\frac{\nu-1}{2}}^{(2\nu-2\sigma)}\\ &= (\varphi^{(\mu)}, \varphi^{(\mu+1)})_\sigma \qquad \begin{cases}(\mu = 0, 2, \ldots, \nu-1),\\ (\sigma = 1, 3, \ldots, \nu).\end{cases}\end{aligned}$$

Die $C_\tau^{(\varrho)}$ bedeuten hierin rationale Kovarianten von der Ordnung ϱ in den Variablen x_1, x_2 und vom Grade τ in den Koeffizienten der Grundform f. Bemerkenswert ist, daß zu ihrer Bestimmung und Darstellung durch übersichtliche invariante Bildungen allgemeinen Prinzipien gemäß die Berechnung der Leitglieder, d. h. der Koeffizienten der höchsten Potenz von x_1 ausreicht.

In ähnlicher Weise wie die einfachen Überschiebungen lassen sich auch andere simultane Kovarianten des Formensystems φ ausdrücken; so erhalten wir z. B. für den ersten Hauptfall das Produkt der Formen φ und ihrer Funktionalinvariante, wenn wir aus der Simultankovariante mit 2ν Variablenreihen

$$\varphi^{(0)}(x)\,\varphi^{(0)}(y)\,\varphi^{(1)}(x)\,\varphi^{(1)}(y)\ldots\varphi^{(\nu)}(x)\,\varphi^{(\nu)}(y) = \alpha_x^{(0)^\nu}\,\beta_y^{(0)^\nu}\,\alpha_x^{(1)^\nu}\,\beta_y^{(1)^\nu}\ldots\alpha_x^{(\nu)^\nu}\,\beta_y^{(\nu)^\nu}$$

die invariante Bildung

$$\alpha_x^{(0)^\nu} \alpha_x^{(1)^\nu} \ldots \alpha_x^{(\nu)^\nu} (\beta^{(0)} \beta^{(1)}) (\beta^{(1)} \beta^{(2)}) \ldots (\beta^{(\nu-1)} \beta^{(\nu)})$$

ableiten und dieselbe als rationale Kovariante der Grundform f darstellen. Doch erscheint ein weiteres Eingehen auf Fragen solcher Art an dieser Stelle nicht angebracht.

Was nun zunächst den ersten Hauptfall betrifft, so repräsentiert die entsprechende Formel in Tabelle (44) für $\mu = 0, 1, \ldots, \nu$ und ein festes σ $\nu + 1$ Gleichungen, und es folgt somit durch Elimination von

$$C_1^{(2\nu-2\sigma)}, \quad C_2^{(2\nu-2\sigma)}, \ldots, C_\nu^{(2\nu-2\sigma)}$$

das Verschwinden der Determinante

$$\begin{vmatrix} \lambda^{(0)^{\nu-1}}, \lambda^{(0)^{\nu-2}}, \ldots, 1, (\varphi^{(0)}, \varphi^{(0)})_\sigma - C_0^{(2\nu-2\sigma)} \lambda^{(0)^\nu} \\ \lambda^{(1)^{\nu-1}}, \lambda^{(1)^{\nu-2}}, \ldots, 1, (\varphi^{(1)}, \varphi^{(1)})_\sigma - C_0^{(2\nu-2\sigma)} \lambda^{(1)^\nu} \\ \cdots\cdots\cdots\cdots\cdots\cdots \\ \cdots\cdots\cdots\cdots\cdots\cdots \\ \lambda^{(\nu)^{\nu-1}}, \lambda^{(\nu)^{\nu-2}}, \ldots, 1, (\varphi^{(\nu)}, \varphi^{(\nu)})_\sigma - C_0^{(2\nu-2\sigma)} \lambda^{(\nu)^\nu} \end{vmatrix}.$$

Multiplizieren wir andererseits dieselbe Formel zuvor mit $\lambda^{(\mu)}$ und drücken dann $\lambda^{(\mu)^{\nu+1}}$ mittels der determinierenden Gleichung (5) durch die niederen Potenzen von $\lambda^{(\mu)}$ aus, so folgt durch Elimination von

$$C_2^{(2\nu-2\sigma)}, \ C_3^{(2\nu-2\sigma)}, \ldots, C_{\nu+1}^{(2\nu-2\sigma)}$$

das Verschwinden der Determinante

$$\begin{vmatrix} \lambda^{(0)^{\nu-1}}, \lambda^{(0)^{\nu-2}}, \ldots, 1, \lambda^{(0)} (\varphi^{(0)}, \varphi^{(0)})_\sigma - C_1^{(2\nu-2\sigma)} \lambda^{(0)^\nu} \\ \lambda^{(1)^{\nu-1}}, \lambda^{(1)^{\nu-2}}, \ldots, 1, \lambda^{(1)} (\varphi^{(1)}, \varphi^{(1)})_\sigma - C_1^{(2\nu-2\sigma)} \lambda^{(1)^\nu} \\ \cdots\cdots\cdots\cdots\cdots\cdots \\ \cdots\cdots\cdots\cdots\cdots\cdots \\ \lambda^{(\nu)^{\nu-1}}, \lambda^{(\nu)^{\nu-2}}, \ldots, 1, \lambda^{(\nu)} (\varphi^{(\nu)}, \varphi^{(\nu)})_\sigma - C_1^{(2\nu-2\sigma)} \lambda^{(\nu)^\nu} \end{vmatrix}.$$

Die Entwickelung der erhaltenen Determinanten nach ihrer letzten Vertikalreihe ergibt schließlich die beiden Relationen

$$\frac{(\varphi^{(0)}, \varphi^{(0)})_\sigma}{\Pi_0} + \frac{(\varphi^{(1)}, \varphi^{(1)})_\sigma}{\Pi_1} + \cdots + \frac{(\varphi^{(\nu)}, \varphi^{(\nu)})_\sigma}{\Pi_\nu} = C_0^{(2\nu-2\sigma)},$$

$$\frac{\lambda^{(0)} (\varphi^{(0)}, \varphi^{(0)})_\sigma}{\Pi_0} + \frac{\lambda^{(1)} (\varphi^{(1)}, \varphi^{(1)})_\sigma}{\Pi_1} + \cdots + \frac{\lambda^{(\nu)} (\varphi^{(\nu)}, \varphi^{(\nu)})_\sigma}{\Pi_\nu} = C_1^{(2\nu-2\sigma)}$$

$$(\sigma = 1, 2, \ldots, \nu),$$

wo allgemein $\Pi_\varkappa$ das Produkt der Differenzen von $\lambda^{(\varkappa)}$ mit den übrigen λ bedeutet. Im zweiten Hauptfalle erhalten wir in analoger Weise für ein gerades σ durch Elimination von

$$C_3^{(2\nu-2\sigma)}, \ C_5^{(2\nu-2\sigma)}, \ldots, C_\nu^{(2\nu-2\sigma)}$$

die Relation

$$\frac{\lambda^{(0)}(\varphi^{(0)},\varphi^{(1)})_\sigma}{\Pi_0}+\frac{\lambda^{(2)}(\varphi^{(2)},\varphi^{(3)})_\sigma}{\Pi_2}+\cdots+\frac{\lambda^{(\nu-1)}(\varphi^{(\nu-1)},\varphi^{(\nu)})_\sigma}{\Pi_{\nu-1}}=C_1^{(2\nu-2\sigma)}$$

$$(\sigma=0,2,\ldots,\nu-1),$$

und für ein ungerades σ durch Elimination von

$$C_2^{(2\nu-2\sigma)},\ C_4^{(2\nu-2\sigma)},\ldots,C_{\nu-1}^{(2\nu-2\sigma)}:$$

$$\frac{(\varphi^{(0)},\varphi^{(1)})_\sigma}{\Pi_0}+\frac{(\varphi^{(2)},\varphi^{(3)})_\sigma}{\Pi_2}+\cdots+\frac{(\varphi^{(\nu-1)},\varphi^{(\nu)})_\sigma}{\Pi_{\nu-1}}=C_0^{(2\nu-2\sigma)}\quad(\sigma=1,3,\ldots,\nu).$$

Für den dritten Hauptfall folgen nach entsprechender Behandlung unseres Gleichungssystems (44) die Relationen

$$\frac{2(\varphi^{(0)},\varphi^{(1)})_\sigma}{\Pi_0}+\frac{2(\varphi^{(2)},\varphi^{(3)})_\sigma}{\Pi_2}+\cdots+\frac{2(\varphi^{(\nu-2)},\varphi^{(\nu-1)})_\sigma}{\Pi_{\nu-2}}+\frac{(\varphi^{(\nu)},\varphi^{(\nu)})_\sigma}{\Pi_\nu}=C_0^{(2\nu-2\sigma)}$$

$$(\sigma=0,2,\ldots,\nu),$$

$$\frac{\lambda^{(0)}(\varphi^{(0)},\varphi^{(1)})_\sigma}{\Pi_0}+\frac{\lambda^{(2)}(\varphi^{(2)},\varphi^{(3)})_\sigma}{\Pi_2}+\cdots+\frac{\lambda^{(\nu-2)}(\varphi^{(\nu-2)},\varphi^{(\nu-1)})_\sigma}{\Pi_{\nu-2}}=C_1^{(2\nu-2\sigma)}$$

$$(\sigma=1,3,\ldots,\nu-1),$$

und für den vierten Hauptfall endlich wird

$$\frac{(\varphi^{(0)},\varphi^{(1)})_\sigma}{\pi_0}+\frac{(\varphi^{(2)},\varphi^{(3)})_\sigma}{\pi_2}+\cdots+\frac{(\varphi^{(\nu-1)},\varphi^{(\nu)})_\sigma}{\pi_{\nu-1}}=C_0^{(2\nu-2\sigma)},$$

$$\frac{\lambda^{(0)}(\varphi^{(0)},\varphi^{(1)})_\sigma}{\pi_0}+\frac{\lambda^{(2)}(\varphi^{(2)},\varphi^{(3)})_\sigma}{\pi_2}+\cdots+\frac{\lambda^{(\nu-1)}(\varphi^{(\nu-1)},\varphi^{(\nu)})_\sigma}{\pi_{\nu-1}}=C_1^{(2\nu-2\sigma)}$$

$$(\sigma=1,3,\ldots,\nu),$$

wo hier $\pi_\varkappa$ das Produkt der Differenzen der Wurzel $\lambda^{(\varkappa)}$ mit den übrigen λ von geradem Index bedeutet. Durch Berechnung irgend eines bequem gewählten Gliedes der Determinanten $\Delta(x,x,\lambda)$ resp. $\Delta\begin{pmatrix}x,y\\p,q\end{pmatrix}\lambda$ erweist sich nun in allen vier Hauptfällen einerseits der Ausdruck $C_0^{(2\nu-2\sigma)}$ für $\sigma=\nu$, andererseits der Ausdruck $C_1^{(2\nu-2\sigma)}$ für $\sigma=\nu-i$ als von Null verschieden. Es bedeutet somit $C_0^{(0)}$ eine endliche Zahl E, während $C_1^{(n)}$ der Grundform f proportional ausfällt. Berücksichtigen wir ferner, daß jene Ausdrücke für alle anderen Werte von σ wegen der Unmöglichkeit invarianter Bildungen von entsprechenden Graden notwendig identisch verschwinden müssen, so nehmen unsere obigen Formeln folgende definitive Gestalt an:

Hauptfall I: $$\frac{(\varphi^{(0)},\varphi^{(0)})_\sigma}{\Pi_0}+\frac{(\varphi^{(1)},\varphi^{(1)})_\sigma}{\Pi_1}+\cdots+\frac{(\varphi^{(\nu)},\varphi^{(\nu)})_\sigma}{\Pi_\nu}=0$$

$$(\sigma=0,2,\ldots,\nu-2),$$

Hauptfall II: $$\frac{(\varphi^{(0)},\varphi^{(1)})_\sigma}{\Pi_0}+\frac{(\varphi^{(2)},\varphi^{(3)})_\sigma}{\Pi_2}+\cdots+\frac{(\varphi^{(\nu-1)},\varphi^{(\nu)})_\sigma}{\Pi_{\nu-1}}=0$$

$$(\sigma=1,3,\ldots,\nu-2),$$

$$\text{\textit{Hauptfall} III: } \frac{2(\varphi^{(0)},\varphi^{(1)})_\sigma}{\Pi_0}+\frac{2(\varphi^{(2)},\varphi^{(3)})_\sigma}{\Pi_2}+\cdots+\frac{2(\varphi^{(\nu-2)},\varphi^{(\nu-1)})_\sigma}{\Pi_{\nu-2}} + \frac{(\varphi^{(\nu)},\varphi^{(\nu)})_\sigma}{\Pi_\nu}=0 \quad (\sigma=0,2,\ldots,\nu-2),$$

$$\text{\textit{Hauptfall} IV: } \frac{(\varphi^{(0)},\varphi^{(1)})_\sigma}{\pi_0}+\frac{(\varphi^{(2)},\varphi^{(3)})_\sigma}{\pi_2}+\cdots+\frac{(\varphi^{(\nu-1)},\varphi^{(\nu)})_\sigma}{\pi_{\nu-1}}=0 \quad (\sigma=1,3,\ldots,\nu-2), \qquad (45)$$

und

$$\begin{aligned}
&\text{\textit{Hauptfall} I: } l^{(0)}(\varphi^{(0)},\varphi^{(0)})_\sigma+l^{(1)}(\varphi^{(1)},\varphi^{(1)})_\sigma+\cdots+l^{(\nu)}(\varphi^{(\nu)},\varphi^{(\nu)})_\sigma=0\\
&\qquad(\sigma=0,2,\ldots,\nu-i-2,\nu-i+2,\ldots,\nu),\\
&\text{\textit{Hauptfall} II: } l^{(0)}(\varphi^{(0)},\varphi^{(1)})_\sigma+l^{(2)}(\varphi^{(2)},\varphi^{(3)})_\sigma+\cdots+l^{(\nu-1)}(\varphi^{(\nu-1)},\varphi^{(\nu)})_\sigma=0\\
&\qquad(\sigma=0,2,\ldots,\nu-i-2,\nu-i+2,\ldots,\nu-1),\\
&\text{\textit{Hauptfall} III: } l^{(0)}(\varphi^{(0)},\varphi^{(1)})_\sigma+l^{(2)}(\varphi^{(2)},\varphi^{(3)})_\sigma+\cdots+l^{(\nu-2)}(\varphi^{(\nu-2)},\varphi^{(\nu-1)})_\sigma=0\\
&\qquad(\sigma=1,3,\ldots,\nu-i-2,\nu-i+2,\ldots,\nu-1),\\
&\text{\textit{Hauptfall} IV: } l^{(0)}(\varphi^{(0)},\varphi^{(1)})_\sigma+l^{(2)}(\varphi^{(2)},\varphi^{(3)})_\sigma+\cdots+l^{(\nu-1)}(\varphi^{(\nu-1)},\varphi^{(\nu)})_\sigma=0\\
&\qquad(\sigma=1,3,\ldots,\nu-i-2,\nu-i+2,\ldots,\nu),
\end{aligned} \qquad (46)$$

und endlich

$$\begin{aligned}
&\text{\textit{Hauptfall} I: } l^{(0)}(\varphi^{(0)},\varphi^{(0)})_{\nu-i}+l^{(1)}(\varphi^{(1)},\varphi^{(1)})_{\nu-i}+\cdots+l^{(\nu)}(\varphi^{(\nu)},\varphi^{(\nu)})_{\nu-i}=f,\\
&\text{\textit{Hauptfall} II: } l^{(0)}(\varphi^{(0)},\varphi^{(1)})_{\nu-i}+l^{(2)}(\varphi^{(2)},\varphi^{(3)})_{\nu-i}+\cdots+l^{(\nu-1)}(\varphi^{(\nu-1)},\varphi^{(\nu)})_{\nu-i}=f,\\
&\text{\textit{Hauptfall} III: } l^{(0)}(\varphi^{(0)},\varphi^{(1)})_{\nu-i}+l^{(2)}(\varphi^{(2)},\varphi^{(3)})_{\nu-i}+\cdots+l^{(\nu-2)}(\varphi^{(\nu-2)},\varphi^{(\nu-1)})_{\nu-i}=f,\\
&\text{\textit{Hauptfall} IV: } l^{(0)}(\varphi^{(0)},\varphi^{(1)})_{\nu-i}+l^{(2)}(\varphi^{(2)},\varphi^{(3)})_{\nu-i}+\cdots+l^{(\nu-1)}(\varphi^{(\nu-1)},\varphi^{(\nu)})_{\nu-i}=f.
\end{aligned} \qquad (47)$$

In Tabelle (45) nehmen die Ausdrücke linker Hand für $\sigma=\nu$ einen endlichen Zahlenwert E an, und in den Tabellen (46) und (47) bedeutet allgemein $l^{(\varkappa)}$ eine dem Quotienten $\frac{\lambda^{(\varkappa)}}{\Pi_\varkappa}$ resp. $\frac{\lambda^{(\varkappa)}}{\pi_\varkappa}$ proportionale Konstante.

Zugleich sei an dieser Stelle darauf aufmerksam gemacht, daß man in analoger Weise wie $C_0^{(2\nu-2\sigma)}$ und $C_1^{(2\nu-2\sigma)}$ auch die weiteren rationalen Kovarianten $C_2^{(2\nu-2\sigma)}$, $C_3^{(2\nu-2\sigma)}$, ..., $C_\nu^{(2\nu-2\sigma)}$ durch Summen von der Form

$$\sum\lambda^2(\varphi,\varphi)_\sigma,\quad \sum\lambda^3(\varphi,\varphi)_\sigma,\quad\ldots,\quad\sum\lambda^\nu(\varphi,\varphi)_\sigma$$

ausdrücken kann, und wir werden später an Beispielen bestätigt finden, wie in der Tat ein Verfahren dieser Art zu bemerkenswerten Darstellungen gewisser rationaler Kovarianten der Grundform führt.

Die eben abgeleiteten Tabellen zeigen, daß zwischen den quadratischen Kovarianten der Formen φ immer je zwei voneinander unabhängige lineare Identitäten bestehen. Inwiefern dieselben in ihrer Gesamtheit das früher gefundene System invarianter Eigenschaften (4) in sich enthalten oder vervollständigen, ist auf Grund folgender Überlegungen zu entscheiden.

Wir verstehen unter φ, ψ, χ drei beliebige Formen ν-ter Ordnung und bestimmen die Zahl aller linear unabhängiger Simultankovarianten von der Ordnung ν, welche die Koeffizienten jeder einzelnen Form nur im ersten Grade enthalten. Die gesuchte Zahl ist nach bekannten Sätzen gleich der Differenz der Anzahl der Darstellungen der Zahl ν und der Zahl $\nu - 1$ als Summe dreier Zahlen aus der Reihe $0, 1, 2, \ldots, \nu$. Wir finden diese Anzahl gleich $\nu + 1$ und schließen daraus, daß zwischen irgend $\nu + 2$ Kovarianten der fraglichen Art etwa den Kovarianten

$$(\varphi, \chi)_\nu \cdot \psi, \quad (\varphi, (\psi \cdot \chi))_\nu, \quad (\varphi, (\psi, \chi)_1)_{\nu-1}, \quad \ldots, \quad \varphi \cdot (\psi, \chi)_\nu$$

allgemein eine lineare Relation mit Zahlenkoeffizienten besteht, welche die Gestalt

$$(\varphi, \chi)_\nu \cdot \psi = c_0 (\varphi, (\psi \cdot \chi))_\nu + c_1 (\varphi, (\psi, \chi)_1)_{\nu-1} + \cdots + c_\nu \varphi \cdot (\psi, \chi)_\nu$$

besitzen möge. Die Vertauschung von ψ und χ liefert eine zweite Formel, deren Kombination mit der ursprünglichen die beiden Relationen

$$\left.\begin{aligned} (\varphi, \chi)_\nu \cdot \psi + (\varphi, \psi)_\nu \cdot \chi &= 2 c_0 (\varphi, (\psi \cdot \chi))_\nu \;\; + 2 c_2 (\varphi, (\psi, \chi)_2)_{\nu-2} + \cdots, \\ (\varphi, \chi)_\nu \cdot \psi - (\varphi, \psi)_\nu \cdot \chi &= 2 c_1 (\varphi, (\psi, \chi)_1)_{\nu-1} + 2 c_3 (\varphi, (\psi, \chi)_3)_{\nu-3} + \cdots \end{aligned}\right\} \tag{48}$$

zur Folge hat. Bilden wir nun die $(\nu - \sigma)$-te Überschiebung der Form $\varphi^{(\mu)}$ über die Formensummen linker Hand in den Tabellen (45), (46), (47) und multiplizieren die entstandenen Gleichungen mit c_σ, so liefert die Summation für $\sigma = 0, 2, \ldots, \nu$ resp. $1, 3, \ldots, \nu$ mit Benutzung der Relationen (48) das Ergebnis

$$\left.\begin{aligned}
&\textit{Hauptfall I:} \\
&\frac{(\varphi^{(\mu)}, \varphi^{(0)})_\nu \varphi^{(0)}}{\Pi_0} + \frac{(\varphi^{(\mu)}, \varphi^{(1)})_\nu \varphi^{(1)}}{\Pi_1} + \cdots + \frac{(\varphi^{(\mu)}, \varphi^{(\nu)})_\nu \varphi^{(\nu)}}{\Pi_\nu} = c_\nu E \varphi^{(\mu)}, \\
&\textit{Hauptfall II:} \\
&\frac{(\varphi^{(\mu)}, \varphi^{(1)})_\nu \varphi^{(0)}}{\Pi_0} + \frac{(\varphi^{(\mu)}, \varphi^{(0)})_\nu \varphi^{(1)}}{\Pi_1} + \cdots + \frac{(\varphi^{(\mu)}, \varphi^{(\nu)})_\nu \varphi^{(\nu-1)}}{\Pi_{\nu-1}} \\
&\qquad + \frac{(\varphi^{(\mu)}, \varphi^{(\nu-1)})_\nu \varphi^{(\nu)}}{\Pi_\nu} = c_\nu E \varphi^{(\mu)}, \\
&\textit{Hauptfall III:} \\
&\frac{(\varphi^{(\mu)}, \varphi^{(1)})_\nu \varphi^{(0)}}{\Pi_0} + \frac{(\varphi^{(\mu)}, \varphi^{(0)})_\nu \varphi^{(1)}}{\Pi_1} + \cdots + \frac{(\varphi^{(\mu)}, \varphi^{(\nu-1)})_\nu \varphi^{(\nu-2)}}{\Pi_{\nu-2}} \\
&\qquad + \frac{(\varphi^{(\mu)}, \varphi^{(\nu-2)})_\nu \varphi^{(\nu-1)}}{\Pi_{\nu-1}} + \frac{(\varphi^{(\mu)}, \varphi^{(\nu)})_\nu \varphi^{(\nu)}}{\Pi_\nu} = c_\nu E \varphi^{(\mu)}, \\
&\textit{Hauptfall IV:} \\
&\frac{(\varphi^{(\mu)}, \varphi^{(1)})_\nu \varphi^{(0)} - (\varphi^{(\mu)}, \varphi^{(0)})_\nu \varphi^{(1)}}{\pi_0} + \frac{(\varphi^{(\mu)}, \varphi^{(3)})_\nu \varphi^{(2)} - (\varphi^{(\mu)}, \varphi^{(2)})_\nu \varphi^{(3)}}{\pi_2} + \cdots \\
&\qquad + \frac{(\varphi^{(\mu)}, \varphi^{(\nu)})_\nu \varphi^{(\nu-1)} - (\varphi^{(\mu)}, \varphi^{(\nu-1)})_\nu \varphi^{(\nu)}}{\pi_{\nu-1}} = c_\nu E \varphi^{(\mu)},
\end{aligned}\right| \tag{49}$$

und

$$\textit{Hauptfall I:}\quad l^{(0)}(\varphi^{(\mu)},\varphi^{(0)})_\nu\,\varphi^{(0)}+l^{(1)}(\varphi^{(\mu)},\varphi^{(1)})_\nu\,\varphi^{(1)}+\cdots$$
$$+\,l^{(\nu)}(\varphi^{(\mu)},\varphi^{(\nu)})_\nu\,\varphi^{(\nu)}=c_{\nu-i}(\varphi^{(\mu)},f)_i\,,$$

$$\textit{Hauptfall II:}\quad l^{(0)}(\varphi^{(\mu)},\varphi^{(1)})_\nu\,\varphi^{(0)}+l^{(1)}(\varphi^{(\mu)},\varphi^{(0)})_\nu\,\varphi^{(1)}+\cdots$$
$$+\,l^{(\nu-1)}(\varphi^{(\mu)},\varphi^{(\nu)})_\nu\,\varphi^{(\nu-1)}+l^{(\nu)}(\varphi^{(\mu)},\varphi^{(\nu-1)})_\nu\,\varphi^{(\nu)}=c_{\nu-i}(\varphi^{(\mu)},f)_i\,,$$

$$\textit{Hauptfall III:}\quad l^{(0)}(\varphi^{(\mu)},\varphi^{(1)})_\nu\,\varphi^{(0)}+l^{(1)}(\varphi^{(\mu)},\varphi^{(0)})_\nu\,\varphi^{(1)}+\cdots$$
$$+\,l^{(\nu-2)}(\varphi^{(\mu)},\varphi^{(\nu-1)})_\nu\,\varphi^{(\nu-2)}+l^{(\nu-1)}(\varphi^{(\mu)},\varphi^{(\nu-2)})_\nu\,\varphi^{(\nu-1)}+l^{(\nu)}(\varphi^{(\mu)},\varphi^{(\nu)})_\nu\,\varphi^{(\nu)}$$
$$=c_{\nu-i}(\varphi^{(\mu)},f)_i\,,$$

$$\textit{Hauptfall IV:}\quad l^{(0)}\{(\varphi^{(\mu)},\varphi^{(1)})_\nu\,\varphi^{(0)}-(\varphi^{(\mu)},\varphi^{(0)})_\nu\,\varphi^{(1)}\}$$
$$+\;l^{(2)}\{(\varphi^{(\mu)},\varphi^{(3)})_\nu\,\varphi^{(2)}-(\varphi^{(\mu)},\varphi^{(2)})_\nu\,\varphi^{(3)}\}+\cdots$$
$$+\,l^{(\nu-1)}\{(\varphi^{(\mu)},\varphi^{(\nu)})_\nu\,\varphi^{(\nu-1)}-(\varphi^{(\mu)},\varphi^{(\nu-1)})_\nu\,\varphi^{(\nu)}\}=c_{\nu-i}(\varphi^{(\mu)},f)_i\,,$$

oder mit Benutzung der anfangs abgeleiteten invarianten Eigenschaften (41) des Formensystems φ:

$$\left.\begin{array}{lll}
\textit{Hauptfall I:} & (\varphi^{(\mu)},\varphi^{(\mu)})_\nu\;\;=E'\,\Pi_\mu & (\mu=0,1,\ldots,\nu),\\
\textit{Hauptfall II:} & (\varphi^{(\mu)},\varphi^{(\mu+1)})_\nu=E'\,\Pi_\mu & (\mu=0,2,\ldots,\nu-1),\\
\textit{Hauptfall III:} & (\varphi^{(\mu)},\varphi^{(\mu+1)})_\nu=E'\,\Pi_\mu & (\mu=0,2,\ldots,\nu-2),\\
 & (\varphi^{(\nu)},\varphi^{(\nu)})_\nu\;\;=E'\,\Pi_\nu\,, & \\
\textit{Hauptfall IV:} & (\varphi^{(\mu)},\varphi^{(\mu+1)})_\nu=E'\,\pi_\mu & (\mu=0,2,\ldots,\nu-1)
\end{array}\right\}\quad(50)$$

und

$$\textit{Hauptfall I, II, III, IV:}\quad (f,\varphi^{(\mu)})_i=E''\,\lambda^{(\mu)}\,\varphi^{(\mu)}\quad(\mu=0,1,\ldots,\nu),\qquad(51)$$

worin E', E'' andere von Null verschiedene Zahlen bedeuten. Der eben vollzogene Übergang von dem Formelsystem (45), (46), (47) zu (50), (51) gibt zu Schlußfolgerungen von endgültiger Bedeutung Anlaß. Zunächst sind die Formeln der Tabelle (50) deshalb interessant, weil sie die allein von Null verschiedenen quadratischen Invarianten der Formen φ in einfacher Weise als Funktion der Wurzeln λ darstellen. Unter Zuhilfenahme der früher gefundenen Relationen (43) zeigen sie ferner, daß für die ersten drei Hauptfälle das Quadrat der Funktionalinvariante der Formen φ bis auf einen Zahlenfaktor mit der Diskriminante der determinierenden Gleichung und im vierten Hauptfalle jene Funktionalinvariante selbst mit der Diskriminante der durch Wurzelziehen reduzierten determinierenden Gleichung übereinstimmt. Andererseits ist bemerkenswert, daß die Existenz linearer Relationen zwischen den quadratischen Kovarianten von der Art der Tabelle (45) für das Formensystem φ keine neuen Eigenschaften bedingt, sondern vielmehr nur das bekannte Bedingungssystem (41) bestätigt. Betrachten wir nämlich ein beliebiges System von $\nu + 1$ Formen ν-ter Ordnung

$$\varphi^{(\mu)} = \alpha_0^{(\mu)} x_1^{\nu} + \binom{\nu}{1} \alpha_1^{(\mu)} x_1^{\nu-1} x_2 + \cdots + \alpha_{\nu}^{(\mu)} x_2^{\nu} \qquad (\mu = 0, 1, \ldots, \nu),$$

für welches die invarianten Bedingungen (41) erfüllt sind, so folgt nach dem Multiplikationsgesetze der Determinanten:

$$0 = \begin{vmatrix} 0 & x_1^{\nu} & -x_1^{\nu-1} x_2 & \cdots & (-1)^{\nu} x_2^{\nu} \\ 0 & \alpha_{\nu}^{(0)} & \alpha_{\nu-1}^{(0)} & \cdots & \alpha_0^{(0)} \\ 0 & \alpha_{\nu}^{(1)} & \alpha_{\nu-1}^{(1)} & \cdots & \alpha_0^{(1)} \\ \cdot & \cdot & \cdot & \cdot & \cdot \\ \cdot & \cdot & \cdot & \cdot & \cdot \\ 0 & \alpha_{\nu}^{(\nu)} & \alpha_{\nu-1}^{(\nu)} & \cdots & \alpha_0^{(\nu)} \end{vmatrix} \cdot \begin{vmatrix} 0 & y_2^{\nu} & \binom{\nu}{1} y_1 y_2^{\nu-1} & \cdots & y_1^{\nu} \\ 0 & \alpha_0^{(0)} & -\binom{\nu}{1} \alpha_1^{(0)} & \cdots & (-1)^{\nu} \alpha_{\nu}^{(0)} \\ 0 & \alpha_0^{(1)} & -\binom{\nu}{1} \alpha_1^{(1)} & \cdots & (-1)^{\nu} \alpha_{\nu}^{(1)} \\ \cdot & \cdot & \cdot & \cdot & \cdot \\ \cdot & \cdot & \cdot & \cdot & \cdot \\ 0 & \alpha_0^{(\nu)} & -\binom{\nu}{1} \alpha_1^{(\nu)} & \cdots & (-1)^{\nu} \alpha_{\nu}^{(\nu)} \end{vmatrix}$$

$$= \begin{vmatrix} (x_1 y_2 - x_2 y_1)^{\nu} & \varphi^{(0)}(x) & \varphi^{(1)}(x) & \cdots & \varphi^{(\nu)}(x) \\ \varphi^{(0)}(y) & (\varphi^{(0)}, \varphi^{(0)})_{\nu} & (\varphi^{(0)}, \varphi^{(1)})_{\nu} & \cdots & (\varphi^{(0)}, \varphi^{(\nu)})_{\nu} \\ \cdot & \cdot & \cdot & \cdot & \cdot \\ \cdot & \cdot & \cdot & \cdot & \cdot \\ \varphi^{(\nu)}(y) & (\varphi^{(\nu)}, \varphi^{(0)})_{\nu} & (\varphi^{(\nu)}, \varphi^{(1)})_{\nu} & \cdots & (\varphi^{(\nu)}, \varphi^{(\nu)})_{\nu} \end{vmatrix}.$$

Durch Auswertung der letzteren Determinante erhalten wir auf Grund der vorausgesetzten Beschaffenheit des Formensystems φ bzw. in den vier Hauptfällen die Gleichungen

Hauptfall I:

$$\frac{\varphi^{(0)}(x)\,\varphi^{(0)}(y)}{(\varphi^{(0)}, \varphi^{(0)})_{\nu}} + \frac{\varphi^{(1)}(x)\,\varphi^{(1)}(y)}{(\varphi^{(1)}, \varphi^{(1)})_{\nu}} + \cdots + \frac{\varphi^{(\nu)}(x)\,\varphi^{(\nu)}(y)}{(\varphi^{(\nu)}, \varphi^{(\nu)})_{\nu}} = (x_1 y_2 - x_2 y_1)^{\nu},$$

Hauptfall II:

$$\frac{\varphi^{(0)}(x)\,\varphi^{(1)}(y)}{(\varphi^{(0)}, \varphi^{(1)})_{\nu}} - \frac{\varphi^{(0)}(y)\,\varphi^{(1)}(x)}{(\varphi^{(0)}, \varphi^{(1)})_{\nu}} + \cdots + \frac{\varphi^{(\nu-1)}(x)\,\varphi^{(\nu)}(y)}{(\varphi^{(\nu-1)}, \varphi^{(\nu)})_{\nu}} - \frac{\varphi^{(\nu-1)}(y)\,\varphi^{(\nu)}(x)}{(\varphi^{(\nu-1)}, \varphi^{(\nu)})_{\nu}}$$
$$= (x_1 y_2 - x_2 y_1)^{\nu},$$

Hauptfall III:

$$\frac{\varphi^{(0)}(x)\,\varphi^{(1)}(y)}{(\varphi^{(0)}, \varphi^{(1)})_{\nu}} + \frac{\varphi^{(0)}(y)\,\varphi^{(1)}(x)}{(\varphi^{(0)}, \varphi^{(1)})_{\nu}} + \cdots + \frac{\varphi^{(\nu-2)}(x)\,\varphi^{(\nu-1)}(y)}{(\varphi^{(\nu-2)}, \varphi^{(\nu-1)})_{\nu}}$$
$$+ \frac{\varphi^{(\nu-2)}(y)\,\varphi^{(\nu-1)}(x)}{(\varphi^{(\nu-2)}, \varphi^{(\nu-1)})_{\nu}} + \frac{\varphi^{(\nu)}(x)\,\varphi^{(\nu)}(y)}{(\varphi^{(\nu)}, \varphi^{(\nu)})_{\nu}} = \pm (x_1 y_2 - x_2 y_1)^{\nu},$$

Hauptfall IV:

$$\frac{\varphi^{(0)}(x)\,\varphi^{(1)}(y)}{(\varphi^{(0)},\varphi^{(1)})_\nu}-\frac{\varphi^{(0)}(y)\,\varphi^{(1)}(x)}{(\varphi^{(0)},\varphi^{(1)})_\nu}+\cdots+\frac{\varphi^{(\nu-1)}(x)\,\varphi^{(\nu)}(y)}{(\varphi^{(\nu-1)},\varphi^{(\nu)})_\nu}-\frac{\varphi^{(\nu-1)}(y)\,\varphi^{(\nu)}(x)}{(\varphi^{(\nu-1)},\varphi^{(\nu)})_\nu}$$
$$=(x_1\,y_2-x_2\,y_1)^\nu.$$

Nach Anwendung des vorhin charakterisierten Differentiationssymbols Ω^ν auf diese Formeln und nachträglicher Rückkehr zu *einer* Variablenreihe x_1, x_2 erkennen wir in dem Ergebnisse unsere früheren Formeln der Tabelle (45) wieder. Umgekehrt zieht die Existenz der Relationen von der Art der Tabelle (45) das Bedingungssystem (41) nach sich. Benutzen wir nämlich die früher erwiesene Tatsache der linearen Unabhängigkeit der Formen φ, so folgt aus den Formeln (49) das Verschwinden der einzelnen mit jenen Formen φ multiplizierten Ausdrücke, d. h. ihrer bezüglichen ν-ten Überschiebungen, wie es das Bedingungssystem (41) verlangt. Das Verschwinden jener quadratischen Invarianten und die Existenz der Relationen von der Art der Tabelle (45) repräsentieren mithin für unsere Formen φ zwei Bedingungssysteme, welche sich nicht ergänzen, sondern vielmehr einander völlig äquivalent sind. Anders verhält es sich mit dem Bedingungssystem in Tabelle (46), welches jedes der früheren Systeme genau vervollständigt. Wie nämlich der Übergang zu den Formeln (51) lehrt, reicht die Hinzufügung dieses Systems für die Formen φ hin, damit dieselben im fraglichen Sinne einer Grundform f zugehören. Wir gewinnen auf diese Weise das Ergebnis:

Verschwinden für ein System von $\nu+1$ linear unabhängigen Formen φ ν-ter Ordnung alle quadratischen Invarianten mit Ausnahme der bzw. in Tabelle (42) *angegebenen, so bestehen gleichzeitig zwischen den quadratischen Kovarianten des Formensystems bzw. lineare Relationen von der Art der Tabelle* (45) *und umgekehrt. Existieren ferner für dasselbe Formensystem obenein bzw.* $\nu+1$, $\frac{\nu+1}{2}$, $\frac{\nu}{2}$, $\frac{\nu+1}{2}$ *Konstante l von der Art, daß zwischen den quadratischen Kovarianten die linearen Beziehungen in Tabelle* (46) *stattfinden, dann und nur dann gehört das Formensystem φ im Sinne der Bedingungsgleichung* (4) *einer Grundform f von der Ordnung $n=2\,i$ zu. Die Grundform f erhält man bzw. aus den Formeln der Tabelle* (47), *während die irrationalen Invarianten λ den Konstanten l sowie den entsprechenden Invarianten $(\varphi,\varphi)_\nu$ von endlichem Werte proportional ausfallen.*

Was die Anzahl der Bedingungen für unser Formensystem φ betrifft, so steht das eben gewonnene Resultat mit der direkten Konstantenabzählung in bestem Einklange. Beachten wir nämlich, daß bei unserem Verfahren alle nur um konstante Faktoren differierenden Formen φ zu der gleichen Grundform f Anlaß geben und außerdem im vierten Hauptfalle jede Form durch eine beliebige Form des entsprechenden Büschels ersetzbar ist, so haben wir für das System von $\nu + 1$ Formen ν-ter Ordnung in den ersten drei Hauptfällen $\nu(\nu + 1)$, im vierten Hauptfalle nur $(\nu - 1)(\nu + 1)$ verfügbare Konstanten in Anrechnung zu bringen. Das Bedingungssystem (41) enthält nun offenbar in den vier Hauptfällen resp. $\frac{\nu(\nu+1)}{2}$, $\frac{(\nu-1)(\nu+1)}{2}$, $\frac{\nu(\nu+2)}{2}$, $\frac{(\nu-1)(\nu+1)}{2}$ einfache Bedingungen, und betreffs des zweiten Bedingungssystems (46) zeigt eine leichte Überlegung, daß dasselbe resp. mit $\frac{\nu(\nu+1)}{2} - (2i+1)$, $\frac{(\nu+1)^2}{2} - (2i+1)$, $\frac{\nu^2}{2} - (2i+1)$, $\frac{(\nu-1)(\nu+1)}{2} - (2i+1)$ einfachen Bedingungen äquivalent ist. Die Anzahl der noch willkürlichen Parameter des Formensystems φ ist somit bzw.:

Hauptfall I:

$$\nu(\nu+1) - \frac{\nu(\nu+1)}{2} - \left\{\frac{\nu(\nu+1)}{2} - (2i+1)\right\} = 2i+1,$$

Hauptfall II:

$$\nu(\nu+1) - \frac{(\nu-1)(\nu+1)}{2} - \left\{\frac{(\nu+1)^2}{2} - (2i+1)\right\} = 2i+1,$$

Hauptfall III:

$$\nu(\nu+1) - \frac{\nu(\nu+2)}{2} - \left\{\frac{\nu^2}{2} - (2i+1)\right\} = 2i+1,$$

Hauptfall IV:

$$(\nu-1)(\nu+1) - \frac{(\nu-1)(\nu+1)}{2} - \left\{\frac{(\nu-1)(\nu+1)}{2} - (2i+1)\right\} = 2i+1,$$

und stimmt in der Tat für alle vier Hauptfälle mit der Koeffizientenzahl einer Grundform f von der Ordnung $n = 2i$ überein.

Das am Schlusse der Einleitung gekennzeichnete Problem verlangt nunmehr zu seiner völligen Erledigung nur noch das Studium der möglichen Ausartungen und speziellen Vorkommnisse.

§ 4. Die Ausartungen des Formensystems φ.

Die Konstruktion eines vollständigen Formensystems φ ist in der oben beschriebenen Weise offenbar nur dann durchführbar, sobald einerseits die $\nu + 1$ Wurzeln λ der determinierenden Gleichung, von ihrer paarweisen Gleichheit im vierten Hauptfalle abgesehen, untereinander verschieden ausfallen, andererseits die kovariante Determinante (18) resp. (30) für keinen jener Wurzelwerte λ identisch verschwindet. Das Zusammenfallen von Wurzelwerten λ sowie das identische Verschwinden jener irrationalen Kovariante bedingen dementsprechend Vorkommnisse besonderer Art, die in ihrer Gesamtheit um so mehr eines eingehenden Studiums bedürfen, als dieselben ein gefügiges und rationelles Mittel zur Untersuchung der Ausartungen der Grundform f selber an die Hand geben.

Um bei der Mannigfaltigkeit der zu berücksichtigenden Ausnahmefälle befriedigende Vollständigkeit zu erzielen, erweisen sich zuvor einige Hilfsbetrachtungen bezüglich einer Verallgemeinerung der Determinantenbildung (18) als unerläßlich. Zu Bildungen dieser Art führt eine Modifikation der früheren Formulierung und Behandlungsweise unseres Problems, indem wir nunmehr die weitergreifende Frage nach den Formen ψ_τ mit den Bedingungen

$$\left.\begin{array}{c}(f, \psi_\tau)_i - \lambda\,\psi_\tau + u\,(y\,x)^\nu + u^{(1)}\,(y^{(1)}\,x)^\nu + \cdots + u^{(\tau)}\,(y^{(\tau)}\,x)^\nu = 0,\\ \psi_\tau(x^{(1)}) = 0, \quad \psi_\tau(x^{(2)}) = 0, \ldots, \psi_\tau(x^{(\tau)}) = 0\end{array}\right\} \qquad (52)$$

aufwerfen, wobei

$$x_1^{(1)}, x_2^{(1)}, \ldots, x_1^{(\tau)}, x_2^{(\tau)}, \quad y_1^{(1)}\, y_2^{(1)}, \ldots, y_1^{(\tau)}\, y_2^{(\tau)}$$

gegebene Größen, $u, u^{(1)}, \ldots, u^{(\tau)}$ dagegen verfügbare Konstanten bedeuten. Betrachten wir dann allgemein die durch $(\pi + 1)$-fache Ränderung aus $\Delta(\lambda)$ hervorgehende Determinantenbildung

$$\Delta\begin{pmatrix} x, & y \\ x^{(1)}, & y^{(1)} \\ \cdot & \cdot \\ \cdot & \cdot \\ x^{(\pi)}, & y^{(\tau)} \end{pmatrix} \lambda$$

$$= \begin{vmatrix}
k_0^0\,a_{i-\nu}, & k_1^0\,a_{i-\nu+1}, & \ldots, & k_\nu^0\,a_i - \lambda, & y_2^\nu, & \ldots, & y_2^{(\pi)\nu}, \\
k_0^1\,a_{i-\nu+1}, & k_1^1\,a_{i-\nu+2}, & \ldots, & k_\nu^1\,a_{i+1}, & -\binom{\nu}{1} y_1\,y_2^{\nu-1}, & \ldots, & -\binom{\nu}{1} y_1^{(\pi)}\,y_2^{(\pi)\nu-1}, \\
\cdot & \cdot & \cdot & \cdot & \cdot & \cdot & \cdot \\
\cdot & \cdot & \cdot & \cdot & \cdot & \cdot & \cdot \\
k_0^\nu\,a_i - (-1)^\nu\lambda, & k_1^\nu\,a_{i+1}, & \ldots, & k_\nu^\nu\,a_{i+\nu}, & (-1)^\nu\,y_1^\nu, & \ldots, & (-1)^\nu\,y_1^{(\pi)\nu}, \\
x_2^\nu, & -\binom{\nu}{1} x_1\,x_2^{\nu-1}, & \ldots, & (-1)^\nu\,x_1^\nu, & 0, & \ldots, & 0, \\
x_2^{(1)\nu}, & -\binom{\nu}{1} x_1^{(1)}\,x_2^{(1)\nu-1}, & \ldots, & (-1)^\nu\,x_1^{(1)\nu}, & 0, & \ldots, & 0, \\
\cdot & \cdot & \cdot & \cdot & \cdot & \cdot & \cdot \\
\cdot & \cdot & \cdot & \cdot & \cdot & \cdot & \cdot \\
x_2^{(\pi)\nu}, & -\binom{\nu}{1} x_1^{(\pi)}\,x_2^{(\pi)\nu-1}, & \ldots, & (-1)^\nu\,x_1^{(\pi)\nu}, & 0, & \ldots, & 0,
\end{vmatrix} \qquad (53)$$

so ergeben sich nach einfachen und schon früher angewandten Determinantensätzen für die Form ψ_τ und die Konstanten u_τ, von einem willkürlichen Proportionalitätsfaktor abgesehen, die folgenden Ausdrücke:

$$\psi_\tau = \Delta\begin{pmatrix} x, & y \\ x^{(1)}, & y^{(1)} \\ x^{(2)}, & y^{(2)} & \lambda \\ \ldots & \ldots \\ \ldots & \ldots \\ x^{(\tau)}, & y^{(\tau)} \end{pmatrix}, \qquad u_\tau = \Delta\begin{pmatrix} x^{(1)}, & y^{(1)} \\ x^{(2)}, & y^{(2)} \\ \ldots & \ldots & \lambda \\ \ldots & \ldots \\ x^{(\tau)}, & y^{(\tau)} \end{pmatrix},$$

$$u_\tau^{(1)} = \Delta\begin{pmatrix} x^{(1)}, & y \\ x^{(2)}, & y^{(2)} \\ \ldots & \ldots & \lambda \\ \ldots & \ldots \\ x^{(\tau)}, & y^{(\tau)} \end{pmatrix}, \ldots, \quad u_\tau^{(\tau)} = \Delta\begin{pmatrix} x^{(1)}, & y \\ x^{(2)}, & y^{(1)} \\ \ldots & \ldots & \lambda \\ \ldots & \ldots \\ x^{(\tau)}, & y^{(\tau-1)} \end{pmatrix}.$$

Da die Gleichung (52) durch Einsetzung dieser Werte für ψ_τ, u_τ, $u_\tau^{(1)}, \ldots, u_\tau^{(\tau)}$ identisch erfüllt sein muß, so ist eine σ-malige Differentiation derselben nach λ gestattet, und wir erhalten dadurch die weitere Beziehung:

$$\left(f, \frac{\partial^\sigma \psi_\tau}{\partial \lambda^\sigma}\right)_i - \lambda\,\frac{\partial^\sigma \psi_\tau}{\partial \lambda^\sigma} - \sigma\,\frac{\partial^{\sigma-1}\psi_\tau}{\partial \lambda^{\sigma-1}} + \frac{\partial^\sigma u_\tau}{\partial \lambda^\sigma}(y\,x)^\nu + \frac{\partial^\sigma u_\tau^{(1)}}{\partial \lambda^\sigma}(y^{(1)}\,x)^\nu + \cdots$$
$$+ \frac{\partial^\sigma u_\tau^{(\tau)}}{\partial \lambda^\sigma}(y^{(\tau)}\,x)^\nu = 0. \tag{54}$$

Der invariante Charakter unserer allgemeinen Determinantenbildung (53) läßt sich durch ähnliche Schlüsse und Überlegungen erweisen, wie sie oben zum Nachweise der gleichen Tatsache für die Determinanten (6) und (18) nötig waren; es gilt demnach der Satz:

Nach Entwicklung der Determinante in Potenzen von λ wie folgt:

$$\Delta\begin{pmatrix} x, & y \\ x^{(1)}, & y^{(1)} \\ \ldots & \ldots & \lambda \\ \ldots & \ldots \\ x^{(\pi)}, & y^{(\pi)} \end{pmatrix} = C_0\,\lambda^{\nu-\pi} + C_1\,\lambda^{\nu-\pi-1} + \cdots + C_{\nu-\pi}$$

bedeuten die Koeffizienten $C_0, C_1, \ldots, C_{\nu-\pi}$ rationale Kovarianten von der Ordnung ν für jede der $2(\pi + 1)$ Variablenreihen

$$x_1,\ x_2;\quad y_1,\ y_2;\quad x_1^{(1)},\ x_2^{(1)};\quad y_1^{(1)},\ y_2^{(1)};\quad \ldots;\quad x_1^{(\pi)},\ x_2^{(\pi)};\quad y_1^{(\pi)},\ y_2^{(\pi)},$$

dagegen resp. vom Grade $0, 1, \ldots, \nu - \pi$ in den Koeffizienten der Grundform f.

Es erübrigt noch, die nach λ genommenen Differentialquotienten unserer allgemeinen Determinante (53) mit gewissen einfachen Invariantenbildungen derselben in Zusammenhang zu bringen. Schreiben wir zu dem Zwecke jene Determinante allein als Form des Variablenpaares x_1, x_2; y_1, y_2 betrachtet, in der Gestalt

$$\varDelta\begin{pmatrix} x, & y & \\ x^{(1)}, & y^{(1)} & \\ \cdots & \cdots & \lambda \\ \cdots & \cdots & \\ x^{(\pi)}, & y^{(\pi)} & \end{pmatrix} = -\sum^{\iota,\varkappa}\binom{\nu}{\iota}\binom{\nu}{\varkappa}\varDelta_\iota^\varkappa\, x_1^{(\iota)}\, x_2^{(\nu-\iota)}\, y_1^{(\varkappa)}\, y_2^{(\nu-\varkappa)}$$

$$= A_{x^{(1)}\ldots x^{(\pi)}}\, B_{y^{(1)}\ldots y^{(\pi)}}\, \alpha_x^\nu\, \beta_y^\nu,$$

so stellt der Ausdruck

$$-\sum^{\varkappa}(-1)^\varkappa\binom{\nu}{\varkappa}\varDelta_{\nu-\varkappa}^\varkappa = A_{x^{(1)}\ldots x^{(\pi)}}\, B_{y^{(1)}\ldots y^{(\pi)}}\,(\alpha\,\beta)^\nu \tag{55}$$

eine Invariante dar, welche nur noch die übrigen Variablen

$$x_1^{(1)},\ x_2^{(1)};\quad y_1^{(1)},\ y_2^{(1)};\quad \ldots;\quad x_1^{(\pi)},\ x_2^{(\pi)};\quad y_1^{(\pi)},\ y_2^{(\pi)}$$

enthält. Die in der Summe zur Verwendung gelangte Bezeichnung $\varDelta_\iota^\varkappa$ bedeutet, wie man erkennt, allgemein die auf das Element $k_\iota^\varkappa\, a_{i-\nu+\varkappa+\iota}$ bezügliche Unterdeterminante der Determinante $\varDelta\begin{pmatrix} x^{(1)}, & y^{(1)} & \\ \cdots & \cdots & \\ \cdots & \cdots & \lambda \\ x^{(\pi)}, & y^{(\pi)} & \end{pmatrix}$. Andererseits setzen wir nun in der 1-ten, 2-ten, ..., $(\nu + 1)$-ten Horizontalreihe der letzteren Determinante für λ bzw. $\lambda_0, \lambda_1, \ldots, \lambda_\nu$ ein und erteilen unter Vermittlung der so erhaltenen Determinante $\varDelta'$ dem nach λ genommenen Differentialquotienten der ursprünglichen Determinante die Gestalt

$$\frac{\partial\varDelta\begin{pmatrix} x^{(1)}, & y^{(1)} & \\ \cdots & \cdots & \lambda \\ \cdots & \cdots & \\ x^{(\pi)}, & y^{(\pi)} & \end{pmatrix}}{\partial\lambda} = \left[\frac{\partial\varDelta'}{\partial\lambda_0} + \frac{\partial\varDelta'}{\partial\lambda_1} + \cdots + \frac{\partial\varDelta'}{\partial\lambda_\nu}\right]_{\lambda_0=\lambda_1=\cdots=\lambda_\nu=\lambda}. \tag{56}$$

Zufolge der Beziehungen

$$\begin{aligned}(-1)^{\nu+1}\varDelta' &= \lambda_0\,\varDelta_\nu^0 + \cdots \\ &= -\binom{\nu}{1}\lambda_1\,\varDelta_{\nu-1}^1 + \cdots \\ &\quad \cdots\cdots\cdots \\ &= (-1)^\nu\,\lambda_\nu\,\varDelta_0^\nu + \cdots\end{aligned}$$

erkennen wir, vom Vorzeichen abgesehen, die Übereinstimmung der rechten Seite von Formel (55) mit der linken Seite in Formel (56) und gewinnen damit das Resultat

$$\frac{\partial\varDelta\begin{pmatrix} x^{(1)}, & y^{(1)} & \\ \cdots & \cdots & \lambda \\ \cdots & \cdots & \\ x^{(\pi)}, & y^{(\pi)} & \end{pmatrix}}{\partial\lambda} = (-1)^\nu A_{x^{(1)}\ldots x^{(\pi)}}\, B_{y^{(1)}\ldots y^{(\pi)}}\,(\alpha\,\beta)^\nu,$$

dessen σ-malige Anwendung zu dem allgemeinen Satze führt:

Schreiben wir die Determinante (53), *allein als Form der Variablenpaare*

$$x_1,\ x_2;\quad y_1,\ y_2;\quad x_1^{(1)},\ x_2^{(1)};\quad y_1^{(1)},\ y_2^{(1)};\quad \ldots;\quad x_1^{(\sigma-1)},\ x_2^{(\sigma-1)};\quad y_1^{(\sigma-1)},\ y_2^{(\sigma-1)}$$

betrachtet, in der symbolischen Gestalt

$$\varDelta\begin{pmatrix} x, & y \\ x^{(1)}, & y^{(1)} \\ \ldots\ldots & \lambda \\ \ldots\ldots & \\ x^{(\pi)}, & y^{(\pi)} \end{pmatrix} = A_{x^{(\sigma)}\ldots x^{(\pi)}}\, B_{y^{(\sigma)}\ldots y^{(\pi)}}\, \alpha_x^\nu\, \beta_y^\nu\, \alpha_{x^{(1)}}^{(1)\nu}\, \beta_{y^{(1)}}^{(1)\nu}\ \cdots\ \alpha_{x^{(\sigma-1)}}^{(\sigma-1)\nu}\, \beta_{y^{(\sigma-1)}}^{(\sigma-1)\nu},$$

so gilt für die lineare Invariante dieser Form die Relation

$$A_{x^{(\sigma)}\ldots x^{(\pi)}}\, B_{y^{(\sigma)}\ldots y^{(\pi)}}\, (\alpha\,\beta)^\nu\, (\alpha^{(1)}\,\beta^{(1)})^\nu \cdots (\alpha^{(\sigma-1)}\,\beta^{(\sigma-1)})^\nu$$

$$= (-)^{\nu\sigma}\, \frac{\partial^\sigma \varDelta\begin{pmatrix} x^{(\sigma)}, & y^{(\sigma)} \\ \ldots\ldots & \\ \ldots\ldots & \lambda \\ x^{(\pi)}, & y^{(\pi)} \end{pmatrix}}{\partial\lambda}. \tag{57}$$

Nach diesen einleitenden Betrachtungen wenden wir uns der vorhin in Aussicht gestellten Untersuchung zu, indem wir zur leichteren Orientierung in der Gesamtheit aller möglichen Ausartungen des Formensystems φ drei Gattungen unterscheiden, die in der angewandten Reihenfolge den Fortschritt von der einfacheren zur zusammengesetzteren Ausartung erkennen lassen.

An erster Stelle behandeln wir den Fall der bloßen Existenz einer $(\varrho+1)$-maligen Wurzel $\lambda^{(0)}$; *derselbe besitzt die charakteristischen Kriterien*

$$\left.\begin{aligned} &\varDelta(\lambda^{(0)}) = 0, && \frac{\partial \varDelta(\lambda^{(0)})}{\partial \lambda^{(0)}} = 0, && \ldots, \\ &\frac{\partial^\varrho \varDelta(\lambda^{(0)})}{\partial \lambda^{(0)\varrho}} = 0, && \frac{\partial^{\varrho+1} \varDelta(\lambda^{(0)})}{\partial \lambda^{(0)\varrho+1}} \neq 0, && \varDelta(x, y, \lambda^{(0)}) \neq 0. \end{aligned}\right\} \tag{58}$$

Da die letztere Determinante $\varDelta(x, y, \lambda^{(0)})$ nach den Ausführungen auf S. 52 im vierten Hauptfalle stets identisch verschwindet, so bleibt die in Rede stehende Ausartung in der verlangten Reinheit ausschließlich den drei ersten Hauptfällen vorbehalten. Die obigen Kriterien liegen irrational vor, lassen sich jedoch auf einfache Weise in eine rationale Gestalt umsetzen, sobald wir zwischen den invarianten Koeffizienten $J_0, J_1, \ldots, J_{\nu+1}$ der determinierenden Gleichung (5) die Bedingungsgleichungen für das Statthaben einer $(\varrho+1)$-fachen Wurzel aufstellen. So genügt beispielsweise zur Charakterisierung unserer Ausartung für $\varrho = 1$ das Verschwinden der Diskriminante der determinierenden Gleichung.

Was nun die Bedeutung des gekennzeichneten Ausnahmefalles betrifft, so finden wir unter Benutzung der charakteristischen Kriterien (58) aus

Formel (54) für $\tau = 0, \sigma = 0, 1, \ldots, \varrho$ und $\lambda = \lambda^{(0)}$ das Gleichungssystem

$$\begin{array}{l|l}
(f, \psi_0)_i = \lambda^{(0)} \psi_0 & \psi_0 = \Delta(x, y, \lambda^{(0)}) \\
\left(f, \frac{\partial \psi_0}{\partial \lambda^{(0)}}\right)_i = \lambda^{(0)} \frac{\partial \psi_0}{\partial \lambda^{(0)}} + \psi_0 & \frac{\partial \psi_0}{\partial \lambda^{(0)}} = \frac{\partial \Delta(x, y, \lambda^{(0)})}{\partial \lambda^{(0)}} \\
\left(f, \frac{\partial^2 \psi_0}{\partial \lambda^{(0)2}}\right)_i = \lambda^{(0)} \frac{\partial^2 \psi_0}{\partial \lambda^{(0)2}} + 2 \frac{\partial \psi_0}{\partial \lambda^{(0)}} & \frac{\partial^2 \psi_0}{\partial \lambda^{(0)2}} = \frac{\partial^2 \Delta(x, y, \lambda^{(0)})}{\partial \lambda^{(0)2}} \\
\cdots\cdots\cdots & \cdots\cdots\cdots \\
\left(f, \frac{\partial^\varrho \psi_0}{\partial \lambda^{(0)\varrho}}\right)_i = \lambda^{(0)} \frac{\partial^\varrho \psi_0}{\partial \lambda^{(0)\varrho}} + \varrho \frac{\partial^{\varrho-1} \psi_0}{\partial \lambda^{(0)\varrho-1}} & \frac{\partial^\varrho \psi_0}{\partial \lambda^{(0)\varrho}} = \frac{\partial^\varrho \Delta(x, y, \lambda^{(0)})}{\partial \lambda^{(0)\varrho}},
\end{array}$$

wobei die rechter Hand definierten Formen

$$\psi_0, \frac{\partial \psi_0}{\partial \lambda^{(0)}}, \frac{\partial^2 \psi_0}{\partial \lambda^{(0)2}}, \ldots, \frac{\partial^\varrho \psi_0}{\partial \lambda^{(0)\varrho}}$$

als Funktion des Variablenpaares x_1, x_2 und eines Parameterpaares y_1, y_2 zu betrachten sind. Die Form ψ_0 ist wesentlich nichts anderes als die früher benannte Form $\varphi^{(0)}$, und für die übrigen Formen der obigen Reihe kann die Variation des Parameterpaares y_1, y_2 nur innerhalb gewisser Grenzen von Einfluß sein, wie dieselben in folgendem Ansatze zum Ausdruck gelangen:

$$\begin{aligned}
\psi_0 &= \psi^{(0)}(x)\,\chi^{(0)}(y), \\
\frac{\partial \psi_0}{\partial \lambda^{(0)}} &= \psi^{(1)}(x)\,\chi^{(0)}(y) + \psi^{(0)}(x)\,\chi^{(1)}(y), \\
\frac{1}{2!}\,\frac{\partial^2 \psi_0}{\partial \lambda^{(0)2}} &= \psi^{(2)}(x)\,\chi^{(0)}(y) + \psi^{(1)}(x)\,\chi^{(1)}(y) + \psi^{(0)}(x)\,\chi^{(2)}(y), \\
&\cdots\cdots\cdots \\
\frac{1}{\varrho!}\,\frac{\partial^\varrho \psi_0}{\partial \lambda^{(0)\varrho}} &= \psi^{(\varrho)}(x)\,\chi^{(0)}(y) + \psi^{(\varrho-1)}(x)\,\chi^{(1)}(y) + \cdots + \psi^{(0)}(x)\,\chi^{(\varrho)}(y).
\end{aligned}$$

Es ist damit ein System von Formen $\psi^{(0)}, \psi^{(1)}, \psi^{(2)}, \ldots, \psi^{(\varrho)}$ definiert, für welches das obige Gleichungssystem die Gestalt annimmt:

$$\begin{aligned}
(f, \psi^{(0)})_i &= \lambda^{(0)} \psi^{(0)} \\
(f, \psi^{(1)})_i &= \lambda^{(0)} \psi^{(1)} + \psi^{(0)} \\
(f, \psi^{(2)})_i &= \lambda^{(0)} \psi^{(2)} + \psi^{(1)} \\
&\cdots\cdots\cdots \\
(f, \psi^{(\varrho)})_i &= \lambda^{(0)} \psi^{(\varrho)} + \psi^{(\varrho-1)},
\end{aligned}$$

$$\left.\begin{aligned}
\Delta(x, y, \lambda^{(0)}) &= \psi^{(0)}(x)\,\chi^{(0)}(y) \\
\frac{\partial \Delta(x, y, \lambda^{(0)})}{\partial \lambda^{(0)}} &= \psi^{(1)}(x)\,\chi^{(0)}(y) + \psi^{(0)}(x)\,\chi^{(1)}(y) \\
\frac{1}{2!}\,\frac{\partial^2 \Delta(x, y, \lambda^{(0)})}{\partial \lambda^{(0)2}} &= \psi^{(2)}(x)\,\chi^{(0)}(y) + \psi^{(1)}(x)\,\chi^{(1)}(y) + \varphi^{(0)}(x)\,\chi^{(1)}(y) \\
&\cdots\cdots\cdots \\
\frac{1}{\varrho!}\,\frac{\partial^\varrho \Delta(x, y, \lambda^{(0)})}{\partial \lambda^{(0)\varrho}} &= \psi^{(\varrho)}(x)\,\chi^{(0)}(y) + \psi^{(\varrho-1)}(x)\,\chi^{(1)}(y) + \cdots + \psi^{(0)}(x)\,\chi^{(\varrho)}(y).
\end{aligned}\right\} \quad (59)$$

Mit Rücksicht auf das Statthaben eines solchen kettenähnlichen Algorithmus möge die Formenreihe $\psi^{(1)}, \psi^{(2)}, \ldots, \psi^{(\varrho)}$ die ϱ-fache Fortsetzung der Form $\psi^{(0)} = \varphi^{(0)}$ genannt werden, und es gilt dann der Satz:

Die den Kriterien (58) *entsprechende Ausartung bedingt für die Form* $\varphi^{(0)}$ *die Existenz einer* ϱ*-fachen Fortsetzung, deren Repräsentanten* $\psi^{(1)}, \psi^{(2)}, \ldots, \psi^{(\varrho)}$ *durch die Gleichungen* (59) *definiert sind.*

Betreffs der Formen χ sei noch bemerkt, daß dieselben zu keinen neuen Formbildungen Anlaß geben, sondern bzw. mit den Formen ψ wesentlich äquivalent erscheinen. Da jedoch ein näheres Eingehen auf diesen Punkt eine Unterscheidung zwischen den drei Hauptfällen erfordert, so sei hier der Kürze halber nur auf die Beispiele im folgenden Paragraphen verwiesen.

Die Umkehrung obiger Schlußfolgerungen lehrt ferner, *daß die Existenz jener* ϱ*-fachen Fortsetzung auch ihrerseits die charakteristischen Kriterien* (58) *unserer Ausartung als erfüllt voraussetzt.*

Indem wir somit die notwendigen Folgen und hinreichenden Ursachen der in Rede stehenden Ausartung zur Untersuchung gebracht haben, ist in den Formen $\psi^{(1)}, \psi^{(2)}, \ldots, \psi^{(\varrho)}$ gleichzeitig ein genügender Ersatz für die offenbar in Wegfall kommenden Formen $\varphi^{(1)}, \varphi^{(2)}, \ldots, \varphi^{(\varrho)}$ des allgemeinen Falles beschafft. Eine einfache Überlegung zeigt nämlich, daß sämtliche für die Formen $\varphi^{(1)}, \varphi^{(2)}, \ldots, \varphi^{(\varrho)}$ als Teil des Formensystems φ gültigen Theoreme des allgemeinen Falles nach geringen Modifikationen die Übertragung auf die Formen $\psi^{(1)}, \psi^{(2)}, \ldots, \psi^{(\varrho)}$ gestatten. Ohne jedoch die Schlußfolgerungen des vorigen Paragraphen unter den so veränderten Verhältnissen mit genauer Unterscheidung der einzelnen Hauptfälle zu wiederholen, mögen an dieser Stelle nur folgende Hauptpunkte Erwähnung finden.

Die $\nu + 1$ *Formen* $\psi^{(0)} = \varphi^{(0)}, \psi^{(1)}, \psi^{(2)}, \ldots, \psi^{(\varrho)}, \varphi^{(\varrho+1)}, \varphi^{(\varrho+2)}, \ldots, \varphi^{(\nu)}$ *bilden ein System linear voneinander unabhängiger Formen* ν*-ter Ordnung.*

Die ν*-ten Überschiebungen einer Form* ψ *mit jeder zu einer einfachen Wurzel* $\lambda^{(\varkappa)}$ *gehörigen Form* $\varphi^{(\varkappa)}$ *verschwinden, während für die* ν*-ten Überschiebungen der Formen* ψ *untereinander Relationen gelten, deren Gestalt von der Eigenart des betrachteten Hauptfalles abhängt.*

Zur Übertragung der weiteren Theoreme des allgemeinen Falles haben wir nur nötig, an Stelle der Formeln (21), (22), (24) für $\mu = 0, 1, \ldots, \varrho$ die $\varrho + 1$ Definitionsgleichungen (59) der Formen $\psi^{(0)}, \psi^{(1)}, \ldots, \psi^{(\varrho)}$ einzufügen und dann die frühere Kette von Schlußfolgerungen zu wiederholen. Den Formeln (46), (47) des allgemeinen Falles entsprechend, gelangen wir auf diese Weise *zu linearen Relationen zwischen den quadratischen Kovarianten des Formensystems* ψ, φ, *welche einerseits zur vollständigen Charakterisierung desselben als eines Formensystems der verlangten Ausartung dienen, andererseits die Darstellung der entsprechend ausgearteten Grundform* f *sowie gewisser ratio-*

naler Kovarianten derselben ermöglichen. Die Beispiele im fünften Paragraphen werden unsere Behauptungen bestätigen.

Während der eben erledigte Ausnahmefall durch die Existenz gewisser Relationen zwischen *Invarianten* der Grundform charakterisiert werden konnte, begreift die zweite Gattung von Ausartungen solche Vorkommnisse, welche beim identischen Verschwinden der zur Konstruktion des Formensystems φ dienenden *kovarianten* Gebilde zutage treten. Um diese Gattung von Ausartungen von vornherein im allgemeinsten Sinne aufzufassen, setzen wir das Bestehen der Identitäten

$$\varDelta(x, y, \lambda^{(0)}) = 0,\ \varDelta\begin{pmatrix} x, & y & \\ & & \lambda^{(0)} \\ x^{(1)}, & y^{(1)} & \end{pmatrix} = 0, \ldots, \varDelta\begin{pmatrix} x, & y & \\ x^{(1)}, & y^{(1)} & \\ \cdot\ \cdot & \cdot\ \cdot & \lambda^{(0)} \\ \cdot\ \cdot & \cdot\ \cdot & \\ x^{(r-1)}, & y^{(r-1)} & \end{pmatrix} = 0$$

voraus. Betrachten wir nun die Determinanten linker Hand als Formen resp. mit $2, 4, \ldots, 2r$ Variablenreihen, so werden offenbar sämtliche Invarianten dieser Formen und damit wegen der Relation (57) für $\pi = \sigma - 1$ und $\sigma = 1, 2, \ldots, r$ gleichzeitig die r ersten nach $\lambda^{(0)}$ genommenen Differentialquotienten der Determinante $\varDelta(\lambda^{(0)})$ verschwinden, d. h. $\lambda^{(0)}$ ist unter der zugrunde gelegten Annahme eine $(r+1)$-fache Wurzel der determinierenden Gleichung. Nach Ausschließung einer höheren Vielfachheit der Wurzel $\lambda^{(0)}$ *erhalten wir in dem Bedingungssystem*

$$\left.\begin{aligned} &\varDelta(x, y, \lambda^{(0)}) = 0,\ \varDelta\begin{pmatrix} x, & y & \\ & & \lambda^{(0)} \\ x^{(1)}, & y^{(1)} & \end{pmatrix} = 0, \ldots, \varDelta\begin{pmatrix} x, & y & \\ x^{(1)}, & y^{(1)} & \\ \cdot\ \cdot & \cdot\ \cdot & \lambda^{(0)} \\ \cdot\ \cdot & \cdot\ \cdot & \\ x^{(r-1)}, & y^{(r-1)} & \end{pmatrix} = 0, \\ &\qquad\qquad \frac{\partial^{r+1} \varDelta(\lambda^{(0)})}{\partial \lambda^{(0)r+1}} \neq 0 \end{aligned}\right\} \quad (60)$$

die charakteristischen Kriterien der in Rede stehenden Ausartung.

Bemerkt sei noch, daß in der Reihe der Determinantenbildungen

$$\varDelta(x, y, \lambda^{(0)}),\quad \varDelta\begin{pmatrix} x, & y & \\ & & \lambda^{(0)} \\ x^{(1)}, & y^{(1)} & \end{pmatrix}, \ldots$$

das identische Verschwinden irgend einer unter ihnen zugleich das Verschwinden aller vorhergehenden Bildungen mit sich bringt, und es wird daher beispielsweise bei Umsetzung der oben irrational vorliegenden Kriterien in rationale Gestalt nur die letzte der aufgeführten Identitäten der Berücksichtigung bedürfen.

Um die Bedeutung des gekennzeichneten Ausnahmefalles zu erkennen, bedienen wir uns der S. 71 gewonnenen Mittel. Das Gleichungssystem (52) repräsentiert für $\tau = r$ $r + \nu + 1$ lineare Gleichungen zur Bestimmung der $\nu + 1$ Koeffizienten der Grundform ψ_r und der weiteren Unbekannten

$u, u^{(1)}, \ldots, u^{(r)}$. Die Determinante des Systems ist jedenfalls von Null verschieden, da das identische Verschwinden derselben nach Formel (57) für $\pi = r$, $\sigma = r + 1$ gleichzeitig das Verschwinden des $(r + 1)$-ten nach $\lambda^{(0)}$ genommenen Differentialquotienten der Determinante $\varDelta(\lambda^{(0)})$ zur Folge hat und dadurch mit unserer obigen Annahme in Widerspruch gerät. Die Lösungen unseres Gleichungssystems sind mithin eindeutig bestimmt, und zwar ergeben sich für die Unbekannten $u, u^{(1)}, \ldots, u^{(r)}$ wegen Bestehens der charakteristischen Kriterien (60) die Werte Null, nach deren Einsetzung unser Gleichungssystem in das folgende übergeht:

$$(f, \psi_r)_i = \lambda^{(0)} \psi_r,$$
$$\psi_r(x^{(1)}) = 0, \quad \psi_r(x^{(2)}) = 0, \ \ldots, \ \psi_r(x^{(r)}) = 0.$$

Wir ersehen daraus, daß in dem Ausdrucke für die gesuchte Form

$$\psi_r = \varDelta \begin{pmatrix} x, & y & \\ x^{(1)}, & y^{(1)} & \\ \cdot\ \cdot & \cdot\ \cdot & \lambda^{(0)} \\ \cdot\ \cdot & \cdot\ \cdot & \\ x^{(r)}, & y^{(r)} & \end{pmatrix}$$

die Variation der Parameter $y, y^{(1)}, \ldots, y^{(r)}$ gar keinen wesentlichen Einfluß zeigen, dagegen die Variation der Parameter $x^{(1)}, \ldots, x^{(r)}$ nur eine Vertauschung zwischen Formen einer bestimmten r-fach unendlichen linearen Mannigfaltigkeit bewirken kann. Bedienen wir uns des somit berechtigten Ansatzes

$$\psi_r = \varDelta \begin{pmatrix} x, & y & \\ x^{(1)}, & y^{(1)} & \\ \cdot\ \cdot & \cdot\ \cdot & \lambda^{(0)} \\ \cdot\ \cdot & \cdot\ \cdot & \\ x^{(r)}, & y^{(r)} & \end{pmatrix}$$
$$= \{\psi^{(0)}(x)\,\psi^{(0)}(x^{(1)}, \ldots, x^{(r)}) + \psi^{(1)}(x)\,\psi^{(1)}(x^{(1)}, \ldots, x^{(r)})$$
$$+ \cdots + \psi^{(r)}(x)\,\psi^{(r)}(x^{(1)}, \ldots, x^{(r)})\}\,\chi(y, y^{(1)}, \ldots, y^{(r)}),$$

so liefern die entsprechenden Schlüsse, wie sie bei Behandlung des allgemeinen vierten Hauptfalles auf S. 53, 54 durchgeführt sind, das Ergebnis

$$\varDelta \begin{pmatrix} x, & y & \\ x^{(1)}, & y^{(1)} & \\ \cdot\ \cdot & \cdot\ \cdot & \lambda^{(0)} \\ \cdot\ \cdot & \cdot\ \cdot & \\ x^{(r)}, & y^{(r)} & \end{pmatrix}$$
$$= \begin{vmatrix} \psi^{(0)}(x) & \psi^{(1)}(x) & \ldots \psi^{(r)}(x) \\ \psi^{(0)}(x^{(1)}) & \psi^{(1)}(x^{(1)}) & \ldots \psi^{(r)}(x^{(1)}) \\ \cdot\ \cdot\ \cdot & \cdot\ \cdot\ \cdot & \cdot\ \cdot\ \cdot \\ \psi^{(0)}(x^{(r)}) & \psi^{(1)}(x^{(r)}) & \ldots \psi^{(r)}(x^{(r)}) \end{vmatrix} \begin{vmatrix} \chi^{(0)}(y) & \chi^{(1)}(y) & \ldots \chi^{(r)}(y) \\ \chi^{(0)}(y^{(1)}) & \chi^{(1)}(y^{(1)}) & \ldots \chi^{(r)}(y^{(1)}) \\ \cdot\ \cdot\ \cdot & \cdot\ \cdot\ \cdot & \cdot\ \cdot\ \cdot \\ \chi^{(0)}(y^{(r)}) & \chi^{(1)}(y^{(r)}) & \ldots \chi^{(r)}(y^{(r)}) \end{vmatrix}, \quad (61)$$

wo von den Formen χ wiederum das beim ersten Ausnahmefall S. 76 Bemerkte gilt. Um die gewonnenen Resultate zusammenzufassen, sprechen wir den Satz aus:

Die den charakteristischen Kriterien (60) *entsprechende Ausartung zweiter Gattung bewirkt, daß der Wurzel $\lambda^{(0)}$ im Sinne unseres Problems jede Form einer r-fach unendlichen linearen Formenmannigfaltigkeit zugehört. Die letztere ist durch Formel* (61) *definiert.*

Durch Umkehrung der früheren Schlüsse ist leicht ersichtlich, *daß auch stets unsere Kriterien* (60) *erfüllt sind, sobald dem Wurzelwerte $\lambda^{(0)}$ eine r-fach lineare Mannigfaltigkeit von Formen und nur eine solche zugehört.* Es ist ferner klar, daß die Formen $\psi^{(0)}, \psi^{(1)}, \ldots, \psi^{(r)}$ für die in Wegfall kommenden Formen $\varphi^{(0)}, \varphi^{(1)}, \ldots, \varphi^{(r)}$ des allgemeinen Falles auch in jeder anderen Hinsicht ausreichenden Ersatz bieten werden. *Zunächst erweisen sich nämlich die $\nu + 1$ Formen*

$$\psi^{(0)}, \psi^{(1)}, \ldots, \psi^{(r)}, \quad \varphi^{(r+1)}, \varphi^{(r+2)}, \ldots, \varphi^{(\nu)}$$

als linear unabhängig, während ihre ν-ten Überschiebungen teils Null, teils durch die Wurzelwerte λ in einfacher Weise darstellbar sind.

Um jedoch auch für die weiteren Theoreme des allgemeinen Falles eine Übertragung zu ermöglichen, betrachten wir das Determinantenprodukt rechter Hand in Formel (61) als Form mit $2(r+1)$ Variablenreihen wie folgt:

$$\begin{vmatrix} \psi^{(0)}(x) & \psi^{(1)}(x) & \ldots & \psi^{(r)}(x) \\ \psi^{(0)}(x^{(1)}) & \psi^{(1)}(x^{(1)}) & \ldots & \psi^{(r)}(x^{(1)}) \\ \cdot & \cdot & \cdot & \cdot \\ \psi^{(0)}(x^{(r)}) & \psi^{(1)}(x^{(r)}) & \ldots & \psi^{(r)}(x^{(r)}) \end{vmatrix} \quad \begin{vmatrix} \chi^{(0)}(x) & \chi^{(1)}(x) & \ldots & \chi^{(r)}(x) \\ \chi^{(0)}(x^{(1)}) & \chi^{(1)}(x^{(1)}) & \ldots & \chi^{(r)}(x^{(1)}) \\ \cdot & \cdot & \cdot & \cdot \\ \chi^{(0)}(x^{(r)}) & \chi^{(1)}(x^{(r)}) & \ldots & \chi^{(r)}(x^{(r)}) \end{vmatrix}$$

$$= \alpha_x^\nu \beta_y^\nu \alpha_{x^{(1)}}^{(1)\nu} \beta_{y^{(1)}}^{(1)\nu} \ldots \alpha_{x^{(r)}}^{(r)\nu} \beta_{y^{(r)}}^{(r)\nu}.$$

Auf Grund der Formel (57) erhalten wir dann *die bemerkenswerten Gleichungen*

$$\left.\begin{aligned} \alpha_x^\nu \beta_y^\nu \cdots \alpha_{x^{(r-1)}}^{(r-1)\nu} \beta_{y^{(r-1)}}^{(r-1)\nu} (\alpha^{(r)} \beta^{(r)})^\nu &= \frac{\partial \Delta \begin{pmatrix} x, & y & \\ \cdot & \cdot & \\ \cdot & \cdot & \lambda^{(0)} \\ x^{(r-1)}, & y^{(r-1)} & \end{pmatrix}}{\partial \lambda^{(0)}} \\ \alpha_x^\nu \beta_y^\nu \cdots \alpha_{x^{(r-2)}}^{(r-2)\nu} \beta_{y^{(r-2)}}^{(r-2)\nu} (\alpha^{(r-1)} \beta^{(r-1)})^\nu (\alpha^{(r)} \beta^{(r)})^\nu &= \frac{\partial^2 \Delta \begin{pmatrix} x, & y & \\ \cdot & \cdot & \\ \cdot & \cdot & \lambda^{(0)} \\ x^{(r-1)}, & y^{(r-1)} & \end{pmatrix}}{\partial \lambda^{(0)2}} \\ \cdot \quad \cdot \quad \cdot \quad \cdot \quad \cdot \quad \cdot \quad \cdot & \quad \cdot \quad \cdot \quad \cdot \quad \cdot \\ \alpha_x^\nu \beta_y^\nu (\alpha^{(1)} \beta^{(1)})^\nu \cdots (\alpha^{(r)} \beta^{(r)})^\nu &= \frac{\partial^r \Delta (x, y, \lambda^{(0)})}{\partial \lambda^{(0)r}}, \end{aligned}\right\} \qquad (62)$$

welche eine Reihe invarianter Bildungen der Formen $\psi^{(0)}, \psi^{(1)}, \ldots, \psi^{(r)}$ und $\chi^{(0)}, \chi^{(1)}, \ldots, \chi^{(r)}$ durch den Wurzelwert $\lambda^{(0)}$ und durch rationale Kovarianten der Grundform auszudrücken gestatten. Unter Benutzung der Kriterien (60) ergibt sich ferner nach Formel (57) für $\pi = \sigma = 1, 2, \ldots, r-1$:

$$\frac{\partial \Delta(x, y, \lambda^{(0)})}{\partial \lambda^{(0)}} = 0, \quad \frac{\partial^2 \Delta(x, y, \lambda^{(0)})}{\partial \lambda^{(0)2}} = 0, \ldots, \quad \frac{\partial^{r-1} \Delta(x, y, \lambda^{(0)})}{\partial \lambda^{(0)r-1}} = 0.$$

Diese Gleichungen in Verbindung mit der letzten von den zuvor abgeleiteten Formeln (62) sind an Stelle der Gleichungen (21), (22), (24), (34) für $\mu = 1, 2, \ldots, r$ einzufügen, worauf die bloße Wiederholung der Schlußfolgerungen des allgemeinen Falles *zu einem System von linearen Relationen zwischen den quadratischen Kovarianten der Formen*

$$\psi^{(0)}, \psi^{(1)}, \ldots, \psi^{(r)}; \quad \chi^{(0)}, \chi^{(1)}, \ldots, \chi^{(r)}; \quad \varphi^{(r+1)}, \varphi^{(r+2)}, \ldots, \varphi^{(\nu)}$$

führt, welches bezüglich der wünschenswerten Vollständigkeit und Leistungsfähigkeit den Relationen (45), (46), (47) *des allgemeinen Falles genau entspricht.* Betreffs näherer Begründung und Ausführung sei auf die Beispiele S. 89, 94, 95, 97 im fünften Paragraphen verwiesen.

Der gegenwärtige Ausnahmefall besitzt noch Vorkommnisse besonderer Art, indem die Formeln (61), (62) durch Absonderung der Faktoren

$$x_1 x_2^{(1)} - x_1^{(1)} x_2, \quad x_1 x_2^{(2)} - x_1^{(2)} x_2, \quad x_1^{(1)} x_2^{(2)} - x_1^{(2)} x_2^{(1)}, \ldots,$$

$$y_1 y_2^{(1)} - y_1^{(1)} y_2, \quad y_1 y_2^{(2)} - y_1^{(2)} y_2, \quad y_1^{(1)} y_2^{(2)} - y_1^{(2)} y_2^{(1)}, \ldots$$

und darauf folgende Gleichsetzung der Variablen

$$x_1 = x_1^{(1)} = x_1^{(2)} = \cdots, \quad x_2 = x_2^{(1)} = x_2^{(2)} = \cdots,$$

$$y_1 = y_1^{(1)} = y_1^{(2)} = \cdots, \quad y_2 = y_2^{(1)} = y_2^{(2)} = \cdots$$

zu bemerkenswerten Relationen Anlaß geben. Beispielsweise ergibt sich nach dem angedeuteten Verfahren *das Produkt der Funktionalkovarianten der r-fach unendlichen linearen Formenmannigfaltigkeiten*

$$\psi^{(0)}, \psi^{(1)}, \ldots, \psi^{(r)} \quad \textit{und} \quad \chi^{(0)}, \chi^{(1)}, \ldots, \chi^{(r)}$$

in folgender Gestalt:

$$\Delta^{(r)}(x, y, \lambda^{(0)}) = C_0 \lambda^{(0)\nu-r} + C_1 \lambda^{(0)\nu-r-1} + \cdots + C_{\nu-r},$$

wo die Entwicklungskoeffizienten $C_0, C_1, \ldots, C_{\nu-r}$ *rationale Kovarianten von der Ordnung* $(r+1)(\nu-r)$ *in jeder der beiden Variablenreihen* $x_1, x_2; y_1, y_2$ *und vom Grade* $0, 1, \ldots, \nu - r$ *in den Koeffizienten der Grundform f bedeuten.* Dabei bezeichnet der Ausdruck linker Hand diejenige Determinante, welche entsteht, wenn wir die Determinante $\Delta(\lambda)$ rechts mit

$$
\begin{array}{llll}
0, & 0, & \ldots, & y_2^{\nu-r} \\
0, & 0, & \ldots, & -\binom{\nu-r}{1} y_1 y_2^{\nu-r-1} \\
\cdot & \cdot & \cdot & \cdot \\
0, & y_2^{\nu-r}, & \ldots & . \\
y_2^{\nu-r}, & -\binom{\nu-r}{1} y_1 y_2^{\nu-r-1}, & \ldots & . \\
\cdot & \cdot & \cdot & \cdot \\
. & . & \ldots, & (-1)^{\nu-r} y_1^{\nu-r} \\
\cdot & \cdot & \cdot & \cdot \\
(-1)^{\nu-r} y_1^{\nu-r}, & 0, & \ldots, & 0
\end{array}
$$

und unterhalb mit

$$
\begin{array}{lllll}
0, \ \ldots, 0, & x_2^{\nu-r}, & \ldots & \ldots, & (-1)^{\nu-r} x_1^{\nu-r} \\
0, \ \ldots, x_2^{\nu-r}, & -\binom{\nu-r}{1} x_1 x_2^{\nu-r-1}, & \ldots & \ldots, & 0 \\
\cdot & \cdot & \cdot & \cdot & \cdot \\
x_2^{\nu-r}, \ldots, . & . & \ldots, (-1)^{\nu-r} x_1^{\nu-r}, & \ldots, & 0
\end{array}
$$

rändern, dagegen die $(r+1)^2$ freibleibenden Eckfelder rechts unten durch Nullen ausfüllen.

Die bisher zum Studium der Ausnahmefälle verwendeten Prinzipien führen durch wechselseitige Kombination zur allgemeinsten Gattung möglicher Ausartungen, welche ihrerseits die beiden früheren Gattungen als Spezialfälle von besonders einfacher Form in sich schließt. Ehe wir die charakteristischen Kriterien dieser allgemeinsten Ausartung aufstellen, setzen wir für unsere geränderten Determinanten und ihre nach $\lambda^{(0)}$ genommenen Differentialquotienten die abkürzenden Bezeichnungen fest:

$$
\mathsf{A}_\pi = \Delta\begin{pmatrix} x, & y & \\ x^{(1)}, & y^{(1)} & \\ \cdot & \cdot & \lambda^{(0)} \\ \cdot & \cdot & \\ x^{(\pi-1)}, & y^{(\pi-1)} & \end{pmatrix}, \qquad \mathsf{A}_\pi^\varkappa = \frac{\partial^\varkappa \Delta\begin{pmatrix} x, & y & \\ x^{(1)}, & y^{(1)} & \\ \cdot & \cdot & \lambda^{(0)} \\ \cdot & \cdot & \\ x^{(\pi-1)}, & y^{(\pi-1)} & \end{pmatrix}}{\partial \lambda^{(0)\varkappa}}.
$$

Nehmen wir nun an, daß sich die Ausdrücke $\mathsf{A}_r, \mathsf{A}_r^1, \ldots, \mathsf{A}_r^\varrho$ auf Null reduzieren, während A_{r+1} und $\mathsf{A}_r^{\varrho+1}$ von Null verschieden ausfallen, so folgt aus Formel (57) das gleichzeitige Verschwinden der Ausdrücke: $\mathsf{A}_{r-1}, \mathsf{A}_{r-1}^1, \ldots, \mathsf{A}_{r-1}^{\varrho+1}$. Verschwinden des weiteren auch noch $\mathsf{A}_{r-1}^{\varrho+2}, \mathsf{A}_{r-1}^{\varrho+3}, \ldots, \mathsf{A}_{r-1}^{\varrho+\varrho_1+1}$ bei Annahme eines von Null verschiedenen $\mathsf{A}_{r-1}^{\varrho+\varrho_1+2}$, so ergibt die Formel (57) das identische Verschwinden der Ausdrücke $A_{r-2}, A^1_{r-2}, \ldots, A^{\varrho+\varrho_1+2}_{r-2}$. Die Fortsetzung dieses Verfahrens führt offenbar zu der denkbar allgemeinsten Ausartung und liefert *deren charakteristische Kriterien in der folgenden Gestalt*

$$\left.\begin{array}{llll} & & A_{r+1} & \neq 0, \\ A_r = 0, & A^1_r = 0, \ldots, & A^\varrho_r = 0, \; A^{\varrho+1}_r & \neq 0, \\ A_{r-1} = 0, & A^1_{r-1} = 0, \ldots, & A^{\varrho+\varrho_1+1}_{r-1} = 0, \; A^{\varrho+\varrho_1+2}_{r-1} & \neq 0, \\ A_{r-2} = 0, & A^1_{r-2} = 0, \ldots, & A^{\varrho+\varrho_1+\varrho_2+2}_{r-2} = 0, \; A^{\varrho+\varrho_1+\varrho_2+3}_{r-2} & \neq 0, \\ \ldots & \ldots & \ldots & \ldots \\ A = 0, & A^1 = 0, \ldots, & A^{\varrho+\varrho_1+\cdots+\varrho_r+r} = 0, \; A^{\varrho+\varrho_1+\cdots+\varrho_r+r+1} & \neq 0, \end{array}\right\} \quad (63)$$

womit zugleich $\lambda^{(0)}$ als eine $(\varrho + \varrho_1 + \cdots + \varrho_r + r + 1)$-fache Wurzel der determinierenden Gleichung (5) legitimiert ist.

Die Bedeutung unserer Ausartung wird wiederum aus Formel (54) ersichtlich, deren Anwendung für

$$\begin{array}{ll} \tau = r, & \sigma = 0, 1, \ldots, \varrho, \\ \tau = r - 1, & \sigma = \varrho + 1, \; \varrho + 2, \ldots, \varrho + \varrho_1 + 1, \\ \tau = r - 2, & \sigma = \varrho + \varrho_1 + 2, \; \varrho + \varrho_1 + 3, \ldots, \varrho + \varrho_1 + \varrho_2 + 2, \\ \ldots & \ldots \\ \tau = 0, & \sigma = \varrho + \varrho_1 + \cdots + \varrho_{r-1} + r, \ldots, \varrho + \varrho_1 + \cdots + \varrho_r + r. \end{array}$$

und $\lambda = \lambda^{(0)}$ auf Grund der charakteristischen Kriterien (63) das Gleichungssystem

$$\left(f, \frac{\partial^\sigma \psi_\tau}{\partial \lambda^{(0)\sigma}}\right)_i = \lambda^{(0)} \frac{\partial^\sigma \psi_\tau}{\partial \lambda^{(0)\sigma}} + \sigma \frac{\partial^{\sigma-1} \psi_\tau}{\partial \lambda^{(0)\sigma-1}}; \quad \psi_\tau = \Delta\begin{pmatrix} x, & y & \\ x^{(1)}, & y^{(1)} & \\ \cdot & \cdot & \lambda^{(0)} \\ \cdot & \cdot & \\ x^{(\tau)}, & y^{(\tau)} & \end{pmatrix} \quad (64)$$

zur Folge hat. Wir gelangen auf diesem Wege zu dem Satze:

Die den Kriterien (63) *entsprechende allgemeinste Ausartung bedingt die Existenz einer Fortsetzung höherer Art, wie sie durch das Gleichungssystem* (64) *definiert ist. Umgekehrt setzt die Existenz jener Fortsetzung die charakteristischen Kriterien* (63) *als erfüllt voraus.*

Unsere weitere Aufgabe würde nun darin bestehen, die Bildungen $\frac{\partial^\sigma \psi_\tau}{\partial \lambda^{(0)\sigma}}$ zur Definition und Konstruktion eines Formensystems

$$\psi^{(0)}, \psi^{(1)}, \ldots, \psi^{(\varrho+\varrho_1+\cdots+\varrho_r+r)}$$

zu verwenden, welches für die in Wegfall kommenden Formen

$$\varphi^{(0)}, \varphi^{(1)}, \ldots, \varphi^{(\varrho+\varrho_1+\cdots+\varrho_r+r)}$$

des allgemeinen Falles den notwendigen und hinreichenden Ersatz bietet.

Daß das so resultierende vollständige Formensystem

$$\psi^{(0)},\ \psi^{(1)},\ \psi^{(\varrho+\varrho_1+\cdots+\varrho_r+r)},\ \varphi^{(\varrho+\varrho_1+\cdots+\varrho_r+r+1)},\ \ldots,\ \varphi^{(\nu)}$$

wiederum die entsprechenden Eigenschaften und Fähigkeiten besitzt, wie das Formensystem $\varphi^{(0)}, \varphi^{(1)}, \ldots, \varphi^{(\nu)}$ des allgemeinen Falles, lehrt unmittelbar die Vergleichung mit den beiden vorhin besprochenen Ausnahmefällen. Doch ist zu einer detaillierten Darlegung dieser Verhältnisse eine besondere Untersuchung erforderlich. Beispiele bietet die Diskussion der biquadratischen Form S. 90 und 92 im fünften Paragraphen.

Der Übergang von den Formeln der allgemeinsten Ausartung zu den beiden früher behandelten Ausnahmefällen geschieht, wie man sieht, durch die Spezialisierungen $r = 0$ resp. $\varrho = \varrho_1 = \cdots = \varrho_r = 0$. Während also den beiden früheren Ausnahmefällen nur je *eine* Zahl ϱ resp. r eigentümlich war, erhalten wir im Falle der allgemeinsten Ausartung die Zahlen*reihe:*

$$\varrho,\ \varrho_1,\ \ldots,\ \varrho_r$$

und die Ausartung des Formensystems φ ist offenbar erst dann in vollkommener und eindeutiger Weise festgelegt, sobald wir für jeden verschiedenen Wurzelwert λ der determinierenden Gleichung eine derartige Zahlenreihe angeben. Im übrigen sei noch ausdrücklich hervorgehoben, daß keineswegs jede beliebig vorgeschriebene Zahlenreihe auch wirklich zu einer möglichen Ausartung Anlaß geben wird. Da aber jedem wirklich existierenden Formensysteme ψ, φ eine in bestimmter Weise ausgeartete Grundform f zugehört, *so ist jedenfalls das in Rede stehende Zahlensystem zugleich als eine Charakteristik der ausgearteten Grundform zu betrachten.*

Nach den bisherigen Ausführungen haben wir nunmehr im allgemeinen Falle sowie für alle möglichen Vorkommnisse singulärer Art ein System von Formen φ resp. ψ, φ aufgestellt, welche bei ihrer Überschiebung über die gegebene Grundform ein besonders einfaches und übersichtliches Verhalten zeigen. Die ausnahmslos statthabende lineare Unabhängigkeit dieser Formen setzt uns in den Stand, eine jede beliebige Form ν-ter Ordnung als Summe von Formen unseres Systems darzustellen und demnach auch für diese die Folgen ihrer Überschiebung über die Grundform in anschaulicher Weise zu erkennen. Gleichzeitig erledigen sich offenbar durch die bisherigen Ergebnisse die Fragen nach Anzahl und Konstruktion der Formenbüschel, der Formenbündel usw., welche sich nach ihrer Überschiebung reproduzieren.

Um zur Veranschaulichung die geometrische Deutung unseres Problems zu benutzen, wie dieselbe oben in der Einleitung kurz skizziert wurde, so entspricht unserem Überschiebungsprozesse eine Kollineation im Raume von ν Dimensionen, welche im allgemeinen, vom vierten Hauptfalle abgesehen, keine Besonderheiten bezüglich ihrer invarianten Gebilde besitzt. Sie führt $\nu + 1$ Punkte und die durch dieselben festgelegten $\frac{1}{2}(\nu + 1)\nu$ Geraden, $\frac{1}{6}(\nu + 1)\nu(\nu - 1)$ Ebenen usw. in sich über. Dagegen vermindern sich im Ausnahmefalle der ersten Gattung jene Zahlen resp. um ϱ, $\varrho(\nu - \varrho)$, $\frac{1}{2}\varrho(\nu - \varrho)\nu$ usw. Im Falle der zweiten Ausartung liegt eine r-fach unendliche lineare Mannigfaltigkeit von invarianten Punkten vor, während die Anzahlen der diskreten invarianten Punkte, Geraden, Ebenen usw. offenbar eine Reduktion auf die Zahlen $\nu - r$, $\frac{1}{2}(\nu - r)(\nu - r - 1)$, $\frac{1}{6}(\nu - r)(\nu - r - 1)(\nu - r - 2)$ usw. erfahren. Für die allgemeinste Ausartung endlich muß die befriedigende Erledigung aller entsprechenden Verhältnisse einer späteren Gelegenheit vorbehalten bleiben, da sich die vorliegende Untersuchung darauf beschränkt, die maßgebenden Gesichtspunkte und wesentlichen Forschungsmittel zur Behandlung unseres Problems dargelegt zu haben.

§ 5. Beispiele und spezielle Folgerungen.

Im vorliegenden Schlußparagraphen sollen die Ergebnisse der bisher allgemein durchgeführten Theorie für eine Reihe einfacher Beispiele Verwertung und Bewährung finden. Wir beginnen mit der Diskussion der Grundformen 2-ter, 4-ter, 6-ter und 8-ter Ordnung, da in diesen Fällen die wirkliche Berechnung der in Frage kommenden Invarianten und Kovarianten sowie ihre Darstellung durch bekannte und übersichtliche invariante Bildungen noch in einfacher Weise möglich ist. Erhalten wir somit einerseits einen allgemeineren Einblick in den analytischen Bau des zur Grundform gehörigen invarianten Formensystems, so führt andererseits die Anwendung unserer Prinzipien zu einer rationellen Behandlungsweise der ausgearteten Grundformen.

Was zunächst die quadratische Form

$$f = a_0 x_1^2 + 2 a_1 x_1 x_2 + a_2 x_2^2$$

anbetrifft, so nimmt bei der Voraussetzung $\nu = 1, 2, 3$ die Determinante $\Delta(\lambda)$ resp. die Gestalt an:

$$\begin{vmatrix} a_0 & a_1 - \lambda \\ a_1 + \lambda & a_2 \end{vmatrix},$$

$$\begin{vmatrix} 0 & -a_0 & -a_1 - \lambda \\ a_0 & +2\lambda & -a_2 \\ a_1 - \lambda & a_2 & 0 \end{vmatrix},$$

$$\begin{vmatrix} 0 & 0 & -a_0 & -a_1 - \lambda \\ 0 & 2a_0 & a_1 + 3\lambda & -a_2 \\ -a_0 & a_1 - 3\lambda & 2a_2 & 0 \\ -a_1 + \lambda & -a_2 & 0 & 0 \end{vmatrix},$$

und demzufolge lauten die determinierenden Gleichungen für λ bezüglich

$$\nu = 1: \lambda^2 + h = 0,$$
$$\nu = 2: \lambda^3 + h\lambda = 0,$$
$$\nu = 3: (\lambda^2 + h)(9\lambda^2 + h) = 0,$$

worin h die Diskriminante der Grundform

$$h = \tfrac{1}{2}(f, f)_2$$

bedeutet. Für $\nu = 1, 3$ tritt der zweite, für $\nu = 2$ der dritte Hauptfall ein. Zur Konstruktion des fraglichen Formensystems φ dient nach den allgemeinen Ausführungen des ersten Paragraphen die Determinante $\Delta(x, y, \lambda)$, welche sich für $\nu = 1, 2, 3$ bezüglich wie folgt darstellt:

$$\begin{vmatrix} a_0 & a_1 - \lambda & y_2 \\ a_1 + \lambda & a_2 & -y_1 \\ x_2 & -x_1 & 0 \end{vmatrix},$$

$$\begin{vmatrix} 0 & -a_0 & -a_1 - \lambda & y_2^2 \\ a_0 & +2\lambda & -a_2 & -2y_1y_2 \\ a_1 - \lambda & a_2 & 0 & +y_1^2 \\ +x_2^2 & -2x_1x_2 & +x_1^2 & 0 \end{vmatrix},$$

$$\begin{vmatrix} 0 & 0 & -a_0 & -a_1 - \lambda & y_2^3 \\ 0 & 2a_0 & a_1 + 3\lambda & -a_2 & -3y_1y_2^2 \\ -a_0 & a_1 - 3\lambda & 2a_2 & 0 & +3y_1^2y_2 \\ -a_1 + \lambda & -a_2 & 0 & 0 & -y_1^3 \\ x_2^3 & -3x_1x_2^2 & +3x_1^2x_2 & -x_1^3 & 0 \end{vmatrix}.$$

Durch Aufwertung dieser invarianten Gebilde und Entwicklung nach Potenzen der identischen Kovariante (xy) erhalten wir das Resultat:

$$\left.\begin{aligned} \nu = 1: \Delta(x, y, \lambda) &= -Df - (xy)\lambda, \\ \nu = 2: \Delta(x, y, \lambda) &= -D^2f^2 + 2(xy)\lambda Df \\ &\quad - \tfrac{2}{3}(xy)^2(3\lambda^2 + h), \\ \nu = 3: \Delta(x, y, \lambda) &= 2D^3f^3 - 6(xy)\lambda D^2f^2 \\ &\quad + \tfrac{9}{5}(xy)^2(5\lambda^2 + h)Df \\ &\quad - (xy)^3(9\lambda^3 + 5h\lambda), \end{aligned}\right| \tag{65}$$

worin die Vorsetzung des Symboles D eine entsprechend wiederholte Polarisation nach y_1, y_2 bedeutet. Die Bestimmung der Formen φ geschieht nun mittels der Formeln

$$\begin{aligned}
\nu = 1:\ & \varDelta(x, y, \lambda^{(0)}) = \varphi^{(0)}(x)\varphi^{(1)}(y), \quad \lambda^{(0)^2} + h = 0,\\
\nu = 2:\ & \varDelta(x, y, \lambda^{(0)}) = \varphi^{(0)}(x)\varphi^{(1)}(y), \quad \lambda^{(0)^2} + h = 0,\\
& \varDelta(x, y, 0) \quad = \varphi^{(2)}(x)\varphi^{(2)}(y),\\
\nu = 3:\ & \varDelta(x, y, \lambda^{(0)}) = \varphi^{(0)}(x)\varphi^{(1)}(y), \quad \lambda^{(0)^2} + h = 0,\\
& \varDelta(x, y, \lambda^{(2)}) = \varphi^{(2)}(x)\varphi^{(3)}(y), \quad 9\lambda^{(2)^2} + h = 0,
\end{aligned}$$

während die quadratischen Invarianten und Kovarianten derselben sich bezüglich wie folgt ausdrücken:

$$\begin{aligned}
\nu = 1:\ & (\varphi^{(0)}, \varphi^{(1)})_1 = -2\lambda^{(0)},\\
\nu = 2:\ & (\varphi^{(0)}, \varphi^{(1)})_2 = -2(\varphi^{(2)}, \varphi^{(2)})_2 = -4\lambda^{(0)^2},\\
& (\varphi^{(0)}, \varphi^{(0)})_2 = (\varphi^{(0)}, \varphi^{(2)})_2 = (\varphi^{(1)}, \varphi^{(1)})_2 = (\varphi^{(1)}, \varphi^{(2)})_2 = 0,\\
\nu = 3:\ & (\varphi^{(0)}, \varphi^{(1)})_3 = -3(\varphi^{(2)}, \varphi^{(3)})_3 = -16\lambda^{(0)^3},\\
& (\varphi^{(0)}, \varphi^{(2)})_3 = (\varphi^{(0)}, \varphi^{(3)})_3 = (\varphi^{(1)}, \varphi^{(2)})_3 = (\varphi^{(1)}, \varphi^{(3)})_3 = 0
\end{aligned}$$

und

$$\begin{aligned}
\nu = 1:\ & \varphi^{(0)}\varphi^{(1)} \quad = -f,\\
\nu = 2:\ & \varphi^{(0)}\varphi^{(1)} \quad = \varphi^{(2)^2} = -f^2,\\
& (\varphi^{(0)}, \varphi^{(1)})_1 = 2\lambda^{(0)} f,\\
\nu = 3:\ & \varphi^{(0)}\varphi^{(1)} \quad = \varphi^{(2)}\varphi^{(3)} = 2f^3,\\
& (\varphi^{(0)}, \varphi^{(1)})_1 = 3(\varphi^{(2)}, \varphi^{(3)})_1 = -4f^2\lambda^{(0)},\\
& (\varphi^{(0)}, \varphi^{(1)})_2 = -9(\varphi^{(2)}, \varphi^{(3)})_2 = +8f\lambda^{(0)^2}.
\end{aligned}$$

Beachten wir ferner die durch identische Umformung aus (65) entstehenden Relationen

$$\begin{aligned}
\nu = 2:\ & \varDelta(x, y, \lambda^{(0)}) = -\{Df - \lambda^{(0)}(xy)\}^2,\\
\nu = 3:\ & \varDelta(x, y, \lambda^{(0)}) = 2\{Df - \lambda^{(0)}(xy)\}^3,\\
& \varDelta(x, y, \lambda^{(2)}) = 2\{Df - 3\lambda^{(2)}(xy)\}^2\{Df + 3\lambda^{(2)}(xy)\},
\end{aligned}$$

so lassen sich die Formen φ in allen drei Fällen durch die Linearfaktoren l und m der Grundform in folgender Weise darstellen:

$$\begin{aligned}
\nu = 1:\ & \varphi^{(0)} = l, \quad \varphi^{(1)} = -m,\\
\nu = 2:\ & \varphi^{(0)} = l^2, \quad \varphi^{(1)} = m^2, \quad \varphi^{(2)} = \sqrt{-1}\, f,\\
\nu = 3:\ & \varphi^{(0)} = l^3, \quad \varphi^{(1)} = 2m^3, \quad \varphi^{(2)} = l^2 m, \quad \varphi^{(3)} = 2lm^2.
\end{aligned}$$

An der Hand dieser Darstellungsweise ist es leicht, alle Ergebnisse und Formeln im vorliegenden Falle einer quadratischen Grundform durch direkte Rechnung zu verifizieren.

Die einzig mögliche Ausartung der Formensysteme φ wird offenbar durch das Verschwinden der Diskriminante h bedingt, indem bei dieser Annahme alle Wurzeln der determinierenden Gleichungen gleichzeitig in den Wert Null zusammenfallen. Da die Determinante $\Delta(x, y, \lambda)$ nicht verschwinden kann, so ist jene Ausartung von der ersten Gattung und nach den allgemeinen Ausführungen des vorigen Paragraphen resp. für $\nu = 1, 2, 3$ durch die Existenz einer ein-, zwei-, dreimaligen Fortsetzung hinreichend charakterisiert. Setzen wir nun die Grundform f gleich dem Quadrate der Linearform l und bedeuten p, q, r bezüglich je eine beliebige lineare, quadratische, kubische Form, so dienen zur Vermittelung jener Fortsetzung resp. die Formen

$$\nu = 1: \psi^{(0)} = (l, p)_1 l; \ \psi^{(1)} = p;$$
$$\nu = 2: \psi^{(0)} = \tfrac{1}{2}(l^2, q)_2 l^2; \ \psi^{(1)} = (l, q)_1 l; \ \psi^{(2)} = q,$$
$$\nu = 3: \psi^{(0)} = \tfrac{2}{9}(l^3, r)_3 l^3; \ \psi^{(1)} = \tfrac{2}{3}(l^2, r)_2 l^2; \ \psi^{(2)} = (l, r)_1 l; \ \psi^{(3)} = r,$$

und es ist in der Tat:

$$\nu = 1: (f, \psi^{(0)})_1 = 0; \ (f, \psi^{(1)})_1 = \psi^{(0)};$$
$$\nu = 2: (f, \psi^{(0)})_1 = 0; \ (f, \psi^{(1)})_1 = \psi^{(0)}; \ (f, \psi^{(2)}) = \psi^{(1)};$$
$$\nu = 3: (f, \psi^{(0)})_1 = 0; \ (f, \psi^{(1)})_1 = \psi^{(0)}; \ (f, \psi^{(2)}) = \psi^{(1)}; \ (f, \psi^{(3)}) = \psi^{(2)}.$$

Auf analoge Weise gelangen auch die entsprechenden Verhältnisse und Vorkommnisse für $\nu > 3$ zur Erledigung.

Bevor wir zur Diskussion der biquadratischen Form übergehen, möge kurz der allgemeinere Fall $\nu = i$ zur Sprache gelangen, welcher deshalb ein besonderes Interesse fordert, weil er zugleich die Theorie der Potenzdarstellung und sogenannten Kanonisierung der binären Formen gerader Ordnung in sich begreift. Die Zahlen k lassen sich in diesem Falle für ein allgemeines ν angeben und lauten wie folgt:

$$k_\varrho^\sigma = \binom{\nu}{\sigma}\binom{\nu}{\varrho},$$

so daß unsere Determinante $\Delta(\lambda)$ die bereits von Cayley und Sylvester angegebene Gestalt[1]

$$\begin{vmatrix} a_0 & a_1 & \ldots & a_{\nu-1} & a_\nu - \lambda \\ a_1 & a_2 & \ldots & a_\nu + \dfrac{\lambda}{\binom{\nu}{1}} & a_{\nu+1} \\ \cdot & \cdot & \cdot & \cdot & \cdot \\ \cdot & \cdot & \cdot & \cdot & \cdot \\ a_\nu \pm \lambda & a_{\nu+1} & \ldots & a_{2\nu-1} & a_{2\nu} \end{vmatrix} \tag{66}$$

annimmt. Zu jedem Wurzelwerte λ gehört eine bestimmte Kanonisierung der Grundform, welche durch die Linearfaktoren der zugehörigen Form φ vermittelt wird.

---

[1] Vgl. Faà di Bruno: Theorie der binären Formen, deutsch bearbeitet von Th. Walter, § 15, 8; sowie Salmon: Algebra der linearen Transformationen, Nr. 132.

Setzen wir nun für die biquadratische Form die Bezeichnungen fest:

$$f = a_0 x_1^4 + 4 a_1 x_1^3 x_2 + 6 a_2 x_1^2 x_2^2 + 4 a_3 x_1 x_2^3 + a_4 x_2^4,$$
$$i = \tfrac{1}{2}(f, f)_4, \qquad h = \tfrac{1}{2}(f, f)_2,$$
$$j = \tfrac{1}{6}(f, h)_4, \qquad T = 2(f, h)_1,$$

so gelangen wir durch Auswertung der Determinante (66) für $\nu = 2$ zu der determinierenden Gleichung

$$\lambda^3 - i\lambda - 2j = 0,$$

während die bei einmaliger Ränderung erhaltene Determinante durch Entwickelung nach Potenzen der identischen Kovariante (xy) die Gestalt annimmt:

$$\Delta(x, y, \lambda) = -2D^2(f\lambda + 2h) - \tfrac{2}{3}(xy)^2(3\lambda^2 - i).$$

Da die gegenwärtige Annahme $\nu = i = 2$ den ersten Hauptfall bedingt, so erhalten wir zur Konstruktion unserer Formen φ die Formeln

$$\Delta(x, y, \lambda^{(0)}) = \varphi^{(0)}(x)\varphi^{(0)}(y),$$
$$\Delta(x, y, \lambda^{(1)}) = \varphi^{(1)}(x)\varphi^{(1)}(y),$$
$$\Delta(x, y, \lambda^{(2)}) = \varphi^{(2)}(x)\varphi^{(2)}(y),$$

wo $\lambda^{(0)}, \lambda^{(1)}, \lambda^{(2)}$ die drei im allgemeinen verschiedenen Wurzeln der oben gefundenen determinierenden Gleichung bedeuten. Die quadratischen Invarianten, die Funktionalinvariante Φ und die Quadrate sowie das Produkt der Formen φ drücken sich durch die Formeln aus:

$$(\varphi^{(0)}, \varphi^{(0)})_2 = -2(\lambda^{(0)} - \lambda^{(1)})(\lambda^{(0)} - \lambda^{(2)}),$$
$$(\varphi^{(1)}, \varphi^{(1)})_2 = -2(\lambda^{(1)} - \lambda^{(0)})(\lambda^{(1)} - \lambda^{(2)}),$$
$$(\varphi^{(2)}, \varphi^{(2)})_2 = -2(\lambda^{(2)} - \lambda^{(0)})(\lambda^{(2)} - \lambda^{(1)}),$$
$$(\varphi^{(0)}, \varphi^{(1)})_2 = (\varphi^{(0)}, \varphi^{(2)})_2 = (\varphi^{(1)}, \varphi^{(2)})_2 = 0,$$
$$\Phi^2 = +\tfrac{1}{2}(\varphi^{(0)}, \varphi^{(0)})_2 (\varphi^{(1)}, \varphi^{(1)})_2)(\varphi^{(2)}, \varphi^{(2)})_2$$
$$= +4(\lambda^{(0)} - \lambda^{(1)})^2(\lambda^{(1)} - \lambda^{(2)})^2(\lambda^{(2)} - \lambda^{(0)})^2,$$
$$\varphi^{(0)2} = -2(f\lambda^{(0)} + 2h),$$
$$\varphi^{(1)2} = -2(f\lambda^{(1)} + 2h),$$
$$\varphi^{(2)2} = -2(f\lambda^{(2)} + 2h),$$
$$\begin{vmatrix} \varphi^{(0)}(x)\varphi^{(0)}(y) & \varphi^{(0)}(x)\varphi^{(0)}(y') & \varphi^{(0)}(x)\varphi^{(0)}(y'') \\ \varphi^{(1)}(x)\varphi^{(1)}(y) & \varphi^{(1)}(x)\varphi^{(1)}(y') & \varphi^{(1)}(x)\varphi^{(1)}(y'') \\ \varphi^{(2)}(x)\varphi^{(2)}(y) & \varphi^{(2)}(x)\varphi^{(2)}(y') & \varphi^{(2)}(x)\varphi^{(2)}(y'') \end{vmatrix}$$
$$= 16(yy')(y'y'')(y''y)(\lambda^{(0)} - \lambda^{(1)})(\lambda^{(1)} - \lambda^{(2)})(\lambda^{(2)} - \lambda^{(0)})\,T,$$

von denen die letzteren zu folgenden Darstellungen der Grundform und ihrer Kovarianten Anlaß geben:

$$f = -\frac{\varphi^{(0)2} - \varphi^{(1)2}}{2(\lambda^{(0)} - \lambda^{(1)})} = -\frac{\varphi^{(1)2} - \varphi^{(2)2}}{2(\lambda^{(1)} - \lambda^{(2)})} = -\frac{\varphi^{(2)2} - \varphi^{(0)2}}{2(\lambda^{(2)} - \lambda^{(0)})},$$

$$h = \frac{\lambda^{(1)}\varphi^{(0)2} - \lambda^{(0)}\varphi^{(1)2}}{4(\lambda^{(0)} - \lambda^{(1)})} = \frac{\lambda^{(2)}\varphi^{(1)2} - \lambda^{(1)}\varphi^{(2)2}}{4(\lambda^{(1)} - \lambda^{(2)})} = \frac{\lambda^{(0)}\varphi^{(2)2} - \lambda^{(2)}\varphi^{(0)2}}{4(\lambda^{(2)} - \lambda^{(0)})},$$

$$T = \tfrac{1}{4}\varphi^{(0)}\varphi^{(1)}\varphi^{(2)}.$$

Die möglichen Ausartungen unserer Formen φ charakterisieren sich kurz wie folgt:

1. $$\frac{\partial \Delta(\lambda^{(0)})}{\partial \lambda^{(0)}} = 0, \quad \text{d. h.} \quad i^3 - 27j^2 = 0.$$

Es folgt:

$$\lambda^{(0)} = \lambda^{(1)} = -\frac{3j}{i}, \quad \lambda^{(2)} = \frac{6j}{i}.$$

$$\begin{array}{ll|l} -2(f\lambda^{(0)} + 2h) & = \psi^{(0)2} & (\psi^{(0)}, \psi^{(1)})_2 = -2(\lambda^{(0)} - \lambda^{(2)}) \\ -f & = \psi^{(0)}\psi^{(1)} & (\varphi^{(2)}, \varphi^{(2)})_2 = -2(\lambda^{(0)} - \lambda^{(2)})^2 \\ -2(f\lambda^{(2)} + 2h) & = \varphi^{(2)2} & (\psi^{(0)}, \psi^{(0)})_2 = (\psi^{(0)}, \varphi^{(2)})_2 = (\psi^{(1)}, \varphi^{(2)})_2 = 0. \end{array}$$

$$T = \tfrac{1}{4}\psi^{(0)2}\varphi^{(2)}.$$

Die Form $\psi^{(0)}$ wird mithin das Quadrat einer Linearform, welche ihrerseits als Faktor einfach in $\varphi^{(2)}$, doppelt in f und h, fünffach in T auftritt.

2. $$\frac{\partial \Delta(\lambda^{(0)})}{\partial \lambda^{(0)}} = 0, \quad \Delta(x, y, \lambda^{(0)}) = 0, \quad \text{d. h.} \quad 3jf - 2ih = 0,$$

und es folgt:

$$\lambda^{(0)} = \lambda^{(1)} = -\frac{3j}{i}, \quad \lambda^{(2)} = \frac{6j}{i}.$$

Der Doppelwurzel $\lambda^{(0)} = \lambda^{(1)}$ gehört ein Formenbüschel zu, welches sich mittels der Gleichungen bestimmt

$$\Delta\begin{pmatrix} x, & y \\ x^{(1)}, & y^{(1)} \end{pmatrix}\lambda^{(0)}\Big) = \{\psi^{(1)}(x^{(1)})\psi^{(0)}(x) - \psi^{(0)}(x^{(1)})\psi^{(1)}(x)\}$$
$$\times \{\psi^{(1)}(y^{(1)})\psi^{(0)}(y) - \psi^{(0)}(y^{(1)})\psi^{(1)}(y)\},$$

$$\frac{\partial \Delta(x, y, \lambda^{(0)})}{\partial \lambda^{(0)}} = (\psi^{(1)}, \psi^{(1)})_2\,\psi^{(0)}(x)\,\psi^{(0)}(y)$$
$$- (\psi^{(0)}, \psi^{(1)})_2\left\{\psi^{(0)}(x)\psi^{(1)}(y) + \psi^{(1)}(x)\psi^{(0)}(y)\right\}$$
$$+ (\psi^{(0)}, \psi^{(0)})_2\,\psi^{(1)}(x)\,\psi^{(1)}(y),$$

und wenn wir unter $\psi^{(0)}$ und $\psi^{(1)}$ speziell diejenigen beiden Formen des Büschels verstehen, deren Diskriminante verschwindet, so folgen die leicht zu deutenden Relationen

$$
\begin{array}{rl|l}
& f = (\psi^{(0)}, \psi^{(1)})_2\, \psi^{(0)}\, \psi^{(1)} & (\psi^{(0)}, \psi^{(1)})_2^2 = 2(\lambda^{(0)} - \lambda^{(2)}) \\
+2(\lambda^{(0)} - \lambda^{(2)}) & f = \dfrac{-4(\lambda^{(0)} - \lambda^{(2)})}{\lambda^{(0)}}\, h = \varphi^{(2)2} & (\varphi^{(2)}, \varphi^{(2)})_2 = -2(\lambda^{(0)} - \lambda^{(2)})^2 \\
& T = 0 & (\psi^{(0)}, \psi^{(0)})_2 = (\psi^{(1)}, \psi^{(1)})_2 = 0 \\
& & (\psi^{(0)}, \varphi^{(2)})_2 = (\psi^{(1)}, \varphi^{(2)})_2 = 0.
\end{array}
$$

3. $$\frac{\partial \Delta(\lambda^{(0)})}{\partial \lambda^{(0)}} = 0, \qquad \frac{\partial^2 \Delta(\lambda^{(0)})}{\partial \lambda^{(0)2}} = 0, \qquad \text{d. h.} \quad i = 0, \quad j = 0.$$

Die Grundform f enthält dreifach den Linearfaktor l, während für den einzigen Wurzelwert

$$\lambda^{(0)} = \lambda^{(1)} = \lambda^{(2)} = 0$$

eine zweimalige Fortsetzung existiert. Bedeutet nämlich m den von l verschiedenen Linearfaktor der Grundform und q eine beliebige quadratische Form, so ist:

$$
\begin{array}{l|l}
f = m\, l^3 & \\
\psi^{(0)} = -\frac{1}{8}(m, l)_1^2 (l^2, q)_2\, l^2 & (f, \psi^{(0)})_2 = 0 \\
\psi^{(1)} = \frac{1}{2}(l^2, q)_2\, m\, l + \frac{1}{2}(m, (l, q)_1)_1\, l^2 & (f, \psi^{(1)})_2 = \psi^{(0)} \\
\psi^{(2)} = q & (f, \psi^{(2)})_2 = \psi^{(1)}.
\end{array}
$$

4. $$\frac{\partial \Delta(\lambda^{(0)})}{\partial \lambda^{(0)}} = 0, \qquad \frac{\partial^2 \Delta(\lambda^{(0)})}{\partial \lambda^{(0)2}} = 0, \qquad \Delta(x, y, \lambda^{(0)}) = 0, \quad \text{d. h.} \quad h = 0.$$

Die Grundform ist die vierte Potenz einer Linearform l, während dem einzigen Wurzelwerte

$$\lambda^{(0)} = \lambda^{(1)} = \lambda^{(2)} = 0$$

ein Büschel von Formen zugehört, unter denen eine bestimmte Form $\psi^{(1)}$ eine einmalige Fortsetzung gestattet. Bedeuten nämlich n und q je eine beliebige lineare resp. quadratische Form, so gilt:

$$
\begin{array}{l|l}
f = l^4 & \\
\psi^{(0)} = l\, n & (f, \psi^{(0)})_2 = 0 \\
\psi^{(1)} = (l^2, q)_2\, l^2 & (f, \psi^{(1)})_2 = 0 \\
\psi^{(2)} = q & (f, \psi^{(2)})_2 = \psi^{(1)}.
\end{array}
$$

In den gewonnenen Ergebnissen erkennen wir im wesentlichen die Theorie jener bekannten drei quadratischen Formen[1] wieder, welche bereits in allen bisherigen Untersuchungen über die biquadratische Form und deren Faktorenzerlegung die vornehmste Rolle spielen. An gegenwärtiger Stelle hat sich gezeigt, wie die bloße Anwendung unserer allgemeinen Prinzipien auf den

[1] Vgl. Clebsch: Theorie der binären Formen, § 45—48 oder Faà di Bruno: Theorie der binären Formen, deutsch bearbeitet von Th. Walter, § 20, 2—7.

Spezialfall $i = \nu = 2$ hinreicht, um die jenes Formensystem φ betreffenden Fragen zu einheitlicher und methodisch vollständiger Erledigung zu bringen.

Die biquadratische Form behandeln wir schließlich noch vermöge der Annahmen $\nu = 3$ und $\nu = 4$. Im ersteren Falle führt die Auswertung der Determinante

$$\varDelta(\lambda) = \begin{vmatrix} 0 & a_0 & 2a_1 & a_2 - \lambda \\ -a_0 & 0 & 3a_2 + 3\lambda & 2a_3 \\ -2a_1 & -3a_2 - 3\lambda & 0 & a_4 \\ -a_2 + \lambda & -2a_3 & -a_4 & 0 \end{vmatrix}$$

zu der determinierenden Gleichung

$$(3\lambda^2 - i)^2 = 0,$$

während die aus jener durch einmalige Ränderung entstehende Determinante den Wert

$$\varDelta(x, y, \lambda) = -3(3\lambda^2 - i)\{(xy)D^2 f + (xy)^3 \lambda\}$$

besitzt. Da nun unter den gegenwärtigen Voraussetzungen die Vorschriften des vierten Hauptfalles zur Geltung gelangen, so ist

$$\varDelta\begin{pmatrix} x, & y \\ x^{(1)}, & y^{(1)} \end{pmatrix} \lambda^{(\mu)} = \{\varphi^{(\mu)}(x)\,\varphi^{(\mu+1)}(x^{(1)}) - \varphi^{(\mu+1)}(x)\,\varphi^{(\mu)}(x^{(1)})\}$$
$$\times \{\varphi^{(\mu)}(y)\,\varphi^{(\mu+1)}(y^{(1)}) - \varphi^{(\mu+1)}(y)\,\varphi^{(\mu)}(y^{(1)})\},$$

folglich

$$\frac{\partial \varDelta(x, y, \lambda^{(0)})}{\partial \lambda^{(0)}} = -(\varphi^{(\mu)}, \varphi^{(\mu+1)})_3 \{\varphi^{(\mu)}(x)\,\varphi^{(\mu+1)}(y) - \varphi^{(\mu+1)}(x)\,\varphi^{(\mu)}(y)\},$$

und wir erhalten zur Konstruktion der Formen φ die Formeln

$$-3\{(xy)D^2 f + (xy)^3 \lambda^{(0)}\} = \varphi^{(0)}(x)\,\varphi^{(1)}(y) - \varphi^{(1)}(x)\,\varphi^{(0)}(y),$$
$$\lambda^{(0)} = \lambda^{(1)} = +\sqrt{\frac{i}{3}}.$$
$$-3\{(xy)D^2 f + (xy)^3 \lambda^{(2)}\} = \varphi^{(2)}(x)\,\varphi^{(3)}(y) - \varphi^{(3)}(x)\,\varphi^{(2)}(y),$$
$$\lambda^{(2)} = \lambda^{(3)} = -\sqrt{\frac{i}{3}}.$$

aus welchen wir noch die Relation

$$f = (\varphi^{(0)}, \varphi^{(1)})_1 = (\varphi^{(2)}, \varphi^{(3)})_1$$

entnehmen. Die quadratischen Invarianten der Formen φ nehmen folgende Werte an:

$$(\varphi^{(0)}, \varphi^{(1)})_3 = -6\lambda^{(0)}, \quad (\varphi^{(2)}, \varphi^{(3)})_3 = -6\lambda^{(2)},$$
$$(\varphi^{(0)}, \varphi^{(2)})_3 = (\varphi^{(0)}, \varphi^{(3)})_3 = (\varphi^{(1)}, \varphi^{(2)})_3 = (\varphi^{(1)}, \varphi^{(3)})_3 = 0.$$

Wir erkennen, wie durch die gefundenen Beziehungen sich zugleich die Frage nach der Konstruktion der beiden kubischen Formenbüschel von vorgeschriebener Jacobischen Kovariante erledigt.

Die einzig mögliche Ausartung unserer Formen φ ist offenbar durch das Verschwinden der Invariante i bedingt, in welchem Falle dem Wurzelwerte

$$\lambda^{(0)} = \lambda^{(1)} = \lambda^{(2)} = \lambda^{(3)} = 0$$

ein Büschel von Formen zugehört, von denen jede eine einmalige Fortsetzung gestattet. Erteilen wir nämlich der Grundform die Gestalt der bekannten durch das Verschwinden von i charakterisierten Tetraederform

$$f = x_1^4 + 2\sqrt{-3}\, x_1^2 x_2^2 + x_2^4\,,$$

so ist

$$\begin{array}{l|l} \psi^{(0)} = \sqrt{-3}\, x_1^3 + 3\, x_1 x_2^2 & (f, \psi^{(0)})_2 = 0 \\ \psi^{(1)} = 3\, x_1^2 x_2 + \sqrt{-3}\, x_2^3 & (f, \psi^{(1)})_2 = 0 \\ \psi^{(2)} = 3\, x_1^3 & (f, \psi^{(2)})_2 = \psi^{(0)} \\ \psi^{(3)} = 3\, x_2^3 & (f, \psi^{(3)})_2 = \psi^{(1)} \end{array}$$

$$(\psi^{(0)}, \psi^{(1)})_1 = \sqrt{-3}\, f\,, \qquad (\psi^{(0)}, \psi^{(1)})_3 = 0\,.$$

Setzen wir schließlich noch $\nu = 4$, so ergibt sich die determinierende Gleichung

$$(3\,\lambda^2 - i)\,(4\,\lambda^3 - i\,\lambda + j) = 0\,,$$

welche als reduzibel erscheint. Zur Konstruktion der Formen φ genügt die Relation

$$\Delta(x, x, \lambda^{(\mu)}) = \varphi^{(\mu)^2} = 4\,f^2 \lambda^{(\mu)^2} + 2\,f\,h\,\lambda^{(\mu)} - i\,f^2 + h^2,$$

deren rechte Seite gemäß der Spaltung der determinierenden Gleichung sich wie folgt umformen läßt:

$$\begin{array}{ll} (f\,\lambda^{(\mu)} - h)^2, & 3\,\lambda^{(\mu)^2} - i \qquad\quad = 0\,, \\ (2\,f\,\lambda^{(\nu)} - h)\,(2\,f\,\lambda^{(\varkappa)} - h), & 4\,\lambda^{(\mu)^3} - i\,\lambda^{(\mu)} + j = 0\,, \end{array}$$

wo im letzteren Falle unter $\lambda^{(\nu)}$ und $\lambda^{(\varkappa)}$ die beiden von $\lambda^{(\mu)}$ verschiedenen Wurzeln der rechter Hand angegebenen kubischen Gleichung bezeichnen. Verstehen wir mithin unter $\varphi_2^{(0)}$, $\varphi_2^{(1)}$, $\varphi_2^{(2)}$ die drei bekannten quadratischen Formen φ, welche in dem früher behandelten Falle $\nu = 2$ auftraten, so erhalten wir für die gesuchten Formen die Ausdrücke:

$$\begin{array}{ll} \varphi^{(0)} = f\,\lambda^{(0)} + h\,, & \lambda^{(0)} = +\sqrt{\dfrac{i}{3}}\,, \\ \varphi^{(1)} = f\,\lambda^{(1)} + h\,, & \lambda^{(1)} = -\sqrt{\dfrac{i}{3}}\,, \\ \varphi^{(2)} = \varphi_2^{(1)}\,\varphi_2^{(2)}\,, & \\ \varphi^{(3)} = \varphi_2^{(0)}\,\varphi_2^{(2)}\,, & \\ \varphi^{(4)} = \varphi_2^{(0)}\,\varphi_2^{(1)}\,. & \end{array}$$

Wir gelangen zur Diskussion der Form 6-ter Ordnung, für deren invariante Bildungen folgende Bezeichnungen gelten mögen:

$$A = \tfrac{1}{2}(f, f)_6, \qquad B = (i, i)_4,$$

$$i = \tfrac{1}{2}(f, f)_4, \qquad p = (f, i)_2,$$

$$h = \tfrac{1}{2}(f, f)_2, \qquad k = (f, h)_6.$$

Was zunächst denjenigen Fall anbetrifft, welcher nach den obigen Ausführungen die Cayley-Sylvestersche Kanonisierung der Grundform vermittelt, so ergibt sich durch Auswertung der Determinante (66) für $\nu = 3$ die determinierende Gleichung

$$\lambda^4 + A\,\lambda^2 + \tfrac{1}{4}(A^2 - 6B) = 0,$$

und die durch Ränderung entspringende Determinante erhält durch Entwicklung nach Potenzen der identischen Kovariante (xy) die Gestalt

$$\Delta(x, y, \lambda) = D^3 \underset{y=x}{\Omega^0} + \tfrac{3}{2}(xy)\, D^2 \underset{y=x}{\Omega^1} + \tfrac{9}{10}(xy)^2\, D\, \underset{y=x}{\Omega^2} + \tfrac{1}{4}(xy)^3 \underset{y=x}{\Omega^3},$$

$$\underset{y=x}{\Omega^0} = -9 f \lambda^2 - \tfrac{9}{2} A f - 27 p,$$

$$\underset{y=x}{\Omega^1} = 18\,\lambda\, i,$$

$$\underset{y=x}{\Omega^2} = \tfrac{63}{5} k,$$

$$\underset{y=x}{\Omega^3} = -36\,\lambda^3 - 18\, A\,\lambda.$$

Da die gegenwärtige Annahme den zweiten Hauptfall bedingt, so dienen zur Konstruktion des Formensystems φ die Formeln

$$\Delta(x, y, \lambda^{(0)}) = \varphi^{(0)}(x)\,\varphi^{(1)}(y),$$

$$\Delta(x, y, \lambda^{(2)}) = \varphi^{(2)}(x)\,\varphi^{(3)}(y),$$

wo $\lambda^{(0)}$ und $\lambda^{(2)}$ zwei wesentlich verschiedene Wurzeln der determinierenden Gleichung bedeuten. Die quadratischen Invarianten der Formen φ besitzen die Werte:

$$(\varphi^{(0)}, \varphi^{(1)})_3 = 18\,\lambda^{(0)}(\lambda^{(0)^2} - \lambda^{(2)^2}), \qquad (\varphi^{(2)}, \varphi^{(3)})_3 = -18\,\lambda^{(2)}(\lambda^{(0)^2} - \lambda^{(2)^2}),$$

$$(\varphi^{(0)}, \varphi^{(2)})_3 = (\varphi^{(0)}, \varphi^{(3)})_3 = (\varphi^{(1)}, \varphi^{(2)})_3 = (\varphi^{(1)}, \varphi^{(3)})_3 = 0,$$

während die Ausdrücke für die simultanen Kovarianten des Formensystems φ gleichzeitig zu bemerkenswerten Darstellungen der Grundform und gewisser rationaler Kovarianten derselben Anlaß geben, wie folgt:

$$\left.\begin{array}{l} -9\,f\,\lambda^{(0)^2} - \frac{9}{2}\,A\,f + 27\,p = \varphi^{(0)}\,\varphi^{(1)}\,, \\ -9\,f\,\lambda^{(2)^2} - \frac{9}{2}\,A\,f + 27\,p = \varphi^{(2)}\,\varphi^{(3)}\,, \end{array}\right\} \quad \left(f = -\frac{\varphi^{(0)}\,\varphi^{(1)} - \varphi^{(2)}\,\varphi^{(3)}}{9\,(\lambda^{(2)^2} - \lambda^{(0)^2})}\right)$$

$$18\,i = \frac{1}{\lambda^{(0)}}\,(\varphi^{(0)}, \varphi^{(1)})_1 = \frac{1}{\lambda^{(2)}}\,(\varphi^{(2)}, \varphi^{(3)})_1\,, \qquad \tfrac{63}{5}\,k = (\varphi^{(0)}, \varphi^{(1)})_2 = (\varphi^{(2)}, \varphi^{(3)})_2\,.$$

Was die möglichen Ausartungen anbetrifft, so kommen der Reihe nach die Vorkommnisse folgender Art in Betracht:

1. $\Delta(0) = 0$, d. h. $A^2 - 6\,B = 0$.

Dem Wurzelwerte

$$\lambda^{(0)} = \lambda^{(1)} = 0$$

entspricht eine Form $\psi^{(0)}$ mit einer einmaligen Fortsetzung $\psi^{(1)}$, deren Konstruktion mittels der Formeln

$$\Delta(x, y, \lambda^{(0)}) = \psi^{(0)}(x)\,\psi^{(0)}(y)\,,$$
$$\frac{\partial\,\Delta(x, y, \lambda^{(0)})}{\partial\,\lambda^{(0)}} = \psi^{(0)}(x), \psi^{(1)}(y) - \psi^{(1)}(x)\,\psi^{(0)}(y)$$

geschieht. Es folgt daher

$$-\tfrac{9}{2}\,A\,f + 27\,p = \psi^{(0)^2}\,, \qquad \tfrac{63}{5}\,k = (\psi^{(0)}, \psi^{(0)})_2\,, \qquad 6\,i = (\psi^{(0)}, \psi^{(1)})_1\,,$$
$$-9\,A = (\psi^{(0)}, \psi^{(1)})_3\,.$$

2. $\Delta(0) = 0$, $\Delta(x, y, 0) = 0$, d. h. $A\,f - 6\,p = 0$,

und zugleich;

$$k = 0\,, \quad A^2 - 6\,B = 0\,.$$

Dem Wurzelwerte

$$\lambda^{(0)} = \lambda^{(1)} = 0$$

entspricht ein Formenbüschel $\psi^{(0)}$, $\psi^{(1)}$:

$$\frac{\partial\,\Delta(x, y, \lambda^{(0)})}{\partial\,\lambda^{(0)}} = 27\,(x\,y)\,D^2\,i - \tfrac{1}{2}\,(x\,y)^3$$
$$= -(\psi^{(0)}, \psi^{(1)})_3\,\{\psi^{(0)}(x)\,\psi^{(1)}(y) - \psi^{(1)}(x)\,\psi^{(0)}(y)\}\,,$$

während für die weiteren Formen φ die Formeln gelten:

$$\Delta(x, y, \lambda^{(2)}) = \varphi^{(2)}(x)\,\varphi^{(3)}(y)\,,$$
$$f = \varphi^{(2)}\,\varphi^{(3)}\,,$$
$$0 = (\varphi^{(2)}, \varphi^{(3)})_2\,.$$

Erteilen wir somit der kubischen Form $\varphi^{(2)}$ die Gestalt

$$\varphi^{(2)} = x_1^3 + x_2^3\,,$$

so wird

$$\varphi^{(3)} = x_1^3 - x_2^3\,,$$
$$f = x_1^6 - x_2^6 \text{ usw.}$$

3. $\frac{\partial \Delta(\lambda^{(0)})}{\partial \lambda^{(0)}} = 0$, d. h. $B = 0$.

Jedem der beiden Wurzelwerte

$$\lambda^{(0)} = \lambda^{(2)} = +\sqrt{-\frac{A}{2}}$$

und

$$\lambda^{(1)} = \lambda^{(3)} = -\sqrt{-\frac{A}{2}}$$

entspricht eine Form $\psi^{(0)}$ und $\psi^{(1)}$ mit je einer Fortsetzung $\psi^{(2)}$ resp. $\psi^{(3)}$, zu deren Konstruktion die Formeln dienen

$$\Delta(x, y, \lambda^{(0)}) = \psi^{(0)}(x)\,\psi^{(1)}(y),$$
$$\frac{\partial \Delta(x, y, \lambda^{(0)})}{\partial \lambda^{(0)}} = \psi^{(0)}(x)\,\psi^{(3)}(y) - \psi^{(2)}(x)\,\psi^{(1)}(y).$$

4. $\frac{\partial^2 \Delta(\lambda^{(0)})}{\partial \lambda^{(0)}} = 0$, $\Delta(x, y, \lambda^{(0)}) = 0$, d. h. $i = 0$,

und damit zugleich

$$p = 0, \quad k = 0, \quad B = 0.$$

Den beiden Wurzelwerten

$$\lambda^{(0)} = \lambda^{(2)} = +\sqrt{-\frac{A}{2}}$$

und

$$\lambda^{(1)} = \lambda^{(3)} = -\sqrt{-\frac{A}{2}}$$

gehört je ein Formenbüschel zu. Bezeichnen wir mit $\psi^{(0)}$, $\psi^{(2)}$ und $\psi^{(1)}$, $\psi^{(3)}$ je zwei Formen jener Büschel von der Eigenschaft

$$(\psi^{(0)}, \psi^{(1)})_3 = (\psi^{(2)}, \psi^{(3)})_3 = 0,$$

so ergibt sich zur Konstruktion dieser Formen ψ die Formel

$$\frac{\partial \Delta(x, y, \lambda^{(0)})}{\partial \lambda^{(0)}} = -18\,\lambda\,D^3 f + 9\,\Delta(x\,y)^3$$
$$= (\psi^{(1)}, \psi^{(2)})_3\,\psi^{(0)}(x)\,\psi^{(3)}(y) - (\psi^{(0)}, \psi^{(3)})_3\,\psi^{(2)}(x)\,\psi^{(1)}(y).$$

Erteilen wir der Grundform die Gestalt der bekannten durch das Verschwinden von i charakterisierten Oktaederform

$$f = x_1^5\,x_2 - x_1\,x_2^5,$$

so wird

$$\psi^{(0)} = \sqrt{-3}\,x_1^3 + 3\,x_1\,x_2^2, \qquad \psi^{(2)} = 3\,x_1^2\,x_2 + \sqrt{-3}\,x_2^3,$$
$$\psi^{(1)} = -\sqrt{-3}\,x_1^3 + 3\,x_1\,x_2^2, \qquad \psi^{(3)} = 3\,x_1^2\,x_2 - \sqrt{-3}\,x_2^3.$$

Die noch übrigen durch das gleichzeitige Verschwinden aller Wurzelwerte λ bedingten Ausnahmefälle erledigen sich ohne Schwierigkeit nach Analogie des oben genauer ausgeführten Beispiels der biquadratischen Form.

Behandeln wir ferner die Form 6-ter Ordnung vermöge der Annahme $\nu = 4$, so ergibt sich durch Berechnung der Determinante

$$\Delta(\lambda) = \begin{vmatrix} 0 & -a_0 & -3a_1 & -3a_2 & -a_3-\lambda \\ a_0 & 0 & -6a_2 & -8a_3+4\lambda & -3a_4 \\ 3a_1 & 6a_2 & -6\lambda & -6a_4 & -3a_5 \\ 3a_2 & 8a_3+4\lambda & 6a_4 & 0 & -a_6 \\ a_3-\lambda & 3a_4 & 3a_5 & a_6 & 0 \end{vmatrix}$$

die determinierende Gleichung

$$8\lambda^5 + 4A\lambda^3 + 3B\lambda = 0.$$

Ferner wird

$$\Delta(x, y, \lambda) = D^4 \underset{y=x}{\Omega^0} + 2(xy)\, D^3 \underset{y=x}{\Omega^1} + \tfrac{12}{7}(xy)^2 D^2 \underset{y=x}{\Omega^2} + \tfrac{4}{5}(xy)^3 D \underset{y=x}{\Omega^3} + \tfrac{1}{5}(xy)^4 \underset{y=x}{\Omega^4},$$

$$\underset{y=x}{\Omega^0} = -36(4h\lambda^2 + i^2),$$

$$\underset{y=x}{\Omega^1} = \quad 24\lambda(2f\lambda^2 + 3p),$$

$$\underset{y=x}{\Omega^2} = \quad 12\{2i\lambda^2 - 3(i,i)_2\},$$

$$\underset{y=x}{\Omega^3} = -\tfrac{4\cdot 7\cdot 9}{5}\lambda k,$$

$$\underset{y=x}{\Omega^4} = -12(40\lambda^4 + 12A\lambda^2 + 3B),$$

und da die gegenwärtige Annahme den dritten Hauptfall bedingt, so gelten die Formeln

$$\Delta(x, y, \lambda^{(0)}) = \varphi^{(0)}(x)\,\varphi^{(1)}(y),$$

$$\Delta(x, y, \lambda^{(2)}) = \varphi^{(2)}(x)\,\varphi^{(3)}(y),$$

$$\Delta(x, y, 0) \quad = \varphi^{(4)}(x)\,\varphi^{(4)}(y),$$

woraus die Ausdrücke für die quadratischen Invarianten und Kovarianten des Formensystems φ leicht herzuleiten sind. Die Diskussion der Ausnahmefälle führt zu keinen neuen bemerkenswerten Ausartungen der Grundform, indem die Diskriminante der determinierenden Gleichung von derjenigen des vorigen Beispiels nicht wesentlich verschieden ausfällt.

Endlich unterwerfen wir die Form 8-ter Ordnung einer kurzen Behandlung. Wir verstehen dabei unter J_2, J_3, J_4, J_5 die in Salmons Lehrbuch Nr. 260 angegebenen Invarianten resp. 2-ten, 3-ten, 4-ten, 5-ten Grades, während für die in Frage kommenden Kovarianten folgende Bezeichnungen gelten mögen:

$$
\begin{aligned}
f &= a_x^8 = b_x^8 = c_x^8 = d_x^8, \\
i &= \tfrac{1}{2}(a\,b)^4\, a_x^4\, b_x^4, \\
l &= \tfrac{1}{2}(a\,b)^6\, a_x^2\, b_x^2, \\
k &= (a\,b)^2\,(a\,c)^3\,(b\,c)^3\, a_x^3\, b_x^3\, c_x^2, \\
m &= (a\,b)^2\,(a\,c)^4\,(b\,c)^4\, a_x^2\, b_x^2, \\
q &= (a\,b)^2\,(a\,c)^2\,(a\,d)^2\,(b\,c)^2\,(b\,d)^2\,(c\,d)^2\, a_x^2\, b_x^2\, c_x^2\, d_x^2, \\
n &= (a\,b)^2\,(a\,c)^2\,(a\,d)^2\,(b\,c)^2\,(b\,d)^2\,(c\,d)^4\, a_x^2\, b_x^2.
\end{aligned}
$$

Was zunächst den Fall der Kanonisierung unserer Grundform anbetrifft, so erhalten wir durch Berechnung der Determinante (66) für $\nu = 4$ die determinierende Gleichung

$$\lambda^5 - J_2\,\lambda^3 - 2\,J_3\,\lambda^2 - 16\,J_4\,\lambda - 96\,J_5 = 0,$$

und die einfach geränderte Determinante nimmt den Wert an:

$$
\begin{aligned}
\Delta(x, y, \lambda) &= D^4 \underset{y=x}{\Omega^0} + \tfrac{7}{12}(x\,y)^2\, D^2 \underset{y=x}{\Omega^2} + \tfrac{1}{5}(x\,y)^4 \underset{y=x}{\Omega^4}, \\
\underset{y=x}{\Omega^0} &= f\,\lambda^3 + 2\,i\,\lambda^2 - 8\,k\,\lambda + 4\,q, \\
\underset{y=x}{\Omega^2} &= 2\,l\,\lambda^2 + m\,\lambda - n, \\
\underset{y=x}{\Omega^4} &= 5\,\lambda^4 - 3\,J_2\,\lambda^2 - 4\,J_3\,\lambda - 16\,J_4.
\end{aligned}
$$

Da gegenwärtig der erste Hauptfall in Betracht steht, so dient zur Konstruktion der Formen φ das Gleichungssystem

$$\Delta(x, y, \lambda^{(\mu)}) = \varphi^{(\mu)}(x)\,\varphi^{(\mu)}(y) \qquad (\mu = 0, 1, 2, 3, 4),$$

und wir schließen mithin

$$\left.\begin{aligned} \Omega^0(\lambda^{(\mu)}) &= \varphi^{(\mu)^2}, \\ \Omega^2(\lambda^{(\mu)}) &= (\varphi^{(\mu)}, \varphi^{(\mu)})_2 \end{aligned}\right\} \qquad (\mu = 0, 1, 2, 3, 4),$$

wo $\lambda^{(0)}, \lambda^{(1)}, \lambda^{(2)}, \lambda^{(0)}, \lambda^{(4)}$ die fünf im allgemeinen untereinander verschiedenen Wurzeln der determinierenden Gleichung bedeuten. Von den quadratischen Invarianten der Formen φ bleiben allein ihre vierten Überschiebungen über sich selbst endlich, indem dieselben dem Differenzenprodukte der betreffenden Wurzelwerte λ proportional ausfallen.

Unter den möglichen Ausartungen des Formensystems φ heben wir nur das folgende Vorkommnis hervor, welches durch die Kriterien

$$\frac{\partial \Delta(\lambda^{(0)})}{\partial \lambda^{(0)}} = 0, \quad \Delta(x, y, \lambda^{(0)}) = 0,$$

$$\frac{\partial \Delta(\lambda^{(2)})}{\partial \lambda^{(2)}} = 0, \quad \frac{\partial^2 \Delta(\lambda^{(2)})}{\partial \lambda^{(2)^2}} = 0, \quad \Delta(x, y, \lambda^{(2)}) = 0, \quad \Delta\begin{pmatrix} x, & y, & \\ x^{(1)}, & y^{(1)}, & \lambda^{(2)} \end{pmatrix} = 0$$

bedingt ist. Nach den allgemeinen Ausführungen des vierten Paragraphen gehört im gegenwärtigen Falle der Doppelwurzel $\lambda^{(0)}$ ein biquadratisches Formenbüschel, dagegen der dreifachen Wurzel $\lambda^{(2)}$ ein Formenbündel im bekannten Sinne zu. Bezeichnen wir nun diejenigen beiden Formen jenes Büschels, deren vierte Überschiebungen über sich selbst verschwinden, mit $\psi^{(0)}$ und $\psi^{(1)}$, so zeigen die Identitäten

$$\Delta(x, y, \lambda^{(0)}) = 0,$$

$$\frac{\partial \Delta(x, y, \lambda^{(0)})}{\partial \lambda^{(0)}} = -(\psi^{(0)}, \psi^{(1)})_4 \{\psi^{(0)}(x)\, \psi^{(1)}(y) - \psi^{(0)}(y)\, \psi^{(1)}(x)\},$$

$$\Delta(x, y, \lambda^{(2)}) = 0, \qquad \frac{\partial \Delta(x, y, \lambda^{(2)})}{\partial \lambda^{(2)}} = 0,$$

daß die Grundform f und ihre Kovarianten i, k, q im wesentlichen mit dem Produkte jener beiden biquadratischen Formen $\psi^{(-1)}$ und $\psi^{(1)}$ übereinstimmen, dagegen die Kovarianten l, m, n sowie die zweite Überschiebung der beiden Formen $\psi^{(0)}$, $\psi^{(1)}$ übereinander identisch verschwinden. Wie die Diskussion der biquadratischen Form auf S. 92 lehrt, haben wir nur eine der beiden Formen $\psi^{(0)}$ und $\psi^{(1)}$ gleich der Hesseschen Kovariante der andern einzusetzen, um ein Formensystem der verlangten Art zu erhalten. Erteilen wir daher etwa der Form $\psi^{(0)}$ die Gestalt der bekannten durch das Verschwinden der quadratischen Invariante ausgezeichneten Tetraederform

$$\psi^{(0)} = x_1^4 + 2\sqrt{-3}\, x_1^2 x_2^2 + x_2^4,$$

so wird

$$\psi^{(1)} = (\psi^{(0)}, \psi^{(0)})_2 = x_1^4 - 2\sqrt{-3}\, x_1^2 x_2^2 + x_2^4,$$

während die Grundform f dem Produkte beider Formen

$$\psi^{(0)}\, \psi^{(1)} = x_1^8 + 14\, x_1^4 x_2^4 + x_2^8$$

proportional ausfällt und damit gleichzeitig ihre Übereinstimmung mit der bekannten Primform der Oktaedergruppe erkennen läßt.

Behandeln wir schließlich noch die Form 8-ter Ordnung vermöge der Annahme $\nu = 5$, so ergibt sich durch Berechnung der Determinante

$$\Delta(\lambda) = \begin{vmatrix} 0 & a_0 & 4a_1 & 6a_2 & 4a_3 & a_4-\lambda \\ -a_0 & 0 & 10a_2 & 20a_3 & 15a_4+5\lambda & 4a_5 \\ -4a_1 & -10a_2 & 0 & 20a_4-10\lambda & 20a_5 & 6a_6 \\ -6a_2 & -20a_3 & -20a_4+10\lambda & 0 & 10a_6 & 4a_7 \\ -4a_3 & -15a_4-5\lambda & -20a_5 & -10a_6 & 0 & a_8 \\ -a_4+\lambda & -4a_5 & -6a_6 & -4a_7 & -a_8 & 0 \end{vmatrix}$$

die determinierende Gleichung

$$(5\lambda^3 - J_2\lambda + 2J_3)^2 = 0.$$

Da ferner die gegenwärtige Annahme den vierten Hauptfall bedingt, so lehrt die Anwendung unserer allgemeinen Ausführungen, daß einer jeden von den drei Doppelwurzeln

$$\lambda^{(0)} = \lambda^{(1)}, \qquad \lambda^{(2)} = \lambda^{(3)}, \qquad \lambda^{(4)} = \lambda^{(5)}$$

ein Formenbüschel zugehört, zu dessen Konstruktion die folgenden Formeln verhelfen:

$$\Delta\begin{pmatrix} x, & y, & \lambda^{(\mu)} \\ x^{(1)}, & y^{(1)}, & \end{pmatrix} = \{\varphi^{(\mu)}(x)\,\varphi^{(\mu+1)}(x^{(1)}) - \varphi^{(\mu+1)}(x)\,\varphi^{(\mu)}(x^{(1)})\}$$
$$\times\{\varphi^{(\mu)}(y)\,\varphi^{(\mu+1)}(y^{(1)}) - \varphi^{(\mu+1)}(y)\,\varphi^{(\mu)}(y^{(1)})\},$$

$$\varphi^{(\mu)}(x)\,\varphi^{(\mu+1)}(y) - \varphi^{(\mu+1)}(x)\,\varphi^{(\mu)}(y) = (xy)\,D^4\underset{y=x}{\Omega^1} + \tfrac{25}{7}(xy)^3 D^2\underset{y=x}{\Omega^3} + \tfrac{1}{8}(xy)^5\underset{y=x}{\Omega^5}$$

$$\left.\begin{aligned} \underset{y=x}{\Omega^1} &= 10(f\lambda^{(\mu)} - 2i) \\ \underset{y=x}{\Omega^3} &= -8l \\ \underset{y=x}{\Omega^5} &= 10(15\lambda^{(\mu)2} - J_2) \end{aligned}\right\} \qquad (\mu = 0, 2, 4).$$

Die endlich bleibenden quadratischen Invarianten und die in Betracht kommenden Kovarianten des Formensystems φ nehmen bezüglich die Werte an:

$$(\varphi^{(0)}, \varphi^{(1)})_5 = 50(\lambda^{(0)} - \lambda^{(2)})(\lambda^{(0)} - \lambda^{(4)}),$$
$$(\varphi^{(2)}, \varphi^{(3)})_5 = 50(\lambda^{(2)} - \lambda^{(0)})(\lambda^{(2)} - \lambda^{(4)}),$$
$$(\varphi^{(4)}, \varphi^{(5)})_5 = 50(\lambda^{(4)} - \lambda^{(0)})(\lambda^{(4)} - \lambda^{(2)}),$$
$$(\varphi^{(0)}, \varphi^{(1)})_3 = (\varphi^{(2)}, \varphi^{(3)})_3 = (\varphi^{(4)}, \varphi^{(5)})_3 = -8l,$$

$$\frac{(\varphi^{(0)}, \varphi^{(1)})_1 - (\varphi^{(2)}, \varphi^{(3)})_1}{\lambda^{(0)} - \lambda^{(2)}} = \frac{(\varphi^{(0)}, \varphi^{(1)})_1 - (\varphi^{(4)}, \varphi^{(5)})_1}{\lambda^{(0)} - \lambda^{(4)}}$$
$$= \frac{(\varphi^{(2)}, \varphi^{(3)})_1 - (\varphi^{(4)}, \varphi^{(5)})_1}{\lambda^{(2)} - \lambda^{(4)}} = 10f,$$

$$\frac{\lambda^{(2)}(\varphi^{(0)}\,\varphi^{(1)})_1 - \lambda^{(0)}(\varphi^{(2)}, \varphi^{(3)})_1}{\lambda^{(0)} - \lambda^{(2)}} = \frac{\lambda^{(4)}(\varphi^{(0)}, \varphi^{(1)})_1 - \lambda^{(0)}(\varphi^{(4)}, \varphi^{(5)})_1}{\lambda^{(0)} - \lambda^{(4)}}$$
$$= \frac{\lambda^{(4)}(\varphi^{(2)}, \varphi^{(3)})_1 - \lambda^{(2)}(\varphi^{(4)}, \varphi^{(5)})_1}{\lambda^{(2)} - \lambda^{(4)}} = 20i.$$

Von den möglichen Vorkommnissen besonderer Art betrachten wir nur den Ausnahmefall

$$\frac{\partial^2\Delta(\lambda^{(0)})}{\partial\lambda^{(0)2}} = 0, \quad \Delta\begin{pmatrix} x, & y, & \lambda^{(0)} \\ x^{(1)}, & y^{(1)}, & \end{pmatrix} = 0, \quad \text{d. h.} \quad 3J_3 f - 2J_2 i = 0, \quad l = 0.$$

Es entspricht hier dem vierfachen Wurzelwerte

$$\lambda^{(0)} = \lambda^{(1)} = \lambda^{(2)} = \lambda^{(3)} = \frac{3\,J_3}{J_2}$$

eine dreifach unendliche lineare Formenmannigfaltigkeit, während der Doppelwurzel $\lambda^{(4)} = \lambda^{(5)}$ ein Formenbüschel zugehört, dessen Kombinanten sich wie folgt, ausdrücken:

$$(\psi^{(4)}, \psi^{(5)})_5 = 30\,J_2\,,$$

$$(\psi^{(3)}, \psi^{(5)})_3 = 0\,,$$

$$(\psi^{(4)}, \psi^{(5)})_1 = -\,90\,\frac{J_3}{J_2}\,f = -\,60\,i\,.$$

Um diesen Angaben entsprechend ein Formenbüschel ψ zu konstruieren, legen wir zunächst als Ausgangsform $\psi^{(4)}$ eine solche Form des Büschels zugrunde, welche die Eigenschaft besitzt durch geeignete lineare Transformation die Jerrardsche Gestalt

$$\psi^{(4)} = x_1^5 - 5\,x_1\,x_2^4 + \alpha_5\,x_2^5$$

anzunehmen. Es gilt ferner der Satz:

Soll für eine Form 5-ter Ordnung eine andere Form derselben Ordnung existieren, deren dritte Überschiebung über die vorgelegte Form identisch verschwindet, so besteht die notwendige und hinreichende Bedingung dafür in dem Verschwinden ihrer Invariante 4-ten Grades.

Da diese Invariante für unsere Form $\psi^{(4)}$ den Wert α_5^2 erhält, so vereinfacht sich zufolge unserer Bedingung der obige Ausdruck wie folgt:

$$\psi^{(4)} = x_1^5 - 5\,x_1\,x_2^4\,,$$

während eine leichte Rechnung für die zugehörige Form den Wert

$$\psi^{(5)} = -\,5\,x_1^4\,x_2 + x_2^5$$

liefert. Bilden wir nun die Jakobische Kovariante des gefundenen Formenbüschels $\psi^{(4)}$, $\psi^{(5)}$, so ergibt sich wiederum die bekannte Hexaederform 8-ter Ordnung, und zwar in derselben kanonischen Gestalt wie oben. Gleichzeitig lehrt unsere Betrachtung, daß, von trivialen Fällen abgesehen, jene Hexaederform die einzige Form ist, welche die Eigenschaft besitzt, sich nach ihrer vierten Überschiebung über sich selbst zu reproduzieren[1].

---

[1] BRIOSCHI behandelt in den Comptes rendus Bd. 96 S. 1689 eine Form 8-ter Ordnung mit der erwähnten Eigenschaft, ohne, wie es scheint, zu bemerken, daß dieselbe nur ein anderer kanonischer Ausdruck für jene Hexaederform ist. Erteilen wir nämlich der durch das Verschwinden der quadratischen Invariante ausgezeichneten biquadratischen Form $\psi^{(0)}$ auf S. 98 die Gestalt

$$\psi^{(0)} = x_1^3\,x_2 - x_2^4\,,$$

Damit beschließen wir die Reihe der leicht zu vermehrenden Beispiele und speziellen Folgerungen unserer allgemeinen Prinzipien.

Nach den einleitenden Betrachtungen am Anfange der gegenwärtigen Abhandlung entsprang das vorstehend untersuchte Problem einer weit umfassenderen Idee. Unser Fall $\varkappa = 1$ ergab sich aus der letzteren durch naturmäße Spezialisierung, hatte jedoch vorweg die Ausschließung der Formen ungerader Ordnung zur Folge. Schon dieser Umstand weist auf die Notwendigkeit der Untersuchung des weiteren Spezialfalles $\varkappa = 2$ hin, welcher für die binären Formen ungerader Ordnung eine nicht weniger wichtige Rolle spielen wird wie der oben behandelte Fall $\varkappa = 1$ für die Formen gerader Ordnung.

Ostseebad Rauschen, den 15. September 1886.

---

so wird

$$\psi^{(1)} = (\psi^{(0)}, \psi^{(0)})_2 = x_1^4 + 8\, x_1\, x_2^3\,,$$

während das Produkt beider Formen den Wert

$$\psi^{(0)}\, \psi^{(1)} = x_1^7\, x_2 + 7\, x_1^4\, x_2^4 - 8\, x_1\, x_2^7$$

annimmt, welcher mit dem Brioschischen Ausdrucke wesentlich übereinstimmt.

4. Über eine Darstellungsweise der invarianten Gebilde im binären Formengebiete[1].

[Mathem. Annalen Bd. 30, S. 15—29 (1887).]

In der gegenwärtigen Mitteilung wird ein eigentümliches Verfahren zur Darstellung von Invarianten und Kovarianten eines binären Formensystems allgemein begründet und dann für die invariantentheoretische Untersuchung gewisser binärer Formen von speziellem Charakter verwertet.

Der Übersichtlichkeit halber legen wir zunächst nur *eine* binäre Form der n-ten Ordnung, und zwar in der nicht homogenen Schreibart

$$f = a_0 x^n + \binom{n}{1} a_1 x^{n-1} + \cdots + a_n \tag{1}$$

zugrunde; es mögen dann für die einseitigen Differentialquotienten derselben nach der nicht homogenen Variablen x die später stets wiederkehrenden Bezeichnungen gelten:

$$\left.\begin{aligned} f_0 &= f\,, \\ f_1 &= \frac{(n-1)!}{n!}\frac{df}{dx}\,, \\ &\cdots\cdots \\ f_n &= \frac{1}{n!}\frac{d^n f}{dx^n}\,. \end{aligned}\right\} \tag{2}$$

Nach diesen charakteristischen Festsetzungen untersuchen wir, unter welchen Bedingungen eine Funktion jener einseitigen Derivierten $f_0, f_1, \ldots, f_n$ eine Invariante oder Kovariante der Grundform darstellt. Die zur Verwendung gelangende linear gebrochene Transformation der nicht homogenen Variablen sei

$$x = \frac{\alpha x' + \beta}{\gamma x' + \delta}\,,$$

[1] Die vorliegende Arbeit ist zum Teil eine verkürzte Wiedergabe derjenigen Gesichtspunkte, welche der Verfasser in seiner Inauguraldissertation: Über die invarianten Eigenschaften spezieller binärer Formen, insbesondere der Kugelfunktionen. Königsberg i. Pr. 1885, dieser Band Abh. 1, entwickelt hat. Doch waren insonderheit die Ergebnisse des zweiten Teiles der zitierten Dissertation bemerkenswerter Vervollständigungen und erweiternder Zusätze fähig.

worin der einfacheren Rechnung halber die Konstanten α und δ nur unendlich wenig von der Einheit, β und γ nur unendlich wenig von Null abweichen mögen. Die für die transformierte Form f' gebildeten einseitigen Differentialquotienten nehmen dann allgemein die Gestalt an[1]:

$$f'_i = (\alpha\,\delta)^i\,(\gamma\,x' + \delta)^{n-2i}\,(f_i + i\,\gamma\,f_{i-1}),$$

und es bedarf nur einiger einfacher Überlegungen, um zu dem folgenden Theorem zu gelangen:

Jede homogene und isobare Funktion F der einseitigen Differentialquotienten $f_0, f_1, \ldots, f_n$ vom Grade g und dem Gewichte p ist eine Invariante oder Kovariante der Form f von der Ordnung $m = n\,g - 2\,p$, sobald sie der Differentialgleichung

$$f_0 \frac{\partial F}{\partial f_1} + 2\,f_1 \frac{\partial F}{\partial f_2} + 3\,f_2 \frac{\partial F}{\partial f_3} + \cdots = 0$$

genügt.

Um eine derart vorgelegte Kovariante F in gewöhnlicher Weise als Funktion der Koeffizienten der Form und der Variablen auszudrücken, setzen wir

$$F = A_0\,x^m + \binom{m}{1} A_1\,x^{m-1} + \cdots + A_m.$$

Die k-malige Differentiation dieser Identität nach x liefert unter Berücksichtigung der Relation

$$\frac{d\,f_i}{d\,x} = (n - i)\,f_{i+1}$$

und mit Benutzung des abkürzenden Operationssymbols

$$\Delta = n\,f_1 \frac{\partial}{\partial f_0} + (n-1)\,f_2 \frac{\partial}{\partial f_1} + (n-2)\,f_3 \frac{\partial}{\partial f_2} + \cdots$$

das Ergebnis

$$\Delta^k F = \frac{m!}{(m-k)!} A_0\,x^{m-k} + \cdots + \frac{m!}{(m-k)!} A_{m-k},$$

oder für $x = 0$ und nach Vertauschung der Koeffizienten $a_0, a_1, \ldots, a_n$ bezüglich mit $a_n, a_{n-1}, \ldots, a_0$:

$$A_k = \pm \frac{(m-k)!}{m!} [\Delta^k F]_{f_i = a_i}.$$

Im speziellen Falle $k = 0$ erhalten wir den ersten Koeffizienten, d. h. die Quelle der Kovariante F als Funktion der Koeffizienten von f. Umgekehrt folgt daher der Satz:

Für eine vorgelegte Invariante resp. Kovariante der Grundform ergibt sich, abgesehen vom Vorzeichen, die Darstellung als Funktion der einseitigen Derivierten, wenn in der Invariante resp. Kovariantenquelle die Formenkoeffizienten

[1] Die genaue Formel findet sich in der zitierten Dissertation, S. 2.

$a_0, a_1, \ldots, a_n$ *durch die entsprechenden Differentialquotienten* $f_0, f_1, \ldots, f_n$ *ersetzt werden*[1].

Gleichzeitig finden wir die bekannte Ableitung der Koeffizienten einer Kovariante aus ihrer Quelle wieder. Auch die Berechtigung der lediglich mit Quellen rechnenden Methode von ROBERTS sowie die gewöhnlichen Cayleyschen Differentialgleichungen der Invarianten und Kovarianten als Funktion der Koeffizienten und Variablen[2] sind unmittelbare Folgen unserer Überlegungen.

Die bisher verwendeten Schlüsse führen für den Fall eines gegebenen Systems von mehreren Grundformen $f, \varphi, \ldots$ zu folgender leicht erweisbaren Verallgemeinerung:

Jede isobare Funktion F der einseitigen Derivierten $f_0, f_1, \ldots, f_n, \varphi_0, \varphi_1, \ldots, \varphi_\nu, \ldots$, *vom Gewichte p, welche überdies in den Derivierten jeder einzelnen Form homogen beziehungsweise von den Graden* $g, \gamma, \ldots$ *sein möge, ist eine simultane Invariante oder Kovariante des Formensystems* $f, \varphi, \ldots$ *von der Ordnung* $m = ng + \nu\gamma + \cdots - 2p$, *sobald sie der Differentialgleichung*

$$f_0 \frac{\partial F}{\partial f_1} + 2 f_1 \frac{\partial F}{\partial f_2} + 3 f_2 \frac{\partial F}{\partial f_3} + \cdots + \varphi_0 \frac{\partial F}{\partial \varphi_1} + 2 \varphi_1 \frac{\partial F}{\partial \varphi_2} + 3 \varphi_2 \frac{\partial F}{\partial \varphi_3} + \cdots = 0$$

genügt. Die Beziehung zur Invariante oder Kovariantenquelle in gewöhnlicher Darstellung wird durch die gleichzeitige Vertauschung der Differentialquotienten $f_0, f_1, \ldots, f_n, \varphi_0, \varphi_1, \ldots, \varphi_\nu, \ldots$ *mit den entsprechenden Formenkoeffizienten* $a_0, a_1, \ldots, a_n, \alpha_0, \alpha_1, \ldots, \alpha_\nu, \ldots$ *vermittelt*[3].

Die gewonnene Darstellungsweise der invarianten Gebilde bedingt keine wesentliche Unterscheidung zwischen Invarianten und Kovarianten, und da sie überdies von der Ordnung der Grundformen unabhängig erscheint, dürfte sie dazu geeignet sein, in naturgemäßer Weise auch die gebrochenen und irrationalen algebraischen Gebilde der invariantentheoretischen Behandlung zu-

---

[1] Die Möglichkeit dieser Darstellungsweise der invarianten Gebilde scheint bisher wenig beachtet oder verwertet zu sein, vgl. jedoch FAÀ DI BRUNO: Theorie der binären Formen, deutsch bearbeitet von TH. WALTER, 1881, § 14, 11. — Neuerdings veröffentlicht BRIOSCHI in diesen Annalen Bd. 29 S. 327 einen Satz, welcher aus dem obigen, bereits in der zitierten Dissertation aufgestellten Theorem unmittelbar folgt, wenn man darin an Stelle der willkürlichen Variablen x den Wert irgendeiner Wurzel der Gleichung $f = 0$ einführt. Wie BRIOSCHI an Beispielen zeigt, findet dieser Satz eine nützliche Verwendung zur algebraischen Transformation jener Gleichung $f = 0$. — Übrigens gilt ein analoges Theorem auch für ternäre, quaternäre usw. Grundformen, deren Invarianten und Kovarianten als Funktion der Differentialquotienten nach zwei, drei, usw. Variablen darstellbar sind.

[2] Vgl. SALMON: Algebra der linearen Transformationen. 1877, Art. 143—147.

[3] In diesem Theorem ist zugleich als spezieller Fall das Lemma enthalten, welches kürzlich S. GUNDELFINGER in der Abhandlung „Zur Theorie der binären Formen" Crelles J. Bd. 100 S. 413 mitteilt.

gänglich zu machen. Berücksichtigen wir ferner, daß nach Anwendung des obigen Verfahrens jede Invariante und Kovariante des Formensystems uns als ein Differentialausdruck vorliegt, so führt eine Relation zwischen jenen Gebilden zu einer Differentialgleichung, deren Studium für gewisse Fragen der Formentheorie von Vorteil sein kann[1]. Endlich sei noch bemerkt, daß die Anwendung unserer Darstellungsweise in vielen Fällen die wirkliche Auswertung von Invarianten und Kovarianten für spezielle vorgelegte Grundformen wesentlich erleichtert und vereinfacht.

Nach den vorangegangenen allgemeinen Darlegungen kehren wir wieder zu einer Grundform zurück und beschäftigen uns eingehender mit den gegenseitigen Beziehungen und sich ergänzenden Eigenschaften der beiden bereits im Bisherigen aufgetretenen Differentiationssymbole:

$$D = f_0 \frac{\partial}{\partial f_1} + 2 f_1 \frac{\partial}{\partial f_2} + 3 f_2 \frac{\partial}{\partial f_3} + \cdots,$$

$$\Delta = n f_1 \frac{\partial}{\partial f_0} + (n-1) f_2 \frac{\partial}{\partial f_1} + (n-2) f_3 \frac{\partial}{\partial f_2} + \cdots.$$

Denken wir uns dieselben angewendet auf eine beliebige homogene und isobare Funktion F der Differentialquotienten $f_0, f_1, \ldots, f_n$ vom Grade g und dem Gewichte p, so gilt zunächst betreffs der Vertauschung ihrer Reihenfolge die fundamentale Formel:

$$[D\Delta - \Delta D] F = m F, \qquad m = ng - 2p. \tag{3}$$

Der Beweis derselben gelingt am einfachsten, wenn wir von ihrer Richtigkeit für die spezielle Annahme $F = f_i$ ausgehen und dann zeigen, daß die Formel für die Summe sowie für das Produkt zweier Funktionen F und F' immer dann gilt, sobald ihre Gültigkeit für jeden der beiden Summanden, beziehungsweise Faktoren F und F' feststeht.

Durch wiederholte Anwendung des Symbols D auf Formel (3) bei gleichzeitiger Benutzung derselben für die Funktionen DF, $D^2F, \ldots$ ergibt sich die allgemeinere Relation

$$D^k \Delta - \Delta D^k = k(m + k - 1) D^{k-1}$$

und in analoger Weise

$$D \Delta^l - \Delta^l D = l(m - l + 1) \Delta^{l-1}.$$

Beide Formeln erscheinen als Spezialfälle der folgenden Relationen von allgemeinstem Charakter, deren Richtigkeit durch den Schluß von k, l auf $k+1$, $l+1$ bestätigt wird:

---

[1] Auf dem erwähnten Umstande beruht die Beweismethode in der zitierten Abhandlung von S. GUNDELFINGER. — Vgl. ferner die Note des Verfassers: Über die notwendigen und hinreichenden kovarianten Bedingungen für die Darstellbarkeit einer binären Form als vollständige Potenz. Math. Ann. Bd. 27 S. 158. Siehe diesen Band Abh. 2.

$$\left.\begin{aligned} D^k \Delta^l &= \Delta^l D^k + \binom{m+k-l}{1} l\,k\,\Delta^{l-1} D^{k-1} \\ &\quad + \binom{m+k-l}{2} l(l-1)\,k(k-1)\,\Delta^{l-2} D^{k-2} + \cdots, \\ \Delta^l D^k &= D^k \Delta^l + \binom{l-k-m}{1} l\,k\,D^{k-1} \Delta^{l-1} \\ &\quad + \binom{l-k-m}{2} l(l-1)\,k(k-1)\,D^{k-2} \Delta^{l-2} + \cdots. \end{aligned}\right\} \tag{4}$$

Legen wir endlich mehrere Formen $f, \varphi, \ldots$ zugrunde und betrachten simultane Funktionen der Derivierten $f_0, f_1, \ldots, f_n, \varphi_0, \varphi_1, \ldots, \varphi_\nu$, so werden wir nunmehr unter D und Δ die Summe aller auf $f, \varphi, \ldots$ einzeln bezogenen Differentiationssymbole zu verstehen haben, also

$$D = D_f + D_\varphi + \cdots,$$
$$\Delta = \Delta_f + \Delta_\varphi + \cdots,$$

und es ist leicht erkennbar, daß bei diesen Festsetzungen sämtliche obigen Formeln auch für simultane Gebilde gültig bleiben, sobald wir nur der Zahl m überall die modifizierte Bedeutung

$$m = n g + \nu \gamma + \cdots - 2p$$

erteilen.

Für die folgenden allgemeinen Betrachtungen setzen wir ferner des kürzeren Ausdruckes halber fest, daß eine homogene und isobare Funktion F der Derivierten $f_0, f_1, \ldots, f_n, \varphi_0, \varphi_1, \ldots, \varphi_\nu, \ldots$ *vom Range r* heißen möge, wenn in der Reihe

$$DF,\ D^2F, \ldots$$

$D^{r+1}F$ die erste Bildung ist, welche identisch verschwindet. Wie sich mittels der Formeln (4) zeigt, ist dann in der Reihe

$$\Delta F,\ \Delta^2 F, \ldots$$

$\Delta^{m+r+1}F$ die erste identisch verschwindende Bildung, d. h. *die Funktion F vom Range r besitzt die Ordnung $m+r$ in bezug auf die Variable x.* Mit Benutzung der Formeln (4) erhalten wir aus einer vorgelegten Funktion F r-ten Ranges der Reihe nach folgendes System von Funktionen nullten Ranges, d. h. von Kovarianten:

$$\begin{aligned} F^{(r)} &= D^r F, \\ F^{(r-1)} &= D^{r-1} F - \frac{(m+r)!}{(m+2r)!\,r!} D^{r-1} \Delta^r F^{(r)}, \\ &\ldots\ldots\ldots\ldots\ldots\ldots\ldots\ldots \\ F^{(0)} &= F - \frac{(m+r)!}{(m+2r)!\,r!} \Delta^r F^{(r)} - \cdots - \frac{1}{m+2} \Delta F^{(1)}, \end{aligned}$$

oder nach sukzessiver Einsetzung der Werte von $F^{(r)}, F^{(r-1)}, \ldots$ auf der rechten Seite:

$$\begin{aligned}
F^{(r)} &= D^r F,\\
F^{(r-1)} &= \left[D^{r-1} - \frac{1}{m+2r}\,\Delta D^r\right] F,\\
&\cdots\cdots\cdots\cdots\cdots\cdots\cdots\\
F^{(0)} &= \left[1 - \frac{1}{m+2}\,\Delta D + \frac{1}{2(m+2)(m+3)}\,\Delta^2 D^2 - + \cdots\right] F.
\end{aligned}$$

Die Einführung der abkürzenden Bezeichnung

$$[F] = \left[1 - \frac{1}{1\,(m+2)}\,\Delta D + \frac{1}{1\cdot 2\,(m+2)(m+3)}\,\Delta^2 D^2 - + \cdots\right] F$$

gestattet, das obige System von Kovarianten in der einfachen Gestalt zu schreiben:

$$\left.\begin{aligned}
F^{(0)} &= [F],\\
F^{(1)} &= [DF],\\
&\cdots\cdots\\
F^{(r)} &= [D^r F],
\end{aligned}\right|\qquad (5)$$

während die letzte Gleichung des vorangegangenen Gleichungssystems die Identität

$$F = c^{(0)} F^{(0)} + c^{(1)} \Delta^1 F^{(1)} + \cdots + c^{(r)} \Delta^r F^{(r)},$$
$$c^{(k)} = \frac{(m+k)!}{(m+2k)!\,k!}$$

liefert, d. h.: *Jede Funktion F r-ten Ranges ist auf eine eindeutig bestimmte Weise als Summe von $(r+1)$ Ausdrücken darstellbar, welche durch bloße Vorsetzung des Symbols Δ aus Kovarianten entspringen. Die Kovarianten $F^{(0)}$, $F^{(1)}, \ldots, F^{(r)}$, sind gleichsam als die Erzeugenden der Funktion F zu betrachten.*

Was übrigens die neu eingeführte Operation betrifft, so ergibt beispielsweise die Rechnung:

$$[f_0\,\varphi_\nu] = \frac{n!\,(n+\nu+1)!}{(n-p)!\,(n+\nu+p+1)!}\left\{f_0\,\varphi_\nu - \binom{p}{1} f_1\,\varphi_{\nu-1} + - \cdots + (-1)^p f_\nu\,\varphi_0\right\}.$$

Das in Rede stehende Kovariantensymbol [ ] erscheint hiernach im Lichte einer Verallgemeinerung des bekannten Überschiebungsprozesses.

Die bisherigen allgemeinen Entwickelungen können unter anderem zu einem strengen Beweise eines bekannten Satzes über die Anzahl invarianter Bildungen dienen. Da nämlich nach den Formeln (5) einer jeden Funktion F von bestimmten Graden $g, \gamma, \ldots$ und dem Gewichte p ein System von Kovarianten $F^{(0)}, F^{(1)}, \ldots, F^{(r)}$, mit gleichen oder kleineren Gewichten eindeutig zugeordnet ist und umgekehrt jedes solche Kovariantensystem zu einer bestimmten Funktion F führt, so müssen notwendig die Anzahl jener Funktionen F und die Anzahl der Kovarianten von den Graden $g, \gamma, \ldots$ und von einem p nicht überschreitenden Gewichte untereinander übereinstimmen. Bezeichnen wir diese Anzahl mit Z_p, so ist offenbar die Anzahl der linear unabhängigen Kovarianten von den betreffenden Graden $g, \gamma, \ldots$ und dem Gewichte p gleich der Differenz der Zahlen Z_p und Z_{p-1}, womit der in Aussicht gestellte Beweis für den Fundamentalsatz[1] des Cayley-Sylvesterschen Abzählungskalküls in voller Strenge erbracht ist.

Eine weitere Anwendung gestatten unsere Entwicklungen, wenn es sich um die Konstruktion einer Funktion G handelt, welche nach Vorsetzung des Symbols D, beziehungsweise $\varDelta$ ein vorgeschriebenes Resultat F ergeben soll. Lösen wir nämlich die vorgelegte Funktion F nach Formel (5) in ihre Erzeugenden $F^{(0)}, F^{(1)}, \ldots, F^{(r)}$ auf, so ergibt sich, daß eine Funktion G der verlangten Art im ersteren Falle für ein positives m immer, für $m \leqq 0$ dagegen nur unter der Bedingung

$$[D^{-m} F] = 0$$

existiert, während anderseits im zweiten Falle durchweg die Bedingung

$$[F] = 0$$

erforderlich wird. Sind diese Voraussetzungen erfüllt, so erhält die gesuchte Funktion G den Wert

$$G = \frac{1}{1 \cdot m} c^{(0)} \varDelta F^{(0)} + \frac{1}{2(m-1)} c^{(1)} \varDelta^2 F^{(1)} + \cdots + \frac{1}{(r+1)(m-r)} c^{(r)} \varDelta^{r+1} F^{(r)},$$

beziehungsweise

$$G = c^{(1)} F^{(1)} + c^{(2)} \varDelta^1 F^{(2)} + \cdots + c^{(r)} \varDelta^{r-1} F^{(r)},$$

wo rechter Hand natürlich noch beliebige Funktionen H mit der Eigenschaft

$$DH = 0, \quad \text{bzw.} \quad \varDelta H = 0$$

hinzugefügt werden dürfen.

Das obige allgemeine Theorem und die daran anschließenden Betrachtungen werden sich insbesondere von Nutzen erweisen, sobald es sich um die Ermittelung invarianter Eigenschaften und Kriterien für solche besondere binäre Formen handelt, deren Natur durch gegebene algebraische Differentialgleichungen gekennzeichnet ist. Formen oder Formensysteme mit speziellen oder beschränkt willkürlichen Koeffizienten haben bisher nur ausnahmsweise vom Standpunkte invariantentheoretischer Anschauungen aus Erörterung gefunden. Nehmen wir die Untersuchungen aus, in welchen F. Klein[2] auf Grund

[1] Vgl. Sylvester: Sur les actions mutuelles des formes invariantives dérivées. Crelles J. Bd. 85 S. 89.

[2] Über binäre Formen mit linearen Transformationen in sich selbst. Math. Ann. Bd. 9 S. 183. — Vgl. andererseits Gordan: Über Formen mit verschwindenden Kovarianten. Math. Ann. Bd. 12 S. 147.

einer funktionentheoretisch-geometrischen Betrachtungsweise für die in sich selbst linear transformierbaren Formen die notwendigen und hinreichenden invarianten Kriterien ableitet, so war man im übrigen zur Auffindung invarianter Relationen auf die umständliche direkte Ausrechnung aller in Frage kommenden Invarianten und Kovarianten angewiesen[1]. Im folgenden soll nun an dem Beispiele der hypergeometrischen Reihe gezeigt werden, in welcher Weise durch unsere früheren Entwicklungen eine allgemeine und direkte Herleitung invarianter Kriterien aus der vorgelegten algebraischen Differentialgleichung möglich wird.

Die hypergeometrische Reihe $F(\alpha, \beta, \gamma, x)$ ist offenbar dann und nur dann eine ganze rationale Funktion der Variablen x, wenn wir einen der beiden im Zähler jedes Gliedes auftretenden Parameter gleich einer negativen ganzen Zahl, etwa $\alpha = -n$ annehmen. Unter dieser Voraussetzung erhält durch Vorzeichenänderung und reziproke Transformation der Variablen jene hypergeometrische Reihe die Gestalt der folgenden binären Form n-ter Ordnung in nicht homogener Schreibart:

$$f = x^n + \binom{n}{1}\frac{\beta}{\gamma}x^{n-1} + \cdots + \frac{\beta(\beta+1)\ldots(\beta+n-1)}{\gamma(\gamma+1)\ldots(\gamma+n-1)}, \tag{6}$$

und die Vergleichung mit der allgemeinen Schreibweise (1) zeigt, daß die spezielle Natur der in Rede stehenden Form durch die einfache Formel

$$a_i = \frac{\beta(\beta+1)\ldots(\beta+i-1)}{\gamma(\gamma+1)\ldots(\gamma+i-1)}$$

charakterisiert ist.

Vollziehen wir nun in der Differentialgleichung der hypergeometrischen Reihe

$$x(1-x)\frac{d^2F}{dx^2} + \{\gamma - (\alpha+\beta+1)x\}\frac{dF}{dx} - \alpha\beta F = 0$$

den Übergang zu der Grundform f, so ergibt sich bei gleichzeitiger Einführung der kubischen und der linearen homogen geschriebenen Form

$$\varphi = \alpha_0 x_1^3 + 3\alpha_1 x_1^2 x_2 + 3\alpha_2 x_1 x_2^2 + \alpha_3 x_2^3 = x_1^2 x_2 + x_1 x_2^2,$$

$$\psi = \beta_0 x_1 + \beta_1 x_2 = \frac{3\gamma + 2(n-1)}{3(n-1)}x_1 + \frac{3\beta + n - 1}{3(n-1)}x_2$$

unserer früheren Bezeichnungsweise (2) entsprechend

$$\varphi_0 f_2 - 2\varphi_1 f_1 + \varphi_2 f_0 - \psi_0 f_1 + \psi_1 f_0 = 0,$$

d. h.

$$(\varphi, f)_2 + (\psi, f)_1 = 0. \tag{7}$$

[1] Vgl. beispielsweise die Behandlung der Modular- und Multiplikatorgleichung 6-ten Grades. Clebsch: Binäre Formen § 114 und 115.

Umgekehrt überzeugt man sich leicht, daß aus einer Kovariantenrelation der letzteren Art stets eine Differentialgleichung von der obigen Gestalt folgt. Es läßt sich demnach der Satz aussprechen:

Eine binäre Form f von der n-ten Ordnung ist immer dann und nur dann in eine endliche hypergeometrische Reihe linear transformierbar, wenn eine kubische Form φ und eine lineare Form ψ existieren, welche mit f durch die Formel (7) *verbunden sind.*

Zugleich sei hier kurz bemerkt, daß, einem allgemeinen Theoreme zufolge, die eben ausgesprochene Eigenschaft der Form f notwendigerweise das Vorhandensein einer $(n-6)$-fach unendlichen Mannigfaltigkeit von Formen χ der $(n-1)$-ten Ordnung bedingt, von denen jede einzelne durch die invarianten Beziehungen

$$(\chi, f)_{n-2} = 0\,, \qquad (\chi, f)_{n-1} = 0 \tag{8}$$

mit der Grundform f verkettet ist[1]. Auch umgekehrt zieht das Vorhandensein einer solchen $(n-6)$-fach unendlichen Formenmannigfaltigkeit jene charakteristische Eigenschaft der hypergeometrischen Reihe nach sich.

Die Kenntnis der Formen φ und ψ setzt uns gleichzeitig in den Stand, die lineare Transformation der fraglichen Form in die Gestalt der hypergeometrischen Reihe (6) zu bewerkstelligen. Führen wir nämlich die kubische Form φ in die spezielle Gestalt

$$x_1^2 x_2 + x_1 x_2^2 \tag{9}$$

über, so sind die Koeffizienten der simultan transformierten Linearform ψ von den Parametern der hypergeometrischen Reihe in der oben bezeichneten Weise abhängig, und es ergeben sich für letztere demnach die Werte

$$\left.\begin{aligned} \beta &= \tfrac{1}{3}(n-1)(3\beta_1 - 1)\,, \\ \gamma &= \tfrac{1}{3}(n-1)(3\beta_0 - 2)\,. \end{aligned}\right\} \tag{10}$$

Da die Transformation der kubischen Form φ in die fragliche Gestalt auf 6 verschiedene Arten geschehen kann, so gibt es ebenso viele verschiedene hypergeometrische Reihen, welche im Sinne der Invariantentheorie mit der vorgelegten Grundform äquivalent erscheinen[2].

Unsere weitere Aufgabe wird darin bestehen, das gefundene notwendige und hinreichende Kriterium (7) seines simultanen Charakters zu entkleiden. Zu dem Zwecke lösen wir dasselbe durch Nullsetzen sämtlicher Koeffizienten der linken Seite in die n einzelnen Bedingungen auf:

---

[1] Vgl. am Schlusse dieser Mitteilung das Beispiel der Kugelfunktion 6-ter Ordnung.

[2] Mit Benutzung dieser bekannten linearen Transformation ist die genaue Auswertung der Diskriminante für die im Endlichen abbrechende hypergeometrische Reihe möglich.

$$\left.\begin{array}{l} \alpha_0 a_2 - 2\alpha_1 a_1 + \alpha_2 a_0 + \beta_0 a_1 - \beta_1 a_0 = 0\,, \\ (n-2)\alpha_0 a_3 - (2n-5)\alpha_1 a_2 + (n-4)\alpha_2 a_1 + \alpha_3 a_0 + (n-1)\beta_0 a_2 - (n-1)\beta_1 a_1 = 0\,, \\ (n-3)\alpha_0 a_4 - (2n-8)\alpha_1 a_3 + (n-7)\alpha_2 a_2 + 2\alpha_3 a_1 + (n-1)\beta_0 a_3 - (n-1)\beta_1 a_2 = 0\,, \\ (n-4)\alpha_0 a_5 - (2n-11)\alpha_1 a_4 + (n-10)\alpha_2 a_3 + 3\alpha_3 a_2 + (n-1)\beta_0 a_4 - (n-1)\beta_1 a_3 = 0\,, \\ (n-5)\alpha_0 a_6 - (2n-14)\alpha_1 a_5 + (n-13)\alpha_2 a_4 + 4\alpha_3 a_3 + (n-1)\beta_0 a_5 - (n-1)\beta_1 a_4 = 0\,, \\ (n-6)\alpha_0 a_7 - (2n-17)\alpha_1 a_6 + (n-16)\alpha_2 a_5 + 5\alpha_3 a_4 + (n-1)\beta_0 a_6 - (n-1)\beta_1 a_5 = 0\,, \\ \cdots\cdots\cdots\cdots\cdots\cdots\cdots\cdots\cdots\cdots \\ \alpha_1 a_n - 2\alpha_2 a_{n-1} + \alpha_3 a_{n-2} + \beta_0 a_n - \beta_1 a_{n-1} = 0\,, \end{array}\right| \quad (11)$$

welche mittels Elimination der Koeffizienten $\alpha_0, \alpha_1, \alpha_2, \alpha_3, \beta_0, \beta_1$ und geeigneter Einführung der $(n-6)$ willkürlichen Variablenreihen $x_1^{(1)}$, $x_2^{(1)}$; $x_1^{(2)}$, $x_2^{(2)}$; $\ldots$; $x_1^{(n-6)}$, $x_2^{(n-6)}$ zur Bildung der n-reihigen Determinante

$$\begin{vmatrix} a_2, & -2a_1, & a_0, & 0, & a_1, & -a_0, & x_2^{(1)n-1}, \ldots, x_2^{(1)n-1} \\ \cdots & \cdots & \cdots & \cdots & \cdots & \cdots & \cdots \\ 0, & a_n, & -2a_{n-1}, & a_{n-2}, & a_n, & -a_{n-1}, & x_2^{(1)n-1}, \ldots, x_1^{(n-6)n-1} \end{vmatrix}$$

Anlaß geben. Elementaren Überlegungen zufolge ist dieselbe betreffs ihrer Abhängigkeit von den enthaltenen Variablen als Determinante der folgenden Art darstellbar:

$$G = \begin{vmatrix} g_1(x^{(1)}), & g_2(x^{(1)}), & \ldots, g_{n-6}(x^{(1)}) \\ \cdots & \cdots & \cdots \\ g_1(x^{(n-6)}), & g_2(x^{(n-6)}), & \ldots, g_{n-6}(x^{(n-6)}) \end{vmatrix},$$

worin $g_1, g_2, \ldots, g_{n-6}$ gewisse binäre Formen der $(n-1)$-ten Ordnung bedeuten. Die Funktionalkovariante dieser $(n-6)$ Formen wird

$$\Gamma = \left[\frac{G}{\Pi\,(x_1^{(i)} x_2^{(k)} - x_1^{(k)} x_2^{(i)})}\right]_{x^{(1)} = \cdots = x^{(n-6)} = x}$$

$$= \begin{vmatrix} a_2, & -2a_1, & a_0, & 0, & a_1, & -a_0, & x_2^6, \ldots, 0 \\ \cdots & \cdots & \cdots & \cdots & \cdots & \cdots & \cdots \\ 0, & a_n, & -2a_{n-1}, & a_{n-2}, & a_n, & -a_{n-1}, & 0, \ldots, x_1^6 \end{vmatrix}$$

und man erkennt leicht, daß das identische Verschwinden dieser Determinante einerseits und der Determinante G andererseits sich gegenseitig bedingt. Zur Charakterisierung der speziellen Form f ist mithin das identische Verschwinden der Kovariante Γ nicht nur notwendig, sondern auch hinreichend.

Die Kovariante Γ ist vom Grade 6 in den Koeffizienten der Grundform, vom Gewichte 18 und von der Ordnung $6\,(n-6)$ bezüglich der allein noch auftretenden Variablen x_1, x_2. Um sie durch übersichtlichere kovariante Bildungen auszudrücken, schreiben wir vor allem ihre Quelle in der einfachen, von unwesentlichen Zahlenfaktoren befreiten Determinantengestalt:

$$\begin{vmatrix} (n-1)\,a_2, & a_1, & a_0, & 0, & 0, & 0 \\ (n-2)\,a_3, & a_2, & a_1, & a_2, & a_1, & a_0 \\ (n-3)\,a_4, & a_3, & a_2, & 2a_3, & 2a_2, & 2a_1 \\ (n-4)\,a_5, & a_4, & a_3, & 3a_4, & 3a_3, & 3a_2 \\ (n-5)\,a_6, & a_5, & a_4, & 4a_5, & 4a_4, & 4a_3 \\ (n-6)\,a_7, & a_6, & a_5, & 5a_6, & 5a_5, & 5a_4 \end{vmatrix}. \tag{12}$$

Für $n = 6$ erhält dieselbe als Invariante der Form 6-ter Ordnung den Wert

$$c_1 A^3 + c_2 AB + c_3 C, \tag{13}$$

wo A, B, C nach der Salmonschen Bezeichnungsweise[1] die drei bekannten allein in Frage kommenden Invarianten der Form 6-ter Ordnung bedeuten. Die Konstanten c_1, c_2, c_3 bestimmen sich durch Anwendung der beiden Spezialisierungen

$$a_0 = a_1 = a_2 = a_4 = a_5 = a_6 = 0,$$

$$a_1 = a_2 = a_3 = a_5 = 0,$$

wie folgt:

$$c_1 = 0, \quad c_2 = 4, \quad c_3 = -5.$$

Um auf den allgemeinen Fall überzugehen, schreiben wir die Elemente der ersten Vertikalreihe der Determinante (12) in der Zerteilung:

$$5a_2 + (n-6)\,a_2, \quad 4a_3 + (n-6)\,a_3, \quad 3a_4 + (n-6)\,a_4, \quad \ldots (n-6)\,a_7,$$

so daß dementsprechend auch die Determinante selbst als Summe zweier Determinanten erscheint, deren erste mit der eben berechneten Quelle (13) übereinstimmt, während die zweite den Zahlenfaktor $n-6$ enthält. Das angedeutete Verfahren liefert somit schließlich die Relation:

$$\Gamma = 4AB - 5C + (n-6)\,D,$$

worin die Kovarianten A, B, C, D allgemein für die Form n-ter Ordnung die Bedeutung haben:

$$A = [a_0 a_6 - 6 a_1 a_5 + \cdots]\, x_1^{2(n-6)} + \cdots,$$

$$B = [a_0 a_2 a_4 a_6 - a_0 a_2 a_5^2 - \cdots]\, x_1^{4(n-6)} + \cdots,$$

$$C = [a_0^2 a_3^2 a_6^2 - 6 a_0^2 a_3 a_4 a_5 a_6 + 4 a_0^2 a_3 a_5^3 + \cdots]\, x_1^{6(n-6)} + \cdots,$$

$$D = [-2 a_0^2 a_2 a_4 a_5 a_7 + 4 a_0^2 a_2 a_4 a_6^2 - 2 a_0^2 a_2 a_5^2 a_6 + \cdots]\, x_1^{6(n-6)} + \cdots.$$

Durch folgerechte Zusammenfassung aller bisherigen Ergebnisse erhalten wir den definitiven Satz:

---

[1] Vgl. Salmon: Algebra der linearen Transformationen, Art. 251, 252, 253.

Eine binäre Form der n-ten Ordnung ist immer dann und nur dann in eine endliche hypergeometrische Reihe linear transformierbar, wenn die Kovariantenrelation

$$4AB - 5C + (n-6)D = 0 \tag{14}$$

besteht. Die letztere ist mithin der präzise und vollständige Ausdruck für die invariantentheoretische Eigenart der endlichen hypergeometrischen Reihe.

Zur Bewerkstelligung der in Rede stehenden linearen Transformation sowie zur Berechnung der Parameter β und γ der resultierenden hypergeometrischen Reihe bedarf es nach den früheren Ausführungen der Kenntnis der beiden Formen φ und ψ. Wir fügen deshalb zu den n Gleichungen (11) noch die weiteren Identitäten hinzu:

$$\alpha_0 y_1^3 + 3\alpha_1 y_1^2 y_2 + 3\alpha_2 y_1 y_2^2 + \alpha_3 y_2^3 = \varphi(y),$$

beziehungsweise

$$\beta_0 y_1 + \beta_1 y_2 = \psi(y)$$

und erkennen aus den so erhaltenen Gleichungssystemen, daß die Determinantenbildungen

$$F = \begin{vmatrix} a_2, & -2a_1, & a_0, & 0, & a_1, & -a_0, & x_2^{(1)n-1}, \ldots, x_2^{(n-5)n-1} \\ \cdot & \cdot & \cdot & \cdot & \cdot & \cdot & \cdot \\ 0, & a_n, & -2a_{n-1}, & a_{n-2}, & a_n, & -a_{n-1}, & x_1^{(1)n-1}, \ldots, x_1^{(n-5)n-1} \\ y_1^3, & 3y_1^2 y_2, & 3y_1 y_2^2, & y_2^3, & 0, & 0, & 0, \ldots, 0 \end{vmatrix}$$

beziehungsweise

$$P = \begin{vmatrix} a_2, & -2a_1, & a_0, & 0, & a_1, & -a_0, & x_2^{(1)n-1}, \ldots, x_2^{(n-5)n-1} \\ \cdot & \cdot & \cdot & \cdot & \cdot & \cdot & \cdot \\ 0, & a_n, & -2a_{n-1}, & a_{n-2}, & a_n, & -a_{n-1}, & x_1^{(1)n-1}, \ldots, x_1^{(n-5)n-1} \\ 0, & 0, & 0, & 0, & y_1, & y_2, & 0, \ldots, 0 \end{vmatrix}$$

für beliebige Werte der neu eingeführten $(n-5)$ Variablenreihen mit den Formen $\varphi(y)$, beziehungsweise $\psi(y)$ notwendig proportional ausfallen. Um betreffs jener mehrfachen Variablenreihen eine analoge Reduktion wie vorhin eintreten zu lassen, konstruieren wir durch Grenzübergang die beiden folgenden Kovarianten:

$$\Phi(x,y) = \left[\frac{F}{\Pi\,(x_1^{(i)} x_2^{(k)} - x_1^{(k)} x_2^{(i)})}\right]_{x^{(1)} = \cdots = x^{(n-5)} = x}$$

$$= \begin{vmatrix} a_2, & -2a_1, & a_0, & 0, & a_1, & -a_0, & x_2^5, \ldots, 0 \\ \cdot & \cdot & \cdot & \cdot & \cdot & \cdot & \cdot \\ 0, & a_n, & -2a_{n-1}, & a_{n-2}, & a_n, & -a_{n-1}, & 0, \ldots, x_1^5 \\ y_1^3, & 3y_1^2 y_2, & 3y_1 y_2^2, & y_2^3, & 0, & 0, & 0, \ldots, 0 \end{vmatrix}$$

und

$$\Psi(x, y) = \left[\frac{P}{\Pi\,(x_1^{(i)} x_2^{(k)} - x_1^{(k)} x_2^{(i)})}\right]_{x^{(1)} = \cdots = x^{(n-5)} = x}$$

$$= \begin{vmatrix} a_2, & -2a_1, & a_0, & 0, & a_1, & -a_0, & x_2^5, \ldots, 0 \\ \cdot & \cdot & \cdot & \cdot & \cdot & \cdot & \cdot \\ 0, & a_n, & -2a_{n-1}, & a_{n-2}, & a_n, & -a_{n-1}, & 0, \ldots, x_1^5 \\ 0, & 0, & 0, & 0, & y_1, & y_2, & 0, \ldots, 0 \end{vmatrix}.$$

Dieselben enthalten nur noch die Variablenreihen x_1, x_2; y_1, y_2; sie sind vom Grade 5 in den Koeffizienten der Grundform und von der Ordnung $5(n-5)$ bezüglich der ersteren Variablenreihe. Im Hinblick auf die früheren Darlegungen sprechen wir den zusammenfassenden Satz aus:

Ist für eine binäre Form der n-ten Ordnung die Kovariantenrelation (14) *erfüllt, so verhelfen die Ansätze*

$$\Phi(x, y) = \Omega(x)\,\varphi(y),$$
$$\Psi(x, y) = \Omega(x)\,\psi(y)$$

zur Konstruktion der kubischen Form φ und der linearen Form ψ. Jede der 6 linearen Substitutionen, welche die kubische Form $\varphi(x)$ in die spezielle Gestalt (9) *überführt, leistet zugleich die Transformation der vorgelegten Form in eine endliche hypergeometrische Reihe mit den beiden Parameterwerten* (10).

Was nun die Darstellung unserer beiden Kovarianten durch übersichtliche Bildungen betrifft, so ist dieselbe in einfacher und allgemeiner Weise nur dann möglich, wenn wir durch Identifizierung der beiden Variablenreihen x_1, x_2 und y_1, y_2 zu den invarianten Bildungen $\Phi(x, x)$ und $\Psi(x, x)$ übergehen. Bringen wir nämlich die Quellen der letzteren:

$$-9(n-1)\begin{vmatrix} a_1, & a_0, & 0, & 0, & 0 \\ a_2, & a_1, & a_2, & a_1, & a_0 \\ a_3, & a_2, & 2a_3, & 2a_2, & 2a_1 \\ a_4, & a_3, & 3a_4, & 3a_3, & 3a_2 \\ a_5, & a_4, & 4a_5, & 4a_4, & 4a_3 \end{vmatrix}$$

und

$$+3\begin{vmatrix} (n-1)a_2, & (2n-2)a_1, & a_0, & 0, & 0 \\ (n-2)a_3, & (2n-5)a_2, & a_1, & a_1, & a_0 \\ (n-3)a_4, & (2n-8)a_3, & a_2, & 2a_2, & 2a_1 \\ (n-4)a_5, & (2n-11)a_4, & a_3, & 3a_3, & 3a_2 \\ (n-5)a_6, & (2n-14)a_5, & a_4, & 4a_4, & 4a_3 \end{vmatrix}$$

mit den bekannten vollständigen Formensystemen der Grundform 5-ter und 6-ter Ordnung zur Vergleichung, so ergibt sich nach erfolgter Bestimmung der Zahlenkoeffizienten die gesuchte Darstellung

$$\Phi(x,x) = -18(n-1)K,$$

$$\Psi(x,x) = 6(n-1)(n-4)L + 18(n-4)(n-5)Bf - 6(n-1)(n-5)il,$$

wo allgemein die weiteren Bezeichnungen gelten:

$$K = [a_0^2 a_2 a_4 a_5 - 3a_0^2 a_3^2 a_5 + 2a_0^2 a_3 a_4^2 - \cdots] x_1^{5n-22} + \cdots,$$

$$L = [a_0^2 a_2 a_5^2 - 2a_0^2 a_3 a_4 a_5 + a_0^2 a_4^3 - \cdots] x_1^{5n-24} + \cdots,^*$$

$$i = [a_0 a_4 - 4a_1 a_3 + 3a_2^2] x_1^{2(n-4)} + \cdots,$$

$$l = [a_0 a_2 a_6 - 3a_0 a_3 a_5 - a_1^2 a_6 + \cdots] x_1^{3n-16} + \cdots.$$

Es sei überdies bemerkt, daß die Kenntnis der eben dargestellten Kovarianten infolge der bestehenden Proportion

$$\varphi : \psi = \Phi(x,x) : \Psi(x,x)$$

zur Konstruktion der gesuchten Formen φ und ψ wesentlich ausreicht.

Die im vorstehenden allgemein entwickelten Resultate können für die hypergeometrische Reihe der 5-ten und 6-ten Ordnung durch wirkliche Aufstellung und Berechnung der in Frage kommenden Invarianten und Kovarianten direkte Bestätigung finden[1].

Nachdem nun die beiden fundamentalen Fragen nach den Bedingungen der Möglichkeit und den Mitteln zur Ausführung der Transformation einer binären Form in eine endliche hypergeometrische Reihe zur allgemeinen Erledigung gebracht sind, liegt es nahe, noch einer gewissen ausgezeichneten Ausartung der allgemeinen hypergeometrischen Reihe zu gedenken, welche infolge unseres gegenwärtigen invariantentheoretischen Standpunktes eine besonders einfache Deutung erhält.

Wählen wir nämlich die bisher allgemeinen Formen φ und ψ derart, daß der Wurzelpunkt der letzteren Form harmonisch zu den drei Wurzelpunkten der ersteren gelegen ist, so wird durch diese invariante Bedingung die simultane Überführung jener beiden Formen in die Gestalten

$$x_1^2 x_2 - x_2^3, \quad \text{bzw.} \quad c x_1$$

ermöglicht. Unter Anwendung unserer oben behandelten Darstellungsmethode mittels einseitiger Derivierter gewinnen wir aus der allgemeinen Kovariantenrelation (7) der hypergeometrischen Reihe die Differentialgleichung 2-ter Ordnung

$$(x^2-1)\frac{d^2f}{dx^2} - \frac{1}{3}(n-1)(3c+4)x\frac{df}{dx} + \frac{1}{3}n(n-1)(3c+1)f = 0,$$

---

* Vgl. die Cayleysche Tabelle für die Invarianten und Kovarianten der Grundform 5-ter Ordnung. SALMON: Algebra der linearen Transformationen, 1877 Art. 232, Nr. 10 und 11.

[1] Vgl. die anfangs zitierte Dissertation des Verfassers, S. 17 und 28, wo diese Rechnung für die allgemeine Kugelfunktion der 5-ten und der 6-ten Ordnung im wesentlichen durchgeführt ist. Dieser Band Abh. 1, S. 19 und 31.

in welcher wir nach der Substitution

$$c = -\frac{4n + 3p - 4}{3(n-1)}$$

die gewöhnliche Differentialgleichung für die allgemeine Kugelfunktion P_p^n wiedererkennen. Da offenbar auch umgekehrt die Differentialgleichung der Kugelfunktion mit Notwendigkeit zu jenen invarianten Beziehungen führt, *so ist die Existenz zweier harmonisch liegender Formen* φ *und* ψ *mit der simultanen Beziehung* (7) *in invariantentheoretischem Sinne das notwendige und hinreichende Kriterium für die Kugelfunktion* P_p^n.

Im übrigen gelten naturgemäß für die Kugelfunktionen dieselben Überlegungen wie für die allgemeine hypergeometrische Reihe. So ersieht man beispielsweise für die Kugelfunktion 6-ter Ordnung die Existenz einer Form 5-ter Ordnung mit den kovarianten Beziehungen (8), da in der Tat die Relationen

$$(P_p^6, P_{p'}^5)_5 = 0, \qquad (P_p^6, P_{p'}^5)_4 = 0$$

für

$$p + p' + 12 = 0$$

identisch erfüllt sind[1].

Königsberg i. Pr., den 23. Februar 1887.

[1] Betreffs weiterer den Kugelfunktionen allein zukommenden invarianten Eigentümlichkeiten vgl. die zitierte Dissertation, S. 15, 16, 18, 26. Dieser Band Abh. 1, S. 16—20, 29.

5. Über die Singularitäten der Diskriminantenfläche.

[Mathem. Annalen Bd. 30, S. 437—441 (1887).]

Bezeichnen $x_1, x_2, \ldots, x_{n+1}$ die homogenen Punktkoordinaten eines n-dimensionalen Raumes, so läßt sich jedem Raumpunkte eine ganze rationale Funktion n-ter Ordnung der einen Variablen t:

$$X(t) = x_1 t^n + x_2 t^{n-1} + \cdots + x_{n+1}$$

zuordnen, während umgekehrt jede gegebene Funktion dieser Art einen bestimmten Punkt jenes Raumes festlegt. Dieser geometrischen Deutung gemäß ist

$$X(t) = 0 \tag{1}$$

die Gleichung einer Ebene, welche bei variablem Parameter t die sogenannte Diskriminantenfläche

$$D(x_1, x_2, \ldots, x_{n+1}) = 0 \tag{2}$$

einhüllt. Zur Aufzählung und Charakterisierung der vorhandenen Singularitäten dieser Fläche haben wir die Diskriminante D der Gleichung (1) in der Nähe eines beliebigen Raumpunktes $x_1, x_2, \ldots, x_{n+1}$ zu entwickeln und legen zu diesem Zwecke die dem letzteren zugehörige ganze Funktion in der allgemeinsten Gestalt:

$$X(t) = (t - t_1)^{\mu_1} (t - t_2)^{\mu_2} \cdots (t - t_\varkappa)^{\mu_\varkappa} \begin{cases} \mu_1, \mu_2, \ldots, \mu_\varkappa & \geqq 1 \\ \mu_1 + \mu_2 + \cdots + \mu_\varkappa = n \end{cases} \tag{3}$$

zugrunde. Setzen wir ferner

$$Y(t) = y_1 t^n + y_2 t^{n-1} + \cdots + y_{n+1}$$

und entwickeln die n Wurzeln der Gleichung

$$X(t) + \lambda Y(t) = 0$$

nach gebrochenen Potenzen von λ, wie folgt:

$$t = t_1 + \left[\frac{-Y(t_1)}{(t_1 - t_2)^{\mu_2} \cdots (t_1 - t_\varkappa)^{\mu_\varkappa}}\right]^{\frac{1}{\mu_1}} \lambda^{\frac{1}{\mu_1}} + \cdots,$$

$$\cdots\cdots\cdots\cdots\cdots\cdots\cdots\cdots$$

$$= t_2 + \left[\frac{-Y(t_2)}{(t_2 - t_1)^{\mu_1} \cdots (t_2 - t_\varkappa)^{\mu_\varkappa}}\right]^{\frac{1}{\mu_2}} \lambda^{\frac{1}{\mu_2}} + \cdots,$$

$$\cdots\cdots\cdots\cdots\cdots\cdots\cdots\cdots$$

$$= t_\varkappa + \left[\frac{-Y(t_\varkappa)}{(t_\varkappa - t_1)^{\mu_1} \cdots (t_\varkappa - t_{\varkappa-1})^{\mu_{\varkappa-1}}}\right]^{\frac{1}{\mu_\varkappa}} \lambda^{\frac{1}{\mu_\varkappa}} + \cdots,$$

$$\cdots\cdots\cdots\cdots\cdots\cdots\cdots\cdots$$

so ergibt sich, von einem unwesentlichen Vorzeichen und Zahlenfaktor abgesehen, für das Produkt sämtlicher Wurzeldifferenzen der Wert:

$$D(x_1 + \lambda y_1, x_2 + \lambda y_2, \ldots, x_{n+1} + \lambda y_{n+1})$$

$$= \left[\frac{\lambda Y(t_1)}{(t_1 - t_2)^{\mu_2} \ldots (t_1 - t_\varkappa)^{\mu_\varkappa}}\right]^{\mu_1 - 1} \ldots \left[\frac{\lambda Y(t_\varkappa)}{(t_\varkappa - t_1)^{\mu_1} \ldots (t_\varkappa - t_{\varkappa-1})^{\mu_{\varkappa-1}}}\right]^{\mu_\varkappa - 1}$$

$$\times (t_1 - t_2)^{2\mu_1\mu_2} (t_1 - t_3)^{2\mu_1\mu_3} \ldots (t_{\varkappa-1} - t_\varkappa)^{2\mu_{\varkappa-1}\mu_\varkappa} + \ldots$$

$$= [Y(t_1)]^{\mu_1 - 1} [Y(t_2)]^{\mu_2 - 1} \ldots [Y(t_\varkappa)]^{\mu_\varkappa - 1} (t_1 - t_2)^{\mu_1 + \mu_2} (t_1 - t_3)^{\mu_1 + \mu_3}$$

$$\ldots (t_{\varkappa-1} - t_\varkappa)^{\mu_{\varkappa-1} + \mu_\varkappa} \lambda^{n-\varkappa} + \ldots .$$

Versteht man andererseits unter $D_1, D_2, \ldots$ die Polaren der Diskriminante D für den Punkt $x_1, x_2, \ldots, x_{n+1}$, wie dieselben durch ein-, zwei- und mehrmalige Anwendung des Differentiationssymbols

$$y_1 \frac{\partial}{\partial x_1} + y_2 \frac{\partial}{\partial x_2} + \cdots + y_{n+1} \frac{\partial}{\partial x_{n+1}}$$

aus der Diskriminante D hervorgehen, so lehrt die Vergleichung der eben gewonnenen Entwicklung mit der Identität

$$D(x_1 + \lambda y_1, x_2 + \lambda y_2, \ldots, x_{n+1} + \lambda y_{n+1}) = D + \lambda D_1 + \frac{\lambda^2}{2} D_2 + \cdots,$$

daß für den betrachteten Raumpunkt $x_1, x_2, \ldots, x_{n+1}$ die Diskriminante D und ihre ersten $n - \varkappa - 1$ Polaren $D_1, D_2, \ldots, D_{n-\varkappa-1}$ identisch verschwinden, während die $(n - \varkappa)$-te Polare $D_{n-\varkappa}$ für jenen Punkt in die beziehungsweise $(\mu_1 - 1), (\mu_2 - 1), \ldots, (\mu_\varkappa - 1)$-fach zu zählenden Linearfaktoren

$$Y(t_1),\ Y(t_2),\ \ldots,\ Y(t_\varkappa)$$

zerfällt. Wie ebenfalls aus der obigen Entwicklung der Diskriminante ersichtlich ist, gestattet das letztere Resultat eine Umkehrung. Wenn nämlich für einen Punkt $x_1, x_2, \ldots, x_{n+1}$ nicht nur die Diskriminante D, sondern zugleich auch ihre ersten $n - \varkappa - 1$ Polaren identisch verschwinden, so zerfällt die $(n - \varkappa)$-te Polare dieses Punktes in $n - \varkappa$ lineare Faktoren. Existieren unter diesen etwa je $\mu_1 - 1, \mu_2 - 1, \ldots, \mu_\varkappa - 1$ gleiche Faktoren, so erhält die dem Punkte zugehörige Form $X(t)$ notwendig die Gestalt (3). *Auf diese Weise ist mit alleiniger Hilfe der Diskriminante D und deren Polaren eine hinreichende Unterscheidung und Charakterisierung der mannigfachen Ausartungen* (3) *einer binären Form* $X(t)$ *möglich*[1].

[1] Um diese Unterscheidung herbeizuführen, genügen bereits die von SYLVESTER konstruierten Evektanten der Diskriminante, welche aus unseren Polaren vermöge der Substitution

$$y_1 = t^n,\ y_2 = \binom{n}{1} t^{n-1},\ \ldots,\ y_{n+1} = 1$$

entstehen und daher selbst nichts anderes als Polaren der Diskriminantenfläche in bezug auf Punkte der Normkurve sind; vgl. SYLVESTER: On a remarkable theorem in the theory of equal roots and multiple points. Philos. Mag. ser. IV, t. 3. 1852.

Aus den bisherigen Überlegungen folgt, daß die Diskriminantenfläche (2) den betrachteten Punkt $x_1, x_2, \ldots, x_{n+1}$ $(n-\varkappa)$-fach durchsetzt, und zwar je $(\mu_1 - 1)$, $(\mu_2 - 1)$, ..., $(\mu_\varkappa - 1)$-fach in der Richtung der bezüglichen Ebenen:

$$Y(t_1) = 0,\ Y(t_2) = 0, \ldots, Y(t_\varkappa) = 0.$$

Sämtliche Punkte $x_1, x_2, \ldots, x_{n+1}$ derselben Art erfüllen auf der Diskriminantenfläche ein $\varkappa$-fach ausgedehntes Gebilde, welches durch die Zahlen $\mu_1, \mu_2, \ldots, \mu_\varkappa$ charakterisiert ist und daher kurz mit $S_{\mu_1 \mu_2 \ldots \mu_\varkappa}$ bezeichnet werden möge. Um die Ordnung dieses Gebildes zu bestimmen, zählen wir seine Schnittpunkte mit den $\varkappa$ willkürlichen Ebenen

$$\begin{array}{c} a_1^{(1)} x_1 + a_2^{(1)} x_2 + \cdots + a_{n+1}^{(1)} x_{n+1} = 0, \\ \cdots\cdots\cdots\cdots\cdots \\ a_1^{(\varkappa)} x_1 + a_2^{(\varkappa)} x_2 + \cdots + a_{n+1}^{(\varkappa)} x_{n+1} = 0. \end{array} \tag{4}$$

Führen wir zu dem Zwecke in den Ausdruck (3) für die Potenzen von t der Reihe nach die Werte ein:

$$\begin{array}{c} t^n = a_1^{(1)},\ t^{n-1} = a_2^{(1)}, \ldots, \\ \cdots\cdots\cdots\cdots \\ t^n = a_1^{(\varkappa)},\ t^{n-1} = a_2^{(\varkappa)}, \ldots, \end{array}$$

ein Verfahren, welches einer mehrfachen Polarisierung der entsprechenden $\varkappa$ Formen gleichkommt, so ergeben sich $\varkappa$ Gleichungen von der Gestalt

$$\begin{array}{c} X_1(t_1, t_2, \ldots t_\varkappa) = 0, \\ \cdots\cdots\cdots \\ X_\varkappa(t_1, t_2, \ldots t_\varkappa) = 0, \end{array}$$

wo die $\varkappa$ zu bestimmenden Größen $t_1, t_2, \ldots, t_\varkappa$ auf der linken Seite bezüglich in den Graden $\mu_1, \mu_2, \ldots, \mu_\varkappa$ auftreten. Die Zahl der wesentlich verschiedenen Lösungen dieses Gleichungssystems* und mithin *die Ordnung des in Rede stehenden singulären Gebildes der Diskriminantenfläche ist:*

$$\frac{\varkappa!}{\Pi(i!)} \mu_1 \mu_2 \cdots \mu_\varkappa, \tag{5}$$

wo das im Nenner stehende Produkt über alle diejenigen Zahlen i auszuführen ist, welche angeben, wie oft in der Zahlenreihe

$$\mu_1, \mu_2, \ldots, \mu_\varkappa$$

dieselbe Zahl wiederkehrt. Das Gebilde $S_{\mu_1 \mu_2 \ldots \mu_\varkappa}$ ist nur ein bestimmter Teil

* Wie HILBERT diese Formel für die Anzahl der Lösungen des Gleichungssystems gewonnen hat, ist mit Sicherheit nicht festzustellen. Sie läßt sich mittels der abzählenden Methoden der Geometrie heuristisch unschwer herleiten, z. B. indem man dieses System durch ein System von Gleichungen derselben Gradzahlen ersetzt, von denen jede einzelne vollständig in Linearfaktoren zerfällt. Daß HILBERT mit diesen abzählenden Methoden bekannt war, zeigt die Tatsache, daß die systematische Untersuchung der Methoden der abzählenden Geometrie in seinem Pariser Vortrag (Nachr. Ges. Wiss. Göttingen 1900) als Problem gestellt hat. Für einen exakten Beweis siehe B. L. v. d. WAERDEN: Zur algebraischen Geometrie I, Math. Ann. Bd. 108 (1933) S. 113. [Anm. d. Herausgeber.]

desjenigen zerfallenden Gebildes, welches durch die $(n-\varkappa-1)$-te Polarfläche aus der Diskriminantenfläche ausgeschnitten wird. Die Gesamtordnung der letzteren ist demnach gleich der Summe aller jener einzelnen Ordnungen (5) und es ergibt sich nach Ausführung dieser Summation *für die Gesamtordnung des $\varkappa$-fach ausgedehnten singulären Gebildes der Diskriminantenfläche der einfache Wert*

$$\frac{(n+\varkappa-1)(n+\varkappa-2)\cdots(n-\varkappa+1)}{(2\varkappa-1)!}. \tag{6}$$

Beispielsweise entsteht durch Projektion in den dreidimensionalen Raum aus der Diskriminantenfläche eine abwickelbare Fläche mit einer gewöhnlichen Doppelkurve S_{22} von der Ordnung $2(n-2)(n-3)$ und der Rückkehrkurve S_3 von der Ordnung $3(n-2)$. Die Doppelkurve enthält $\frac{4}{3}(n-3)(n-4)(n-5)$ Punkte S_{222}, in welchen sich die Fläche nach drei getrennten Richtungen hin durchsetzt. Auf der Doppelkurve und Rückkehrkurve gleichzeitig liegen $6(n-3)(n-4)$ Punkte S_{23} mit einer getrennten und zwei zusammenfallenden Tangentialebenen, sowie ferner $4(n-3)$ Punkte S_4 mit drei zusammenfallenden Tangentialebenen. Besitzt der dreidimensionale Projektionsraum keine spezielle Lage, so sind hiermit die Singularitäten unserer Fläche erschöpft und, wie man sieht, beträgt die Gesamtzahl ihrer singulären Punkte in Übereinstimmung mit dem allgemein angegebenen Werte (6):

$$\tfrac{2}{3}(n-2)(n-3)(2n-5).$$

Die $\varkappa$ Gleichungen (4) definieren in unserem n-dimensionalen Raume eine $(n-\varkappa)$-fach ausgedehnte lineare Punktmannigfaltigkeit. *Die gefundene Zahl* (5) *gibt daher auch gleichzeitig an, wieviel Formen von der Ausartung* (3) *in einer vorgelegten $(n-\varkappa)$-fach unendlichen Formenmannigfaltigkeit vorkommen.* So liefert beispielsweise die Annahme

$$\mu_1 = n-\varkappa+1,\ \mu_2=\mu_3=\cdots=\mu_\varkappa=1$$

die Zahl $\varkappa(n-\varkappa+1)$ derjenigen binären Formen der Mannigfaltigkeit, welche einen Linearfaktor $(n-\varkappa+1)$-fach enthalten. In der Tat stimmt diese Zahl mit der Ordnung der Jacobischen Kovariante der vorgelegten Formenmannigfaltigkeit überein.

Für

$$\mu_1=\mu_2=\cdots=\mu_\varkappa=\mu=\frac{n}{\varkappa}$$

ergibt sich die Zahl der in einer $(n-\varkappa)$-fach unendlichen Formenmannigfaltigkeit enthaltenen vollständigen μ-ten Potenzen gleich $\mu^\varkappa$, womit ein allgemeiner von Franz Meyer ausgesprochener Satz[1] über die linearen Beziehungen zwischen gleichhohen Potenzen binärer Formen bestätigt wird.

Königsberg i. Pr., den 2. Juni 1887.

[1] Vgl. Apolarität und rationale Kurven, S. 350β). Tübingen 1883.

6. Über binäre Formenbüschel mit besonderer Kombinanteneigenschaft.

[Mathem. Annalen Bd. 30, S. 561—570 (1887).]

Die vorliegende Mitteilung behandelt eine besondere Art von binären Formen, welche die Formen mit linearen Transformationen in sich[1] umfassen und ebenso wie diese durch formale Einfachheit ihrer invariantentheoretischen Eigenschaften ausgezeichnet sind. Im Anschluß hieran finden einige allgemeinere Sätze bezüglich des identischen Verschwindens von Überschiebungen zweier Formen Erwähnung.

Soll für zwei binäre Formen f und φ von den Ordnungen n resp. ν die zweite Überschiebung $(f, \varphi)_2$ identisch verschwinden, so erkennt man, daß die Zahl $n + \nu$ der in diesem Falle verfügbaren Konstanten, vermindert um die Zahl 3 der wesentlichen Koeffizienten der linearen Transformation, mit der Zahl $n + \nu - 3$ der Bedingungsgleichungen gerade übereinstimmt. Sobald wir daher alle durch bloße lineare Transformation auseinander hervorgehenden Formensysteme als nicht wesentlich verschieden rechnen, ist durch jene Bedingung im allgemeinen eine endliche Zahl von zusammengehörigen Formen f und φ festgelegt. Beispielsweise ergibt sich für $\nu = 2$ das zusammengehörige Formensystem

$$f = x_1^n + x_2^n,$$
$$\varphi = x_1 x_2,$$

und für $\nu = 3$*:

$$f = x_1^n + \frac{n(n-1)}{1(2n-2)} x_1^{n-1} x_2 + \frac{n(n-1)(n-1)(n-4)}{1 \cdot 2(2n-2)(2n-5)} x_1^{n-2} x_2^2 + \cdots + (-1)^n x_2^n,$$

$$\varphi = x_1^2 x_2 + x_1 x_2^2.$$

---

[1] Vgl. F. Klein: Über binäre Formen mit linearen Transformationen in sich selbst. Math. Ann. Bd. 9 S. 183, und Gordan: Binäre Formen mit verschwindenden Kovarianten. Math. Ann. Bd. 12 S. 147; ferner L. Wedekind: Studien im binären Wertgebiet. Habilitationsschrift. Karlsruhe 1876.

* Vgl. die Note des Verfassers: Über eine Darstellungsweise der invarianten Gebilde im binären Formengebiete. Math. Ann. Bd. 30 S. 15. Wenn wir in der endlichen hypergeometrischen Reihe nach dortiger Bezeichnung die Werte:

$$\beta = -\tfrac{1}{3}(n-1), \qquad \gamma = -\tfrac{2}{3}(n-1)$$

einführen, so entsteht die oben angegebene Form f mit der verlangten Invarianteneigenschaft; siehe auch diesen Band Abh. 4, S. 110.

Wir untersuchen ferner, ob und unter welchen Umständen außer der Form φ noch eine weitere Form ψ von der Ordnung ν ebenderselben Form f in der beschriebenen Weise zugehören kann. Die Darstellung der simultanen Kovarianten $(f, \varphi)_2$ und $(f, \psi)_2$ als Funktion der einseitigen Derivierten[1] ergibt:

$$(f, \varphi)_2 = f_0 \varphi_2 - 2 f_1 \varphi_1 + f_2 \varphi_0 = 0\,,$$

$$(f, \psi)_2 = f_0 \psi_2 - 2 f_1 \psi_1 + f_2 \psi_0 = 0\,,$$

mithin:

$$f_0(\varphi_2 \psi_0 - \varphi_0 \psi_2) - 2 f_1(\varphi_1 \psi_0 - \psi_1 \varphi_0) = 0\,,$$

oder für $n = 2\nu - 2$:

$$f = \varphi_0 \psi_1 - \varphi_1 \psi_0\,.$$

Die Einführung dieses Ausdruckes für f in die beiden ersten Gleichungen liefert mittels leichter Rechnung:

$$\varphi(\varphi_0 \psi_3 - 3 \varphi_1 \psi_2 + 3 \varphi_2 \psi_1 - \varphi_3 \psi_0) = \varphi\,(\varphi, \psi)_3 = 0\,,$$

$$\psi(\varphi_0 \psi_3 - 3 \varphi_1 \psi_2 + 3 \varphi_2 \psi_1 - \varphi_3 \psi_0) = \psi\,(\varphi, \psi)_3 = 0\,,$$

d. h. die gestellte Anforderung ist jedenfalls dann erfüllt, wenn f die Jacobische Kovariante eines Formenbüschels mit verschwindender dritter Überschiebung $(\varphi, \psi)_3$ ist. Was die letztere invariante Bedingung anbetrifft, so zeigt sich wiederum, daß die Zahl $2\nu - 2$ der wesentlichen Konstanten eines Formenbüschels von der Ordnung ν, vermindert um die Zahl 3 der Substitutionskoeffizienten mit der Zahl $2\nu - 5$ der Bedingungsgleichungen gerade übereinstimmt. *Es gibt* also *im allgemeinen nur eine endliche Anzahl von wesentlich verschiedenen Formenbüscheln mit der in Rede stehenden Kombinanteneigenschaft.*

Bevor wir jedoch zur Aufstellung solcher Formenbüschel übergehen, möge noch ein allgemeiner Satz abgeleitet werden, welcher sich auf die Jacobische Kovariante derselben bezieht.

Bedeuten zunächst φ und ψ zwei beliebige Formen von der Ordnung ν, so führt die bereits oben befolgte Darstellungsmethode mittels einseitiger Derivierter zu den Ausdrücken

$$f = (\varphi, \psi)_1 = (01),$$

$$u = (\varphi, \psi)_3 = (03) - 3\,(12),$$

$$v = (\varphi, \psi)_5 = (05) - 5\,(14) + 10\,(23),$$

wo der Kürze wegen die Bezeichnung

$$(i\,k) = \varphi_i \psi_k - \varphi_k \psi_i$$

[1] Vgl. die zitierte Note des Verfassers, S. 17, oder dieser Band Abh. 4, S. 104.

gebraucht ist. Durch einfache Rechnung ergibt sich ferner:

$$
\begin{aligned}
(f,f)_4 = \frac{1}{2(2\nu-3)^2(2\nu-5)}\{ & (\nu-3)(\nu-4)(2\nu-3)(01)(05)\\
& + 3\nu(\nu-3)(2\nu-3)(01)(14)\\
& - 6\nu(\nu-3)(2\nu-3)(01)(23)\\
& - 2(\nu-3)(2\nu-3)(2\nu-5)(02)(04)\\
& + 3(\nu-2)^2(2\nu-5)(03)^2 - 2\nu^2(2\nu-5)(03)(12)\\
& + 3\nu^2(2\nu-5)(12)^2\},
\end{aligned}
$$

$$
\begin{aligned}
(f,u)_2 = \frac{1}{2(2\nu-3)(2\nu-7)}\{ & (\nu-4)(2\nu-3)(01)(05) - (\nu-6)(2\nu-3)(01)(14)\\
& + 2(\nu-6)(2\nu-3)(01)(23)\\
& - (2\nu-3)(2\nu-7)(02)(04)\\
& + (\nu-2)(2\nu-7)(03)^2 + 2\nu(2\nu-7)(03)(12)\\
& - 3\nu(2\nu-7)(12)^2\},
\end{aligned}
$$

und es gilt somit allgemein die folgende Relation zwischen den berechneten Kovarianten:

$$(f,f)_4 = -\frac{(\nu-3)(\nu-4)}{2(2\nu-5)(2\nu-7)}\, f\, v + \frac{2(\nu-3)}{2\nu-3}(f,u)_2 + \frac{\nu(\nu-2)}{2(2\nu-3)^2}\, u^2\,*.$$

Handelt es sich nun um ein besonderes Formensystem mit identisch verschwindender dritter Überschiebung u, so nimmt jene Relation die Gestalt an:

$$(f,f)_4 = -\frac{(\nu-3)(\nu-4)}{2(2\nu-5)(2\nu-7)}\, f\, v,$$

d. h. *die Jacobische Kovariante f eines Formenbüschels φ, ψ mit identisch verschwindender Kombinante $(\varphi, \psi)_3$ besitzt die Eigenschaft, selbst in ihrer vierten Überschiebung $(f, f)_4$ als Faktor aufzugehen.*

Im folgenden gelangen der Reihe nach für die Ordnungen $\nu = 3, 4, 5, 6, 7, 8$ sämtliche Formenbüschel mit der in Rede stehenden Kombinanteneigenschaft zur Darstellung. Dabei bleiben jedoch als triviale Fälle unberücksichtigt alle Formenbüschel mit ausgearteter Jacobischer Kovariante, nämlich einmal diejenigen Büschel, deren sämtliche Formen einen oder mehrere Linearfaktoren gemeinsam besitzen, und ferner diejenigen, in welchen Formen mit mehr als zweifachen Linearfaktoren vorkommen.

$\nu = 3$. Wählen wir in dem gesuchten kubischen Formenbüschel eine Form mit doppeltem Linearfaktor aus und erteilen derselben die *Gestalt*

$$\varphi = x_1^2 x_2,$$

* Diese Formel ist auf dem Wege symbolischer Rechnung bereits von C. Stephanos gefunden worden; vgl. dessen Abhandlung: Sur les faisceaux de formes binaires ayant une même Jacobienne. Mémoires présentés par divers savants à l'Academie des sciences de l'Institut de France Bd. 27 S. 32.

so ergibt sich aus der Forderung des Verschwindens der Invariante $(\varphi, \psi)_3$ die *zugehörige Form*

$$\psi = x_1^3 + x_2^3 .$$

Das gewonnene kubische Formenbüschel ist daher das einzige von der verlangten Art; es besitzt zur Jacobischen Kovariante die bekannte Tetraederform

$$f = x_1^4 - 2\,x_1\,x_2^3 ,$$

deren vierte Überschiebung $(f, f)_4$ in Übereinstimmung mit unserem allgemeinen Satze verschwindet.

$\nu = 4$. Bestimmen wir in dem gesuchten biquadratischen Formenbüschel eine Form mit verschwindender Invariante j und legen dieselbe in der Gestalt

$$\varphi = x_1^4 + x_2^4$$

zugrunde, so liefert eine einfache Rechnung für die *zugehörige Form* den Ausdruck

$$\psi = x_1^2\,x_2^2 .$$

Die Jacobische Kovariante des gefundenen Büschels ist die Oktaederform

$$f = x_1^5\,x_2 - x_1\,x_2^5 ,$$

für welche in der Tat die Kovariante $(f, f)_4$ identisch verschwindet.

$\nu = 5$. *Das einzige existierende Formenbüschel mit der vorgeschriebenen Eigenschaft* setzt sich aus den Formen

$$\varphi = x_1^5 - 5\,x_1\,x_2^4 ,$$
$$\psi = 5\,x_1^4\,x_2 - x_2^5$$

zusammen. Für jede Form dieses Büschels verschwindet die Invariante 4-ten Grades[1]. Die Jacobische Kovariante

$$f = x_1^8 + 14\,x_1^4\,x_2^4 + x_2^8$$

ist nichts anderes als die Hexaederform, welche sich bekanntermaßen in ihrer 4-ten Überschiebung $(f, f)_4$ reproduziert.

$\nu = 6$. Das gesuchte Büschel bestehe aus den Formen

$$\varphi = \alpha_0\,x_1^6 + 6\,\alpha_1\,x_1^5 x_2 + 15\,\alpha_2\,x_1^4 x_2^2 + 20\,\alpha_3\,x_1^3 x_2^3 + 15\,\alpha_4\,x_1^2 x_2^4 + 6\,\alpha_5\,x_1\,x_2^5 + \alpha_6\,x_2^6 ,$$
$$\psi = \beta_0\,x_1^6 + 6\,\beta_1\,x_1^5 x_2 + 15\,\beta_2\,x_1^4 x_2^2 + 20\,\beta_3\,x_1^3 x_2^3 + 15\,\beta_4\,x_1^2 x_2^4 + 6\,\beta_5\,x_1\,x_2^5 + \beta_6\,x_2^6 .$$

---

[1] Betreffs der Rechnung vgl. die Habilitationsschrift des Verfassers: Über einen allgemeinen Gesichtspunkt für invariantentheoretische Untersuchungen im binären Formengebiete. Math. Ann. Bd. 28 S. 445. Siehe diesen Band Abh. 3.

Damit die dritte Überschiebung $(\varphi, \psi)_3$ identisch verschwinde, müssen die Koeffizienten jener beiden Formen den folgenden 7 Gleichungen genügen:

$$\begin{aligned}
&\alpha_0\beta_3 - 3\alpha_1\beta_2 + 3\alpha_2\beta_1 - \alpha_3\beta_0 = 0,\\
&\alpha_0\beta_4 - 2\alpha_1\beta_3 + 2\alpha_3\beta_1 - \alpha_4\beta_0 = 0,\\
&\alpha_0\beta_5 - 5\alpha_2\beta_3 + 5\alpha_3\beta_2 - \alpha_5\beta_0 = 0,\\
&\alpha_0\beta_6 + 6\alpha_1\beta_5 - 15\alpha_2\beta_4 + 15\alpha_4\beta_2 - 6\alpha_5\beta_1 - \alpha_6\beta_0 = 0,\\
&\alpha_1\beta_6 - 5\alpha_3\beta_4 + 5\alpha_4\beta_3 - \alpha_6\beta_1 = 0,\\
&\alpha_2\beta_6 - 2\alpha_3\beta_5 + 2\alpha_5\beta_3 - \alpha_6\beta_2 = 0,\\
&\alpha_3\beta_6 - 3\alpha_4\beta_5 + 3\alpha_5\beta_4 - \alpha_6\beta_3 = 0.
\end{aligned}$$

Zur Behandlung dieser Gleichungen bringen wir durch geeignete simultane Transformation der Formen φ und ψ die beiden mittleren Koeffizienten α_3 und β_3 und dann durch lineare Kombination der Formen die Koeffizienten α_0 und β_6 zum Verschwinden. Da die Formen keinen Linearfaktor gemeinsam besitzen sollen, so sind die Koeffizienten α_6 und β_0 notwendig von Null verschieden, stehen aber im übrigen sowie noch ein weiterer Koeffizient zur geeigneten Verfügung. Die getroffenen Vereinfachungen lassen leicht erkennen, daß von den 7 Gleichungen des obigen Systems zwei eine Folge der übrigen sind und dementsprechend *die gesuchten Formen* die Gestalt

$$\begin{aligned}
\varphi &= x_1^5 x_2 + \varkappa x_1^4 x_2^2 + \lambda x_2^6,\\
\psi &= x_1^6 + 15 x_1^2 x_2^4 + 6(\varkappa + \lambda) x_1 x_2^5
\end{aligned}$$

annehmen, wo $\varkappa$ und λ zwei willkürliche Parameter bedeuten. *Es gibt also zweifach unendlich viele Formenbüschel 6-ter Ordnung mit identisch verschwindender dritter Überschiebung, welche nicht durch lineare Transformation ineinander übergeführt werden können.* Diese Tatsache ist dem gegenwärtigen Fall $\nu = 6$ allein vor allen früheren und, wie wir sehen werden, auch vor den noch weiter behandelten Fällen $\nu = 7$ und $\nu = 8$ eigentümlich. Die Jacobische Kovariante des gefundenen Büschels

$$\begin{aligned}
f = x_1^{10} + 2\varkappa x_1^9 x_2 - 45 x_1^6 x_2^4 - 18(3\varkappa + \lambda) x_1^5 x_2^5 - 18\varkappa(\varkappa + \lambda) x_1^4 x_2^6\\
+ 30\lambda x_1 x_2^9 + 6\lambda(\varkappa + \lambda) x_2^{10}
\end{aligned}$$

ist eine Form 10-ter Ordnung mit den wesentlichen Parametern $\varkappa$ und λ; ihre vierte Überschiebung wird durch die Form selbst teilbar, während der übrigbleibende quadratische Faktor

$$(\varphi, \psi)_5 = 5x_1^2 + 2(\varkappa + 5\lambda) x_1 x_2 + 2\varkappa(\varkappa + \lambda) x_2^2$$

keine besondere Invarianteneigenschaft aufweist. Bemerkt sei noch, *daß die Invariante zweiten Grades für eine jede Form unseres Büschels verschwindet.*

$\nu = 7$. Die Koeffizienten α und β der Formen φ und ψ mit der in Rede stehenden Eigenschaft müssen den folgenden 9 Gleichungen genügen:

$$\begin{aligned}
\alpha_0\beta_3 - 3\alpha_1\beta_2 + 3\alpha_2\beta_1 - \alpha_3\beta_0 &= 0, \\
\alpha_0\beta_4 - 2\alpha_1\beta_3 + 2\alpha_3\beta_1 - \alpha_4\beta_0 &= 0, \\
3\alpha_0\beta_5 - \alpha_1\beta_4 - 12\alpha_2\beta_3 + 12\alpha_3\beta_2 + \alpha_4\beta_1 - 3\alpha_5\beta_0 &= 0, \\
\alpha_0\beta_6 + 3\alpha_1\beta_5 - 9\alpha_2\beta_4 + 9\alpha_4\beta_2 - 3\alpha_5\beta_1 - \alpha_6\beta_0 &= 0, \\
\alpha_0\beta_7 + 13\alpha_1\beta_6 - 9\alpha_2\beta_5 - 45\alpha_3\beta_4 + 45\alpha_4\beta_3 + 9\alpha_5\beta_2 - 13\alpha_6\beta_1 - \alpha_7\beta_0 &= 0, \\
\alpha_1\beta_7 + 3\alpha_2\beta_6 - 9\alpha_3\beta_5 + 9\alpha_5\beta_3 - 3\alpha_6\beta_2 - \alpha_7\beta_1 &= 0, \\
3\alpha_2\beta_7 - \alpha_3\beta_6 - 12\alpha_4\beta_5 + 12\alpha_5\beta_4 + \alpha_6\beta_3 - 3\alpha_7\beta_2 &= 0, \\
\alpha_3\beta_7 - 2\alpha_4\beta_6 + 2\alpha_6\beta_4 - \alpha_7\beta_3 &= 0, \\
\alpha_4\beta_7 - 3\alpha_5\beta_6 + 3\alpha_6\beta_5 - \alpha_7\beta_4 &= 0.
\end{aligned}$$

Bringen wir durch entsprechende simultane Transformation die beiden Koeffizienten α_1 und β_1, ferner durch lineare Kombination der Formen φ und ψ die Koeffizienten α_0 und β_2 zum Verschwinden, so bleiben die Koeffizienten α_2 und β_0 notwendig von Null verschieden, stehen aber im übrigen sowie noch ein weiterer Koeffizient zur freien Verfügung. Man findet auf diese Weise für die aufgestellten Gleichungen die beiden einzigen Lösungssysteme:

1. $\alpha_0 = 0,\ \alpha_1 = 0,\ \alpha_2 = \frac{1}{3},\ \alpha_3 = 0,\ \alpha_4 = 0,\ \alpha_5 = 0,\ \alpha_6 = 0,\ \alpha_7 = 1,$
   $\beta_0 = 1,\ \beta_1 = 0,\ \beta_2 = 0,\ \beta_3 = 0,\ \beta_4 = 0,\ \beta_5 = -\frac{1}{3},\ \beta_6 = 0,\ \beta_7 = 0.$
2. $\alpha_0 = 0,\ \alpha_1 = 0,\ \alpha_2 = -1,\ \alpha_3 = 0,\ \alpha_4 = 0,\ \alpha_5 = 1,\ \alpha_6 = \frac{9}{4},\ \alpha_7 = \frac{9}{2},$
   $\beta_0 = 1,\ \beta_1 = 0,\ \beta_2 = 0,\ \beta_3 = \frac{1}{4},\ \beta_4 = \frac{1}{4},\ \beta_5 = \frac{1}{2},\ \beta_6 = \frac{3}{4},\ \beta_7 = \frac{19}{16}.$

Das erstere Lösungssystem führt zu dem *Formenbüschel*

$$\varphi = 7x_1^5x_2^2 + x_2^7,$$
$$\psi = x_1^7 - 7x_1^2x_2^5$$

mit den Kombinanten

$$(\varphi, \psi)_1 = x_1^{11}x_2 + 11x_1^6x_2^6 - x_1x_2^{11},$$
$$(\varphi, \psi)_5 = 0.$$

Die Jacobische Kovariante ist mithin nichts anderes als die bekannte Ikosaederform von der 12-ten Ordnung, deren vierte Überschiebung in der Tat identisch verschwindet. Das zweite Lösungssystem gibt zu einem Formenbüschel Anlaß, dessen Formen nach geeigneter linearer Transformation die *folgende Gestalt* annehmen:

$$\varphi = x_1^7 - 7x_1x_2^6,$$
$$\psi = 7x_1^6x_2 - 13x_2^7.$$

Die Jacobische Kovariante des gefundenen Büschels

$$f = x_1^{12} + 22x_1^6x_2^6 + 13x_2^{12}$$

ist in ihrer vierten Überschiebung enthalten, während der übrigbleibende Faktor

$$(\varphi, \psi)_5 = x_1^2x_2^2$$

das Quadrat einer quadratischen Form wird. *Die beiden gewonnenen Formenbüschel 7-ter Ordnung sind*, wie man hieraus ersieht, *wesentlich voneinander verschieden und überdies die einzigen von der verlangten Art.*

$\nu = 8$. Zur Bestimmung der gesuchten Koeffizienten α und β dienen die 11 Gleichungen:

$$\begin{aligned}
&\alpha_0\beta_3 - 3\alpha_1\beta_2 + 3\alpha_2\beta_1 - \alpha_3\beta_0 = 0,\\
&\alpha_0\beta_4 - 2\alpha_1\beta_3 + 2\alpha_3\beta_1 - \alpha_4\beta_0 = 0,\\
2&\alpha_0\beta_5 - \alpha_1\beta_4 - 7\alpha_2\beta_3 + 7\alpha_3\beta_2 + \alpha_4\beta_1 - 2\alpha_5\beta_0 = 0,\\
&\alpha_0\beta_6 + 2\alpha_1\beta_5 - 7\alpha_2\beta_4 + 7\alpha_4\beta_2 - 2\alpha_5\beta_1 - \alpha_6\beta_0 = 0,\\
&\alpha_0\beta_7 + 7\alpha_1\beta_6 - 7\alpha_2\beta_5 - 21\alpha_3\beta_4 + 21\alpha_4\beta_3 + 7\alpha_5\beta_2 - 7\alpha_6\beta_1 - \alpha_7\beta_0 = 0,\\
&\alpha_0\beta_8 + 22\alpha_1\beta_7 + 28\alpha_2\beta_6 - 126\alpha_3\beta_5 + 126\alpha_5\beta_3 - 28\alpha_6\beta_2 - 22\alpha_7\beta_1 - \alpha_8\beta_0 = 0,\\
&\alpha_1\beta_8 + 7\alpha_2\beta_7 - 7\alpha_3\beta_6 - 21\alpha_4\beta_5 + 21\alpha_5\beta_4 + 7\alpha_6\beta_3 - 7\alpha_7\beta_2 - \alpha_8\beta_1 = 0,\\
&\alpha_2\beta_8 + 2\alpha_3\beta_7 - 7\alpha_4\beta_6 + 7\alpha_6\beta_4 - 2\alpha_7\beta_3 - \alpha_8\beta_2 = 0,\\
2&\alpha_3\beta_8 - \alpha_4\beta_7 - 7\alpha_5\beta_6 + 7\alpha_6\beta_5 + \alpha_7\beta_4 - 2\alpha_8\beta_3 = 0,\\
&\alpha_4\beta_8 - 2\alpha_5\beta_7 + 2\alpha_7\beta_5 - \alpha_8\beta_4 = 0,\\
&\alpha_5\beta_8 - 3\alpha_6\beta_7 + 3\alpha_7\beta_6 - \alpha_8\beta_5 = 0.
\end{aligned}$$

Nach Einführung der entsprechenden Vereinfachungen wie im vorigen Falle erkennt man, daß jene Gleichungen die folgenden fünf Lösungssysteme besitzen:

1. $\alpha_0 = 0,\ \alpha_1 = 0,\ \alpha_2 = 1,\ \alpha_3 = 0,\ \alpha_4 = 0,\ \alpha_5 = 1,\ \alpha_6 = 0,$
$\alpha_7 = 0,\ \alpha_8 = 28,$
$\beta_0 = 7,\ \beta_1 = 0,\ \beta_2 = 0,\ \beta_3 = -2,\ \beta_4 = 0,\ \beta_5 = 0,\ \beta_6 = 16,$
$\beta_7 = 0,\ \beta_8 = 0,$

2. $\alpha_0 = 0,\ \alpha_1 = 0,\ \alpha_2 = 1,\ \alpha_3 = 0,\ \alpha_4 = 0,\ \alpha_5 = 0,\ \alpha_6 = -1,$
$\alpha_7 = 0,\ \alpha_8 = 0,$
$\beta_0 = 7,\ \beta_1 = 0,\ \beta_2 = 0,\ \beta_3 = 0,\ \beta_4 = 1,\ \beta_5 = 0,\ \beta_6 = 0,$
$\beta_7 = 0,\ \beta_8 = 7,$

3. $\alpha_0 = 0,\ \alpha_1 = 0,\ \alpha_2 = 1,\ \alpha_3 = 0,\ \alpha_4 = 0,\ \alpha_5 = 0,\ \alpha_6 = 0,$
$\alpha_7 = 0,\ \alpha_8 = 28,$
$\beta_0 = 1,\ \beta_1 = 0,\ \beta_2 = 0,\ \beta_3 = 0,\ \beta_4 = 0,\ \beta_5 = 0,\ \beta_6 = 1,$
$\beta_7 = 0,\ \beta_8 = 0,$

4. $\alpha_0 = 0,\ \alpha_1 = 0,\ \alpha_2 = -1,\ \alpha_3 = 0,\ \alpha_4 = 0,\ \alpha_5 = 28,\ \alpha_6 = 252,$
$\alpha_7 = 504,\ \alpha_8 = -5824,$
$\beta_0 = 1,\ \beta_1 = 0,\ \beta_2 = 0,\ \beta_3 = 8,\ \beta_4 = 36,\ \beta_5 = 72,\ \beta_6 = 1216,$
$\beta_7 = 5040,\ \beta_8 = 55440,$

5. $\alpha_0 = 0, \alpha_1 = 0, \alpha_2 = -4, \alpha_3 = 0, \alpha_4 = 0, \alpha_5 = 4, \alpha_6 = 9,$
$\alpha_7 = 18, \alpha_8 = 32,$
$\beta_0 = 112, \beta_1 = 0, \beta_2 = 0, \beta_3 = 32, \beta_4 = 36, \beta_5 = 72, \beta_6 = 112,$
$\beta_7 = 180, \beta_8 = 279.$

Die erste Lösung liefert das *Formenbüschel*

$$\varphi = (x_1^3 x_2 + x_2^4)^2,$$
$$\psi = (x_1^4 - 8 x_1 x_2^3)^2,$$

dessen Jacobische Kovariante dem Produkte der Oktaeder- und Hexaederform gleich wird, während die 5-te Überschiebung $(\varphi, \psi)_5$ der Oktaederform proportional ausfällt und die 7-te Überschiebung $(\varphi, \psi)_7$ identisch verschwindet. Das Formenbüschel, welches dem zweiten Lösungssystem entspricht, ist mit dem vorigen Büschel äquivalent. Die dritte Lösung führt zu dem *Formenbüschel*

$$\varphi = x_1^6 x_2^2 + x_2^8,$$
$$\psi = x_1^8 + 28 x_1^2 x_2^6$$

mit den Kombinanten

$$(\varphi, \psi)_1 = x_1^{13} x_2 - 52 x_1^7 x_2^7 + 28 x_1 x_2^{13},$$
$$(\varphi, \psi)_5 = x_1^3 x_2^3,$$
$$(\varphi, \psi)_7 = x_1 x_2.$$

Was die beiden übrigen Lösungssysteme anbetrifft, so konstruieren wir für die bezüglichen Formenpaare φ, ψ die 7-ten Überschiebungen wie folgt:

$$(\varphi, \psi)_7 = x_1^2 + 4 x_1 x_2 - 14 x_2^2,$$
$$(\varphi, \psi)_7 = 2 x_1^2 + 2 x_1 x_2 - x_2^2.$$

Erteilen wir dann den letzteren durch lineare Transformation die Normalform $x_1 x_2$, so erweist sich nach einiger Rechnung das vierte Büschel als äquivalent mit dem zuletzt aufgestellten Büschel. Dagegen liefert die fünfte Lösung das neue *Formenbüschel*

$$\varphi = x_1^8 + 8 x_1 x_2^7,$$
$$\psi = 4 x_1^7 x_2 + 11 x_2^8,$$

und die in Frage kommenden Kombinanten lauten:

$$(\varphi, \psi)_1 = x_1^{14} - 26 x_1^7 x_2^7 + 22 x_2^{14},$$
$$(\varphi, \psi)_5 = x_1^3 x_2^3.$$

Die drei aufgestellten Formenbüschel können durch lineare Transformation nicht ineinander übergeführt werden und sind überdies die einzigen Büschel 8-ter Ordnung mit der in Rede stehenden Kombinanteneigenschaft.

Für die *allgemeine Ordnung* ν lassen sich zwei wesentlich verschiedene Formenbüschel der verlangten Art angeben; es sind die folgenden:

$$\varphi = x_1^\nu + \nu(\nu-1)\,x_1^2 x_2^{\nu-2},$$
$$\psi = \nu\, x_1^{\nu-2} x_2^2 + (\nu-4)(\nu^2-9\nu+12)\, x_2^\nu,$$

und

$$\varphi = x_1^\nu - \nu\, x_1\, x_2^{\nu-1},$$
$$\psi = \nu\, x_1^{\nu-1} x_2 - (\nu^2-6\nu+6)\, x_2^\nu,$$

wenngleich hiermit die Aufzählung *aller* vorhandenen Büschel mit identisch verschwindender dritter Überschiebung wohl kaum abgeschlossen ist. Es bleibt ferner die Frage[1] unerledigt, ob, abgesehen von trivialen Fällen, die Jacobischen Kovarianten von Büscheln mit jener Kombinanteneigenschaft die einzigen Formen gerader Ordnung sind, deren vierte Überschiebung sich durch die Grundform selbst teilen läßt.

Was endlich das identische Verschwinden einer *beliebigen* Überschiebung von zwei binären Formen und das hierdurch vermittelte Verhältnis gegenseitiger Zuordnung anbetrifft, so gelten die folgenden allgemeinen Sätze, welche im besonderen auch die oben behandelten Fragen aus einem neuen Gesichtspunkte auffassen:

Damit einer vorgelegten binären Form f von der n-ten Ordnung eine Form φ von der ν-ten Ordnung mit identisch verschwindender i-ten Überschiebung $(f, \varphi)_i$ zugeordnet werden kann, ist für die Form f das identische Verschwinden einer einzigen Kovariante $(\nu+1)(n-2i)$-ter Ordnung notwendig und hinreichend.

Um das Leitglied dieser Kovariante zu bilden, haben wir aus den Koeffizienten der Form f eine Determinante derart zusammenzusetzen, wie es die Elimination der $\nu+1$ Koeffizienten der Form φ aus den ersten $\nu+1$ für dieselben geltenden Bedingungsgleichungen erforderlich macht.

Wenn für eine Form f der n-ten Ordnung eine σ-fach unendliche lineare Mannigfaltigkeit von Formen φ der ν-ten Ordnung existiert, deren i-te Überschiebungen $(f, \varphi)_i$ identisch verschwinden, dann ist es stets möglich, eben derselben Form f eine $(\sigma+z)$-fach unendliche lineare Mannigfaltigkeit von Formen ψ der $(\nu+z)$-ten Ordnung mit identisch verschwindenden Überschiebungen $(f, \psi)_{i+z}$ zuzuordnen, wobei z die Zahl $n-2i$ bedeutet.

Zum Beweise betrachten wir einerseits diejenige Matrix mit $\nu+z+1$ Horizontalreihen und $\nu+1$ Vertikalreihen, welche entsteht, wenn wir, wie bereits vorhin angedeutet wurde, die simultan-invariante Bedingung

$$(f, \varphi)_i = 0$$

in die $\nu+z+1$ einzelnen linearen Relationen auflösen und dann die $\nu+1$

---

[1] Inzwischen hat sich Herr A. Hirsch auf meine Anregung hin mit dieser Frage beschäftigt und dieselbe in bejahendem Sinne entschieden.

Koeffizienten der Form φ eliminieren. Andererseits liefert die gleiche Behandlung der Bedingung

$$(f, \psi)_{i+z} = 0$$

eine Matrix mit $\nu + 1$ Horizontal- und $\nu + z + 1$ Vertikalreihen. Für die auftretenden Zahlenkoeffizienten folgt mit Benutzung der symbolischen Methode eine Beziehung, aus welcher man erkennt, daß die zuletzt erhaltene Matrix nach Vertauschung der Horizontal- und Vertikalreihen bis auf unwesentliche Vorzeichen mit der ersteren übereinstimmt. Infolge dieses Umstandes wird die in obigem Satze ausgesprochene Behauptung evident.

Die beiden aufgestellten Sätze gestatten die weitgehendste Verallgemeinerung unter gleichzeitiger Berücksichtigung mehrerer Grundformen und mehrerer invarianter Bedingungen. So sei beispielsweise noch der folgende Satz seiner mannigfachen Verwendbarkeit wegen erwähnt:

Wenn für ein System von $\varkappa$ Formen $f, f', \ldots$ von den Ordnungen $n, n', \ldots$ eine σ-fach unendliche lineare Mannigfaltigkeit von ebensoviel Formen $\varphi, \varphi', \ldots$ der Ordnungen $\nu, \nu', \ldots$ mit der simultaninvarianten Bedingung

$$(f, \varphi)_i + (f', \varphi')_{i'} + \cdots = 0$$

existiert, dann ist es stets möglich, eben demselben Formensysteme $f, f', \ldots$ eine $(\sigma + w - \varkappa - \nu - \nu' - \cdots + 1)$-fach unendliche lineare Mannigfaltigkeit von Formen ψ der Ordnung w mit den invarianten Bedingungen

$$(f, \psi)_{n-i} = 0, \quad (f', \psi)_{n'-i'} = 0, \ldots$$

zuzuordnen und umgekehrt; dabei ist der gemeinsame Wert der Ausdrücke

$$n + \nu - 2i = n' + \nu' - 2i' = \cdots$$

mit w bezeichnet.

Königsberg i. Pr., den 27. Juli 1887.

7. Über binäre Formen mit vorgeschriebener Diskriminante.

[Mathem. Annalen Bd. 31, S. 482—492 (1888).]

Das Problem.

Betrachten wir zwei binäre Formen von der ν-ten Ordnung:

$$\varphi = \alpha_0 x_1^\nu + \binom{\nu}{1} \alpha_1 x_1^{\nu-1} x_2 + \cdots + \alpha_\nu x_2^\nu,$$

$$\psi = \beta_0 x_1^\nu + \binom{\nu}{1} \beta_1 x_1^{\nu-1} x_2 + \cdots + \beta_\nu x_2^\nu,$$

so gibt es bekanntlich innerhalb der einfach unendlichen linearen Formenmannigfaltigkeit

$$\varkappa \varphi + \mu \psi \qquad (1)$$

genau $2\nu - 2$ Formen mit doppeltem Linearfaktor. Das Produkt dieser $2\nu - 2$ Linearfaktoren ist durch die Funktionaldeterminante $(\varphi, \psi)_1$ der beiden Formen gegeben, während man die jenen Formen entsprechenden $2\nu - 2$ Parameterverhältnisse $\varkappa : \mu$ durch Nullsetzen der Diskriminante $\delta(\varkappa, \mu)$ des Gebildes (1) findet. Die Frage nach den Involutionen ν-ter Ordnung mit vorgeschriebener Funktionaldeterminante hat der Verfasser[1] vor kurzem zur Lösung gebracht. *In der vorliegenden Arbeit handelt es sich darum, alle diejenigen Formengebilde* (1) *zu bestimmen, für welche jene* $2\nu - 2$ *ausgezeichneten Parameterverhältnisse* $\varkappa : \mu$ *vorgeschriebene Werte annehmen, oder, was auf das nämliche hinausläuft, für welche die Diskriminante* $\delta(\varkappa, \mu)$ *eine gegebene binäre Form von der* $2\nu - 2$*-ten Ordnung in den Variablen* $\varkappa, \mu$ *wird.*

Die Diskriminante als Grundform.

Die Diskriminante des binären Gebildes (1) nimmt die Gestalt an:

$$\delta(\varkappa, \mu) = \delta_0 \varkappa^{2\nu-2} + \binom{2\nu-2}{1} \delta_1 \varkappa^{2\nu-3} \mu + \cdots + \delta_{2\nu-2} \mu^{2\nu-2}. \qquad (2)$$

Der erste Koeffizient δ_0 ist die Diskriminante der Form φ, der letzte Koeffi-

[1] Vgl.: Über die Büschel von binären Formen mit der nämlichen Funktionaldeterminante. Ber. der königl. sächs. Ges. Sitzung am 24. Oktober 1887. Dieser Band Abh. 12.

zient $\delta_{2\nu-2}$ ist die Diskriminante der Form ψ. Aus jedem dieser beiden Koeffizienten lassen sich unter Vermittlung der abkürzenden Symbole

$$\psi\frac{\partial}{\partial\varphi} = \beta_0\frac{\partial}{\partial\alpha_0} + \beta_1\frac{\partial}{\partial\alpha_1} + \cdots + \beta_\nu\frac{\partial}{\partial\alpha_\nu},$$

$$\varphi\frac{\partial}{\partial\psi} = \alpha_0\frac{\partial}{\partial\beta_0} + \alpha_1\frac{\partial}{\partial\beta_1} + \cdots + \alpha_\nu\frac{\partial}{\partial\beta_\nu}$$

die übrigen Koeffizienten $\delta_1, \delta_2, \ldots, \delta_{2\nu-3}$ ableiten; es ist nämlich allgemein

$$\delta_i = \frac{(2\nu-i-2)!}{(2\nu-2)!}\left[\psi\frac{\partial}{\partial\varphi}\right]^i\delta_0 = \frac{i!}{(2\nu-2)!}\left[\varphi\frac{\partial}{\partial\psi}\right]^{2\nu-i-2}\delta_{2\nu-2}.$$

Die in Rede stehenden Koeffizienten sind Simultaninvarianten des Formenpaares φ, ψ. Unterwerfen wir daher die Variablen x_1, x_2 einer linearen Transformation, bei welcher die Substitutionsdeterminante gleich der Einheit ist, so besitzen offenbar sämtliche so entspringenden dreifach unendlichvielen Formenpaare die nämliche Diskriminantenform δ. Diese Tatsache ist für das oben aufgestellte Problem von Bedeutung. Wenn wir nämlich die Koeffizienten $\delta_0, \delta_1, \ldots, \delta_{2\nu-2}$ als gegeben ansehen, so haben wir zur Bestimmung des zugehörigen Formenpaares $2\nu - 1$ Gleichungen, und diese Zahl ist gerade um 3 geringer als die Zahl $2\nu + 2$ der zu bestimmenden Koeffizienten $\alpha_0, \alpha_1, \ldots, \alpha_\nu$ und $\beta_0, \beta_1, \ldots, \beta_\nu$. Es wird daher die Widerspruchsfreiheit und Bestimmtheit des Problems außer Zweifel stehen, sobald es gelingt, den strengen Nachweis dafür zu führen, daß die Diskriminantenform δ eine allgemeine Form ihrer Ordnung darstellt, oder, genauer gesagt, daß jede beliebige binäre Form von der $(2\nu - 2)$-ten Ordnung in den Variablen $\varkappa, \mu$ als Diskriminantenform δ eines geeignet gewählten Formenpaares φ, ψ betrachtet werden darf. Dieser Nachweis wird im folgenden auf indirektem Wege erbracht.

Gehen wir nämlich von der Annahme aus, daß zwischen den Koeffizienten $\delta_0, \delta_1, \ldots, \delta_{2\nu-2}$ eine identische Relation bestehe, so würde aus der Konstantenabzählung folgen, daß es für eine Diskriminantenform δ stets vierfach unendlich viele zugehörige Formenpaare φ, ψ gibt. Betrachten wir nun die Doppelverhältnisse, welche sich aus den 2ν Wurzeln der beiden Gleichungen $\varphi(x, 1) = 0$ und $\psi(x, 1) = 0$ bilden lassen, so sind zwei Fälle zu unterscheiden. *Erstens* könnte der Fall eintreten, daß die Werte der Doppelverhältnisse sämtlich ungeändert bleiben, sobald das Formenpaar φ, ψ mit irgendeinem anderen Formenpaare der in Rede stehenden vierfach unendlichen Mannigfaltigkeit vertauscht wird. Infolge dieser Annahme müßte es möglich sein, die vierfach unendlich vielen Formenpaare sämtlich mittels linearer Substitution der Variablen x_1, x_2 aus einem bestimmten Formenpaare φ, ψ herzuleiten. Da ferner die Determinante jener Substitution notwendigerweise einer Einheitswurzel gleich werden muß, so läge tatsächlich nur eine dreifach unendliche Mannigfaltigkeit von Formenpaaren vor, und mit diesem beschränkenden Umstande tritt die ursprüngliche Annahme in Widerspruch. *Zweitens* werde vorausgesetzt, daß wenigstens eines jener Doppelverhältnisse sich ändert, wenn man das Formenpaar φ, ψ durch ein anderes der vierfach unendlich-vielen Formenpaare ersetzt. Wird dann einer der variablen Parameter in der Weise bestimmt, daß das betrachtete Doppelverhältnis den Wert Null annimmt, so sind drei Möglichkeiten zu berücksichtigen, je nachdem infolge dieses Verfahrens die betreffende Form φ oder die Form ψ einen Doppelfaktor erhält oder endlich beiden Formen φ, ψ ein gemeinsamer Linearfaktor zuteil wird. Tritt einer der beiden ersten Fälle ein, so müßte die Diskriminante δ_0 oder $\delta_{2\nu-2}$ verschwinden; eine derartige Spezialisierung der Diskriminantenform δ ist aber offenbar nicht notwendig erforderlich. Die letzte Möglichkeit würde für die Diskriminantenform δ die Existenz eines Doppelfaktors und somit das identische Verschwinden ihrer Diskriminante bedingen. Der nächste Abschnitt zeigt, daß auch diese Folgerung der Wahrheit zuwiderläuft. Die eben bewiesene Tatsache führt unmittelbar zu dem folgenden Ergebnis:

Ist eine binäre Form $\delta(\varkappa, \mu)$ *von der* $(2\nu - 2)$-ten *Ordnung in den Variablen* $\varkappa, \mu$ *vorgelegt, so gibt es stets eine endliche Anzahl von Formengebilden* (1), *deren Diskriminante mit der Form* $\delta(\varkappa, \mu)$ *übereinstimmt. Dabei sind jedoch alle diejenigen Formengebilde* (1) *als nicht untereinander verschieden zu betrachten, welche durch lineare Transformation aus einem bestimmten Formengebilde jener Art hervorgehen.*

Die Diskriminante der Diskriminantenform.

Nach den Ausführungen zu Anfang dieser Mitteilung entspricht einem jeden Linearfaktor $x_2' x_1 - x_1' x_2$ der Funktionaldeterminante $(\varphi, \psi)_1$ ein bestimmter Linearfaktor $\mu'\varkappa - \varkappa'\mu$ der Diskriminantenform (2), und umgekehrt. In der Tat ergibt sich:

$$\varkappa' : \mu' = -\psi(x_1', x_2') : \varphi(x_1', x_2'),$$
$$x_1' : x_2' = \quad g(\varkappa', \mu') : h(\varkappa', \mu').$$

In letzterer Formel bedeuten g und h diejenigen ganzen Funktionen der Koeffizienten $\alpha_0, \alpha_1, \ldots, \alpha_\nu$; $\beta_0, \beta_1, \ldots, \beta_\nu$ und der beigefügten Argumente $\varkappa', \mu'$, deren man sich in bekannter Weise bedient, um den doppelten Linearfaktor der binären Form $\varkappa'\varphi + \mu'\psi$ rational darzustellen. Nehmen wir nun an, die Diskriminantenform (2) enthielte den Linearfaktor $\mu'\varkappa - \varkappa'\mu$ doppelt, so nimmt zufolge der obigen Beziehung die Funktionaldeterminante $(\varphi, \psi)_1$ den Linearfaktor $x_2' x_1 - x_1' x_2$ doppelt an, es sei denn, daß die Ausdrücke $g(\varkappa', \mu')$ und $h(\varkappa', \mu')$ gleichzeitig verschwinden. Das letztere Vorkommnis erfordert aber, daß die binäre Form $\varkappa'\varphi + \mu'\psi$ entweder zwei Doppelfaktoren oder einen dreifachen Linearfaktor enthält. Wenn andererseits die Funktionaldeterminante $(\varphi, \psi)_1$ einen Doppelfaktor besitzt, so folgt notwendig, daß entweder die Resultante A des Formenbüschels (1) verschwindet, oder in jenem

Büschel eine Form mit dreifachem Linearfaktor enthalten ist. Wir bezeichnen mit B und Γ diejenigen Kombinanten des Formenbüschels (1), deren Verschwinden die Bedingung dafür liefert, daß unter den Formen des Büschels eine Form mit zwei Doppelfaktoren bzw. mit einem dreifachen Linearfaktor vorkommt. Die eben angestellten Überlegungen zeigen dann, daß die Diskriminante der Diskriminantenform (2) notwendig die Gestalt annimmt

$$\varDelta = \mathsf{A}^m \mathsf{B}^n \Gamma^t, \tag{3}$$

wobei die Exponenten m, n, t ganze positive Zahlen bedeuten. Die Diskriminante $\varDelta$ ist mithin, wie überhaupt jede Invariante der Diskriminantenform, Kombinante des Formenbüschels (1).

Was den Grad der beiden Kombinanten B und Γ in den Koeffizienten einer jeden der beiden Formen φ, ψ anbetrifft, so ist derselbe derjenigen Zahl gleich, welche angibt, wie viele Formen mit zwei Doppelfaktoren bzw. mit einem dreifachen Linearfaktor in einem Formenbündel von der ν-ten Ordnung enthalten sind. Diese Zahl ist $2(\nu-2)(\nu-3)$ bzw. $3(\nu-2)$.*

Zur Bestimmung der Exponenten m, n, t dienen die folgenden Überlegungen. Wir nehmen an, daß die Formen φ, ψ einen gemeinsamen Linearfaktor enthielten und setzen demgemäß

$$\left.\begin{aligned}\varphi &= (x_2' x_1 - x_1' x_2)\,\varphi', \\ \psi &= (x_2' x_1 - x_1' x_2)\,\psi'.\end{aligned}\right\} \tag{4}$$

Die Kombinante B kann dann ihrer Bedeutung zufolge nur in zwei Fällen verschwinden, nämlich erstens, wenn die entsprechende Kombinante B′ für das Formenpaar φ', ψ' verschwindet, und zweitens, wenn der Ausdruck

$$\frac{\psi'(x_1', x_2')\,\varphi'(x_1, x_2) - \varphi'(x_1', x_2')\,\psi'(x_1, x_2)}{x_2' x_1 - x_1' x_2} \tag{5}$$

als Form der Variablen x_1, x_2 betrachtet, einen Doppelfaktor enthält. Bezeichnen wir die Diskriminante des Formengebildes $\varkappa\varphi' + \mu\psi'$ mit $\delta'(\varkappa, \mu)$ und die Funktionaldeterminante der beiden Formen $\varphi'(x_1', x_2')$ und $\psi'(x_1', x_2')$ mit f, so ist die Diskriminante jenes Ausdruckes (5):

$$d = \frac{\delta'[\psi'(x_1', x_2') - \varphi'(x_1', x_2')]}{f^2}.$$

Nach Bestimmung der Gradzahlen für die Gebilde B′ und d ergibt sich die Formel

$$\mathsf{B} = \mathsf{B}' d^2. \tag{6}$$

Die nämliche Methode zeigt, daß die Kombinante Γ unter jener Annahme (4) in die Gestalt

$$\Gamma = \Gamma' f^3 \tag{7}$$

---

* Vgl. die Note des Verfassers: Über die Singularitäten der Diskriminantenfläche. Math. Ann. Bd. 30 (1887) S. 440. Dieser Band Abh. 5.

übergeht, wo Γ' die entsprechende Kombinante des Formenpaares φ', ψ' bedeutet. Was schließlich die Diskriminantenform (2) betrifft, so gewinnt man bei der Annahme (4) für dieselbe den Ausdruck

$$\delta(\varkappa, \mu) = \delta'(\varkappa, \mu)\,[\varkappa\,\varphi'(x_1', x_2') + \mu\,\psi'(x_1', x_2')]^2. \qquad (8)$$

Heben wir nunmehr die beschränkende Annahme (4) auf und setzen

$$\varphi = (x_2' x_1 - x_1' x_2)\,\varphi',$$
$$\psi = (x_2'' x_1 - x_1'' x_2)\,\psi',$$

so sind jene Ausdrücke für B, Γ, δ nichts anderes als die ersten Glieder in der Entwicklung dieser Größen nach fortschreitenden Potenzen von $x_2' x_1'' - x_1' x_2''$. Bezeichnet A' die Resultante der beiden Formen φ', ψ', so ist

$$\mathsf{A} = (x_2' x_1'' - x_1' x_2'')\,\mathsf{A}'\varphi'(x_1'', x_2'')\,\psi'(x_1', x_2'). \qquad (9)$$

Aus der Formel (3) folgt mit Rücksicht auf (6), (7), (9), daß die Entwicklung der Diskriminante Δ mit dem Gliede

$$(x_2' x_1'' - x_1' x_2'')^m\,\mathsf{A}'^m\,\mathsf{B}'^n\,\Gamma'^t\,\varphi'^m\,\psi'^m\,d^{2n} f^{3t}$$

beginnt. Andererseits geht aus dem Ausdrucke (8) soviel hervor, daß das erste Glied in der Entwicklung der Diskriminante Δ den Faktor

$$(x_2' x_1'' - x_1' x_2'')\,\{\delta'[\psi'(x_1', x_2') - \varphi'(x_1', x_2')]\}^4 = (x_2' x_1'' - x_1' x_2'')\,d^4 f^8$$

enthalten muß. Die Exponenten m, n, t müssen daher jedenfalls bezüglich die Zahlenwerte 1, 2, 3 erreichen. Die letzteren können ferner nicht überschritten werden, da die Zahl

$$1\cdot\nu + 2\cdot 2(\nu-2)(\nu-3) + 3\cdot 3(\nu-2) = 2(\nu-1)(2\nu-3)$$

bereits den Grad der Diskriminante Δ in den Koeffizienten jeder der Formen φ, ψ darstellt, d. h.:

Die Diskriminante der Diskriminantenform (2) *besitzt den Wert*

$$\Delta = \mathsf{A}\,\mathsf{B}^2\,\Gamma^3.$$

Die Lösung des Problems in den Fällen $\nu = 2, 3, 4$.

Der nachfolgende Abschnitt bringt das zu Anfang aufgestellte Problem in den Fällen $\nu = 2, 3, 4$ zur Lösung.

$\nu = 2$.

Man erkennt leicht, daß zu einer vorgelegten Diskriminantenform zweiter Ordnung nur ein einziges quadratisches Formengebilde $\varkappa\varphi + \mu\psi$ zugehört. Im übrigen bietet dieser Fall noch kein besonderes Interesse.

$\nu = 3$.

Vorgelegt ist die biquadratische Form:

$$\delta(\varkappa, \mu) = \delta_0\varkappa^4 + 4\,\delta_1\varkappa^3\mu + 6\,\delta_2\varkappa^2\mu^2 + 4\,\delta_3\varkappa\mu^3 + \delta_4\mu^4;$$

es werden diejenigen kubischen Formengebilde $\varkappa\varphi + \mu\psi$ gesucht, welche δ zur Diskriminante besitzen. Wir legen die beiden Formen jenes Gebildes in der bekannten typischen Darstellung[1]:

$$\varphi = \frac{\partial F}{\partial k},$$

$$\psi = \frac{\partial F}{\partial m}$$

zugrunde, worin

$$F = A k^4 + 4 B k^3 m + 6 C k^2 m^2 + 4 D k m^3 + E m^4$$

eine biquadratische Form bedeutet, deren Koeffizienten Simultaninvarianten und deren Variable k, m lineare Simultankovarianten des Formenpaares φ, ψ sind. Bilden wir dann die Diskriminante des kubischen Gebildes

$$\varkappa\varphi + \mu\psi = \varkappa \frac{\partial F}{\partial k} + \mu \frac{\partial F}{\partial m}$$

und setzen in dem erhaltenen Ausdruck nachträglich an Stelle der Variablen $\varkappa$, μ die Variablen k, m, so geht derselbe in eine Kovariante der Form F über, welche die Ordnung und den Grad 4 besitzt und infolgedessen die Gestalt $c_1 j F + c_2 i H$ annehmen muß. Dabei gelten für die invarianten Formen der biquadratischen Grundform F die üblichen Bezeichnungen

$$H = (F, F)_2; \qquad i = (F, F)_4; \qquad j = (F, H)_4 .$$

Die Zahlen c_1, c_2 ergeben sich ohne Schwierigkeit gleich 2 bzw. -3.

Die angestellten Überlegungen führen das in Rede stehende Problem auf die Bestimmung aller derjenigen biquadratischen Formen F zurück, für welche die Kovariante

$$2 j F - 3 i H$$

den vorgeschriebenen Wert $\delta(k, m)$ erhält. Die letztere Aufgabe wird, wie folgt, gelöst.

Setzen wir der obigen Bezeichnungsweise entsprechend

$$\eta = (\delta, \delta)_2; \qquad \iota = (\delta, \delta)_4; \qquad \gamma = (\delta, \eta)_4;$$

und bedeutet ferner ε eine willkürliche Größe, so gelten für die invarianten Bildungen der biquadratischen Form $\varepsilon\delta + \eta$ die bekannten Formeln[2]:

$$H_{\varepsilon\delta+\eta} = \frac{1}{3}(\iota\varepsilon + \gamma)\delta + \left(\varepsilon^2 - \frac{1}{6}\iota\right)\eta,$$

$$i_{\varepsilon\delta+\eta} = \iota\varepsilon^2 + 2\gamma\varepsilon + \frac{1}{6}\iota^2,$$

$$j_{\varepsilon\delta+\eta} = \gamma\varepsilon^3 + \frac{1}{2}\iota^2\varepsilon^2 + \frac{1}{2}\iota\gamma\varepsilon - \frac{1}{36}\iota^3 + \frac{1}{3}\gamma^2.$$

---

[1] Vgl. P. Gordan: Vorlesungen über Invariantentheorie, 1885 Bd. 2 S. 348.

[2] Vgl. l. c. Bd. 2 § 16.

Der Ansatz

$$F = \varepsilon\delta + \eta \tag{10}$$

führt notwendig zu der Gleichung

$$2\,j_{\varepsilon\delta+\eta}(\varepsilon\delta + \eta) - 3\,i_{\varepsilon\delta+\eta} H_{\varepsilon\delta+\eta} = C\delta,$$

wo C eine Proportionalitätskonstante bedeutet. Diese Gleichung ist offenbar identisch erfüllt, sobald der Faktor von η auf ihrer linken Seite verschwindet, d. h. sobald die Größe ε der biquadratischen Gleichung

$$3\iota\varepsilon^4 + 4\gamma\varepsilon^3 - \iota^2\varepsilon^2 - 2\iota\gamma\varepsilon - \tfrac{1}{36}\iota^3 - \tfrac{2}{3}\gamma^2 = 0 \tag{11}$$

genügt. Die gefundene Gleichung für ε ist eine Tetraedergleichung und besitzt überdies die Eigenschaft, daß ihre Diskriminante der vierten Potenz der Diskriminante der vorgelegten Form δ gleich wird. Betrachten wir nämlich die linke Seite der fraglichen Gleichung (11) als Grundform, so nehmen die beiden Invarianten derselben die Werte an

$$I = 0\,,\quad J = (\tfrac{1}{3}\iota^3 - 2\gamma^2)^2\,.$$

Es gibt mithin vier kubische Formengebilde $\varkappa\varphi + \mu\psi$ mit der vorgeschriebenen Diskriminante δ. Die Formen φ, ψ für ein jedes dieser Gebilde sind die ersten Differentialquotienten einer biquadratischen Form F, welche sich nach Auflösung der Tetraedergleichung (11) *mit Hilfe der Formel* (10) *bestimmen läßt.*

Ein Ausnahmefall tritt nur dann ein, wenn für einen Wurzelwert ε der Tetraedergleichung (11) gleichzeitig der Ausdruck

$$C = 2\gamma\varepsilon^4 - 2\iota\gamma\varepsilon^2 - (\tfrac{2}{9}\iota^3 + \tfrac{4}{3}\gamma^2)\varepsilon - \tfrac{1}{6}\iota^2\gamma$$

zu Null wird. Man erkennt leicht, daß dies Vorkommnis durch das Verschwinden der Diskriminante $\iota^3 - 6\gamma^2$ der vorgelegten Diskriminantenform δ bedingt wird.

Um dem behandelten Problem die bekannte Frage nach den kubischen Formenbüscheln mit vorgeschriebener Funktionaldeterminante gegenüberzustellen, so sei daran erinnert, daß die letztere Frage auf die Bestimmung der biquadratischen Grundformen mit vorgeschriebener Hesseschen Kovariante hinausläuft und diesem Umstande entsprechend nur zwei Lösungen gestattet.

$\nu = 4$.

Um die biquadratischen Gebilde $\varkappa\varphi + \mu\psi$ mit der vorgeschriebenen Diskriminante

$$\delta(\varkappa, \mu) = \delta_0\varkappa^6 + 6\delta_1\varkappa^5\mu + 15\delta_2\varkappa^4\mu^2 + 20\delta_3\varkappa^3\mu^3 + 15\delta_4\varkappa^2\mu^4 + 6\delta_5\varkappa\mu^5 + \delta_6\mu^6$$

zu bestimmen, betrachten wir die beiden Invarianten jener biquadratischen Gebilde:

$$i(\varkappa, \mu) = i_0 \varkappa^2 + 2 i_1 \varkappa \mu + i_2 \mu^2,$$
$$j(\varkappa, \mu) = j_0 \varkappa^3 + 3 j_1 \varkappa^2 \mu + 3 j_2 \varkappa \mu^2 + j_3 \mu^3.$$

Die Koeffizienten der beiden so erhaltenen Ausdrücke sind offenbar Simultaninvarianten des Formenpaares φ, ψ. Infolge der bekannten Darstellungsweise der Diskriminante einer biquadratischen Form haben wir

$$\delta(\varkappa, \mu) = [i(\varkappa, \mu)]^3 - 6 [j(\varkappa, \mu)]^2.$$

Es ist nun von CAYLEY[1] und CLEBSCH[2] die Aufgabe behandelt worden, eine vorgeschriebene binäre Form von der 6-ten Ordnung in zwei Summanden zu zerlegen, von denen der erstere der vollständige Kubus einer quadratischen Form, der zweite das vollständige Quadrat einer kubischen Form wird. Die Aufgabe läßt 40 verschiedene Lösungen zu. *Sind diese bekannt, so ist unser ursprüngliches Problem auf die Frage nach denjenigen biquadratischen Formengebilden $\varkappa\varphi + \mu\psi$ zurückgeführt, deren Invarianten $i(\varkappa, \mu)$ und $j(\varkappa, \mu)$ vorgeschriebene Formen der zweiten bzw. dritten Ordnung sind.* Auch dieses Problem ist vollkommen bestimmt und einer eleganten Lösung fähig.

Betrachten wir nämlich an Stelle der beiden biquadratischen Formen

$$\varphi = \alpha_0 x_1^4 + 4 \alpha_1 x_1^3 x_2 + 6 \alpha_2 x_1^2 x_2^2 + 4 \alpha_3 x_1 x_2^3 + \alpha_4 x_2^4,$$
$$\psi = \beta_0 x_1^4 + 4 \beta_1 x_1^3 x_2 + 6 \beta_2 x_1^2 x_2^2 + 4 \beta_3 x_1 x_2^3 + \beta_4 x_2^4$$

die folgenden drei ternären quadratischen Formen

$$p = y_1 y_2 - y_2^2,$$
$$q = \alpha_0 y_1^2 + 4 \alpha_1 y_1 y_2 + 2 \alpha_2 y_1 y_3 + 4 \alpha_2 y_2^2 + 4 \alpha_3 y_2 y_3 + \alpha_4 y_3^2,$$
$$r = \beta_0 y_1^2 + 4 \beta_1 y_1 y_2 + 2 \beta_2 y_1 y_3 + 4 \beta_2 y_2^2 + 4 \beta_3 y_2 y_3 + \beta_4 y_3^2,$$

so entsteht aus diesen durch lineare Kombination die quadratische Form $\lambda p + \varkappa q + \mu r$ mit der Diskriminante

$$D(\lambda, \varkappa, \mu) = 24 \begin{vmatrix} \varkappa\alpha_0 + \mu\beta_0, & \varkappa\alpha_1 + \mu\beta_1, & \frac{1}{2}\lambda + \varkappa\alpha_2 + \mu\beta_2 \\ \varkappa\alpha_1 + \mu\beta_1, & -\frac{1}{4}\lambda + \varkappa\alpha_2 + \mu\beta_2, & \varkappa\alpha_3 + \mu\beta_3 \\ \frac{1}{2}\lambda + \varkappa\alpha_2 + \mu\beta_2, & \varkappa\alpha_3 + \mu\beta_3, & \varkappa\alpha_4 + \mu\beta_4 \end{vmatrix}$$
$$= \tfrac{3}{2}\lambda^3 - 3\lambda\, i(\varkappa, \mu) + 4 j(\varkappa, \mu)^*.$$

Der angestellten Überlegung zufolge handelt es sich nunmehr um die Bestimmung aller derjenigen ternären quadratischen Formengebilde $\lambda p + \varkappa q + \mu r$, welche die vorgeschriebene Diskriminante $D(\lambda, \varkappa, \mu)$ besitzen.

---

[1] Quart. J. Math. Bd. 9 S. 210. [2] Math. Ann. Bd. 2 S. 193.

* Diese Beziehung zwischen der Diskriminante eines ternären quadratischen Gebildes und der kubischen Resolvente der binären biquadratischen Form ist bereits von SELIVANOF bemerkt worden, vgl. Bull. Sci. math. s. 2, t. 7.

Um diese Aufgabe zu lösen, denken wir uns die drei ternären quadratischen Formen p, q, r mittels linearer Transformation der Variablen y_1, y_2, y_3 in die typische Gestalt[1]

$$P = \frac{\partial F}{\partial l}, \quad Q = \frac{\partial F}{\partial k}, \quad R = \frac{\partial F}{\partial m}$$

übergeführt, worin F eine ternäre kubische Form bedeutet, deren Koeffizienten Simultaninvarianten und deren Variable l, k, m lineare Simultankovarianten der drei Formen p, q, r sind. Bilden wir dann die Diskriminante des ternären quadratischen Gebildes

$$\lambda p + \varkappa q + \mu r = \lambda \frac{\partial F}{\partial l} + \varkappa \frac{\partial F}{\partial k} + \mu \frac{\partial F}{\partial m}$$

und setzen in dem erhaltenen Ausdrucke nachträglich an Stelle der Variablen $\lambda, \varkappa, \mu$ die Variablen l, k, m, so geht derselbe in die Hessesche Kovariante der kubischen Form F über. *Das in Rede stehende Problem läuft daher schließlich auf die Bestimmung derjenigen ternären kubischen Formen F hinaus, deren Hessesche Kovariante den vorgeschriebenen Wert $D(l, k, m)$ besitzt.*

Bezeichnen wir mit S und T die Invarianten vom 4-ten bzw. vom 6-ten Grade in den Koeffizienten der kubischen Form $D(l, k, m)$, mit H die Hessesche Kovariante derselben und bedeutet ferner ε eine willkürliche Größe, so gilt für die Hessesche Kovariante der kubischen Form $\varepsilon D + H$ die bekannte Formel[2]

$$H_{\varepsilon D+H} = (\tfrac{1}{2} S \varepsilon^2 + T\varepsilon + \tfrac{1}{12} S^2) D + (\varepsilon^3 - \tfrac{1}{2} S \varepsilon - \tfrac{1}{3} T) H .$$

Setzen wir daher an:

$$F = \varepsilon D + H, \tag{12}$$

so ergibt sich zur Bestimmung von ε die kubische Gleichung

$$\varepsilon^3 - \tfrac{1}{2} S \varepsilon - \tfrac{1}{2} T = 0. \tag{13}$$

Es gibt mithin drei Tripel von ternären quadratischen Formen mit vorgeschriebener Diskriminante D. Die Formen P, Q, R eines jeden Tripels sind die ersten Differentialquotienten einer kubischen Form F, welche sich nach Auflösung der kubischen Gleichung (13) *mit Hilfe der Formel* (12) *bestimmen läßt.*

Ist ein Formentripel P, Q, R bekannt, so erübrigt es noch, die Form P mittels geeigneter linearer Transformation der ternären Variablen l, k, m in die Gestalt $y_1 y_3 - y_2^2$ überzuführen. Gehen dann gleichzeitig die beiden anderen

---

[1] Vgl. S. GUNDELFINGER: Crelles J. Bd. 80 S. 73.

[2] Vgl. CLEBSCH-LINDEMANN: Vorlesungen über Geometrie Bd. 1, 1876 S. 559.

Formen Q und R in die Gestalt q bzw. r über, so ergeben sich schließlich die beiden gesuchten binären biquadratischen Formen φ und ψ, wenn man in den ternären quadratischen Formen q und r an Stelle der Variablen y_1, y_2, y_3 bzw. $x_1^2, x_1 x_2, x_2^2$ substituiert.

Ein Ausnahmefall tritt nur dann ein, wenn für einen Wurzelwert ε der kubischen Gleichung (13) gleichzeitig der Ausdruck

$$\tfrac{1}{2} S \varepsilon^2 + T \varepsilon + \tfrac{1}{12} S^2$$

zu Null wird. Man erkennt ohne Schwierigkeit, daß das letztere Vorkommnis das Verschwinden der Diskriminante $S^3 - 6\,T^2$ der ternären kubischen Form D und infolgedessen das Verschwinden der Diskriminante der vorgelegten Diskriminantenform δ nach sich zieht. Zugleich ist auch unser ursprüngliches Problem erledigt:

Man erhält durch das dargelegte Verfahren $3 \cdot 40 = 120$ *binäre biquadratische Formengebilde* $\varkappa\varphi + \mu\psi$, *welche eine vorgelegte binäre Form* $\delta(\varkappa, \mu)$ *von der* 6-ten *Ordnung zur Diskriminante besitzen.*

Königsberg i. Pr., den 6. Dezember 1887.

8. Über die Diskriminante der im Endlichen abbrechenden hypergeometrischen Reihe.

[Journ. f. reine u. angew. Mathematatik Bd. 103, S. 337–345 (1888).]

Die hypergeometrische Reihe

$$F(\alpha, \beta, \gamma, x) = 1 + \frac{\alpha\beta}{\gamma} x + \frac{\alpha(\alpha+1)\beta(\beta+1)}{1\cdot 2\cdot\gamma(\gamma+1)} x^2 + \cdots$$

wird offenbar dann und nur dann eine ganze Funktion der Variablen x, wenn wir einen der beiden im Zähler jedes Gliedes auftretenden Parameter gleich einer negativen ganzen Zahl, etwa $\alpha = -n$ ansetzen. Da bei dieser Annahme die obige Reihe mit der n-ten Potenz der Variablen x abbricht, so führt die Substitution $x = -\frac{x_2}{x_1}$ und die darauf folgende Multiplikation mit x_1^n zu der binären Form

$$f = x_1^n + \binom{n}{1}\frac{\beta}{\gamma} x_1^{n-1} x_2 + \binom{n}{2}\frac{\beta(\beta+1)}{\gamma(\gamma+1)} x_1^{n-2} x_2^2 + \cdots + \frac{\beta(\beta+1)\cdots(\beta+n-1)}{\gamma(\gamma+1)\cdots(\gamma+n-1)} x_2^n.$$

Legen wir die allgemeine binäre Form n-ter Ordnung in der gebräuchlichen Gestalt

$$a_0 x_1^n + \binom{n}{1} a_1 x_1^{n-1} x_2 + \binom{n}{2} a_2 x_1^{n-2} x_2^2 + \cdots + a_n x_2^n$$

zugrunde, so charakterisiert sich die spezielle Natur unserer Form f durch die einfache Formel

$$a_i = \frac{\beta(\beta+1)\cdots(\beta+i-1)}{\gamma(\gamma+1)\cdots(\gamma+i-1)} \qquad (i = 0, 1, \ldots, n).$$

Im folgenden wird zunächst gezeigt, wie sich die Diskriminante der binären Form f genau und allgemein in ihrer Abhängigkeit von den Parametern β und γ bestimmen läßt.

Wir erteilen der Form f durch Multiplikation mit der Konstanten

$$C = \gamma(\gamma+1)\cdots(\gamma+n-1) \tag{1}$$

die von den Nennern befreite Gestalt

$$\varphi(\beta, \gamma;\, x_1, x_2) = \alpha_0 x_1^n + \binom{n}{1}\alpha_1 x_1^{n-1} x_2 + \cdots + \alpha_n x_2^n,$$

$$\alpha_i = \beta(\beta+1)\cdots(\beta+i-1)(\gamma+i)(\gamma+i+1)\cdots(\gamma+n-1)$$

$$(i = 0, 1, \ldots, n),$$

und bemerken dementsprechend, daß sich die Diskriminante der letzteren Form als eine ganze rationale Funktion der Parameter β und γ darstellen muß.

Um nun diejenigen Linearfaktoren zu ermitteln, welche überhaupt bei spezieller Wahl der Parameter in der hypergeometrischen Reihe F mehrfach auftreten dürfen, setzen wir letztere mit der p-ten Potenz eines Linearfaktors l proportional und leiten aus der Differentialgleichung der hypergeometrischen Reihe

$$x(1-x)\frac{d^2F}{dx^2}+\{\gamma-(\alpha+\beta+1)x\}\frac{dF}{dx}-\alpha\beta F=0$$

durch $(p-2)$fache Differentiation die weitere Differentialrelation ab:

$$x(1-x)\frac{d^pF}{dx^p}+\{(\gamma+p-2)-(\alpha+\beta+2p-3)x\}\frac{d^{p-1}F}{dx^{p-1}}$$
$$-(\alpha+p-2)(\beta+p-2)\frac{d^{p-2}F}{dx^{p-2}}=0\,.$$

Da andererseits unserer Annahme zufolge die Differentialquotienten $\frac{d^{p-2}F}{dx^{p-2}}$ und $\frac{d^{p-1}F}{dx^{p-1}}$ den Linearfaktor l noch enthalten, während derselbe in $\frac{d^pF}{dx^p}$ nicht mehr aufgeht, so läßt die zuletzt hergestellte Identität für den Linearfaktor l nur die Wahl frei zwischen den drei Ansätzen

$$l=1\,,\quad l=x\,,\quad l=1-x\,,$$

oder, wenn wir in der oben beschriebenen Weise von der hypergeometrischen Reihe F zu der homogenen Form f oder φ übergehen:

$$l=x_1\,,\quad l=x_2\,,\quad l=x_1+x_2\,. \tag{2}$$

Was die erste Annahme betrifft, so kann offenbar die Form φ nur dann den Faktor x_1 mehrfach enthalten, sobald gleichzeitig α_{n-1} und α_n verschwinden, d. h. sobald eine der Relationen

$$\beta=0\,,\quad \beta+1=0\,,\quad \ldots,\quad \beta+n-2=0$$

besteht, und die Betrachtung der vorangehenden Koeffizienten $\alpha_{n-2}, \alpha_{n-3}, \ldots$ lehrt, daß x_1 als zwei-, drei-, ... oder $n$facher Faktor in unserer Form φ auftritt, je nachdem bezüglich einer der Ausdrücke

$$\beta+n-2\,,\quad \beta+n-3\,,\quad \ldots,\quad \text{oder}\quad \beta \tag{3}$$

verschwindet.

Um das letzthin gewonnene Ergebnis zur Auswertung der Diskriminante der vorgelegten Form φ zu verwenden, bedienen wir uns der bekannten allgemeinen Eigenschaft der Diskriminante, vermöge welcher dieselbe nebst ihren ersten, zweiten, ... und k-ten Differentialquotienten nach den Koeffizienten der Grundform verschwindet, sobald die letztere einen $(k+2)$-fachen Linearfaktor enthält. Denkt man sich nun die Diskriminante Δ der Form φ

als ganze rationale Funktion G der Parameter β und γ ausgedrückt, so ergibt sich des weiteren durch wiederholte Differentiation nach β:

$$\frac{\partial G}{\partial \beta} = \frac{\partial \Delta}{\partial \alpha_0}\frac{\partial \alpha_0}{\partial \beta} + \frac{\partial \Delta}{\partial \alpha_1}\frac{\partial \alpha_1}{\partial \beta} + \cdots$$

$$\frac{\partial^2 G}{\partial \beta^2} = \frac{\partial^2 \Delta}{\partial \alpha_0^2}\left(\frac{\partial \alpha_0}{\partial \beta}\right)^2 + 2\frac{\partial^2 \Delta}{\partial \alpha_0 \partial \alpha_1}\frac{\partial \alpha_0}{\partial \beta}\frac{\partial \alpha_1}{\partial \beta} + \cdots + \frac{\partial \Delta}{\partial \alpha_0}\frac{\partial^2 \alpha_0}{\partial \beta^2} + \frac{\partial \Delta}{\partial \alpha_1}\frac{\partial^2 \alpha_1}{\partial \beta^2} + \cdots$$

$$\cdots\cdots\cdots\cdots\cdots\cdots\cdots\cdots,$$

woraus wir den Schluß ziehen, daß die ganze Funktion G bezüglich der Reihe nach die Ausdrücke (3) je einfach, zweifach, ... $(n-1)$-fach als Faktoren enthalten muß. Es erscheint dementsprechend der Ansatz berechtigt:

$$G(\beta, \gamma) = (\beta + n - 2)(\beta + n - 3)^2 \cdots \beta^{n-1} g(\beta, \gamma), \tag{4}$$

worin g wiederum eine ganze rationale Funktion der Parameter β und γ bedeutet.

Wir unterwerfen jetzt die Grundform φ nacheinander zwei speziellen linearen Transformationen, deren Ausführbarkeit auf den beiden folgenden Transformationsformeln der hypergeometrischen Reihe beruht:

$$F(\alpha, \beta, \gamma, x) = (-x)^{-\alpha}\frac{\beta(\beta+1)\cdots(\beta-\alpha-1)}{\gamma(\gamma+1)\cdots(\gamma-\alpha-1)}F\left(\alpha, \alpha-\gamma+1, \alpha-\beta+1, \frac{1}{x}\right),$$

$$F(\alpha, \beta, \gamma, x) = (1-x)^{-\alpha}F\left(\alpha, \gamma-\beta, \gamma, \frac{x}{x-1}\right).$$

Wir erhalten nämlich hieraus durch Übergang zu der homogenen und nennerfreien Form φ:

$$\varphi(\beta, \gamma;\ x_1, x_2) = \varphi(-\gamma - n + 1,\ -\beta - n + 1;\ -x_2, -x_1),$$

$$\varphi(\beta, \gamma;\ x_1, x_2) = \varphi(\gamma - \beta, \gamma;\ x_1 + x_2, -x_2).$$

Da nun die Diskriminante einer binären Form eine Invariante von geradem Gewichte ist und die Substitutionsdeterminante jener beiden linearen Transformationen gleich der negativen Einheit ausfällt, so folgt, daß die in Frage kommende Darstellung der Diskriminante als ganze rationale Funktion der beiden Parameter β und γ ungeändert bleibt, wenn wir mit diesen Parametern eine jenen linearen Transformationen entsprechende Änderung vornehmen, d. h.:

$$G(\beta, \gamma) = G(-\gamma - n + 1, -\beta - n + 1) = G(\gamma - \beta, \gamma).$$

Hieraus ergeben sich auf Grund der Beziehung (4) die Gleichungen:

$$\begin{aligned} G(\beta, \gamma) &= (\beta + n - 2)(\beta + n - 3)^2 \cdots \beta^{n-1} g(\beta, \gamma) \\ &= (-1)^{\frac{n(n-1)}{2}}(\gamma+1)(\gamma+2)^2 \cdots (\gamma+n-1)^{n-1} g(-\gamma-n+1, -\beta-n+1) \\ &= (\gamma - \beta + n - 2)(\gamma - \beta + n - 3)^2 \cdots (\gamma - \beta)^{n-1} g(\gamma - \beta, \gamma): \end{aligned}$$

folglich:

$$\left.\begin{aligned} G(\beta,\gamma) = N(\beta+n-2)(\beta+n-3)^2\cdots\beta^{n-1}(\gamma+1)(\gamma+2)^2\cdots \\ (\gamma+n-1)^{n-1}(\gamma-\beta+n-2)(\gamma-\beta+n-3)^2\cdots(\gamma-\beta)^{n-1}. \end{aligned}\right\} \quad (5)$$

Bei den benutzten linearen Transformationen nimmt der obige Linearfaktor $l = x_1$ nacheinander die weiteren Gestalten (2) an, so daß sich gleichzeitig durch das eingeschlagene Verfahren die einseitige Bevorzugung des erstgewählten Linearfaktors ausgleicht.

Da ferner einer einfachen Überlegung zufolge der Grad der Diskriminante in bezug auf jeden der beiden Parameter β und γ dem Gewichte derselben, also der Zahl $n(n-1)$ gleichkommen muß, so zeigt die Vergleichung mit den Gradzahlen in der letzthin gefundenen Gleichung (5), daß N darin notwendig eine nur noch von der Ordnung n abhängige Konstante bedeutet.

Zur Bestimmung dieser Zahl N legen wir die Diskriminante der allgemeinen binären Form n-ter Ordnung in Gestalt der Cayleyschen Determinante zugrunde:

$$D = \Sigma \pm d_{1,1}\, d_{2,2} \cdots d_{n-1,n-1}, \quad (6)$$

worin die Elemente die folgende Bedeutung besitzen:

$$d_{i,k} = \binom{n-1}{0}\binom{n-1}{i+k-1}(a_0 a_{i+k} - a_1 a_{i+k-1})$$

$$+ \binom{n-1}{1}\binom{n-1}{i+k-2}(a_1 a_{i+k-1} - a_2 a_{i+k-2}) + \cdots + \binom{n-1}{i-1}\binom{n-1}{k}(a_{i-1}a_{k+1} - a_i a_k).$$

Denken wir uns hierin für die Koeffizienten $a_0, a_1, \ldots, a_n$ die entsprechenden Koeffizienten $\alpha_0, \alpha_1, \ldots, \alpha_n$ unserer speziellen Form φ eingesetzt, so gilt die Identität

$$D = G(\beta,\gamma).$$

Da alle Koeffizienten der Form φ mit alleiniger Ausnahme von α_0 den Parameter β als Faktor enthalten, so ist die Division eines jeden Elementes der Determinante linker Hand durch β möglich, und die darauf folgende Nullsetzung dieses Parameters β führt zu der weiteren Gleichung:

$$\Sigma \pm \delta_{1,1}\,\delta_{2,2}\cdots\delta_{n-1,n-1} = N(n-2)(n-3)^2\cdots 1^{n-2}\{\gamma(\gamma+1)\cdots(\gamma+n-1)\}^{n-1},$$

wo nun die Determinante linker Hand infolge der Elementwerte

$$\begin{aligned} \delta_{i,n-i} &= 1\cdot 2\cdots(n-1)\,\gamma(\gamma+1)\cdots(\gamma+n-1) \\ \delta_{i,k} &= 0 \qquad\qquad (i+k>n) \end{aligned}$$

den Wert

$$\Sigma \pm \delta_{1,1}\,\delta_{2,2}\cdots\delta_{n-1,n-1} = (-1)^{\frac{n(n-1)}{2}}\{1\cdot 2\cdots(n-1)\,\gamma(\gamma+1)\cdots(\gamma+n-1)\}^{n-1}$$

annimmt. Die Vergleichung der beiden letzten Relationen liefert für die Konstante N den gesuchten Wert

$$N = (-1)^{\frac{n(n-1)}{2}}\, 1 \cdot 2^2 \cdots (n-1)^{n-1}.$$

Um schließlich von der gegenwärtig behandelten Form φ zu der ursprünglich vorgelegten Form f zurückzukehren, bedarf es nur noch einer Division der gefundenen Diskriminante G durch die $2(n-1)$-te Potenz der Konstanten C in (1), und *man erhält auf diese Weise für die Diskriminante der im Endlichen abbrechenden, homogen geschriebenen hypergeometrischen Reihe f den Ausdruck*[1]

$$D = \frac{1 \cdot 2^2 \cdots (n-1)^{n-1} (\beta+n-2)(\beta+n-3)^2 \cdots \beta^{n-1} (\beta-\gamma-n+2)(\beta-\gamma-n+3)^2 \cdots (\beta-\gamma)^{n-1}}{(\gamma+n-1)^{n-1} (\gamma+n-2)^{n} \cdots \gamma^{2n-2}}.$$

Durch Einführung des speziellen Wertes

$$\beta = -\gamma - n + 1$$

ergibt sich *die Diskriminante der allgemeinen Kugelfunktion*

$$\frac{1 \cdot 2^2 \cdots (n-1)^{n-1} (2\gamma + 2n - 3)(2\gamma + 2n - 4)^2 \cdots (2\gamma + n - 1)^{n-1}}{(\gamma + n - 2)^2 (\gamma + n - 3)^4 \cdots \gamma^{2n-2}}$$

und setzen wir überdies noch den Parameter γ der Einheit gleich, so erhalten wir die gewöhnliche Kugelfunktion X_n in der bekannten Gestalt[2]

$$x_1^n + \binom{n}{1}^2 x_1^{n-1} x_2 + \binom{n}{2}^2 x_1^{n-2} x_2^2 + \cdots + x_2^n, \tag{7}$$

während nunmehr *die Diskriminante dieser speziellen Kugelfunktion den Wert*

$$\frac{(n+1)^{n-1} (n+2)^{n-2} \cdots (2n-1)}{1^{2n-3}\, 2^{2n-6} \cdots (n-1)^{3-n}}$$

besitzt.

Schließlich sei noch bemerkt, daß die Beziehung zwischen der Cayleyschen Determinante (6) und dem Differenzenprodukt für die Wurzeln der betreffenden allgemeinen Gleichung n-ten Grades durch die Formel

$$D = \frac{1}{n^n} a_0^{2(n-1)} \Pi (w_i - w_k)^2$$

---

[1] Wie ich inzwischen bemerke, ist dieses Resultat bereits von Stieltjes auf anderem Wege, nämlich durch sukzessive Berechnung der Sturmschen Funktionen gefunden worden; vgl. C. R. Acad. Sci., Paris Bd. 100 S. 620.

[2] Die in Rede stehende Umformung der Kugelfunktion entspricht der linearen Transformation des Argumentes $x = \frac{x_1 + x_2}{x_1 - x_2}$; vgl. Heine: Handbuch der Kugelfunktionen. 1878 Bd. 1 § 5.

vermittelt wird. Wir erhalten hiernach beispielsweise *für das Produkt der Wurzeldifferenzen der gewöhnlichen Kugelfunktion* (7) *den Wert*

$$\Pi\,(w_i - w_k)^2 = \frac{1^{2n-1}\,2^{2n-2}\cdots(2\,n-1)^1}{\{1^{n-1}\,2^{n-2}\cdots(n-1)^1\}^4}.$$

Der gefundene Ausdruck für die Diskriminante D gestattet eine einfache Anwendung, wenn es sich darum handelt, zu entscheiden, *wie viele reelle Wurzeln die Gleichung n-ten Grades*

$$\varphi\,(\beta\,,\gamma;\;x\,,1) = 0 \tag{8}$$

für beliebig gegebene reelle Werte der Parameter β und γ besitzt. Wir deuten β und γ als rechtwinklige Koordinaten der reellen Punkte einer Ebene, so daß auf diese Weise jedem Punkte der Ebene eine Gleichung der obigen Art zugeordnet erscheint. Lassen wir den Punkt β, γ in der Ebene wandern, so kann die Anzahl der imaginären Wurzelpaare der entsprechenden Gleichung offenbar nur dann eine Änderung erfahren, sobald jener Punkt die Diskriminantenkurve $G(\beta\,,\gamma) = 0$, d. h. eine der geraden Linien

$$\left.\begin{aligned} \beta + n - i &= 0\,, \\ \gamma + i - 1 &= 0\,, \\ \gamma - \beta + n - i &= 0 \end{aligned}\right\} \qquad (i = 2\,,3\,,\ldots,\,n) \tag{9}$$

überschreitet. Der Orientierung halber möge allgemein diejenige Seite dieser geraden Linien die positive heißen, für welche die linken Seiten ihrer bezüglichen Gleichungen (9) positiv ausfallen, während die gegenüberliegende Seite als die negative zu bezeichnen ist. Durch Berechnung der in Betracht kommenden Wurzeln der Gleichung (8) in der Nähe einer Überschreitungsstelle erhält man betreffs der Änderung jener Anzahl die erwünschte Auskunft. Überschreitet nämlich der Punkt β, γ in der Richtung von der positiven nach der negativen Seite hin eine der geraden Linien (9), so ändert sich die Zahl der imaginären Wurzelpaare der entsprechenden Gleichung (8) für ein ungerades i gar nicht; für ein gerades i dagegen erfährt diese Zahl einen Zuwachs oder eine Abnahme um eine Einheit, je nachdem an der Überschreitungsstelle bezüglich die Ausdrücke

$$\left.\begin{aligned} (\gamma + n - 1)\,(\gamma + n - 2)\cdots(\gamma + n - i)\,, \\ -\,\beta\,(\beta + 1)\cdots(\beta + i - 1)\,, \\ \beta\,(\beta + 1)\cdots(\beta + i - 1) \end{aligned}\right\} \tag{10}$$

negativ oder positiv ausfallen. Man konstruiere daher in der $\beta\gamma$-Ebene die geraden Linien

$$\left.\begin{aligned} \beta + n - i &= 0\,, \\ \gamma + i - 1 &= 0\,, \\ \gamma - \beta + n - i &= 0\,, \end{aligned}\right\} \qquad \begin{aligned} &i = 2\,,4\,,6\,,\ldots,\,n && (n \text{ gerade}) \\ &i = 2\,,4\,,6\,,\ldots,\,n-1 && (n \text{ ungerade}) \end{aligned}$$

welche die γ-Achse beziehungsweise unter den Winkeln 0, $\frac{\pi}{2}$ und $\frac{\pi}{4}$ schneiden. Diese geraden Linien mögen nun streckenweise punktiert oder ausgezogen werden, je nachdem für die betreffende Stelle derselben die Ausdrücke (10) negativ oder positiv ausfallen. Wie man leicht erkennt, ist dem nach der positiven Richtung der γ-Achse hin sich erstreckenden Fache des positiven Quadranten die Zahl $\frac{n}{2}$ bei geradem Grade n, dagegen die Zahl $\frac{n-1}{2}$ bei ungeradem Grade n zuzuweisen. Von der bekannten Zahl dieses Faches ausgehend hat man zur Bestimmung der den übrigen Fächern zugehörigen Zahlen die folgende Vorschrift zu beachten. Führt der Weg über eine *punktierte* Grenzlinie in der Richtung von ihrer positiven zu ihrer negativen Seite, so ist dem betretenen Nachbarfache eine um die Einheit *größere* Zahl zuzuschreiben; führt dagegen der Weg über eine *ausgezogene* Grenzlinie in der Richtung von ihrer positiven zur negativen Seite, so ist dem betretenen Nachbarfache eine um die Einheit *kleinere* Zahl zuzuschreiben. Zur Veranschaulichung mögen die beiden Beispiele $n = 6$ (vgl. Abb. 1) und $n = 7$ (vgl. Abb. 2) dienen.

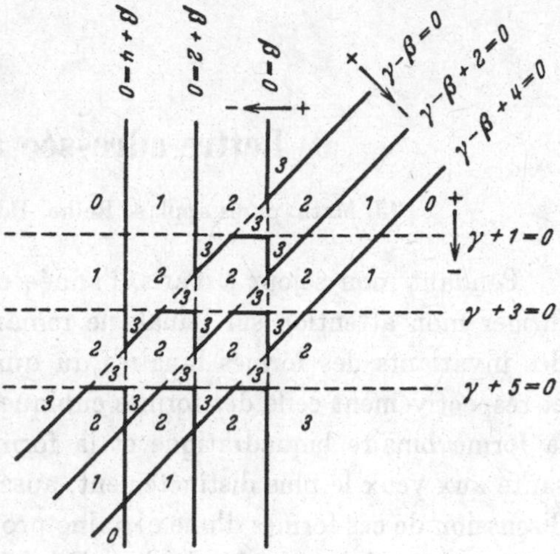

Abb. 1.

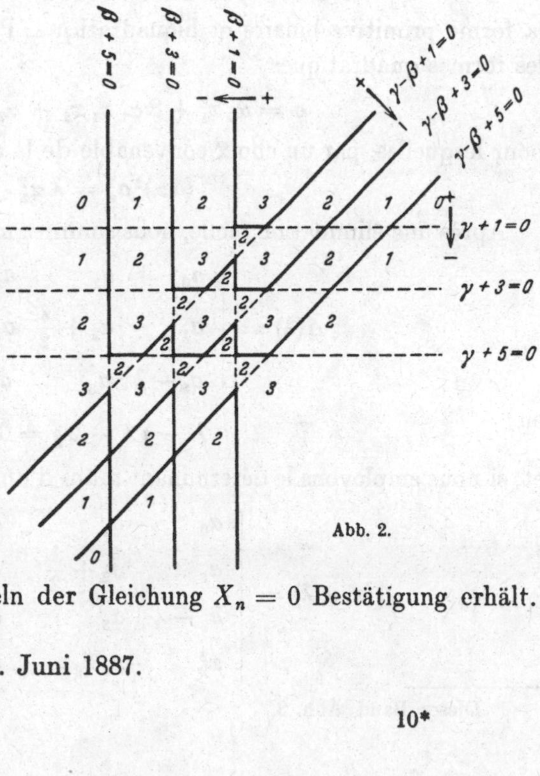

Abb. 2.

Der Punkt $\beta = -n$, $\gamma = 1$ liegt, wie man leicht einsieht, stets in dem durch die Zahl 0 ausgezeichneten Fache, wodurch der bekannte Satz von der Realität sämtlicher Wurzeln der Gleichung $X_n = 0$ Bestätigung erhält.

Königsberg i. Pr., den 10. Juni 1887.

9. Lettre adressée à M. Hermite.

[J. Math. pures appl. 4. Reihe, Bd. 4, S. 249—256 (1888).]

Pendant mon séjour à Paris, l'année dernière, vous avez eu la bonté de diriger mon attention sur l'analogie remarquable qui existe entre la théorie des invariants des formes binaires du quatrième, du cinquième degré, etc., et respectivement celle des formes cubiques ternaires, quaternaires, etc. Pour la forme binaire biquadratique et la forme ternaire cubique, cette analogie saute aux yeux le plus distinctement, aussitôt que nous nous servons pour la discussion de ces formes d'une certaine proposition générale que j'ai expliquée dans un travail dans les Math. Ann. Bd. 28, S. 381—446*.

Dans ce qui suit j'ai l'honneur de vous communiquer, en peu de mots, comment la théorie de ces formes se montre sous ce point de vue.

Soit

$$f = a_0 x_1^4 + 4 a_1 x_1^3 x_2 + 6 a_2 x_1^2 x_2^2 + 4 a_3 x_1 x_2^3 + a_4 x_2^4 = a_x^4$$

la forme primitive binaire et biquadratique. Premièrement cherchons toutes les formes quadratiques

$$\varphi = \alpha_0 x_1^2 + 2 \alpha_1 x_1 x_2 + \alpha_2 x_2^2 = \alpha_x^2,$$

pour lesquelles, par un choix convenable de la constante λ, on a la relation

$$(a\alpha)^2 a_x^2 = \lambda \alpha_x^2 .$$

Après une élimination facile, nous sommes menés à l'équation cubique en λ

$$\Delta(\lambda) = \begin{vmatrix} a_0 & a_1 & a_2 - \lambda \\ a_1 & a_2 + \frac{\lambda}{2} & a_3 \\ a_2 - \lambda & a_3 & a_4 \end{vmatrix} = 0$$

ou

$$\lambda^3 - i\lambda - 2j = 0,$$

et, si nous employons le déterminant muni d'un bord

$$\Delta(x, y, \lambda) = \begin{vmatrix} a_0 & a_1 & a_2 - \lambda & y_2^2 \\ a_1 & a_2 + \frac{\lambda}{2} & a_3 & -y_1 y_2 \\ a_2 - \lambda & a_3 & a_4 & y_1^2 \\ x_2^2 & -x_1 x_2 & x_1^2 & 0 \end{vmatrix},$$

* Dieser Band Abh. 3.

nous avons, pour fixer les formes cherchées,

$$\Delta(x, y, \lambda^{(1)}) = \varphi^{(1)}(x)\,\varphi^{(1)}(y),$$
$$\Delta(x, y, \lambda^{(2)}) = \varphi^{(2)}(x)\,\varphi^{(2)}(y),$$
$$\Delta(x, y, \lambda^{(3)}) = \varphi^{(3)}(x)\,\varphi^{(3)}(y),$$

ou, après l'identification des variables x_1, x_2 et y_1, y_2,

$$-\frac{\lambda^{(1)}}{2} f - h = \varphi^{(1)^2},$$
$$-\frac{\lambda^{(2)}}{2} f - h = \varphi^{(2)^2},$$
$$-\frac{\lambda^{(3)}}{2} f - h = \varphi^{(3)^2},$$

où $\lambda^{(1)}$, $\lambda^{(2)}$, $\lambda^{(3)}$ sont les trois racines de l'équation cubique et h est le hessien de la forme biquadratique. Puis, si nous désignons les symboles des formes $\varphi^{(1)}$, $\varphi^{(2)}$, $\varphi^{(3)}$ respectivement avec les indices (1), (2), (3), nous avons, à cause de

$$(a\,\alpha^{(i)})\,a_x^2 = \lambda^{(i)}\,\alpha_x^{(i)^3},$$
$$(a\,\alpha^{(k)})\,a_x^2 = \lambda^{(k)}\,\alpha_x^{(k)^3},$$

les relations suivantes

$$(a\,\alpha^{(i)})^2\,(a\,\alpha^{(k)})^2 = \lambda^{(i)}(\alpha^{(i)}\,\alpha^{(k)})^2,$$
$$(a\,\alpha^{(k)})^2\,(a\,\alpha^{(i)})^2 = \lambda^{(k)}(\alpha^{(i)}\,\alpha^{(k)})^2$$

et par conséquent, pour $i \neq k$,

$$(\alpha^{(i)}\,\alpha^{(k)})^2 = 0,$$

c'est-à-dire que les invariants bilinéaires des formes $\varphi^{(1)}$, $\varphi^{(2)}$, $\varphi^{(3)}$ s'évanouissent, tandis que leurs discriminants prennent les valeurs

$$(\alpha^{(1)}\,\alpha^{(1)})^2 = \frac{\partial\,\Delta(\lambda^{(1)})}{\partial\,\lambda^{(1)}} = -\frac{1}{2}\,(\lambda^{(1)} - \lambda^{(2)})\,(\lambda^{(1)} - \lambda^{(3)}),$$
$$(\alpha^{(2)}\,\alpha^{(2)})^2 = \frac{\partial\,\Delta(\lambda^{(2)})}{\partial\,\lambda^{(2)}} = -\frac{1}{2}\,(\lambda^{(2)} - \lambda^{(1)})\,(\lambda^{(2)} - \lambda^{(3)}),$$
$$(\alpha^{(3)}\,\alpha^{(3)})^2 = \frac{\partial\,\Delta(\lambda^{(3)})}{\partial\,\lambda^{(3)}} = -\frac{1}{2}\,(\lambda^{(3)} - \lambda^{(1)})\,(\lambda^{(3)} - \lambda^{(2)}).$$

D'autre part, en cherchant toutes les formes binaires cubiques φ qui remplissent identiquement la relation

$$(f, \varphi)_2 = \lambda\,\varphi,$$

on arrive facilement aux résultats suivants. A chacune des deux valeurs

$$\lambda^{(1)} = +\sqrt{\frac{i}{3}} \quad \text{et} \quad \lambda^{(2)} = -\sqrt{\frac{i}{3}}$$

appartient un faisceau de formes cubiques $\varphi^{(1)}$ et $\varphi^{(2)}$, et ces deux faisceaux cubiques sont en même temps ceux qui ont la même forme biquadratique f

comme jacobien. Du reste, de la même manière qu'auparavant, on obtient la valeur zéro pour l'invariant bilinéaire

$$(\varphi^{(1)}, \varphi^{(2)})_3.$$

Voilà les résultats principaux et essentiellement connus de la théorie d'une forme binaire biquadratique, qui mènent facilement à la décomposition de la forme biquadratique et, d'autre part, à l'étude des dégénérations possibles de la forme biquadratique. Comme on le voit, ces résultats ont été déduits seulement au moyen d'un principe général, c'est-à-dire en cherchant toutes les formes qui se reproduisent par un certain mode d'opération invariantive. Dans ce qui suit, je voudrais montrer que ce même point de vue suffit pour la résolution élégante de questions analogues dans la théorie d'une forme ternaire cubique.

Soit

$$f = a_{111}x_1^3 + 3a_{112}x_1^2x_2 + \cdots + a_{333}x_3^3 = a_x^3$$

la forme primitive proposée. Premièrement, considérons des formes bilinéaires

$$\varphi = \alpha_{11}x_1u_1 + \alpha_{12}x_1u_2 + \cdots + \alpha_{33}x_3u_3 = \alpha_x u_\beta$$

avec une série de variables x_1, x_2, x_3 et une autre série de variables u_1, u_2, u_3 transformée par des substitutions inverses, et cherchons toutes ces formes φ pour lesquelles, par un choix convenable de λ, on a la relation identique

$$(a\alpha u)\, a_\beta a_x = \lambda \alpha_x u_\beta.$$

En comparant les coefficients des produits des variables x_1, x_2, x_3 et u_1, u_2, u_3, on obtient neuf équations qui permettent l'élimination des neuf grandeurs $\alpha_{11}, \alpha_{12}, \ldots, \alpha_{33}$, d'où découle l'équation du neuvième degré pour λ

$$\Delta(\lambda) = \begin{vmatrix} -\lambda & -a_{113} & a_{112} & 0 & -a_{123} & a_{122} & 0 & -a_{133} & a_{123} \\ a_{113} & 0 & -a_{111} & a_{123}-\lambda & 0 & -a_{112} & -a_{133} & 0 & -a_{113} \\ -a_{112} & a_{111} & 0 & -a_{122} & a_{112} & 0 & -a_{123}-\lambda & a_{113} & 0 \\ 0 & -a_{123}-\lambda & a_{122} & 0 & -a_{223} & a_{222} & 0 & -a_{233} & a_{223} \\ a_{123} & 0 & -a_{112} & a_{223} & -\lambda & -a_{122} & a_{233} & 0 & -a_{123} \\ -a_{122} & a_{112} & 0 & -a_{122} & a_{122} & 0 & -a_{223} & a_{123}-\lambda & 0 \\ 0 & -a_{133} & a_{123}-\lambda & 0 & -a_{233} & a_{223} & 0 & -a_{333} & a_{233} \\ a_{133} & 0 & -a_{113} & a_{233} & 0 & -a_{123}-\lambda & a_{333} & 0 & -a_{133} \\ -a_{123} & a_{113} & 0 & -a_{223} & a_{123} & 0 & -a_{233} & a_{133} & -\lambda \end{vmatrix} = 0,$$

ou, si nous calculons le déterminant et exprimons les coefficients des puissances de λ par les invariants fondamentaux S et T de la forme ternaire cubique,

$$\lambda\{\lambda^8 - 6\,\mathrm{S}\,\lambda^4 - \mathrm{T}\,\lambda^2 - 3\,\mathrm{S}^2\} = 0.$$

A chacune des neuf racines de cette équation

$$\lambda = 0,\ \ \lambda^{(1)},\ \ \lambda^{(2)},\ \ \lambda^{(3)},\ \ \lambda^{(4)},\ \ -\lambda^{(1)},\ \ -\lambda^{(2)},\ \ -\lambda^{(3)},\ \ -\lambda^{(4)},$$

appartient toujours une forme bilinéaire

$$\varphi = u_x, \quad \varphi^{(1)}, \quad \varphi^{(2)}, \quad \varphi^{(3)}, \quad \varphi^{(4)}, \quad \overline{\varphi}^{(1)}, \quad \overline{\varphi}^{(2)}, \quad \overline{\varphi}^{(3)}, \quad \overline{\varphi}^{(4)}.$$

Alors, si nous munissons le déterminant d'un bord à droite avec

$$y_1 v_1, \quad y_2 v_1, \quad y_3 v_1, \quad y_1 v_2, \quad y_2 v_2, \quad y_3 v_2, \quad y_1 v_3, \quad y_2 v_3, \quad y_3 v_3$$

et en bas avec

$$x_1 u_1, \quad x_2 u_1, \quad x_3 u_1, \quad x_1 u_2, \quad x_2 u_2, \quad x_3 u_2, \quad x_1 u_3, \quad x_2 u_3, \quad x_3 u_3,$$

nous serons en état de fixer les quatre paires de formes bilinéaires selon la formule

$$\varDelta\begin{pmatrix} x, u \\ y, v \end{pmatrix} \lambda^{(i)} = \varphi^{(i)}(x, u)\,\overline{\varphi}^{(i)}(y, v), \qquad (i = 1, 2, 3, 4).$$

Du reste, par la même méthode qu'auparavant dans la discussion de la forme binaire biquadratique, nous obtenons les résultats

$$\overset{(i)}{\alpha}_{\beta^{(i)}} = 0, \qquad \overset{-(i)}{\alpha}_{\bar\beta^{(i)}} = 0,$$

$$\overset{(i)}{\alpha}_{\beta^{(k)}}\,\overset{(k)}{\alpha}_{\beta^{(i)}} = 0, \qquad \overset{-(i)}{\alpha}_{\bar\beta^{(k)}}\,\overset{-(k)}{\alpha}_{\bar\beta^{(i)}} = 0, \qquad \overset{(i)}{\alpha}_{\bar\beta^{(k)}}\,\overset{(k)}{\alpha}_{\beta^{(i)}} = 0,$$

c'est-à-dire que tous les invariants linéaires et bilinéaires des formes φ et $\overline{\varphi}$ s'évanouissent, excepté les quatre suivants:

$$\overset{(i)}{\alpha}_{\bar\beta^{(i)}}\,\overset{-(i)}{\alpha}_{\beta^{(i)}} = \frac{\partial \varDelta(\lambda^{(i)})}{\partial \lambda^{(i)}}, \qquad (i = 1, 2, 3, 4).$$

Pour nous rapprocher des résultats connus, nous transformons une des huit formes bilinéaires par une substitution linéaire dans la forme spéciale pour laquelle seulement les trois coefficients α_{11}, α_{22}, α_{33} demeurent finis. Alors la forme primitive f prend en même temps la forme canonique de Hesse et, abstraction faite de facteurs indifférents, nous avons les formules plus précises

$$\left.\begin{aligned} \varphi &= u_1 x_1 + \varepsilon\; u_2 x_2 + \varepsilon^2 u_3 x_3 \\ \overline{\varphi} &= u_1 x_1 + \varepsilon^2 u_2 x_2 + \varepsilon\; u_3 x_3 \end{aligned}\right\} \varepsilon = e^{\frac{2i\pi}{3}},$$

$$(\beta \bar\beta x)\,\alpha_x \bar\alpha_x = (\lambda^2 f - 3h) = x_1 x_2 x_3,$$

dans lesquelles nous reconnaissons la théorie des quatre triangles avec les neuf points d'inflexion.

D'autre part, si nous écrivons la forme primitive ternaire et cubique symboliquement

$$f = a_x^3 = b_x^3,$$

nous pouvons chercher toutes les formes ternaires quadratiques

$$\varphi = \alpha_{11} x_1^2 + 2\alpha_{12} x_1 x_2 + 2\alpha_{13} x_1 x_3 + \cdots + \alpha_{33} x_3^2 = \alpha_x^2,$$

qui remplissent identiquement la relation

$$(a\,b\,\alpha)^2 a_x b_x = \lambda\,\alpha_x^2.$$

On arrive à deux valeurs pour λ

$$\lambda^{(1)} = +2\sqrt{S} \qquad \text{et} \qquad \lambda^{(2)} = -2\sqrt{S},$$

dont chacune appartient à un certain système deux fois infini de coniques $\varphi^{(1)}$ et $\varphi^{(2)}$.

Comme on le voit, le principe expliqué mène à la construction d'invariants et covariants irrationnels et procure au moyen de ceux-ci une connaissance du sens propre et de la connexion analytique des formes invariantives rationnelles, quand même, comme il arrive dans des cas plus compliqués, le véritable calcul de tous les invariants et covariants résultants n'est plus practicable.

Mais nous pouvons modifier notre principe en divers sens, par exemple, si nous cherchons une forme binaire φ du degré r de telle nature que le covariant simultané $(f, \varphi)_i$ de celle-ci et d'une forme binaire donnée f du degré n contient la forme φ comme facteur. Dans le cas spécial $n = 2r - 2$ et $i = 2$, on obtient pour φ les formes de tous les faisceaux qui ont la même forme f comme jacobien et, pour $r = 4$, ce dernier problème a été traité sous un autre point de vue par MM. Brill (Math. Ann. Bd. 20 S. 330) et Stephanos (C. R. Acad. Sci, Paris, Bd. 43 S. 994).

Du reste, on peut spécialiser la dite méthode en cherchant simplement toutes les formes φ qui donnent un résultat s'annulant après une certaine opération invariantive sur la forme proposée f. Dans la discussion d'une forme binaire f du degré $n = 2r - 1$, on profite de cette méthode pour obtenir une forme φ du degré r dont les facteurs linéaires conduisent à la forme canonique. Mais je voudrais expliquer par un exemple que le même principe suffit pour établir la possibilité d'une forme canonique pour des formes à plusieurs variables.

Soit représentée la forme canonique d'une forme quaternaire cubique par

$$f = a_x^3 = l_1^3 + l_2^3 + l_3^3 + l_4^3 + l_5^3,$$

où l_1, l_2, l_3, l_4, l_5 sont des formes linéaires dont les coefficients, regardés comme des coordonnées homogènes, peuvent définir cinq points p_1, p_2, p_3, p_4, p_5 dans l'espace. Si nous cherchons ensuite toutes les formes quaternaires quadratiques $\varphi = u_\alpha^2$ avec des variables inverses u_1, u_2, u_3, u_4 qui remplissent la relation

$$a_\alpha^2\, a_x = 0,$$

nous trouvons un certain système de formes cinq fois infini. Mais, d'autre part, nous savons, à cause de la forme canonique supposée, que cette condition est remplie par toutes les surfaces quadratiques ψ contenant les cinq points

p_1, p_2, p_3, p_4, p_5. Pour m'expliquer plus brièvement, je nomme un système spécial de formes dont chacune contient un certain nombre de points fondamentaux un *système naturel avec ces points fondamentaux*. Alors le problème de la représentation canonique d'une forme quaternaire cubique est le même que de trouver un système naturel ψ, quatre fois infini, qui est contenu dans un système proposé φ cinq fois infini de formes quaternaires et quadratiques. Mais maintenant il est facile de montrer que la représentation canonique n'est possible que d'une seule manière; car, si

$$f = l_1'^3 + l_2'^3 + l_3'^3 + l_4'^3 + l_5'^3$$

était une autre expression canonique où les coefficients des formes linéaires $l_1', l_2', l_3', l_4', l_5'$ donnent les cinq points $p_1', p_2', p_3', p_4', p_5'$ dans l'espace, il serait nécessaire que le même système φ cinq fois infini de surfaces quadratiques contînt deux systèmes naturels, quatre fois infinis: premièrement le système de formes ψ avec les points fondamentaux p_1, p_2, p_3, p_4, p_5 et secondement le système de formes ψ' avec les points fondamentaux $p_1', p_2', p_3', p_4', p_5'$. Par conséquent, il devrait exister quatre relations linéaires entre les formes ψ et ψ', c'est-à-dire que les dix points $p_1, p_2, p_3, p_4, p_5, p_1', p_2', p_3', p_4', p_5'$ seraient nécessairement situés de telle sorte qu'on puisse faire passer une surface quadratique par ces dix points et en même temps par trois points arbitraires de l'espace. Si nous supposons ces trois points dans le plan des points p_1', p_2', p_3', on voit que les sept autres points p_4', p_5' et p_1, p_2, p_3, p_4, p_5 seraient tous situés dans un autre plan, ce qui est exclu comme insignifiant. En même temps nous apprenons que la susdite expression canonique est susceptible de représenter toute forme donnée quaternaire et cubique dans toute sa généralité; car elle contient le nombre convenable de constantes indépendantes et une représentation indéterminée est inadmissible selon les réflexions que je viens de faire.

Voilà une démonstration simple du théorème fondamental dans la théorie de la forme quaternaire cubique; mais cette méthode est susceptible de généralisation pour d'autres formes. Par exemple, on trouve au moyen des mêmes considérations, comme auparavant, que toute forme ternaire du cinquième degré se laisse exprimer toujours d'une manière et d'une seule manière comme une somme de sept puissances de formes linéaires.

Ainsi l'on voit que divers problèmes de la théorie des formes peuvent se traiter pareillement, si l'on se place sous le point de vue que nous venons d'exposer.

10. Über die Darstellung definiter Formen als Summe von Formenquadraten.

[Mathem. Annalen Bd. 32, S. 342—350 (1888).]

Eine algebraische Form gerader Ordnung n mit reellen Koeffizienten und m homogenen Variablen möge *definit* heißen, wenn dieselbe für jedes reelle Wertsystem der m Variablen einen positiven Wert annimmt und überdies eine von Null verschiedene Diskriminante besitzt. Eine Form mit reellen Koeffizienten wird kurz eine reelle Form genannt.

Bekanntlich ist *jede definite quadratische Form* von m Variablen als Summe von m Quadraten reeller Linearformen darstellbar. Desgleichen läßt sich *jede definite binäre Form* als Summe von zwei Quadraten reeller Formen darstellen, wie man durch geeignete Faktorenzerlegung der Form erkennt. Da die in Rede stehende Darstellung den definiten Charakter der Form in der denkbar einfachsten Weise zutage treten läßt, so erscheint eine allgemeine Untersuchung betreffs der Möglichkeit einer solchen Darstellung von Interesse. Was zunächst den weiteren Fall $n = 4$, $m = 3$ angeht, so gilt der Satz:

Jede definite biquadratische ternäre Form läßt sich als Summe von drei Quadraten reeller quadratischer Formen darstellen.

Zum Beweise betrachten wir eine biquadratische ternäre Form F, welche der Summe der Quadrate dreier quadratischer Formen φ, ψ, χ gleich ist. Soll gleichzeitig dieselbe Form F als Summe der Quadrate der drei quadratischen Formen $\varphi + \varepsilon\varphi'$, $\psi + \varepsilon\psi'$, $\chi + \varepsilon\chi'$ darstellbar sein, wo ε eine unendlichkleine Konstante bedeutet, so führt die Vergleichung beider Darstellungen notwendig zu der Relation

$$\varphi\varphi' + \psi\psi' + \chi\chi' = 0. \tag{1}$$

Die drei Gleichungen

$$\varphi = 0, \quad \psi = 0, \quad \chi = 0 \tag{2}$$

mögen kein gemeinsames Lösungssystem besitzen. Es müssen dann auf Grund der Identität (1) die vier gemeinsamen Lösungen der beiden letzteren Gleichungen die quadratische Form φ' zum Verschwinden bringen; hieraus folgt

$$\varphi' = \alpha\psi + \gamma\chi,$$

und desgleichen

$$\psi' = \beta\varphi + \zeta\chi,$$
$$\chi' = \delta\varphi + \vartheta\psi.$$

Durch Einsetzung dieser Werte in die Identität (1) gewinnen wir für die eingeführten Konstanten die Relationen

$$\alpha + \beta = 0, \qquad \gamma + \delta = 0, \qquad \zeta + \vartheta = 0.$$

Sobald daher die Resultante der drei Gleichungen (2) von Null verschieden ist, kann jene Identität (1) ausschließlich durch eine lineare Kombination der drei Lösungen

$$\begin{array}{lll} \varphi' = \quad 0, & \varphi' = -\chi, & \varphi' = \quad \psi, \\ \psi' = \quad \chi, & \psi' = \quad 0, & \psi' = -\varphi, \\ \chi' = -\psi, & \chi' = \quad \varphi, & \chi' = \quad 0 \end{array}$$

befriedigt werden, d. h. es gibt keine mehr als dreifachunendliche Mannigfaltigkeit von Formen φ, ψ, χ, welche dieselbe Form F in der fraglichen Weise zur Darstellung bringen. Da das System der drei quadratischen Formen 18 Koeffizienten, die biquadratische Form F dagegen nur 15 Koeffizienten besitzt, so folgt aus obigen Betrachtungen, daß eine jede biquadratische ternäre Form sich als Summe von drei Formenquadraten darstellen läßt[1].

Die Koeffizienten der darstellenden Formen φ, ψ, χ enthalten noch drei willkürliche Parameter und nehmen daher erst dann bestimmte Werte an, wenn wir ihnen irgend drei voneinander unabhängige Bedingungen auferlegen. Ist letzteres geschehen, so gibt es nur eine endliche Anzahl von Formensystemen φ, ψ, χ, durch deren Vermittlung die vorgelegte biquadratische Form F als Quadratsumme dargestellt werden kann. Sollen von diesen Formensystemen bei beliebiger Wahl jener Bedingungen zwei Formensysteme zusammenrücken, so ist es den obigen Überlegungen zufolge erforderlich, daß die Resultante der betreffenden Formen φ, ψ, χ und infolgedessen auch die Diskriminante der darzustellenden Form F verschwindet. Der hierdurch gekennzeichnete singuläre Fall ist für die weitere Schlußfolgerung von Bedeutung.

Es seien nämlich F, F', F'' drei definite biquadratische ternäre Formen und p, p', p'' drei veränderliche positive Größen, deren Verhältnisse durch ide Punkte im Inneren eines Koordinatendreieckes dargestellt sein mögen. Wir konstruieren dann alle diejenigen Punkte p, p', p'', für welche die Gleichung

$$pF + p'F' + p''F'' = 0 \tag{3}$$

eine Kurve 4-ter Ordnung mit zwei oder mehr Doppelpunkten definiert. Wie auch die beiden definiten Formen F und F' gegeben seien, es ist offenbar

[1] Das allgemeine hierbei zugrunde liegende Prinzip rührt von L. Kronecker her.

stets möglich, F'' so zu wählen, daß jene Punkte p, p', p'' nur in endlicher Zahl vorhanden sind, und wir können demnach die beiden Eckpunkte $p = 1$, $p' = 0$, $p'' = 0$ und $p = 0$, $p' = 1$, $p'' = 0$ durch eine krumme Linie verbinden, welche ganz im Innern des Koordinatendreieckes verläuft und keinen der vorhin konstruierten Punkte trifft. Betrachten wir jetzt einen Punkt p, p', p'' dieser Verbindungslinie, so besitzt die entsprechende biquadratische Kurve (3) keinen Doppelpunkt. Denn da dieselbe überhaupt keinen reellen Punkt hat, so müßte jeder etwa existierende Doppelpunkt der Kurve notwendig ein Punkt mit komplexen Koordinaten sein; der zu diesem konjugiert imaginäre Punkt würde dann ein zweiter Doppelpunkt der Kurve sein, woraus sich ein offenbarer Widerspruch mit den getroffenen Festsetzungen ergibt. Indem wir mit den Größen p, p', p'' dem Laufe der Verbindungslinie folgen, gelangen wir von der definiten Form F durch kontinuierliche Veränderung ihrer reellen Koeffizienten zu der definiten Form F', ohne dabei eine Form mit verschwindender Diskriminante zu passieren. Wir setzen nun die Form F gleich der Summe der Quadrate dreier reeller quadratischer Formen φ, ψ, χ. Es bleiben dann bei kontinuierlicher Veränderung der reellen Koeffizienten von F offenbar auch die Koeffizienten der darstellenden Formen φ, ψ, χ stets reell, solange der vorhin betrachtete singuläre Fall ausgeschlossen wird. Führen wir daher die kontinuierliche Veränderung von F in F' auf dem angegebenen Wege aus, so folgt notwendig, daß auch die letztere Form F' die fragliche Darstellung als Summe von drei Quadraten reeller Formen zuläßt. Damit ist unser Satz bewiesen.

Die zu Anfang dieser Arbeit angeregte Frage gelangt jedoch erst durch die strenge Begründung des folgenden Theorems zum befriedigenden Abschluß.

Unter den definiten Formen der geraden Ordnung n von m Variablen gibt es stets solche, welche sich n i c h t *als endliche Summe von Quadraten reeller Formen darstellen lassen*[1]. *Alleinige Ausnahme bilden die drei oben erledigten Fälle*

I. $n = 2$, m *beliebig*,

II. n *beliebig*, $m = 2$,

III. $n = 4$, $m = 3$.

Der Beweis wird zunächst für den Fall der ternären Form 6. Ordnung erbracht.

Wir nehmen in der Ebene 8 getrennte Punkte (1), (2), ..., (8) an, von denen weder irgend drei auf einer geraden Linie noch irgend 6 auf einem Kegelschnitte liegen. Durch diese 8 Punkte lege man zwei reelle Kurven 3-ter Ordnung, deren Gleichungen $\varphi = 0$ und $\psi = 0$ seien. Die beiden Kurven schneiden sich

---

[1] Die Existenz solcher Formen hat bereits H. Minkowski für wahrscheinlich gehalten; vgl. die erste These in seiner Inauguraldissertation: „Untersuchungen über quadratische Formen". Königsberg 1885; siehe auch Minkowski: Ges. Abh. Bd. 1 (1911), S. VIII.

noch in einem 9-ten Punkte (9), welcher ebenfalls reell ist und von jenen 8 Punkten getrennt liegen möge. Es sei ferner $f = 0$ die Gleichung des durch die Punkte (1), (2), (3), (4), (5) hindurchgehenden Kegelschnittes und $g = 0$ die Gleichung einer Kurve 4-ter Ordnung, welche durch die Punkte (1), (2), (3), (4), (5) ebenfalls einfach hindurchgeht und überdies die Punkte (6), (7), (8) zu Doppelpunkten besitzt. Dementsprechend sind φ, ψ, f, g ternäre Formen mit reellen Koeffizienten. Die reellen homogenen Koordinaten der 9 Punkte (i) bezeichnen wir der Kürze halber gleichfalls mit (i) und erkennen dann, daß die Werte $f(9)$ und $g(9)$ von Null verschieden sind. Wäre nämlich $f(9)$ gleich Null, so könnte man durch lineare Kombination der Gleichungen $\varphi = 0$ und $\psi = 0$ die Gleichung einer Kurve 3-ter Ordnung aufstellen, welche außer den 6 Punkten (1), (2), (3), (4), (5), (9) noch einen 7-ten Punkt mit dem Kegelschnitte $f = 0$ gemein hätte. Diese Kurve 3-ter Ordnung müßte notwendig in den Kegelschnitt und eine durch (6), (7), (8) gehende Gerade zerfallen, deren Vorhandensein durch unsere Annahme über die Lage der 8 Punkte ausgeschlossen ist. Wäre ferner $g(9)$ gleich Null, so könnte man auf demselben Wege eine nicht zerfallende Kurve 3-ter Ordnung konstruieren, welche durch die drei Doppelpunkte (6), (7), (8), sowie durch die 6 einfachen Punkte (1), (2), (3), (4), (5), (9) und überdies noch durch einen beliebigen weiteren einfachen Punkt der Kurve $g = 0$ hindurchliefe. Infolgedessen müßte die Kurve $g = 0$ in jene Kurve 3-ter Ordnung und in eine durch die Punkte (6), (7), (8) gehende Gerade zerfallen; diese Folgerung tritt wiederum mit unserer Annahme in Widerspruch. Nachdem wir das Vorzeichen der Form f so gewählt haben, daß das Produkt $f(9)\,g(9)$ positiv ausfällt, betrachten wir die ternäre Form der 6. Ordnung

$$\varphi^2 + \psi^2 + p f g,$$

worin p eine positive Konstante bedeutet. Es sei ferner allgemein p_i die kleinste positive Größe, für welche die Kurve

$$\varphi^2 + \psi^2 + p_i f g = 0$$

in dem Punkte (i) einen Rückkehrpunkt oder einen dreifachen Punkt erhält. Gibt es eine Größe solcher Art überhaupt nicht, so setze man $p_i = \infty$. Die Größen p_i sind sämtlich größer als Null, da dem Werte $p = 0$ die Kurve $\varphi^2 + \psi^2 = 0$ entspricht, welche offenbar die sämtlichen in Rede stehenden 9 Punkte zu isolierten Doppelpunkten besitzt. Verstehen wir nun unter $[p]$ irgendeine von Null verschiedene positive Größe, welche kleiner ist als die kleinste der Größen p_i, so besitzt die Kurve

$$\varphi^2 + \psi^2 + [p] f g = 0$$

nur noch die 8 Punkte (1), (2), ..., (8) zu isolierten Doppelpunkten, während sie den Punkt (9) überhaupt nicht mehr trifft. Es ist infolgedessen möglich, um jene 9 Punkte kleine Kreise von der Beschaffenheit zu beschreiben, daß die ternäre Form

$$\varphi^2 + \psi^2 + [p] f g$$

überall im Inneren jener 9 Kreise positiv bleibt und allein in den Mittelpunkten der ersten 8 Kreise gleich Null wird. Da ferner außerhalb jener 9 Kreise der Ausdruck $\varphi^2 + \psi^2$ stets von Null verschieden ist, so besitzt der absolute Wert des Quotienten

$$\frac{\varphi^2 + \psi^2}{f g}$$

in dem Gebiete außerhalb der 9 Kreise ein von Null verschiedenes Minimum M. Verstehen wir nun unter $[[p]]$ eine von Null verschiedene positive, weder $[p]$ noch M erreichende Größe, *so stellt der Ausdruck*

$$F = \varphi^2 + \psi^2 + [[p]] f g \tag{4}$$

eine ternäre Form der 6-ten Ordnung dar, welche in den 8 Punkten (1), (2), . . ., (8) *Null ist, dagegen für alle anderen reellen Wertsysteme der Variablen von Null verschieden und positiv ausfällt.*

Es bedeute P irgendeine definite ternäre Form der 6-ten Ordnung und p wiederum eine von Null verschiedene positive Größe; die Form $F + pP$ ist dann ebenfalls definit und möge sich als Summe von 28 oder weniger Formenquadraten darstellen lassen, wie folgt:

$$F + p P = \varrho^2 + \sigma^2 + \cdots + \tau^2, \tag{5}$$

wo $\varrho, \sigma, \ldots, \tau$ gewisse reelle ternäre kubische Formen bezeichnen, deren Anzahl die Zahl 28 nicht überschreitet. Substituieren wir in dieser Identität (5) die Koordinaten des Punktes (9), so ist notwendigerweise für eine jener kubischen Formen etwa für die Form ϱ die Ungleichung

$$|\varrho(9)| > \left|\sqrt{\frac{F(9)}{28}}\right| \tag{6}$$

erfüllt. Andererseits folgen aus derselben Identität (5) die 8 Ungleichungen

$$\left.\begin{aligned} |\varrho(1)| &\leqq \left|\sqrt{p P(1)}\right|, \\ |\varrho(2)| &\leqq \left|\sqrt{p P(2)}\right|, \\ &\cdots\cdots \\ |\varrho(8)| &\leqq \left|\sqrt{p P(8)}\right|. \end{aligned}\right\} \tag{7}$$

Da ferner die in Rede stehenden 9 Punkte das vollständige Schnittpunktsystem zweier Kurven 3-ter Ordnung bilden, so herrscht eine Beziehung von der Gestalt

$$c_1 \varrho(1) + c_2 \varrho(2) + \cdots + c_8 \varrho(8) + c_9 \varrho(9) = 0; \tag{8}$$

dabei sind die Größen $c_1, c_2, \ldots, c_8, c_9$ von den Koeffizienten der kubischen Form ϱ unabhängig und besitzen überdies ausnahmslos von Null verschiedene Werte. Aus der Gleichung (8) folgt:

$$|c_1 \varrho(1)| + |c_2 \varrho(2)| + \cdots + |c_8 \varrho(8)| \geqq |c_9 \varrho(9)|$$

und mit Benutzung der Ungleichungen (6) und (7):

$$|c_1 \sqrt{p\,P(1)}| + |c_2 \sqrt{p\,P(2)}| + \cdots + |c_8 \sqrt{p\,P(8)}| > \left| c_9 \sqrt{\frac{F(9)}{28}} \right|.$$

Wählen wir daher für p eine Größe $\{p\}$, welche von Null verschieden, positiv und kleiner ist als der Wert des Quotienten

$$\frac{c_9^2 F(9)}{28 \{|c_1 \sqrt{P(1)}| + |c_2 \sqrt{P(2)}| + \cdots + |c_8 \sqrt{P(8)}|\}^2},$$

so erkennen wir, daß unsere Annahme (5) schließlich auf einen Widerspruch führt; d. h.: *Die definite ternäre Form $F + \{p\}\,P$ von der 6-ten Ordnung läßt sich nicht als Summe von 28 oder weniger Quadraten reeller Formen darstellen.*

Angenommen, die Form $F + \{p\}\,P$ wäre als Summe von 29 Quadraten reeller Formen darstellbar, so besteht jedenfalls zwischen letzteren eine lineare Relation mit konstanten positiven und negativen Koeffizienten. Von diesen möge der größte positive Koeffizient den Wert γ besitzen. Dividieren wir dann die in Rede stehende Relation durch γ und subtrahieren sie von der Summe jener 29 Formenquadrate, so gelangen wir zu einer Darstellung der Form $F + \{p\}\,P$ durch 28 positive Formenquadrate. In ähnlicher Weise führt die Annahme einer Darstellung durch mehr als 29 Formenquadrate schließlich wieder auf die Darstellung durch 28 Formenquadrate zurück, d. h. *die ternäre Form $F + \{p\}\,P$ von der 6-ten Ordnung läßt sich überhaupt nicht als endliche Summe von Quadraten reeller Formen darstellen.*

Um die Richtigkeit unseres Theorems für ternäre Formen von beliebiger gerader Ordnung n zu erkennen, sei $f = 0$ die Gleichung irgendeiner reellen Kurve von der Ordnung $\frac{n}{2} - 3$, welche durch keinen der 9 Punkte (1), (2), ..., (8), (9) hindurchläuft. Man nehme dann auf dieser Kurve soviel reelle Punkte (10), (11), ... an, daß jede durch diese Punkte hindurchgelegte Kurve von der Ordnung $\frac{n}{2}$ in die Kurve $f = 0$ und in eine kubische Kurve zerfällt, während das gleiche nicht mehr der Fall ist, sobald wir in der Reihe jener Punkte (10), (11), ... einen Punkt unterdrücken. Infolge dieser Annahme und wegen der Lage der 9 Punkte (1), (2), ..., (8), (9) gilt eine Relation von der Gestalt

$$c_1 \varrho(1) + c_2 \varrho(2) + \cdots + c_8 \varrho(8) + c_9 \varrho(9) + c_{10} \varrho(10) + c_{11} \varrho(11) + \cdots = 0,$$

wo ϱ eine beliebige ternäre Form von der Ordnung $\frac{n}{2}$ bedeutet. Die Konstanten $c_1, c_2, \ldots, c_8, c_9, c_{10}, c_{11}, \ldots$ sind von den Koeffizienten der Form ϱ unabhängig und die Konstanten $c_1, c_2, \ldots, c_8, c_9$ besitzen überdies von Null verschiedene Werte. Bedeutet nun P eine definite ternäre Form von der Ordnung n, so ergibt sich durch dieselbe Schlußweise wie vorhin, *daß die ternäre Form $F f^2 + p\,P$ für ein genügend kleines positives p nicht als Summe von*

$\frac{1}{2}(n+1)(n+2)$ *Quadraten reeller Formen und folglich überhaupt nicht als endliche Summe von Quadraten reeller Formen dargestellt werden kann.*

Was endlich die Formen mit mehr als drei Variablen betrifft, so bedarf es vor allem einer Untersuchung der quaternären biquadratischen Form.

Wir nehmen zu dem Zwecke in dem dreidimensionalen Raume 7 getrennte Punkte (1), (2), ..., (7) an, von denen nicht vier in einer Ebene liegen. Ferner soll es nicht möglich sein, durch irgend 6 jener Punkte einen Kegel 2-ter Ordnung zu konstruieren, dessen Spitze in den 7-ten Punkt fällt. Man lege nun durch jene 7 Punkte drei reelle quadratische Flächen $\varphi = 0$, $\psi = 0$ und $\chi = 0$, welche sich noch in einem bestimmten 8-ten Punkte (8) schneiden. Dieser Punkt (8) ist ebenfalls reell und liege von jenen 7 Punkten getrennt. Es sei $f = 0$ die Gleichung der durch die Punkte (1), (2), (3) hindurchgelegten Ebene und $g = 0$ die Gleichung einer Fläche 3-ter Ordnung, welche durch die Punkte (1), (2), (3) einfach hindurchgeht und überdies die Punkte (4), (5), (6), (7) zu Knotenpunkten besitzt. Die reellen homogenen Koordinaten der 8 Punkte (i) bezeichnen wir der Kürze halber ebenfalls mit (i). Wie man leicht einsieht, ist $f(8)$ von Null verschieden. Das gleiche gilt von $g(8)$. Denn ginge die Fläche $g = 0$ auch durch den Punkt (8), so müßte sich g in der Gestalt

$$r\varphi + s\psi + t\chi$$

ausdrücken lassen, wo r, s, t Linearformen bedeuten. Die Definition der Fläche $g = 0$ erfordert, daß für jeden der Punkte (4), (5), (6), (7) die ersten Differentialquotienten der Form g nach jeder der vier homogenen Variablen, also die Ausdrücke

$$r\frac{\partial\varphi}{\partial x_1} + s\frac{\partial\psi}{\partial x_1} + t\frac{\partial\chi}{\partial x_1},$$
$$r\frac{\partial\varphi}{\partial x_2} + s\frac{\partial\psi}{\partial x_2} + t\frac{\partial\chi}{\partial x_2},$$
$$r\frac{\partial\varphi}{\partial x_3} + s\frac{\partial\psi}{\partial x_3} + t\frac{\partial\chi}{\partial x_3},$$
$$r\frac{\partial\varphi}{\partial x_4} + s\frac{\partial\psi}{\partial x_4} + t\frac{\partial\chi}{\partial x_4}$$

verschwinden und da keine der Linearformen r, s, t in sämtlichen vier Punkten (4), (5), (6), (7) verschwinden darf, so würde folgen, daß mindestens für einen von jenen vier Punkten die dreireihigen Determinanten der Matrix:

$$\left|\begin{matrix} \frac{\partial\varphi}{\partial x_1}, & \frac{\partial\psi}{\partial x_1}, & \frac{\partial\chi}{\partial x_1} \\ \frac{\partial\varphi}{\partial x_2}, & \frac{\partial\psi}{\partial x_2}, & \frac{\partial\chi}{\partial x_2} \\ \frac{\partial\varphi}{\partial x_3}, & \frac{\partial\psi}{\partial x_3}, & \frac{\partial\chi}{\partial x_3} \\ \frac{\partial\varphi}{\partial x_4}, & \frac{\partial\psi}{\partial x_4}, & \frac{\partial\chi}{\partial x_4} \end{matrix}\right|$$

gleich Null werden. In letzterem Falle könnte man von einem jener vier Punkte einen Kegel 2-ter Ordnung konstruieren, welcher durch alle übrigen 7 Punkte hindurchgeht. Diese Folgerung befindet sich mit den getroffenen Festsetzungen in Widerspruch. Nachdem wir das Vorzeichen von f so gewählt haben, daß $f(8)\,g(8)$ positiv ausfällt, können wir eine ähnliche Schlußweise wie oben bei Behandlung der ternären Form 6-ter Ordnung anwenden. *Dann ergibt sich, daß der Ausdruck*

$$F = \varphi^2 + \psi^2 + \chi^2 + p\,f\,g$$

für ein genügend kleines positives p eine Form darstellt, welche in den Punkten (1), (2), ..., (7) *Null ist, dagegen für alle anderen reellen Wertsysteme der Variablen von Null verschieden und positiv ausfällt.*

Da die in Rede stehenden 8 Punkte das vollständige Schnittpunktsystem dreier Flächen 2-ter Ordnung bilden, so gilt eine lineare Identität von der Gestalt

$$c_1\,\varrho\,(1) + c_2\,\varrho\,(2) + \cdots + c_7\,\varrho\,(7) + c_8\,\varrho\,(8) = 0\,,$$

wo ϱ eine beliebige quaternäre quadratische Form bedeutet und die Konstanten $c_1, c_2, \ldots, c_7, c_8$ nur von den Koordinaten jener 8 Punkte abhängen. Es bedeute ferner P eine definite quaternäre biquadratische Form und $\{p\}$ eine Größe, welche von Null verschieden, positiv und kleiner ist als der Wert des Quotienten

$$\frac{c_8^2\,F\,(8)}{35\left\{\left|c_1\sqrt{P\,(1)}\right| + \left|c_2\sqrt{P\,(2)}\right| + \cdots + \left|c_7\sqrt{P\,(7)}\right|\right\}^2}\,.$$

Setzen wir dann voraus, daß sich die Form $F + \{p\}\,P$ als Summe von 35 oder weniger Quadraten reeller Formen darstellen ließe, so werden wir in gleicher Weise auf einen Widerspruch geführt, wie oben, als es sich um die ternäre Form der 6-ten Ordnung handelte. *Die definite quaternäre biquadratische Form $F + \{p\}\,P$ läßt sich somit nicht als Summe von 35 oder weniger Quadraten reeller Formen und folglich überhaupt nicht als endliche Summe von Quadraten reeller Formen darstellen.*

Nunmehr bedeute Φ eine definite ternäre Form der 6-ten Ordnung und Ψ eine definite quaternäre biquadratische Form. Weder Φ noch Ψ sei als Summe von Quadraten reeller Formen darstellbar. Sind dann n und m gleich oder größer als vier, so ist es offenbar ohne Schwierigkeit möglich, eine definite Form der n-ten Ordnung von m Variablen zu konstruieren, welche durch Nullsetzen einer oder mehrerer Variablen in eine der Formen Φ oder Ψ übergeht. *Eine solche Form ist ebensowenig als Summe von Quadraten reeller Formen darstellbar wie die Formen Φ und Ψ selbst.*

Damit ist der vollständige Beweis für die Richtigkeit unseres Theorems erbracht.

Königsberg i. Pr., den 20. Februar 1888.

11. Über die Endlichkeit des Invariantensystems für binäre Grundformen.

[Mathem. Annalen Bd. 33, S. 223—226 (1889).]

P. GORDAN hat zuerst bewiesen, daß es für ein vorgelegtes System von binären Grundformen eine endliche Zahl von Invarianten gibt, durch welche sich jede andere Invariante jener Grundform rational und ganz ausdrücken läßt. Im folgenden wird für diesen fundamentalen Satz ein anderer Beweis erbracht, welcher mit dem ursprünglichen Verfahren von P. GORDAN[1] nahe Analogien aufweist, während andererseits der Gedankengang dem von F. MERTENS[2] gegebenen Beweise parallel läuft.

Der Beweis stützt sich auf die beiden folgenden bekannten und leicht beweisbaren Theoreme:

I.

Ein System von beliebig vielen linearen und homogenen diophantischen Gleichungen besitzt eine endliche Anzahl positiver Lösungen von der Beschaffenheit, daß jede andere positive Lösung sich mit Hilfe positiver ganzzahliger Koeffizienten linear und homogen aus jenen zusammensetzen läßt[3].

II.

Bildet man aus N beliebigen Größen $\omega, \ldots$ die Summe ihrer 1-ten, 2-ten, ..., N-ten Potenzen, wie folgt:

$$\omega + \cdots, \quad \omega^2 + \cdots, \ldots, \omega^N + \cdots$$

und bedeutet p irgendeine positive ganze Zahl, so gilt stets eine Identität von der Gestalt

$$\omega^p = G + G^{(1)}\omega + \cdots + G^{(N-1)}\omega^{N-1}, \tag{1}$$

wo $G, G^{(1)}, \ldots, G^{(N-1)}$ ganze Funktionen jener N Potenzsummen sind.

Beide Theoreme sind dem in Rede stehenden Invariantensatze insofern gleichgeartet, als sie ebenso wie jener die *Endlichkeit gewisser in sich*

---

[1] Vorlesungen über Invariantentheorie Bd. 2, 1885 S. 231.

[2] Crelles J. Bd. 100 S. 223.

[3] Vgl. P. GORDAN: Vorlesungen über Invariantentheorie Bd. 1, 1885 S. 199.

geschlossener Systeme behaupten. Zugleich weisen wir auf den Umstand hin, daß in beiden Theoremen die charakteristische Reduktionsgleichung die einzelnen Glieder des geschlossenen Systems in *linearer* Weise enthält.

Die vorgelegte Grundform f von der n-ten Ordnung in den homogenen Variablen x, y stelle man als Produkt ihrer Linearfaktoren dar, wie folgt:

$$f = (\alpha^{(1)} x + \beta^{(1)} y)(\alpha^{(2)} x + \beta^{(2)} y) \cdots (\alpha^{(n)} x + \beta^{(n)} y)$$

und benutze die Abkürzung:

$$(k, l) = \alpha^{(k)} \beta^{(l)} - \alpha^{(l)} \beta^{(k)}.$$

Jede Invariante der Form f setzt sich bekanntermaßen zusammen aus symmetrischen Gebilden von der Gestalt:

$$J = (1, 2)^{e^{1,2}} (1, 3)^{e^{1,3}} (2, 3)^{e^{2,3}} \cdots (n-1, n)^{e^{n-1,n}} + \cdots, \tag{2}$$

wo man die folgenden Glieder der Summe aus dem hingeschriebenen Anfangsgliede dadurch erhält, daß man die in den Klammern stehenden Zahlen $1, 2, \ldots, n$ auf alle möglichen Weisen permutiert. Überdies ist jedoch erforderlich, daß in jenem Anfangsgliede jede der Zahlen $1, 2, \ldots, n$ *gleich oft* vorkommt, d. h. es bestehen für die als Potenzexponenten auftretenden ganzen Zahlen notwendig die Gleichungen:

$$\left.\begin{aligned} & e^{1,2} + e^{1,3} + \cdots + e^{1,n} \\ = {} & e^{2,1} + e^{2,3} + \cdots + e^{2,n} \\ & \cdots\cdots\cdots\cdots \\ = {} & e^{n,1} + e^{n,2} + \cdots + e^{n,n-1}, \end{aligned}\right\} \tag{3}$$

wo allgemein $e^{k,l}$ und $e^{l,k}$ dieselben Zahlen sind.

Nach Satz I läßt sich jede positive Lösung der diophantischen Gleichungen (3) aus einer gewissen endlichen Anzahl m von speziellen positiven Lösungen linear und homogen unter Vermittlung ganzzahliger positiver Koeffizienten $p_1, p_2, \ldots, p_m$ zusammensetzen, wie folgt:

$$\left.\begin{aligned} e^{1,2} &= p_1 e_1^{1,2} + p_2 e_2^{1,2} + \cdots + p_m e_m^{1,2}, \\ e^{1,3} &= p_1 e_1^{1,3} + p_2 e_2^{1,3} + \cdots + p_m e_m^{1,3}, \\ & \cdots\cdots\cdots\cdots \\ e^{n-1,n} &= p_1 e_1^{n-1,n} + p_2 e_2^{n-1,n} + \cdots + p_m e_m^{n-1,n}. \end{aligned}\right\} \tag{4}$$

Wir bedienen uns der Abkürzungen:

$$\left.\begin{aligned} \omega_1 &= (1, 2)^{e_1^{1,2}} (1, 3)^{e_1^{1,3}} (2, 3)^{e_1^{2,3}} \cdots (n-1, n)^{e_1^{n-1,n}}, \\ & \cdots\cdots\cdots\cdots \\ \omega_m &= (1, 2)^{e_m^{1,2}} (1, 3)^{e_m^{1,3}} (2, 3)^{e_m^{2,3}} \cdots (n-1, n)^{e_m^{n-1,n}}, \end{aligned}\right\} \tag{5}$$

und bilden sämtliche Invarianten von der Gestalt

$$J_{\pi_1, \pi_2, \ldots \pi_m} = \omega_1^{\pi_1} \omega_2^{\pi_2} \cdots \omega_m^{\pi_m} + \cdots, \tag{6}$$

wo keiner der Zahlenexponenten $\pi_1, \pi_2, \ldots, \pi_m$ die Zahl

$$N = 1 \cdot 2 \cdot 3 \cdots n$$

überschreitet und wo die folgenden Glieder der Summe auf gleiche Weise wie oben in (2) aus dem Anfangsgliede abzuleiten sind.

Aus jedem der m Produkte (5) gehen durch Permutation der in den Klammern stehenden Zahlen $1, 2, 3, \ldots, n$ noch $N - 1$ weitere Ausdrücke hervor; daher gelten, entsprechend der Reduktionsformel (1) in Satz II, Gleichungen der folgenden Art:

$$\left.\begin{aligned} \omega_1^{p_1} &= G_1 + G_1^{(1)}\omega_1 + \cdots + G_1^{(N-1)}\omega_1^{N-1}, \\ &\cdots\cdots\cdots\cdots\cdots \\ \omega_m^{p_m} &= G_m + G_m^{(1)}\omega_m + \cdots + G_m^{(N-1)}\omega_m^{N-1}, \end{aligned}\right\} \tag{7}$$

wo die Koeffizienten G ganze Funktionen der Potenzsummen

$$\left.\begin{matrix} \omega_1 + \cdots, & \omega_1^2 + \cdots, \ldots, \omega_1^N + \cdots, \\ \cdots\cdots & \cdots\cdots\cdots\cdots \\ \omega_m + \cdots, & \omega_m^2 + \cdots, \ldots, \omega_m^N + \cdots \end{matrix}\right\} \tag{8}$$

bedeuten. Die Potenzsummen (8) sind sämtlich dem System (6) angehörige Invarianten.

Was nunmehr den allgemeinen Ausdruck (2) einer Invariante anbetrifft, so erhält derselbe bei Berücksichtigung der Gleichungen (4) und (5) die Gestalt

$$J = \omega_1^{p_1}\omega_2^{p_2}\cdots\omega_m^{p_m} + \cdots.$$

Hieraus erkennen wir leicht nach Eintragung der Werte (7), daß J eine ganze Funktion der Invarianten des Systems (6) wird, d. h. *die Invarianten* (6) *bilden ein System von der Beschaffenheit, wie es unser Satz verlangt.*

Liegt ein System von beliebig vielen Formen $f, g, h, \ldots$ zugrunde, so ist an Stelle von (2) ein symmetrisches Gebilde zu setzen, dessen Anfangsglied sämtliche Determinanten der Linearfaktoren von $f, g, h, \ldots$ enthält, und zwar in der Weise, daß die Koeffizienten der zur selben Grundform gehörigen Linearfaktoren in demselben Grade auftreten. Diese charakteristische Eigenschaft einer Simultaninvariante findet ihren Ausdruck in einem System diophantischer Gleichungen, welches die Rolle des Gleichungssystems (3) übernimmt. Im übrigen gilt genau dieselbe Schlußfolgerung.

Göttingen, den 30. März 1888.

12. Über Büschel von binären Formen mit vorgeschriebener Funktionaldeterminante*[1].

[Mathem. Annalen Bd. 33, S. 227—236 (1889).]

Das Problem.

Ein Büschel von binären Formen der ν-ten Ordnung in den homogenen Variablen x, y:

$$\varkappa \varphi + \mu \psi \tag{1}$$

hängt von $2\nu - 2$ wesentlichen Konstanten ab, und diese Zahl ist zugleich die Ordnung der Funktionaldeterminante

$$f = \frac{\partial \varphi}{\partial x}\frac{\partial \psi}{\partial y} - \frac{\partial \varphi}{\partial y}\frac{\partial \psi}{\partial x} = (\varphi, \psi).$$

Gehen wir daher von der letzteren Form als gegeben aus, so entsteht die Frage nach der Zahl und Beschaffenheit der Formenbüschel mit der vorgeschriebenen Funktionaldeterminante f oder, was auf dasselbe hinausläuft, es handelt sich um die Ermittlung der Involutionen ν-ter Ordnung, deren $2\nu - 2$ Doppelelemente gegeben sind. Das gekennzeichnete Problem hat in neuerer Zeit vielfaches Interesse erweckt, aber nur in den einfachsten Fällen $\nu = 3$ und $\nu = 4$ durch C. STEPHANOS[2] und A. BRILL[3] erfolgreiche Behandlung gefunden.

Grundlegend für unser Problem ist vor allem der von A. BRILL[4] streng erbrachte Beweis für die allgemeine Natur der Form f. Diese Tatsache läßt

* Die hier abgedruckte Arbeit ist eine verbesserte Auflage einer früheren: Über Büschel von binären Formen mit der nämlichen Funktionaldeterminante, Ber. Sächs. Ges. Wiss. Bd. 39 (1887) S. 112—122. Diese frühere Arbeit enthält nur an einigen wenigen Stellen ausführlichere Angaben, welche als Fußnoten hier hinzugefügt werden. [Anm. d. Hrgb.]

[1] Vgl. eine vorläufige Mitteilung in den Berichten der Kgl. Sächs. Gesellschaft vom 24. Oktober 1887. — Eine wesentlich vom vorliegenden Problem verschiedene Aufgabe besteht in der Bestimmung von binären Formen mit vorgeschriebener Diskriminante; vgl. die auf letztere Frage bezügliche Untersuchung des Verfassers in den Math. Ann. Bd. 31 S. 482. Dieser Band Abh. 7.

[2] Sur les faisceaux de formes binaires ayant une même Jacobienne. Mémoires présentés à l'académie des sciences de l'institut de France Bd. 27.

[3] Über binäre Formen und die Gleichung 6-ten Grades. Math. Ann. Bd. 20. S. 330.

[4] l. c. S. 334.

nämlich unmittelbar erkennen, daß zu jeder Form f notwendig eine *endliche* Anzahl n von Büscheln (1) zugehören muß. Ein weiterer Fortschritt ist die *Berechnung* dieser Anzahl durch F. MEYER[1], H. SCHUBERT[2] und C. STEPHANOS[3]; dieselben fanden in Übereinstimmung miteinander

$$n = \frac{(2\nu - 2)!}{(\nu - 1)!\,\nu!}.$$

Im folgenden wird das bezeichnete Problem algebraisch verfolgt und in einer für jede Ordnung ν gültigen Weise zur Lösung gebracht.

Der zwischen zwei Lösungen obwaltende Zusammenhang.

Es seien

$$\varkappa\,\varphi_1 + \mu\,\psi_1 \quad \text{und} \quad \varkappa\,\varphi_2 + \mu\,\psi_2 \tag{2}$$

zwei Formenbüschel ν-ter Ordnung mit der nämlichen Funktionaldeterminante

$$(\varphi_1, \psi_1) = (\varphi_2, \psi_2). \tag{3}$$

Wir bestimmen zunächst alle Formen ν-ter Ordnung, deren ν-te Überschiebungen über die Formen des ersteren Büschels verschwinden und erhalten so eine $(\nu-2)$-fach unendliche lineare Formenmannigfaltigkeit M_1, welche zu jenem Büschel apolar ist. Entsprechend bezeichne M_2 diejenige $(\nu-2)$-fach unendliche Formenmannigfaltigkeit, welche zu dem zweiten Büschel apolar ist. Die den beiden Mannigfaltigkeiten M_1 und M_2 gemeinsamen Formen bilden ihrerseits eine $(\nu-4)$-fach unendliche Mannigfaltigkeit M, welche notwendigerweise apolar ist zu der dreifach unendlichen linearen Formenmannigfaltigkeit:

$$\varkappa_1\,\varphi_1 + \mu_1\,\psi_1 + \varkappa_2\,\varphi_2 + \mu_2\,\psi_2. \tag{4}$$

Die beiden Formenmannigfaltigkeiten M_1 und M_2 besitzen die nämliche Funktionaldeterminante wie die beiden Formenbüschel (2). Desgleichen stimmt die Funktionaldeterminante der Mannigfaltigkeit M überein mit der Funktionaldeterminante

$$\Delta = \begin{vmatrix} \frac{\partial^3\varphi_1}{\partial x^3} & \frac{\partial^3\psi_1}{\partial x^3} & \frac{\partial^3\varphi_2}{\partial x^3} & \frac{\partial^3\psi_2}{\partial x^3} \\ \frac{\partial^3\varphi_1}{\partial x^2\,\partial y} & \frac{\partial^3\psi_1}{\partial x^2\,\partial y} & \frac{\partial^3\varphi_2}{\partial x^2\,\partial y} & \frac{\partial^3\psi_2}{\partial x^2\,\partial y} \\ \frac{\partial^3\varphi_1}{\partial x\,\partial y^2} & \frac{\partial^3\psi_1}{\partial x\,\partial y^2} & \frac{\partial^3\varphi_2}{\partial x\,\partial y^2} & \frac{\partial^3\psi_2}{\partial x\,\partial y^2} \\ \frac{\partial^3\varphi_1}{\partial y^3} & \frac{\partial^3\psi_1}{\partial y^3} & \frac{\partial^3\varphi_2}{\partial y^3} & \frac{\partial^3\psi_2}{\partial y^3} \end{vmatrix}.$$

[1] Apolarität und rationale Kurven, S. 391. Tübingen 1883.

[2] Mitt. der mathematischen Gesellschaft in Hamburg 1884.

[3] Sur la théorie des formes binaires et sur l'élimination. Annales de l'école normale s. III Bd. 1 S. 351.

Die Relation (3) führt unmittelbar zu einer charakteristischen Eigenschaft der Mannigfaltigkeit (4). Betrachten wir nämlich irgend ein dieser Mannigfaltigkeit angehöriges Formenbüschel, so zeigt sich, daß es im allgemeinen innerhalb jener Mannigfaltigkeit noch ein anderes Formenbüschel gibt, welches die nämliche Funktionaldeterminante wie das erstere besitzt[1]. Es sei nun τ ein Linearfaktor der Funktionaldeterminante Δ und φ diejenige Form der Mannigfaltigkeit (4), welche die Linearform τ als vierfachen Faktor enthält. Die Funktionaldeterminante dieser Form φ und einer beliebigen anderen Form derselben Mannigfaltigkeit (4) enthält jedenfalls die Linearform τ als dreifachen Faktor. Andererseits ist leicht einzusehen, daß jedes Büschel, dessen Funktionaldeterminante durch τ^3 teilbar ist, selbst eine durch τ^3 teilbare Form enthalten muß. Nach obiger Bemerkung gibt es daher in jeder Mannigfaltigkeit (4) noch eine zweite Form ψ, welche τ als dreifachen Faktor enthält. Diese und die Form φ bestimmen innerhalb der Mannigfaltigkeit (4) ein Büschel (1), dessen sämtliche Formen durch τ^3 teilbar sind. Zu diesem Formenbüschel ist jede Form von der ν-ten Ordnung apolar, welche τ als $(\nu-2)$-fachen Faktor enthält. Bestimmen wir daher eine quadratische Form π derart, daß die Form $\tau^{\nu-2}\pi$ noch zu zwei anderen Formen der Mannigfaltigkeit (4) apolar wird, so ist diese Form $\tau^{\nu-2}\pi$ zu allen Formen der Mannigfaltigkeit (4) apolar und folglich in der Mannigfaltigkeit M enthalten. Die Funktionaldeterminante Δ der letzteren Mannigfaltigkeit ist mithin durch das Quadrat oder durch eine höhere Potenz des Linearfaktors τ teilbar, d. h. die Funktionaldeterminante Δ enthält jeden ihrer Linearfaktoren zwei- oder mehrfach. Die Funktionaldeterminante Δ ist von der Ordnung $4\nu-12$. Damit dieselbe ein vollständiges Quadrat werde, sind $2\nu-6$ voneinander unabhängige Bedingungen zu erfüllen nötig. Da andererseits diese Zahl von Bedingungen gerade hinreicht, um innerhalb der $(\nu-2)$-fach unendlichen Formenmannigfaltigkeit M_1 eine $(\nu-4)$-fach unendliche Formenmannigfaltigkeit M festzulegen, so schließen wir, daß die Funktionaldeterminante Δ im allgemeinen jeden ihrer Linearfaktoren *nur* zweifach enthält. Wir gewinnen dadurch die folgenden Sätze:

Die dreifach unendliche lineare Formenmannigfaltigkeit (4) *enthält* $2\nu-6$ *Büschel, deren sämtliche Formen einen dreifachen Linearfaktor besitzen.*

Die $(\nu-4)$*-fach unendliche lineare Formenmannigfaltigkeit* M *enthält* $2\nu-6$ *Formen mit* $(\nu-2)$*-fachem Linearfaktor.*

Die Funktionaldeterminante Δ *ist ein vollständiges Quadrat.*

Die beiden ersteren Sätze bedingen sich gegenseitig und überdies den letzten Satz; indem sie den speziellen Charakter der beiden Mannigfaltigkeiten (4) und M kennzeichnen, wird damit zugleich die gegenseitige Ab-

---

[1] Vgl. C. Stephanos: Sur les faisceaux de formes binaires etc. S. 52.

hängigkeit von irgend zwei Lösungen unseres Problems in grelles Licht gerückt.

Dem einfachsten Falle $\nu = 4$ entspricht der bekannte von C. STEPHANOS und A. BRILL entdeckte Satz.

Die Kombinante J.

Bereits C. STEPHANOS[1] hat auf eine allgemeine Bedingung aufmerksam gemacht, welche für die beiden Formen φ_1 und φ_2 gilt und eine Folge der Relation (3) ist. Sollen nämlich zwei bestimmte Formen φ_1 und φ_2 von der ν-ten Ordnung beziehungsweise zu zwei Büscheln mit der nämlichen Funktionaldeterminante gehören, so ist dazu notwendig und hinreichend, daß eine gewisse Kombinante J jener Formen verschwinde. Diese Kombinante ist vom $(\nu-2)$-ten Grade in den Koeffizienten jeder der beiden Formen φ_1 und φ_2. Eine andere Deutung der Kombinante J ist auf Grund eines allgemeinen vom Verfasser[2] angegebenen Theorems möglich. Hiernach ist das Verschwinden der Kombinante J zugleich die notwendige und hinreichende Bedingung dafür, daß den Formen φ_1 und φ_2 eine Form ϑ von der $(2\nu-2)$-ten Ordnung mit den invarianten Beziehungen

$$(\varphi_1, \vartheta)_{\nu-1} = 0, \qquad (\varphi_2, \vartheta)_{\nu-1} = 0$$

zugehört*.

Um die Kombinante J zweier Formen φ und ψ zu bestimmen, nehmen wir für den Augenblick an, daß die beiden Formen φ und ψ von der ν-ten Ordnung einen gemeinschaftlichen Linearfaktor τ besitzen und außerdem so spezialisiert seien, daß die Kombinante J für dieselben verschwindet. Wie man sich leicht überzeugt, folgt notwendig aus diesen Annahmen, daß entweder die Kombinante J' der beiden Formen

$$\varphi' = \frac{\varphi}{\tau} \quad \text{und} \quad \psi' = \frac{\psi}{\tau}$$

---

[1] Sur les faisceaux de formes binaires etc. S. 50.

[2] Vgl. Math. Ann. Bd. 30 S. 570. Dieser Band Abh. 6.

* Die anfangs erwähnte Arbeit Ber. Sächs. Ges. Wiss. Bd. 39 enthält die folgenden, nicht in die vorliegende Arbeit übergegangenen Absätze:

Enthält ein Büschel die Form φ der ν-ten Ordnung, während gleichzeitig in der Funktionaldeterminante desselben eine andere Form χ von der ν-ten Ordnung als Faktor auftritt, so verschwindet eine gewisse Simultaninvariante K_ν vom Grade $\nu-1$ in den Koeffizienten jeder der beiden Formen φ und χ. Umgekehrt ist die letztere Bedingung auch hinreichend für das Vorhandensein eines solchen Büschels.

Das Verschwinden der Simultaninvariante K_ν für zwei Formen φ und χ der ν-ten Ordnung ist zugleich die notwendige und hinreichende Bedingung dafür, daß denselben eine Form ϑ von der $(2\nu-2)$-ten Ordnung mit den invarianten Beziehungen

$$(\varphi, \vartheta)_{\nu-1} = 0, \qquad (\chi, \vartheta)_{\nu-1} = 0$$

zugehört. [Anm. d. Hrgb.]

verschwindet oder die Funktionaldeterminante dieser beiden Formen φ' und ψ' den Linearfaktor τ enthält. Diese Tatsache läßt erkennen, daß die Kombinante J der beiden Formen

$$\varphi = \alpha_0 x^\nu + \binom{\nu}{1} \alpha_1 x^{\nu-1} y + \cdots + \alpha_\nu y^\nu,$$
$$\psi = \beta_0 x^\nu + \binom{\nu}{1} \beta_1 x^{\nu-1} y + \cdots + \beta_\nu y^\nu$$

die Eigenschaft besitzt, nach Einsetzung der Werte

$$\alpha_0 = 0\,,\quad \alpha_1 = \alpha_0'\,,\quad \alpha_2 = 2\,\alpha_1'\,,\quad \ldots,\quad \alpha_\nu = \nu\,\alpha_{\nu-1}'\,,$$
$$\beta_0 = 0\,,\quad \beta_1 = \beta_0'\,,\quad \beta_2 = 2\,\beta_1'\,,\quad \ldots,\quad \beta_\nu = \nu\,\beta_{\nu-1}'$$

überzugehen in die Kombinante J' der beiden Formen $(\nu-1)$-ter Ordnung:

$$\varphi' = \alpha_0' x^{\nu-1} + \binom{\nu-1}{1} \alpha_1' x^{\nu-2} y + \cdots + \alpha_{\nu-1}' y^{\nu-1},$$
$$\psi' = \beta_0' x^{\nu-1} + \binom{\nu-1}{1} \beta_1' x^{\nu-2} y + \cdots + \beta_{\nu-1}' y^{\nu-1},$$

multipliziert mit

$$\alpha_0' \beta_1' - \alpha_1' \beta_0'.$$

Führen wir daher in J' mittels der Gleichungen

$$\alpha_0' = \alpha_1\,,\quad \alpha_1' = \frac{1}{2}\alpha_2\,,\quad \alpha_2' = \frac{1}{3}\alpha_3\,,\quad \ldots,\quad \alpha_{\nu-1}' = \frac{1}{\nu}\alpha_\nu\,,$$
$$\beta_0' = \beta_1\,,\quad \beta_1' = \frac{1}{2}\beta_2\,,\quad \beta_2' = \frac{1}{3}\beta_3\,,\quad \ldots,\quad \beta_{\nu-1}' = \frac{1}{\nu}\beta_\nu$$

die ungestrichenen Koeffizienten ein und bezeichnen den so entstehenden Ausdruck mit $[J']$, so erhalten wir die charakteristische Rekursionsformel

$$J = (\alpha_1 \beta_2 - \alpha_2 \beta_1)\,[J'] + \alpha_0 \mathsf{A} + \beta_0 \mathsf{B}\,.$$

Hierin sind A und B als ganze Funktionen der Koeffizienten von φ und ψ so zu bestimmen, daß der Ausdruck rechter Hand eine Simultaninvariante der beiden Formen φ und ψ wird, d. h. der bekannten Differentialgleichung einer solchen genügt. Diese Bestimmung der Größen A und B ist nur auf eine einzige Weise möglich. Denn erfüllten etwa A', B' ebenfalls jene Bedingungen, so besäßen wir in dem Ausdrucke

$$\alpha_0(\mathsf{A}-\mathsf{A}') + \beta_0(\mathsf{B}-\mathsf{B}')$$

eine Simultaninvariante vom Grade $\nu - 2$ in den Koeffizienten jeder der beiden Formen φ und ψ, welche gleichzeitig mit der Resultante dieser beiden Formen verschwinden müßte; eine solche Simultaninvariante ist aber augenscheinlich unmöglich.

Die angegebene Methode gestattet eine sukzessive Berechnung der Kombinanten J. Wir finden so für $\nu = 3$ und $\nu = 4$ beziehungsweise

$$J_3 = (\varphi, \psi)_3,$$
$$J_4 = 8(\varrho, \varrho)_2 + [(\varphi, \psi)_4]^2 - (\varphi, \varphi)_4 (\psi, \psi)_4\,^*,$$

wo ϱ die dritte Überschiebung $(\varphi, \psi)_3$ bezeichnet**.

Die Kombinante J ist für die Fortentwicklung des in Rede stehenden Problems von fundamentaler Bedeutung*** und bedarf daher einer eingehen-

* Dieselben Werte findet C. Stephanos mittels direkter Rechnung, vgl. Sur les faisceaux de formes binaires etc. S. 50.

** Die anfangs erwähnte Arbeit Ber. Sächs. Ges. Wiss. Bd. 39 enthält folgenden, nicht in die vorliegende Arbeit übergegangenen Absatz:

Analoge Überlegungen führen zur Darstellung der Simultaninvarianten K_ν. Nehmen wir nämlich an, daß die beiden Formen φ und

$$\chi = \gamma_0 x_1^\nu + \binom{\nu}{1} \gamma_1 x_1^{\nu-1} x_2 + \cdots + \gamma_\nu x_2^\nu$$

mit verschwindender Invariante K_ν einen gemeinsamen Linearfaktor enthielten, so läßt sich zeigen, daß dann notwendigerweise entweder die Simultaninvariante $K_{\nu-1}$ der beiden Formen $\frac{\varphi}{\tau}$ und $\frac{\chi}{\tau}$ verschwindet oder τ in einer der beiden Formen φ oder χ als Doppelfaktor enthalten ist. Bei entsprechender Substitution und Bezeichnungsweise wie vorhin wird folglich K_ν in das Produkt der Ausdrücke $K_{\nu-1}(\varphi', \chi')$ und α_0', γ_0' übergehen. Auch zeigt sich in gleicher Weise, daß *die entspringende Rekursionsformel*

$$K_\nu = [K_{\nu-1}]\, \alpha_1 \gamma_1 + \alpha_0 \mathrm{A} + \gamma_0 \Gamma$$

bei sukzessiver Anwendung zur eindeutigen Bestimmung der Simultaninvarianten K_ν ausreicht. Dieselbe erscheint, wie man sieht, in bezug auf die Koeffizienten der Form φ einerseits und der Form χ andrerseits symmetrisch gebaut, wodurch der interessante Reziprozitätssatz von C. Stephanos (l. c. S. 39) Bestätigung findet. Unsere Methode liefert beispielsweise

$$K_2 = (\varphi, \chi)_2,$$
$$K_3 = 4[(\varphi, \chi)_3]^2 - 9(h, k)_2$$
$$K_4 = 3(\varphi, \varphi)_4 (\chi, \chi)_4 (\varphi, \chi)_4 - 8(\varphi, \chi)_4 N_5$$
$$+ 3[(\varphi, \chi)_4]^3 - 96 N_7 N_8$$

(vgl. C. Stephanos, l. c. S. 43), worin h und k die Hesseschen Kovarianten $(\varphi, \varphi)_2$ beziehungsweise $(\chi, \chi)_2$ der beiden kubischen Formen und N_5, N_7, N_8 diejenigen Simultaninvarianten der beiden Formen 4-ter Ordnung sind, welche in der Tabelle von Faà di Bruno: Einleitung in die Theorie der binären Formen, deutsch von Th. Walter, S. 362—363, beziehungsweise mit den Nummern 5, 7, 8 aufgeführt sind. [Anm. d. Hrgb.]

*** Auch zwischen der Form φ und den Faktoren ν-ter Ordnung der Funktionaldeterminante (φ, ψ) besteht eine Beziehung, welche durch das Verschwinden einer gewissen Simultaninvariante K zum Ausdruck gebracht werden kann. Diese Invariante K wurde zuerst von C. Stephanos behandelt, vgl. Sur les faisceaux de formes binaires etc. S. 38. Hierauf hat der Verfasser eine Rekursionsformel zu ihrer sukzessiven Berechnung aufgestellt und vermöge derselben die Berechnung in den Fällen $\nu = 2$, $\nu = 3$ und $\nu = 4$ wirklich ausgeführt, vgl. die Berichte der Kgl. Sächs. Gesellschaft vom 24. Oktober 1887, S. 115. Es sei zugleich darauf hingewiesen, daß ebenso wie die Kombinante J so auch die Invariante K vielfache Ansätze für weitere im Bereich unserer Fragestellung liegende Untersuchungen bietet.

deren Diskussion. Wir setzen sie in der Gestalt an:

$$J(\varphi,\psi)=\sum(-1)^{i_1+i_2+\cdots}\binom{\nu}{1}^{i_1}\binom{\nu}{2}^{i_2}\cdots\frac{(\nu-2)!}{i_0!\,i_1!\cdots i_\nu!}\,\alpha_0^{i_0}\alpha_1^{i_1}\cdots\alpha_\nu^{i_\nu}\,G_{i_0 i_1\cdots i_\nu}(\psi),$$

wo die Summe über alle Potenzexponenten $i_0, i_1, \ldots, i_\nu$ mit der Bedingung

$$i_0+i_1+\cdots+i_\nu=\nu-2$$

auszuführen ist und $G_{i_0 i_1\cdots i_\nu}(\psi)$ die betreffenden Glieder vom $(\nu-2)$-ten Grade in den Koeffizienten der Form ψ umfaßt. Nach Einführung der abkürzenden Differentiationssymbole

$$\psi\frac{\partial}{\partial\varphi}=\beta_0\frac{\partial}{\partial\alpha_0}+\beta_1\frac{\partial}{\partial\alpha_1}+\cdots+\beta_\nu\frac{\partial}{\partial\alpha_\nu},$$

$$\varphi\frac{\partial}{\partial\psi}=\alpha_0\frac{\partial}{\partial\beta_0}+\alpha_1\frac{\partial}{\partial\beta_1}+\cdots+\alpha_\nu\frac{\partial}{\partial\beta_\nu}$$

folgen aus der Kombinanteneigenschaft unserer Simultaninvariante

$$J(\varphi+q\,\psi,\psi+p\,\varphi)=(1-p\,q)^{\nu-2}\,J(\varphi,\psi)$$

die weiteren Formeln:

$$\left[\varphi\frac{\partial}{\partial\psi}\right]^{\varkappa}\left[\psi\frac{\partial}{\partial\varphi}\right]^{\mu}J(\varphi,\psi)=0,\qquad(\varkappa\neq\mu)$$

$$\left[\varphi\frac{\partial}{\partial\varphi}\right]^{\varkappa}\left[\psi\frac{\partial}{\partial\varphi}\right]^{\varkappa}J(\varphi,\psi)=(-1)^{\varkappa}\frac{\varkappa!\,(\nu-2)!}{(\nu-\varkappa-2)!}\,J(\varphi,\psi).$$

Die Lösung des Problems.

Es mögen

$$\varkappa\,\varphi_1+\mu\,\psi_1,\quad \varkappa\,\varphi_2+\mu\,\psi_2,\quad\ldots\tag{5}$$

die Gesamtheit derjenigen Formenbüschel darstellen, deren Funktionaldeterminante der gegebenen Form

$$f=a_0\,x^{2\nu-2}+\binom{2\nu-2}{1}a_1\,x^{2\nu-3}\,y+\cdots+a_{2\nu-2}\,y^{2\nu-2}$$

gleich ist. Es seien ferner

$$\xi=\xi_0\,x^\nu+\binom{\nu}{1}\xi_1\,x^{\nu-1}\,y+\cdots+\xi_\nu\,y^\nu,$$

$$\eta=\eta_0\,x^\nu+\binom{\nu}{1}\eta_1\,x^{\nu-1}\,y+\cdots+\eta_\nu\,y^\nu,$$

$$u=u_0\,x^\nu+\binom{\nu}{1}u_1\,x^{\nu-1}\,y+\cdots+u_\nu\,y^\nu,$$

$$v=v_0\,x^\nu+\binom{\nu}{1}v_1\,x^{\nu-1}\,y+\cdots+v_\nu\,y^\nu$$

Formen mit unbestimmten Koeffizienten. Die Summe

$$\{(\varphi_1, \xi)_\nu (\psi_1, \eta)_\nu - (\varphi_1, \eta)_\nu (\psi_1, \xi)_\nu\}^{\nu-2}$$
$$+ \{(\varphi_2, \xi)_\nu (\psi_2, \eta)_\nu - (\varphi_2, \eta)_\nu (\psi_2, \xi)_\nu\}^{\nu-2} + \cdots$$

ist offenbar eine rationale Funktion der Koeffizienten von f und daher einem Bruche gleich, dessen Zähler eine ganze Simultaninvariante der Formen f, ξ, η und dessen Nenner eine ganze Invariante der Form f allein darstellt. Die letztere Invariante i ist aber notwendigerweise eine konstante Zahl; denn im andern Falle müßte wenigstens eines der Büschel (5) für $i = 0$ unendlich große Koeffizienten erhalten. Greifen wir ein solches Büschel heraus und denken uns die Koeffizienten desselben nicht, wie ursprünglich, als algebraische Funktionen der Koeffizienten $a_0, a_1, \ldots, a_{2\nu-2}$ der gegebenen Form f, sondern als algebraische Funktionen von $a_0, a_1, \ldots, a_{2\nu-3}$ und i, so ist die Annahme berechtigt, daß die Form φ beim Grenzübergange $i = 0$ in die endliche und nicht verschwindende Form φ' übergehe, während die Form ψ erst nach Multiplikation mit $i^p (p > 0)$ für $i = 0$ einen endlichen und von Null verschiedenen Wert ψ' ergibt. Da trotzdem die Funktionaldeterminante beider Formen einen für $i = 0$ endlich bleibenden Wert besitzen soll, so folgt zunächst, daß ψ' mit φ' bis auf einen endlichen konstanten Faktor c übereinstimmen muß. Substituieren wir daher für ψ die Form $\psi - ci^{-p}\varphi$, so wird nunmehr beim Grenzübergange das Büschel von einem niederen Grade unendlich als vorhin. Die Fortsetzung dieses Verfahrens führt auf einen Widerspruch, welcher nur durch die Annahme $i =$ const. beseitigt werden kann. Daher stellt jene Summe eine *ganze* Simultaninvariante vom Grade $\nu - 2$ in den Koeffizienten einer jeden der drei Formen f, ξ, η dar. Setzen wir in dieser Simultaninvariante allgemein an Stelle der Produkte

$$\xi_\nu^{i_0} \xi_{\nu-1}^{i_1} \cdots \xi_0^{i_\nu} \quad \text{und} \quad \eta_\nu^{i_0} \eta_{\nu-1}^{i_1} \cdots \eta_0^{i_\nu}$$

die Aggregate

$$G_{i_0 i_1 \cdots i_\nu}(u) \quad \text{beziehungsweise} \quad G_{i_0 i_1 \cdots i_\nu}(v),$$

so entsteht eine neue Simultaninvariante $S(f, u, v)$, welche wiederum vom Grade $\nu - 2$ in den Koeffizienten einer jeden der drei Formen f, u, v ausfällt. Die Benutzung der vorhin entwickelten Eigenschaften der Kombinante J führt zu folgendem Ergebnis:

Setzt man in der Simultaninvariante $S(f, \varphi, v)$ an Stelle der Form f die Funktionaldeterminante (φ, ψ) ein, so läßt sich das entstehende Gebilde in zwei ganze und rationale Faktoren spalten, von denen der eine die Koeffizienten der Form v, der andere diejenigen der Form ψ nicht enthält; und zwar gilt dann die Identität

$$S(f, \varphi, v) = J(\varphi, \psi)\, J(\varphi, v).$$

Diese Identität dient einerseits in jedem einzelnen Falle zur wirklichen Berechnung der Simultaninvariante $S(f, u, v)$, andererseits ist mit ihrer Hilfe die Lösung unseres Problems möglich. Um letzteres einzusehen, setzen wir

$$\lambda = J(\varphi, \psi)$$

und vergleichen dann auf beiden Seiten der aufgestellten Identität

$$S(f, \varphi, v) = \lambda J(\varphi, v) \tag{6}$$

die Koeffizienten der Ausdrücke

$$v_0^{i_0} v_1^{i_1} \cdots v_\nu^{i_\nu}. \qquad (i_0 + i_1 + \cdots + i_\nu = \nu - 2)$$

Die Zahl der auf diese Weise aus (6) entstehenden Gleichungen ist

$$N = \frac{(2\nu - 2)!}{(\nu - 2)!\,\nu!}.$$

In diesen N Gleichungen treten außer der Größe λ noch die Produkte von der Gestalt

$$\alpha_0^{i_0} \alpha_1^{i_1} \cdots \alpha_\nu^{i_\nu} \qquad (i_0 + i_1 + \cdots + i_\nu = \nu - 2)$$

als Unbekannte auf. Da diese Produkte offenbar nur in linearer und homogener Verbindung vorkommen und ihre Zahl ebenfalls N beträgt, so ist die Elimination derselben direkt ausführbar und liefert eine Gleichung von der Gestalt

$$D(\lambda) = 0, \tag{7}$$

wo die linke Seite eine N-reihige Determinante ist und nur noch die eine Unbekannte λ enthält. Aus der Identität (6) folgen durch Anwendung der Operation $\psi \frac{\partial}{\partial \varphi}$ und unter Benutzung der Kombinanteneigenschaft von f und J die $\nu - 2$ weiteren Identitäten:

$$\left[\psi \frac{\partial}{\partial \varphi}\right] S(f, \varphi, v) = \lambda \left[\psi \frac{\partial}{\partial \varphi}\right] J(\varphi, v),$$

$$\cdots\cdots\cdots\cdots\cdots\cdots$$

$$\left[\psi \frac{\partial}{\partial \varphi}\right]^{\nu-2} S(f, \varphi, v) = \lambda \left[\psi \frac{\partial}{\partial \varphi}\right]^{\nu-2} J(\varphi, v);$$

λ ist daher eine $(\nu - 1)$-fache Wurzel der gewonnenen Gleichung (7), d. h. $D(\lambda)$ wird die vollständige $(\nu - 1)$-te Potenz eines Ausdruckes von der Gestalt

$$F(\lambda) = \lambda^n + A_1 \lambda^{n-1} + \cdots + A_{n-3} \lambda^3 + A_{n-2} \lambda^2 + A_n$$

und die Unbekannte λ genügt der Gleichung

$$F(\lambda) = 0, \tag{8}$$

deren Grad

$$n = \frac{N}{\nu - 1} = \frac{(2\nu - 2)!}{(\nu - 1)!\,\nu!}$$

in der Tat mit der zu Anfang erwähnten anzahltheoretisch berechneten Zahl übereinstimmt. Die Koeffizienten $A_1, A_2, \ldots$ sind *ganze* Invarianten der gegebenen Form f beziehungsweise vom $(\nu-2)$-ten, $2(\nu-2)$-ten, ... Grade. Der Koeffizient von λ ist gleich Null.

Um die gesuchten Formenbüschel (5) selbst zu finden, dazu dient dasselbe Verfahren, welches der Verfasser in seiner Habilitationsschrift[1] zur Erledigung ähnlicher Fragen angewandt hat. Das Verfahren liefert in unserem Falle die folgenden Resultate: Rändern wir die Determinante $D(\lambda)$ in geeigneter Weise unten bzw. an der Seite mit den Gliedern

$$\xi_0^{i_0}\,\xi_1^{i_1}\cdots\xi_\nu^{i_\nu} \quad \text{beziehungsweise} \quad \eta_0^{i_0}\,\eta_1^{i_1}\cdots\eta_\nu^{i_\nu},$$

so ist die so entstandene Determinante durch die $(\nu-2)$-te Potenz des Ausdruckes $F(\lambda)$ teilbar. Der übrigbleibende Faktor nimmt die Gestalt an:

$$T(\lambda) = T_0\,\lambda^{n-1} + T_1\,\lambda^{n-2} + \cdots + T_{n-1},$$

wo $T_0, T_1, T_2, \ldots$ simultane Invarianten vom Grade $0, \nu-2, 2(\nu-2), \ldots$ in den Koeffizienten von f und vom Grade $\nu-2$ in den Koeffizienten jeder der beiden Formen ξ und η sind.

Einer jeden von den n Wurzeln $\lambda_1, \lambda_2, \ldots$ *der Gleichung* (8) *entspricht eines der gesuchten Formenbüschel* (5). *Die Konstruktion desselben wird ermöglicht durch die Formel:*

$$\frac{\lambda_i\,T(\lambda_i)}{\frac{\partial F(\lambda_i)}{\partial \lambda_i}} = \{(\varphi_i, \xi)_\nu(\psi_i, \eta)_\nu - (\varphi_i, \eta)_\nu(\psi_i, \xi)_\nu\}^{\nu-2}.$$

Es ist bemerkenswert, daß die mitgeteilte Lösung des Problems im Grunde auf die Anwendung des in der Habilitationsschrift des Verfassers zum ersten Male eingehend behandelten und seitdem nach verschiedenen Richtungen hin erweiterten[2] Gesichtspunktes hinausläuft. Wie dort so erfordert auch das hier behandelte Problem zur vollständigen Erledigung eine Untersuchung sämtlicher möglichen Ausartungen, wie sie durch das Zusammenfallen mehrerer Wurzeln der Gleichung für λ bedingt sind. Schon der Fall einer bloßen Doppelwurzel gibt zur Unterscheidung zweier völlig verschiedener Ausartungen Anlaß, je nachdem die Bedingung $A_n = 0$ den Wert $\lambda = 0$ zu einer Doppelwurzel macht, oder wenn ein Wurzelwert λ_i zugleich den Ausdruck

$$\frac{1}{\lambda}\,\frac{\partial F(\lambda)}{\partial \lambda} = n\,\lambda^{n-2} + (n-1)\,A_1\,\lambda^{n-3} + \cdots + 3\,A_{n-3}\,\lambda + 2\,A_{n-2}$$

zum Verschwinden bringt. Nur im ersteren Falle fallen wirklich zwei der gesuchten Büschel zusammen, während im letzteren Falle der Doppelwurzel λ_i

[1] Über einen allgemeinen Gesichtspunkt für invariantentheoretische Untersuchungen im binären Formengebiete. Math. Ann. Bd. 28 S. 381. Dieser Band Abh. 3.

[2] Vgl. den Brief des Verfassers an Ch. Hermite: J. de Math. 1888. Dieser Band Abh. 9

zwei untereinander verschiedene Büschel

$$\varkappa \varphi_i + \mu \psi_i \quad \text{und} \quad \varkappa \varphi_i' + \mu \psi_i'$$

zugehören, deren Konstruktion vermöge der Formel

$$\frac{2\lambda_i \dfrac{\partial T(\lambda_i)}{\partial \lambda_i}}{\dfrac{\partial^2 F(\lambda_i)}{\partial \lambda_i^2}} = [\{(\varphi_i, \xi)_\nu (\psi_i, \eta)_\nu - (\varphi_i, \eta)_\nu (\psi_i, \xi)_\nu\}^{\nu-2} + \{(\varphi_i', \xi)_\nu (\psi_i', \eta)_\nu - (\varphi_i', \eta)_\nu (\psi_i', \xi)_\nu\}^{\nu-2}]$$

durch Auflösung einer quadratischen Gleichung ermöglicht wird.

Das einfachste Beispiel für die bisherigen allgemeinen Entwicklungen liefert der Fall[1] $\nu = 3$. Die zur Lösung des Problems erforderliche Simultaninvariante lautet in symbolischer Schreibweise:

$$S(f, u, v) = (a\,u)^2 (a\,v)^2 (u\,v),$$

wo

$$f = a_x^4, \quad u = u_x^3, \quad v = v_x^3$$

gesetzt ist. Den weiteren Spezialfall $\nu = 4$ hat C. Stephanos in der zitierten Arbeit sehr ausführlich, jedoch mittels einer wohl kaum verallgemeinerungsfähigen und mehr rechnenden Methode behandelt. Die von ihm aufgestellte Gleichung 5-ten Grades[2] geht durch eine sehr einfache Substitution in diejenige Gleichung desselben Grades über, auf welche die Anwendung unserer allgemeinen Theorie führt; ebenso dienen die übrigen von C. Stephanos für diesen Spezialfall berechneten invarianten Bildungen vortrefflich zur Bestätigung unserer allgemeinen Entwicklungen.

Königsberg, den 23. Mai 1888.

---

[1] Vgl. die zitierte Habilitationsschrift des Verfassers, S. 436—437. Dieser Band Abh. 3.

[2] Sur les faisceaux de formes binaires etc. S. 80.

13. Zur Theorie der algebraischen Gebilde I.

[Göttinger Nachrichten 1888, S. 450—457.]

Die vorliegende Untersuchung nimmt die Theorie der algebraischen Gebilde von einem Gesichtspunkte aus in Angriff, welcher im wesentlichen durch die beiden folgenden Theoreme gekennzeichnet wird:

Theorem I. Ist

$$\varphi_1, \varphi_2, \varphi_3, \dots$$

eine unendliche Reihe von Formen der n Veränderlichen $x_1, x_2, \dots, x_n$, so gibt es stets eine Zahl m von der Art, daß eine jede Form jener Reihe sich in die Gestalt

$$\varphi = \alpha_1 \varphi_1 + \alpha_2 \varphi_2 + \cdots + \alpha_m \varphi_m$$

bringen läßt, wo $\alpha_1, \alpha_2, \dots, \alpha_m$ geeignete Formen der n Veränderlichen $x_1, x_2, \dots, x_n$ sind.

Die Ordnungen der einzelnen Formen der Reihe sowie ihre Koeffizienten unterliegen keinerlei Beschränkungen. Denken wir uns die Koeffizienten der vorgelegten Formen $\varphi_1, \varphi_2, \varphi_3, \dots$ als Zahlen eines bestimmten Rationalitätsbereiches, so gehören die Koeffizienten der Formen $\alpha_1, \alpha_2, \dots, \alpha_m$ dem nämlichen Bereiche an. Für das unäre, binäre und ternäre Formengebiet folgt die Richtigkeit unseres Satzes ohne Schwierigkeit und direkt.

Theorem II. Sind

$$\begin{array}{l} \varphi_1, \varphi_2, \varphi_3, \dots \\ \psi_1, \psi_2, \psi_3, \dots \\ \dots\dots\dots \\ \varrho_1, \varrho_2, \varrho_3, \dots \end{array}$$

r unendliche Reihen von Formen der n Veränderlichen $x_1, x_2, \dots, x_n$, so gibt es stets eine Zahl m von der Art, daß für jeden Index k ein Gleichungssystem von der Gestalt

$$\begin{array}{l} \varphi_k = \alpha_1 \varphi_1 + \alpha_2 \varphi_2 + \cdots + \alpha_m \varphi_m, \\ \psi_k = \alpha_1 \psi_1 + \alpha_2 \psi_2 + \cdots + \alpha_m \psi_m, \\ \dots\dots\dots\dots\dots\dots \\ \varrho_k = \alpha_1 \varrho_1 + \alpha_2 \varrho_2 + \cdots + \alpha_m \varrho_m \end{array}$$

erfüllt ist, wo $\alpha_1, \alpha_2, \ldots, \alpha_m$ geeignete Formen der n Veränderlichen $x_1, x_2, \ldots, x_n$ sind*.

Das Theorem II geht für $r = 1$ in Theorem I über. Zunächst beweisen wir das Theorem II für Formen von n Veränderlichen unter der Voraussetzung, daß Theorem I für dieselbe Zahl von Veränderlichen bereits als richtig erkannt ist. Der Einfachheit halber betrachten wir nur zwei Formenreihen

$$\varphi_1, \varphi_2, \varphi_3, \ldots$$
$$\psi_1, \psi_2, \psi_3, \ldots$$

Nach Theorem I läßt sich eine Zahl m_1 finden von der Art, daß für jeden Index k eine Gleichung von der Gestalt

$$\varphi_k = \alpha_{k1}\varphi_1 + \alpha_{k2}\varphi_2 + \cdots + \alpha_{km_1}\varphi_{m_1},$$

besteht. Bilden wir nun die Formen

$$\Psi_k = \psi_k - \alpha_{k1}\psi_1 - \alpha_{k2}\psi_2 - \cdots - \alpha_{km_1}\psi_{m_1},$$

so läßt sich wiederum für die Reihe:

$$\Psi_1, \Psi_2, \Psi_3, \ldots$$

eine Zahl m angeben, so daß für jeden Index k

$$\Psi_k = A_1\Psi_1 + A_2\Psi_2 + \cdots + A_m\Psi_m$$

gesetzt werden kann, wo $A_1, A_2, \ldots, A_m$ geeignete Formen sind. Man erkennt leicht, daß die größere der Zahlen m und m_1 zugleich eine solche ist, welche im Sinne des Theorems II den beiden ursprünglichen Formenreihen zugehört.

Die Richtigkeit des Theorems II für die Variablenzahl n zieht die Gültigkeit des Theorems I für die Variablenzahl $n+1$ nach sich. Um diese Behauptung einzusehen, sei

$$f_1, f_2, f_3, \ldots$$

eine Reihe von Formen mit den $n+1$ Veränderlichen $x_1, x_2, \ldots, x_{n+1}$; f_1 sei von der Ordnung r. Da eine lineare Transformation sämtlicher Formen der Reihe freisteht, so darf vorausgesetzt werden, daß in der Form f_1 der Koeffizient von x_{n+1}^r einen von Null verschiedenen Wert besitzt. Einem einfachen Gedankengange folgend, setzen wir

$$g_k = f_k + a_k f_1 = \varphi_k + \psi_k x_{n+1} + \cdots + \varrho_k x_{n+1}^{r-1},$$

---

* In dieser Allgemeinheit ist das Theorem II nicht richtig. Es dient nur zum Beweise von Theorem I; die Formen $\varphi_i, \psi_i, \ldots, \varrho_i$ sollen also nicht beliebige Ordnungen haben, sondern zwischen den Ordnungen von $\varphi_i, \psi_i, \ldots, \varrho_i$ bestehen gewisse Abhängigkeiten, wie sie die Gleichung auf dieser Seite, letzte Zeile, angibt. Nur unter dieser weiteren Voraussetzung ist Theorem II, wie man leicht sieht, richtig. [Anm. d. Herausgeber.]

wo die Formen a_k sämtliche $n+1$ Veränderliche, dagegen die Formen $\varphi_k, \psi_k, \ldots, \varrho_k$ nur noch die Veränderlichen $x_1, x_2, \ldots, x_n$ enthalten dürfen. Wenden wir nun Theorem II auf die r unendlichen Formenreihen

$$\begin{array}{l} \varphi_1, \varphi_2, \varphi_3, \ldots \\ \psi_1, \psi_2, \psi_3, \ldots \\ \cdot\ \cdot\ \cdot\ \cdot\ \cdot\ \cdot \\ \varrho_1, \varrho_2, \varrho_3, \ldots \end{array}$$

an, so folgt daraus unmittelbar die Richtigkeit des Theorems I für die Formenreihe

$$g_1, g_2, g_3, \ldots,$$

und es bedarf nur noch des Überganges von dieser Formenreihe zu der ursprünglichen Formenreihe $f_1, f_2, f_3, \ldots$.

Die beiden Theoreme sind demnach ausnahmslos gültig, wie man auch die Formen der vorgelegten Reihen spezialisieren mag. Man sieht zugleich, wie die zu untersuchenden Formenreihen durch ein gegebenes Gesetz festgelegt sind.

Das Theorem I führt zum Beweise eines Satzes, welcher für die Invariantentheorie in höheren Formengebieten von entsprechender Bedeutung ist, wie der bekannte Gordansche Fundamentalsatz für das binäre Formengebiet. Der Satz lautet:

Ist ein beliebiges System von Grundformen mit beliebig vielen Veränderlichen (und Reihen von Veränderlichen) *vorgelegt, so gibt es für dasselbe stets eine endliche Zahl von ganzen und rationalen Invarianten* (Kombinanten, usw.), *durch welche sich jede andere ganze und rationale Invariante in ganzer und rationaler Weise ausdrücken läßt.*

Ordnen wir nämlich die Invarianten des Grundformensystems in eine unendliche Reihe

$$i_1, i_2, i_3, \ldots,$$

indem wir sukzessive die Invarianten ersten, zweiten, dritten usw. Grades in den Koeffizienten der Grundformen konstruieren, so lehrt Theorem I, daß eine jede Invariante i sich durch eine endliche Zahl m derselben in der Gestalt

$$i = a_1 i_1 + a_2 i_2 + \cdots + a_m i_m$$

ausdrücken läßt, wo $a_1, a_2, \ldots, a_m$ ganze homogene Funktionen der Koeffizienten der Grundformen bedeuten.

Nehmen wir nun der kürzeren Ausdrucksweise wegen an, daß es sich nur um *binäre* Formen mit *einer* Variablenreihe handele und denken uns dieselben durch die lineare Substitution

$$\begin{aligned} x_1 &= \alpha_1 x_1' + \beta_1 x_2', \\ x_2 &= \alpha_2 x_1' + \beta_2 x_2' \end{aligned}$$

mit der Determinante

$$\varrho = \alpha_1 \beta_2 - \alpha_2 \beta_1$$

transformiert, so geht die obige Gleichung über in

$$\varrho^p i = \varrho^{p_1} a_1' i_1 + \varrho^{p_2} a_2' i_2 + \cdots + \varrho^{p_m} a_m' i_m,$$

wo $p, p_1, p_2, \ldots, p_m$ bezüglich die Gewichte der Invarianten $i, i_1, i_2, \ldots, i_m$ und $a_1', a_2', \ldots, a_m'$ die entsprechenden Funktionen der transformierten Koeffizienten sind. Wenden wir auf diese Identität p mal das Differentiationssymbol

$$\Delta = \frac{\partial^2}{\partial \alpha_1 \partial \beta_2} - \frac{\partial^2}{\partial \alpha_2 \partial \beta_1}$$

an, so wird

$$i = I_1 i_1 + I_2 i_2 + \cdots + I_m i_m,$$

wo $I_1, I_2, \ldots, I_m$ Invarianten des Grundformensystems sind. Wir unterwerfen diese Invarianten derselben Behandlung wie vorhin die Invariante i und erhalten dadurch schließlich eine ganze und rationale Darstellung der Invariante i mit Hilfe der m Invarianten $i_1, i_2, \ldots, i_m$.

Für das ternäre Formengebiet leistet das Differentiationssymbol

$$\Delta = \frac{\partial^3}{\partial \alpha_1 \partial \beta_2 \partial \gamma_3} - \frac{\partial^3}{\partial \alpha_1 \partial \beta_3 \partial \gamma_2} + \frac{\partial^3}{\partial \alpha_2 \partial \beta_3 \partial \gamma_1} - \frac{\partial^3}{\partial \alpha_2 \partial \beta_1 \partial \gamma_3} + \frac{\partial^3}{\partial \alpha_3 \partial \beta_1 \partial \gamma_2} - \frac{\partial^3}{\partial \alpha_3 \partial \beta_2 \partial \gamma_1}$$

den entsprechenden Dienst[1] usw.

Aus den Theoremen I und II ergeben sich ohne Schwierigkeit die folgenden Theoreme:

Theorem III. Sind $A, B, \ldots, H$ gegebene Formen der n Veränderlichen $x_1, x_2, \ldots, x_n$, so existiert stets eine *endliche* Zahl m von Formensystemen mit denselben Veränderlichen

$$\begin{aligned} X &= X_1, X = X_2, \ldots, X = X_m, \\ Y &= Y_1, Y = Y_2, \ldots, Y = Y_m, \\ &\cdots\cdots\cdots\cdots \\ W &= W_1, W = W_2, \ldots, W = W_m, \end{aligned}$$

welche die Gleichung

$$AX + BY + \cdots + HW = 0$$

identisch befriedigen und zugleich die Eigenschaft besitzen, daß jedes andere jener Gleichung genügende Formensystem in die Gestalt

[1] Vgl. P. Gordan: Vorlesungen über Invariantentheorie Bd. II (1885) § 9 und F. Mertens: Über invariante Gebilde ternärer Formen. Sitzgsber. Akad. Wiss. Wien, Math.-naturwiss. Kl. Bd. 95.

$$X = \alpha_1 X_1 + \alpha_2 X_2 + \cdots + \alpha_m X_m,$$
$$Y = \alpha_1 Y_1 + \alpha_2 Y_2 + \cdots + \alpha_m Y_m,$$
$$\cdots\cdots\cdots\cdots\cdots\cdots$$
$$W = \alpha_1 W_1 + \alpha_2 W_2 + \cdots + \alpha_m W_m$$

gebracht werden kann, wo man unter $\alpha_1, \alpha_2, \ldots, \alpha_m$ ebenfalls Formen der Veränderlichen $x_1, x_2, \ldots, x_n$ zu verstehen hat[1].

Die m Formensysteme bilden die vollständige Lösung der betrachteten Gleichung. Auch wenn *mehrere* Gleichungen von der in Rede stehenden Art gleichzeitig zu befriedigen sind, existiert stets ein volles Lösungssystem in dem entsprechenden Sinne.

Theorem IV. Sind $A, B, \ldots, H$ ganze rationale Funktionen der $p + q$ Veränderlichen $x_1, x_2, \ldots, x_p, u_1, u_2, \ldots, u_q$, so existiert eine *endliche* Anzahl m von Formen $U_1, U_2, \ldots, U_m$ der q Veränderlichen $u_1, u_2, \ldots, u_q$, welche sämtlich Ausdrücken von der Gestalt

$$AX + BY + \cdots + HW$$

gleich sind und überdies die Eigenschaft besitzen, daß jede andere Form von derselben Eigenschaft durch die Formel

$$U = \alpha_1 U_1 + \alpha_2 U_2 + \cdots + \alpha_m U_m$$

gegeben wird. Dabei sind $X, Y, \ldots, W$ ganze rationale Funktionen der Variablen $x_1, x_2, \ldots, x_p, u_1, u_2, \ldots, u_q$ und $\alpha_1, \alpha_2, \ldots, \alpha_m$ Formen der q Veränderlichen $u_1, u_2, \ldots, u_q$.

Das Theorem I führt zu einem allgemeinen Satze über algebraische Gebilde, welcher beispielsweise für das quaternäre Formengebiet folgende Deutung erhält:

Durch eine gegebene algebraische Raumkurve läßt sich eine endliche Zahl m von Flächen

$$\varphi_1 = 0, \ \varphi_2 = 0, \ \ldots, \ \varphi_m = 0$$

hindurchlegen derart, daß jede andere die Kurve enthaltende Fläche sich durch die Gleichung

$$\alpha_1 \varphi_1 + \alpha_2 \varphi_2 + \cdots + \alpha_m \varphi_m = 0$$

darstellen läßt, wo unter $\alpha_1, \alpha_2, \ldots, \alpha_m$ quaternäre Formen zu verstehen sind[2].

Wir wenden uns wiederum zur algebraischen Invariantentheorie und verstehen nach bekannter Ausdrucksweise unter einer irreduziblen Syzygie eine

---

[1] Dieser Satz ist von L. Kronecker in seinem Beweise für die Endlichkeit des Systems der ganzen algebraischen Größen einer Gattung bereits implicite zur Geltung gebracht; vgl. Crelles J. Bd. 92 S. 16.

[2] Vgl. betreffs der Fragestellung G. Salmon: Analytische Geometrie des Raumes Bd. II S. 79.

solche Relation zwischen den Invarianten des Grundformensystems, deren linke Seite nicht durch lineare Kombination von Syzygien niederer Ordnungen erhalten wird. Es gilt dann der Satz:

Ein endliches System von Invarianten besitzt nur eine endliche Zahl von irreduziblen Syzygien.

Als Beispiel diene das volle Invariantensystem von drei binären quadratischen Formen, welches bekanntlich aus 7 Invarianten und 6 Kovarianten besteht. Für dieses System gibt es genau 14 irreduzible Syzygien.

Zwischen den Syzygien ihrerseits bestehen lineare Relationen, welche wiederum selber unter sich linear abhängig sein können usw. Was die Fortsetzung des hierdurch eingeleiteten Verfahrens anbetrifft, so genüge an dieser Stelle der Hinweis auf das unten behandelte Beispiel der Normkurve vierter Ordnung. Offenbar fallen die so entspringenden Fragen in den Wirkungskreis des Theorems III.

Was die Theorie der Ausartungen algebraischer Formen anbetrifft, so sprechen wir folgenden speziellen Satz aus:

Es gibt eine endliche Anzahl von ganzen Funktionen der Koeffizienten einer algebraischen Gleichung, welche verschwinden, sobald die Gleichung eine gewisse Zahl vielfacher Wurzeln erhält und aus welchen sich eine jede andere ganze Funktion von derselben Eigenschaft in linearer Weise zusammensetzen läßt.

Sollen beispielsweise alle homogenen Funktionen der 5 Koeffizienten einer binären biquadratischen Form angegeben werden, welche verschwinden, sobald dieselbe ein volles Quadrat wird, so bedarf es dazu der 7 Koeffizienten $c_0, c_1, \ldots, c_6$, der Kovariante 6-ter Ordnung. Es läßt sich nämlich zeigen, daß jede Funktion von der verlangten Eigenschaft in die Gestalt

$$a_0 c_0 + a_1 c_1 + \cdots + a_6 c_6$$

gebracht werden kann, wo $a_0, a_1, \ldots, a_6$ homogene Funktionen der 5 Koeffizienten der Grundform sind.

Um im Sinne der oben dargelegten Prinzipien ein sehr einfaches Beispiel wirklich durchzuführen, betrachten wir die Normkurve im vierdimensionalen Raume. Um dieselbe zu definieren, setzen wir die 5 homogenen Punktkoordinaten eines solchen Raumes gleich biquadratischen Formen an, etwa:

$$\begin{aligned} u_1 &= x_1^4, \\ u_2 &= x_1^3 x_2, \\ u_3 &= x_1^2 x_2^2, \\ u_4 &= x_1 x_2^3, \\ u_5 &= x_2^4. \end{aligned}$$

Die Diskussion dieses Gebildes ergibt folgende Tatsachen:

Alle quinären Formen der Veränderlichen u_1, u_2, u_3, u_4, u_5, welche nach Einführung der obigen Ausdrücke identisch für alle Werte von x_1, x_2 verschwinden, sind enthalten in dem Ausdruck

$$\alpha_1 \varphi_1 + \alpha_2 \varphi_2 + \cdots + \alpha_6 \varphi_6,$$

wo

$$\begin{aligned}
\varphi_1 &= u_1 u_3 - u_2^2,\\
\varphi_2 &= u_1 u_4 - u_2 u_3,\\
\varphi_3 &= u_1 u_5 - u_2 u_4,\\
\varphi_4 &= u_1 u_5 - u_3^2,\\
\varphi_5 &= u_2 u_5 - u_3 u_4,\\
\varphi_6 &= u_3 u_5 - u_4^2
\end{aligned}$$

zu setzen ist und $\alpha_1, \alpha_2, \ldots, \alpha_6$ beliebige quinäre Formen sind. Zwischen den 6 angegebenen Formen bestehen folgende 8 Identitäten

$$\begin{aligned}
\psi_1 &\equiv u_3 \varphi_1 - u_2 \varphi_2 - u_1 \varphi_3 + u_1 \varphi_4 = 0,\\
\psi_2 &\equiv u_4 \varphi_1 - u_3 \varphi_2 - u_2 \varphi_3 + u_2 \varphi_4 = 0,\\
\psi_3 &\equiv u_5 \varphi_1 - u_3 \varphi_3 + u_2 \varphi_5 \qquad = 0,\\
\psi_4 &\equiv u_3 \varphi_2 - u_2 \varphi_4 + u_1 \varphi_5 \qquad = 0,\\
\psi_5 &\equiv u_4 \varphi_2 - u_3 \varphi_3 + u_1 \varphi_6 \qquad = 0,\\
\psi_6 &\equiv u_5 \varphi_2 - u_4 \varphi_3 + u_2 \varphi_6 \qquad = 0,\\
\psi_7 &\equiv u_4 \varphi_3 - u_4 \varphi_4 + u_3 \varphi_5 - u_2 \varphi_6 = 0,\\
\psi_8 &\equiv u_5 \varphi_3 - u_5 \varphi_4 + u_4 \varphi_5 - u_3 \varphi_6 = 0.
\end{aligned}$$

Alle anderen Identitäten zwischen den Formen $\varphi_1, \varphi_2, \ldots, \varphi_6$ haben die Gestalt

$$\beta_1 \psi_1 + \beta_2 \psi_2 + \cdots + \beta_8 \psi_8 = 0,$$

wo $\beta_1, \beta_2, \ldots, \beta_8$ irgendwelche quinäre Formen sind. Die 8 angegebenen Identitäten sind wiederum durch folgende 3 Relationen verbunden

$$\begin{aligned}
&u_4 \psi_1 - u_3 \psi_2 - u_3 \psi_4 + u_2 \psi_5 + u_1 \psi_7 &&= 0,\\
&u_5 \psi_1 - u_3 \psi_3 - u_4 \psi_4 + u_3 \psi_5 + u_2 \psi_6 + u_2 \psi_7 + u_1 \psi_8 &&= 0,\\
&u_5 \psi_2 - u_4 \psi_3 + u_3 \psi_6 + u_2 \psi_8 &&= 0.
\end{aligned}$$

Dieselben sind identisch erfüllt, wenn man für $\psi_1, \psi_2, \ldots, \psi_8$ die obigen Ausdrücke einsetzt. Jede andere Relation zwischen den Ausdrücken $\psi_1, \psi_2, \ldots, \psi_8$ läßt sich aus den 3 angegebenen in linearer Weise zusammensetzen und zwischen den linken Seiten der letzteren findet keine weitere Identität mehr statt.

Berechnet man aus diesen Tatsachen die Zahl der Flächen n-ter Ordnung, welche jene Normkurve enthalten, so ergibt sich der Wert

$$6 \cdot \frac{(n-1)\cdot n \cdot (n+1) \cdot (n+2)}{1\cdot 2\cdot 3\cdot 4} - 8 \cdot \frac{(n-2)\cdot(n-1)\cdot n \cdot (n+1)}{1\cdot 2\cdot 3\cdot 4}$$
$$+ 3 \cdot \frac{(n-3)\cdot(n-2)\cdot(n-1)\cdot n}{1\cdot 2\cdot 3\cdot 4} = \frac{(n+1)\cdot(n+2)\cdot(n+3)\cdot(n+4)}{1\cdot 2\cdot 3\cdot 4} - (4n+1);$$

d. h. es sind $4n + 1$ Bedingungen erforderlich, damit eine Fläche n-ter Ordnung des vierdimensionalen Raumes die Normkurve enthält. Dieses Ergebnis entspricht in der Tat der bekannten Geschlechtszahl Null unserer Kurve.

Zur Weiterentwickelung der angeregten Fragen bedarf es der Verallgemeinerung des Noetherschen Fundamentalsatzes[1] für Räume von beliebiger Dimension sowie einer eingehenden Untersuchung aller hierbei in Betracht kommenden Ausnahmefälle. An gegenwärtiger Stelle soll jedoch der Weg nicht näher bezeichnet werden, welcher dem Verfasser zur Erreichung jenes Zieles geeignet erscheint.

Aus dem Noetherschen Theoreme lassen sich Folgerungen ziehen, welche vollkommen im Rahmen der oben entwickelten Gedankenreihe bleiben und insbesondere zu den eingangs erörterten Theoremen in naher Beziehung stehen. Das einfachste Beispiel dieser Art ist der Satz:

Bedeuten φ, ψ, χ drei ternäre Formen der n-ten Ordnung mit nicht verschwindender Resultante, so ist jede ternäre Form f von der Ordnung $m \geqq 3n - 2$ in der Gestalt

$$f = \alpha\varphi + \beta\psi + \gamma\chi$$

darstellbar, wo α, β, γ ebenfalls ternäre Formen sind.

Ostseebad Rauschen, den 6. September 1888.

---

[1] Vgl. M. Noether: Math. Ann. Bd. 6 S. 351 und Bd. 30 S. 410, sowie A. Voss: Math. Ann. Bd. 27 S. 527 und L. Stickelberger: Math. Ann. Bd. 30 S. 401.

14. Zur Theorie der algebraischen Gebilde II.

[Göttinger Nachrichten 1889, S. 25—34.]

In einer vor kurzem unter gleichem Titel veröffentlichten Mitteilung ist von mir ein Prinzip entwickelt worden, dessen Kraft sich vornehmlich da bewährt hat, wo es auf den Nachweis der *Endlichkeit* gewisser Systeme von algebraischen Formen ankommt. Aber die Anwendbarkeit desselben ist auf derartige Fragen keineswegs beschränkt, und die vorliegende Note soll zeigen, wie der in jener ersten Mitteilung dargelegte Gesichtspunkt insbesondere zu einer einheitlichen und übersichtlichen Behandlung der *charakteristischen Zahlen* (Dimension, Ordnung, Geschlechter, Rang usw.) eines algebraischen Gebildes führt.

Sind $A_{11}, A_{12}, \ldots, A_{lm}$ gegebene ganze Funktionen der n homogenen Variablen $x_1, x_2, \ldots, x_n$, so besitzt nach Theorem III das System von l Gleichungen

$$A_{s1} X_1 + A_{s2} X_2 + \cdots + A_{sm} X_m = 0 \qquad (s = 1, 2, \ldots, l)$$

eine endliche Zahl von Lösungen

$$X_t = X_{t1}, \quad X_t = X_{t2}, \ldots, X_t = X_{tp} \qquad (t = 1, 2. \ldots, m)$$

von der Eigenschaft, daß jedes andere jenen Gleichungen genügende Funktionensystem sich in die Gestalt

$$X_t = Y_1 X_{t1} + Y_2 X_{t2} + \cdots + Y_p X_{tp} \qquad (t = 1, 2, \ldots, m)$$

bringen läßt, wo $Y_1, Y_2, \ldots, Y_p$ ebenfalls ganze und homogene Funktionen jener n Variablen sind. Unter den p Lösungssystemen möge überdies keines vorhanden sein, welches bereits aus den übrigen durch lineare Kombination erhalten werden kann. Wir betrachten nunmehr die Formen $X_{11}, X_{12}, \ldots, X_{mp}$ als bekannt und bestimmen für die Gleichungen

$$Y_1 X_{t1} + Y_2 X_{t2} + \cdots + Y_p X_{tp} = 0 \qquad (t = 1, 2, \ldots, m)$$

das volle System von Lösungen

$$Y_s = Y_{s1}, \quad Y_s = Y_{s2}, \ldots, Y_s = Y_{sq} \qquad (s = 1, 2, \ldots, p)$$

derart, daß jede andere Lösung die Gestalt

$$Y_s = Z_1 Y_{s1} + Z_2 Y_{s2} + \cdots + Z_q Y_{sq} \qquad (s = 1, 2, \ldots, p)$$

annimmt. Wenden wir dann dasselbe Verfahren auf das Gleichungssystem

$$Z_1 Y_{s1} + Z_2 Y_{s2} + \cdots + Z_q Y_{sq} = 0 \qquad (s = 1, 2, \ldots, p)$$

an, so gilt der folgende für unsere weiteren Entwicklungen grundlegende Satz:

Theorem V. Ist ein Gleichungssystem von der Gestalt

$$A_{s1} X_1 + A_{s2} X_2 + \cdots + A_{sm} X_m = 0 \qquad (s = 1, 2, \ldots, l)$$

vorgelegt, so führt die Aufstellung der Identitäten zwischen den Lösungen desselben zu einem zweiten Gleichungssystem von derselben Gestalt; aus diesem abgeleiteten Gleichungssysteme entspringt in gleicher Weise ein drittes usf. *Das so gekennzeichnete Verfahren erreicht stets ein Ende, und zwar spätestens nach n-maliger Anwendung*, d. h. in der Reihe jener Gleichungssysteme tritt an n-ter oder bereits an früherer Stelle ein Gleichungssystem auf, welches keine Lösung mehr besitzt.

Der Beweis dieses Theorems ist nicht ohne Mühe. Durch geeignete Behandlung des vorgelegten Gleichungssystems gelingt es, dem abgeleiteten Gleichungssystem eine solche Gestalt zu erteilen, daß nur eine beschränkte Zahl der Lösungen dieses abgeleiteten Gleichungssystems sämtliche n Variablen enthält, während dagegen alle übrigen Lösungen von *einer* jener n Variablen, etwa von x_n, frei sind. Durch Fortführung dieser Schlußweise und unter Benutzung des Theorems II wird der Fall von n Variablen auf denjenigen von $n - 1$ Variablen zurückgeführt. Um nun die Richtigkeit des Theorems für den Fall $n = 2$ zu erkennen, legen wir die Gleichung

$$A_1 X_1 + A_2 X_2 + \cdots + A_m X_m = 0$$

zugrunde, wo $A_1, A_2, \ldots, A_m$ gegebene binäre Formen von der p-ten Ordnung sind. Das volle Lösungssystem dieser Gleichung besteht genau aus $m - 1$ Lösungen. Ist nämlich irgend ein System von m Lösungen jener Gleichung vorgelegt, so lassen sich offenbar stets m binäre Formen $Y_1, Y_2, \ldots, Y_m$ von der Art finden, daß die Relationen

$$Y_1 X_{s1} + Y_2 X_{s2} + \cdots + Y_m X_{sm} = 0 \qquad (s = 1, 2, \ldots, m)$$

identisch erfüllt sind. Bezeichnen wir nun die den Formen $X_{1t}, X_{2t}, \ldots, X_{mt}$ gemeinsame Ordnung mit π_t und bestimmen einen Linearfaktor von Y_m, so lassen sich unter der Voraussetzung

$$\pi_1 \leqq \pi_2 \leqq \cdots \leqq \pi_m$$

die m Lösungen der gegebenen Gleichung durch lineare Kombination derart umgestalten, daß jener Linearfaktor in dem für die neuen Lösungen gültigen Relationensystem überall unterdrückt werden kann. Wird das hierdurch angedeutete Verfahren so lange wiederholt, bis sich die Linearfaktoren der Form Y_m erschöpft haben, so ergibt sich schließlich ein Relationensystem von der Gestalt

$$X_{sm} = a_1 X_{s1} + a_2 X_{s2} + \cdots + a_{m-1} X_{sm-1} \qquad (s = 1, 2, \ldots, m),$$

wo $a_1, a_2, \ldots, a_{m-1}$ wiederum binäre Formen sind. Infolge dieses Ergebnisses ist die m-te Lösung überflüssig, und man erkennt somit, daß die Lösungen eines vollen Lösungssystems der vorgelegten Gleichung sich stets durch gewisse $m - 1$ Lösungen ersetzen lassen, welche durch kein weiteres Relationensystem untereinander verknüpft sind, d. h.: Bereits das aus der ursprünglichen Gleichung abgeleitete Gleichungssystem ist ein solches, welches keine Lösung besitzt. Es bietet keine Schwierigkeit, dieses Ergebnis auf den Fall mehrerer Gleichungen zu übertragen, deren Koeffizienten binäre Formen von beliebigen Ordnungen sind. Das vorhin ausgesprochene Theorem ist alsdann in der Tat für das binäre Formengebiet und damit zugleich allgemein als richtig erkannt.

Zur Erläuterung des Theorems diene das Beispiel der Normkurve im vierdimensionalen Raume. Die ursprüngliche Gleichung ist in diesem Fall von der Gestalt

$$\varphi_1 X_1 + \varphi_2 X_2 + \cdots + \varphi_6 X_6 = 0 ,$$

wo $\varphi_1, \varphi_2, \ldots, \varphi_6$ die 6 in der ersten Note angegebenen quadratischen Formen der 5 homogenen Koordinaten bedeuten. Das abgeleitete Gleichungssystem enthält 8 Gleichungen, und schon das dritte aus 3 Gleichungen bestehende Gleichungssystem besitzt keine Lösung.

Von prinzipieller Bedeutung ist die Behandlung der Gleichung

$$x_1 X_1 + x_2 X_2 + \cdots + x_n X_n = 0 ;$$

dieselbe gibt nämlich einen Beleg für den Fall, in welchem das in Rede stehende Verfahren tatsächlich erst nach n-maliger Anwendung ein Ende erreicht.

Um im folgenden eine kürzere Ausdrucksweise zu ermöglichen und überdies leichter an bekannte Anschauungen und geläufige Begriffe anknüpfen zu können, nehmen wir an, daß an Stelle eines Systems von Gleichungen nur eine einzige Gleichung von der Gestalt

$$M_1 X_1 + M_2 X_2 + \cdots + M_m X_m = 0$$

zugrunde liege, wo $M_1, M_2, \ldots, M_m$ gegebene Formen der n homogenen Variablen $x_1, x_2, \ldots, x_n$ mit bestimmten Zahlenkoeffizienten und von beliebigen Ordnungen sind. Wir bestimmen zunächst die Zahl der linear voneinander unabhängigen Formen M von der ξ-ten Ordnung, welche Ausdrücken von der Gestalt

$$M = M_1 X_1 + M_2 X_2 + \cdots + M_m X_m$$

identisch gleich sind. Es ist zu diesem Zwecke nur nötig, die Gesamtzahl der in $X_1, X_2, \ldots, X_m$ auftretenden, bei der Darstellung verfügbaren Koeffizienten um die Zahl der voneinander unabhängigen Formensysteme

$X_1, X_2, \ldots, X_m$ zu vermindern, für welche der obige Ausdruck M von der ξ-ten Ordnung identisch verschwindet. Die letztere Zahl hängt, wie die Fortsetzung der angedeuteten Schlußweise zeigt, von der Ordnung der in der Reihe der abgeleiteten Gleichungssysteme als Koeffizienten auftretenden Formen ab. Vermindern wir nun die Zahl der überhaupt vorhandenen linear unabhängigen Formen der ξ-ten Ordnung um die eben berechnete Zahl der in obiger Gestalt darstellbaren Formen M, so ergibt sich die Zahl der linear voneinander unabhängigen Bedingungen, welchen die Koeffizienten einer Form der ξ-ten Ordnung genügen müssen, damit dieselbe in obige Gestalt gebracht werden kann. Die auf diese Weise berechnete Zahl wird, falls die Ordnung ξ oberhalb einer bestimmten Grenze liegt, durch eine und dieselbe ganze Funktion von ξ ausgedrückt. Da diese Funktion $\chi(\xi)$ für ganzzahlige Argumente notwendig ganze Zahlen darstellen muß, so können wir setzen:

$$\chi(\xi) = \chi_0 + \chi_1\binom{\xi}{1} + \chi_2\binom{\xi}{2} + \cdots + \chi_\nu\binom{\xi}{\nu} \qquad (\nu < n),$$

wo $\binom{\xi}{1}, \binom{\xi}{2}, \ldots, \binom{\xi}{\nu}$ die Binomialkoeffizienten und $\chi_0, \chi_1, \chi_2, \ldots, \chi_\nu$ bestimmte von der Natur der Formen $M_1, M_2, \ldots, M_m$ abhängige und daher für die gegebene Gleichung charakteristische ganze Zahlen sind. Der eben angedeutete Beweis für die Existenz der Funktion $\chi(\xi)$ beruht, wie man sieht, wesentlich auf Theorem V.

Die folgenden Auseinandersetzungen lehnen an diejenige Bezeichnungsweise und Begriffsbestimmung an, welche L. Kronecker in der von ihm begründeten und neuerdings systematisch ausgebildeten Theorie der Modulsysteme[1] anwendet. Doch sei im voraus bemerkt, daß zum Unterschiede von den von L. Kronecker behandelten Fragen in unserer Untersuchung die *Homogenität* der Moduln $M_1, M_2, \ldots, M_m$ bezüglich der Variablen $x_1, x_2, \ldots, x_n$ eine wesentliche und notwendige Voraussetzung bildet. Die bisherigen Ergebnisse werden nunmehr wie folgt zusammengefaßt:

Die Koeffizienten einer Form von einer genügend hohen Ordnung ξ in den n homogenen Variablen $x_1, x_2, \ldots, x_n$ müssen genau $\chi(\xi)$ voneinander unabhängige lineare Bedingungen erfüllen, damit die Form nach einem gegebenen Modulsystem $(M_1, M_2, \ldots, M_m)$ kongruent Null sei. Die ganze Funktion $\chi(\xi)$ heiße die „charakteristische Funktion" jenes Modulsystems.

Wir wenden diese allgemeinen Betrachtungen zunächst auf den vorhin ausführlicher besprochenen Fall an, in welchem $M_1, M_2, \ldots, M_m$ sämtlich

---

[1] Kronecker, L.: Crelles J. Bd. 92 S. 1—122; Bd. 93 S. 365—366; Bd. 99 S. 329—371; Bd. 100 S. 490—510; Berl. Sitzgsber. 1888 S. 429—438, 447—465, 557—578, 595—612, 983—1016. Vgl. ferner R. Dedekind u. H. Weber: Crelles J. Bd. 92 S. 181—290 sowie J. Molk: Acta math. Bd. 6 S. 50—165.

binäre Formen von der p-ten Ordnung sind. Das volle Lösungssystem der Gleichung besteht dann unseren früheren Auseinandersetzungen zufolge aus $m-1$ voneinander unabhängigen Lösungen, und wenn wir die Ordnungen dieser $m-1$ Lösungen bezüglich mit $\pi_1, \pi_2, \ldots, \pi_{m-1}$ bezeichnen, so ergibt sich für die charakteristische Funktion des Modulsystems $(M_1, M_2, \ldots, M_m)$ der konstante Wert

$$\chi(\xi) = \chi_0 = p - \pi_1 - \pi_2 - \cdots - \pi_{m-1}.$$

Besitzen nun die Formen $M_1, M_2, \ldots, M_m$ nicht sämtlich einen gemeinsamen Teiler, so läßt sich offenbar jede Form M von der Ordnung $\xi \geqq 2p-1$ in die Gestalt

$$M = M_1 X_1 + M_2 X_2 + \cdots + M_m X_m$$

bringen und die charakteristische Funktion ist daher notwendig Null. Auf diese Weise gewinnen wir den folgenden Satz:

Besitzen die binären Formen $M_1, M_2, \ldots, M_m$ von der p-ten Ordnung nicht sämtlich einen gemeinsamen Faktor, so besteht das volle Lösungssystem der Gleichung

$$M_1 X_1 + M_2 X_2 + \cdots + M_m X_m = 0$$

jederzeit aus $m-1$ voneinander unabhängigen Lösungen von der Eigenschaft, daß die Summe der Ordnungen dieser Lösungen der Zahl p genau gleichkommt.

Diesen Satz hat bereits F. Meyer[1] vermutet und als Postulat bei seinen Untersuchungen über reduzible Funktionen verwendet.

Was das Beispiel der Normkurve im vierdimensionalen Raume betrifft, so ergibt übereinstimmend die direkte Überlegung sowie die in der ersten Note an der betreffenden Stelle ausgeführte Rechnung für die charakteristische Funktion des Modulsystems $(\varphi_1, \varphi_2, \ldots, \varphi_6)$ den Wert $4\xi + 1$.

Das Modulsystem $(x_1, x_2, \ldots, x_n)$ besitzt offenbar die charakteristische Funktion Null, und das gleiche gilt für jedes Modulsystem, welches irgend n Formen mit nicht verschwindender Resultante enthält. Für das ternäre Formengebiet vergleiche man den am Schlusse der ersten Note ausgesprochenen Satz.

Man sieht leicht ein, wie die gekennzeichnete Methode sich für die Theorie der algebraischen Gebilde verwenden läßt. Ist beispielsweise im dreidimensionalen Raume eine Kurve oder ein System von Kurven und Punkten gegeben, so kann man nach einem in der ersten Note bewiesenen Satze durch dieses Gebilde stets eine endliche Zahl von Flächen

$$M_1 = 0, \quad M_2 = 0, \ldots, M_m = 0$$

[1] Math. Ann. Bd. 30 S. 38.

solcherart hindurchlegen, daß jede andere das Gebilde enthaltende Fläche durch eine Gleichung von der Gestalt

$$X_1 M_1 + X_2 M_2 + \cdots + X_m M_m = 0$$

ausgedrückt wird. Es ist somit offenbar, daß jedem algebraischen Gebilde ein Modulsystem $(M_1, M_2, \ldots, M_m)$ und durch dessen Vermittlung eine bestimmte charakteristische Funktion $\chi(\xi)$ zugehört. Die letztere Funktion gibt dann an, wie viele voneinander unabhängige Bedingungen eine Fläche von der oberhalb einer gewissen Grenze liegenden Ordnung ξ erfüllen muß, damit sie das betreffende Gebilde enthalte. So hat die charakteristische Funktion einer doppelpunktslosen Raumkurve von der Ordnung μ und dem Geschlecht p den Wert[1]

$$\chi(\xi) = 1 - p + \mu\,\xi\,.$$

Entsprechende Tatsachen gelten für beliebige algebraische Gebilde im n-dimensionalen Raume. Findet man nämlich für die charakteristische Funktion eines algebraischen Gebildes den Wert

$$\chi(\xi) = \chi_0 + \chi_1 \binom{\xi}{1} + \chi_2 \binom{\xi}{2} + \cdots + \chi_\nu \binom{\xi}{\nu},$$

so ist stets ν die Dimension und χ_ν die Ordnung des Gebildes, während die übrigen Koeffizienten $\chi_0, \chi_1, \ldots, \chi_{\nu-1}$ mit den von M. NOETHER[2] definierten und behandelten Geschlechtszahlen des Gebildes in engem Zusammenhange stehen. Inwiefern umgekehrt ein Modulsystem durch die Gesamtheit der Wertsysteme bestimmt ist, welche die einzelnen Moduln gleichzeitig zu Null machen, ist eine Frage, welche erst durch eine systematische und alle möglichen Ausnahmefälle umfassende Untersuchung des Noetherschen Fundamentalsatzes für beliebige Dimensionenzahl eine befriedigende und allgemeingültige Beantwortung finden kann.

Wir kehren zur Betrachtung der allgemeinen Modulsysteme zurück und stellen einen auf die charakteristische Funktion derselben bezüglichen Satz auf. Sind irgend zwei Modulsysteme $(M_1, M_2, \ldots, M_m)$ und $(L_1, L_2, \ldots, L_l)$ gegeben, so stelle man zunächst für die Gleichung

$$M_1 X_1 + M_2 X_2 + \cdots + M_m X_m = L_1 Y_1 + L_2 Y_2 + \cdots + L_l Y_l$$

das volle Lösungssystem

$$\left.\begin{array}{l} X_1 = X_{1s}, \quad X_2 = X_{2s}, \ \ldots, \ X_m = X_{ms}, \\ Y_1 = Y_{1s}, \quad Y_2 = Y_{2s}, \ \ldots, \ Y_l \ = Y_{ls} \end{array}\right\} \quad (s = 1, 2, \ldots, k)$$

auf und bilde dann vermöge der Formeln

$$K_s = M_1 X_{1s} + M_2 X_{2s} + \cdots + M_m X_{ms} = L_1 Y_{1s} + L_2 Y_{2s} + \cdots + L_l Y_{ls}$$
$$(s = 1, 2, \ldots, k)$$

---

[1] Vgl. M. NOETHER: Crelles J. Bd. 93 S. 295.

[2] Math. Ann. Bd. 2 S. 293 und Bd. 8 S. 495.

das sogenannte „kleinste enthaltende“ Modulsystem $(K_1, K_2, \ldots, K_k)$. Andererseits erhält man durch Zusammenstellung der einzelnen Moduln der beiden gegebenen Systeme das „größte gemeinsame“ Modulsystem[1]

$$(M_1, M_2, \ldots, M_m, L_1, L_2, \ldots, L_l) = (G_1, G_2, \ldots, G_g).$$

Es läßt sich nun allgemein zeigen, daß zwischen den charakteristischen Funktionen χ_M und χ_L der beiden gegebenen Modulsysteme und den charakteristischen Funktionen χ_K und χ_G der beiden abgeleiteten Modulsysteme die einfache Relation

$$\chi_M + \chi_L = \chi_K + \chi_G$$

besteht, d. h.:

Die Summe der charakteristischen Funktionen zweier beliebiger Modulsysteme ist gleich der Summe der charakteristischen Funktionen für das kleinste enthaltende und das größte gemeinsame Modulsystem.

Um die Bedeutung dieses Satzes zu erläutern, wenden wir denselben auf die Lösung einer Aufgabe aus der Theorie der Raumkurven an. Es mögen zwei Raumkurven ohne Doppelpunkte von den Ordnungen μ_1, μ_2 und beziehungsweise von den Geschlechtern p_1, p_2 den vollständigen Durchschnitt zweier Flächen $K_1 = 0$, $K_2 = 0$ von der Ordnung k_1, k_2 bilden. Die den beiden Raumkurven eigenen Modulsysteme seien $(M_1, M_2, \ldots, M_m)$ und $(L_1, L_2, \ldots, L_l)$. Das kleinste enthaltende Modulsystem ist offenbar (K_1, K_2) und das größte gemeinsame Modulsystem $(M_1, M_2, \ldots, M_m, L_1, L_2, \ldots, L_l)$ wird geometrisch durch diejenigen Punkte dargestellt, welche beiden Raumkurven gemeinsam sind. Die Zahl dieser Punkte sei g. Die in Betracht kommenden charakteristischen Funktionen sind

$$\chi_M = 1 - p_1 + \mu_1 \xi, \quad \chi_K = -\tfrac{1}{2} k_1^2 k_2 - \tfrac{1}{2} k_1 k_2^2 + 2 k_1 k_2 + k_1 k_2 \xi,$$
$$\chi_L = 1 - p_2 + \mu_2 \xi, \quad \chi_G = g,$$

und die Anwendung unseres Theorems ergibt daher für die Zahl der den beiden Raumkurven gemeinsamen Punkte den Wert

$$g = \tfrac{1}{2} k_1^2 k_2 + \tfrac{1}{2} k_1 k_2^2 - 2 k_1 k_2 - p_1 - p_2 + 2.$$

In den zitierten Untersuchungen über Modulsysteme werden noch eine Reihe weiterer, für die Theorie der Modulsysteme fundamentaler Begriffe erörtert. Die dort gegebenen Definitionen sind nach geringfügigen Modifikationen auch für die hier betrachteten Systeme *homogener* Moduln gültig. So heißen bei unserer Auffassung zwei Modulsysteme „äquivalent“, wenn von einer gewissen Ordnung in den Variablen an eine jede bezüglich des einen Modulsystems der Null kongruente Form auch stets bezüglich des anderen

---

[1] Vgl. betreffs der Begriffsbestimmung L. Kronecker: Crelles J. Bd. 92 S. 78 sowie R. Dedekind und H. Weber: Crelles J. Bd. 92 S. 197.

Modulsystems der Null kongruent ist. Zwei äquivalente Modulsysteme haben daher notwendig dieselbe charakteristische Funktion, und im besonderen sind alle Modulsysteme mit der charakteristischen Funktion Null der Einheit äquivalent.

Zum Schlusse sei noch auf die von Caylay, G. Salmon, S. Roberts und A. Brill ausgebildete Theorie der sogenannten beschränkten Gleichungssysteme[1] hingewiesen, da insbesondere für diesen Zweig der Algebra unser Begriff der charakteristischen Funktion eine wirksame Fragestellung sowie einen einheitlichen Gesichtspunkt liefert. Ist beispielsweise eine Raumkurve gegeben und betrachten wir irgend drei dieselbe enthaltende Flächen $f = 0$, $g = 0$, $h = 0$ beziehungsweise von den Ordnungen r, s, t, so ist die Zahl der Schnittpunkte dieser Flächen, welche außerhalb jener Raumkurve liegen, offenbar gleich der charakteristischen Funktion des Modulsystems (f, g, h), vermindert um die charakteristische Funktion der Raumkurve. Diese Schlußweise führt in der Tat zu einem verallgemeinerungsfähigen Beweise für den bekannten Satz, wonach die Zahl der durch eine gemeinsame Raumkurve absorbierten Schnittpunkte jener drei Flächen gleich $\mu(r + s + t) - \varrho$ ist, wenn μ die Ordnung der Raumkurve und ϱ eine andere jener Raumkurve eigene Konstante, den sogenannten Rang derselben, bedeutet.

Die weitere Aufgabe der im vorstehenden entwickelten Theorie besteht nunmehr in der wirklichen Durchführung der den oben angedeuteten Anzahlbestimmungen zugrunde liegenden algebraischen Prozesse.

[1] Vgl. G. Salmon: Algebra der linearen Transformationen 1887, Vorlesung 22 und 23 sowie den bezüglichen Literaturnachweis.

15. Zur Theorie der algebraischen Gebilde III.

[Nachrichten der Gesellschaft der Wissenschaften zu Göttingen 1889. S. 423—430.]

Die vorliegende Mitteilung ist eine Ergänzung der beiden unlängst unter dem gleichen Titel in diesen Nachrichten veröffentlichten Noten[1]. Die sämtlichen in diesen beiden Noten abgeleiteten Sätze über algebraische Gebilde beruhen wesentlich auf dem Theoreme I der ersten Note. Diesem Theoreme läßt sich nun eine noch allgemeinere Fassung geben, welche dasselbe auch für Anwendungen auf zahlentheoretische Untersuchungen geeignet macht und, wie folgt, lautet:

Theorem VI. Ist irgendeine nicht abbrechende Reihe von Formen F_1, F_2, $F_3, \ldots$ mit *ganzzahligen* Koeffizienten und von beliebigen Ordnungen in den n homogenen Veränderlichen $x_1, x_2, \ldots, x_n$ vorgelegt, so gibt es stets eine Zahl m von der Art, daß eine jede Form jener Reihe sich in die Gestalt

$$F = A_1 F_1 + A_2 F_2 + \cdots + A_m F_m$$

bringen läßt, wo $A_1, A_2, \ldots, A_m$ geeignete *ganzzahlige* Formen der nämlichen n Veränderlichen sind.

Wie man sieht, wird hier zum Unterschiede von der früheren Fassung des Theorems verlangt, daß in gleicher Weise wie die gegebenen Formen F_1, F_2, $F_3, \ldots$ auch die bei der Darstellung zu verwendenden Formen $A_1, A_2, \ldots, A_m$ Formen mit *ganzzahligen* Koeffizienten sind. Zum Beweise des Theorems bedienen wir uns der folgenden Schlußweise, welche mithin zugleich für Theorem I einen neuen Beweis liefert.

Wir bezeichnen allgemein mit f_s die von der Veränderlichen x_n freien Glieder der Form F_s; sind dann alle Formen der unendlichen Reihe $f_1, f_2, f_3, \ldots$ identisch Null, so setzen wir

$$F_s^{(1)} = F_s \qquad (s = 1, 2, 3, \ldots);$$

im anderen Falle sei f_α die erste von Null verschiedene Form der Reihe f_1, f_2, $f_3, \ldots$, ferner f_β die erste Form derselben Reihe, welche nicht einem Produkte von der Gestalt $a_\alpha f_\alpha$ gleich ist, worin a_α eine ganzzahlige Form der Veränder-

[1] Vgl. Nachr. Ges. Wiss. Göttingen 1888 S. 450 und 1889 S. 25; siehe auch diesen Band Abh. 13 und 14.

lichen $x_1, x_2, \ldots, x_{n-1}$ bedeutet; f_γ sei die erste Form jener Reihe, welche sich nicht in die Gestalt $a_\alpha f_\alpha + a_\beta f_\beta$ bringen läßt, wo a_α und a_β wiederum ganzzahlige Formen von $x_1, x_2, \ldots, x_{n-1}$ sind, und in dieser Weise fahren wir fort. Wäre nun unser Theorem VI für den Fall von $n-1$ homogenen Veränderlichen bereits bewiesen und beachten wir, daß in der gewonnenen Formenreihe $f_\alpha, f_\beta, f_\gamma, \ldots$ keine Form durch lineare Kombination aus den vorhergehenden Formen erhalten werden kann, so folgt, daß diese Formenreihe notwendig im Endlichen abbrechen muß. Es sei demgemäß f_λ die letzte Form dieser Reihe, so daß stets

$$f_s = a_{\alpha s} f_\alpha + a_{\beta s} f_\beta + \cdots + a_{\lambda s} f_\lambda = l_s(f_\alpha, f_\beta, \ldots, f_\lambda) \qquad (s = 1, 2, 3, \ldots)$$

gesetzt werden kann, wo $a_{\alpha s}, a_{\beta s}, \ldots, a_{\lambda s}$ ganzzahlige Formen von $x_1, x_2, \ldots, x_{n-1}$ sind. Bilden wir nun die Ausdrücke

$$F_s^{(1)} = F_s - l_s(F_\alpha, F_\beta, \ldots, F_\lambda) \qquad (s = 1, 2, 3, \ldots),$$

so sind dies Formen der n Veränderlichen $x_1, x_2, \ldots, x_n$, von denen jede die Veränderliche x_n als Faktor enthält. Wir bezeichnen allgemein mit $x_n f_s^{(1)}$ diejenigen Glieder der Form $F_s^{(1)}$, welche lediglich mit der ersten Potenz von x_n multipliziert sind und betrachten die Formen $f_1^{(1)}, f_2^{(1)}, f_3^{(1)}, \ldots$ der $n-1$ Veränderlichen $x_1, x_2, \ldots, x_{n-1}$. Verschwinden diese Formen sämtlich, so setzen wir

$$F_s^{(2)} = F_s^{(1)} \qquad (s = 1, 2, 3, \ldots).$$

Ist dagegen jede Form der Reihe $f_1^{(1)}, f_2^{(1)}, f_3^{(1)}, \ldots$ eine lineare Kombination der Formen $f_\alpha, f_\beta, \ldots, f_\lambda$, wie folgt

$$f_s^{(1)} = a_{\alpha s}^{(1)} f_\alpha + a_{\beta s}^{(1)} f_\beta + \cdots + a_{\lambda s}^{(1)} f_\lambda = l_s^{(1)}(f_\alpha, f_\beta, \ldots, f_\lambda) \qquad (s = 1, 2, 3, \ldots),$$

so setzen wir

$$F_s^{(2)} = F_s^{(1)} - l_s^{(1)}(x_n F_\alpha, x_n F_\beta, \ldots, x_n F_\lambda).$$

In jedem anderen Falle sei $f_{\alpha^{(1)}}^{(1)}$ die erste nicht durch lineare Kombination aus $f_\alpha, f_\beta, \ldots, f_\lambda$ hervorgehende Form der Reihe $f_1^{(1)}, f_2^{(1)}, f_3^{(1)}, \ldots$, ferner sei $f_{\beta^{(1)}}^{(1)}$ die erste Form dieser Reihe, welche keiner linearen Kombination der Formen $f_\alpha, f_\beta, \ldots, f_\lambda, f_{\alpha^{(1)}}^{(1)}$ gleich ist und entsprechend $f_{\gamma^{(1)}}^{(1)}$ die erste nicht durch lineare Kombination von $f_\alpha, f_\beta, \ldots, f_\lambda, f_{\alpha^{(1)}}^{(1)}, f_{\beta^{(1)}}^{(1)}$ hervorgehende Form der nämlichen Reihe. Die so entstehende Formenreihe $f_\alpha, f_\beta, \ldots, f_\lambda, f_{\alpha^{(1)}}^{(1)}, f_{\beta^{(1)}}^{(1)}, f_{\gamma^{(1)}}^{(1)}, \ldots$ bricht unter der vorhin gemachten Annahme notwendig im Endlichen ab, und wenn $f_{\lambda^{(1)}}^{(1)}$ die letzte Form der Reihe bezeichnet, so finden wir stets

$$f_s^{(1)} = l_s^{(1)}(f_\alpha, f_\beta, \ldots, f_\lambda, f_{\alpha^{(1)}}^{(1)}, f_{\beta^{(1)}}^{(1)}, \ldots, f_{\lambda^{(1)}}^{(1)}) \qquad (s = 1, 2, 3, \ldots),$$

wo $l_s^{(1)}$ eine lineare homogene Funktion jener Formen bedeutet, deren Koeffizienten selber ganzzahlige Formen der $n-1$ Variablen $x_1, x_2, \ldots, x_{n-1}$ sind.

Setzen wir daher

$$F_s^{(2)} = F_s^{(1)} - l_s^{(1)}(x_n F_\alpha, x_n F_\beta, \ldots, x_n F_\lambda, F_{\alpha^{(1)}}^{(1)}, F_{\beta^{(1)}}^{(1)}, \ldots, F_{\lambda^{(1)}}^{(1)}),$$

so besitzen die so entstehenden Formen $F_s^{(2)}$ der n Veränderlichen $x_1, x_2, \ldots, x_n$ sämtlich den Faktor x_n^2. Wir bezeichnen demgemäß allgemein mit $x_n^2 f_s^{(2)}$ diejenigen Glieder der Form $F_s^{(2)}$, welche lediglich mit der zweiten Potenz der Veränderlichen x_n multipliziert sind und betrachten die Formen $f_1^{(2)}, f_2^{(2)}, f_3^{(2)}, \ldots$ der $n-1$ Veränderlichen $x_1, x_2, \ldots, x_{n-1}$. Sind diese Formen nicht sämtlich Null beziehungsweise lineare Kombinationen der Formen $f_\alpha, f_\beta, \ldots, f_\lambda, f_{\alpha^{(1)}}^{(1)}, f_{\beta^{(1)}}^{(1)}, \ldots, f_{\lambda^{(1)}}^{(1)}$, so bezeichne $f_{\alpha^{(2)}}^{(2)}$ die erste nicht in dieser Weise durch lineare Kombination entstehende Form jener Reihe; desgleichen sei $f_{\beta^{(2)}}^{(2)}$ die erste nicht durch $f_\alpha, f_\beta, \ldots, f_\lambda, f_{\alpha^{(1)}}^{(1)}, f_{\beta^{(1)}}^{(1)}, \ldots, f_{\lambda^{(1)}}^{(1)}, f_{\alpha^{(2)}}^{(2)}$ linear darstellbare Form in derselben Reihe. Das in dieser Weise eingeleitete Verfahren muß wiederum nach einer endlichen Anzahl von Wiederholungen abbrechen, vorausgesetzt, daß unser Theorem VI für den Fall von $n-1$ Veränderlichen richtig ist. Bezeichnet demgemäß $f_{\lambda^{(2)}}^{(2)}$ die letzte durch jenes Verfahren sich ergebende Form, so wird stets

$$f_s^{(2)} = l_s^{(2)}(f_\alpha, f_\beta, \ldots, f_\lambda, f_{\alpha^{(1)}}^{(1)}, f_{\beta^{(1)}}^{(1)}, \ldots, f_{\lambda^{(1)}}^{(1)}, f_{\alpha^{(2)}}^{(2)}, f_{\beta^{(2)}}^{(2)}, \ldots, f_{\lambda^{(2)}}^{(2)}) \quad (s = 1, 2, 3, \ldots),$$

wo $l_s^{(2)}$ eine lineare homogene Funktion bedeutet, deren Koeffizienten selber ganzzahlige Formen von $x_1, x_2, \ldots x_{n-1}$ sind. Setzen wir daher

$$F_s^{(3)} = F_s^{(2)} - l_s^{(2)}(x_n^2 F_\alpha, x_n^2 F_\beta, \ldots, x_n^2 F_\lambda, x_n F_{\alpha^{(1)}}^{(1)}, x_n F_{\beta^{(1)}}^{(1)}, \ldots, x_n F_{\lambda^{(1)}}^{(1)},$$
$$F_{\alpha^{(2)}}^{(2)}, F_{\beta^{(2)}}^{(2)}, \ldots, F_{\lambda^{(2)}}^{(2)}) \qquad (s = 1, 2, 3, \ldots),$$

so besitzen die so entstehenden Formen $F_s^{(3)}$ sämtlich den Faktor x_n^3. Wir bezeichnen wiederum allgemein mit $x_n^3 f_s^{(3)}$ diejenigen Glieder der Form $F_s^{(3)}$, welche mit keiner höheren als der dritten Potenz von x_n multipliziert sind und gelangen so zu einer Formenreihe $f_1^{(3)}, f_2^{(3)}, f_3^{(3)}, \ldots$, welche in entsprechender Weise einer weiteren Behandlung zu unterwerfen ist. Es ist klar, wie die fortgesetzte Wiederholung des angegebenen Verfahrens zu der folgenden Formenreihe führt

$$f_{\alpha^{(\pi)}}^{(\pi)}, f_{\beta^{(\pi)}}^{(\pi)}, \ldots, f_{\lambda^{(\pi)}}^{(\pi)}, f_{\alpha^{(\tau)}}^{(\tau)}, f_{\beta^{(\tau)}}^{(\tau)}, \ldots, f_{\lambda^{(\tau)}}^{(\tau)}, \ldots,$$

wo $\pi, \tau, \ldots$ gewisse ganze positive Zahlen bedeuten und keine der auftretenden Formen einer linearen Kombination der vorhergehenden Formen gleich ist. Infolge des letzteren Umstandes muß auch jene Reihe im Endlichen abbrechen, vorausgesetzt, daß unser Theorem VI für den Fall von $n-1$ Veränderlichen richtig ist. Wir bezeichnen die letzte Form jener Reihe mit $f_{\lambda^{(\omega)}}^{(\omega)}$ und zeigen nun, daß jede Form in der ursprünglich vorgelegten Formenreihe $F_1, F_2, F_3, \ldots$ einer linearen Kombination der Formen

$$F_{\alpha^{(\pi)}}^{(\pi)}, F_{\beta^{(\pi)}}^{(\pi)}, \ldots, F_{\lambda^{(\pi)}}^{(\pi)}, F_{\alpha^{(\tau)}}^{(\tau)}, F_{\beta^{(\tau)}}^{(\tau)}, \ldots, F_{\lambda^{(\tau)}}^{(\tau)}, F_{\alpha^{(\omega)}}^{(\omega)}, F_{\beta^{(\omega)}}^{(\omega)}, \ldots, F_{\lambda^{(\omega)}}^{(\omega)}$$

gleich wird. Ist nämlich F_s irgendeine Form der ursprünglich vorgelegten Formenreihe und r die Ordnung dieser Form in bezug auf die Veränderlichen $x_1, x_2, \ldots, x_n$, so betrachten wir die Gleichungen

$$\begin{aligned} F_s^{(r+1)} &= F_s^{(r)} - l_s^{(r)}, \\ F_s^{(r)} &= F_s^{(r-1)} - l_s^{(r-1)}, \\ &\cdots\cdots\cdots \\ F_s^{(1)} &= F_s - l_s, \end{aligned}$$

wo $l_s^{(r)}, l_s^{(r-1)}, \ldots, l_s$ lineare Kombinationen der eben vorhin angegebenen Formen sind. Da ferner die Form $F_s^{(r+1)}$ die Ordnung r besitzt und infolge ihrer Bildungsweise durch x_n^{r+1} teilbar ist, so ist sie notwendig identisch gleich Null, und aus den obigen Gleichungen folgt, daß auch F_s eine lineare Kombination der vorhin angegebenen Formen ist. Diese Formen ihrerseits sind aus den Formen

$$F_{\alpha^{(\pi)}}, F_{\beta^{(\pi)}}, \ldots, F_{\lambda^{(\pi)}}, F_{\alpha^{(\tau)}}, F_{\beta^{(\tau)}}, \ldots, F_{\lambda^{(\tau)}}, \ldots, F_{\alpha^{(\omega)}}, F_{\beta^{(\omega)}}, \ldots, F_{\lambda^{(\omega)}}$$

durch lineare Kombination entstanden, und es ist daher offenbar $m = \lambda^{(\omega)}$ eine Zahl von der Beschaffenheit, wie sie unser Theorem VI verlangt. Das Theorem VI ist mithin für n Veränderliche bewiesen, unter der Voraussetzung, daß dasselbe für $n-1$ Veränderliche gilt. Es ist nun leicht, sich von der Richtigkeit des Theorems für den Fall *einer* Veränderlichen zu überzeugen, da in diesem Falle jede Form nur aus einem einzigen Gliede besteht und demgemäß auch die vorgelegte Formenreihe eine sehr einfache Behandlung zuläßt.

Auf Grund des eben bewiesenen Theoremes läßt sich, wie in der ersten Note gezeigt worden ist, der Nachweis führen, daß die Invarianten eines beliebigen Systems von Grundformen mit beliebig vielen Veränderlichen jederzeit ganze und rationale Funktionen einer endlichen Anzahl derselben sind. Für binäre Grundformen läßt sich dieser Beweis in eine besonders einfache Fassung bringen, wenn man sich des folgenden in der Inauguraldissertation[1] des Verfassers bewiesenen Satzes bedient:

Jede homogene und isobare Funktion der Koeffizienten einer binären Form

$$a_0 x_1^n + \binom{n}{1} a_1 x_1^{n-1} x_2 + \cdots + a_n x_2^n$$

vom Grade g in den Koeffizienten $a_0, a_1, \ldots, a_n$ und vom Gewichte $p = \frac{ng}{2}$ geht nach Anwendung des Operationssymbols

$$\begin{aligned} [\,] &= 1 - \frac{\varDelta D}{1!\,2!} + \frac{\varDelta^2 D^2}{2!\,3!} - \frac{\varDelta^3 D^3}{3!\,4!} + \cdots \\ &= 1 - \frac{D\varDelta}{1!\,2!} + \frac{D^2\varDelta^2}{2!\,3!} - \frac{D^3\varDelta^3}{3!\,4!} + \cdots, \end{aligned}$$

[1] Über die invarianten Eigenschaften spezieller binärer Formen, insbesondere der Kugelfunktionen. Königsberg i. Pr. 1885, sowie Math. Ann. Bd. 30; siehe auch diesen Band Abh. 1 und 4.

worin

$$D = a_0 \frac{\partial}{\partial a_1} + 2 a_1 \frac{\partial}{\partial a_2} + 3 a_2 \frac{\partial}{\partial a_3} + \cdots$$

$$\Delta = n a_1 \frac{\partial}{\partial a_0} + (n-1) a_2 \frac{\partial}{\partial a_1} + (n-2) a_3 \frac{\partial}{\partial a_2} + \cdots$$

zu setzen ist, in eine Invariante jener Grundform über.

Denken wir uns nun nach irgendeiner Regel die Invarianten der Grundform in eine unendliche Reihe $i_1, i_2, i_3, \ldots$ geordnet, so lehrt Theorem VI, daß eine jede Invariante sich durch eine endliche Zahl m derselben in der Gestalt

$$i = A_1 i_1 + A_2 i_2 + \cdots + A_m i_m$$

ausdrücken läßt, wo $A_1, A_2, \ldots, A_m$ ganze homogene Funktionen der Koeffizienten $a_0, a_1, \ldots, a_n$ sind. Wir beachten ferner, daß jede Invariante durch Anwendung der Symbole D und Δ identisch zu Null gemacht wird und erhalten dann aus der obigen Gleichung

$$[i] = [A_1 i_1] + [A_2 i_2] + \cdots + [A_m i_m]$$

oder

$$\begin{aligned} i &= [A_1] i_1 + [A_2] i_2 + \cdots + A_m [i_m] \\ &= J_1 i_1 + J_2 i_2 + \cdots + J_m i_m, \end{aligned}$$

wo $J_1, J_2, \ldots, J_m$ wiederum Invarianten der Grundform sind. Indem wir diese Invarianten derselben Behandlung unterwerfen, wie vorhin die Invariante i, *erhalten wir schließlich eine ganze und rationale Darstellung der Invariante i mit Hilfe der m Invarianten* $i_1, i_2, \ldots, i_m$.

Dieselbe Schlußweise ist für ein System von beliebig vielen binären Grundformen gestattet. Handelt es sich jedoch um Formen mit mehr Veränderlichen oder Veränderlichenreihen, welche teilweise verschiedenen linearen Transformationen unterliegen, so ist das eingeschlagene Verfahren nicht anwendbar, weil bisher diejenigen Sätze noch nicht bekannt sind, welche in der Invariantentheorie der Formen mit mehr Veränderlichen dem vorhin für das binäre Formengebiet ausgesprochenen Satze entsprechen. Dagegen führt das in der ersten Note auseinandergesetzte Verfahren auch im Gebiete der Formen von beliebig vielen Veränderlichen zu dem gewünschten Beweise der Endlichkeit des vollen Formensystems.

In den bisherigen Untersuchungen legten wir den von CAYLEY eingeführten Invariantenbegriff zugrunde, indem wir lediglich diejenigen ganzen homogenen Funktionen der Koeffizienten der Grundformen betrachteten, welche gegenüber jeder beliebigen linearen Transformation der Variablen die Invarianteneigenschaft besitzen. Es hat jedoch seitdem der Begriff der Invariante eine wesentliche Ausbildung und Erweiterung durch die Arbeiten von F. KLEIN[1]

---

[1] Vgl. die Programmschrift: Vergleichende Betrachtungen über neuere geometrische Forschungen, Erlangen 1872; siehe Ges. Abh. Bd. 1 (1921) S. 460.

und S. Lie[1] erfahren. Um zu diesem allgemeinen Begriff der Invariante zu gelangen, wählen wir eine bestimmte Untergruppe der allgemeinen Gruppe der linearen Transformationen aus und betrachten diejenigen ganzen homogenen Funktionen der Koeffizienten der Grundformen, denen nur mit Rücksicht auf die Substitutionen der gewählten Untergruppe die Invarianteneigenschaft zukommt. Es entsteht nun die Frage, ob unsere früheren Entwickelungen auch auf diese Invarianten sich übertragen lassen und insbesondere zum Nachweis der Existenz eines *endlichen* Invariantensystems ausreichend sind. Denn obwohl unter den einer bestimmten Untergruppe zugehörigen Invarianten offenbar alle Invarianten im früheren Sinne enthalten sind, so folgt doch aus unseren bisherigen Sätzen über die Endlichkeit der vollen Invariantensysteme noch nicht, daß auch unter den Invarianten im erweiterten Sinne sich jederzeit eine endliche Zahl auswählen läßt, durch welche jede andere Invariante der nämlichen Art ganz und rational ausgedrückt werden kann. Es zeigt sich nun in der Tat, daß unsere Schlußweise sich auf gewisse, und zwar besonders interessante Substitutionengruppen ohne Schwierigkeit übertragen läßt. Sind nämlich die unsere Substitutionengruppe bestimmenden Substitutionskoeffizienten ganze und rationale Funktionen einer beschränkten Anzahl von Parametern, so kann der Umstand eintreten, daß durch Zusammensetzung zweier beliebiger Substitutionen der Gruppe eine Substitution entsteht, deren Parameter bilineare Funktionen der Parameter der beiden ursprünglich ausgewählten Substitutionen sind und daß es zugleich einen Differentiationsprozeß gibt, welcher sich in entsprechender Weise zur Erzeugung der zur vorgelegten Gruppe gehörigen Invarianten verwenden läßt, wie der Differentiationsprozeß Δ[*] im Falle der zur allgemeinen linearen Gruppe gehörigen Invarianten. Für solche Substitutionengruppen ergibt sich stets durch unser Schlußverfahren *die Endlichkeit des zur Gruppe gehörigen Invariantensystems.* Als Beispiel diene die Gruppe aller eine bestimmte quadratische quaternäre Form in sich überführenden linearen Substitutionen, sowie die Gruppe derjenigen linearen Substitutionen im Raume, bei denen eine bestimmte Raumkurve dritter Ordnung ungeändert bleibt.

Im vorstehenden haben wir den bereits in Theorem I und II der ersten Note dargelegten und in Theorem VI von neuem zum Ausdruck gebrachten Gesichtspunkt für die Theorie der algebraischen Invarianten verwertet. In der zweiten Note ist gezeigt worden, daß jenes Prinzip nicht ausschließlich auf invariantentheoretische Anwendungen beschränkt ist, sondern ebensosehr in der Theorie der Modulsysteme sich als fruchtbar erweist. Bei diesen allgemeineren Untersuchungen dient notwendigerweise das Theorem V der zweiten Note als Grundlage.

[1] Vgl. die Vorrede des Werkes: Theorie der Transformationsgruppen. Leipzig 1888.

[*] Vgl. die erste Note: Zur Theorie der algebraischen Gebilde d. Bd. S. 179.

Ist ein beliebiges Modulsystem ($M_1, M_2, \ldots, M_m$) vorgelegt, wo $M_1, M_2, \ldots, M_m$ homogene Formen der n Veränderlichen bedeuten, und bezeichnen wir allgemein mit c_ξ die Zahl aller derjenigen Formen von der Ordnung ξ, aus denen sich in linearer Weise mit Hilfe konstanter Multiplikatoren keine nach dem Modulsystem ($M_1, M_2, \ldots, M_m$) der Null kongruente Form der nämlichen Ordnung ξ zusammensetzen läßt, so ist die unendliche Zahlenreihe $c_1, c_2, c_3, \ldots$ von einem gewissen Element an eine arithmetische Reihe von der Ordnung ν, wo ν eine dem Modulsystem charakteristische Konstante bezeichnet. Es folgt diese Tatsache aus dem Umstande, daß gemäß der Bedeutung der in der zweiten Note eingeführten charakteristischen Funktion $\chi(\xi)$ eines Modulsystems für genügend große Werte von ξ jederzeit

$$c_\xi = \chi(\xi)$$

wird. Rechnen wir nun alle diejenigen Modulsysteme, für welche jene Zahlenreihen elementweise genau übereinstimmen, zu der nämlichen *Klasse*, so gilt für Modulsysteme mit zwei homogenen Veränderlichen x_1, x_2 der folgende Satz, dessen Beweis auf den in der zweiten Note mit Hilfe des Theorems V gewonnenen Resultaten beruht:

Wenn zwei binäre Modulsysteme der nämlichen Klasse angehören, so kann man stets von dem einen Modulsystem durch kontinuierliche Änderung der Koeffizienten der dasselbe bestimmenden Formen zu dem anderen Modulsysteme gelangen, so daß die Klasse der bei dem Übergange entstehenden Modulsysteme fortdauernd dieselbe bleibt.*

Dieser Satz enthält offenbar den Kern für eine auf Grund der dargelegten Prinzipien zu entwickelnde Theorie der binären Modulsysteme.

Königsberg, den 30. Juni 1889.

---

* Einen Beweis des Satzes hat Hilbert nie publiziert, jedoch ergibt er sich unschwer aus der ausführlichen Diskussion der binären Formenmoduln in der Arbeit 16 S. 239—240 [Anm. d. Hrgb.].

16. Über die Theorie der algebraischen Formen[1].

[Mathem. Annalen Bd. 36, S. 473—534 (1890).]

I. Die Endlichkeit der Formen in einem beliebigen Formensysteme.

Unter einer algebraischen Form verstehen wir in üblicher Weise eine ganze rationale *homogene* Funktion von gewissen Veränderlichen, und die Koeffizienten der Form denken wir uns als Zahlen eines bestimmten Rationalitätsbereiches. Ist dann durch irgend ein Gesetz ein System von unbegrenzt vielen Formen von beliebigen Ordnungen in den Veränderlichen vorgelegt, so entsteht die Frage, ob es stets möglich ist, aus diesem Formensysteme eine endliche Zahl von Formen derart auszuwählen, daß jede andere Form des Systems durch lineare Kombination jener ausgewählten Formen erhalten werden kann, d. h. ob eine jede Form des Systems sich in die Gestalt

$$F = A_1 F_1 + A_2 F_2 + \cdots + A_m F_m$$

bringen läßt, wo $F_1, F_2, \ldots, F_m$ bestimmt ausgewählte Formen des gegebenen Systems und $A_1, A_2, \ldots, A_m$ irgendwelche, dem nämlichen Rationalitätsbereiche angehörige Formen der Veränderlichen sind. Um diese Frage zu entscheiden, beweisen wir zunächst das folgende für unsere weiteren Untersuchungen grundlegende Theorem:

Theorem I. *Ist irgend eine nicht abbrechende Reihe von Formen der n Veränderlichen $x_1, x_2, \ldots, x_n$ vorgelegt, etwa $F_1, F_2, F_3, \ldots$, so gibt es stets eine Zahl m von der Art, daß eine jede Form jener Reihe sich in die Gestalt*

$$F = A_1 F_1 + A_2 F_2 + \cdots + A_m F_m$$

bringen läßt, wo $A_1, A_2, \ldots, A_m$ geeignete Formen der nämlichen n Veränderlichen sind.

Die Ordnungen der einzelnen Formen der vorgelegten Reihe sowie ihre Koeffizienten unterliegen keinerlei Beschränkungen. Denken wir uns die letzteren als Zahlen eines bestimmten Rationalitätsbereiches, so dürfen wir annehmen, daß die Koeffizienten der Formen $A_1, A_2, \ldots, A_m$ dem nämlichen

[1] Vgl. die vorläufigen Mitteilungen des Verfassers: „Zur Theorie der algebraischen Gebilde“. Nachr. Ges. Wiss. Göttingen 1888 (erste Note) und 1889 (zweite und dritte Note). Dieser Band Abh. 13 bis 15.

Rationalitätsbereiche angehören. Was die Ordnungen der Formen $A_1, A_2, \ldots, A_m$ betrifft, so müssen dieselben jedenfalls der Bedingung genügen, daß der mit Hilfe dieser Formen gebildete Ausdruck

$$A_1 F_1 + A_2 F_2 + \cdots + A_m F_m$$

wieder eine *homogene* Funktion der n Veränderlichen darstellt, und es sei hier zugleich auch für die ferneren Entwicklungen bemerkt, daß in allen Fällen, wo es sich um eine additive Vereinigung oder lineare Kombination mehrerer Formen handelt, die Ordnungen der Formen so zu wählen sind, daß die *Homogenität* der entstehenden Ausdrücke gewahrt bleibt.

In dem einfachsten Falle $n = 1$ besteht eine jede Form der vorgelegten Reihe nur aus einem einzigen Gliede von der Gestalt $c x^r$, wo c eine Konstante bedeutet. Es sei in der vorgelegten Reihe $c_1 x^{r_1}$ die erste Form, für welche der Koeffizient c_1 von Null verschieden ist. Wir suchen nun die nächste auf diese Form folgende Form der Reihe, deren Ordnung kleiner ist als r_1; diese Form sei $c_2 x^{r_2}$ und es ist dann wiederum die nächste auf letztere Form folgende Form der Reihe zu bestimmen, deren Ordnung kleiner ist als r_2; diese Form sei $c_3 x^{r_3}$. Fahren wir in solcher Weise fort, so gelangen wir jedenfalls spätestens nach r_1 Schritten zu einer Form F_m der vorgelegten Reihe, auf welche keine Form von niederer Ordnung mehr folgt, und da mithin eine jede Form der Reihe durch diese Form F_m teilbar ist, so ist m eine Zahl von der Beschaffenheit, wie sie unser Theorem verlangt.

Auch für den Fall $n = 2$ läßt sich unser Theorem I auf entsprechendem Wege ohne Schwierigkeit beweisen. Es genüge die folgende kurze Andeutung dieses Beweises. Wenn die binären Formen der vorgelegten Formenreihe sämtlich die nämliche binäre Form als gemeinsamen Faktor enthalten, so schaffen wir zunächst diesen Faktor durch Division fort. Es ist sodann stets möglich, aus den Formen der erhaltenen Reihe durch lineare Kombination zwei binäre Formen G und H zu bilden, welche keinen gemeinsamen Faktor besitzen. Ist dies geschehen, so läßt sich jede beliebige binäre Form F, deren Ordnung nicht kleiner ist als die Summe r der Ordnungen der Formen G und H in die Gestalt

$$F = AG + BH$$

bringen, wo A und B geeignet zu bestimmende Formen sind. Im besonderen ist daher auch jede in der Reihe enthaltene Form, deren Ordnung die Zahl r erreicht oder übersteigt, einer linearen Kombination der Formen G und H gleich. Was endlich die Formen der Reihe anbetrifft, deren Ordnungen kleiner als die Zahl r sind, so kann man unter diesen jedenfalls eine endliche Anzahl derart auswählen, daß alle anderen Formen der Reihe linearen Kombinationen der ausgewählten Formen gleich sind.

Will man in ähnlicher Weise unser Theorem I für den Fall ternärer Formen beweisen, so würde vor allem der Noethersche Fundamentalsatz[1] von den Bedingungen der Darstellbarkeit einer ternären Form durch zwei gegebene Formen anzuwenden sein, und hierbei wäre dann eine sorgfältige Untersuchung aller möglichen Ausartungen des durch Nullsetzen der beiden gegebenen Formen definierten Wertesystems erforderlich. Da die durch diesen Umstand bedingten Schwierigkeiten mit der Zahl n der Veränderlichen immer stärker zunehmen, so schlagen wir zum Beweise des Theorems einen anderen Weg ein, indem wir allgemein zeigen, wie sich der Fall der Formen von n Veränderlichen auf den Fall von $n-1$ Veränderlichen zurückführen läßt.

Es sei $F_1, F_2, F_3, \ldots$ die gegebene Reihe von Formen der n Veränderlichen $x_1, x_2, \ldots, x_n$ und F_1 sei eine nicht identisch verschwindende Form von der Ordnung r. Wir bestimmen dann zunächst eine lineare Substitution der Veränderlichen $x_1, x_2, \ldots, x_n$, welche eine von Null verschiedene Determinante besitzt und außerdem die Form F_1 in eine Form G_1 der Veränderlichen $y_1, y_2, \ldots, y_n$ derart überführt, daß der Koeffizient von y_n^r in der Form G_1 einen von Null verschiedenen Wert annimmt. Vermöge der nämlichen linearen Substitution mögen die Formen $F_2, F_3, \ldots$ beziehungsweise in $G_2, G_3, \ldots$ übergehen. Betrachten wir nun eine Relation von der Gestalt

$$G_s = B_1 G_1 + B_2 G_2 + \cdots + B_m G_m,$$

wo s irgend einen Index bezeichnet und $B_1, B_2, \ldots, B_m$ Formen der Veränderlichen $y_1, y_2, \ldots, y_n$ sind, so geht dieselbe vermöge der umgekehrten linearen Substitution in eine Relation von der Gestalt

$$F_s = A_1 F_1 + A_2 F_2 + \cdots + A_m F_m$$

über, wo $A_1, A_2, \ldots, A_m$ Formen der ursprünglichen Veränderlichen $x_1, x_2, \ldots, x_n$ sind. Es folgt daher unser Theorem I für die ursprünglich vorgelegte Formenreihe $F_1, F_2, F_3, \ldots$, sobald der Beweis des Theorems für die Formenreihe $G_1, G_2, G_3, \ldots$ gelungen ist.

Da der Koeffizient von y_n^r in G_1 einen von Null verschiedenen Wert besitzt, so läßt sich der Grad einer jeden Form G_s der gegebenen Reihe in bezug auf die Veränderliche y_n dadurch unter die Zahl r herabdrücken, daß man G_1 mit einer geeigneten Form B_s multipliziert und das erhaltene Produkt von G_s subtrahiert. Wir setzen dementsprechend für beliebige Indices s

$$G_s = B_s G_1 + g_{s1} y_n^{r-1} + g_{s2} y_n^{r-2} + \cdots + g_{sr},$$

wo B_s eine Form der n Veränderlichen $y_1, y_2, \ldots, y_n$ ist, während die Formen $g_{s1}, g_{s2}, \ldots, g_{sr}$ nur die $n-1$ Veränderlichen $y_1, y_2, \ldots, y_{n-1}$ enthalten.

[1] Vgl. M. Noether: Math. Ann. Bd. 6 S. 351 und Bd. 30 S. 410, sowie A. Voss: Math. Ann. Bd. 27 S. 527 und L. Stickelberger: Math. Ann. Bd. 30 S. 401.

Wir nehmen nun an, daß unser Theorem I für Reihen von Formen mit $n-1$ Veränderlichen bereits bewiesen ist und wenden dasselbe auf die Formenreihe $g_{11}, g_{21}, g_{31}, \ldots$ an. Zufolge des Theorems I gibt es dann eine Zahl μ von der Art, daß für jeden Wert von s eine Relation von der Gestalt

$$g_{s1} = b_{s1}g_{11} + b_{s2}g_{21} + \cdots + b_{s\mu}g_{\mu 1} = l_s(g_{11}, g_{21}, \ldots, g_{\mu 1})$$

besteht, wo $b_{s1}, b_{s2}, \ldots, b_{s\mu}$ Formen der $n-1$ Veränderlichen $y_1, y_2, \ldots, y_{n-1}$ sind. Wir bilden nun die Formen

$$g_{st}^{(1)} = g_{st} - l_s(g_{1t}, g_{2t}, \ldots, g_{\mu t}) \qquad (t = 1, 2, \ldots, r), \tag{1}$$

woraus sich insbesondere für $t = 1$

$$g_{s1}^{(1)} = 0$$

ergibt. Wir nehmen hierauf wiederum das Theorem I für den Fall von $n-1$ Veränderlichen in Anspruch, indem wir dasselbe auf die Formenreihe $g_{12}^{(1)}, g_{22}^{(1)}, g_{32}^{(1)}, \ldots$ anwenden. Zufolge dieses Theorems gibt es dann eine Zahl $\mu^{(1)}$ von der Art, daß für jeden Wert von s eine Relation von der Gestalt

$$g_{s2}^{(1)} = b_{s1}^{(1)}g_{12}^{(1)} + b_{s2}^{(1)}g_{22}^{(1)} + \cdots + b_{s\mu^{(1)}}^{(1)}g_{\mu^{(1)}2}^{(1)} = l_s^{(1)}(g_{12}^{(1)}, g_{22}^{(1)}, \ldots, g_{\mu^{(1)}2}^{(1)})$$

besteht, wo $b_{s1}^{(1)}, b_{s2}^{(1)}, \ldots, b_{s\mu^{(1)}}^{(1)}$ Formen der $n-1$ Veränderlichen $y_1, y_2, \ldots, y_{n-1}$ sind. Wir setzen nun

$$g_{st}^{(2)} = g_{st}^{(1)} - l_s^{(1)}(g_{1t}^{(1)}, g_{2t}^{(1)}, \ldots, g_{\mu^{(1)}t}^{(1)}) \qquad (t = 1, 2, \ldots, r), \tag{2}$$

woraus sich insbesondere für $t = 1, 2$

$$g_{s1}^{(2)} = 0, \quad g_{s2}^{(2)} = 0$$

ergibt. Die Anwendung des Theorems I auf die Formenreihe $g_{13}^{(2)}, g_{23}^{(2)}, g_{33}^{(2)}, \ldots$ führt zu der Relation

$$g_{s3}^{(2)} = l_s^{(2)}(g_{13}^{(2)}, g_{23}^{(2)}, \ldots, g_{\mu^{(2)}3}^{(2)}),$$

und setzen wir dann

$$g_{st}^{(3)} = g_{st}^{(2)} - l_s^{(2)}(g_{1t}^{(2)}, g_{2t}^{(2)}, \ldots, g_{\mu^{(2)}t}^{(2)}) \qquad (t = 1, 2, \ldots, r), \tag{3}$$

so folgt insbesondere

$$g_{s1}^{(3)} = 0, \quad g_{s2}^{(3)} = 0, \quad g_{s3}^{(3)} = 0,$$

Nach wiederholter Anwendung dieses Verfahrens ergeben sich die Relationen

$$g_{st}^{(r-1)} = g_{st}^{(r-2)} - l_s^{(r-2)}(g_{1t}^{(r-2)}, g_{2t}^{(r-2)}, \ldots, g_{\mu^{(r-2)}t}^{(r-2)}) \qquad (t = 1, 2, \ldots, r), \tag{4}$$

$$g_{s1}^{(r-1)} = 0, \quad g_{s2}^{(r-1)} = 0, \ldots, g_{s\,r-1}^{(r-1)} = 0,$$

und schließlich erhält man

$$g_{sr}^{(r-1)} = l_s^{(r-1)}(g_{1r}^{(r-1)}, g_{2r}^{(r-1)}, \ldots, g_{\mu^{(r-1)}r}^{(r-1)}),$$

woraus

$$0 = g_{st}^{(r-1)} - l_s^{(r-1)}(g_{1t}^{(r-1)}, g_{2t}^{(r-1)}, \ldots, g_{\mu^{(r-1)}t}^{(r-1)}) \qquad (t = 1, 2, \ldots, r) \tag{5}$$

folgt. Durch Addition der Gleichungen (1), (2), (3), ..., (4), (5) ergibt sich

$$g_{st} = l_s(g_{1t}, g_{2t}, \ldots, g_{\mu t}) + l_s^{(1)}(g_{1t}^{(1)}, g_{2t}^{(1)}, \ldots, g_{\mu^{(1)}t}^{(1)}) + \cdots$$
$$+ l_s^{(r-1)}(g_{1t}^{(r-1)}, g_{2t}^{(r-1)}, \ldots, g_{\mu^{(r-1)}t}^{(r-1)}) \qquad (t = 1, 2, \ldots, r).$$

Auf der rechten Seite dieser Formel können wir die Formen

$$g_{1t}^{(1)}, g_{2t}^{(1)}, \ldots, g_{\mu^{(1)}t}^{(1)}, \ldots, g_{1t}^{(r-1)}, g_{2t}^{(r-1)}, \ldots, g_{\mu^{(r-1)}t}^{(r-1)}$$

infolge wiederholter Anwendung der Gleichungen (1), (2), (3), ..., (4) durch lineare Kombinationen der Formen $g_{1t}, g_{2t}, \ldots, g_{mt}$ ersetzen, wo m die größte von den Zahlen $\mu, \mu^{(1)}, \ldots, \mu^{(r-1)}$ bezeichnet. Wir erhalten auf diese Weise aus der letzteren Formel ein Gleichungssystem von der Gestalt

$$g_{st} = c_{s1}g_{1t} + c_{s2}g_{2t} + \cdots + c_{sm}g_{mt} = k_s(g_{1t}, g_{2t}, \ldots, g_{mt}) \qquad (t = 1, 2, \ldots, r),$$

wo $c_{s1}, c_{s2}, \ldots, c_{sm}$ wiederum Formen der $n-1$ Veränderlichen $y_1, y_2, \ldots, y_{n-1}$ sind. Multiplizieren wir die letztere Formel mit y_n^{r-t} und addieren die daraus für $t = 1, 2, \ldots, r$ entstehenden Gleichungen, so folgt wegen

$$g_{s1}y_n^{r-1} + g_{s2}y_n^{r-2} + \cdots + g_{sr} = G_s - B_s G_1$$

die Gleichung

$$G_s - B_s G_1 = k_s(G_1 - B_1 G_1, G_2 - B_2 G_1, \ldots, G_m - B_m G_1),$$

oder, wenn C_s eine Form der n Veränderlichen $y_1, y_2, \ldots, y_n$ bezeichnet

$$G_s = C_s G_1 + k_s(G_1, G_2, \ldots, G_m) = L_s(G_1, G_2, \ldots, G_m),$$

d. h. die Zahl m ist für die Formenreihe $G_1, G_2, G_3, \ldots$ und folglich auch für die ursprünglich vorgelegte Formenreihe $F_1, F_2, F_3, \ldots$ eine solche Zahl, wie sie Theorem I verlangt. Somit gilt unser Theorem I für den Fall von n Veränderlichen unter der Annahme, daß dasselbe für Formen von $n-1$ Veränderlichen bewiesen ist. Da das Theorem I für eine Reihe von Formen *einer* homogenen Veränderlichen oben bereits als richtig erkannt wurde, so gilt dasselbe allgemein.

Vermöge des Theorems I läßt sich vor allem diejenige Frage allgemein beantworten, welche zu Anfang dieser Arbeit angeregt wurde. Es sei nämlich ein beliebiges System von unbegrenzt vielen Formen der n Veränderlichen $x_1, x_2, \ldots, x_n$ gegeben, wobei es freigestellt ist, ob diese Formen sich in eine Reihe ordnen lassen oder in nicht abzählbarer Menge vorhanden sind. Um ein solches Formensystem festzulegen, denke man sich ein Gesetz gegeben, vermöge dessen ausnahmslos für eine jede beliebig angenommene Form entschieden werden kann, ob sie zu dem Systeme gehören soll oder nicht. Wir nehmen nun an, es sei nicht möglich, aus dem gegebenen Formensystem eine endliche Zahl von Formen derart auszuwählen, daß jede andere Form des Systems durch lineare Kombination jener ausgewählten Formen erhalten werden kann. Dann wählen wir nach Willkür aus dem System eine nicht identisch verschwindende Form aus und bezeichnen dieselbe mit F_1; ferner möge F_2 eine Form des Systems sein, welche nicht einem Produkte von der Gestalt A_1F_1 gleich ist, wo A_1 eine beliebige Form der n Veränderlichen $x_1, x_2, \ldots, x_n$ bedeutet; F_3 sei eine Form des Systems, welche sich nicht in die Gestalt $A_1F_1 + A_2F_2$ bringen läßt, wo A_1 und A_2 wiederum Formen in $x_1, x_2, \ldots, x_n$ sind. Entsprechend sei F_4 eine Form des Systems, welche sich nicht in die Gestalt $A_1F_1 + A_2F_2 + A_3F_3$ bringen läßt, und wenn wir in dieser Weise fortfahren, so gewinnen wir eine Formenreihe $F_1, F_2, F_3, \ldots$, welche zufolge der gemachten Annahme im Endlichen nicht abbrechen kann und in welcher trotzdem keine Form durch lineare Kombination der vorhergehenden Formen erhalten werden kann. Dieses Ergebnis widerspricht unserem Theorem I, und da somit die vorhin gemachte Annahme unzulässig ist, so erhalten wir den Satz:

Aus einem jeden beliebig gegebenen Formensysteme läßt sich stets eine endliche Zahl von Formen derart auswählen, daß jede andere Form des Systems durch lineare Kombination jener ausgewählten Formen erhalten werden kann.

Wir betrachten insbesondere solche Formensysteme, denen die Eigenschaft zukommt, daß jedes Produkt einer Form des Systems mit einer beliebigen anderen, nicht notwendig zum System gehörigen Form sowie jede in den Veränderlichen $x_1, x_2, \ldots, x_n$ homogene Summe von solchen Produkten, d. h. jede lineare Kombination von Formen des Systems wiederum dem Systeme angehört. Ein solches System von unbegrenzt vielen Formen heißt ein *Modul* und somit lehnen diese Auseinandersetzungen, soweit sie späterhin die Theorie der Moduln betreffen, an diejenige Bezeichnungsweise und Begriffsbestimmung an, welche L. Kronecker in der von ihm begründeten und neuerdings systematisch ausgebildeten Theorie der Modulsysteme[1] anwendet. Doch ist hervorzuheben, daß zum Unterschiede von den von L. Kronecker behandelten Fragen bei unseren Untersuchungen, vor allem in Abschnitt III und IV dieser Arbeit, die *Homogenität* der Funktionen des Moduls eine wesentliche und notwendige Voraussetzung bildet. Sprechen wir den vorhin bewiesenen Satz insbesondere für einen Modul aus, so erhalten wir unmittelbar den folgenden Satz:

Aus den Formen eines beliebigen Moduls läßt sich stets eine endliche Anzahl von Formen derart auswählen, daß jede andere Form des Moduls durch lineare Kombination jener ausgewählten Formen erhalten werden kann.

---

[1] Vgl. L. Kronecker: Crelles J. Bd. 92 S. 1—122; Bd. 93 S. 365—366; Bd. 99 S. 329—371; Bd. 100 S. 490—510; Berl. Sitzgsber. 1888 S. 429—438, 447—465, 557—578, 595—612, 983—1016; und ferner R. Dedekind u. H. Weber: Crelles J. Bd. 92 S. 181—290 sowie J. Molk: Acta mathematica Bd. 6 S. 50—165.

Um für diesen Satz ein anschauliches Beispiel zu gewinnen, nehmen wir eine algebraische Raumkurve als gegeben an und fragen nach dem vollen Systeme der diese Raumkurve enthaltenden algebraischen Flächen. Da die linken Seiten der Gleichungen dieser Flächen quaternäre Formen sind, welche durch lineare Kombination Formen des nämlichen Systems ergeben, so bilden diese Formen einen Modul, und der obige Satz erhält mithin für diesen besonderen Fall die folgende Deutung:

Durch eine gegebene algebraische Raumkurve läßt sich eine endliche Zahl m von Flächen

$$F_1 = 0, \quad F_2 = 0, \ldots, F_m = 0$$

hindurchlegen derart, daß jede andere die Kurve enthaltende algebraische Fläche durch eine Gleichung von der Gestalt

$$A_1 F_1 + A_2 F_2 + \cdots + A_m F_m = 0$$

dargestellt werden kann, wo unter $A_1, A_2, \ldots, A_m$ quaternäre Formen zu verstehen sind[1].

Beispielsweise sei eine kubische Raumkurve durch die Gleichungen

$$\left.\begin{aligned} x_1 &= \xi_1^3, \\ x_2 &= \xi_1^2 \xi_2, \\ x_3 &= \xi_1 \xi_2^2, \\ x_4 &= \xi_2^3 \end{aligned}\right\} \tag{6}$$

gegeben, wo x_1, x_2, x_3, x_4 die homogenen Koordinaten ihrer Punkte und ξ_1, ξ_2 die homogenen Parameter sind. Durch diese Raumkurve gehen die 3 Flächen

$$F_1 = 0, \quad F_2 = 0, \quad F_3 = 0$$

hindurch, wo

$$\begin{aligned} F_1 &= x_1 x_3 - x_2^2, \\ F_2 &= x_2 x_3 - x_1 x_4, \\ F_3 &= x_2 x_4 - x_3^2 \end{aligned}$$

quadratische Formen bedeuten, von denen keine durch lineare Kombination der beiden anderen erhalten werden kann. Um nun zu zeigen, daß auch jede andere die Raumkurve enthaltende Fläche sich durch eine Gleichung von der Gestalt

$$A_1 F_1 + A_2 F_2 + A_3 F_3 = 0$$

darstellen läßt, nehmen wir an, es sei

$$F = \sum C_{r_1 r_2 r_3 r_4} x_1^{r_1} x_2^{r_2} x_3^{r_3} x_4^{r_4}$$

[1] Die hier erledigte Frage nach der Endlichkeit der eine Raumkurve enthaltenden Flächen wirft bereits G. Salmon in seinem Lehrbuche auf; vgl. Analytische Geometrie des Raumes, Teil II, S. 79.

eine Form, welche bei Anwendung der Substitution (6) identisch gleich Null wird. Mit Hilfe der Kongruenzen

$$x_1 x_3 \equiv x_2^2, \quad (F_1, F_2, F_3),$$
$$x_1 x_4 \equiv x_2 x_3, \quad (F_1, F_2, F_3),$$
$$x_2 x_4 \equiv x_3^2, \quad (F_1, F_2, F_3)$$

können wir setzen

$$F \equiv \Sigma C_{\varkappa_1 \varkappa_2} x_1^{\varkappa_1} x_2^{\varkappa_2} + \Sigma C_{\lambda_2 \lambda_3} x_2^{\lambda_2} x_3^{\lambda_3} + \Sigma C_{\mu_3 \mu_4} x_3^{\mu_3} x_4^{\mu_4} \quad (F_1, F_2, F_3), \tag{7}$$

worin $C_{\varkappa_1 \varkappa_2}$, $C_{\lambda_2 \lambda_3}$, $C_{\mu_3 \mu_4}$ wiederum gewisse Zahlenkoeffizienten bedeuten. Außerdem darf angenommen werden, daß keiner der beiden Exponenten λ_2 und λ_3 gleich Null ist, da entgegengesetztenfalls das betreffende Glied sich aus der zweiten Summe entweder in die erste oder in die dritte Summe hineinziehen läßt. Wegen der Homogenität der rechten Seite von (7) ist

$$\varkappa_1 + \varkappa_2 = \lambda_2 + \lambda_3 = \mu_3 + \mu_4$$

und hieraus folgt

$$3\varkappa_1 + 2\varkappa_2 > 2\lambda_2 + \lambda_3 > \mu_3 .$$

Führen wir jetzt vermöge der Gleichungen (6) die Parameter ξ_1, ξ_2 in der rechten Seite von (7) ein, so erkennen wir, daß keines der so entstehenden Glieder $C\xi_1^{\varrho_1}\xi_2^{\varrho_2}$ sich mit einem in der nämlichen oder in einer anderen Summe entstehenden Gliede vereinigen kann, und da andererseits der Ausdruck auf der rechten Seite von (7) nach jener Substitution (6) verschwinden soll, so sind notwendigerweise die Koeffizienten $C_{\varkappa_1 \varkappa_2}$, $C_{\lambda_2 \lambda_3}$, $C_{\mu_3 \mu_4}$ sämtlich gleich Null. Aus der Kongruenz (7) erhalten wir somit

$$F \equiv 0 \quad (F_1, F_2, F_3)$$

oder

$$F = A_1 F_1 + A_2 F_2 + A_3 F_3 .$$

Eine anderweitige Verwendung finden unsere allgemeinen Entwicklungen in der Theorie der Gleichungen, wenn man nach denjenigen ganzen homogenen Funktionen der Koeffizienten einer Gleichung fragt, welche verschwinden, sobald die Gleichung eine gewisse Anzahl vielfacher Wurzeln besitzt. Da das System aller dieser Funktionen einen Modul bildet, so erhalten wir den Satz:

Es gibt eine endliche Anzahl von ganzen homogenen Funktionen der Koeffizienten einer algebraischen Gleichung, welche verschwinden, sobald die Gleichung eine gegebene Zahl vielfacher Wurzeln erhält und aus welchen sich eine jede andere ganze Funktion von derselben Eigenschaft in linearer Weise zusammensetzen läßt.

Sollen beispielsweise alle diejenigen homogenen Funktionen der Koeffizienten x_1, x_2, x_3, x_4, x_5 der binären Form 4. Ordnung

$$\varphi = x_1 \xi_1^4 + 4x_2 \xi_1^3 \xi_2 + 6x_3 \xi_1^2 \xi_2^2 + 4x_4 \xi_1 \xi_2^3 + x_5 \xi_2^4$$

angegeben werden, welche verschwinden, sobald die Form φ eine volle 4. Potenz wird, so bedarf es dazu der folgenden 6 quadratischen Formen

$$\begin{aligned} F_1 &= x_1 x_3 - x_2^2, \\ F_2 &= x_1 x_4 - x_2 x_3, \\ F_3 &= x_1 x_5 - x_2 x_4, \\ F_4 &= x_1 x_5 - x_3^2, \\ F_5 &= x_2 x_5 - x_3 x_4, \\ F_6 &= x_3 x_5 - x_4^2, \end{aligned}$$

und man überzeugt sich ohne Schwierigkeit auf dem entsprechenden Wege wie vorhin, daß jede andere Funktion F von der verlangten Eigenschaft in die Gestalt

$$F = A_1 F_1 + A_2 F_2 + \cdots + A_6 F_6$$

gebracht werden kann, wo $A_1, A_2, \ldots, A_6$ homogene Funktionen von x_1, x_2, x_3, x_4, x_5 sind.

Will man zweitens alle diejenigen homogenen Funktionen der Koeffizienten von φ angeben, welche verschwinden, sobald die binäre Form φ ein volles Quadrat wird, so ist es nötig, die folgenden 7 Funktionen zu bilden:

$$\begin{aligned} F_1 &= x_1^2 x_4 - 3 x_1 x_2 x_3 + 2 x_2^3, \\ F_2 &= x_1^2 x_5 + 2 x_1 x_2 x_4 - 9 x_1 x_3^2 + 6 x_2^2 x_3, \\ F_3 &= x_1 x_2 x_5 - 3 x_1 x_3 x_4 + 2 x_2^2 x_4, \\ F_4 &= x_1 x_4^2 - x_2^2 x_5, \\ F_5 &= x_1 x_4 x_5 - 3 x_2 x_3 x_5 + 2 x_2 x_4^2, \\ F_6 &= x_1 x_5^2 + 2 x_2 x_4 x_5 - 9 x_3^2 x_5 + 6 x_3 x_4^2, \\ F_7 &= x_2 x_5^2 - 3 x_3 x_4 x_5 + 2 x_4^3. \end{aligned}$$

Diese 7 Funktionen stimmen im wesentlichen überein mit den Koeffizienten der Kovariante 6. Ordnung und 3. Grades von φ, und hieraus läßt sich durch ein invariantentheoretisches Schlußverfahren zeigen, daß jede andere homogene Funktion von der verlangten Eigenschaft in die Gestalt

$$A_1 F_1 + A_2 F_2 + \cdots + A_7 F_7$$

gebracht werden kann, wo $A_1, A_2, \ldots, A_7$ wiederum homogene Funktionen sind.

Von allgemeinerer Natur und überdies von prinzipieller Bedeutung für die späterhin folgenden Untersuchungen ist der folgende Satz:

Sind $F_1, F_2, \ldots, F_{m^{(1)}}$ gegebene Formen der n Veränderlichen $x_1, x_2, \ldots, x_n$, so existiert stets eine endliche Zahl $m^{(2)}$ von Formensystemen

$$\begin{array}{llll} X_1 = X_{11}, & X_2 = X_{21} & , \ldots, & X_{m^{(1)}} = X_{m^{(1)}1}, \\ X_1 = X_{12}, & X_2 = X_{22} & , \ldots, & X_{m^{(1)}} = X_{m^{(1)}2}, \\ \ldots & \ldots & \ldots & \ldots \\ X_1 = X_{1m^{(2)}}, & X_2 = X_{2m^{(2)}} & , \ldots, & X_{m^{(1)}} = X_{m^{(1)}m^{(2)}}, \end{array}$$

welche sämtlich die Gleichung

$$F_1 X_1 + F_2 X_2 + \cdots + F_{m^{(1)}} X_{m^{(1)}} = 0$$

identisch befriedigen und durch welche jedes andere jener Gleichung genügende Formensystem in der Gestalt

$$\begin{array}{lllll} X_1 & = A_1 X_{11} & + A_2 X_{12} & + \cdots + & A_{m^{(2)}} X_{1m^{(2)}}, \\ X_2 & = A_1 X_{21} & + A_2 X_{22} & + \cdots + & A_{m^{(2)}} X_{2m^{(2)}}, \\ \ldots & \ldots & \ldots & \ldots & \ldots \\ X_{m^{(1)}} & = A_1 X_{m^{(1)}1} & + A_2 X_{m^{(1)}2} & + \cdots + & A_{m^{(2)}} X_{m^{(1)}m^{(2)}} \end{array}$$

ausgedrückt werden kann, wo $A_1, A_2, \ldots, A_{m^{(2)}}$ ebenfalls Formen der *Veränderlichen $x_1, x_2, \ldots, x_n$ sind.*

Der Beweis dieses Satzes beruht auf unseren allgemeinen Entwicklungen über die Endlichkeit der Formen eines beliebigen Systems. Es sei $X_1, X_2, \ldots, X_{m^{(1)}}$ irgendein Lösungssystem der vorgelegten Gleichung

$$F_1 X_1 + F_2 X_2 + \cdots + F_{m^{(1)}} X_{m^{(1)}} = 0,$$

und in jedem solchen Lösungssysteme werde insbesondere die letzte Form $X_{m^{(1)}}$ ins Auge gefaßt. Auf Grund unserer früheren allgemeinen Sätze ist es dann möglich, aus der Gesamtheit dieser Formen $X_{m^{(1)}}$ eine endliche Zahl μ von Formen $X_{m^{(1)}1}, X_{m^{(1)}2}, \ldots, X_{m^{(1)}\mu}$ derart auszuwählen, daß jede andere solche Form in die Gestalt

$$X_{m^{(1)}} = A'_1 X_{m^{(1)}1} + A'_2 X_{m^{(1)}2} + \cdots + A'_\mu X_{m^{(1)}\mu}$$

gebracht werden kann. Bilden wir nun die Formen

$$X'_t = X_t - A'_1 X_{t1} - A'_2 X_{t2} - \cdots - A'_\mu X_{t\mu} \qquad (t = 1, 2, \ldots, m^{(1)}),$$

woraus sich insbesondere für $t = m^{(1)}$

$$X'_{m^{(1)}} = 0$$

ergibt, so erkennen wir, daß jeder Lösung $X_1, X_2, \ldots, X_{m^{(1)}}$ der ursprünglich vorgelegten Gleichung eine Lösung $X'_1, X'_2, \ldots, X'_{m^{(1)}-1}$ der Gleichung

$$F_1 X'_1 + F_2 X'_2 + \cdots + F_{m^{(1)}-1} X'_{m^{(1)}-1} = 0$$

entspricht, und es läßt sich offenbar auch umgekehrt jede Lösung der ursprünglich vorgelegten Gleichung durch Kombination aus den μ Lösungssystemen

$$X_1 = X_{1s}, X_2 = X_{2s}, \ldots, X_{m^{(1)}} = X_{m^{(1)}s} \qquad (s = 1, 2, \ldots, \mu)$$

und aus einem Lösungssystem der eben erhaltenen Gleichung zusammensetzen. Die letztere Gleichung enthält aber nur $m^{(1)} - 1$ zu bestimmende Formen, und wenn folglich der oben ausgesprochene Satz für eine solche Gleichung als richtig angenommen wird, so ist derselbe auch für die vorgelegte Gleichung bewiesen. Nun gilt unser Satz für $m^{(1)} = 1$, da die diesem Falle entsprechende Gleichung

$$F_1 X_1 = 0$$

offenbar gar keine Lösung besitzt, und damit ist der Beweis allgemein erbracht.

Als Beispiel diene die Gleichung

$$(x_1 x_3 - x_2^2) X_1 + (x_2 x_3 - x_1 x_4) X_2 + (x_2 x_4 - x_3^2) X_3 = 0,$$

wo als Koeffizienten die nämlichen 3 quadratischen Formen auftreten, auf welche wir oben bei Behandlung der kubischen Raumkurve geführt wurden. Wir erkennen leicht, daß aus den beiden Lösungssystemen

$$X_1 = x_3, \quad X_2 = x_2, \quad X_3 = x_1,$$
$$X_1 = x_4, \quad X_2 = x_3, \quad X_3 = x_2$$

sich jedes andere Lösungssystem jener Gleichung zusammensetzen läßt. Denn bezeichnet X_1, X_2, X_3 irgend ein Lösungssystem, so kann man zunächst mit Hilfe des ersteren der beiden Lösungssysteme alle diejenigen Glieder in der Form X_1 wegschaffen, welche x_3 als Faktor enthalten, und hierauf lassen sich mit Hilfe des zweiten Lösungssystems alle mit x_4 multiplizierten Glieder in X_1 beseitigen, so daß in dem nun entstandenen Lösungssysteme X'_1, X'_2, X'_3 die Form X'_1 von x_3 und x_4 unabhängig ist. Setzen wir jetzt in der identisch erfüllten Relation

$$(x_1 x_3 - x_2^2) X'_1 + (x_2 x_3 - x_1 x_4) X'_2 + (x_2 x_4 - x_3^2) X'_3 = 0$$

$x_3 = 0$ und $x_4 = 0$ ein, so ergibt sich $X'_1 = 0$, und hieraus folgt dann

$$X'_2 = A(x_2 x_4 - x_3^2), \qquad X'_3 = A(x_1 x_4 - x_2 x_3),$$

wo A eine beliebige Form der Veränderlichen x_1, x_2, x_3, x_4 bedeutet. Auch das so erhaltene Lösungssystem ist eine Kombination jener beiden vorhin angegebenen Lösungssysteme, wie man erkennt, wenn man das erstere Lösungssystem mit $A x_4$, das zweite mit $-A x_3$ multipliziert und dann die entsprechenden Formen addiert.

Als zweites Beispiel wählen wir die Gleichung

$$F_1 X_1 + F_2 X_2 + \cdots + F_6 X_6 = 0,$$

wo $F_1, F_2, \ldots, F_6$ die oben angegebenen 6 quadratischen Formen der 5 Veränderlichen x_1, x_2, x_3, x_4, x_5 bedeuten. Man erhält die folgenden 8 Lösungen:

$$\begin{array}{llllll}
X_1 = x_3, & X_2 = -x_2, & X_3 = -x_1, & X_4 = x_1, & X_5 = 0, & X_6 = 0, \\
X_1 = x_4, & X_2 = -x_3, & X_3 = -x_2, & X_4 = x_2, & X_5 = 0, & X_6 = 0, \\
X_1 = x_5, & X_2 = 0, & X_3 = -x_3, & X_4 = 0, & X_5 = x_2, & X_6 = 0, \\
X_1 = 0, & X_2 = x_3, & X_3 = 0, & X_4 = -x_2, & X_5 = x_1, & X_6 = 0, \\
X_1 = 0, & X_2 = x_4, & X_3 = -x_3, & X_4 = 0, & X_5 = 0, & X_6 = x_1, \\
X_1 = 0, & X_2 = x_5, & X_3 = -x_4, & X_4 = 0, & X_5 = 0, & X_6 = x_2, \\
X_1 = 0, & X_2 = 0, & X_3 = x_4, & X_4 = -x_4, & X_5 = x_3, & X_6 = -x_2, \\
X_1 = 0, & X_2 = 0, & X_3 = x_5, & X_4 = -x_5, & X_5 = x_4, & X_6 = -x_3,
\end{array}$$

und man zeigt dann in derselben Weise wie in ersterem Beispiele, daß jede andere Lösung durch Kombination aus diesen erhalten werden kann.

Wir haben vorhin die Endlichkeit des vollen Systems von Lösungen für den Fall bewiesen, daß es sich um eine einzige Gleichung handelt. Aber die dort benutzte Schlußweise überträgt sich unmittelbar auf den Fall, in welchem mehrere Gleichungen von der in Rede stehenden Art gleichzeitig zu befriedigen sind. Wir sprechen daher den allgemeineren Satz aus:

Wenn ein System von m Gleichungen

$$F_{t1} X_1 + F_{t2} X_2 + \cdots + F_{t m^{(1)}} X_{m^{(1)}} = 0 \quad (t = 1, 2, \ldots, m)$$

vorgelegt ist, in welchem die Koeffizienten $F_{t1}, F_{t2}, \ldots, F_{t m^{(1)}}$ *gegebene Formen von n Veränderlichen und* $X_1, X_2, \ldots, X_{m^{(1)}}$ $m^{(1)}$ *zu bestimmende Formen sind, so besitzt dasselbe stets eine endliche Zahl* $m^{(2)}$ *von Lösungssystemen*

$$X_1 = X_{1s}, X_2 = X_{2s}, \ldots, X_{m^{(1)}} = X_{m^{(1)}s} \quad (s = 1, 2, \ldots, m^{(2)})$$

derart, daß jedes andere Lösungssystem in die Gestalt

$$X_l = A_1 X_{l1} + A_2 X_{l2} + \cdots + A_{m^{(2)}} X_{l m^{(2)}} \quad (l = 1, 2, \ldots, m^{(1)})$$

gebracht werden kann, wo $A_1, A_2, \ldots, A_{m^{(2)}}$ *ebenfalls Formen der n Veränderlichen sind*[1].

II. Die Endlichkeit der Formen mit ganzzahligen Koeffizienten.

Die sämtlichen bisher abgeleiteten Sätze beruhen wesentlich auf dem Theoreme I des vorigen Abschnittes. Während wir dort die in den Formen auftretenden Koeffizienten als Zahlen eines beliebigen Rationalitätsbereiches annahmen, so wollen wir nunmehr den Fall in Betracht ziehen, daß dieselben

[1] Dieser Satz ist für *eine* nicht homogene Veränderliche von L. KRONECKER in seinem Beweise für die Endlichkeit des Systems der ganzen algebraischen Größen einer Gattung zur Geltung gebracht; vgl. Crelles J. Bd. 92 S. 16.

durchweg ganze Zahlen sind. Dementsprechend läßt sich jenem Theoreme I eine weitergreifende Fassung geben, welche dasselbe auch für Anwendungen auf zahlentheoretische Untersuchungen geeignet macht und wie folgt lautet:

Theorem II. *Ist irgend eine nicht abbrechende Reihe von Formen* $F_1, F_2, F_3, \ldots$ *mit ganzzahligen Koeffizienten und von beliebigen Ordnungen in den n homogenen Veränderlichen* $x_1, x_2, \ldots, x_n$ *vorgelegt, so gibt es stets eine Zahl m von der Art, daß eine jede Form jener Reihe sich in die Gestalt*

$$F = A_1 F_1 + A_2 F_2 + \cdots + A_m F_m$$

bringen läßt, wo $A_1, A_2, \ldots, A_m$ *ganzzahlige Formen der nämlichen n Veränderlichen sind.*

Wie man sieht, wird hier zum Unterschiede von der früheren Fassung des Theorems verlangt, daß in gleicher Weise wie die gegebenen Formen $F_1, F_2, F_3, \ldots$ auch die bei der Darstellung zu verwendenden Formen $A_1, A_2, \ldots, A_m$ Formen mit *ganzzahligen* Koeffizienten sind.

Die zum Beweise des Theorems I angewandte Schlußweise reicht zum Beweise des Theorems II nicht mehr aus. Denn das frühere Verfahren beruht darauf, daß wir die Grade der Formen $F_2, F_3, \ldots$ in bezug auf die eine Veränderliche x_n durch geeignete Kombination mit der Form F_1 unter die Ordnung r von F_1 herabdrückten. Sollen hierbei keine gebrochenen Zahlen eingeführt werden, so muß der Koeffizient von x_n^r in F_1 notwendig gleich der positiven oder negativen Einheit sein, was im allgemeinen nicht der Fall ist und auch durch lineare ganzzahlige Transformationen der Veränderlichen nicht immer erreicht werden kann. Es bedarf daher zum Beweise des Theorems II einer neuen Schlußweise, und durch diese gewinnen wir offenbar zugleich für Theorem I einen zweiten Beweis.

Wir bezeichnen allgemein mit f_s die von der Veränderlichen x_n freien Glieder der Form F_s; sind dann alle Formen der unendlichen Reihe $f_1, f_2, f_3, \ldots$ identisch Null, so setzen wir

$$F_s^{(1)} = F_s \qquad (s = 1, 2, 3, \ldots),$$

im anderen Falle sei f_α die erste von Null verschiedene Form der Reihe $f_1, f_2, f_3, \ldots$, ferner f_β die erste Form derselben Reihe, welche nicht einem Produkte von der Gestalt $a_\alpha f_\alpha$ gleich ist, worin a_α eine ganzzahlige Form der Veränderlichen $x_1, x_2, \ldots, x_{n-1}$ bedeutet; f_γ sei die erste Form jener Reihe, welche sich nicht in die Gestalt $a_\alpha f_\alpha + a_\beta f_\beta$ bringen läßt, wo a_α und a_β wiederum ganzzahlige Formen von $x_1, x_2, \ldots, x_{n-1}$ sind, und in dieser Weise fahren wir fort. Wäre nun unser Theorem II für den Fall von $n-1$ homogenen Veränderlichen bereits bewiesen und beachten wir, daß in der gewonnenen Formenreihe $f_\alpha, f_\beta, f_\gamma, \ldots$ keine Form durch lineare Kombination aus den vorhergehenden Formen erhalten werden kann, so folgt, daß diese Formenreihe notwendig im Endlichen abbrechen muß. Es sei demgemäß f_λ die letzte Form dieser Reihe, so daß stets

$$f_s = a_{\alpha s} f_\alpha + a_{\beta s} f_\beta + \cdots + a_{\lambda s} f_\lambda = l_s(f_\alpha, f_\beta, \ldots, f_\lambda) \qquad (s = 1, 2, 3, \ldots)$$

gesetzt werden kann, wo $a_{\alpha s}, a_{\beta s}, \ldots, a_{\lambda s}$ ganzzahlige Formen von $x_1, x_2, \ldots, x_{n-1}$ sind. Bilden wir nun die Ausdrücke

$$F_s^{(1)} = F_s - l_s(F_\alpha\ F_\beta, \ldots, F_\lambda) \qquad (s = 1, 2, 3, \ldots),$$

so sind dies Formen der n Veränderlichen $x_1, x_2, \ldots, x_n$, von denen jede die Veränderliche x_n als Faktor enthält. Wir bezeichnen allgemein mit $x_n f_s^{(1)}$ diejenigen Glieder der Form $F_s^{(1)}$, welche lediglich mit der ersten Potenz von x_n multipliziert sind und betrachten die Formen $f_1^{(1)}, f_2^{(1)}, f_3^{(1)}, \ldots$ der $n-1$ Veränderlichen $x_1, x_2, \ldots, x_{n-1}$. Verschwinden diese Formen sämtlich, so setzen wir

$$F_s^{(2)} = F_s^{(1)} \qquad (s = 1, 2, 3, \ldots).$$

Ist dagegen jede Form der Reihe $f_1^{(1)}, f_2^{(1)}, f_3^{(1)}, \ldots$ eine lineare Kombination der Formen $f_\alpha, f_\beta, \ldots, f_\lambda$ wie folgt

$$f_s^{(1)} = a_{\alpha s}^{(1)} f_\alpha + a_{\beta s}^{(1)} f_\beta + \cdots + a_{\lambda s}^{(1)} f_\lambda = l_s^{(1)}(f_\alpha, f_\beta, \ldots, f_\lambda) \qquad (s = 1, 2, 3, \ldots),$$

so setzen wir

$$F_s^{(2)} = F_s^{(1)} - l_s^{(1)}(x_n F_\alpha, x_n F_\beta, \ldots, x_n F_\lambda).$$

In jedem anderen Falle sei $f_{\alpha^{(1)}}^{(1)}$ die erste nicht durch lineare Kombination aus $f_\alpha, f_\beta, \ldots, f_\lambda$ hervorgehende Form der Reihe $f_1^{(1)}, f_2^{(1)}, f_3^{(1)}, \ldots$, ferner sei $f_{\beta^{(1)}}^{(1)}$ die erste Form dieser Reihe, welche keiner linearen Kombination der Formen $f_\alpha, f_\beta, \ldots, f_\lambda, f_{\alpha^{(1)}}^{(1)}$ gleich ist und entsprechend $f_{\gamma^{(1)}}^{(1)}$ die erste nicht durch lineare Kombination von $f_\alpha, f_\beta, \ldots, f_\lambda, f_{\alpha^{(1)}}^{(1)}, f_{\beta^{(1)}}^{(1)}$ hervorgehende Form der nämlichen Reihe. Die so entstehende Formenreihe $f_\alpha, f_\beta, \ldots, f_\lambda, f_{\alpha^{(1)}}^{(1)}, f_{\beta^{(1)}}^{(1)}, f_{\gamma^{(1)}}^{(1)}, \ldots$ bricht unter der vorhin gemachten Annahme notwendig im Endlichen ab, und wenn $f_{\lambda^{(1)}}^{(1)}$ die letzte Form der Reihe bezeichnet, so finden wir stets

$$f_s^{(1)} = l_s^{(1)}(f_\alpha, f_\beta, \ldots, f_\lambda, f_{\alpha^{(1)}}^{(1)}, f_{\beta^{(1)}}^{(1)}, \ldots, f_{\lambda^{(1)}}^{(1)}) \qquad (s = 1, 2, 3, \ldots),$$

wo $l_s^{(1)}$ eine lineare homogene Funktion jener Formen bedeutet, deren Koeffizienten selber ganzzahlige Formen der $n-1$ Veränderlichen $x_1, x_2, \ldots, x_{n-1}$ sind. Setzen wir daher

$$F_s^{(2)} = F_s^{(1)} - l_s^{(1)}(x_n F_\alpha, x_n F_\beta, \ldots, x_n F_\lambda, F_{\alpha^{(1)}}^{(1)}, F_{\beta^{(1)}}^{(1)}, \ldots, F_{\lambda^{(1)}}^{(1)}),$$

so besitzen die so entstehenden Formen $F_s^{(2)}$ der n Veränderlichen $x_1, x_2, \ldots, x_n$ sämtlich den Faktor x_n^2. Wir bezeichnen demgemäß allgemein mit $x_n^2 f_s^{(2)}$ diejenigen Glieder der Form $F_s^{(2)}$, welche lediglich mit der zweiten Potenz der Veränderlichen x_n multipliziert sind, und betrachten die Formen $f_1^{(2)}, f_2^{(2)}, f_3^{(2)}, \ldots$

der $n-1$ Veränderlichen $x_1, x_2, \ldots, x_{n-1}$. Sind diese Formen nicht sämtlich Null oder lineare Kombinationen der Formen $f_\alpha, f_\beta, \ldots, f_\lambda, f^{(1)}_{\alpha^{(1)}}, f^{(1)}_{\beta^{(1)}}, \ldots, f^{(1)}_{\lambda^{(1)}}$, so bezeichne $f^{(2)}_{\alpha^{(2)}}$ die erste nicht in dieser Weise durch lineare Kombination entstehende Form jener Reihe; desgleichen sei $f^{(2)}_{\beta^{(2)}}$ die erste nicht durch $f_\alpha, f_\beta, \ldots, f_\lambda, f^{(1)}_{\alpha^{(1)}}, f^{(1)}_{\beta^{(1)}}, \ldots, f^{(1)}_{\lambda^{(1)}}, f^{(2)}_{\alpha^{(2)}}$ linear darstellbare Form in derselben Reihe. Das in dieser Weise eingeleitete Verfahren muß wiederum nach einer endlichen Anzahl von Wiederholungen abbrechen, vorausgesetzt, daß unser Theorem II für den Fall von $n-1$ Veränderlichen richtig ist. Bezeichnet demgemäß $f^{(2)}_{\lambda^{(2)}}$ die letzte durch jenes Verfahren sich ergebende Form, so wird stets

$$f^{(2)}_s = l^{(2)}_s(f_\alpha, f_\beta, \ldots, f_\lambda, f^{(1)}_{\alpha^{(1)}}, f^{(1)}_{\beta^{(1)}}, \ldots, f^{(1)}_{\lambda^{(1)}}, f^{(2)}_{\alpha^{(2)}}, f^{(2)}_{\beta^{(2)}}, \ldots, f^{(2)}_{\lambda^{(2)}}) \qquad (s=1,2,3,\ldots),$$

wo $l^{(2)}_s$ eine lineare homogene Funktion bedeutet, deren Koeffizienten selber ganzzahlige Formen von $x_1, x_2, \ldots, x_{n-1}$ sind. Setzen wir daher

$$\begin{aligned}F^{(3)}_s = F^{(2)}_s - l^{(2)}_s(&x_n^2 F_\alpha, x_n^2 F_\beta, \ldots, x_n^2 F_\lambda, x_n F^{(1)}_{\alpha^{(1)}}, x_n F^{(1)}_{\beta^{(1)}}, \ldots, x_n F^{(1)}_{\lambda^{(1)}},\\ &F^{(2)}_{\alpha^{(2)}}, F^{(2)}_{\beta^{(2)}}, \ldots, F^{(2)}_{\lambda^{(2)}}) \qquad (s=1,2,3,\ldots),\end{aligned}$$

so besitzen die so entstehenden Formen $F^{(3)}_s$ sämtlich den Faktor x_n^3. Wir bezeichnen wiederum allgemein mit $x_n^3 f^{(3)}_s$ diejenigen Glieder der Form $F^{(3)}_s$, welche mit keiner höheren als der dritten Potenz von x_n multipliziert sind und gelangen so zu einer Formenreihe $f^{(3)}_1, f^{(3)}_2, f^{(3)}_3, \ldots$, welche in entsprechender Weise einer weiteren Behandlung zu unterwerfen ist. Es ist klar, wie die fortgesetzte Wiederholung des angegebenen Verfahrens zu der folgenden Formenreihe führt

$$f^{(\pi)}_{\alpha^{(\pi)}}, f^{(\pi)}_{\beta^{(\pi)}}, \ldots, f^{(\pi)}_{\lambda^{(\pi)}}, \quad f^{(\tau)}_{\alpha^{(\tau)}}, f^{(\tau)}_{\beta^{(\tau)}}, \ldots, f^{(\tau)}_{\lambda^{(\tau)}}, \ldots, \ldots,$$

wo $\pi, \tau, \ldots$ gewisse ganze positive Zahlen bedeuten und keine der auftretenden Formen einer linearen Kombination der vorhergehenden Formen gleich ist. Infolge des letzteren Umstandes muß auch jene Reihe im Endlichen abbrechen, vorausgesetzt, daß unser Theorem II für den Fall von $n-1$ Veränderlichen richtig ist. Wir bezeichnen die letzte Form jener Reihe mit $f^{(\omega)}_{\lambda^{(\omega)}}$ und zeigen nun, daß jede Form in der ursprünglich vorgelegten Formenreihe $F_1, F_2, F_3, \ldots$ einer linearen Kombination der Formen

$$F^{(\pi)}_{\alpha^{(\pi)}}, F^{(\pi)}_{\beta^{(\pi)}}, \ldots, F^{(\pi)}_{\lambda^{(\pi)}}, \quad F^{(\tau)}_{\alpha^{(\tau)}}, F^{(\tau)}_{\beta^{(\tau)}}, \ldots, F^{(\tau)}_{\lambda^{(\tau)}}, \ldots, F^{(\omega)}_{\alpha^{(\omega)}}, F^{(\omega)}_{\beta^{(\omega)}}, \ldots, F^{(\omega)}_{\lambda^{(\omega)}} \qquad (8)$$

gleich wird. Ist nämlich F_s irgend eine Form der ursprünglich vorgelegten Formenreihe und r die Ordnung dieser Form in bezug auf die Veränderlichen $x_1, x_2, \ldots, x_n$, so betrachten wir die Gleichungen

$$\begin{aligned}F^{(r+1)}_s &= F^{(r)}_s - l^{(r)}_s,\\ F^{(r)}_s &= F^{(r-1)}_s - l^{(r-1)}_s,\\ &\cdot\;\cdot\;\cdot\;\cdot\;\cdot\;\cdot\;\cdot\\ F^{(1)}_s &= F_s - l_s,\end{aligned}$$

wo $l_s^{(r)}, l_s^{(r-1)}, \ldots, l_s$ lineare Kombinationen der eben vorhin angegebenen Formen (8) sind. Da ferner die Form $F_s^{(r+1)}$ eine homogene Funktion von der Ordnung r ist und infolge ihrer Bildungsweise durch x_n^{r+1} teilbar ist, so ist sie notwendig identisch gleich Null, und aus den obigen Gleichungen folgt, daß auch F_s eine lineare Kombination der vorhin angegebenen Formen (8) ist. Diese Formen (8) ihrerseits sind nun aus den Formen

$$F_{\alpha^{(\pi)}}, F_{\beta^{(\pi)}}, \ldots, F_{\lambda^{(\pi)}}, F_{\alpha^{(\tau)}}, F_{\beta^{(\tau)}}, \ldots, F_{\lambda^{(\tau)}}, \ldots, F_{\alpha^{(\omega)}}, F_{\beta^{(\omega)}}, \ldots, F_{\lambda^{(\omega)}}$$

durch lineare Kombination entstanden, und es ist daher offenbar $m = \lambda^{(\omega)}$ eine Zahl von der Beschaffenheit, wie sie unser Theorem II verlangt. Das Theorem II ist mithin für n Veränderliche bewiesen, unter der Voraussetzung, daß dasselbe für $n-1$ Veränderliche gilt.

Es bedarf jetzt noch des Nachweises, daß das Theorem II für Formen ohne Veränderliche, d. h. für eine nicht abbrechende Reihe von *ganzen* Zahlen $c_1, c_2, c_3, \ldots$ gilt. Um diesen Nachweis zu führen, nehmen wir an, es sei c_μ die erste von Null verschiedene Zahl der Reihe; es sei ferner $c_{\mu'}$ die nächste Zahl der Reihe, welche nicht durch c_μ teilbar ist. Wir bestimmen dann den größten gemeinsamen Teiler $c_{\mu\mu'}$ der beiden Zahlen c_μ und $c_{\mu'}$; derselbe ist jedenfalls kleiner als der absolute Wert von c_μ. Wenn es nun noch eine Zahl $c_{\mu''}$ in jener Reihe gibt, welche nicht durch $c_{\mu\mu'}$ teilbar ist, so bestimmen wir den größten gemeinsamen Teiler $c_{\mu\mu'\mu''}$ der beiden Zahlen $c_{\mu\mu'}$ und $c_{\mu''}$, und es ist dann $c_{\mu\mu'\mu''}$ kleiner als $c_{\mu\mu'}$. Auf diese Weise ergibt sich die Zahlenreihe c_μ, $c_{\mu\mu'}, c_{\mu\mu'\mu''}, \ldots$, in welcher jede Zahl kleiner ist als die vorhergehende. Eine solche Reihe bricht notwendig im Endlichen ab, und es sei $c_{\mu\mu'\ldots\mu^{(\varkappa)}}$ die letzte Zahl jener Reihe. Diese Zahl ist der größte gemeinsame Teiler der Zahlen c_μ, $c_{\mu'}, \ldots, c_{\mu^{(\varkappa)}}$, und es lassen sich daher ganze positive oder negative Zahlen $a, a', \ldots, a^{(\varkappa)}$ derart finden, daß

$$c_{\mu\mu'\ldots\mu^{(\varkappa)}} = a c_\mu + a' c_{\mu'} + \cdots + a^{(\varkappa)} c_{\mu^{(\varkappa)}}$$

wird. Da andererseits jede Zahl der ursprünglich vorgelegten Reihe $c_1, c_2, c_3, \ldots$ ein Vielfaches der Zahl $c_{\mu\mu'\ldots\mu^{(\varkappa)}}$ ist, so wird $m = \mu^{(\varkappa)}$ eine Zahl von der Beschaffenheit, wie sie unser Theorem II verlangt.

Aus dem eben bewiesenen Theoreme lassen sich ohne Schwierigkeit alle diejenigen Sätze entwickeln, welche den in dem ersten Abschnitte aus Theorem I abgeleiteten Sätzen entsprechen. Wir wollen jedoch in dieser Richtung die Untersuchung nicht fortführen, sondern uns im folgenden lediglich auf die Behandlung solcher Fragen beschränken, welche in den Wirkungskreis des Theorems I fallen.

III. Die Gleichungen zwischen den Formen beliebiger Formensysteme.

Wir knüpfen an die Entwicklungen in Abschnitt I an und denken uns demgemäß im weiteren Verlaufe der Untersuchung die Koeffizienten der in Betracht kommenden Formen nicht speziell als ganze Zahlen, sondern als irgendwelche Zahlen eines beliebigen Rationalitätsbereiches.

Ist der Modul $(F_1, F_2, \ldots, F_{m^{(1)}})$ vorgelegt, so erhalten wir alle übrigen Formen dieses Moduls, d. h. alle nach demselben der Null kongruenten Formen, wenn wir den Ausdruck

$$A_1 F_1 + A_2 F_2 + \cdots + A_{m^{(1)}} F_{m^{(1)}}$$

bilden und die Ordnungen der Formen $A_1, A_2, \ldots, A_{m^{(1)}}$ so wählen, daß die Produkte $A_1 F_1, A_2 F_2, \ldots, A_{m^{(1)}} F_{m^{(1)}}$ sämtlich von der nämlichen Ordnung in den Veränderlichen sind und ihre Summe folglich eine homogene Funktion darstellt. Es werden nun zwei *verschiedene* Formensysteme $A_1, A_2, \ldots, A_{m^{(1)}}$ und $B_1, B_2, \ldots, B_{m^{(1)}}$ die *nämliche* Form des Moduls liefern, wenn

$$A_1 F_1 + A_2 F_2 + \cdots + A_{m^{(1)}} F_{m^{(1)}} = B_1 F_1 + B_2 F_2 + \cdots + B_{m^{(1)}} F_{m^{(1)}}$$

oder

$$(A_1 - B_1) F_1 + (A_2 - B_2) F_2 + \cdots + (A_{m^{(1)}} - B_{m^{(1)}}) F_{m^{(1)}} = 0$$

wird, d. h.: wir erhalten aus dem Formensysteme $A_1, A_2, \ldots, A_{m^{(1)}}$ alle übrigen zu der nämlichen Form des Moduls führenden Systeme $B_1, B_2, \ldots, B_{m^{(1)}}$ mittels der Formeln

$$B_1 = A_1 + X_1, \quad B_2 = A_2 + X_2, \quad \ldots, \quad B_{m^{(1)}} = A_{m^{(1)}} + X_{m^{(1)}},$$

wo $X_1, X_2, \ldots, X_{m^{(1)}}$ irgend ein Lösungssystem der Gleichung

$$F_1 X_1 + F_2 X_2 + \cdots + F_{m^{(1)}} X_{m^{(1)}} = 0 \tag{9}$$

bedeutet. Um daher eine gründlichere Einsicht in die Struktur des vorgelegten Moduls zu erhalten, ist eine Untersuchung der letzteren Gleichung notwendig, wo dann $F_1, F_2, \ldots, F_{m^{(1)}}$ als die gegebenen Koeffizienten und $X_1, X_2, \ldots, X_{m^{(1)}}$ als die gesuchten Formen zu betrachten sind. Nach den Entwicklungen in Abschnitt I besitzt eine solche Gleichung eine endliche Zahl $m^{(2)}$ von Lösungssystemen

$$X_1 = F^{(1)}_{1s}, \quad X_2 = F^{(1)}_{2s}, \quad \ldots, \quad X_{m^{(1)}} = F^{(1)}_{m^{(1)}s} \qquad (s = 1, 2, \ldots, m^{(2)})$$

derart, daß jedes andere Lösungssystem sich in die Gestalt

$$X_t = A^{(1)}_1 F^{(1)}_{t1} + A^{(1)}_2 F^{(1)}_{t2} + \cdots + A^{(1)}_{m^{(2)}} F^{(1)}_{t\,m^{(2)}} \qquad (t = 1, 2, \ldots, m^{(1)}) \tag{10}$$

bringen läßt, wo $A^{(1)}_1, A^{(1)}_2, \ldots, A^{(1)}_{m^{(2)}}$ Formen der nämlichen Veränderlichen $x_1, x_2, \ldots, x_n$ sind. Unter diesen $m^{(2)}$ Lösungssystemen möge überdies keines vorhanden sein, welches aus den übrigen durch lineare Kombination erhalten werden kann. Verändern wir nun in den Formeln (10) die Formen $A_1^{(1)}, A_2^{(1)}, \ldots, A_{m^{(2)}}^{(1)}$, so gelangen wir dadurch nicht immer notwendig zu einem *anderen* Lösungssystem der Gleichung (9), es werden vielmehr zwei verschiedene Formensysteme $A_1^{(1)}, A_2^{(1)}, \ldots, A_{m^{(2)}}^{(1)}$ und $B_1^{(1)}$, $B_2^{(1)}, \ldots, B_{m^{(2)}}^{(1)}$ dann das *nämliche* Lösungssystem $X_1, X_2, \ldots, X_{m^{(1)}}$ liefern, wenn

$$A_1^{(1)} F_{t1}^{(1)} + A_2^{(1)} F_{t2}^{(1)} + \cdots + A_{m^{(2)}}^{(1)} F_{t\,m^{(2)}}^{(1)} = B_1^{(1)} F_{t1}^{(1)} + B_2^{(1)} F_{t2}^{(1)} + \cdots + B_{m^{(2)}}^{(1)} F_{t\,m^{(2)}}^{(1)}$$
$$(t = 1, 2, \ldots, m^{(1)})$$

oder

$$(A_1^{(1)} - B_1^{(1)}) F_{t1}^{(1)} + (A_2^{(1)} - B_2^{(1)}) F_{t2}^{(1)} + \cdots + (A_{m^{(2)}}^{(1)} - B_{m^{(2)}}^{(1)}) F_{t\,m^{(2)}}^{(1)} = 0$$
$$(t = 1, 2, \ldots, m^{(1)})$$

wird, und auf diese Weise werden wir auf die Untersuchung des Gleichungssystems

$$F_{t1}^{(1)} X_1^{(1)} + F_{t2}^{(1)} X_2^{(1)} + \cdots + F_{t\,m^{(2)}}^{(1)} X_{m^{(2)}}^{(1)} = 0 \qquad (t = 1, 2, \ldots, m^{(1)}) \quad (11)$$

geführt, wo $F_{t1}^{(1)}, F_{t2}^{(1)}, \ldots, F_{t\,m^{(2)}}^{(1)}$ die gegebenen Koeffizienten und $X_1^{(1)}$, $X_2^{(1)}, \ldots, X_{m^{(2)}}^{(1)}$ die zu bestimmenden Formen sind. Das erhaltene Gleichungssystem (11) heiße das aus (9) „*abgeleitete Gleichungssystem*".

Es sei hier besonders hervorgehoben, daß bei der Bildung des abgeleiteten Gleichungssystems ein *derartiges* volles Formensystem zugrunde gelegt wird, in welchem keine Lösung durch lineare Kombination der übrigen Lösungen erhalten werden kann. Die Zahl und die Ordnungen der Lösungen eines solchen Lösungssystems sind, wie man leicht erkennt, vollkommen bestimmte, und auch die in den Lösungen auftretenden Formen sind im wesentlichen bestimmte, insofern jedes andere Lösungssystem von der nämlichen Beschaffenheit dadurch entsteht, daß man die Lösungen des anfänglichen Systems mit anderen darin vorkommenden Lösungen von gleichen oder niederen Ordnungen linear kombiniert. Zufolge dieses Umstandes ist auch das abgeleitete Gleichungssystem durch das ursprüngliche Gleichungssystem in entsprechendem Sinne ein bestimmtes.

Die Koeffizienten des abgeleiteten Gleichungssystems bestehen, wie man sieht, aus den Formen der Lösungssysteme der ursprünglichen Gleichung, und wir erhalten somit die zwischen den Lösungen der ursprünglichen Gleichung (9) bestehenden Relationen durch Aufstellung der Lösungen des abgeleiteten Gleichungssystems (11). Wir bestimmen demgemäß für das letztere das volle System von Lösungen

$$X_1^{(1)} = F_{1s}^{(2)}, \; X_2^{(1)} = F_{2s}^{(2)}, \ldots, X_{m^{(2)}}^{(1)} = F_{m^{(2)}s}^{(2)} \qquad (s = 1, 2, \ldots, m^{(3)})$$

derart, daß keine dieser Lösungen durch lineare Kombination der übrigen erhalten werden kann und überdies jedes andere Lösunssystem die Gestalt

$$X_t^{(1)} = A_1^{(2)} F_{t1}^{(2)} + A_2^{(2)} F_{t2}^{(2)} + \cdots + A_{m^{(3)}}^{(2)} F_{t\,m^{(3)}}^{(2)} \qquad (t = 1, 2, \ldots, m^{(2)})$$

annimmt, wo $A_1^{(2)}, A_2^{(2)}, \ldots, A_{m^{(3)}}^{(2)}$ irgendwelche Formen sind. Der letztere Ansatz führt auf das Gleichungssystem

$$F_{t1}^{(2)} X_1^{(2)} + F_{t2}^{(2)} X_2^{(2)} + \cdots + F_{tm^{(3)}}^{(2)} X_{m^{(3)}}^{(2)} = 0 \quad (t = 1, 2, \ldots, m^{(2)}), \tag{12}$$

wo $F_{t1}^{(2)}, F_{t2}^{(2)}, \ldots, F_{tm^{(3)}}^{(2)}$ die gegebenen Koeffizienten und $X_1^{(2)}, X_2^{(2)}, \ldots, X_{m^{(3)}}^{(2)}$ die zu bestimmenden Formen sind. Dieses dritte Gleichungssystem (12) ist aus dem zweiten Gleichungssysteme (11) in der nämlichen Weise abgeleitet wie das zweite Gleichungssystem aus der ursprünglichen Gleichung (9). Durch Fortsetzung des eben eingeschlagenen Verfahrens erhalten wir eine Kette von abgeleiteten Gleichungssystemen, in welcher stets die Zahl der zu bestimmenden Formen irgend eines Gleichungssystems übereinstimmt mit der Zahl der Gleichungen des darauf folgenden Gleichungssystems.

Zur einheitlicheren Darstellung der weiteren Untersuchungen ist es nötig, an Stelle der *einen* ursprünglichen Gleichung (9) ein beliebiges Gleichungssystem von der Gestalt

$$F_{t1} X_1 + F_{t2} X_2 + \cdots + F_{tm^{(1)}} X_{m^{(1)}} = 0 \quad (t = 1, 2, \ldots, m) \tag{13}$$

zu setzen. Die Anwendung des oben angegebenen Verfahrens gestaltet sich dann zu einer allgemeinen Theorie solcher Gleichungssysteme, deren Kern in dem folgenden Satze liegt:

Theorem III. *Ist ein Gleichungssystem von der Gestalt* (13) *vorgelegt, so führt die Aufstellung der Relationen zwischen den Lösungen desselben zu einem zweiten Gleichungssysteme von der nämlichen Gestalt; aus diesem zweiten abgeleiteten Gleichungssysteme entspringt in gleicher Weise ein drittes abgeleitetes Gleichungssystem. Das so begonnene Verfahren erreicht bei weiterer Fortsetzung stets ein Ende, und zwar ist spätestens das n-te Gleichungssystem jener Kette ein solches, welches keine Lösung mehr besitzt.*

Der Beweis dieses Theorems ist nicht mühelos; er ergibt sich aus den folgenden Schlüssen.

Unter den Gleichungen des vorgelegten Systems könnten einige eine Folge der übrigen sein, indem sie von jedem Formensysteme befriedigt werden, welches diesen letzteren Gleichungen genügt. Nehmen wir an, daß solche Gleichungen bereits ausgeschaltet sind, so ist, wenn überhaupt Lösungen vorhanden sein sollen, notwendig die Zahl m der Gleichungen des Systems (13) kleiner als die Zahl $m^{(1)}$ der zu bestimmenden Formen, und außerdem sind die m-reihigen Determinanten

$$D_{i_1 i_2 \cdots i_m} = \begin{vmatrix} F_{1i_1} & F_{1i_2} & \cdots & F_{1i_m} \\ \cdot & \cdot & \cdots & \cdot \\ F_{mi_1} & F_{mi_2} & \cdots & F_{mi_m} \end{vmatrix},$$

wo $i_1, i_2, \ldots, i_m$ irgend m von den Zahlen $1, 2, \ldots, m^{(1)}$ bedeuten, nicht sämtlich gleich Null. Es sei etwa $D = D_{12\cdots m}$ eine nicht verschwindende Form von der Ordnung r, und zwar möge diese Determinante D so ausgewählt sein, daß die Ordnungen der übrigen Determinanten in den Veränderlichen $x_1, x_2, \ldots, x_n$ nicht größer als r sind. Wir denken uns außerdem eine derartige homogene lineare Substitution der Veränderlichen $x_1, x_2, \ldots, x_n$ ausgeführt, daß dadurch der Koeffizient von x_n^r in D einen von Null verschiedenen Wert erhält. Das Gleichungssystem (13) besitzt offenbar folgende Lösungen

$$\left.\begin{array}{l} X_1 = D_{m+1,2,\ldots,m}, \ldots, X_m = D_{1,2,\ldots,m-1,m+1}, X_{m+1} = D, X_{m+2} = 0, \ldots, X_{m^{(1)}} = 0, \\ X_1 = D_{m+2,2,\ldots,m}, \ldots, X_m = D_{1,2,\ldots,m-1,m+2}, X_{m+1} = 0, X_{m+2} = D, \ldots, X_{m^{(1)}} = 0, \\ \cdots\cdots\cdots\cdots\cdots\cdots\cdots\cdots\cdots\cdots \\ X_1 = D_{m^{(1)},2,\ldots,m}, \ldots, X_m = D_{1,2,\ldots,m-1,m^{(1)}}, X_{m+1} = 0, X_{m+2} = 0, \ldots, X_{m^{(1)}} = D. \end{array}\right\} \quad (14)$$

Ist nun eine Lösung $X_1, X_2, \ldots, X_{m^{(1)}}$ des Gleichungssystems (13) vorgelegt, so läßt sich durch Kombination mit der ersten Lösung in (14) aus jenem Lösungssystem $X_1, X_2, \ldots, X_{m^{(1)}}$ ein anderes ableiten, in welchem an Stelle der Form X_{m+1} eine Form steht, deren Grad in bezug auf die Veränderliche x_n kleiner ist, als die Ordnung r von D angibt, während die Formen $X_{m+2}, X_{m+3}, \ldots, X_{m^{(1)}}$ ungeändert bleiben. Die so erhaltene Lösung läßt sich wiederum mit dem zweiten Lösungssystem in (14) derart kombinieren, daß an Stelle der Form X_{m+2} eine Form tritt, deren Grad in bezug auf die Veränderliche x_n kleiner als r ist, und wir erhalten durch entsprechende Verwendung der übrigen Lösungen in (14) schließlich eine Lösung $\Xi_1, \Xi_2, \ldots, \Xi_{m^{(1)}}$, wo die Formen $\Xi_{m+1}, \Xi_{m+2}, \ldots, \Xi_{m^{(1)}}$ in bezug auf x_n von einem niederen Grade sind, als die Zahl r angibt. Wir wollen zeigen, daß dann auch die Grade der Formen $\Xi_1, \Xi_2, \ldots, \Xi_m$ bezüglich der Veränderlichen x_n kleiner sind als r. Zu dem Zwecke multiplizieren wir die Gleichung

$$F_{t1}\Xi_1 + F_{t2}\Xi_2 + \cdots + F_{tm^{(1)}}\Xi_{m^{(1)}} = 0$$

mit der auf das Element F_{ts} bezüglichen $m-1$ reihigen Unterdeterminante von D und summieren alle auf diese Weise für $t = 1, 2, \ldots, m$ entstehenden Gleichungen. Wir erhalten so eine Relation von der Gestalt

$$D\Xi_s + D_{1,2,\ldots,m+1,\ldots,m}\,\Xi_{m+1} + D_{1,2,\ldots,m+2,\ldots,m}\,\Xi_{m+2} + D_{1,2,\ldots,m^{(1)},\ldots,m}\,\Xi_{m^{(1)}} = 0$$
$$(s = 1, 2, \ldots, m),$$

und da die Ordnungen der hier vorkommenden Determinanten nicht größer sind als die Ordnung r von D, so sind in der Tat die Grade der Formen Ξ_s in bezug auf x_n sämtlich kleiner als r.

Der eben bewiesene Umstand rechtfertigt den Ansatz

$$\Xi_s = \xi_{s1}x_n^{r-1} + \xi_{s2}x_n^{r-2} + \cdots + \xi_{sr} \quad (s = 1, 2, \ldots, m^{(1)}), \qquad (15)$$

wo $\xi_{s1}, \xi_{s2}, \ldots, \xi_{sr}$ Formen bedeuten, welche nur die $n-1$ Veränderlichen $x_1, x_2, \ldots, x_{n-1}$ enthalten. Wenn wir diese $m^{(1)}$ Ausdrücke $\Xi_1, \Xi_2, \ldots, \Xi_{m^{(1)}}$ aus (15) beziehungsweise für $X_1, X_2, \ldots, X_{m^{(1)}}$ in die ursprünglichen Gleichungen (13) eintragen, linker Hand nach Potenzen von x_n ordnen und die mit gleichen Potenzen von x_n multiplizierten Ausdrücke einzeln gleich Null setzen, so erhalten wir eine gewisse Anzahl μ von Gleichungen zur Bestimmung der $m^{(1)}r$ Formen $\xi_{11}, \xi_{12}, \ldots, \xi_{m^{(1)}r}$. Bezeichnen wir der Kürze halber die letzteren Formen mit $\xi_1, \xi_2, \ldots, \xi_{\mu^{(1)}}$, so erhalten jene μ Gleichungen die Gestalt

$$\varphi_{t1}\xi_1 + \varphi_{t2}\xi_2 + \cdots + \varphi_{t\mu^{(1)}}\xi_{\mu^{(1)}} = 0 \qquad (t = 1, 2, \ldots, \mu), \tag{16}$$

wo die Koeffizienten $\varphi_{t1}, \varphi_{t2}, \ldots, \varphi_{t\mu^{(1)}}$ bekannte Formen der $n-1$ Veränderlichen $x_1, x_2, \ldots, x_{n-1}$ sind. Es sei nun

$$\xi_1 = \varphi_{1s}^{(1)}, \quad \xi_2 = \varphi_{2s}^{(1)}, \ldots, \quad \xi_{\mu^{(1)}} = \varphi_{\mu^{(1)}s}^{(1)} \qquad (s = 1, 2, \ldots, \mu^{(2)})$$

ein volles Lösungssystem von (16), und zwar ein solches, in welchem keine Lösung durch lineare Kombination der übrigen Lösungen erhalten werden kann. Aus einer jeden Lösung dieses Lösungssystems läßt sich vermöge (15) eine Lösung der ursprünglichen Gleichungen (13) zusammensetzen. Die so erhaltenen Lösungen der Gleichungen (13) seien

$$\Xi_1 = \Phi_{1s}^{(1)}, \quad \Xi_2 = \Phi_{2s}^{(1)}, \ldots, \quad \Xi_{m^{(1)}} = \Phi_{m^{(1)}s}^{(1)} \quad (s = 1, 2, \ldots, \mu^{(2)}). \tag{17}$$

Durch Zusammenfassung der bisher angestellten Überlegungen gelangen wir zu dem Ergebnis, daß eine jede Lösung $X_1, X_2, \ldots, X_{m^{(1)}}$ der ursprünglichen Gleichung (13) sich in die Gestalt

$$\begin{aligned}
X_1 &= a_1^{(1)}\Phi_{11}^{(1)} + a_2^{(1)}\Phi_{12}^{(1)} + \cdots + a_{\mu^{(2)}}^{(1)}\Phi_{1\mu^{(2)}}^{(1)} + A_1^{(1)}D_{m+1,2,\ldots,m} \\
&\qquad + A_2^{(1)}D_{m+2,2,\ldots,m} + \cdots + A_{m^{(1)}-m}^{(1)}D_{m^{(1)},2,\ldots,m}, \\
&\cdots\cdots\cdots\cdots\cdots\cdots \\
X_m &= a_1^{(1)}\Phi_{m1}^{(1)} + a_2^{(1)}\Phi_{m2}^{(1)} + \cdots + a_{\mu^{(2)}}^{(1)}\Phi_{m\mu^{(2)}}^{(1)} + A_1^{(1)}D_{1,2,\ldots,m-1,m+1} \\
&\qquad + A_2^{(1)}D_{1,2,\ldots,m-1,m+2} + \cdots + A_{m^{(1)}-m}^{(1)}D_{1,2,\ldots,m-1,m^{(1)}}, \\
X_{m+1} &= a_1^{(1)}\Phi_{m+1,1}^{(1)} + a_2^{(1)}\Phi_{m+1,2}^{(1)} + \cdots + a_{\mu^{(2)}}^{(1)}\Phi_{m+1,\mu^{(2)}}^{(1)} + A_1^{(1)}D + 0 + \cdots + 0, \\
X_{m+2} &= a_1^{(1)}\Phi_{m+2,1}^{(1)} + a_2^{(1)}\Phi_{m+2,2}^{(1)} + \cdots + a_{\mu^{(2)}}^{(1)}\Phi_{m+2,\mu^{(2)}}^{(1)} + 0 + A_2^{(1)}D + \cdots + 0, \\
&\cdots\cdots\cdots\cdots\cdots\cdots \\
X_{m^{(1)}} &= a_1^{(1)}\Phi_{m^{(1)}1}^{(1)} + a_2^{(1)}\Phi_{m^{(1)}2}^{(1)} + \cdots + a_{\mu^{(2)}}^{(1)}\Phi_{m^{(1)}\mu^{(2)}}^{(1)} + 0 + 0 \\
&\qquad + \cdots + A_{m^{(1)}-m}^{(1)}D
\end{aligned}$$

bringen läßt, wo $a_1^{(1)}, a_2^{(1)}, \ldots, a_{\mu^{(2)}}^{(1)}$ Formen der $n-1$ Veränderlichen $x_1, x_2, \ldots, x_{n-1}$ und $A_1^{(1)}, A_2^{(1)}, \ldots, A_{m^{(1)}-m}^{(1)}$ Formen der n Veränderlichen

$x_1, x_2, \ldots, x_n$ sind. Insbesondere müssen daher auch die Lösungen

$$X_1 = x_n \Phi^{(1)}_{1s},\ X_2 = x_n \Phi^{(1)}_{2s}, \ldots, X_{m^{(1)}} = x_n \Phi^{(1)}_{m^{(1)}s} \qquad (s = 1, 2, \ldots, \mu^{(2)})$$

in obiger Gestalt darstellbar sein, und wir setzen dementsprechend

$$\left.\begin{array}{ll}
x_n \Phi^{(1)}_{1s} & = \psi^{(2)}_{1s}\Phi^{(1)}_{11} + \cdots + \psi^{(2)}_{\mu^{(2)}s}\Phi^{(1)}_{1\mu^{(2)}} + \chi^{(2)}_{1s} D_{m+1,2,\ldots,m} \\
& \qquad + \cdots + \chi^{(2)}_{m^{(1)}-m,s} D_{m^{(1)},1,2,\ldots,m}, \\
\multicolumn{2}{c}{\cdots\cdots\cdots\cdots\cdots\cdots\cdots\cdots} \\
x_n \Phi^{(1)}_{ms} & = \psi^{(2)}_{1s}\Phi^{(1)}_{m1} + \cdots + \psi^{(2)}_{\mu^{(2)}s}\Phi^{(1)}_{m\mu^{(2)}} + \chi^{(2)}_{1s} D_{1,2,\ldots,m-1,m+1} \\
& \qquad + \cdots + \chi^{(2)}_{m^{(1)}-m,s} D_{1,2,\ldots,m-1,m^{(1)}}, \\
x_n \Phi^{(1)}_{m+1,s} & = \psi^{(2)}_{1s}\Phi^{(1)}_{m+1,1} + \cdots + \psi^{(2)}_{\mu^{(2)}s}\Phi^{(1)}_{m+1,\mu^{(2)}} + \chi^{(2)}_{1s} D + 0 + \cdots + 0, \\
x_n \Phi^{(1)}_{m+2,s} & = \psi^{(2)}_{1s}\Phi^{(1)}_{m+2,1} + \cdots + \psi^{(2)}_{\mu^{(2)}s}\Phi^{(1)}_{m+2,\mu^{(2)}} + 0 + \chi^{(2)}_{2s} D + \cdots + 0, \\
\multicolumn{2}{c}{\cdots\cdots\cdots\cdots\cdots\cdots\cdots\cdots} \\
x_n \Phi^{(1)}_{m^{(1)}s} & = \psi^{(2)}_{1s}\Phi^{(1)}_{m^{(1)}1} + \cdots + \psi^{(2)}_{\mu^{(2)}s}\Phi^{(1)}_{m^{(1)}\mu^{(2)}} + 0 + 0 + \cdots + \chi^{(2)}_{m^{(1)}-m,s} D, \\
& \qquad (s = 1, 2, \ldots, \mu^{(2)}),
\end{array}\right\} \quad (18)$$

wo die Formen $\psi^{(2)}_{1s}, \ldots, \psi^{(2)}_{\mu^{(2)}s}$ und infolgedessen auch die Formen $\chi^{(2)}_{1s}, \ldots, \chi^{(2)}_{m^{(1)}-m,s}$ Formen sind, welche nur die $n-1$ Veränderlichen $x_1, x_2, \ldots, x_{n-1}$ enthalten.

Die Lösungen (14) und (17) bilden zusammengenommen ein volles Lösungssystem der ursprünglich vorgelegten Gleichung (13), und die Aufstellung der zwischen diesen Lösungen bestehenden Relationen führt zu einem Gleichungssystem von der folgenden Gestalt

$$\left.\begin{array}{ll}
\Phi^{(1)}_{11} X^{(1)}_1 + \cdots + \Phi^{(1)}_{1\mu^{(2)}} X^{(1)}_{\mu^{(2)}} + D_{m+1,2,\ldots,m} Y^{(1)}_1 + \cdots & \\
\qquad + D_{m^{(1)},2,\ldots,m} Y^{(1)}_{m^{(1)}-m} & = 0, \\
\cdots\cdots\cdots\cdots\cdots\cdots\cdots\cdots & \\
\Phi^{(1)}_{m1} X^{(1)}_1 + \cdots + \Phi^{(1)}_{m\mu^{(2)}} X^{(1)}_{\mu^{(2)}} + D_{1,2,\ldots,m-1,m+1} Y^{(1)}_1 + \cdots & \\
\qquad + D_{1,2,\ldots,m-1,m^{(1)}} Y^{(1)}_{m^{(1)}-m} & = 0, \\
\Phi^{(1)}_{m+1,1} X^{(1)}_1 + \cdots + \Phi^{(1)}_{m+1,\mu^{(2)}} X^{(1)}_{\mu^{(2)}} + D Y^{(1)}_1 + 0 + \cdots + 0 & = 0, \\
\Phi^{(1)}_{m+2,1} X^{(1)}_1 + \cdots + \Phi^{(1)}_{m+2,\mu^{(2)}} X^{(1)}_{\mu^{(2)}} + 0 + D Y^{(1)}_2 + \cdots + 0 & = 0, \\
\cdots\cdots\cdots\cdots\cdots\cdots\cdots\cdots & \\
\Phi^{(1)}_{m^{(1)}1} X^{(1)}_1 + \cdots + \Phi^{(1)}_{m^{(1)}\mu^{(2)}} X^{(1)}_{\mu^{(2)}} + 0 + 0 + \cdots + D Y^{(1)}_{m^{(1)}-m} & = 0,
\end{array}\right\} \quad (19)$$

wo $X^{(1)}_1, \ldots, X^{(1)}_{\mu^{(2)}}, Y^{(1)}_1, \ldots, Y^{(1)}_{m^{(1)}-m}$ die zu bestimmenden Formen sind.

Hierbei ist besonders hervorzuheben, daß möglicherweise einige unter den Lösungen (14) und (17) gleich linearen Kombinationen der übrigen Lösungen sind und infolgedessen das Gleichungssystem (19) nicht in dem oben definierten und durch Theorem III geforderten Sinne aus (13) *abgeleitet* worden ist. Um das Gleichungssystem (19) in das aus (13) *abgeleitete* Gleichungssystem umzuwandeln, bedarf es also noch einer Reduktion des Gleichungssystems (19), welche in der Tat späterhin ausgeführt werden wird.

Das Gleichungssystem (19) hat, wie aus (18) hervorgeht, die Lösungen

$$\left.\begin{array}{llll}
X_1^{(1)} = \psi_{11}^{(2)} - x_n, & X_2^{(1)} = \psi_{21}^{(2)}, & \ldots, & X_{\mu^{(2)}}^{(1)} = \psi_{\mu^{(2)}1}^{(2)}, \\
& Y_1^{(1)} = \chi_{11}^{(2)}, & \ldots, & Y_{m^{(1)}-m}^{(1)} = \chi_{m^{(1)}-m,1}^{(2)}, \\
X_1^{(1)} = \psi_{12}^{(2)}, & X_2^{(1)} = \psi_{22}^{(2)} - x_n, & \ldots, & X_{\mu^{(2)}}^{(1)} = \psi_{\mu^{(2)}2}^{(2)}, \\
& Y_1^{(1)} = \chi_{12}^{(2)}, & \ldots, & Y_{m^{(1)}-m}^{(1)} = \chi_{m^{(1)}-m,2}^{(2)}, \\
\cdots & \cdots & \cdots & \cdots \\
X_1^{(1)} = \psi_{1\mu^{(2)}}^{(2)}, & X_2^{(1)} = \psi_{2\mu^{(2)}}^{(2)}, & \ldots, & X_{\mu^{(2)}}^{(1)} = \psi_{\mu^{(2)}\mu^{(2)}}^{(2)} - x_n, \\
& Y_1^{(1)} = \chi_{1\mu^{(2)}}^{(2)}, & \ldots, & Y_{m^{(1)}-m}^{(1)} = \chi_{m^{(1)}-m,\mu^{(2)}}^{(2)}.
\end{array}\right\} \quad (20)$$

Ist jetzt irgend eine Lösung $X_1^{(1)}, \ldots, X_{\mu^{(2)}}^{(1)}, Y_1^{(1)}, \ldots, Y_{m^{(1)}-m}^{(1)}$ des Gleichungssystems (19) vorgelegt, so läßt sich aus derselben durch Kombination mit den Lösungen (20) eine andere Lösung

$$X_1^{(1)} = \xi_1^{(1)}, \ldots, X_{\mu^{(2)}}^{(1)} = \xi_{\mu^{(2)}}^{(1)}, \quad Y_1^{(1)} = \mathsf{H}_1^{(1)} \ldots, \; Y_{m^{(1)}-m}^{(1)} = \mathsf{H}_{m^{(1)}-m}^{(1)}$$

herstellen, wo $\xi_1^{(1)}, \ldots, \xi_{\mu^{(2)}}^{(1)}$ Formen sind, welche nur die $n-1$ Veränderlichen $x_1, x_2, \ldots, x_{n-1}$ enthalten. Setzt man diese Lösung $\xi_1^{(1)}, \ldots, \xi_{\mu^{(2)}}^{(1)}$, $\mathsf{H}_1^{(1)}, \ldots, \mathsf{H}_{m^{(1)}-m}^{(1)}$ in die letzten $m^{(1)} - m$ Gleichungen von (19) ein, so sieht man leicht ein, daß die Formen $\mathsf{H}_1^{(1)}, \ldots, \mathsf{H}_{m^{(1)}-m}^{(1)}$ identisch Null sind, und wir erhalten somit zur Bestimmung der Formen $\xi_1^{(1)}, \ldots, \xi_{\mu^{(2)}}^{(1)}$ die folgenden Gleichungen

$$\Phi_{t1}^{(1)} \xi_1^{(1)} + \Phi_{t2}^{(1)} \xi_2^{(1)} + \cdots + \Phi_{t\mu^{(2)}}^{(1)} \xi_{\mu^{(2)}}^{(1)} = 0 \qquad (t = 1, 2, \ldots, m^{(1)}).$$

Die Formen $\Phi_{t1}^{(1)}, \Phi_{t2}^{(1)}, \ldots, \Phi_{t\mu^{(2)}}^{(1)}$ enthalten die Veränderliche x_n höchstens im Grade $r-1$. Wenn wir daher in den letzteren Gleichungen linker Hand die Koeffizienten der Potenzen von x_n einzeln gleich Null setzen, so ergibt sich das Gleichungssystem

$$\varphi_{t1}^{(1)} \xi_1^{(1)} + \varphi_{t2}^{(1)} \xi_2^{(1)} + \cdots + \varphi_{t\mu^{(2)}}^{(1)} \xi_{\mu^{(2)}}^{(1)} = 0 \quad (t = 1, 2, \ldots, \mu^{(1)}), \qquad (21)$$

wo sowohl die Koeffizienten wie die zu bestimmenden Formen lediglich die $n-1$ Veränderlichen $x_1, x_2, \ldots, x_{n-1}$ enthalten. Dieses Gleichungssystem (21) ist, wie man sieht, das aus (16) abgeleitete Gleichungssystem. Es sei nun

$$\xi_1^{(1)} = \varphi_{1s}^{(2)}, \; \xi_2^{(1)} = \varphi_{2s}^{(2)}, \ldots, \; \xi_{\mu^{(2)}}^{(1)} = \varphi_{\mu^{(2)}s}^{(2)} \qquad (s = 1, 2, \ldots, \mu^{(3)})$$

ein volles Lösungssystem von (21), und zwar ein solches, in welchem keine Lösung durch lineare Kombination der übrigen Lösungen erhalten werden kann.

Fassen wir die letzteren Entwicklungen zusammen, so erkennen wir, daß eine jede Lösung des Gleichungssystems (19) sich in die Gestalt

$$\left.\begin{array}{lll}
X_1^{(1)} & = a_1^{(2)}\varphi_{11}^{(2)} + \cdots + a_{\mu^{(3)}}^{(2)}\varphi_{1\mu^{(3)}}^{(2)} & + A_1^{(2)}(\psi_{11}^{(2)} - x_n) + A_2^{(2)}\psi_{12}^{(2)} + \cdots \\
& & + A_{\mu^{(2)}}^{(2)}\psi_{1\mu^{(2)}}^{(2)}, \\
X_2^{(1)} & = a_1^{(2)}\varphi_{21}^{(2)} + \cdots + a_{\mu^{(3)}}^{(2)}\varphi_{2\mu^{(3)}}^{(2)} & + A_1^{(2)}\psi_{21} + A_2^{(2)}(\psi_{22} - x_n) + \cdots \\
& & + A_{\mu^{(2)}}^{(2)}\psi_{2\mu^{(2)}}^{(2)}, \\
\cdots & \cdots & \cdots \\
X_{\mu^{(2)}}^{(1)} & = a_1^{(2)}\varphi_{\mu^{(2)}1}^{(2)} + \cdots + a_{\mu^{(3)}}^{(2)}\varphi_{\mu^{(2)}\mu^{(3)}}^{(2)} & + A_1^{(2)}\psi_{\mu^{(2)}1}^{(2)} + A_2^{(2)}\psi_{\mu^{(2)}2}^{(2)} + \cdots \\
& & + A_{\mu^{(2)}}^{(2)}(\psi_{\mu^{(2)}\mu^{(2)}}^{(2)} - x_n), \\
Y_1^{(1)} & = \quad 0 \quad + \cdots + \quad 0 & + A_1^{(2)}\chi_{11}^{(2)} + A_2^{(2)}\chi_{12}^{(2)} + \cdots \\
& & + A_{\mu^{(2)}}^{(2)}\chi_{1\mu^{(2)}}^{(2)}, \\
\cdots & \cdots & \cdots \\
Y_{m^{(1)}-m}^{(1)} & = \quad 0 \quad + \cdots + \quad 0 & + A_1^{(2)}\chi_{m^{(1)}-m,1}^{(2)} + A_2^{(2)}\chi_{m^{(1)}-m,2}^{(2)} \\
& & + \cdots + A_{\mu^{(2)}}^{(2)}\chi_{m^{(1)}-m,\mu^{(2)}}^{(2)}
\end{array}\right\} \quad (22)$$

bringen läßt, wo $a_1^{(2)}, \ldots, a_{\mu^{(3)}}^{(2)}$ Formen der $n-1$ Veränderlichen $x_1, x_2, \ldots, x_{n-1}$ und $A_1^{(2)}, \ldots, A_{\mu^{(2)}}^{(2)}$ Formen der n Veränderlichen $x_1, x_2, \ldots, x_n$ sind. Insbesondere müssen daher auch die Lösungen

$$X_1^{(1)} = x_n\varphi_{1s}^{(2)},\ X_2^{(1)} = x_n\varphi_{2s}^{(2)}, \ldots, X_{\mu^{(2)}}^{(1)} = x_n\varphi_{\mu^{(2)}s}^{(2)},\ Y_1^{(1)} = 0, \ldots, Y_{m^{(1)}-m}^{(1)} = 0$$
$$(s = 1, 2, \ldots, \mu^{(3)})$$

in obiger Gestalt darstellbar sein, und wir setzen dementsprechend

$$\left.\begin{array}{lll}
x_n\varphi_{1s}^{(2)} & = \psi_{1s}^{(3)}\varphi_{11}^{(2)} + \cdots + \psi_{\mu^{(3)}s}^{(3)}\varphi_{1\mu^{(3)}}^{(2)} & + \chi_{1s}^{(3)}(\psi_{11}^{(2)} - x_n) + \cdots \\
& & + \chi_{\mu^{(2)}s}^{(3)}\psi_{1\mu^{(2)}}^{(2)}, \\
\cdots & \cdots & \cdots \\
x_n\varphi_{\mu^{(2)}s}^{(2)} & = \psi_{1s}^{(3)}\varphi_{\mu^{(2)}1}^{(2)} + \cdots + \psi_{\mu^{(3)}s}^{(3)}\varphi_{\mu^{(2)}\mu^{(3)}}^{(2)} & + \chi_{1s}^{(3)}\psi_{\mu^{(2)}1}^{(2)} + \cdots \\
& & + \chi_{\mu^{(2)}s}^{(3)}(\psi_{\mu^{(2)}\mu^{(2)}}^{(2)} - x_n), \\
0 & = \quad 0 \quad + \cdots + \quad 0 & + \chi_{1s}^{(3)}\chi_{11}^{(2)} + \cdots \\
& & + \chi_{\mu^{(2)}s}^{(3)}\chi_{1\mu^{(2)}}^{(2)}, \\
\cdots & \cdots & \cdots \\
0 & = \quad 0 \quad + \cdots + \quad 0 & + \chi_{1s}^{(3)}\chi_{m^{(1)}-m\,1}^{(2)} + \cdots \\
& & + \chi_{\mu^{(2)}s}^{(3)}\chi_{m^{(1)}-m,\mu^{(2)}}^{(2)} \\
& (s = 1, 2, \ldots, \mu^{(3)}), &
\end{array}\right\} \quad (23)$$

wo die Formen $\psi_{1s}^{(3)}, \ldots, \psi_{\mu^{(2)}s}^{(3)}$ und folglich auch die Formen $\chi_{1s}^{(3)}, \ldots, \chi_{\mu^{(2)}s}^{(3)}$ nur die Veränderlichen $x_1, x_2, \ldots, x_{n-1}$ enthalten. Nach (22) bilden die Lösungen (20) zusammengenommen mit den Lösungen

$$X_1^{(1)} = \varphi_{1s}^{(2)},\ X_2^{(1)} = \varphi_{2s}^{(2)}, \ldots, X_{\mu^{(2)}}^{(1)} = \varphi_{\mu^{(2)}s}^{(2)},\ Y_1^{(1)} = 0, \ldots, Y_{m^{(1)}-m}^{(1)} = 0$$
$$(s = 1, 2, \ldots, \mu^{(3)})$$

ein volles Lösungssystem von (19), und die Aufstellung der zwischen diesen Lösungen bestehenden Relationen führt zu dem Gleichungssystem

$$\left.\begin{array}{l}
\varphi_{11}^{(2)} X_1^{(2)} + \cdots + \varphi_{1\mu^{(2)}}^{(2)} X_{\mu^{(2)}}^{(2)} + (\psi_{11}^{(2)} - x_n) Y_1^{(2)} + \cdots + \psi_{1\mu^{(2)}}^{(2)} Y_{\mu^{(2)}}^{(2)} = 0,\\
\cdots\cdots\cdots\cdots\cdots\cdots\cdots\cdots\\
\varphi_{\mu^{(2)}1}^{(2)} X_1^{(2)} + \cdots + \varphi_{\mu^{(2)}\mu^{(2)}}^{(2)} X_{\mu^{(2)}}^{(2)} + \psi_{\mu^{(2)}1}^{(2)} Y_1^{(2)} + \cdots + (\psi_{\mu^{(2)}\mu^{(2)}}^{(2)} - x_n) Y_{\mu^{(2)}}^{(2)} = 0,\\
0 + \cdots + 0 + \chi_{11}^{(2)} Y_1^{(2)} + \cdots + \chi_{1\mu^{(2)}}^{(2)} Y_{\mu^{(2)}}^{(2)} = 0,\\
\cdots\cdots\cdots\cdots\cdots\cdots\cdots\cdots\\
0 + \cdots + 0 + \chi_{m^{(1)}-m,1}^{(2)} Y_1^{(2)} + \cdots + \chi_{m^{(1)}-m,\mu^{(2)}}^{(2)} Y_{\mu^{(2)}}^{2} = 0,
\end{array}\right\} \quad (24)$$

wo $X_1^{(2)}, \ldots, X_{\mu^{(2)}}^{(2)}, Y_1^{(2)}, \ldots, Y_{\mu^{(2)}}^{(2)}$ die zu bestimmenden Formen sind. Dieses Gleichungssystem (24) besitzt, wie aus (23) hervorgeht, die Lösungen

$$\left.\begin{array}{l}
X_1^{(2)} = \psi_{11}^{(3)} - x_n, \ldots, X_{\mu^{(2)}}^{(2)} = \psi_{\mu^{(2)}1}^{(3)},\quad Y_1^{(2)} = \chi_{11}^{(3)}, \ldots, Y_{\mu^{(2)}}^{(2)} = \chi_{\mu^{(2)}1}^{(3)},\\
\cdots\cdots\cdots\cdots\cdots\cdots\cdots\cdots\\
X_1^{(2)} = \psi_{1\mu^{(2)}}^{(3)}, \ldots, X_{\mu^{(2)}}^{(2)} = \psi_{\mu^{(2)}\mu^{(2)}}^{(3)} - x_n,\ Y_1^{(2)} = \chi_{1\mu^{(2)}}^{(3)}, \ldots, Y_{\mu^{(2)}}^{(2)} = \chi_{\mu^{(2)}\mu^{(2)}}^{(3)}.
\end{array}\right\} \quad (25)$$

Ist jetzt irgendeine Lösung $X_1^{(2)}, \ldots, X_{\mu^{(2)}}^{(2)}, Y_1^{(2)}, \ldots, Y_{\mu^{(2)}}^{(2)}$ des Gleichungssystems (24) vorgelegt, so läßt sich aus derselben durch Kombination mit den Lösungen (25) eine andere Lösung $\xi_1^{(2)}, \ldots, \xi_{\mu^{(2)}}^{(2)}, \mathrm{H}_1^{(2)}, \ldots, \mathrm{H}_{\mu^{(2)}}^{(2)}$ ableiten, wo $\xi_1^{(2)}, \ldots, \xi_{\mu^{(2)}}^{(2)}$ Formen sind, welche nur die $n-1$ Veränderlichen $x_1, x_2, \ldots, x_{n-1}$ enthalten. Setzt man diese Lösung $\xi_1^{(2)}, \ldots, \xi_{\mu^{(2)}}^{(2)}, \mathrm{H}_1^{(2)}, \ldots, \mathrm{H}_{\mu^{(2)}}^{(2)}$ in die ersten $\mu^{(2)}$ Gleichungen von (24) ein, so sieht man leicht, daß die Formen $\mathrm{H}_1^{(2)}, \ldots, \mathrm{H}_{\mu^{(2)}}^{(2)}$ identisch Null sind, und zur Bestimmung der Formen $\xi_1^{(2)}, \ldots, \xi_{\mu^{(2)}}^{(2)}$ erhalten wir daher die Gleichungen

$$\varphi_{s1}^{(2)} \xi_1^{(2)} + \varphi_{s2}^{(2)} \xi_2^{(2)} + \cdots + \varphi_{s\mu^{(2)}}^{(2)} \xi_{\mu^{(2)}}^{(2)} = 0 \qquad (s = 1, 2, \ldots, \mu^{(2)}), \quad (26)$$

wo sowohl die Koeffizienten wie die zu bestimmenden Formen lediglich die $n-1$ Veränderlichen $x_1, x_2, \ldots, x_{n-1}$ enthalten. Dieses Gleichungssystem (26) ist, wie man sieht, das aus (21) abgeleitete Gleichungssystem.

Das volle System von Lösungen des Gleichungssystems (24) läßt sich zusammensetzen aus den Lösungen (25) und aus Lösungen von der Gestalt

$$X_1^{(2)} = \xi_1^{(2)}, \ldots, X_{\mu^{(2)}}^{(2)} = \xi_{\mu^{(2)}}^{(2)},\quad Y_1^{(2)} = 0, \ldots, Y_{\mu^{(2)}}^{(2)} = 0,$$

wo $\xi_1^{(2)}, \ldots, \xi_{\mu^{(2)}}^{(2)}$ Lösungen des Gleichungssystems (26) sind.

Denken wir uns das eben beschriebene Verfahren fortgesetzt, so erhalten wir die Kette der Gleichungssysteme (13), (19), (24), ... und ferner zugleich die daneben laufende Kette der abgeleiteten Gleichungssysteme (16), (21), (26), ... Diese beiden Ketten von Gleichungssystemen stehen zueinander in engster Beziehung, indem das volle System von Lösungen des π-ten Gleichungssystems in der Kette (13), (19), (24), ... sich zusammensetzen läßt aus den Lösungen von der Gestalt

$$\left.\begin{array}{lll} X_1^{(\pi-1)} = \psi_{11}^{(\pi)} - x_n, & \ldots, & X_{\mu^{(\pi)}}^{(\pi-1)} = \psi_{\mu^{(\pi)}1}^{(\pi)}, \\ Y_1^{(\pi-1)} = \chi_{11}^{(\pi)}, & \ldots, & Y_{\mu^{(\pi-1)}}^{(\pi-1)} = \chi_{\mu^{(\pi-1)}1}^{(\pi)}, \\ \cdots & \cdots & \cdots \\ X_1^{(\pi-1)} = \psi_{1\mu^{(\pi)}}^{(\pi)}, & \ldots, & X_{\mu^{(\pi)}}^{(\pi-1)} = \psi_{\mu^{(\pi)}\mu^{(\pi)}}^{(\pi)} - x_n, \\ Y_1^{(\pi-1)} = \chi_{1\mu^{(\pi)}}^{(\pi)}, & \ldots, & Y_{\mu^{(\pi-1)}}^{(\pi-1)} = \chi_{\mu^{(\pi-1)}\mu^{(\pi)}}^{(\pi)}, \end{array}\right\} \qquad (27)$$

und den Lösungen von der Gestalt

$$X_1^{(\pi-1)} = \xi_1^{(\pi-1)}, \ldots, X_{\mu^{(\pi)}}^{(\pi-1)} = \xi_{\mu^{(\pi)}}^{(\pi-1)}, \quad Y_1^{(\pi-1)} = 0, \ldots, Y_{\mu^{(\pi-1)}}^{(\pi-1)} = 0,$$

wo $\xi_1^{(\pi-1)}, \ldots, \xi_{\mu^{(\pi)}}^{(\pi-1)}$ Lösungen des π-ten Gleichungssystems in der Kette (16), (21), (26), ... sind. In dem Lösungssysteme (27) bedeuten $\psi_{11}^{(\pi)}, \ldots, \psi_{\mu^{(\pi)}\mu^{(\pi)}}^{(\pi)}$, $\chi_{11}^{(\pi)}, \ldots, \chi_{\mu^{(\pi-1)}\mu^{(\pi)}}^{(\pi)}$ Formen der $n-1$ Veränderlichen $x_1, x_2, \ldots, x_{n-1}$, und zwischen diesen Lösungen (27) für sich allein besteht, wie man leicht erkennt, keine Relation, d. h. das Gleichungssystem

$$\left.\begin{array}{lll} (\psi_{11}^{(\pi)} - x_n)\, Y_1^{(\pi)} + \cdots + \psi_{1\mu^{(\pi)}}^{(\pi)} & & Y_{\mu^{(\pi)}}^{(\pi)} = 0, \\ \cdots & \cdots & \cdots \\ \psi_{\mu^{(\pi)}1}^{(\pi)} \quad Y_1^{(\pi)} + \cdots + (\psi_{\mu^{(\pi)}\mu^{(\pi)}}^{(\pi)} - x_n) & & Y_{\mu^{(\pi)}}^{(\pi)} = 0, \\ \chi_{11}^{(\pi)} \quad Y_1^{(\pi)} + \cdots + \chi_{1\mu^{(\pi)}}^{(\pi)} & & Y_{\mu^{(\pi)}}^{(\pi)} = 0, \\ \cdots & \cdots & \cdots \\ \chi_{\mu^{(\pi-1)}1}^{(\pi)} \quad Y_1^{(\pi)} + \cdots + \chi_{\mu^{(\pi-1)}\mu^{(\pi)}}^{(\pi)} & & Y_{\mu^{(\pi)}}^{(\pi)} = 0 \end{array}\right\} \qquad (28)$$

besitzt keine Lösung.

In den Gleichungssystemen (16), (21), (26), ... der zweiten Kette handelt es sich lediglich um Formen, welche von der Veränderlichen x_n frei sind. Nehmen wir daher an, das zu beweisende Theorem III sei bereits für den Fall von $n-1$ Veränderlichen als richtig erkannt, so folgt, daß in der Kette (16), (21), (26), ... spätestens an $(n-1)$-ter Stelle ein Gleichungssystem auftritt, welches keine Lösung besitzt. Infolge dieses Umstandes muß in der Kette (13), (19), (24), ... spätestens an $(n-1)$-ter Stelle ein Gleichungssystem auftreten, dessen volles Lösungssystem durch die Lösungen von der Gestalt (27) erschöpft wird; es ist dann das unmittelbar auf dieses folgende Gleichungssystem, d. h. spätestens das n-te Gleichungssystem der Kette (13), (19), (24), ... von der Gestalt (28), und dieses Gleichungssystem läßt seinerseits keine Lösung mehr zu. Wir haben somit, unter der Annahme der Richtigkeit des Theorems III für $n-1$ Veränderliche, gezeigt, daß die Kette der Gleichungssysteme (13), (19), (24), ... spätestens mit dem n-ten Gleichungssysteme abbricht.

In der Kette der Gleichungssysteme (13), (19), (24), ... wird allgemein das π-te Gleichungssystem dadurch erhalten, daß man für das $(\pi-1)$-te Gleichungssystem in der oben beschriebenen Weise ein volles System von Lösungen bildet und dann die unbestimmten linearen Kombinationen dieser Lösungen gleich Null setzt. Da nun im allgemeinen das bei unserem Verfahren sich ergebende volle Lösungssystem ein solches sein wird, in welchem einige Lösungen lineare Kombinationen der übrigen sind, so ist das π-te Gleichungssystem der Kette (13), (19), (24), ... nicht notwendig zugleich dasjenige Gleichungssystem, welches man erhält, wenn man aus dem $(\pi-1)$-ten Gleichungssysteme in dem von uns definierten und in Theorem III geforderten Sinne das *abgeleitete* Gleichungssystem bildet. Aber es bietet keine Schwierigkeit, aus der gefundenen Kette (13), (19), (24), ... die Kette der aus (13) abgeleiteten Gleichungssysteme zu gewinnen, da wir hierzu offenbar nur nötig haben, in den Gleichungssystemen der Kette (13), (19), (24), ... alle diejenigen Formensysteme zu unterdrücken oder durch lineare Kombinationen der anderen Formensysteme zu ersetzen, welche lediglich durch eben jene überflüssigen Lösungen bedingt sind. Diese Überlegung lehrt zugleich, daß die Zahl der Gleichungen und der unbestimmten Formen in den Gleichungssystemen jener Kette (13), (19), (24), ... jedenfalls nicht vermehrt zu werden braucht, damit aus dieser Kette (13), (19), (24), ... die Kette der aus (13) *abgeleiteten* Gleichungssysteme entstehe, und da die Kette (13), (19), (24), ... den obigen Entwicklungen zufolge spätestens mit dem n-ten Gleichungssysteme abbricht, so hat die Kette der aus (13) *abgeleiteten* Gleichungssysteme um so mehr diese Eigenschaft. Damit ist unser Theorem III für Formen von n Veränderlichen bewiesen, unter der Voraussetzung, daß dasselbe für den Fall von $n-1$ Veränderlichen gilt.

Um zu zeigen, daß Theorem III für den Fall $n=2$ richtig ist, nehmen wir an, es sei ein Gleichungssystem von der Gestalt

$$F_{t1}X_1 + F_{t2}X_2 + \cdots + F_{tm^{(1)}}X_{m^{(1)}} = 0 \qquad (t = 1, 2, \ldots, m) \qquad (29)$$

vorgelegt, wo $F_{t1}, F_{t2}, \ldots, F_{tm^{(1)}}$ binäre Formen der Veränderlichen x_1, x_2 sind, und es sei ferner

$$X_1 = F^{(1)}_{1s}, \quad X_2 = F^{(1)}_{2s}, \ldots, X_{m^{(1)}} = F^{(1)}_{m^{(1)}s} \qquad (s = 1, 2, \ldots, m^{(2)})$$

ein volles Lösungssystem von (29) derart, daß keine in demselben enthaltene Lösung eine lineare Kombination der übrigen Lösungen ist. Das aus (29) abgeleitete Gleichungssystem nimmt dann die Gestalt an

$$F_{t1}^{(1)} X_1^{(1)} + F_{t2}^{(1)} X_2^{(1)} + \cdots + F_{tm^{(2)}}^{(1)} X_{m^{(2)}}^{(1)} = 0 \qquad (t = 1, 2, \ldots, m^{(1)}), \tag{30}$$

und es ist zu zeigen, daß dieses Gleichungssystem keine Lösung besitzt. Zu dem Zwecke nehmen wir das Gegenteil an und verstehen unter $X_1^{(1)}, X_2^{(1)}, \ldots, X_{m^{(2)}}^{(1)}$ binäre Formen beziehungsweise von den Ordnungen $r_1, r_2, \ldots, r_{m^{(2)}}$, welche jenes Gleichungssystem (30) befriedigen. Überdies mögen diese Formen $X_1^{(1)}, X_2^{(1)}, \ldots, X_{m^{(2)}}^{(1)}$ in eine solche Reihenfolge gebracht sein, daß

$$r_1 \leqq r_2 \leqq r_3 \leqq \cdots \leqq r_{m^{(2)}}$$

wird, und es sei endlich l eine binäre Linearform, welche nicht in $x_1 X_1^{(1)}$ als Teiler enthalten ist. Bestimmen wir jetzt die Konstanten $c_2, c_3, \ldots, c_{m^{(2)}}$ derart, daß die Formen

$$Y_s^{(1)} = X_s^{(1)} + c_s x_1^{r_s - r_1} X_1^{(1)} \qquad (s = 2, 3, \ldots, m^{(2)})$$

sämtlich durch l teilbar werden, und setzen wir dann

$$G_{t1}^{(1)} = F_{t1}^{(1)} - c_2 x_1^{r_2 - r_1} F_{t2}^{(1)} - c_3 x_1^{r_3 - r_1} F_{t3}^{(1)} - \cdots - c_{m^{(2)}} x_1^{r_{m^{(2)}} - r_1} F_{tm^{(2)}}^{(1)}, \tag{31}$$

$$(t = 1, 2, \ldots, m^{(1)}),$$

so ist

$$G_{t1}^{(1)} X_1^{(1)} + F_{t2}^{(1)} Y_2^{(1)} + F_{t3}^{(1)} Y_3^{(1)} + \cdots + F_{tm^{(2)}}^{(1)} Y_{m^{(2)}}^{(1)} = 0 \quad (t = 1, 2, \ldots, m^{(1)}),$$

und hieraus folgt, daß die Formen $G_{t1}^{(1)}$ sämtlich durch l teilbar sind. Wir setzen dementsprechend

$$G_{t1}^{(1)} = l H_{t1}^{(1)} \qquad (t = 1, 2, \ldots, m^{(1)}). \tag{32}$$

Es genügen nun die Formen

$$X_1 = G_{11}^{(1)}, \quad X_2 = G_{21}^{(1)}, \ldots, X_{m^{(1)}} = G_{m^{(1)}1}^{(1)}$$

und demnach auch die Formen

$$X_1 = H_{11}^{(1)}, \quad X_2 = H_{21}^{(1)}, \ldots, X_{m^{(1)}} = H_{m^{(1)}1}^{(1)}$$

dem ursprünglich vorgelegten Gleichungssysteme (29), woraus insbesondere folgt, daß auch die letztere Lösung durch lineare Kombination der obigen $m^{(2)}$ Lösungen erhalten werden kann, und da die Formen $H_{t1}^{(1)}$ beziehungsweise von niederen Ordnungen sind als die Formen $F_{t1}^{(1)}$, so ergeben sich folgende Formeln

$$H_{t1}^{(1)} = A_2 F_{t2}^{(1)} + A_3 F_{t3}^{(1)} + \cdots + A_{m^{(2)}} F_{tm^{(2)}}^{(1)} \qquad (t = 1, 2, \ldots, m^{(1)}),$$

wo $A_2, A_3, \ldots, A_{m^{(2)}}$ gewisse binäre Formen bedeuten. Aus diesen Formeln und den Formeln (31) und (32) erhalten wir unmittelbar:

$$F_{t1}^{(1)} = A_2^{(1)} F_{t2}^{(1)} + A_3^{(1)} F_{t3}^{(1)} + \cdots + A_{m^{(2)}}^{(1)} F_{t\,m^{(2)}}^{(1)} \qquad (t = 1, 2, \ldots, m^{(1)}),$$

wo $A_2^{(1)}, A_3^{(1)}, \ldots, A_{m^{(2)}}^{(1)}$ gewisse andere binäre Formen sind, d. h. unter jenen $m^{(2)}$ Lösungen ist die erste Lösung eine lineare Kombination der übrigen Lösungen. Dieser Umstand ist mit der vorhin gemachten Festsetzung in Widerspruch, und unsere Annahme, daß das Gleichungssystem (30) eine Lösung besitze, ist somit als unzulässig erkannt. Damit ist das Theorem III für binäre Formen und folglich auch zugleich allgemein bewiesen.

Es wurde bereits oben dargelegt, inwiefern die Formen eines vollen und keine überflüssigen Lösungen enthaltenden Lösungssystems durch das gegebene Gleichungssystem festgelegt sind. Offenbar ist in entsprechendem Sinne auch die Kette der abgeleiteten Gleichungssysteme eine wesentlich bestimmte.

Was insbesondere die Untersuchung eines Moduls $(F_1, F_2, \ldots, F_m)$ anbetrifft, so legen wir dabei die folgende aus den Formen des Moduls zu bildende Gleichung

$$F_1 X_1 + F_2 X_2 + \cdots + F_m X_m = 0$$

als erstes Gleichungssystem zugrunde, und die Aufstellung der Kette der hieraus abgeleiteten Gleichungssysteme gewährt dann, wie später näher ausgeführt werden wird, einen weitreichenden Einblick in das algebraische Gefüge jenes Moduls.

Zur Erläuterung unserer allgemeinen Entwicklungen mögen folgende Beispiele dienen. Der bereits oben in Abschnitt I behandelte aus den 3 quadratischen Formen

$$F_1 = x_1 x_3 - x_2^2,$$

$$F_2 = x_2 x_3 - x_1 x_4,$$

$$F_3 = x_2 x_4 - x_3^2$$

gebildete Modul (F_1, F_2, F_3) führt zu der Gleichung

$$F_1 X_1 + F_2 X_2 + F_3 X_3 = 0.$$

Wie oben bewiesen wurde, läßt sich eine jede Lösung dieser Gleichung in die Gestalt

$$X_1 = x_3 Y_1 + x_4 Y_2,$$

$$X_2 = x_2 Y_1 + x_3 Y_2,$$

$$X_3 = x_1 Y_1 + x_2 Y_2$$

bringen, wo Y_1, Y_2 quaternäre Formen sind. Es entsteht somit das abgeleitete Gleichungssystem

$$x_3 Y_1 + x_4 Y_2 = 0,$$
$$x_2 Y_1 + x_3 Y_2 = 0,$$
$$x_1 Y_1 + x_2 Y_2 = 0,$$

welches seinerseits keine Lösung mehr zuläßt. Die Kette bricht also in diesem Falle bereits bei dem 2-ten Gleichungssysteme ab.

Als zweites Beispiel diene der Modul $(F_1, F_2, \ldots, F_6)$, wo $F_1, F_2, \ldots, F_6$ die ebenfalls bereits in Abschnitt I behandelten Formen von der zweiten Ordnung in den 5 Veränderlichen $x_1, x_2, \ldots, x_5$ bedeuten. Die Gleichung

$$F_1 X_1 + F_2 X_2 + \cdots + F_6 X_6 = 0$$

besitzt die dort angegebenen 8 Lösungen, und von diesen ist keine gleich einer linearen Kombination der übrigen Lösungen, während jede andere Lösung dieser Gleichung sich aus jenen 8 Lösungen zusammensetzen läßt. Die allgemeine Lösung der vorgelegten Gleichung ist daher

$$\begin{aligned}
X_1 &= x_3 Y_1 + x_4 Y_2 + x_5 Y_3\\
X_2 &= -x_2 Y_1 - x_3 Y_2 + x_3 Y_4 + x_4 Y_5 + x_5 Y_6\\
X_3 &= -x_1 Y_1 - x_2 Y_2 - x_3 Y_3 - x_3 Y_5 - x_4 Y_6 + x_4 Y_7 + x_5 Y_8\\
X_4 &= x_1 Y_1 + x_2 Y_2 - x_2 Y_4 - x_4 Y_7 - x_5 Y_8\\
X_5 &= x_2 Y_3 + x_1 Y_4 + x_3 Y_7 + x_4 Y_8\\
X_6 &= + x_1 Y_5 + x_2 Y_6 - x_2 Y_7 - x_3 Y_8,
\end{aligned}$$

wo $Y_1, Y_2, \ldots, Y_8$ beliebige Formen sind. Wir erhalten somit das abgeleitete Gleichungssystem, wenn wir in den eben gewonnenen Formeln die Ausdrücke auf der rechten Seite gleich Null setzen, und dieses abgeleitete Gleichungssystem seinerseits besitzt die folgenden 3 Lösungen

$$\begin{aligned}
&Y_1 = x_4, \quad Y_2 = -x_3, \quad Y_3 = 0, \quad Y_4 = -x_3, \quad Y_5 = x_2, \quad Y_6 = 0,\\
&\qquad Y_7 = x_1, \quad Y_8 = 0,\\
&Y_1 = x_5, \quad Y_2 = 0, \quad Y_3 = -x_3, \quad Y_4 = -x_4, \quad Y_5 = x_3, \quad Y_6 = x_2,\\
&\qquad Y_7 = x_2, \quad Y_8 = x_1,\\
&Y_1 = 0, \quad Y_2 = x_5, \quad Y_3 = -x_4, \quad Y_4 = 0, \quad Y_5 = 0, \quad Y_6 = x_3,\\
&\qquad Y_7 = 0, \quad Y_8 = x_2.
\end{aligned}$$

Aus denselben läßt sich jede andere Lösung jenes abgeleiteten Gleichungssystems zusammensetzen, und das nächste abgeleitete Gleichungssystem lautet daher

$$\begin{aligned}
x_4 Z_1 + x_5 Z_2 \qquad\quad &= 0\,,\\
-x_3 Z_1 \qquad + x_5 Z_3 &= 0\,,\\
-x_3 Z_2 - x_4 Z_3 &= 0\,,\\
-x_3 Z_1 - x_4 Z_2 \qquad\quad &= 0\,,\\
x_2 Z_1 + x_3 Z_2 \qquad\quad &= 0\,,\\
x_2 Z_2 + x_3 Z_3 &= 0\,,\\
x_1 Z_1 + x_2 Z_2 \qquad\quad &= 0\,,\\
x_1 Z_2 + x_2 Z_3 &= 0\,.
\end{aligned}$$

Dieses Gleichungssystem läßt keine Lösung zu, und die aus dem vorgelegten Modul entstehende Kette bricht also bei dem 3-ten Gleichungssysteme ab.

Um ein allgemeineres Beispiel zu behandeln, betrachten wir den Modul $(x_1, x_2, \ldots, x_n)$ und beweisen für diesen Modul den folgenden Satz:

Wird für die Gleichung

$$x_1 X_1 + x_2 X_2 + \cdots + x_n X_n = 0 \tag{33}$$

die Kette der abgeleiteten Gleichungssysteme aufgestellt, so besteht allgemein das s-te Gleichungssystem dieser Kette aus $\binom{n}{s-1}$ *Gleichungen, während für dasselbe die Zahl der zu bestimmenden Formen gleich* $\binom{n}{s}$ *und die Zahl der Lösungen des vollen Lösungssystems gleich* $\binom{n}{s+1}$ *ist. Die Koeffizienten der abgeleiteten Gleichungen sind sämtlich lineare Formen.*

Wir können diesen Satz für die niederen Fälle ohne Schwierigkeit durch direkte Aufstellung der abgeleiteten Gleichungssysteme bestätigen. Was beispielsweise den Fall $n = 4$ anbetrifft, so besitzt das Gleichungssystem

$$x_1 X_1 + x_2 X_2 + x_3 X_3 + x_4 X_4 = 0$$

die 6 Lösungen

$$\begin{array}{llll}
X_1 = x_2\,, & X_2 = -x_1\,, & X_3 = \ \ 0\,, & X_4 = \ \ 0\,,\\
X_1 = x_3\,, & X_2 = \ \ 0\,, & X_3 = -x_1\,, & X_4 = \ \ 0\,,\\
X_1 = x_4\,, & X_2 = \ \ 0\,, & X_3 = \ \ 0\,, & X_4 = -x_1\,,\\
X_1 = 0\,, & X_2 = \ \ x_3\,, & X_3 = -x_2\,, & X_4 = \ \ 0\,,\\
X_1 = 0\,, & X_2 = \ \ x_4\,, & X_3 = \ \ 0\,, & X_4 = -x_2\,,\\
X_1 = 0\,, & X_2 = \ \ 0\,, & X_3 = \ \ x_4\,, & X_4 = -x_3\,,
\end{array}$$

und das abgeleitete Gleichungssystem lautet daher

$$\begin{aligned}
x_2 Y_1 + x_3 Y_2 + x_4 Y_3 \qquad\qquad\qquad\qquad &= 0\,,\\
-x_1 Y_1 \qquad\qquad + x_3 Y_4 + x_4 Y_5 \qquad\quad &= 0\,,\\
-x_1 Y_2 \qquad - x_2 Y_4 \qquad + x_4 Y_6 &= 0\,,\\
-x_1 Y_3 \qquad - x_2 Y_5 - x_3 Y_6 &= 0\,.
\end{aligned}$$

Die Lösungen dieses Gleichungssystems sind

$$\begin{array}{llll} Y_1 = x_3, & Y_2 = -x_2, & Y_3 = 0, & Y_4 = x_1, \\ & & Y_5 = 0, & Y_6 = 0, \\ Y_1 = -x_4, & Y_2 = 0, & Y_3 = x_2, & Y_4 = 0, \\ & & Y_5 = -x_1, & Y_6 = 0, \\ Y_1 = 0, & Y_2 = x_4, & Y_3 = -x_3, & Y_4 = 0, \\ & & Y_5 = 0, & Y_6 = x_1, \\ Y_1 = 0, & Y_2 = 0, & Y_3 = 0, & Y_4 = -x_4, \\ & & Y_5 = x_3, & Y_6 = -x_2. \end{array}$$

Hieraus ergibt sich das dritte Gleichungssystem der Kette in der Gestalt

$$\begin{aligned} x_3 Z_1 - x_4 Z_2 &= 0, \\ -x_2 Z_1 + x_4 Z_3 &= 0, \\ +x_2 Z_2 - x_3 Z_3 &= 0, \\ x_1 Z_1 - x_4 Z_4 &= 0, \\ -x_1 Z_2 + x_3 Z_4 &= 0, \\ +x_1 Z_3 - x_2 Z_4 &= 0. \end{aligned}$$

Da dieses Gleichungssystem nur die eine Lösung

$$Z_1 = x_4, \quad Z_2 = x_3, \quad Z_3 = x_2, \quad Z_4 = x_1$$

besitzt, so erhält das 4-te Gleichungssystem der Kette die Gestalt

$$\begin{aligned} x_4 U_1 &= 0, \\ x_3 U_1 &= 0, \\ x_2 U_1 &= 0, \\ x_1 U_1 &= 0, \end{aligned}$$

und dieses Gleichungssystem läßt offenbar keine Lösung zu. Die Kette der abgeleiteten Gleichungssysteme bricht also erst beim 4-ten Gleichungssysteme ab.

Um den Satz allgemein zu beweisen, folgen wir dem Gedankengange, welcher dem Beweise des Theorems III zugrunde liegt. Die Gleichung (33) läßt insbesondere die folgenden $n-1$ Lösungen zu

$$\begin{array}{llll} X_1 = x_n, & X_2 = 0, & X_3 = 0, \ldots, & X_{n-1} = 0, \quad X_n = -x_1, \\ X_1 = 0, & X_2 = x_n, & X_3 = 0, \ldots, & X_{n-1} = 0, \quad X_n = -x_2, \\ X_1 = 0, & X_2 = 0, & X_3 = x_n, \ldots, & X_{n-1} = 0, \quad X_n = -x_3, \\ \cdots & \cdots & \cdots & \cdots \\ X_1 = 0, & X_2 = 0, & X_3 = 0, \ldots, & X_{n-1} = x_n, \quad X_n = -x_{n-1}. \end{array}$$

Wir nehmen nun eine beliebige Lösung $X_1, X_2, \ldots, X_n$ der Gleichung (33) an und formen dann dieselbe durch geeignete Kombination mit den eben angegebenen $n-1$ besonderen Lösungen derart um, daß an Stelle der Formen $X_1, X_2, \ldots, X_{n-1}$ solche Formen treten, welche die Veränderliche x_n nicht enthalten. Da in der Gleichung (33) die Form X_n mit der Veränderlichen x_n multipliziert erscheint, so wird nach dieser Umformung die an Stelle von X_n tretende Form notwendig identisch gleich Null. Wir nehmen jetzt unseren Satz für den Fall von $n-1$ Veränderlichen als bewiesen an und schließen aus demselben, daß die Gleichung

$$x_1 X_1 + x_2 X_2 + \cdots + x_{n-1} X_{n-1} = 0 \tag{34}$$

genau $\binom{n-1}{2}$ Lösungen besitzt, von denen keine eine lineare Kombination der übrigen Lösungen ist und durch welche jede andere Lösung sich zusammensetzen läßt. Da überdies nach jenem Satze die Lösungen sämtlich lineare Formen sein sollen, so erhält die allgemeinste Lösung von (34) die Gestalt

$$\begin{aligned}
X_1 &= l_{11} \quad y_1 + l_{12} \quad y_2 + \cdots + l_{1\binom{n-1}{2}} \quad y_{\binom{n-1}{2}}, \\
X_2 &= l_{21} \quad y_1 + l_{22} \quad y_2 + \cdots + l_{2\binom{n-1}{2}} \quad y_{\binom{n-1}{2}}, \\
&\cdots\cdots\cdots\cdots\cdots\cdots \\
X_{n-1} &= l_{n-1,1}\, y_1 + l_{n-1,2}\, y_2 + \cdots + l_{n-1\binom{n-1}{2}}\, y_{\binom{n-1}{2}},
\end{aligned}$$

wo $l_{11}, l_{12}, \ldots, l_{n-1\binom{n-1}{2}}$ lineare Formen der $n-1$ Veränderlichen $x_1, x_2, \ldots, x_{n-1}$ und $y_1, y_2, \ldots, y_{\binom{n-1}{2}}$ beliebige Formen der nämlichen Veränderlichen $x_1, x_2, \ldots, x_{n-1}$ bedeuten. Aus den bisherigen Überlegungen erkennen wir, daß eine jede Lösung der ursprünglich vorgelegten Gleichung (33) sich in die Gestalt

$$\begin{aligned}
X_1 &= \quad x_n Y_1 + 0 \qquad + \cdots + l_{11} y_1 + \cdots + l_{1\binom{n-1}{2}}\, y_{\binom{n-1}{2}}, \\
X_2 &= \quad 0 \qquad + x_n Y_2 + \cdots + l_{21} y_1 + \cdots + l_{2\binom{n-1}{2}}\, y_{\binom{n-1}{2}}, \\
&\cdots\cdots\cdots\cdots\cdots\cdots \\
X_n &= -x_1 Y_1 - x_2 Y_2 - \cdots + 0 \qquad + \cdots + 0
\end{aligned}$$

bringen läßt, wo $Y_1, Y_2, \ldots, Y_{n-1}$ Formen der n Veränderlichen $x_1, x_2, \ldots, x_n$ und wo $y_1, \ldots, y_{\binom{n-1}{2}}$ Formen der $n-1$ Veränderlichen $x_1, x_2, \ldots, x_{n-1}$ bedeuten. Da überdies keine der verwendeten besonderen Lösungen einer linearen Kombination der übrigen Lösungen gleich ist, so ist in Übereinstimmung mit dem obigen Satze die Gesamtzahl der in Betracht kommenden Lösungen von (33) gleich $n-1+\binom{n-1}{2}$, d. h. gleich $\binom{n}{2}$, und das aus (33) abgeleitete Gleichungssystem erhält die Gestalt

$$\left.\begin{array}{r} x_n Y_1 \qquad \cdots + l_{11} Y_n + \cdots + l_{1\binom{n-1}{2}} Y_{\binom{n}{2}} = 0\,, \\ x_n Y_2 + \cdots + l_{21} Y_n + \cdots + l_{2\binom{n-1}{2}} Y_{\binom{n}{2}} = 0\,, \\ \cdots\cdots\cdots\cdots\cdots\cdots\cdots\cdots \\ -x_1 Y_1 - x_2 Y_2 - \cdots + 0 \quad + \cdots + 0 \qquad = 0\,. \end{array}\right\} \qquad (35)$$

Um das nächste abgeleitete Gleichungssystem aufzustellen, berücksichtigen wir, daß das abgeleitete Gleichungssystem (35) die folgenden Lösungen zuläßt

$$\begin{array}{llll} Y_1 = l_{11}\,, & Y_2 = l_{21}\,, \quad \ldots, & Y_{n-1} = l_{n-1,1}\,, & Y_n \;= -x_n\,, \\ & & Y_{n+1} = 0\,, \quad \ldots, & Y_{\binom{n}{2}} = 0\,, \\ Y_1 = l_{12}\,, & Y_2 = l_{22}\,, \quad \ldots, & Y_{n-1} = l_{n-1,2}\,, & Y_n \;= 0\,, \\ & & Y_{n+1} = -x_n\,, \ldots, & Y_{\binom{n}{2}} = 0\,, \\ \cdots\cdots & \cdots\cdots & \cdots\cdots & \cdots\cdots \\ Y_1 = l_{1\binom{n-1}{2}}\,, & Y_2 = l_{2\binom{n-1}{2}}\,, \ldots, & Y_{n-1} = l_{n-1\binom{n-1}{2}}\,, & Y_n \;= 0\,, \\ & & Y_{n+1} = 0\,, \quad \ldots, & Y_{\binom{n}{2}} = -x_n\,. \end{array}$$

Auf Grund derjenigen Betrachtungen, wie sie früher beim Beweise des Theorems III angewandt wurden, erkennt man leicht, daß sich eine jede Lösung von (35) aus den eben angegebenen $\binom{n-1}{2}$ Lösungen und aus den Lösungen

$$Y_1 = 0\,, \ldots, \quad Y_{n-1} = 0\,, \quad Y_n = y_1\,, \quad Y_{n+1} = y_2\,, \ldots, \quad Y_{\binom{n}{2}} = y_{\binom{n-1}{2}}$$

zusammensetzen läßt, wo $y_1, y_2, \ldots, y_{\binom{n-1}{2}}$ Lösungen des Gleichungssystems

$$l_{s1} y_1 + l_{s2} y_2 + \cdots + l_{s\binom{n-1}{2}} y_{\binom{n-1}{2}} = 0 \qquad (s = 1, 2, \ldots, n-1)$$

sind.

Das letztere Gleichungssystem ist das aus (34) abgeleitete Gleichungssystem und besitzt daher unserem Satz zufolge genau $\binom{n-1}{3}$ Lösungen, von denen keine eine lineare Kombination der übrigen Lösungen ist und aus denen jede andere Lösung sich linear zusammensetzen läßt. Die Gesamtzahl der in Betracht kommenden Lösungen des aus (33) abgeleiteten Gleichungssystems (35) ist daher gleich $\binom{n-1}{2} + \binom{n-1}{3}$, d. h. gleich $\binom{n}{3}$, was wiederum mit unserem Satze übereinstimmt. Fahren wir mit dieser Schlußweise fort, so folgt die Richtigkeit unseres Satzes für n Veränderliche unter der Voraussetzung, daß derselbe für $n-1$ Veränderliche gilt. Da der Satz für $n = 2$ unmittelbar einleuchtet, so ist derselbe allgemein gültig.

Die eben durchgeführte Untersuchung der Gleichung (33) *ist vornehmlich deshalb von prinzipieller Bedeutung, weil dieselbe einen Beleg dafür gibt, daß tatsächlich der Fall vorkommt, wo die Kette der abgeleiteten Gleichungssysteme nicht früher als nach dem n-ten Gleichungssysteme abbricht.*

IV. Die charakteristische Funktion eines Moduls.

Die Entwicklungen des vorigen Abschnittes ermöglichen die Bestimmung der Anzahl derjenigen Bedingungen, denen die Koeffizienten einer Form genügen müssen, damit dieselbe nach einem vorgelegten Modul der Null kongruent sei. Um dies einzusehen, betrachten wir den Modul $(F_1, F_2, \ldots, F_m)$, wo $F_1, F_2, \ldots, F_m$ homogene Formen beziehungsweise von den Ordnungen $r_1, r_2, \ldots, r_m$ in den n Veränderlichen $x_1, x_2, \ldots, x_n$ bedeuten, und fragen zunächst, wie viele linear voneinander unabhängige Formen F von der R-ten Ordnung es gibt, welche nach jenem Modul der Null kongruent sind. Aus dem Ansatze

$$F = A_1 F_1 + A_2 F_2 + \cdots + A_m F_m ,$$

wo $A_1, A_2, \ldots, A_m$ Formen beziehungsweise von den Ordnungen $R - r_1$, $R - r_2, \ldots, R - r_m$ sind, und aus den entsprechenden Ausführungen zu Anfang des vorigen Abschnittes erkennen wir, daß jene gesuchte Anzahl gleich ist der Gesamtzahl der Koeffizienten der Formen $A_1, A_2, \ldots, A_m$, vermindert um die Zahl derjenigen linear unabhängigen Lösungssysteme der Gleichung

$$F_1 X_1 + F_2 X_2 + \cdots + F_m X_m = 0 , \tag{36}$$

für welche $X_1, X_2, \ldots, X_m$ beziehungsweise Formen von den Ordnungen $R - r_1, R - r_2, \ldots, R - r_m$ sind. Nach den Entwicklungen am Schlusse des Abschnittes I setzt sich eine jede Lösung dieser Gleichung (36) aus einer endlichen Zahl von Lösungen mit Hilfe der Formeln

$$X_t = A_1^{(1)} F_{t1}^{(1)} + A_2^{(1)} F_{t2}^{(1)} + \cdots + A_{m^{(1)}}^{(1)} F_{tm^{(1)}}^{(1)} \qquad (t = 1, 2, \ldots, m)$$

zusammen. Bezeichnen wir die Ordnungen der Formen $F_{11}^{(1)}, F_{12}^{(1)}, \ldots, F_{1m^{(1)}}^{(1)}$ beziehungsweise mit $r_1^{(1)}, r_2^{(1)}, \ldots, r_{m^{(1)}}^{(1)}$, so sind $A_1^{(1)}, A_2^{(1)}, \ldots, A_{m^{(1)}}^{(1)}$ Formen beziehungsweise von den Ordnungen $R - r_1 - r_1^{(1)}$, $R - r_1 - r_2^{(1)}, \ldots$, $R - r_1 - r_{m^{(1)}}^{(1)}$. Wir erhalten daher die verlangte Anzahl der linear unabhängigen Lösungssysteme der Gleichung (36), wenn wir die Gesamtzahl der in den Formen $A_1^{(1)}, A_2^{(1)}, \ldots, A_{m^{(1)}}^{(1)}$ auftretenden Koeffizienten um diejenige Zahl vermindern, welche angibt, wie viel linear unabhängige Systeme von Formen $X_1^{(1)}, X_2^{(1)}, \ldots, X_{m^{(1)}}^{(1)}$ von den Ordnungen beziehungsweise $R - r_1 - r_1^{(1)}$, $R - r_1 - r_2^{(1)}, \ldots, R - r_1 - r_{m^{(1)}}^{(1)}$ den Gleichungen

$$X_1^{(1)} F_{t1}^{(1)} + X_2^{(1)} F_{t2}^{(1)} + \cdots + X_{m^{(1)}}^{(1)} F_{tm^{(1)}}^{(1)} = 0 \qquad (t = 1, 2, \ldots, m) \tag{37}$$

genügen. Zur Bestimmung dieser letzteren Zahl haben wir in entsprechender Weise zu berücksichtigen, daß die sämtlichen Lösungen von (37) durch lineare Kombination einer gewissen endlichen Anzahl derselben erhalten werden können. Es ist daher ersichtlich, daß jene gesuchte Zahl sich ergibt, wenn man die Anzahl der in den betreffenden Formen auftretenden Koeffizienten um die Zahl der linear unabhängigen Lösungen des aus (37) abgeleiteten Gleichungssystems vermindert. Dieses Verfahren hat man in entsprechender Weise fortzusetzen, bis die Kette der aus (36) abgeleiteten Gleichungssysteme abbricht. Ist nun die Ordnung R der Form F so groß gewählt, daß die bei diesem Verfahren auftretenden Zahlen $R - r_1$, $R - r_2, \ldots, R - r_m$, $R - r_1 - r_1^{(1)}$, $R - r_1 - r_2^{(1)}, \ldots, R - r_1 - r_{m^{(1)}}^{(1)}, \ldots$ sämtlich positiv bleiben, so lassen sich alle jene Anzahlen mit Hilfe ganzzahliger Koeffizienten aus denjenigen Zahlen zusammensetzen, welche angeben, wie viele Glieder die allgemeinen Formen von den Ordnungen $R - r_1$, $R - r_2, \ldots, R - r_m$, $R - r_1 - r_1^{(1)}$, $R - r_1 - r_2^{(1)}, \ldots, R - r_1 - r_{m^{(1)}}^{(1)}, \ldots$ enthalten. Die letzteren Zahlen werden durch die Ausdrücke

$$\frac{(R-r_1+1)(R-r_1+2)\cdots(R-r_1+n-1)}{1\cdot 2\cdots(n-1)}, \ldots,$$

$$\frac{(R-r_m+1)(R-r_m+2)\cdots(R-r_m+n-1)}{1\cdot 2\cdots(n-1)}, \ldots,$$

$$\frac{(R-r_1-r_1^{(1)}+1)(R-r_1-r_1^{(1)}+2)\cdots(R-r_1-r_1^{(1)}+n-1)}{1\cdot 2\cdots(n-1)}, \ldots,$$

$$\frac{(R-r_1-r_{m^{(1)}}^{(1)}+1)(R-r_1-r_{m^{(1)}}^{(1)}+2)\cdots(R-r_1-r_{m^{(1)}}^{(1)}+n-1)}{1\cdot 2\cdots(n-1)}, \ldots,$$

$$\cdots\cdots\cdots\cdots\cdots\cdots\cdots\cdots\cdots\cdots$$

gegeben und sind daher ganze rationale Funktionen vom $n - 1$-ten Grade in bezug auf R. Infolge dieses Umstandes ist somit auch die Zahl der nach dem vorgelegten Modul der Null kongruenten Formen für genügend große Werte von R gleich einer ganzen rationalen Funktion von R, deren Koeffizienten bestimmte, nur von dem Modul $(F_1, F_2, \ldots, F_m)$ abhängige rationale Zahlen sind. Subtrahieren wir diese Zahl von der Zahl der Glieder einer allgemeinen Form der Ordnung R, so erhalten wir die Zahl der voneinander unabhängigen Bedingungen, welchen die Koeffizienten einer Form der R-ten Ordnung genügen müssen, damit dieselbe nach dem Modul $(F_1, F_2, \ldots, F_m)$ der Null kongruent sei. Die so definierte Zahl ist daher ebenfalls für genügend große Werte von R gleich einer ganzen rationalen Funktion von R mit rationalen Zahlenkoeffizienten. Wir bezeichnen diese ganze Funktion mit $\chi(R)$ und nennen dieselbe die *charakteristische Funktion* des Moduls $(F_1, F_2, \ldots, F_m)$. *Der eben geführte Nachweis der Existenz der charakteristischen Funktion stützt sich auf die Endlichkeit der Kette der abgeleiteten Gleichungssysteme und beruht daher wesentlich auf dem Theorem III des vorigen Abschnittes.*

Was die Grenze anbetrifft, oberhalb welcher die charakteristische Funktion $\chi(R)$ die in Rede stehende Anzahl von Bedingungen darstellt, so zeigen die obigen Entwicklungen unmittelbar, wie dieselbe aus den Ordnungen derjenigen Formen zu berechnen ist, welche in der Kette der aus (36) abgeleiteten Gleichungssysteme als Lösungen auftreten.

Das eben gewonnene Ergebnis läßt sich offenbar auch in folgender Weise aussprechen: Wenn wir allgemein mit c_R die Zahl der linear unabhängigen Bedingungen bezeichnen, denen eine Form von der Ordnung R genügen muß, damit dieselbe nach dem Modul $(F_1, F_2, \ldots, F_m)$ der Null kongruent sei, so ist die unendliche Zahlenreihe $c_1, c_2, c_3, \ldots$ von einem gewissen Elemente an eine arithmetische Reihe von einer unterhalb der Zahl n liegenden Ordnung. In der Tat ist für genügend große Werte von R jederzeit

$$c_R = \chi(R).$$

Die letztere Überlegung begründet zugleich eine Einteilung der Moduln, indem wir alle diejenigen Moduln zu der nämlichen *Klasse* rechnen, für welche jene Zahlenreihen $c_1, c_2, c_3, \ldots$ elementweise genau übereinstimmen.

Um die allgemeine Gestalt der charakteristischen Funktion zu ermitteln, setzen wir

$$\chi(R) = \frac{a_0 + a_1 R + a_2 R^2 + \cdots + a_d R^d}{a},$$

wo $a, a_0, a_1, a_2, \ldots, a_d$ ganze positive oder negative Zahlen sind und der Grad d jedenfalls kleiner ist als die Zahl n der in den gegebenen Formen auftretenden Veränderlichen. Gemäß der Bedeutung der charakteristischen Funktion erhält $\chi(R)$ für alle ganzzahligen oberhalb einer bestimmten Grenze liegenden Argumente R stets ganzzahlige Werte, und hieraus läßt sich beweisen, daß $\chi(R)$ überhaupt für alle ganzzahligen Argumente ganzzahlige Werte annimmt. Denn gäbe es eine ganze Zahl r, für welche der Ausdruck

$$a_0 + a_1 r + a_2 r^2 + \cdots + a_d r^d$$

nicht durch den Nenner a teilbar wäre, so wäre auch der Ausdruck

$$a_0 + a_1(r + ka) + a_2(r + ka)^2 + \cdots + a_d(r + ka)^d$$

für beliebige ganzzahlige Werte von k nicht durch a teilbar, und folglich wäre auch $\chi(r + ka)$ eine gebrochene Zahl. Hierin liegt ein Widerspruch, sobald wir k so bestimmt denken, daß $r + ka$ jene Grenze überschreitet, oberhalb welcher $\chi(R)$ notwendig eine ganze Zahl wird.

Nachdem dies erkannt ist, setzen wir

$$\chi(R) = \chi_0 + \chi_1 \binom{R}{1} + \chi_2 \binom{R}{2} + \cdots + \chi_d \binom{R}{d},$$

wo in üblicher Weise

$$\binom{R}{s} = \frac{R(R-1)\cdots(R-s+1)}{1\cdot 2\cdots s} \qquad (s = 1, 2, \ldots, d)$$

bedeutet. Da den obigen Ausführungen zufolge $\chi(R)$ insbesondere auch für $R = 0$ eine ganze Zahl ergibt, so ist χ_0 eine ganze Zahl, und in entsprechender Weise erkennen wir der Reihe nach durch Einsetzen der Werte $R = 1, 2, \ldots, d$, daß auch die anderen Koeffizienten $\chi_1, \chi_2, \ldots, \chi_d$ ganze Zahlen sind. Da umgekehrt allgemein der Binomialkoeffizient $\binom{R}{s}$ für alle ganzzahligen Werte von R eine ganze Zahl wird, so ist der obige Ausdruck, falls man unter $\chi_0, \chi_1, \chi_2, \ldots, \chi_d$ ganze Zahlen versteht, die allgemeinste ganze rationale Funktion von der Beschaffenheit, daß sie für alle ganzzahligen Argumente selber ganzzahlige Werte annimmt.

Die bisherigen Ergebnisse dieses Abschnittes fassen wir in dem folgenden Theoreme zusammen:

Theorem IV. *Die Zahl der voneinander unabhängigen linearen Bedingungen, denen die Koeffizienten einer Form von der Ordnung R genügen müssen, damit dieselbe nach einem vorgelegten Modul $(F_1, F_2, \ldots, F_m)$ der Null kongruent sei, wird, falls R oberhalb einer bestimmten Grenze liegt, durch die Formel*

$$\chi(R) = \chi_0 + \chi_1\binom{R}{1} + \chi_2\binom{R}{2} + \cdots + \chi_d\binom{R}{d}$$

dargestellt, wo $\chi_0, \chi_1, \chi_2, \ldots, \chi_d$ gewisse dem Modul $(F_1, F_2, \ldots, F_m)$ eigentümliche ganze Zahlen bedeuten. Die ganze Funktion $\chi(R)$ vom Grade d in bezug auf R heißt die charakteristische Funktion des Moduls $(F_1, F_2, \ldots, F_m)$.

Die obigen Ausführungen liefern zugleich eine allgemeine Methode zur Bestimmung der charakteristischen Funktion. Um diese Methode an einigen Beispielen zu erläutern, betrachten wir zunächst den Modul (F_1, F_2, F_3), wo F_1, F_2, F_3 die nämlichen 3 quadratischen Formen der 4 homogenen Veränderlichen x_1, x_2, x_3, x_4 bedeuten, welche bereits in Abschnitt I und III ausführlich behandelt worden sind. Die Zahl der Koeffizienten einer quaternären Form von der Ordnung R beträgt $\frac{1}{6}(R+1)(R+2)(R+3)$. Diese Zahl ist um diejenige Zahl zu vermindern, welche angibt, wie viel linear unabhängige Formen F von der Ordnung R durch die Formel

$$F = A_1F_1 + A_2F_2 + A_3F_3$$

darstellbar sind, und die letztere Zahl erhalten wir wiederum dadurch, daß wir die Gesamtzahl der Glieder in den 3 Formen A_1, A_2, A_3 der $R-2$-ten Ordnung, nämlich die Zahl $3\cdot\frac{1}{6}(R-1)R(R+1)$, um die Zahl derjenigen linear unabhängigen Formensysteme X_1, X_2, X_3 von der Ordnung $R-2$

vermindern, welche der Gleichung

$$F_1 X_1 + F_2 X_2 + F_3 X_3 = 0$$

genügen. Wie am Schlusse des Abschnittes I gezeigt worden ist, erhält die allgemeinste Lösung dieser Gleichung die Gestalt

$$\begin{aligned} X_1 &= A_1^{(1)} x_3 + A_2^{(1)} x_4, \\ X_2 &= A_1^{(1)} x_2 + A_2^{(1)} x_3, \\ X_3 &= A_1^{(1)} x_1 + A_2^{(1)} x_2. \end{aligned}$$

Die zuletzt verlangte Zahl ist daher gleich der Gesamtzahl der Glieder in den beiden Formen $A_1^{(1)}, A_2^{(1)}$ der $(R-3)$-ten Ordnung, nämlich gleich $2 \cdot \frac{1}{6}(R-2)(R-1)R$. Da nach den Ausführungen in Abschnitt III das abgeleitete Gleichungssystem

$$\begin{aligned} x_3 X_1^{(1)} + x_4 X_2^{(1)} &= 0, \\ x_2 X_1^{(1)} + x_3 X_2^{(1)} &= 0, \\ x_1 X_1^{(1)} + x_2 X_2^{(1)} &= 0 \end{aligned}$$

keine Lösung mehr zuläßt, so sind jene $2 \cdot \frac{1}{6}(R-2)(R-1)R$ Lösungssysteme sämtlich linear voneinander unabhängig, und die ursprünglich gesuchte Zahl wird

$$\begin{aligned} \chi(R) = \tfrac{1}{6}(R+1\,(R+2)\,(R+3) &- 3 \cdot \tfrac{1}{6}(R-1)\,R(R+1) \\ &+ 2 \cdot \tfrac{1}{6}(R-2)\,(R-1)\,R = 1 + 3R. \end{aligned}$$

Dieses Ergebnis entspricht der Tatsache, daß eine Fläche R-ter Ordnung genau $1 + 3R$ Bedingungen erfüllen muß, damit sie eine gegebene Raumkurve 3-ter Ordnung enthalte.

Um ferner die charakteristische Funktion des Moduls $(F_1, F_2, \ldots, F_6)$ zu berechnen, wo $F_1, F_2, \ldots, F_6$ die in Abschnitt I angegebenen quadratischen Formen der 5 Veränderlichen $x_1, x_2, \ldots, x_5$ sind, benutzen wir die in Abschnitt III für diesen Modul aufgestellte Kette der abgeleiteten Gleichungssysteme. Aus den Ordnungen der in diesen Gleichungssystemen als Koeffizienten auftretenden Formen erhalten wir für die charakteristische Funktion des Moduls $(F_1, F_2, \ldots, F_6)$ den Ausdruck

$$\begin{aligned} \chi(R) = {} & \frac{(R+1)\,(R+2)\,(R+3)\,(R+4)}{1\cdot 2\cdot 3\cdot 4} - 6\,\frac{(R-1)\,R(R+1)\,(R+2)}{1\cdot 2\cdot 3\cdot 4} \\ & + 8\,\frac{(R-2)\,(R-1)\,R(R+1)}{1\cdot 2\cdot 3\cdot 4} - 3\,\frac{(R-3)\,(R-2)\,(R-1)\,R}{1\cdot 2\cdot 3\cdot 4} = 1 + 4R. \end{aligned}$$

Behandelt man in gleicher Weise die oben für den Modul $(x_1, x_2, \ldots, x_n)$ aufgestellte Kette der abgeleiteten Gleichungssysteme, so ergibt sich für die charakteristische Funktion dieses Moduls der Wert

$$\chi(R) = \frac{(R+1)(R+2)\cdots(R+n-1)}{1\cdot 2\cdots(n-1)} - \binom{n}{1}\frac{R(R+1)\cdots(R+n-2)}{1\cdot 2\cdots(n-1)}$$
$$+\binom{n}{2}\frac{(R-1)R\cdots(R+n-3)}{1\cdot 2\cdots(n-1)} - \cdots$$
$$+(-1)^n\frac{(R-n+1)(R-n+2)\cdots(R-1)}{1\cdot 2\cdots(n-1)} = 0\,;$$

und in der Tat ist offenbar jede beliebige Form nach dem Modul $(x_1, x_2, \ldots, x_n)$ der Null kongruent.

Ist ferner F eine beliebige ternäre Form von der Ordnung r, so erhält die charakteristische Funktion des durch diese Form bestimmten Moduls (F) den Wert

$$\chi(R) = \frac{(R+1)(R+2)}{1\cdot 2} - \frac{(R-r+1)(R-r+2)}{1\cdot 2}$$
$$= -\tfrac{1}{2}(r-1)(r-2) + 1 + rR\,.$$

Sind F_1, F_2 zwei beliebige ternäre Formen von den Ordnungen r_1, r_2, welche nicht beide die nämliche Form als Faktor enthalten, so wird für den Modul (F_1, F_2)

$$\chi(R) = \frac{(R+1)(R+2)}{1\cdot 2} - \frac{(R-r_1+1)(R-r_1+2)}{1\cdot 2}$$
$$- \frac{(R-r_2+1)(R-r_2+2)}{1\cdot 2}$$
$$+ \frac{(R-r_1-r_2+1)(R-r_1-r_2+2)}{1\cdot 2} = r_1 r_2\,.$$

Bedeuten endlich F_1, F_2 zwei quaternäre Formen der Ordnungen r_1, r_2 ohne gemeinsamen Faktor, so ergibt sich für die charakteristische Funktion des Moduls (F_1, F_2) der Wert

$$\chi(R) = \frac{(R+1)(R+2)(R+3)}{1\cdot 2\cdot 3} - \frac{(R-r_1+1)(R-r_1+2)(R-r_1+3)}{1\cdot 2\cdot 3}$$
$$- \frac{(R-r_2+1)(R-r_2+2)(R-r_2+3)}{1\cdot 2\cdot 3}$$
$$+ \frac{(R-r_1-r_2+1)(R-r_1-r_2+2)(R-r_1-r_2+3)}{1\cdot 2\cdot 3}$$
$$= 2r_1 r_2 - \tfrac{1}{2}r_1 r_2(r_1+r_2) + r_1 r_2 R\,.$$

Die in diesem und in dem vorigen Abschnitte gewonnenen allgemeinen Prinzipien setzen uns in den Stand, den besonderen Fall eines Moduls von binären Formen im Sinne unserer Theorie vollkommen erschöpfend zu behandeln. Um dies zu zeigen, sei der Modul $(F_1, F_2, \ldots, F_m)$ vorgelegt, wo $F_1, F_2, \ldots, F_m$ binäre Formen sind, von denen wir der Einfachheit halber voraussetzen, daß sie nicht sämtlich eine und dieselbe Form als Faktor enthalten und daß ferner alle von der nämlichen Ordnung r sind. Wegen der ersteren Voraussetzung ist die charakteristische Funktion des Moduls $(F_1, F_2, \ldots, F_m)$ gleich Null. Denn unter jener Voraussetzung läßt sich eine jede binäre Form F von genügend hoher Ordnung R in die Gestalt

$$F = A_1 F_1 + A_2 F_2 + \cdots + A_m F_m$$

bringen, wo $A_1, A_2, \ldots, A_m$ sämtlich Formen von der Ordnung $R - r$ sind. Der Beweis dieser Tatsache wurde bereits zu Anfang des Abschnittes I kurz angedeutet. Andererseits berechnen wir die nämliche charakteristische Funktion nach der oben dargelegten allgemeinen Methode, indem wir für die Gleichung

$$F_1 X_1 + F_2 X_2 + \cdots + F_m X_m = 0$$

ein volles System von Lösungen aufstellen, in welchem keine durch lineare Kombination der anderen Lösungen des Systems erhalten werden kann. Dieses System von Lösungen sei

$$X_1 = G_{1s}, \quad X_2 = G_{2s}, \quad \ldots, \quad X_m = G_{ms} \qquad (s = 1, 2, \ldots, m^{(1)}),$$

und wir bezeichnen allgemein die den Formen $G_{1s}, G_{2s}, \ldots, G_{ms}$ gemeinsame Ordnung mit r_s. Zwischen diesen Lösungen besteht keine Relation; denn das aus obiger Gleichung abgeleitete Gleichungssystem

$$G_{t1} X_1^{(1)} + G_{t2} X_2^{(1)} + \cdots + G_{tm^{(1)}} X_{m^{(1)}}^{(1)} = 0 \qquad (t = 1, 2, \ldots, m)$$

besitzt zufolge von Theorem III des vorigen Abschnittes keine Lösung. Die in Rede stehende charakteristische Funktion wird daher

$$\chi(R) = R + 1 - m(R - r + 1) + \sum^{s} (R - r - r_s + 1)$$

$$= R(m^{(1)} - m + 1) - (r - 1)(m^{(1)} - m + 1) + r - \sum^{s} r_s,$$

wo die Summe über $s = 1, 2, \ldots, m^{(1)}$ zu erstrecken ist. Setzen wir auf der rechten Seite den Koeffizienten von R und das von R freie Glied einzeln gleich Null, so ergibt sich

$$m^{(1)} = m - 1,$$

$$r = r_1 + r_2 + \cdots + r_{m-1},$$

und hieraus gewinnen wir den Satz:

Besitzen die m binären Formen $F_1, F_2, \ldots, F_m$ von der Ordnung r nicht sämtlich einen gemeinsamen Faktor, so besteht das volle Lösungssystem der Gleichung

$$F_1 X_1 + F_2 X_2 + \cdots + F_m X_m = 0$$

stets aus $m - 1$ Lösungen

$$X_1 = G_{1s}, \quad X_2 = G_{2s}, \quad \ldots, \quad X_m = G_{ms} \qquad (s = 1, 2, \ldots, m-1),$$

welche durch keine Relation miteinander verknüpft sind, und die Summe der Ordnungen dieser $m-1$ Lösungen kommt der Zahl r gleich[1].

Aus den $m-1$ Gleichungen

$$G_{1s}F_1 + G_{2s}F_2 + \cdots + G_{ms}F_m = 0 \qquad (s=1, 2, \ldots m-1)$$

folgt

$$F_1 : F_2 : \cdots : F_m = D_1 : D_2 : \cdots : D_m,$$

wo $D_1, D_2, \ldots, D_m$ die entsprechenden $m-1$reihigen Determinanten der Matrix

$$\begin{vmatrix} G_{11} & G_{21} & G_{31} & \ldots & G_{m1} \\ G_{12} & G_{22} & G_{32} & \ldots & G_{m2} \\ \cdot & \cdot & \cdot & \cdot & \cdot \\ G_{1,m-1} & G_{2,m-1} & G_{3,m-1} & \ldots & G_{m,m-1} \end{vmatrix}$$

bedeuten. Da nach dem eben bewiesenen Satze die Ordnung dieser Determinanten in bezug auf die binären Veränderlichen x_1, x_2 gleich r ist, so sind jene Formen, abgesehen von einem unwesentlichen Zahlenfaktor, den entsprechenden Determinanten jener Matrix gleich, und wir setzen demnach

$$F_1 = D_1, \quad F_2 = D_2, \quad \ldots, \quad F_m = D_m.$$

Diese Formeln dienen umgekehrt dazu, um die Formen $F_1, F_2, \ldots, F_m$ zu ermitteln, wenn die $m-1$ Lösungssysteme

$$X_1 = G_{1s}, \quad X_2 = G_{2s}, \quad \ldots, \quad X_m = G_{ms} \qquad (s=1, 2, \ldots, m-1)$$

gegeben sind. Auch erkennen wir zugleich, daß die Ordnungen $r_1, r_2, \ldots, r_{m-1}$ keiner beschränkenden Bedingung unterliegen, abgesehen davon, daß ihre Summe gleich r ist.

Die Zahlen $r_1, r_2, \ldots, r_{m-1}$ bestimmen überdies, wie man leicht einsieht, vollkommen die oben allgemein definierte Zahlenreihe $c_1, c_2, c_3, \ldots$ für den vorgelegten Modul $(F_1, F_2, \ldots, F_m)$ und infolgedessen auch die Klasse, welcher dieser Modul angehört. Für alle die Zahl $2r-1$ übersteigenden Werte von R wird $c_R = \chi(R) = 0$. Endlich kann man die beiden vorhin gemachten Voraussetzungen fallen lassen, daß die Formen des vorgelegten Moduls sämtlich von der nämlichen Ordnung und ohne gemeinsamen Teiler sind, und man erkennt leicht, welche Abänderungen dann in den gefundenen Resultaten vorzunehmen sind.

Die eben angestellten Betrachtungen erledigen im wesentlichen die Theorie der binären Moduln. Die weitere Aufgabe besteht in einer entsprechenden Behandlung der Theorie derjenigen Moduln, welche Formen mit drei und mehr

[1] Diesen Satz hat bereits F. Meyer vermutet und bei seinen Untersuchungen über reduzible Funktionen als Voraussetzung eingeführt; vgl. Math. Ann. Bd. 30 S. 38.

Veränderlichen enthalten. Doch sei hier nur hervorgehoben, daß es zu einer solchen Fortentwicklung der Theorie vor allem der Verallgemeinerung des Noetherschen Fundamentalsatzes[1] für Formen von mehr Veränderlichen sowie einer eingehenden Untersuchung aller hierbei in Betracht kommenden Ausnahmefälle bedarf*.

Die in Abschnitt I zitierten Untersuchungen über Modulsysteme erörtern eine Reihe weiterer für die Theorie der Moduln fundamentaler Begriffe. Die betreffenden Definitionen sind nach geringfügigen Abänderungen auch für die hier betrachteten Moduln von homogenen Formen gültig. Wir beschäftigen uns insbesondere mit den Begriffen des „*kleinsten enthaltenden*" und des „*größten gemeinsamen*" Moduls[2]. Sind irgend zwei homogene Moduln $(F_1, F_2, \ldots, F_m)$ und $(H_1, H_2, \ldots, H_h)$ vorgelegt, so stelle man zunächst für die Gleichung

$$F_1 X_1 + F_2 X_2 + \cdots + F_m X_m = H_1 Y_1 + H_2 Y_2 + \cdots + H_h Y_h$$

das volle Lösungssystem

$$\left.\begin{array}{l} X_1 = F_{1s}, \quad X_2 = F_{2s}, \ldots, \quad X_m = F_{ms} \\ Y_1 = H_{1s}, \quad Y_2 = H_{2s}, \ldots, \quad Y_h = H_{hs} \end{array}\right\} \quad (s = 1, 2, \ldots, k)$$

auf und bilde dann die Formen

$$K_s = F_1 F_{1s} + F_2 F_{2s} + \cdots + F_m F_{ms} = H_1 H_{1s} + H_2 H_{2s} + \cdots + H_h H_{hs}$$
$$(s = 1, 2, \ldots, k).$$

Der Modul $(K_1, K_2, \ldots, K_k)$ ist der kleinste enthaltende Modul. Andererseits erhält man durch Zusammenstellung der einzelnen Formen der beiden vorgelegten Moduln den größten gemeinsamen Modul in der Gestalt

$$(F_1, F_2, \ldots, F_m, H_1, H_2, \ldots, H_h) = (G_1, G_2, \ldots, G_g).$$

Es besteht nun eine sehr einfache Beziehung zwischen den charakteristischen Funktionen χ_F und χ_H der beiden vorgelegten Moduln und den charakteristischen Funktionen χ_K und χ_G des kleinsten enthaltenden und des größten gemeinsamen Moduls. Um diese Beziehung herzuleiten, bilden wir zunächst ein System S_F von linear unabhängigen Formen R-ter Ordnung, welche sämt-

---

[1] Vgl. M. Noether: Math. Ann. Bd. 6 S. 351 und Bd. 30 S. 410 sowie A. Voss: Math. Ann. Bd. 27 S. 527 und L. Stickelberger: Math. Ann. Bd. 30 S. 401.

* Die hier programmatisch skizzierte Fortführung der Theorie der Modulsysteme auf Grund einer n-dimensionalen Verallgemeinerung des Noetherschen Fundamentalsatzes ist vor allem von E. Lasker in Math. Ann. Bd. 60 (1905) S. 20—116 durchgeführte Über die weitere Entwicklung der Theorie berichtet die zusammenfassende Darstellung von F. S. Macaulay: Cambridge Tracts Bd. 19 (1916). [Anm. d. Hrgb.]

[2] Vgl. betreffs der Begriffsbestimmung L. Kronecker: Crelles J. Bd. 92 S. 78 sowie R. Dedekind und H. Weber: Crelles J. Bd. 92 S. 197.

lich nach dem Modul $(F_1, F_2, \ldots, F_m)$ der Null kongruent sind und aus denen sich jede andere Form R-ter Ordnung von der nämlichen Beschaffenheit linear zusammensetzen läßt. Wenn R eine gewisse Grenze übersteigt, so ist die Zahl der Formen dieses Systems S_F gleich $\varphi(R) - \chi_F(R)$, wo $\varphi(R)$ die Zahl der Glieder einer allgemeinen Form R-ter Ordnung bedeutet. Ferner bilden wir ein volles System S_K von linear unabhängigen Formen der R-ten Ordnung, welche sowohl nach dem Modul $(F_1, F_2, \ldots, F_m)$ als auch zugleich nach dem Modul $(H_1, H_2, \ldots, H_h)$ der Null kongruent sind. Diese Formen sind sämtlich gleich linearen Kombinationen der Formen des Systems S_F. Die Anzahl der Formen des Systems S_K ist für genügend große Werte von R gleich $\varphi(R) - \chi_K(R)$. Endlich bilden wir ein System S von Formen, welche die Formen des Systems S_K zu einem vollen System S_H von linear unabhängigen und nach dem Modul $(H_1, H_2, \ldots, H_h)$ der Null kongruenten Formen ergänzen. Die Zahl der Formen des Systems S_H ist $\varphi(R) - \chi_H(R)$ und da die Formen der Systeme S und S_K zusammen die Formen des Systems S_H ergeben, so ist die Zahl der Formen des Systems S gleich

$$\{\varphi(R) - \chi_H(R)\} - \{\varphi(R) - \chi_K(R)\} = \chi_K(R) - \chi_H(R).$$

Nun sind, wie aus der angegebenen Bildungsweise hervorgeht, die Formen der beiden Systeme S_F und S linear voneinander unabhängig und andererseits kann man durch lineare Kombination der Formen dieser beiden Systeme S_F und S alle Formen herstellen, welche überhaupt lineare Kombinationen von Formen der Systeme S_F und S_H sind. Es bilden also die Formen der Systeme S_F und S zusammengenommen ein volles System S_G von linear unabhängigen Formen R-ter Ordnung, welche nach dem Modul $(G_1, G_2, \ldots, G_g)$ der Null kongruent sind. Den obigen Betrachtungen zufolge ist die Gesamtzahl der Formen in den Systemen S_F und S gleich $\varphi(R) - \chi_F(R) + \chi_K(R) - \chi_H(R)$ und andererseits ist die Zahl der Formen des Systems S_G gleich $\varphi(R) - \chi_G(R)$. Diese beiden Zahlen sind daher einander gleich, d. h.

$$\varphi(R) - \chi_F(R) + \chi_K(R) - \chi_H(R) = \varphi(R) - \chi_G(R)$$

oder

$$\chi_F + \chi_H = \chi_K + \chi_G.$$

Wir sprechen dieses Ergebnis in folgendem Satze aus:

Die Summe der charakteristischen Funktionen zweier beliebigen Moduln ist gleich der Summe der charakteristischen Funktionen für den kleinsten enthaltenden und den größten gemeinsamen Modul.

Zum Schlusse dieses Abschnittes möge noch kurz der Weg bezeichnet werden, wie sich die eben gewonnenen allgemeinen Resultate für die Theorie der algebraischen Gebilde verwenden lassen.

Es sei zunächst im drei-dimensionalen Raume eine Kurve oder ein System von Kurven und Punkten gegeben. Durch dieses Gebilde läßt sich nach einem in Abschnitt I bewiesenen Satze stets eine endliche Zahl von Flächen

$$F_1 = 0, \quad F_2 = 0, \ldots, \quad F_m = 0$$

solcher Art hindurchlegen, daß jede andere das Gebilde enthaltende Fläche durch eine Gleichung von der Gestalt

$$A_1 F_1 + A_2 F_2 + \cdots + A_m F_m = 0$$

dargestellt wird. Diese Überlegung zeigt, daß jedem algebraischen Gebilde ein Modul $(F_1, F_2, \ldots, F_m)$ und durch dessen Vermittlung eine bestimmte charakteristische Funktion $\chi(R)$ zugehört. Die letztere Funktion gibt dann an, wie viele voneinander unabhängige Bedingungen eine Fläche von der eine gewisse Grenze überschreitenden Ordnung R erfüllen müsse, damit sie das betreffende Gebilde enthalte. So hat die charakteristische Funktion einer doppelpunktslosen Raumkurve von der Ordnung r und dem Geschlechte p den Wert[1]

$$\chi(R) = -p + 1 + rR.$$

Als Beispiel diene die kubische Raumkurve, deren charakteristische Funktion zufolge der vorhin in diesem Abschnitte ausgeführten Rechnung den Wert $1 + 3R$ erhält.

Für die Schnittkurve zweier Flächen von den Ordnungen r_1 und r_2 ergibt sich der früheren Rechnung zufolge die charakteristische Funktion

$$\chi(R) = 2r_1 r_2 - \tfrac{1}{2} r_1 r_2 (r_1 + r_2) + r_1 r_2 R.$$

Um zugleich im Anschluß an die letzteren Betrachtungen die Bedeutung des zuvor abgeleiteten allgemeinen Satzes über die charakteristischen Funktionen zu erläutern, wenden wir denselben auf die Lösung einer Aufgabe aus der Theorie der Raumkurven an. Es mögen zwei Raumkurven ohne Doppelpunkte von den Ordnungen ϱ_1, ϱ_2 und beziehungsweise von den Geschlechtern p_1, p_2 zusammen den vollständigen Durchschnitt zweier Flächen $K_1 = 0$, $K_2 = 0$ von den Ordnungen r_1, r_2 bilden. Die den beiden Raumkurven eigenen Moduln seien $(F_1, F_2, \ldots, F_m)$ und $(H_1, H_2, \ldots, H_h)$. Der kleinste enthaltende Modul dieser beiden Moduln ist dann (K_1, K_2) und der größte gemeinsame Modul $(F_1, F_2, \ldots, F_m, H_1, H_2, \ldots, H_h)$ wird geometrisch durch diejenigen Punkte dargestellt, welche beiden Raumkurven gemeinsam sind. Die Zahl dieser Punkte sei ϱ. Die in Betracht kommenden charakteristischen Funktionen sind

$$\begin{aligned}
\chi_F(R) &= -p_1 + 1 + \varrho_1 R, \\
\chi_H(R) &= -p_2 + 1 + \varrho_2 R, \\
\chi_K(R) &= \quad 2r_1 r_2 - \tfrac{1}{2} r_1 r_2 (r_1 + r_2) + r_1 r_2 R, \\
\chi_G(R) &= \quad \varrho
\end{aligned}$$

[1] Vgl. M. Noether: Crelles J. Bd. 93 S. 295.

und die Anwendung unseres Satzes

$$\chi_F + \chi_H = \chi_K + \chi_G$$

ergibt für die Zahl der den beiden Raumkurven gemeinsamen Punkte den Wert

$$\varrho = -2r_1r_2 + \tfrac{1}{2}r_1r_2(r_1+r_2) - p_1 - p_2 + 2\,.$$

Was die Verallgemeinerung dieser Betrachtungen auf Räume von beliebig vielen Dimensionen anbetrifft, so erscheinen noch die folgenden Resultate bemerkenswert. Es sei in einem Raume von beliebig vielen Dimensionen ein algebraisches Gebilde gegeben und der zu diesem algebraischen Gebilde zugehörige Modul möge die charakteristische Funktion

$$\chi(R) = \chi_0 + \chi_1\binom{R}{1} + \chi_2\binom{R}{2} + \cdots + \chi_d\binom{R}{d}$$

besitzen; *dann gibt der Grad d dieser charakteristischen Funktion die Dimension und der Koeffizient χ_d die Ordnung des algebraischen Gebildes an,* während die übrigen Koeffizienten $\chi_0, \chi_1, \ldots, \chi_{d-1}$ mit den von M. Noether[1] definierten und behandelten Geschlechtszahlen des Gebildes in engem Zusammenhange stehen. Der allgemeine Beweis hierfür beruht auf dem Schlusse von $n-1$ auf n Veränderliche. Wie man sieht, finden sich die eben angegebenen Sätze in dem Falle der Kurve im dreidimensionalen Raume in der Tat bestätigt.

Inwiefern umgekehrt ein Modul durch die Gesamtheit der Wertsysteme bestimmt ist, welche die einzelnen Formen des Moduls gleichzeitig zu Null machen, ist eine Frage, welche erst durch eine systematische und alle möglichen Ausnahmefälle umfassende Untersuchung des Noetherschen Fundamentalsatzes für beliebige Dimensionenzahl eine befriedigende und allgemeingültige Beantwortung finden kann.

Endlich sei noch auf die von A. Cayley, G. Salmon, S. Roberts und A. Brill ausgebildete Theorie der sogenannten beschränkten Gleichungssysteme[2] hingewiesen, da insbesondere für diesen Zweig der Algebra unser Begriff der charakteristischen Funktion eine wirksame Fragestellung sowie einen einheitlichen Gesichtspunkt liefert. Ist beispielsweise eine Raumkurve gegeben und betrachten wir irgend drei dieselbe enthaltende Flächen $F_1 = 0$, $F_2 = 0$, $F_3 = 0$ beziehungsweise von den Ordnungen r_1, r_2, r_3, so ist die Zahl der Schnittpunkte dieser Flächen, welche außerhalb jener Raumkurve liegen, offenbar gleich der charakteristischen Funktion des Moduls (F_1, F_2, F_3), vermindert um die charakteristische Funktion der Raumkurve. Diese Schluß-

---

[1] Vgl. Math. Ann. Bd. 2 S. 293 und Bd. 8 S. 495.

[2] Vgl. G. Salmon: Algebra der linearen Transformationen 1887, Vorlesung 22 und 23 sowie den bezüglichen Literaturnachweis.

weise führt in der Tat zu einem verallgemeinerungsfähigen Beweise für den bekannten Satz, wonach die Zahl der durch eine gemeinsame Raumkurve absorbierten Schnittpunkte jener drei Flächen gleich $\varrho(r_1 + r_2 + r_3) - \alpha$ ist, wenn ϱ die Ordnung der Raumkurve und α eine andere jener Raumkurve eigene Konstante, den sogenannten Rang derselben, bedeutet.

Diese Angaben mögen genügen, um zu zeigen, wie die in diesem Abschnitte entwickelte Theorie der charakteristischen Funktion zu einer einheitlichen und übersichtlichen Behandlung der einem algebraischen Gebilde eigentümlichen Zahlen (Dimension, Ordnung, Geschlechter, Rang usw.) führt. Die weitere Aufgabe der Theorie wäre nunmehr die wirkliche Durchführung der diesen Anzahlbestimmungen zugrunde liegenden algebraischen Prozesse.

V. Die Theorie der algebraischen Invarianten.

Die in Abschnitt I entwickelten Prinzipien bewähren ihre Kraft insbesondere auch in demjenigen Teile der Algebra, welcher von den bei linearen Substitutionen der Veränderlichen invariant bleibenden Formen handelt. Bekanntlich hat zuerst P. GORDAN[1] bewiesen, daß die Invarianten eines Systems von binären Grundformen mit einer Veränderlichenreihe x_1, x_2 sämtlich ganze und rationale Funktionen einer endlichen Anzahl derselben sind. Die zu diesem Beweise benutzten Methoden reichen jedoch nicht aus, wenn es sich um den Nachweis des entsprechenden Satzes für Formen von mehr Veränderlichen handelt, oder wenn die Grundformen mehrere Reihen von Veränderlichen enthalten, welche teilweise verschiedenen linearen Transformationen unterliegen. Es sollen im folgenden die Mittel dargelegt werden, deren es zur Erledigung der eben gekennzeichneten allgemeineren Fragen bedarf.

Um in dem Beweise die wesentlichen Gedanken möglichst klar hervortreten zu lassen, betrachten wir zunächst den einfachen Fall einer einzigen binären Grundform f mit nur einer Veränderlichenreihe x_1, x_2.

Nach einem in Abschnitt I bewiesenen Satze läßt sich aus einem jeden beliebig gegebenen Formensysteme stets eine endliche Zahl von Formen derart auswählen, daß jede andere Form des Systems durch lineare Kombination jener ausgewählten Formen erhalten werden kann. Wir betrachten insbesondere das System aller Invarianten der binären Grundform f, und es muß dann nach dem angeführten Satze notwendigerweise eine endliche Zahl m von Invarianten $i_1, i_2, \ldots, i_m$ geben von der Art, daß eine jede andere Invariante i der Grundform f in der Gestalt

$$i = A_1 i_1 + A_2 i_2 + \cdots + A_m i_m \tag{38}$$

[1] Vgl. Vorlesungen über Invariantentheorie Bd. II (1885) S. 231. Andere Beweise sind gegeben worden von F. MERTENS in Crelles J. Bd. 100 S. 223 und vom *Verfasser* in den Math. Ann. Bd. 33 S. 223; siehe auch diesen Band Abh. 11.

ausgedrückt werden kann, wo $A_1, A_2, \ldots, A_m$ ganze homogene Funktionen der Koeffizienten der Grundform f sind. Doch kann dieses Ergebnis offenbar auch direkt aus Theorem I in Abschnitt I abgeleitet werden. Um dies kurz zu zeigen, wählen wir zunächst nach Willkür aus der Gesamtheit der Invarianten der gegebenen Grundform f eine Invariante aus und bezeichnen dieselbe mit i_1; ferner möge i_2 eine Invariante der Grundform f sein, welche nicht einem Produkte von der Gestalt $A_1 i_1$ gleich ist, wo A_1 eine ganze homogene Funktion der Koeffizienten der Grundform f ist; i_3 sei nun eine Invariante, welche sich nicht in die Gestalt $A_1 i_1 + A_2 i_2$ bringen läßt, wo A_1 und A_2 wiederum ganze homogene Funktionen der Koeffizienten der Grundform f sind. Entsprechend sei i_4 eine Invariante der Grundform, welche sich nicht in die Gestalt $A_1 i_1 + A_2 i_2 + A_3 i_3$ bringen läßt, und wenn wir in dieser Weise fortfahren, so gewinnen wir eine Formenreihe $i_1, i_2, i_3, \ldots$, in welcher keine Form durch lineare Kombination der vorhergehenden Formen erhalten werden kann. Aus Theorem I im Abschnitt I folgt, daß eine solche Reihe notwendig im Endlichen abbricht. Bezeichnen wir die letzte Form jener Reihe mit i_m, so ist eine jede Invariante der gegebenen Grundform f gleich einer linearen Kombination der m Invarianten $i_1, i_2, \ldots, i_m$. Das so gewonnene Ergebnis bezeichnet den *ersten* Schritt, welcher zum Beweise der Endlichkeit des vollen Invariantensystems erforderlich ist.

Der *zweite* Schritt besteht darin, zu zeigen, daß in dem Ausdrucke $A_1 i_1 + A_2 i_2 + \cdots + A_m i_m$ die Funktionen $A_1, A_2, \ldots, A_m$ stets durch Invarianten $J_1, J_2, \ldots, J_m$ ersetzt werden können, ohne daß sich dabei der Wert i jenes Ausdrucks ändert. Dieser zweite Schritt läßt sich in dem hier zunächst betrachteten Falle einer binären Grundform mit nur einer Veränderlichenreihe in besonders einfacher Weise ausführen, wenn wir uns des folgenden in der Inauguraldissertation[1] des Verfassers bewiesenen Satzes bedienen:

Jede homogene und isobare (d. h. nur aus Gliedern von dem nämlichen Gewichte bestehende) Funktion der Koeffizienten einer binären Form

$$a_0 x_1^n + \binom{n}{1} a_1 x_1^{n-1} x_2 + \cdots + a_n x_2^n$$

vom Grade r in den Koeffizienten $a_0, a_1, \ldots, a_n$ und vom Gewichte $p = \frac{nr}{2}$ geht nach Anwendung des Differentiationsprozesses

$$\begin{aligned} [\;] &= 1 - \frac{\Delta D}{1!\,2!} + \frac{\Delta^2 D^2}{2!\,3!} - \frac{\Delta^3 D^3}{3!\,4!} + \cdots \\ &= 1 - \frac{D \Delta}{1!\,2!} + \frac{D^2 \Delta^2}{2!\,3!} - \frac{D^3 \Delta^3}{3!\,4!} + \cdots, \end{aligned}$$

[1] Über die invarianten Eigenschaften spezieller binärer Formen, insbesondere der Kugelfunktionen. Königsberg i. Pr. 1885, sowie: Über eine Darstellungsweise der invarianten Gebilde im binären Formengebiete. Math. Ann. Bd. 30 S. 15; dieser Band Abh. 1 und 4.

worin

$$D = a_0 \frac{\partial}{\partial a_1} + 2a_1 \frac{\partial}{\partial a_2} + 3a_2 \frac{\partial}{\partial a_3} + \cdots,$$

$$\Delta = n\, a_1 \frac{\partial}{\partial a_0} + (n-1)\, a_2 \frac{\partial}{\partial a_1} + (n-2)\, a_3 \frac{\partial}{\partial a_2} + \cdots$$

zu setzen ist, in eine Invariante jener Grundform über.

Wir bezeichnen nun die Gewichte der Invarianten $i, i_1, i_2, \ldots, i_m$ beziehungsweise mit $p, p_1, p_2, \ldots, p_m$ und fassen ferner allgemein unter der Bezeichnung B_s alle diejenigen Glieder des Ausdruckes A_s zusammen, welche vom Gewichte $p - p_s$ sind. Da in der Formel (38) auf der linken Seite nur Glieder vom Gewichte p vorhanden sind, so dürfen wir auf der rechten Seite der nämlichen Formel alle Glieder der Produkte $A_s i_s$ unterdrücken, deren Gewichte kleiner oder größer als p sind, und wir erhalten dadurch für i den Ausdruck

$$i = B_1 i_1 + B_2 i_2 + \cdots + B_m i_m, \tag{39}$$

wo $B_1, B_2, \ldots, B_m$ eben jene homogenen und isobaren Funktionen der Koeffizienten der Grundform sind. Beachten wir nun, daß eine Invariante bei Anwendung des Differentiationsprozesses D sowie bei Anwendung des Differentiationsprozesses Δ identisch verschwindet und daß die homogenen und isobaren Funktionen B_s dem obigen Satze zufolge bei Anwendung des Differentiationsprozesses [ ] in gewisse Invarianten J_s der binären Grundform f übergehen, so folgt

$$[i] = i,$$

$$[B_s i_s] = [B_s] i_s = J_s i_s \qquad (s = 1, 2, \ldots, m),$$

und wenn wir auf jedes Glied in (39) den Prozeß [ ] anwenden, so entsteht die Gleichung

$$i = J_1 i_1 + J_2 i_2 + \cdots + J_m i_m.$$

Die Invarianten $J_1, J_2, \ldots, J_m$ sind sämtlich von niederem Grade in den Koeffizienten der Grundform als die Invariante i, und indem wir nun diese Invarianten $J_1, J_2, \ldots, J_m$ der nämlichen Behandlung unterwerfen, wie vorhin die Invariante i, erhalten wir schließlich eine ganze und rationale Darstellung der Invariante i mit Hilfe der m Invarianten $i_1, i_2, \ldots, i_m$. Die letzteren m Invarianten bilden daher das volle System der Invarianten für die vorgelegte binäre Grundform f.

Der zweite Schritt in diesem Beweise bestand darin, daß wir zeigten, wie in dem ursprünglichen Ausdrucke (38) für i die Funktionen $A_1, A_2, \ldots, A_m$ selber durch Invarianten zu ersetzen sind. Wenn es sich nun um Grundformen von mehreren Veränderlichen handelt, so kann dieser zweite Schritt nicht genau in der nämlichen Weise wie vorhin ausgeführt werden, weil diejenigen

Sätze noch nicht bekannt sind, welche in der Invariantentheorie der Formen mit mehr Veränderlichen dem vorhin für das binäre Formengebiet ausgesprochenen Satze entsprechen. Aber in jenem allgemeineren Falle leistet den gleichen Dienst ein Satz, welcher im wesentlichen mit einem von P. GORDAN[1] und F. MERTENS[2] bewiesenen Satze übereinstimmt und für ternäre Formen wie folgt lautet:

Es sei ein System von ternären Grundformen $f^{(1)}, f^{(2)}, \ldots, f^{(k)}$ mit den Veränderlichen x_1, x_2, x_3 vorgelegt; die Formen dieses Systems mögen vermittels der linearen Substitution der Veränderlichen

$$\begin{aligned} x_1 &= a_{11} y_1 + a_{12} y_2 + a_{13} y_3, \\ x_2 &= a_{21} y_1 + a_{22} y_2 + a_{23} y_3, \\ x_3 &= a_{31} y_1 + a_{32} y_2 + a_{33} y_3, \end{aligned} \qquad a = \begin{vmatrix} a_{11} & a_{12} & a_{13} \\ a_{21} & a_{22} & a_{23} \\ a_{31} & a_{32} & a_{33} \end{vmatrix} \tag{40}$$

übergehen beziehungsweise in $f_a^{(1)}, f_a^{(2)}, \ldots, f_a^{(k)}$. Es sei ferner $F(f_a)$ irgend eine ganze Funktion der Koeffizienten dieser transformierten Formen $f_a^{(1)}, f_a^{(2)}, \ldots, f_a^{(k)}$, welche in den Koeffizienten jeder einzelnen Form homogen ist. Multiplizieren wir diese Funktion $F(f_a)$ mit a^q, wo a die Substitutionsdeterminante und q eine beliebige nicht negative ganze Zahl bedeutet, und wenden wir dann auf das Produkt $a^q F(f_a)$ den Differentiationsprozeß

$$\begin{aligned} \Omega_a = \frac{\partial^3}{\partial a_{11}\,\partial a_{22}\,\partial a_{33}} - \frac{\partial^3}{\partial a_{11}\,\partial a_{23}\,\partial a_{32}} + \frac{\partial^3}{\partial a_{12}\,\partial a_{23}\,\partial a_{31}} - \frac{\partial^3}{\partial a_{12}\,\partial a_{21}\,\partial a_{33}} \\ + \frac{\partial^3}{\partial a_{13}\,\partial a_{21}\,\partial a_{32}} - \frac{\partial^3}{\partial a_{13}\,\partial a_{22}\,\partial a_{31}} \end{aligned}$$

so oft an, bis sich ein von den Substitutionskoeffizienten $a_{11}, a_{12}, \ldots, a_{33}$ freier Ausdruck ergibt, so ist der so entstehende Ausdruck eine Invariante des Formensystems $f^{(1)}, f^{(2)}, \ldots, f^{(k)}$.

Dieser Satz folgt unmittelbar aus der Eigenschaft der Unveränderlichkeit der Invarianten bei linearer Transformation. Um dies zu zeigen, denken wir uns die Grundformen $f^{(1)}, f^{(2)}, \ldots, f^{(k)}$ in den Veränderlichen y_1, y_2, y_3 geschrieben und wenden dann auf die letzteren Veränderlichen die lineare Transformation

$$\begin{aligned} y_1 &= b_{11} z_1 + b_{12} z_2 + b_{13} z_3, \\ y_2 &= b_{21} z_1 + b_{22} z_2 + b_{23} z_3, \\ y_3 &= b_{31} z_1 + b_{32} z_2 + b_{33} z_3, \end{aligned} \qquad b = \begin{vmatrix} b_{11} & b_{12} & b_{13} \\ b_{21} & b_{22} & b_{23} \\ b_{31} & b_{32} & b_{33} \end{vmatrix} \tag{41}$$

an. Hierdurch mögen die Grundformen $f^{(1)}, f^{(2)}, \ldots, f^{(k)}$ beziehungsweise in $f_b^{(1)}, f_b^{(2)}, \ldots, f_b^{(k)}$ übergehen. Endlich setzen wir die beiden linearen Sub-

---

[1] Vorlesungen über Invariantentheorie Bd. II (1885) § 9; vgl. auch A. CLEBSCH: Über symbolische Darstellung algebraischer Formen. Crelles J. Bd. 59 S. 1.

[2] Über invariante Gebilde ternärer Formen. Sitzgsber. Akad. Wiss. Wien, Math.-physik. Kl. Bd. 95.

stitutionen (40) und (41) zusammen zu der linearen Substitution

$$\begin{aligned} x_1 &= c_{11} z_1 + c_{12} z_2 + c_{13} z_3, \\ x_2 &= c_{21} z_1 + c_{22} z_2 + c_{23} z_3, \\ x_3 &= c_{31} z_1 + c_{32} z_2 + c_{33} z_3, \end{aligned} \qquad c = \begin{vmatrix} c_{11} & c_{12} & c_{13} \\ c_{21} & c_{22} & c_{23} \\ c_{31} & c_{32} & c_{33} \end{vmatrix} = a\,b, \tag{42}$$

wo $c_{11}, c_{12}, \ldots, c_{33}$ die bekannten bilinearen Verbindungen der Substitutionskoeffizienten $a_{11}, a_{12}, \ldots, a_{33}$ und $b_{11}, b_{12}, \ldots, b_{33}$ sind. Die Grundformen $f^{(1)}, f^{(2)}, \ldots, f^{(k)}$ mögen bei Anwendung der zusammengesetzten Substitution (42) in $f_c^{(1)}, f_c^{(2)}, \ldots, f_c^{(k)}$ übergehen. Zu der Substitution (41) gehört der Differentiationsprozeß

$$\Omega_b = \frac{\partial^3}{\partial b_{11}\,\partial b_{22}\,\partial b_{33}} - \frac{\partial^3}{\partial b_{11}\,\partial b_{23}\,\partial b_{32}} + \frac{\partial^3}{\partial b_{12}\,\partial b_{23}\,\partial b_{31}} - \frac{\partial^3}{\partial b_{12}\,\partial b_{21}\,\partial b_{33}} + \frac{\partial^3}{\partial b_{13}\,\partial b_{21}\,\partial b_{32}} - \frac{\partial^3}{\partial b_{13}\,\partial b_{22}\,\partial b_{31}}$$

und zu der zusammengesetzten Substitution (42) gehört der Differentiationsprozeß

$$\Omega_c = \frac{\partial^3}{\partial c_{11}\,\partial c_{22}\,\partial c_{33}} - \frac{\partial^3}{\partial c_{11}\,\partial c_{23}\,\partial c_{32}} + \frac{\partial^3}{\partial c_{12}\,\partial c_{23}\,\partial c_{31}} - \frac{\partial^3}{\partial c_{12}\,\partial c_{21}\,\partial c_{33}} + \frac{\partial^3}{\partial c_{13}\,\partial c_{21}\,\partial c_{32}} - \frac{\partial^3}{\partial c_{13}\,\partial c_{22}\,\partial c_{31}}.$$

Bezeichnen wir mit p die Zahl, welche angibt, nach wie vielmaliger Anwendung von Ω_a der Ausdruck $a^q F(f_a)$ von den Substitutionskoeffizienten a_{11}, $a_{12}, \ldots, a_{33}$ frei wird, so besteht unsere Aufgabe darin, zu zeigen, daß der Ausdruck

$$J(f) = \Omega_a^p \{a^q F(f_a)\}$$

eine Invariante der Grundformen $f^{(1)}, f^{(2)}, \ldots, f^{(k)}$ ist. Da der Ausdruck rechter Hand von den Substitutionskoeffizienten $a_{11}, a_{12}, \ldots, a_{33}$ frei sein soll, so ist auch

$$J(f) = \Omega_b^p \{b^q F(f_b)\}.$$

In dieser Formel setzen wir für die Koeffizienten der Formen $f^{(1)}, f^{(2)}, \ldots, f^{(k)}$ die entsprechenden Koeffizienten der transformierten Formen $f_a^{(1)}, f_a^{(2)}, \ldots, f_a^{(k)}$ ein. Dadurch gehen die Koeffizienten der Formen $f_b^{(1)}, f_b^{(2)}, \ldots, f_b^{(k)}$ in die Koeffizienten der Formen $f_c^{(1)}, f_c^{(2)}, \ldots, f_c^{(k)}$ über, und wir erhalten

$$J(f_a) = \Omega_b^p \{b^q F(f_c)\}$$

oder

$$a^q J(f_a) = \Omega_b^p \{c^q F(f_c)\}. \tag{43}$$

Der Ausdruck $c^q F(f_c)$ hängt von den Koeffizienten der Grundformen $f^{(1)}$, $f^{(2)}, \ldots, f^{(k)}$ und von den Substitutionskoeffizienten $a_{11}, a_{12}, \ldots, a_{33}$,

$b_{11}, b_{12}, \ldots, b_{33}$ ab; er enthält jedoch diese Substitutionskoeffizienten lediglich in den bilinearen Verbindungen $c_{11}, c_{12}, \ldots, c_{33}$. Es gilt nun für eine jede Funktion G dieser bilinearen Verbindungen $c_{11}, c_{12}, \ldots, c_{33}$, wie aus dem Multiplikationssatze der Determinanten leicht erkannt wird, die Beziehung

$$\Omega_b G = a\, \Omega_c G\,,$$

und durch p-malige Anwendung derselben erhalten wir

$$\Omega_b^p \{c^q F(f_c)\} = a^p\, \Omega_c^p \{c^q F(f_c)\}. \tag{44}$$

Es ist nun andererseits

$$J(f) = \Omega_c^p \{c^q F(f_c)\}$$

und folglich wegen (43) und (44)

$$J(f_a) = a^{p-q} J(f).$$

Diese Formel zeigt, daß dem Ausdrucke $J(f)$ die Invarianteneigenschaft zukommt.

Der eben bewiesene Satz ermöglicht die Aufstellung von beliebig vielen Invarianten des vorgelegten Formensystems. Um zu zeigen, daß durch dieses Verfahren sämtliche Invarianten gefunden werden können, betrachten wir den Ausdruck $\Omega_a^p a^p$. Das Differentiationssymbol Ω_a geht aus der Determinante a hervor, wenn wir allgemein in jedem Gliede $\pm\, a_{11'}\, a_{22'}\, a_{33'}$ der letzteren für das Produkt $a_{11'}\, a_{22'}\, a_{33'}$ den Differentialquotienten $\frac{\partial^3}{\partial a_{11'}\, \partial a_{22'}\, \partial a_{33'}}$ einsetzen, wo $1', 2', 3'$ die Zahlen 1, 2, 3 in irgendeiner Reihenfolge bedeuten. Entsprechend erhalten wir das Differentiationssymbol Ω_a^p aus a^p, wenn wir in dem entwickelten Ausdruck für a^p allgemein an Stelle von $a_{11}^{p_{11}} a_{12}^{p_{12}} \cdots a_{33}^{p_{33}}$ den Differentialquotienten $\frac{\partial^{3p}}{\partial a_{11}^{p_{11}}\, \partial a_{12}^{p_{12}} \cdots \partial a_{33}^{p_{33}}}$ einsetzen, wo $p_{11}, p_{12}, \ldots, p_{33}$ gewisse Exponenten bedeuten, deren Summe gleich $3\,p$ ist. Hieraus folgt insbesondere, daß das Vorzeichen von $a_{11}^{p_{11}}\, a_{12}^{p_{12}} \cdots a_{33}^{p_{33}}$ in a^p übereinstimmt mit dem Vorzeichen von $\frac{\partial^{3p}}{\partial a_{11}^{p_{11}}\, \partial a_{12}^{p_{12}} \cdots \partial a_{33}^{p_{33}}}$ in Ω_a^p; wenden wir daher Ω_a^p auf a^p an, so ergibt sich eine Summe von lauter positiven Zahlen: d. h. $\Omega_a^p a_p$ ist eine *von Null verschiedene* Zahl[1]; diese Zahl werde mit N_p bezeichnet.

Es sei nun $J(f)$ eine beliebig vorgelegte Invariante, und dieselbe ändere sich bei der Transformation um die p-te Potenz der Substitutionsdeterminante. Die Relation

$$\Omega_a^p \left\{\frac{1}{N_p} J(f_a)\right\} = \frac{1}{N_p} J(f)\, \Omega_a^p a^p = J(f)$$

---

[1] Vgl. A. Clebsch: l. c. S. 12, wo die letztere Tatsache im wesentlichen auf dem nämlichen Wege bewiesen worden ist.

zeigt dann, wie die Invariante $J(f)$ durch das angegebene Verfahren erhalten wird, und somit folgt die Richtigkeit der obigen Behauptung.

Auf diese Betrachtungen gründet sich der erstrebte Beweis für die Endlichkeit des vollen Invariantensystems im ternären Formengebiete. Der *erste* zu diesem Beweise führende Schritt ist der nämliche, wie vorhin im Falle der binären Formen, und wir nehmen demgemäß wiederum an, es seien aus der Gesamtheit der Invarianten der Grundformen $f^{(1)}, f^{(2)}, \ldots, f^{(k)}$ die m Invarianten $i_1, i_2, \ldots, i_m$ derart ausgewählt, daß eine jede andere Invariante J jener Grundformen in der Gestalt

$$i = A_1 i_1 + A_2 i_2 + \cdots + A_m i_m \tag{45}$$

ausgedrückt werden kann, wo $A_1, A_2, \ldots, A_m$ ganze homogene Funktionen der Koeffizienten der Grundformen sind.

Der *zweite* Schritt besteht darin, zu zeigen, daß in dem Ausdrucke $A_1 i_1 + A_2 i_2 + \cdots + A_m i_m$ die Funktionen $A_1, A_2, \ldots, A_m$ stets durch Invarianten ersetzt werden können, ohne daß sich dabei der Wert i des Ausdruckes ändert. Zunächst beachten wir, daß eine Invariante ihrer Definition nach in den Koeffizienten einer jeden einzelnen Grundform homogen ist. Es seien die Invarianten $i, i_1, i_2, \ldots, i_m$ in den Koeffizienten der ersten Grundform $f^{(1)}$ beziehungsweise vom Grade $r, r_1, r_2, \ldots, r_m$. Da die linke Seite in Formel (45) demnach nur Glieder vom Grade r in den Koeffizienten von $f^{(1)}$ enthält, so dürfen wir auf der rechten Seite der nämlichen Formel allgemein in den Funktionen A_s alle diejenigen Glieder unterdrücken, deren Grad in den Koeffizienten von $f^{(1)}$ kleiner oder größer als $r - r_s$ ist. Wenn wir in gleicher Weise die Grade in bezug auf die Koeffizienten der übrigen Grundformen reduzieren, so gelangen wir schließlich zu der Gleichung

$$i = B_1 i_1 + B_2 i_2 + \cdots + B_m i_m,$$

wo die Funktionen $B_1, B_2, \ldots, B_m$ in den Koeffizienten jeder einzelnen Grundform homogen sind. In dieser Gleichung setzen wir an Stelle der Koeffizienten der Grundformen $f^{(1)}, f^{(2)}, \ldots, f^{(k)}$ die entsprechenden Koeffizienten der transformierten Grundformen $f_a^{(1)}, f_a^{(2)}, \ldots, f_a^{(k)}$ ein und benutzen dann die Invarianteneigenschaft von $i, i_1, i_2, \ldots, i_m$; dadurch ergibt sich

$$a^p i = a^{p_1} B_1(f_a) i_1 + a^{p_2} B_2(f_a) i_2 + \cdots + a^{p_m} B_m(f_a) i_m,$$

wo p, p_s die Gewichte der Invarianten i, i_s und wo $B_s(f_a)$ die entsprechenden Funktionen der Koeffizienten der transformierten Grundformen $f_a^{(1)}, f_a^{(2)}, \ldots, f_a^{(k)}$ sind. Wenden wir auf die erhaltene Relation p-mal das Differentiationssymbol Ω_a, an so folgt

$$\Omega_a^p\{a^p\} \cdot i = \Omega_a^p\{a^{p_1} B_1(f_a)\} \cdot i_1 + \Omega_a^p\{a^{p_2} B_2(f_a)\} \cdot i_2 + \cdots + \Omega_a^p\{a^{p_m} B_m(f_a)\} \cdot i_m$$

und, wenn wir durch die von Null verschiedene Zahl $N_p = \Omega_a^p\{a^p\}$ auf beiden

Seiten dividieren, entsteht eine Gleichung von der Gestalt

$$i = J_1 i_1 + J_2 i_2 + \cdots + J_m i_m,$$

wo unserem vorhin bewiesenen Satze zufolge die Ausdrücke

$$J_s = \frac{1}{N_p} \Omega_a^p \{a^{p_s} B_s(f_a)\} \qquad (s = 1, 2, \ldots, m)$$

Invarianten der vorgelegten Grundformen $f^{(1)}, f^{(2)}, \ldots, f^{(k)}$ sind.

Unterwerfen wir diese Invarianten $J_1, J_2, \ldots, J_m$ der nämlichen Behandlung, wie vorhin die Invariante i, so folgt, daß auch diese Invarianten durch lineare Kombination aus $i_1, i_2, \ldots, i_m$ erhalten werden können, wobei die als Koeffizienten in der linearen Kombination auftretenden Funktionen wiederum Invarianten sind. Da sich aber bei jedesmaliger Wiederholung dieses Verfahrens die Gewichte der darzustellenden Invarianten vermindern, so bricht das Verfahren ab, und wir erhalten schließlich eine ganze und rationale Darstellung der Invariante i mit Hilfe der m Invarianten $i_1, i_2, \ldots, i_m$. Damit ist der erstrebte Beweis für ternäre Grundformen mit einer Veränderlichenreihe erbracht.

Aber es geschah lediglich im Interesse einer kürzeren Darstellung, wenn wir uns im vorhergehenden auf diesen Fall beschränkten, und wir sehen nachträglich leicht ein, daß unsere Schlüsse sich ohne weiteres auf den Fall von Grundformen mit n Veränderlichen übertragen lassen. An Stelle des vorhin benutzten Differentiationsprozesses tritt dann der allgemeine Differentiationsprozeß

$$\Omega_a = \sum \pm \frac{\partial^n}{\partial a_{11'} \partial a_{22'} \ldots \partial a_{nn'}} \qquad (1', 2', \ldots, n' = 1, 2, \ldots, n),$$

wo $a_{11}, a_{12}, \ldots, a_{nn}$ die n^2 Koeffizienten der linearen Substitution der n Veränderlichen bedeuten.

Enthalten ferner die Grundformen mehrere Veränderlichenreihen, welche sämtlich der nämlichen linearen Transformation unterliegen, so bleibt das obige Verfahren ebenfalls genau das gleiche und selbst in dem Falle, wo mehrere Veränderlichenreihen in den Grundformen auftreten, welche teilweise verschiedenen linearen Transformationen unterworfen sind, bedarf es nur eines kurzen Hinweises, in welcher Art die obige Schlußweise zu verallgemeinern ist.

Es sei ein System von Grundformen $f^{(1)}, f^{(2)}, \ldots, f^{(k)}$ mit einer ternären Veränderlichenreihe x_1, x_2, x_3 und mit einer binären Veränderlichenreihe ξ_1, ξ_2 vorgelegt, welche gleichzeitig, und zwar mittels der Formeln

$$\begin{aligned} x_1 &= a_{11} y_1 + a_{12} y_2 + a_{13} y_3, \\ x_2 &= a_{21} y_1 + a_{22} y_2 + a_{23} y_3, \\ x_3 &= a_{31} y_1 + a_{32} y_2 + a_{33} y_3, \end{aligned} \qquad a = \begin{vmatrix} a_{11} & a_{12} & a_{13} \\ a_{21} & a_{22} & a_{23} \\ a_{31} & a_{32} & a_{33} \end{vmatrix}$$

$$\begin{aligned} \xi_1 &= \alpha_{11} \eta_1 + \alpha_{12} \eta_2, \\ \xi_2 &= \alpha_{21} \eta_1 + \alpha_{22} \eta_2, \end{aligned} \qquad \alpha = \begin{vmatrix} \alpha_{11} & \alpha_{12} \\ \alpha_{21} & \alpha_{22} \end{vmatrix}$$

zu transformieren sind. Nach Ausführung dieser Transformation gehen die Formen $f^{(1)}, f^{(2)}, \ldots, f^{(k)}$ über in die Formen $f^{(1)}_{a\alpha}, f^{(2)}_{a\alpha}, \ldots, f^{(k)}_{a\alpha}$, deren Koeffizienten sowohl die Substitutionskoeffizienten $a_{11}, a_{12}, \ldots, a_{33}$ als auch die Substitutionskoeffizienten $\alpha_{11}, \alpha_{12}, \alpha_{21}, \alpha_{22}$ enthalten. Unter einer Invariante in bezug auf diese Transformationen verstehen wir dann einen in den Koeffizienten jeder einzelnen Grundform homogenen Ausdruck, welcher sich nur um Potenzen der Substitutionsdeterminanten a und α ändert, wenn wir in demselben für die Koeffizienten der Grundformen $f^{(1)}, f^{(2)}, \ldots, f^{(k)}$ die entsprechenden Koeffizienten der transformierten Grundformen $f^{(1)}_{a\alpha}, f^{(2)}_{a\alpha}, \ldots, f^{(k)}_{a\alpha}$ einsetzen. Unserem oben bewiesenen Satze entspricht dann im vorliegenden Falle der folgende Satz:

Es sei $F(f_{a\alpha})$ irgend eine ganze Funktion der Koeffizienten der transformierten Formen $f^{(1)}_{a\alpha}, f^{(2)}_{a\alpha}, \ldots, f^{(k)}_{a\alpha}$, welche in den Koeffizienten jeder einzelnen Form homogen ist. Multiplizieren wir diese Funktion $F(f_{a\alpha})$ mit $a^q \alpha^\varkappa$, wo q und $\varkappa$ beliebige nicht negative ganze Zahlen sind, und wenden wir dann auf das Produkt $a^q \alpha^\varkappa F(f_{a\alpha})$ jeden der beiden Prozesse

$$\Omega_a = \frac{\partial^3}{\partial a_{11}\,\partial a_{22}\,\partial a_{33}} - \frac{\partial^3}{\partial a_{11}\,\partial a_{23}\,\partial a_{32}} + \frac{\partial^3}{\partial a_{12}\,\partial a_{23}\,\partial a_{31}} - \frac{\partial^3}{\partial a_{12}\,\partial a_{21}\,\partial a_{33}}$$
$$+ \frac{\partial^3}{\partial a_{13}\,\partial a_{21}\,\partial a_{32}} - \frac{\partial^3}{\partial a_{13}\,\partial a_{22}\,\partial a_{31}}$$

und

$$\Omega_\alpha = \frac{\partial^2}{\partial \alpha_{11}\,\partial \alpha_{22}} - \frac{\partial^2}{\partial \alpha_{12}\,\partial \alpha_{21}}$$

so oft an, bis sich ein von den Substitutionskoeffizienten $a_{11}, a_{12}, \ldots, a_{33}, \alpha_{11}, \alpha_{12}, \alpha_{21}, \alpha_{22}$ freier Ausdruck ergibt, so ist der entstehende Ausdruck eine Invariante der Grundformen $f^{(1)}, f^{(2)}, \ldots, f^{(k)}$ in dem verlangten Sinne.

Der Beweis dieses Satzes entspricht vollkommen dem vorhin für Formen mit einer ternären Veränderlichenreihe ausführlich dargelegten Beweise und ebenso erkennt man ohne Schwierigkeit, daß auch umgekehrt jede Invariante erhalten werden kann, indem man auf eine geeignet gewählte Funktion der Koeffizienten der transformierten Formen die Differentiationsprozesse Ω_a und Ω_α in der durch den obigen Satz vorgeschriebenen Weise anwendet.

Um nun die Endlichkeit des vollen Systems der in Rede stehenden Invarianten darzutun, nehmen wir wiederum an, es seien die m Invarianten $i_1, i_2, \ldots, i_m$ derart ausgewählt, daß jede andere Invariante i in der Gestalt

$$i = A_1 i_1 + A_2 i_2 + \cdots + A_m i_m$$

ausgedrückt werden kann, wo $A_1, A_2, \ldots, A_m$ ganze homogene Funktionen der Koeffizienten der Grundformen sind. Aus dieser Relation erhalten wir auf dem nämlichen Wege wie vorhin eine Relation von der Gestalt

$$i = B_1 i_1 + B_2 i_2 + \cdots + B_m i_m,$$

wo die Funktionen $B_1, B_2, \ldots, B_m$ in den Koeffizienten jeder einzelnen Grundform homogen sind. Setzen wir in dieser Gleichung an Stelle der Koeffizienten der Grundformen $f^{(1)}, f^{(2)}, \ldots, f^{(k)}$ die entsprechenden Koeffizienten der transformierten Grundformen $f^{(1)}_{a\alpha}, f^{(2)}_{a\alpha}, \ldots, f^{(k)}_{a\alpha}$ ein, so folgt

$$a^{\mathfrak{p}}\alpha^{\pi} i = a^{\mathfrak{p}_1}\alpha^{\pi_1} B_1(f_{a\alpha})\, i_1 + \cdots + a^{\mathfrak{p}_m}\alpha^{\pi_m} B_m(f_{a\alpha})\, i_m .$$

Die Anwendung des Differentiationsprozesses $\Omega_a^{\mathfrak{p}}\,\Omega_\alpha^{\pi}$ und die Division durch die von Null verschiedene Zahl

$$\Omega_a^{\mathfrak{p}}\,\Omega_\alpha^{\pi}\{a^{\mathfrak{p}}\alpha^{\pi}\} = N_{\mathfrak{p}}\,\mathrm{N}_{\pi}$$

führt schließlich zu einer Gleichung von der Gestalt

$$i = J_1\, i_1 + J_2\, i_2 + \cdots + J_m\, i_m ,$$

wo $J_1, J_2, \ldots, J_m$ Invarianten der Grundformen in dem verlangten Sinne sind. Diese Formel führt nach wiederholter Anwendung zu einer ganzen rationalen Darstellung der Invariante i mit Hilfe der m Invarianten $i_1, i_2, \ldots, i_m$.

Auch in dem eben behandelten Falle sehen wir nachträglich leicht ein, daß die angewandte Schlußweise sich ohne weiteres auf den Fall übertragen läßt, wo die gegebenen Grundformen beliebig viele, den nämlichen oder verschiedenen Transformationen unterliegende Veränderlichenreihen enthält. Wir sprechen daher den allgemeinen Satz aus:

Theorem V. *Ist ein System von Grundformen mit beliebig vielen Veränderlichenreihen gegeben, welche in vorgeschriebener Weise den nämlichen oder verschiedenen linearen Transformationen unterliegen, so gibt es für dasselbe stets eine* ***endliche*** *Zahl von ganzen und rationalen Invarianten, durch welche sich jede andere ganze und rationale Invariante in ganzer und rationaler Weise ausdrücken läßt.*

Was die sogenannten Kovarianten und Kombinanten von Formensystemen betrifft, so fallen diese Bildungen sämtlich als spezielle Fälle unter den oben behandelten Begriff der Invariante. Für diese invarianten Bildungen folgt also ebenfalls aus Theorem V die Endlichkeit der vollen Systeme. Das gleiche gilt von den sogenannten Kontravarianten und allen anderen invarianten Bildungen, bei welchen gewisse aus mehreren Reihen von Veränderlichen zusammengesetzte Determinanten ihrerseits als Veränderliche eintreten[1]. Diese Bildungen kann man dadurch unter den oben zugrunde gelegten Invariantenbegriff fassen, daß man geeignete Formen mit mehreren Veränderlichenreihen zu den schon vorhandenen Grundformen hinzufügt. Wenn dies geschehen ist, lassen sich die bisherigen Überlegungen unmittelbar übertragen, und es folgt

---

[1] Vgl. E. Study: Über den Begriff der Invariante algebraischer Formen. Ber. der kgl. sächs. Ges. der Wiss. 1887 S. 142.

daher insbesondere auch für alle solchen invarianten Bildungen die Endlichkeit des vollen Systems. Als Beispiel für diesen Fall diene ein System von Grundformen, in welchen die 6 Linienkoordinaten p_{ik} die Veränderlichen sind.

Anders verhält es sich jedoch, sobald wir die Verallgemeinerung des Invariantenbegriffes in einer Richtung vornehmen, wie sie durch die Untersuchungen von F. KLEIN[1] und S. LIE[2] bezeichnet ist. Bisher nämlich hatten wir die Invariante definiert als eine ganze homogene Funktion der Koeffizienten der Grundformen, welche gegenüber *allen* linearen Transformationen der Veränderlichen die Invarianteneigenschaft besitzt. Wir wählen nunmehr, jener allgemeineren Begriffsbildung folgend, eine bestimmte Untergruppe der allgemeinen Gruppe der linearen Transformationen aus und fragen nach denjenigen ganzen homogenen Funktionen der Koeffizienten der Grundformen, denen nur mit Rücksicht auf die Substitutionen der ausgewählten Untergruppe die Invarianteneigenschaft zukommt. Obwohl unter diesen Invarianten offenbar alle Invarianten im früheren Sinne enthalten sind, so folgt doch aus unseren bisherigen Sätzen über die Endlichkeit der vollen Invariantensysteme noch nicht, daß auch unter den Invarianten im erweiterten Sinne sich jederzeit eine endliche Anzahl auswählen läßt, durch welche jede andere Invariante der nämlichen Art ganz und rational ausgedrückt werden kann.

Die bisherigen Entwicklungen und Ergebnisse lassen sich auf die Theorie der Invarianten in dem erweiterten Sinne allemal dann unmittelbar übertragen, wenn die Koeffizienten der die Gruppe bestimmenden Substitutionen ganze und rationale Funktionen einer gewissen Anzahl von Parametern sind derart, daß durch Zusammensetzung zweier beliebigen Substitutionen der Gruppe eine Substitution entsteht, deren Parameter bilineare Funktionen der Parameter der beiden ursprünglich ausgewählten Substitutionen sind und wenn es zugleich einen Differentiationsprozeß gibt, welcher sich in entsprechender Weise zur Erzeugung der zur vorgelegten Gruppe gehörigen Invarianten verwenden läßt, wie der Differentiationsprozeß Ω im Falle der zur allgemeinen linearen Gruppe gehörigen Invarianten. Für solche Substitutionengruppen ergibt sich stets durch unser Schlußverfahren die Endlichkeit des zur Gruppe gehörigen Invariantensystems.

Um kurz zu zeigen, wie der Beweis in solchen Fällen zu führen ist, betrachten wir die Gruppe der ternären orthogonalen Substitutionen, d. h. die Gruppe aller derjenigen linearen Substitutionen von drei homogenen Veränderlichen, bei deren Ausführung die Summe der Quadrate der Veränderlichen ungeändert

[1] Vgl. die Programmschrift: „Vergleichende Betrachtungen über neuere geometrische Forschungen.“ Erlangen 1872; siehe auch Ges. Abh. Bd. 1 (1921) S. 460.

[2] Vgl. die Vorrede des Werkes: „Theorie der Transformationsgruppen.“ Leipzig 1888.

bleibt. Die Transformationsformeln für diese Substitutionen sind bekanntlich

$$\begin{aligned}
x_1 &= (a_1^2 + a_2^2 - a_3^2 - a_4^2)\, y_1 - 2\,(a_1 a_3 + a_2 a_4)\, y_2 - 2\,(a_1 a_4 - a_2 a_3)\, y_3\,,\\
x_2 &= 2\,(a_1 a_3 - a_2 a_4)\, y_1 + (a_1^2 - a_2^2 - a_3^2 + a_4^2)\, y_2 - 2\,(a_1 a_2 + a_3 a_4)\, y_3\,,\\
x_3 &= 2\,(a_1 a_4 + a_2 a_3)\, y_1 + 2\,(a_1 a_2 - a_3 a_4)\, y_2 + (a_1^2 - a_2^2 + a_3^2 - a_4^2)\, y_3\,,
\end{aligned}$$

wo a_1, a_2, a_3, a_4 die 4 homogenen Parameter der Substitutionengruppe bedeuten. Die Gruppeneigenschaft dieser Substitutionen bestätigt sich leicht, wenn man in den eben angegebenen Formeln an Stelle der Parameter a_1, a_2, a_3, a_4 andere Größen einträgt und die so erhaltene Substitution mit der ursprünglichen zusammensetzt. Was die zu dieser Substitutionengruppe gehörigen Invarianten betrifft, so gilt der folgende Satz:

Wenn man ein System von ternären Grundformen vermöge der angegebenen Substitutionsformeln linear transformiert und auf eine beliebige homogene Funktion der Koeffizienten der transformierten Grundformen das Differentiationssymbol

$$\Omega = \frac{\partial^2}{\partial a_1^2} + \frac{\partial^2}{\partial a_2^2} + \frac{\partial^2}{\partial a_3^2} + \frac{\partial^2}{\partial a_4^2}$$

so oft anwendet, bis sich ein von den Parametern a_1, a_2, a_3, a_4 freier Ausdruck ergibt, so besitzt dieser Ausdruck die Invarianteneigenschaft gegenüber der durch jene Formeln definierten Substitutionengruppe. Das gleiche gilt, wenn jene homogene Funktion der transformierten Koeffizienten noch zuvor mit einer beliebigen ganzen Potenz des Ausdruckes $a_1^2 + a_2^2 + a_3^2 + a_4^2$ multipliziert wird.

Die Anwendung dieses Satzes ermöglicht den gesuchten Beweis der Endlichkeit des vollen Invariantensystems, wie man leicht erkennt, wenn man die Entwicklungen des früheren Beweises auf den vorliegenden Fall überträgt.

Ein anderes Beispiel liefert diejenige Gruppe, welche die folgenden quaternären Substitutionen enthält

$$\begin{aligned}
x_1 &= a_1^3\, y_1 + 3\,a_1^2\, a_2\, y_2 + 3\,a_1\, a_2^2\, y_3 + a_2^3\, y_4\,,\\
x_2 &= a_1^2\, a_3\, y_1 + (a_1^2\, a_4 + 2\,a_1\, a_2\, a_3)\, y_2 + (2\,a_1\, a_2\, a_4 + a_2^2\, a_3)\, y_3 + a_2^2\, a_4\, y_4\,,\\
x_3 &= a_1\, a_3^2\, y_1 + (2\,a_1\, a_3\, a_4 + a_2\, a_3^2)\, y_2 + (a_1\, a_4^2 + 2\,a_2\, a_3\, a_4)\, y_3 + a_2\, a_4^2\, y_4\,,\\
x_4 &= a_3^3\, y_1 + 3\,a_3^2\, a_4\, y_2 + 3\,a_3\, a_4^2\, y_3 + a_4^3\, y_4\,.
\end{aligned}$$

Deuten wir die Veränderlichen als homogene Koordinaten der Punkte des Raumes, so stellen diese Formeln mit den veränderlichen Parametern a_1, a_2, a_3, a_4 alle linearen Transformationen des Raumes dar, bei welchen eine gewisse Raumkurve dritter Ordnung ungeändert bleibt. Durch die entsprechenden Betrachtungen wie vorhin folgt auch für diesen Fall die Endlichkeit des vollen Invariantensystems.

Nachdem für ein vorgelegtes System von Grundformen die Invarianten sämtlich aufgestellt worden sind, entsteht die weitere Frage nach der gegenseitigen Abhängigkeit der Invarianten dieses endlichen Systems. Für eine derartige Untersuchung dienen wiederum die Theoreme I und III als Grundlage. Wenn wir nämlich in den dort auftretenden Formen eine der n homogenen Veränderlichen der Einheit gleichsetzen, so erkennen wir unmittelbar, daß jene beiden Theoreme auch für nicht homogene Funktionen gültig sind, und es ist somit insbesondere die Anwendung derselben auf die zwischen den Invarianten bestehenden Relationen gestattet. Verstehen wir nun in üblicher Ausdrucksweise unter einer irreduziblen Syzygie eine solche Relation zwischen den Invarianten des Grundformensystems, deren linke Seite nicht durch lineare Kombination von Syzygien niederer Grade erhalten werden kann, so folgt aus Theorem I der Satz:

Ein endliches System von Invarianten besitzt nur eine endliche Zahl von irreduziblen Syzygien.

Als Beispiel diene das volle Invariantensystem von 3 binären quadratischen Grundformen, welches bekanntlich aus 7 Invarianten und 6 Kovarianten besteht. Es läßt sich zeigen, daß es für dieses Invariantensystem 14 irreduzible Syzygien gibt, aus denen jede andere Syzygie durch lineare Kombination erhalten werden kann.

Die Aufstellung des vollen Systems der irreduziblen Syzygien ist aber nur der erste Schritt auf dem Wege, welcher gemäß den oben in den Abschnitten I, III und IV allgemein entwickelten Prinzipien zur vollen Erkenntnis der gegenseitigen Abhängigkeit der Invarianten führt. Denn zwischen den Syzygien ihrerseits bestehen gleichfalls im allgemeinen lineare Relationen, sogenannte Syzygien zweiter Art, deren Koeffizienten Invarianten sind und welche wiederum selber durch lineare Relationen, sogenannte Syzygien dritter Art, verbunden sind. Was die Fortsetzung des hierdurch eingeleiteten Verfahrens anbetrifft, so muß dasselbe nach einer endlichen Zahl von Wiederholungen notwendig abbrechen, wie unser Theorem III lehrt, wenn man dasselbe in der vorhin angedeuteten Weise auf nicht homogene Funktionen überträgt. Wir gewinnen somit den Satz:

Die Systeme der irreduziblen Syzygien erster Art, zweiter Art usf. bilden eine Kette abgeleiteter Gleichungssysteme. Diese Syzygienkette bricht im Endlichen ab, und zwar gibt es keinesfalls Syzygien von höherer als der $(m+1)$-ten Art, wenn m die Zahl der Invarianten des vollen Systems bezeichnet.

Zur vollständigen Untersuchung eines Invariantensystems bedarf es in jedem besonderen Falle der Aufstellung der ganzen Kette von Syzygien. Nach den Erörterungen des Abschnittes IV sind wir dann in der Lage, die linear unabhängigen Invarianten von vorgeschriebenen Graden anzugeben, und zwar ausgedrückt als ganze rationale Funktionen der Invarianten des vollen Systems.

Königsberg in Pr., den 15. Februar 1890.

17. Über die diophantischen Gleichungen vom Geschlecht Null. (Zusammen mit A. Hurwitz.)

[Acta math. Bd. 14, S. 217—224 (1891).]

Die vorliegende Mitteilung behandelt die Aufgabe, alle ganzzahligen Lösungen der Gleichung

$$f(x_1, x_2, x_3) = 0 \tag{1}$$

zu finden, unter der Voraussetzung, daß $f(x_1, x_2, x_3)$ eine ganze ganzzahlige homogene Funktion vom n-ten Grade in den Variabeln x_1, x_2, x_3 bedeutet, und die durch jene Gleichung definierte ebene Kurve das Geschlecht Null besitzt. Die Frage nach allen denjenigen Punkten der Kurve (1), deren Koordinaten rationale Zahlen sind, bezeichnet offenbar im wesentlichen die gleiche Aufgabe.

Zur Lösung der Aufgabe stützen wir uns auf die Abhandlung von M. Noether: Rationale Ausführung der Operationen in der Theorie der algebraischen Funktionen[1]. Den dort entwickelten Resultaten zufolge können wir zunächst, falls die Gleichung (1) vorgelegt ist, durch eine endliche Zahl von rationalen Operationen entscheiden, ob die Voraussetzung, daß das Geschlecht der Gleichung Null ist, zutrifft. Sodann ist es ebenfalls durch rationale Operationen möglich, $n-1$ linear unabhängige ternäre ganzzahlige Formen $\varphi_1, \varphi_2, \ldots, \varphi_{n-1}$ von der $(n-2)$-ten Ordnung anzugeben derart, daß für beliebige Parameter $\lambda_1, \lambda_2, \ldots, \lambda_{n-1}$ die Kurve (1) von der Kurve

$$\lambda_1 \varphi_1 + \lambda_2 \varphi_2 + \cdots + \lambda_{n-1} \varphi_{n-1} = 0 \tag{2}$$

in $n-2$ mit den Parametern $\lambda_1, \lambda_2, \ldots, \lambda_{n-1}$ veränderlichen Punkten geschnitten wird. Die Gleichung (2) stellt die zu der Kurve (1) adjungierten Kurven $(n-2)$-ter Ordnung dar.

Es sei nun zur Abkürzung

$$\left.\begin{aligned} \Phi_1 &= \lambda_{11} \varphi_1 + \lambda_{12} \varphi_2 + \cdots + \lambda_{1,n-1} \varphi_{n-1}, \\ \Phi_2 &= \lambda_{21} \varphi_1 + \lambda_{22} \varphi_2 + \cdots + \lambda_{2,n-1} \varphi_{n-1}, \\ \Phi_3 &= \lambda_{31} \varphi_1 + \lambda_{32} \varphi_2 + \cdots + \lambda_{3,n-1} \varphi_{n-1}. \end{aligned}\right\} \tag{3}$$

---

[1] Math. Ann. Bd. 23 S. 311ff.

wobei $\lambda_{11}, \lambda_{12}, \ldots, \lambda_{3,n-1}$ unbestimmte Parameter bedeuten. Transformieren wir sodann die Gleichung (1) vermöge der Formeln

$$y_1 : y_2 : y_3 = \Phi_1 : \Phi_2 : \Phi_3, \tag{4}$$

so erhalten wir eine Gleichung

$$g(y_1, y_2, y_3) = 0, \tag{5}$$

deren linke Seite eine ganzzahlige Form von y_1, y_2, y_3 und den Parametern $\lambda_{11}, \lambda_{12}, \ldots, \lambda_{3,n-1}$ ist. Ferner ergibt die Ausführung der Transformation Formeln der Gestalt

$$x_1 : x_2 : x_3 = \Psi_1 : \Psi_2 : \Psi_3, \tag{6}$$

wo Ψ_1, Ψ_2, Ψ_3 ebenfalls ganzzahlige Formen von y_1, y_2, y_3 und den Parametern $\lambda_{11}, \lambda_{12}, \ldots, \lambda_{3,n-1}$ sind. Wir setzen diese Formen ohne einen allen gemeinsamen Teiler voraus. Die Form $g(y_1, y_2, y_3)$ ist notwendig irreduzibel und homogen von der $(n-2)$-ten Ordnung in den Variabeln y_1, y_2, y_3, eine Tatsache, welche unmittelbar aus den bekannten Sätzen über die rationalen eindeutig umkehrbaren Transformationen der algebraischen Kurven folgt. Wir erteilen jetzt den Parametern $\lambda_{11}, \lambda_{12}, \ldots, \lambda_{3,n-1}$ solche ganzzahligen Werte, daß die Form $g(y_1, y_2, y_3)$ irreduzibel bleibt. Dies ist stets möglich, da diejenigen Werte von $\lambda_{11}, \lambda_{12}, \ldots, \lambda_{3,n-1}$, für welche $g(y_1, y_2, y_3)$ reduzibel wird, gewissen algebraischen Gleichungen genügen müssen. Vermöge der Formeln (4) und (6) entspricht nunmehr jedem Punkte der Kurve (1), dessen Koordinaten rationale Zahlen sind, ein ebensolcher Punkt der Kurve (5) und umgekehrt. Daher ist unsere ursprüngliche Aufgabe auf die Behandlung der Gleichung $g(y_1, y_2, y_3) = 0$ zurückgeführt, welche ebenfalls ganzzahlig und vom Geschlechte Null ist, dagegen einen um zwei Einheiten geringeren Grad als $f(x_1, x_2, x_3) = 0$ besitzt.

Da die Fortsetzung dieses Verfahrens so lange möglich ist, als der Grad der Gleichung größer ist als drei, so gelangen wir schließlich zu einer Gleichung dritten oder zweiten Grades, je nachdem der Grad n der ursprünglichen Gleichung eine ungerade oder eine gerade Zahl ist. Eine Gleichung dritten Grades können wir aber sofort auf eine Gleichung ersten Grades reduzieren. Denn eine solche Gleichung stellt eine Kurve dritter Ordnung mit einem Doppel- oder Rückkehrpunkte vor, dessen Koordinaten notwendig rationale Zahlen sind, und diese Kurve kann stets vermöge einer rationalen eindeutig umkehrbaren Transformation in eine gerade Linie übergeführt werden. Je nachdem also die Ordnung der vorgelegten Gleichung eine ungerade oder eine gerade Zahl ist, erhalten wir schließlich eine Gleichung ersten oder zweiten Grades. Wir behandeln diese beiden Fälle gesondert.

Im ersteren Falle sei

$$l(u_1, u_2, u_3) = 0 \tag{7}$$

die erhaltene lineare Gleichung. Es lassen sich dann offenbar drei ganzzahlige lineare Formen ω_1, ω_2, ω_3 der homogenen Parameter t_1, t_2 von der Art angeben, daß die Proportion

$$u_1 : u_2 : u_3 = \omega_1 : \omega_2 : \omega_3 \tag{8}$$

alle rationalen Lösungen der linearen Gleichung (7) liefert, wenn wir für die Parameter t_1, t_2 alle möglichen ganzen Zahlen einsetzen. Indem wir nun durch sukzessive Anwendung der vorhin ausgeführten Transformationen zu der ursprünglich vorgelegten Gleichung (1) zurückgehen, ergibt sich eine Proportion von der Gestalt

$$x_1 : x_2 : x_3 = \varrho_1 : \varrho_2 : \varrho_3, \tag{9}$$

wo ϱ_1, ϱ_2, ϱ_3 ganzzahlige Formen n-ter Ordnung der homogenen Variabeln t_1, t_2 bedeuten. Nach eventuellem Ausschluß einer endlichen Anzahl von Lösungen, welche wir als *singuläre* Lösungen bezeichnen und auf welche wir sogleich zurückkommen werden, findet man aus der Proportion (9) alle übrigen, nicht-singulären rationalen Lösungen der Gleichung (1), wenn man den Parametern t_1, t_2 alle möglichen ganzzahligen Werte erteilt. Es ist daher offenbar, daß wir alle nicht-singulären ganzzahligen *eigentlichen* Lösungen x_1, x_2, x_3 unserer Gleichung (1) erhalten, wenn wir in ϱ_1, ϱ_2, ϱ_3 die Parameter t_1, t_2 alle möglichen Paare relativer Primzahlen annehmen lassen, und immer den größten allen drei Zahlen gemeinsamen Teiler unterdrücken. Um jedoch zu bestimmten Formeln für diese eigentlichen Lösungen zu gelangen, bilden wir die Resultante der beiden Formen

$$\lambda_1 \varrho_1 + \lambda_2 \varrho_2 + \lambda_3 \varrho_3, \qquad \mu_1 \varrho_1 + \mu_2 \varrho_2 + \mu_3 \varrho_3,$$

wo λ_1, λ_2, λ_3, μ_1, μ_2, μ_3 unbestimmte Parameter bedeuten. Diese Resultante ist eine ganze ganzzahlige Funktion der Parameter $\lambda_1, \lambda_2, \lambda_3, \mu_1, \mu_2, \mu_3$, welche nicht identisch verschwinden kann, da die Formen ϱ_1, ϱ_2, ϱ_3 keinen gemeinsamen Teiler besitzen. Es sei R die größte positive ganze Zahl, welche in sämtlichen Koeffizienten jener Funktion aufgeht. Bedeutet dann t_1, t_2 irgend ein Paar relativer Primzahlen, so ist leicht einzusehen, daß jede in den drei Zahlen

$$\varrho_1(t_1, t_2), \qquad \varrho_2(t_1, t_2), \qquad \varrho_3(t_1, t_2)$$

aufgehende Zahl ein Teiler von R sein muß. Lassen wir daher die beiden Parameter t_1 und t_2 unabhängig voneinander ein vollständiges Restsystem nach dem Modul R durchlaufen, so gelangen wir durch eine einfache Schlußweise zu folgendem Resultat:

Es läßt sich ein endliches System von Formeln:

$$\left.\begin{array}{lll} x_1 = \alpha_1(\tau_1, \tau_2), & x_2 = \alpha_2(\tau_1, \tau_2), & x_3 = \alpha_3(\tau_1, \tau_2); \\ x_1 = \beta_1(\tau_1, \tau_2), & x_2 = \beta_2(\tau_1, \tau_2), & x_3 = \beta_3(\tau_1, \tau_2); \\ \cdots & \cdots & \cdots \\ x_1 = \varkappa_1(\tau_1, \tau_2), & x_2 = \varkappa_2(\tau_1, \tau_2), & x_3 = \varkappa_3(\tau_1, \tau_2), \end{array}\right\} \tag{10}$$

aufstellen, welches alle nicht-singulären ganzzahligen eigentlichen Lösungen der Gleichung (1) liefert, wenn man den Parametern τ_1, τ_2 alle möglichen ganzzahligen Werte beilegt. Dabei bedeuten $\alpha_1, \alpha_2, \alpha_3, \ldots, \varkappa_1, \varkappa_2, \varkappa_3$ ganze, ganzzahlige, nicht homogene Funktionen der Parameter τ_1, τ_2.

Die bisherigen Entwicklungen beruhten wesentlich auf dem Umstande, daß die benutzten Transformationen eindeutig umkehrbar sind. Da diese Eindeutigkeit jedoch in den singulären Punkten der Kurve (1) eine Ausnahme erfährt, so bedürfen diese Punkte noch einer besonderen Untersuchung. Die singulären Punkte entsprechen den gemeinsamen Lösungen der drei Gleichungen

$$\frac{\partial f}{\partial x_1} = 0, \qquad \frac{\partial f}{\partial x_2} = 0, \qquad \frac{\partial f}{\partial x_3} = 0, \tag{11}$$

und es kann daher stets durch eine endliche Anzahl rationaler Operationen entschieden werden, ob unter ihnen solche vorhanden sind, deren Koordinaten rationale Werte besitzen. Die so gefundenen „*singulären*" Lösungen der diophantischen Gleichung (1) werden nicht notwendig auch durch die Formeln (10) erhalten, wie sich leicht durch Beispiele zeigen läßt.

Wenn zweitens der Grad n der vorgelegten Gleichung eine gerade Zahl ist, so werden wir, wie oben gezeigt worden ist, auf eine quadratische Gleichung

$$q(u_1, u_2, u_3) = 0 \tag{12}$$

geführt. Wir können dann diese Gleichung stets durch eine lineare Transformation mit rationalen Zahlenkoeffizienten in die Gestalt

$$a_1 u_1^2 + a_2 u_2^2 + a_3 u_3^2 = 0 \tag{13}$$

bringen, wo a_1, a_2, a_3 sämtlich ohne einen quadratischen Teiler und paarweise relative Primzahlen sind. Bekanntlich besitzt diese Gleichung (13) ganzzahlige Lösungen dann und nur dann, wenn a_1, a_2, a_3 nicht alle dasselbe Vorzeichen haben, und die Zahlen $-a_2 a_3, -a_3 a_1, -a_1 a_2$ beziehungsweise quadratische Reste der Zahlen a_1, a_2, a_3 sind[1].

Wenn diese Bedingungen erfüllt sind, so gibt es auf dem durch die Gleichung (13) definierten Kegelschnitte Punkte, deren Koordinaten rational sind, und wir können daher durch eine rationale eindeutig umkehrbare Transformation den Kegelschnitt in eine Gerade, oder, was dasselbe ist, die Gleichung (13) in eine lineare Gleichung überführen. An die letztere knüpfen sich sodann dieselben Betrachtungen, welche wir oben im Anschluß an die Gleichung (7) entwickelten. Es wird also auch in dem jetzt betrachteten Falle unsere diophantische Gleichung (1) eine unendliche Zahl von Lösungen

[1] Legendre: Theorie des nombres, 3me éd. T. I. §§ III, IV. (Deutsch von H. Maser, Leipzig 1886). Vgl. auch Lejeune-Dirichlet: Vorlesungen über Zahlentheorie, herausgegeben von R. Dedekind, 3. Aufl. § 157 des X. Supplementes.

besitzen, welche durch ein System von Formeln der Gestalt (10) gefunden werden, und zu welchen sich eventuell eine endliche Zahl von singulären Lösungen gesellt.

Sind jedoch die genannten Bedingungen nicht erfüllt, so besitzt der Kegelschnitt (13) keinen Punkt, dessen Koordinaten rationale Zahlen sind. Folglich gibt es dann auch auf der Kurve (1) keinen solchen Punkt, es sei denn, daß von den singulären Punkten dieser Kurve einer oder mehrere rationale Koordinaten besitzen. Unsere Gleichung (1) hat also jetzt entweder eine endliche Zahl von (singulären) Lösungen oder überhaupt keine Lösung, je nachdem die Gleichungen

$$\frac{\partial f}{\partial x_1} = 0, \qquad \frac{\partial f}{\partial x_2} = 0, \qquad \frac{\partial f}{\partial x_3} = 0$$

gemeinsame rationale Lösungen zulassen oder nicht. Daß von diesen beiden Möglichkeiten auch die erstere eintreten kann, daß also ein singulärer Punkt der Kurve (1) rationale Koordinaten besitzen kann, ohne daß ein weiterer Punkt mit rationalen Koordinaten auf der Kurve liegt, zeigt folgendes Beispiel. Es seien φ, ψ_1, ψ_2, ψ_3 vier ganzzahlige quadratische Formen, ferner l eine ganzzahlige lineare Form der Variabeln u_1, u_2, u_3. Diese Formen mögen so gewählt werden, daß der durch die Gleichung

$$\varphi = 0 \tag{14}$$

definierte Kegelschnitt keinen Punkt mit rationalen Koordinaten besitzt, daß ferner die Kegelschnitte

$$\psi_1 = 0, \qquad \psi_2 = 0 \tag{15}$$

durch die beiden Schnittpunkte von $\varphi = 0$ mit der Geraden $l = 0$ hindurchgehen, ohne mit $\varphi = 0$ zu demselben Büschel zu gehören, und daß endlich der Kegelschnitt

$$\psi_3 = 0 \tag{16}$$

die genannten beiden Schnittpunkte nicht enthält. Offenbar können die Formen auf unendlich viele Weisen diesen Bedingungen gemäß angenommen werden. Transformieren wir nun die Gleichung (14) vermöge der Formeln

$$x_1 : x_2 : x_3 = \psi_1 : \psi_2 : \psi_3, \tag{17}$$

so erhalten wir eine ganzzahlige Gleichung

$$f(x_1, x_2, x_3) = 0, \tag{18}$$

welche eine Kurve vierter Ordnung vom Geschlechte Null darstellt. Den Schnittpunkten der Geraden $l = 0$ mit dem Kegelschnitt $\varphi = 0$ entspricht ein Doppelpunkt dieser Kurve vierter Ordnung, dessen Koordinaten die rationalen Werte

$$\frac{x_1}{x_3} = 0, \qquad \frac{x_2}{x_3} = 0$$

besitzen. Dagegen kann sich unter den nicht-singulären Punkten der Kurve (18) keiner mit rationalen Koordinaten finden, weil einem solchen auf dem Kegelschnitt (14) ein Punkt mit ebenfalls rationalen Koordinaten entsprechen würde. Durch zweckmäßige Wahl der Form ψ_3 kann man, wie wir noch bemerken wollen, nach Belieben erreichen, daß entweder nur einer oder daß jeder der singulären Punkte der Kurve (18) rationale Koordinaten erhält.

Durch die vorstehende Darlegung findet die diophantische Gleichung

$$f(x_1, x_2, x_3) = 0$$

von beliebigem Grade und vom Geschlechte Null ihre vollkommene Erledigung. Wie sich dabei gezeigt hat, *besitzt eine solche Gleichung entweder keine Lösung, oder sie besitzt eine endliche Zahl von Lösungen, welche dann stets die gemeinsamen ganzzahligen Lösungen der Gleichungen* (11) *sind, oder endlich sie besitzt eine unendliche Zahl von Lösungen, welche, abgesehen von eventuellen gemeinsamen ganzzahligen Lösungen der Gleichungen* (11), *durch ein System von Formeln der Gestalt* (10) *gefunden werden.*

Wenn der Grad der Gleichung eine ungerade Zahl ist, so tritt stets der letzte Fall ein. Eine diophantische Gleichung von ungeradem Grade und vom Geschlechte Null besitzt also stets unendlich viele Lösungen.

Königsberg i. Pr., den 14. März 1889.

18. Über die Irreduzibilität ganzer rationaler Funktionen mit ganzzahligen Koeffizienten.

[Journ. f. reine angew. Math. Bd. 110, S. 104—129 (1892).]

Wenn eine ganze rationale Funktion mit ganzzahligen Koeffizienten und mit den Veränderlichen $x, y, \ldots, w; t, r, \ldots, q$ vorgelegt ist und wir behalten in dieser Funktion einige von den Veränderlichen, etwa die Veränderlichen $x, y, \ldots, w$, als Unbestimmte bei, während wir für die übrigen Veränderlichen $t, r, \ldots, q$ irgendwelche ganze positive oder negative Zahlen einsetzen, so entsteht ein System von unbegrenzt vielen ganzen rationalen Funktionen der Veränderlichen $x, y, \ldots, w$ mit ganzzahligen Koeffizienten, und wir werden auf die Frage geführt, ob in diesem Systeme notwendig irreduzible Funktionen der Veränderlichen $x, y, \ldots, w$ vorhanden sein müssen, sobald die ursprünglich vorgelegte Funktion eine irreduzible Funktion der Veränderlichen $x, y, \ldots, w; t, r, \ldots, q$ ist. Dabei wird eine ganze rationale Funktion mit ganzzahligen Koeffizienten irreduzibel genannt, wenn sie nicht als Produkt mehrerer solcher ganzer ganzzahliger Funktionen darstellbar ist. Die angeregte Frage und ihre Erweiterung auf beliebige Rationalitätsbereiche rückt den Begriff der Irreduzibilität in ein neues Licht, und überdies gestatten die sich ergebenden Resultate mannigfache besondere Anwendungen auf die Theorie der Gleichungen und der Rationalitätsbereiche.

Unsere Entwicklungen beruhen auf folgendem Hilfssatze:

Es sei eine unendliche Zahlenreihe $a_1, a_2, a_3, \ldots$ vorgelegt, in welcher allgemein a_s eine der a ganzen positiven Zahlen $1, 2, \ldots, a$ bedeutet; es sei überdies m irgendeine ganze positive Zahl. Dann lassen sich stets m ganze positive Zahlen $\mu^{(1)}, \mu^{(2)}, \ldots, \mu^{(m)}$ so bestimmen, daß die 2^m Elemente

$$\begin{array}{lllll}
a_\mu\,, & & & & \\
a_{\mu+\mu^{(1)}}\,, & & & & \\
a_{\mu+\mu^{(2)}}\,, & a_{\mu+\mu^{(1)}+\mu^{(2)}}\,, & & & \\
a_{\mu+\mu^{(3)}}\,, & a_{\mu+\mu^{(1)}+\mu^{(3)}}\,, & a_{\mu+\mu^{(2)}+\mu^{(3)}}\,, & a_{\mu+\mu^{(1)}+\mu^{(2)}+\mu^{(3)}}\,, & \\
\cdots & \cdots & \cdots & \cdots & \\
a_{\mu+\mu^{(m)}}\,, & a_{\mu+\mu^{(1)}+\mu^{(m)}}\,, & a_{\mu+\mu^{(2)}+\mu^{(m)}}\,, & \ldots, & a_{\mu+\mu^{(1)}+\mu^{(2)}+\cdots+\mu^{(m)}}
\end{array}$$

für unendlich viele ganzzahlige Werte μ sämtlich gleich der nämlichen Zahl G sind, wo G eine der Zahlen $1, 2, \ldots, a$ bedeutet. Dabei wird der Index $\mu + \mu^{(1)}$ des zweiten Elementes erhalten, indem man die Zahl $\mu^{(1)}$ zu dem Index μ des ersten Elementes addiert; die Indices des dritten und vierten Elementes entstehen aus den Indices des ersten und zweiten Elementes, indem man zu diesen die Zahl $\mu^{(2)}$ addiert; die Indices des fünften, sechsten, siebenten, achten Elementes entstehen aus den Indices der vier ersten Elemente, wenn man zu diesen die Zahl $\mu^{(3)}$ addiert, und schließlich erhält man die Indices der 2^{m-1} letzten Elemente, indem man zu den schon bestimmten Indices der 2^{m-1} ersten Elemente die Zahl $\mu^{(m)}$ addiert.

Beim Beweise ist es notwendig, einzelne Teile der vorgelegten Reihe für sich zu betrachten. Wenn insbesondere i aufeinander folgende Elemente der Reihe herausgegriffen werden, etwa die Elemente $a_\mu, a_{\mu+1}, a_{\mu+2}, \ldots, a_{\mu+i-1}$, so nenne ich diese i Elemente ein Intervall der Reihe von der Länge i. Wir grenzen nun innerhalb der vorgelegten Reihe irgendein Intervall von der Länge $a + 1$ ab. In diesem Intervalle tritt dann mindestens eine der Zahlen $1, 2, \ldots, a$, etwa die Zahl G, zweimal auf, d. h. in dem Intervalle von der Länge $a + 1$ kommt jedenfalls eine der folgenden Gruppierungen vor:

$$\begin{aligned} G_2^{(1)} &= G\,G, \\ G_3^{(1)} &= G\,.\,G, \\ G_4^{(1)} &= G\,.\,.\,G, \\ &\cdot\;\cdot\;\cdot\;\cdot\;\cdot\;\cdot \\ G_{a+1}^{(1)} &= G\ldots\;.\;.\;.\;.\;.\ldots G. \end{aligned}$$

Wie schon durch die Schreibweise kenntlich gemacht ist, bedeutet hierin allgemein $G_s^{(1)}$ ein Intervall von der Länge s, dessen erstes und letztes Element einander gleich, nämlich gleich der Zahl G sind. Man sieht, daß die Anzahl aller möglichen voneinander verschiedenen Gruppierungen $G_s^{(1)}$ gleich a^2 und somit jedenfalls kleiner als die Zahl $(a + 1)^2$ ist. Wir grenzen jetzt innerhalb der vorgelegten Reihe hintereinander $(a + 1)^2$ Intervalle ab, deren jedes die Länge $a + 1$ besitzt, und betrachten dann das so entstehende Gesamtintervall von der Länge $(a + 1)^3$. In demselben tritt notwendig mindestens eine der Gruppierungen $G_s^{(1)}$, etwa die Gruppierung $G_{\nu^{(1)}}^{(1)}$, zweimal auf, d. h. in dem Intervalle von der Länge $(a + 1)^3$ kommt jedenfalls eine der folgenden Gruppierungen vor:

$$\begin{aligned} G_{2\nu^{(1)}}^{(2)} &= G_{\nu^{(1)}}^{(1)}\,G_{\nu^{(1)}}^{(1)}, \\ G_{2\nu^{(1)}+1}^{(2)} &= G_{\nu^{(1)}}^{(1)}\,.\,G_{\nu^{(1)}}^{(1)}, \\ G_{2\nu^{(1)}+2}^{(2)} &= G_{\nu^{(1)}}^{(1)}\,.\,.\,G_{\nu^{(1)}}^{(1)}, \\ &\cdot\;\cdot\;\cdot\;\cdot\;\cdot\;\cdot\;\cdot\;\cdot\;\cdot \\ G_{(a+1)^3}^{(2)} &= G_{\nu^{(1)}}^{(1)}\ldots\;.\;.\;.\;.\ldots G_{\nu^{(1)}}^{(1)}. \end{aligned}$$

Hier bedeutet allgemein $G_s^{(2)}$ ein Intervall von der Länge s, welches mit der Gruppierung $G_{\nu^{(1)}}^{(1)}$ beginnt und mit der nämlichen Gruppierung schließt. Die Anzahl aller voneinander verschiedenen Gruppierungen $G_s^{(2)}$ ist offenbar kleiner als das Produkt der Intervallänge $(a+1)^3$ in die Anzahl aller möglichen Gruppierungen $G_s^{(1)}$, und folglich ist jene Anzahl der Gruppierungen $G_s^{(2)}$ jedenfalls kleiner als $(a+1)^5$. Wenn wir daher innerhalb der vorgelegten Reihe hintereinander $(a+1)^5$ Intervalle abgrenzen, und zwar ein jedes von der Länge $(a+1)^3$, so tritt in dem so entstehenden Intervalle von der Gesamtlänge $(a+1)^8$ mindestens eine der Gruppierungen $G_s^{(2)}$, etwa die Gruppierung $G_{\nu^{(2)}}^{(2)}$, zweimal auf, d. h. in dem Intervalle von der Länge $(a+1)^8$ kommt jedenfalls eine der folgenden Gruppierungen vor:

$$G_{2\nu^{(2)}}^{(3)} = G_{\nu^{(2)}}^{(2)} G_{\nu^{(2)}}^{(2)},$$

$$G_{2\nu^{(2)}+1}^{(3)} = G_{\nu^{(2)}}^{(2)} . G_{\nu^{(2)}}^{(2)},$$

$$G_{2\nu^{(2)}+2}^{(3)} = G_{\nu^{(2)}}^{(2)} .. G_{\nu^{(2)}}^{(2)},$$

$$\cdot \quad \cdot \quad \cdot \quad \cdot \quad \cdot \quad \cdot \quad \cdot \quad \cdot \quad \cdot$$

$$G_{(a+1)^8}^{(3)} = G_{\nu^{(2)}}^{(2)} \ldots \quad . \quad . \quad \ldots G_{\nu^{(2)}}^{(2)}.$$

Hier bedeutet allgemein $G_s^{(3)}$ ein Intervall von der Länge s, welches mit der Gruppierung $G_{\nu^{(2)}}^{(2)}$ beginnt und mit der nämlichen Gruppierung schließt.

Nach m-maliger Anwendung des nämlichen Verfahrens gelangen wir zu Gruppierungen von der Gestalt

$$G^{(m)} = G^{(m-1)} \ldots \quad . \quad . \quad . \quad \ldots G^{(m-1)}$$

und erkennen, daß in jedem Intervall der Reihe von einer gewissen Länge l notwendig eine jener Gruppierungen $G^{(m)}$ vorkommen muß. Dabei bedeutet l eine bestimmte endliche und nur von a und m abhängige Zahl. Die Anzahl aller voneinander verschiedenen Gruppierungen $G^{(m)}$ ergibt sich wiederum kleiner als eine gewisse endliche Zahl k, welche leicht aus a und m berechnet werden kann. In der vorgelegten Reihe können wir nun hintereinander beliebig viele Intervalle von der Länge l abgrenzen, und es folgt daher, daß es unter den Gruppierungen $G^{(m)}$ notwendig eine gibt, welche in der vorgelegten Reihe unendlich oft vorkommt. Diese Gruppierung sei die folgende

$$G_{\nu^{(m)}}^{(m)} = G_{\nu^{(m-1)}}^{(m-1)} \ldots \quad . \quad . \quad . \quad \ldots G_{\nu^{(m-1)}}^{(m-1)},$$

wo $G_{\nu^{(m)}}^{(m)}$ und $G_{\nu^{(m-1)}}^{(m-1)}$ Intervalle von der Länge $\nu^{(m)}$ bzw. von der Länge $\nu^{(m-1)}$ bedeuten.

Wir erkennen hieraus leicht die Richtigkeit des obigen Hilfssatzes. Es ist nämlich die Gruppierung $G_{\nu^{(m)}}^{(m)}$ durch die folgenden Rekursionsformeln bestimmt:

$$G^{(1)}_{\nu^{(1)}} = G \ldots \quad . \quad . \quad . \ldots G\,,$$
$$G^{(2)}_{\nu^{(2)}} = G^{(1)}_{\nu^{(1)}} \ldots \quad . \quad . \quad \ldots G^{(1)}_{\nu^{(1)}}\,,$$
$$G^{(3)}_{\nu^{(3)}} = G^{(2)}_{\nu^{(2)}} \ldots \quad . \quad . \quad \ldots G^{(2)}_{\nu^{(2)}}\,,$$
$$\cdot \quad \cdot \quad \cdot \quad \cdot \quad \cdot \quad \cdot \quad \cdot \quad \cdot$$
$$G^{(m)}_{\nu^{(m)}} = G^{(m-1)}_{\nu^{(m-1)}} \ldots \quad . \quad . \quad \ldots G^{(m-1)}_{\nu^{(m-1)}}\,,$$

wo stets die unteren Indices die Anzahl der Elemente angeben, aus denen die betreffenden Intervalle bestehen. Ich setze

$$\mu^{(1)} = \nu^{(1)} - 1\,,$$
$$\mu^{(2)} = \nu^{(2)} - \nu^{(1)}\,,$$
$$\mu^{(3)} = \nu^{(3)} - \nu^{(2)}\,,$$
$$\cdot \quad \cdot \quad \cdot \quad \cdot \quad \cdot \quad \cdot \quad \cdot$$
$$\mu^{(m)} = \nu^{(m)} - \nu^{(m-1)}$$

und behaupte dann, daß die so entstehenden, ganzen positiven Zahlen $\mu^{(1)}$, $\mu^{(2)}, \ldots, \mu^{(m)}$ von derjenigen Beschaffenheit sind, welche unser Hilfssatz verlangt. In der Tat: es ist eben bewiesen worden, daß in der vorgelegten Reihe $a_1, a_2, a_3, \ldots$ die Gruppierung $G^{(m)}_{\nu^{(m)}}$ unendlich oft vorkommt, d. h. es gibt unendlich viele ganzzahlige Werte von μ, für welche

$$a_\mu\, a_{\mu+1} \ldots a_{\mu+\nu^{(m)}-1} = G^{(m)}_{\nu^{(m)}}$$

wird. Aus dem Aufbau der Gruppierung $G^{(m)}_{\nu^{(m)}}$ folgt dann

$$a_\mu = G\,,$$
$$a_{\mu+\mu^{(1)}} = G\,,$$
$$a_{\mu+\mu^{(2)}} = a_{\mu+\mu^{(1)}+\mu^{(2)}} = G\,,$$
$$a_{\mu+\mu^{(3)}} = a_{\mu+\mu^{(1)}+\mu^{(3)}} = a_{\mu+\mu^{(2)}+\mu^{(3)}} = a_{\mu+\mu^{(1)}+\mu^{(2)}+\mu^{(3)}} = G,$$
$$\cdot \quad \cdot \quad \cdot \quad \cdot \quad \cdot \quad \cdot \quad \cdot \quad \cdot \quad \cdot \quad \cdot \quad \cdot \quad \cdot$$
$$a_{\mu+\mu^{(m)}} = a_{\mu+\mu^{(1)}+\mu^{(m)}} = a_{\mu+\mu^{(2)}+\mu^{(m)}} = \cdots = a_{\mu+\mu^{(1)}+\mu^{(2)}+\cdots+\mu^{(m)}} = G\,,$$

und damit ist der Hilfssatz bewiesen.

Wir kehren jetzt zu der anfangs gestellten Frage zurück und beweisen zunächst das folgende Theorem:

I. *Wenn $f(x, t)$ eine irreduzible ganze rationale Funktion der beiden Veränderlichen x und t mit ganzzahligen Koeffizienten bezeichnet, so ist es stets auf unendlich viele Weisen möglich, in $f(x, t)$ für t eine ganze rationale Zahl einzusetzen, so daß dadurch die Funktion $f(x, t)$ in eine irreduzible Funktion der einen Veränderlichen x übergeht. Dabei heißt eine ganze rationale Funktion mit ganzzahligen Koeffizienten irreduzibel, wenn sie nicht als Produkt mehrerer solcher Funktionen mit ganzzahligen Koeffizienten dargestellt werden kann.*

Wir setzen

$$f(x, t) = T x^n + T_1 x^{n-1} + \cdots + T_n\,,$$

wo $T, T_1, \ldots, T_n$ ganze rationale Funktionen von t mit ganzzahligen Koeffizienten sind, und nehmen dann — im Gegensatze zu der in obigem Theoreme ausgesprochenen Behauptung — an, daß die Funktion $f(x, t)$ stets gleich einem Produkte zweier oder mehrerer ganzer ganzzahliger Funktionen von x wird, sobald wir für t irgendeine ganze positive, oberhalb einer bestimmten Grenze C gelegene Zahl einsetzen. Vermöge der Substitution $x = \frac{y}{T}$ erhalten wir

$$f(x, t) = \frac{1}{T^{n-1}}\{y^n + S_1 y^{n-1} + S_2 y^{n-2} + \cdots + S_n\},$$

wo $S_1, S_2, \ldots, S_n$ wiederum ganze ganzzahlige Funktionen von t bedeuten, und es wird dann auch die Funktion

$$g(y, t) = y^n + S_1 y^{n-1} + S_2 y^{n-2} + \cdots + S_n$$

reduzibel für jeden positiven ganzzahligen Wert von t, welcher eine gewisse Grenze C' überschreitet, wo $C' \geqq C$ und überdies so groß gewählt sein möge, daß die Funktion T für alle über C' hinaus liegenden Werte t von Null verschieden bleibt.

Wir entwickeln jetzt die n Wurzeln $y_1, y_2, \ldots, y_n$ der Gleichung

$$y^n + S_1 y^{n-1} + S_2 y^{n-2} + \cdots + S_n = 0$$

in der von Puiseux[1] zuerst angegebenen Weise nach fallenden ganzen Potenzen von $\tau = t^{\frac{1}{k}}$, wo k eine in bekannter Weise zu bestimmende positive ganze Zahl ist, und wo unter $t^{\frac{1}{k}}$ der positive reelle Wert der Wurzel verstanden werden soll. Zu Anfang der Entwicklungen erhält man eine endliche Anzahl von positiven ganzen Potenzen von τ. Es sei h der höchste positive Exponent von τ, welcher auftritt; wir finden dann die Entwicklungen:

$$\begin{aligned}
y_1 &= \alpha_1 \tau^h + \beta_1 \tau^{h-1} + \cdots + \lambda_1 + \frac{\pi_1}{\tau} + \frac{\varrho_1}{\tau^2} + \frac{\sigma_1}{\tau^3} + \cdots,\\
y_2 &= \alpha_2 \tau^h + \beta_2 \tau^{h-1} + \cdots + \lambda_2 + \frac{\pi_2}{\tau} + \frac{\varrho_2}{\tau^2} + \frac{\sigma_2}{\tau^3} + \cdots,\\
&\cdots\cdots\cdots\cdots\cdots\cdots\cdots\cdots\\
y_n &= \alpha_n \tau^h + \beta_n \tau^{h-1} + \cdots + \lambda_n + \frac{\pi_n}{\tau} + \frac{\varrho_n}{\tau^2} + \frac{\sigma_n}{\tau^3} + \cdots,
\end{aligned}$$

wo die Koeffizienten $\alpha, \beta, \ldots, \lambda, \pi, \varrho, \sigma, \ldots$ sämtlich völlig bestimmte

[1] Die Originalarbeit von Puiseux befindet sich in Liouvilles J. Bd. 15, 16 (1850, 1851). — Diese Potenzentwicklungen sind bereits von Herrn C. Runge dazu benutzt worden, um gewisse notwendige Bedingungen dafür abzuleiten, daß eine Gleichung zwischen zwei Unbekannten unendlich viele ganzzahlige Lösungen besitzt, vgl. J. reine angew. Math. Bd. 100 S. 425.

rationale oder irrationale, reelle oder imaginäre Zahlen sind. Die gefundenen Potenzreihen konvergieren stets, wenn $t = \tau^k$ eine gewisse positive Größe C'' übersteigt.

Wir wählen zunächst unter den n Wurzeln $y_1, y_2, \ldots, y_n$ irgend zwei aus, etwa y_1 und y_2, und bilden dann die Potenzreihen für die beiden elementarsymmetrischen Funktionen derselben wie folgt:

$$y_1 + y_2 = (\alpha_1 + \alpha_2)\,\tau^h + (\beta_1 + \beta_2)\,\tau^{h-1} + \cdots,$$
$$y_1 y_2 = \alpha_1\alpha_2\,\tau^{2h} + (\alpha_1\beta_2 + \alpha_2\beta_1)\,\tau^{2h-1} + \cdots.$$

Da wir auf $\frac{n(n-1)}{1\cdot 2} = \binom{n}{2}$ Weisen je zwei Wurzeln aus den n Wurzeln $y_1, y_2, \ldots, y_n$ auswählen können, so ergeben sich im ganzen $\binom{n}{2}$ Systeme von je zwei Potenzreihen. Wir wählen ferner aus den n Wurzeln $y_1, y_2, \ldots, y_n$ irgend drei aus, etwa y_1, y_2, y_3, und bilden dann die Potenzreihen für die drei elementarsymmetrischen Funktionen derselben wie folgt:

$$y_1 + y_2 + y_3 = (\alpha_1 + \alpha_2 + \alpha_3)\,\tau^h + (\beta_1 + \beta_2 + \beta_3)\,\tau^{h-1} + \cdots,$$
$$y_1y_2 + y_1y_3 + y_2y_3 = (\alpha_1\alpha_2 + \alpha_1\alpha_3 + \alpha_2\alpha_3)\,\tau^{2h}$$
$$+ (\alpha_1\beta_2 + \alpha_2\beta_1 + \alpha_1\beta_3 + \alpha_3\beta_1 + \alpha_2\beta_3 + \alpha_3\beta_2)\,\tau^{2h-1} + \cdots,$$
$$y_1y_2y_3 = \alpha_1\alpha_2\alpha_3\,\tau^{3h} + (\alpha_1\alpha_2\beta_3 + \alpha_1\alpha_3\beta_2 + \alpha_2\alpha_3\beta_1)\,\tau^{3h-1} + \cdots.$$

Da wir auf $\binom{n}{3}$ Weisen je drei Wurzeln aus den n Wurzeln $y_1, y_2, \ldots, y_n$ auswählen können, so ergeben sich im ganzen $\binom{n}{3}$ Systeme von je drei Potenzreihen. In derselben Weise gelangen wir zu $\binom{n}{4}$ Systemen von je vier Potenzreihen, zu $\binom{n}{5}$ Systemen von je fünf Potenzreihen usw. Schließlich wählen wir unter den n Wurzeln $y_1, y_2, \ldots, y_n$ irgend $n-1$ aus, etwa $y_1, y_2, \ldots, y_{n-1}$ und bilden die Potenzreihen für die $n-1$ elementarsymmetrischen Funktionen derselben wie folgt:

$$y_1 + y_2 + \cdots + y_{n-1} = (\alpha_1 + \alpha_2 + \cdots + \alpha_{n-1})\,\tau^h + (\beta_1 + \beta_2 + \cdots + \beta_{n-1})\,\tau^{h-1} + \cdots,$$
$$\cdots\cdots\cdots\cdots\cdots\cdots\cdots\cdots\cdots\cdots$$
$$y_1y_2\cdots y_{n-1} = \alpha_1\alpha_2\cdots\alpha_{n-1}\,\tau^{(n-1)h}$$
$$+ (\alpha_1\alpha_2\cdots\alpha_{n-2}\beta_{n-1} + \cdots + \alpha_2\alpha_3\cdots\alpha_{n-1}\beta_1)\,\tau^{(n-1)h-1} + \cdots.$$

Es ergeben sich auf diese Weise $\binom{n}{n-1} = n$ Systeme, von denen jedes aus $n-1$ Potenzreihen besteht.

Wenn wir jetzt noch die n ursprünglichen Potenzreihen hinzunehmen und jede von diesen für sich als ein System zählen, so haben wir insgesamt $n + \binom{n}{2} + \binom{n}{3} + \cdots + \binom{n}{n-1} = 2^n - 2$ Systeme von Potenzreihen. Diese

$2^n - 2$ Systeme von Potenzreihen wollen wir in eine bestimmte Reihenfolge bringen und mit den Nummern $1, 2, \ldots, 2^n - 2$ versehen.

Nachdem dies geschehen ist, bestimmen wir eine Primzahl p, welche größer ist als jede der beiden Größen C' und C'', und denken uns dann in sämtliche Potenzreihen unserer $2^n - 2$ Systeme für τ den positiven reellen Wert von $p^{\frac{1}{k}}$ eingesetzt. Da unserer früheren Annahme zufolge die ganze ganzzahlige Funktion $g(y, p)$ reduzibel wird, d. h. in zwei ganze ganzzahlige Funktionen von y zerlegt werden kann, so muß unter den $2^n - 2$ Systemen von Potenzreihen mindestens ein System existieren, dessen sämtliche Potenzreihen sich gleich ganzen rationalen Zahlen ergeben, wenn man ihre Werte für $\tau = p^{\frac{1}{k}}$ berechnet. Das erste dieser Systeme habe die Nummer a_1. Wir setzen ferner $\tau = 2p^{\frac{1}{k}}$. Da infolge unserer Annahme die Funktion $g(y, 2^k p)$ reduzibel wird, so muß wiederum unter den $2^n - 2$ Systemen von Potenzreihen mindestens ein System existieren, dessen sämtliche Potenzreihen für $\tau = 2p^{\frac{1}{k}}$ ganzzahlige Werte annehmen. Das erste dieser Systeme besitze die Nummer a_2. Infolge der Substitution $\tau = 3p^{\frac{1}{k}}$ mögen alle diejenigen Potenzreihen ganzzahlige Werte annehmen, welche dem Systeme mit der Nummer a_3 angehören usw.

Durch dieses Verfahren ist eine unendliche Zahlenreihe $a_1, a_2, a_3, \ldots$ definiert, in welcher allgemein a_s eine der $2^n - 2$ ganzen Zahlen $1, 2, \ldots, 2^n - 2$ bedeutet. Wir wenden auf diese unendliche Reihe den oben bewiesenen Hilfssatz an, indem wir $a = 2^n - 2$ und $m = (n-1)h + 1$ setzen. Es lassen sich dann zufolge jenes Satzes m Zahlen $\mu^{(1)}, \mu^{(2)}, \ldots, \mu^{(m)}$ so bestimmen, daß die 2^m Elemente

$$\begin{array}{llll}
a_{\mu}, & & & \\
a_{\mu+\mu^{(1)}}, & & & \\
a_{\mu+\mu^{(2)}}, & a_{\mu+\mu^{(1)}+\mu^{(2)}}, & & \\
a_{\mu+\mu^{(3)}}, & a_{\mu+\mu^{(1)}+\mu^{(3)}}, & a_{\mu+\mu^{(2)}+\mu^{(3)}}, & a_{\mu+\mu^{(1)}+\mu^{(2)}+\mu^{(3)}}, \\
\cdots & \cdots & \cdots & \cdots \\
a_{\mu+\mu^{(m)}}, & a_{\mu+\mu^{(1)}+\mu^{(m)}}, & a_{\mu+\mu^{(2)}+\mu^{(m)}}, \ldots, & a_{\mu+\mu^{(1)}+\mu^{(2)}+\cdots+\mu^{(m)}}
\end{array}$$

für unendlich viele ganzzahlige Werte μ sämtlich gleich der nämlichen Zahl G sind, wo G eine der Zahlen $1, 2, \ldots, 2^n - 2$ bedeutet. Es möge nun zu der Nummer G etwa das folgende aus ν Potenzreihen bestehende System gehören:

$$\begin{gathered}
y_1 + y_2 + \cdots + y_\nu = \mathsf{A}_1 \tau^{m-1} + \mathsf{B}_1 \tau^{m-2} + \cdots + \Lambda_1 + \frac{\Pi_1}{\tau} + \frac{\mathsf{P}_1}{\tau^2} + \frac{\Sigma_1}{\tau^3} + \cdots, \\
\cdots\cdots\cdots\cdots\cdots\cdots\cdots\cdots\cdots\cdots \\
y_1 y_2 \cdots y_\nu = \mathsf{A}_\nu \tau^{m-1} + \mathsf{B}_\nu \tau^{m-2} + \cdots + \Lambda_\nu + \frac{\Pi_\nu}{\tau} + \frac{\mathsf{P}_\nu}{\tau^2} + \frac{\Sigma_\nu}{\tau^3} + \cdots
\end{gathered}$$

Die Koeffizienten A, B, ..., Λ, Π, P, Σ, ... sind sämtlich völlig bestimmte rationale oder irrationale, reelle oder imaginäre Zahlen; einige derselben haben den Wert Null, da ja die positiven Exponenten von τ im allgemeinen kleiner sein werden als $m - 1 = (n-1)h$. Wir setzen in die obigen ν Potenzreihen $\tau = \sigma p^{\frac{1}{k}}$ ein und erhalten dann

$$y_1 + y_2 + \cdots + y_\nu = A_1\sigma^{m-1} + B_1\sigma^{m-2} + \cdots + L_1 + \frac{P_1}{\sigma} + \frac{R_1}{\sigma^2} + \frac{S_1}{\sigma^3} + \cdots,$$

. . . .

$$y_1 y_2 \cdots y_\nu = A_\nu\sigma^{m-1} + B_\nu\sigma^{m-2} + \cdots + L_\nu + \frac{P_\nu}{\sigma} + \frac{R_\nu}{\sigma^2} + \frac{S_\nu}{\sigma^3} + \cdots,$$

wo die Koeffizienten $A, B, \ldots, L, P, R, S, \ldots$ wiederum bestimmte numerische Größen sind.

Es gibt, wie unsere Entwicklungen zeigen, unendlich viele ganze Zahlen μ derart, daß in den letzten Formeln die rechten Seiten sämtlich ganze Zahlen darstellen, sobald wir für σ eine der ganzen Zahlen

μ,

$\mu + \mu^{(1)}$,

$\mu + \mu^{(2)}$, $\mu + \mu^{(1)} + \mu^{(2)}$,

$\mu + \mu^{(3)}$, $\mu + \mu^{(1)} + \mu^{(3)}$, $\mu + \mu^{(2)} + \mu^{(3)}$, $\mu + \mu^{(1)} + \mu^{(2)} + \mu^{(3)}$,

. . . .

$\mu + \mu^{(m)}$, $\mu + \mu^{(1)} + \mu^{(m)}$, $\mu + \mu^{(2)} + \mu^{(m)}, \ldots, \mu + \mu^{(1)} + \mu^{(2)} + \cdots + \mu^{(m)}$

einsetzen. Wir wählen jetzt irgendeine von den ν Potenzreihen des in Rede stehenden Systems aus, etwa die Potenzreihe

$$\mathfrak{P}(\sigma) = A_1\sigma^{m-1} + B_1\sigma^{m-2} + \cdots + L_1 + \frac{P_1}{\sigma} + \frac{R_1}{\sigma^2} + \frac{S_1}{\sigma^3} + \cdots,$$

und bilden aus derselben die folgenden m Potenzreihen

$$\begin{aligned} \mathfrak{P}^{(1)}(\sigma) &= \mathfrak{P}(\sigma) \quad - \mathfrak{P}(\sigma + \mu^{(1)}), \\ \mathfrak{P}^{(2)}(\sigma) &= \mathfrak{P}^{(1)}(\sigma) - \mathfrak{P}^{(1)}(\sigma + \mu^{(2)}), \\ &\cdots\cdots\cdots \\ \mathfrak{P}^{(m)}(\sigma) &= \mathfrak{P}^{(m-1)}(\sigma) - \mathfrak{P}^{(m-1)}(\sigma + \mu^{(m)}). \end{aligned}$$

Aus der vorhin bewiesenen Tatsache folgt, daß auch jede von diesen m Potenzreihen für unendlich viele ganzzahlige Argumente $\sigma = \mu$ ganzzahlige Werte annimmt. Wir setzen ferner zur Abkürzung

$$\varphi_{m-1}(\sigma) = A_1\sigma^{m-1} + B_1\sigma^{m-2} + \cdots + L_1 .$$

Die weiteren Koeffizienten $P_1, R_1, S_1, \ldots$ der Potenzreihe $\mathfrak{P}(\sigma)$ seien nicht sämtlich gleich Null, und es bezeichne $\frac{V_1}{\sigma^v}$ das erste Glied, dessen Koeffizient V_1

nicht verschwindet. Wir erhalten dann

$$\mathfrak{P}^{(1)}(\sigma) = \varphi_{m-1}(\sigma) - \varphi_{m-1}(\sigma + \mu^{(1)}) + V_1\left[\frac{1}{\sigma^v} - \frac{1}{(\sigma + \mu^{(1)})^v}\right] + \cdots.$$

Hier ist die erste auf der rechten Seite stehende Differenz eine ganze rationale Funktion vom $(m - 2)$-ten Grade in σ; wir setzen

$$\varphi_{m-2}(\sigma) = \varphi_{m-1}(\sigma) - \varphi_{m-1}(\sigma + \mu^{(1)}).$$

Die übrigen Glieder auf der rechten Seite entwickeln wir nach fallenden Potenzen von σ; es wird dann

$$\mathfrak{P}^{(1)}(\sigma) = \varphi_{m-2}(\sigma) + \mu^{(1)} v \frac{V_1}{\sigma^{v+1}} + \cdots.$$

In entsprechender Weise erhalten wir

$$\mathfrak{P}^{(2)}(\sigma) = \varphi_{m-3}(\sigma) + \mu^{(1)}\mu^{(2)} v(v+1)\frac{V_1}{\sigma^{v+2}} + \cdots,$$

wo $\varphi_{m-3}(\sigma)$ eine ganze rationale Funktion vom $(m - 3)$-ten Grade in σ bedeutet. Nach m Schritten gelangen wir schließlich zu der Formel

$$\mathfrak{P}^{(m)}(\sigma) = \mu^{(1)}\mu^{(2)}\cdots\mu^{(m)} v(v+1)\cdots(v+m-1)\frac{V_1}{\sigma^{v+m}} + \cdots.$$

Da diese Potenzreihe mit negativen Potenzen von σ beginnt, so läßt sich eine positive Größe Γ angeben derart, daß für alle diese Grenze Γ überschreitenden Werte von σ der Wert der Potenzreihe absolut genommen kleiner als Eins ausfällt. Andererseits wird die Potenzreihe $\mathfrak{P}^{(m)}(\sigma)$ für unendlich viele ganzzahlige Argumente σ selbst gleich einer ganzen Zahl, und da eine ganze Zahl, deren absoluter Betrag unterhalb der Einheit liegt, notwendig gleich Null sein muß, so folgt, daß es unendlich viele ganzzahlige Werte von σ gibt, für welche die Potenzreihe $\mathfrak{P}^{(m)}(\sigma)$ verschwindet.

Aus der letzten Formel ergibt sich aber

$$\underset{\sigma=\infty}{L}\left[\sigma^{v+m}\,\mathfrak{P}^{(m)}(\sigma)\right] = \mu^{(1)}\mu^{(2)}\cdots\mu^{(m)} v(v+1)\cdots(v+m-1)\,V_1,$$

wo der Ausdruck rechter Hand eine von Null verschiedene Größe darstellt. Dieser Umstand steht mit der eben bewiesenen Tatsache in Widerspruch, und es ist daher unmöglich, daß unter den Koeffizienten $P_1, R_1, S_1, \ldots$ ein von Null verschiedener Koeffizient V_1 auftritt. In derselben Weise folgt, daß auch die Koeffizienten $P_2, R_2, S_2, \ldots, P_\nu, R_\nu, S_\nu, \ldots$ sämtlich gleich Null sind, und wir erhalten daher die Gleichungen:

$$y_1 + y_2 + \cdots + y_\nu = A_1\sigma^{m-1} + B_1\sigma^{m-2} + \cdots + L_1,$$
$$\cdots\cdots\cdots\cdots\cdots\cdots\cdots\cdots$$
$$y_1 y_2 \cdots y_\nu = A_\nu\sigma^{m-1} + B_\nu\sigma^{m-2} + \cdots + L_\nu.$$

Da die rechten Seiten für unendlich viele ganzzahlige Werte von σ ganze Zahlen darstellen sollen, so folgt leicht, daß die Koeffizienten $A, B, \ldots, L$ sämtlich rationale Zahlen sind[1]. Führen wir wiederum die Veränderliche τ ein, indem wir $\sigma = \tau p^{-\frac{1}{k}}$ setzen, so wird

$$y_1 + y_2 + \cdots + y_\nu = A_1 p^{-\frac{m-1}{k}} \tau^{m-1} + B_1 p^{-\frac{m-2}{k}} \tau^{m-2} + \cdots + L_1\,,$$

$$\cdots\cdots\cdots\cdots\cdots\cdots\cdots\cdots$$

$$y_1 y_2 \cdots y_\nu = A_\nu p^{-\frac{m-1}{k}} \tau^{m-1} + B_\nu p^{-\frac{m-2}{k}} \tau^{m-2} + \cdots + L_\nu\,.$$

Die bisherigen Entwicklungen ergeben das folgende Resultat: Bestimmen wir irgendeine Primzahl p, welche oberhalb einer gewissen Grenze liegt, so gibt es unter den oben aufgestellten $2^n - 2$ Systemen von Potenzreihen mindestens eines, dessen Funktionen die eben angegebene Gestalt annehmen, wobei die Koeffizienten $A, B, \ldots, L$ sämtlich rationale Zahlen sind.

Wir bestimmen $2^n - 2$ Primzahlen $p', p'', \ldots, p^{(2^n-2)}$, welche unter sich verschieden und größer sind als die Primzahl p. Auch für jede dieser Primzahlen gibt es dann unter den in Rede stehenden $2^n - 2$ Systemen von Potenzreihen eines von der entsprechenden Gestalt. Da aber die Anzahl der Primzahlen $p, p', p'', \ldots, p^{(2^n-2)}$ gleich $2^n - 1$ ist, während die Anzahl der Systeme nur $2^n - 2$ beträgt, so muß es notwendig ein System geben, dessen Funktionen eine doppelte Darstellung zulassen. Es sei etwa wie oben

$$y_1 + y_2 + \cdots + y_\nu = A_1 p^{-\frac{m-1}{k}} \tau^{m-1} + B_1 p^{-\frac{m-2}{k}} \tau^{m-2} + \cdots + L_1\,,$$

$$\cdots\cdots\cdots\cdots\cdots\cdots\cdots\cdots$$

$$y_1 y_2 \cdots y_\nu = A_\nu p^{-\frac{m-1}{k}} \tau^{m-1} + B_\nu p^{-\frac{m-2}{k}} \tau^{m-2} + \cdots + L_\nu$$

und zugleich

$$y_1 + y_2 + \cdots + y_\nu = A'_1 p'^{-\frac{m-1}{k}} \tau^{m-1} + B'_1 p'^{-\frac{m-2}{k}} \tau^{m-2} + \cdots + L'_1\,,$$

$$\cdots\cdots\cdots\cdots\cdots\cdots\cdots\cdots$$

$$y_1 y_2 \cdots y_\nu = A'_\nu p'^{-\frac{m-1}{k}} \tau^{m-1} + B'_\nu p'^{-\frac{m-2}{k}} \tau^{m-2} + \cdots + L'_\nu\,.$$

Durch Vergleichung der nämlichen Potenzen von τ auf der rechten Seite ergibt sich

$$A_1 p^{-\frac{m-1}{k}} = A'_1 p'^{-\frac{m-1}{k}}, \quad \ldots, \quad A_\nu p^{-\frac{m-1}{k}} = A'_\nu p'^{-\frac{m-1}{k}},$$

$$B_1 p^{-\frac{m-2}{k}} = B'_1 p'^{-\frac{m-2}{k}}, \quad \ldots, \quad B_\nu p^{-\frac{m-2}{k}} = B'_\nu p'^{-\frac{m-2}{k}},$$

$$\cdots\cdots\cdots\cdots\cdots\cdots\cdots\cdots$$

$$L_1 = L'_1, \quad \ldots, \quad L_\nu = L'_\nu\,.$$

---

[1] Man darf nicht schließen, daß jene Koeffizienten *ganze* rationale Zahlen sind, da es bekanntlich sehr wohl ganze rationale Funktionen einer Veränderlichen gibt, welche für alle ganzzahligen Werte derselben ganzen Zahlen gleich werden und trotzdem gebrochene Koeffizienten besitzen; vgl. Math. Ann. Bd. 36 S. 512, wo ich die allgemeinsten Funktionen solcher Art aufgestellt habe; siehe auch diesen Band Abh. 16, S. 236.

Da die Koeffizienten $A, B, \ldots, L, A', B', \ldots, L'$ sämtlich rationale Zahlen sind und p, p' zwei voneinander verschiedene Primzahlen bedeuten, so zeigen die gefundenen Gleichungen, daß nur diejenigen Koeffizienten von Null verschieden sein können, für welche der zugehörige Potenzexponent von τ eine durch k teilbare Zahl ist, d. h. die Funktionen unseres Systems hängen ganz und rational von τ^k ab, und wenn wir $\tau^k = t$ setzen, so wird

$$y_1 + y_2 + \cdots + y_\nu = F_1(t),$$
$$\cdots\cdots\cdots\cdots$$
$$y_1 y_2 \cdots y_\nu = F_\nu(t),$$

wo $F_1(t), \ldots, F_\nu(t)$ ganze rationale Funktionen von t mit rationalen Zahlenkoeffizienten sind. Das gefundene Resultat zeigt, daß die ganze rationale Funktion $g(y, t)$ durch die ganze rationale Funktion

$$\Psi(y,t) = y^\nu - F_1(t)\, y^{\nu-1} + F_2(t)\, y^{\nu-2} + \cdots + (-1)^\nu F_\nu(t)$$

teilbar sein muß, d. h. es ist

$$g(y,t) = \Psi(y,t)\, \Psi'(y,t),$$

wo Ψ und Ψ' ganze rationale Funktionen von y und t mit rationalen Zahlenkoeffizienten bedeuten. Mittels der Substitution $y = xT$ erhalten wir hieraus für die ursprünglich vorgelegte Funktion die Gleichung

$$f(x,t) = \frac{\Phi(x,t)\, \Phi'(x,t)}{A\, T^{n-1}},$$

wo $\Phi(x, t)$ und $\Phi'(x, t)$ ganze rationale Funktionen von x und t mit *ganzzahligen* Koeffizienten bedeuten, während A eine ganze Zahl und T eine ganze ganzzahlige Funktion der einen Veränderlichen t ist. Bezeichnet dann P irgendeine in A oder in sämtlichen Koeffizienten von T aufgehende Primzahl, so wird der Quotient

$$\frac{\Phi(x,t)\, \Phi'(x,t)}{P}$$

gleich einer ganzen ganzzahligen Funktion von x und t, und hieraus folgt leicht durch bekannte Schlüsse, daß entweder die sämtlichen Koeffizienten von $\Phi(x, t)$ oder diejenigen von $\Phi'(x, t)$ durch P teilbar sein müssen. Wenn ferner $U(t)$ eine ganze ganzzahlige irreduzible in T aufgehende Funktion von t bezeichnet, so wird der Quotient

$$\frac{\Phi(x,t)\, \Phi'(x,t)}{U(t)}$$

ebenfalls gleich einer ganzen ganzzahligen Funktion von x und t, und hieraus folgt in ähnlicher Weise, daß entweder in $\Phi(x, t)$ oder in $\Phi'(x, t)$ die sämtlichen Potenzen von x mit Funktionen von t multipliziert sind, welche die Funktion $U(t)$ als Faktor enthalten. Durch Fortheben der sämtlichen Primzahlen P und irreduziblen Funktionen $U(t)$ gelangen wir zu einer Gleichung von der Gestalt

$$f(x,t) = \varphi(x,t)\,\varphi'(x,t),$$

wo $\varphi(x,t)$ und $\varphi'(x,t)$ ganze rationale Funktionen von x und t mit *ganzzahligen* Koeffizienten sind. Diese Gleichung sagt aus, daß die ursprünglich vorgelegte Funktion $f(x,t)$ reduzibel ist. Da aber diese Folgerung mit der Voraussetzung unseres Theorems in Widerspruch steht, so ist unsere anfangs gemachte Annahme unzulässig, d. h. es gibt keine Grenze C derart, daß die vorgelegte Funktion $f(x,t)$ für alle diese Grenze C überschreitenden ganzzahligen Werte von t reduzibel wird, und damit ist der Beweis unseres Theorems vollständig erbracht.

Der Kürze wegen habe ich die ganze Untersuchung so geführt, daß dieselbe nur die *Existenz* einer Zahl t von der im Theorem verlangten Beschaffenheit erkennen läßt. Es kann jedoch die Entwicklung ohne Schwierigkeit so ergänzt werden, daß aus derselben zugleich hervorgeht, wie sich eine solche Zahl t mittels Rechnung durch eine *endliche Anzahl* von Handlungen wirklich finden läßt, sobald eine bestimmte ganzzahlige Funktion vorgelegt ist.

Im folgenden beschäftigen wir uns mit einigen Verallgemeinerungen und Anwendungen des eben bewiesenen Theorems I. Dabei genüge hinsichtlich der Beweise der Sätze eine kurze Andeutung der anzuwendenden Schlüsse.

Zunächst nehmen wir an, es seien statt der einen irreduziblen Funktion $f(x,t)$ mehrere irreduzible Funktionen $f(x,t)$, $g(x,t)$, ..., $k(x,t)$ vorgelegt. Wir finden dann durch eine leicht erkennbare Abänderung des obigen Schlußverfahrens den folgenden Satz:

Wenn $f(x,t), g(x,t), \ldots, k(x,t)$ sämtlich ganze ganzzahlige irreduzible Funktionen der beiden Veränderlichen x und t sind, so ist es stets auf unendlich viele Weisen möglich, für t eine ganze rationale Zahl einzusetzen, so daß dadurch jede dieser Funktionen $f(x,t)$, $g(x,t)$, ..., $k(x,t)$ in eine irreduzible Funktion der einen Veränderlichen x übergeht.

Sprechen wir diese Tatsache für das Produkt $F(x,t)$ der sämtlichen vorgelegten Funktionen $f(x,t)$, $g(x,t)$, ..., $k(x,t)$ aus, so ergibt sich der Satz:

In einer beliebig gegebenen ganzen ganzzahligen Funktion $F(x,t)$ der beiden Veränderlichen x und t läßt sich stets für t auf unendlich viele Weisen eine ganze Zahl derart einsetzen, daß in bezug auf die Veränderliche x die entstehende Funktion genau in ebenso viele ganze ganzzahlige irreduzible Funktionen zerfällt wie die ursprüngliche Funktion $F(x,t)$ bei unbestimmtem Parameter t.

Schwieriger ist es, unser Theorem I sowie die eben erwähnten Folgerungen auf den Fall auszudehnen, daß die gegebenen Funktionen statt der einen Veränderlichen x beliebig viele Veränderliche $x, y, \ldots, w$ und statt des einen Parameters t beliebig viele Parameter $t, r, \ldots, q$ enthalten. Um diesen allgemeinsten Fall zu behandeln, beweisen wir zunächst den folgenden Satz:

Wenn $F(x, t, r, \ldots, q)$ eine irreduzible ganze ganzzahlige Funktion der Veränderlichen x und der Parameter $t, r, \ldots, q$ bezeichnet, so kann man stets für $t, r, \ldots, q$ lineare ganze ganzzahlige Funktionen eines Parameters u einsetzen, so daß dadurch die Funktion $F(x, t, r, \ldots, q)$ in eine irreduzible Funktion der beiden Veränderlichen x und u übergeht[1].

Es sei

$$F(x, t, r, \ldots, q) = f x^n + f_1 x^{n-1} + \cdots + f_n,$$

wo $f, f_1, \ldots, f_n$ ganze ganzzahlige Funktionen von $t, r, \ldots, q$ sind. Setzen wir hierin $x = \frac{y}{f}$ ein und multiplizieren dann mit f^{n-1}, so ergibt sich eine Funktion, welche ebenfalls irreduzibel ist und die Gestalt

$$G(y, t, r, \ldots, q) = y^n + g_1 y^{n-1} + \cdots + g_n$$

besitzt, wo $g_1, \ldots, g_n$ wiederum ganze ganzzahlige Funktionen von $t, r, \ldots, q$ sind. Wir bilden die Diskriminante D des Ausdruckes rechter Hand; dieselbe ist eine ganze Funktion von $t, r, \ldots, q$, welche nicht identisch für alle Werte dieser Parameter verschwinden kann, da in diesem Falle $G(y, t, r, \ldots, q)$ einen quadratischen Faktor enthalten und somit reduzibel sein müßte. Wir bestimmen ein System von ganzen rationalen Zahlen

$$t = t_0, \quad r = r_0, \quad \ldots, \quad q = q_0,$$

für welche D nicht Null ist, und setzen diese ganzzahligen Werte in die Funktion $G(y, t, r, \ldots, q)$ ein. Die so entstehende Funktion von y zerlegen wir in ihre irreduziblen ganzen ganzzahligen Faktoren: es sei

$$G(y, t_0, r_0, \ldots, q_0) = \varphi(y) \cdots \chi(y),$$

wo $\varphi(y), \ldots, \chi(y)$ ganze ganzzahlige Funktionen beziehentlich vom ν-ten, ..., μ-ten Grade in y sind.

Nunmehr betrachten wir die durch die Gleichung

$$G(y, t, r, \ldots, q) = 0$$

bestimmte algebraische Funktion y; die Entwicklung dieser Funktion an der Stelle $t = t_0$, $r = r_0, \ldots, q = q_0$ liefert n Potenzreihen, welche nach ganzen positiven Potenzen der Größen

$$t' = t - t_0, \quad r' = r - r_0, \quad \ldots, \quad q' = q - q_0$$

fortschreiten und von folgender Gestalt sind

[1] Vgl. die von L. Kronecker zu ähnlichem Zwecke angegebene Substitution: Grundzüge einer arithmetischen Theorie der algebraischen Größen. J. reine angew. Math. Bd. 92 S. 11.

$$y_1 = \sum \alpha_1^{(\tau,\varrho,\ldots,\varkappa)} t'^{\tau} r'^{\varrho} \cdots q'^{\varkappa},$$
$$\cdots\cdots\cdots\cdots$$
$$y_\nu = \sum \alpha_\nu^{(\tau,\varrho,\ldots,\varkappa)} t'^{\tau} r'^{\varrho} \cdots q'^{\varkappa},$$
$$\cdots\cdots\cdots\cdots$$
$$y_{n-\mu+1} = \sum \gamma_1^{(\tau,\varrho,\ldots,\varkappa)} t'^{\tau} r'^{\varrho} \cdots q'^{\varkappa},$$
$$\cdots\cdots\cdots\cdots$$
$$y_n = \sum \gamma_\mu^{(\tau,\varrho,\ldots,\varkappa)} t'^{\tau} r'^{\varrho} \cdots q'^{\varkappa}.$$
$$(\tau, \varrho, \ldots, \varkappa = 1, 2, 3, \ldots)$$

Dabei sind die konstanten Glieder der ν ersten Potenzreihen $\alpha_1^{(0,0,\ldots,0)}, \ldots, \alpha_\nu^{(0,0,\ldots,0)}$ gleich den ν Wurzeln der Gleichung $\varphi(y) = 0$, und die konstanten Glieder der μ letzten Potenzreihen $\gamma_1^{(0,0,\ldots,0)}, \ldots, \gamma_\mu^{(0,0,\ldots,0)}$ sind gleich den μ Wurzeln der Gleichung $\chi(y) = 0$. Wir bilden jetzt die elementarsymmetrischen Funktionen der ν ersten Entwicklungen und erhalten dadurch die folgenden ν Potenzreihen

$$y_1 + \cdots + y_\nu = \sum \mathrm{A}_1^{(\tau,\varrho,\ldots,\varkappa)} t'^{\tau} r'^{\varrho} \cdots q'^{\varkappa},$$
$$\cdots\cdots\cdots\cdots$$
$$y_1 \cdots y_\nu = \sum \mathrm{A}_\nu^{(\tau,\varrho,\ldots,\varkappa)} t'^{\tau} r'^{\varrho} \cdots q'^{\varkappa},$$
$$(\tau, \varrho, \ldots, \varkappa = 1, 2, 3, \ldots)$$

so fortfahrend bilden wir schließlich die elementarsymmetrischen Funktionen der μ letzten Entwicklungen wie folgt:

$$y_{n-\mu+1} + \cdots + y_n = \sum \Gamma_1^{(\tau,\varrho,\ldots,\varkappa)} t'^{\tau} r'^{\varrho} \cdots q'^{\varkappa},$$
$$\cdots\cdots\cdots\cdots$$
$$y_{n-\mu+1} \cdots y_n = \sum \Gamma_\mu^{(\tau,\varrho,\ldots,\varkappa)} t'^{\tau} r'^{\varrho} \cdots q'^{\varkappa}.$$
$$(\tau, \varrho, \ldots, \varkappa = 1, 2, 3, \ldots)$$

Wir sind somit zu Systemen von Potenzreihen gelangt, von denen das erste System aus ν Potenzreihen und das letzte System aus μ Potenzreihen besteht: die Koeffizienten $\mathrm{A}, \ldots, \Gamma$ dieser Potenzreihen sind rationale Zahlen, und es brechen jedenfalls die Potenzreihen eines Systems nicht sämtlich im Endlichen ab; denn dieser Umstand hätte, wie man leicht zeigt, die Reduzibilität der Funktion $G(y, t, r, \ldots, q)$ zur Folge. Wir kombinieren nunmehr noch die verschiedenen Systeme von Potenzentwicklungen untereinander, z. B. die Entwicklungen $y_1, \ldots, y_\nu$ und $y_{n-\mu+1}, \ldots, y_n$, und stellen dann auch für diese kombinierten Systeme die elementarsymmetrischen Funktionen auf, so daß wir schließlich zu einer jeden irreduziblen oder reduziblen in $G(y, t_0, r_0, \ldots, q_0)$ aufgehenden ganzzahligen Funktion je ein System von Potenzreihen mit folgenden Eigenschaften erhalten: die Koeffizienten der Potenzreihen sind rationale Zahlen, und es brechen jedenfalls die Potenzreihen eines Systems nicht sämtlich im Endlichen ab.

Nachdem dies geschehen ist, setzen wir

$$t' = t_1 u\,, \quad r' = r_1 u, \quad \ldots, \quad q' = q_1 u$$

und verwandeln dadurch unsere Potenzreihen in Potenzreihen der einen Veränderlichen u: es ist dann unsere Aufgabe zu zeigen, daß man stets für t_1, r_1, ..., q_1 ganze rationale Zahlen so wählen kann, daß auch nach dieser Substitution die Potenzreihen eines Systems nicht sämtlich im Endlichen abbrechen. Um diesen Beweis zu führen, bezeichnen wir mit E eine Zahl, welche größer ist als die Summe der Exponenten der höchsten Potenzen von $t, r, \ldots, q$, welche in dem Ausdruck $G(y, t, r, \ldots, q)$ vorkommen. Es sei ferner $A\,t'^{\tau_\alpha} r'^{\varrho_\alpha} \ldots q'^{\varkappa_\alpha}$ ein solches Glied in einer dem ersten System angehörigen Potenzreihe, für welches der Koeffizient A von Null verschieden ist und außerdem die Exponentensumme $\tau_\alpha + \varrho_\alpha + \cdots + \varkappa_\alpha$ die Zahl E übertrifft; wir wählen auch in jedem der übrigen Systeme von Potenzreihen ein Glied von der nämlichen Beschaffenheit aus, und es sei etwa $\Gamma t'^{\tau_\gamma} r'^{\varrho_\gamma} \ldots q'^{\varkappa_\gamma}$ ein Glied in dem zum Faktor χ gehörigen Systeme, dessen Koeffizient Γ von Null verschieden und wo $\tau_\gamma + \varrho_\gamma + \cdots + \varkappa_\gamma$ größer als die Zahl E ist. Wie eine einfache Überlegung zeigt, kann man für $t_1, r_1, \ldots, q_1$ ganze rationale Zahlen derart wählen, daß in den so entstehenden Potenzreihen der Veränderlichen u beziehentlich die mit

$$u^{\tau_\alpha + \varrho_\alpha + \cdots + \varkappa_\alpha}, \quad \ldots, \quad u^{\tau_\gamma + \varrho_\gamma + \cdots + \varkappa_\gamma}, \quad \ldots$$

multiplizierten Glieder Koeffizienten haben, welche von Null verschieden sind. Hieraus folgt aber, daß die einem und dem nämlichen System angehörigen Potenzreihen für die Veränderliche u nicht sämtlich im Endlichen abbrechen können; denn wäre dies der Fall, so müßte notwendig die Funktion $G(y, t, r, \ldots, q)$ nach Einführung der Werte

$$t = t_1 u + t_0\,, \quad r = r_1 u + r_0\,, \quad \ldots, \quad q = q_1 u + q_0$$

in eine Funktion von y und u übergehen, welche in zwei oder mehr ganze ganzzahlige Faktoren zerfällt. Es würde aber dieser Umstand seinerseits erfordern, daß in den sämtlichen dem Systeme angehörigen Potenzreihen die Koeffizienten aller derjenigen Glieder verschwinden, für welche der Exponent der Potenz von u die Zahl E überschreitet, und letzteres ist tatsächlich nicht der Fall. Damit haben wir bewiesen, daß auch nach Ausführung jener Substitution die Potenzreihen eines Systems nicht sämtlich im Endlichen abbrechen, und hieraus wiederum folgt, daß die aus $G(y, t, r, \ldots, q)$ vermöge jener Substitution entstehende Funktion der beiden Veränderlichen y und u notwendig irreduzibel ist. Wenn wir jetzt in der ursprünglich vorgelegten Funktion $F(x, t, r, \ldots, q)$ jene Substitution ausführen, so folgt, daß die entstehende Funktion der beiden Veränderlichen x und u jedenfalls nicht in mehrere von x abhängige Faktoren zerfallen kann. Es bliebe mithin nur noch die Möglichkeit übrig, daß die aus $F(x, t, r, \ldots, q)$ vermöge jener Substitution entstehende Funktion einen Faktor besitzt, welcher allein die Veränderliche u enthält. Man kann aber, wie ersichtlich ist, die ganzen Zahlen $t_1, r_1, \ldots, q_1$ zugleich so wählen, daß auch dieser Fall nicht eintritt. Damit ist der Beweis für den vorhin ausgesprochenen Satz vollständig erbracht. Mit Hilfe dieses Satzes beweisen wir jetzt das folgende allgemeine Theorem:

II. *Wenn $F(x, y, \ldots, w; t, r, \ldots, q)$ eine irreduzible ganzzahlige Funktion der Veränderlichen $x, y, \ldots, w$ und der Parameter $t, r, \ldots, q$ bezeichnet, so ist es stets auf unendlich viele Weisen möglich, für die Parameter $t, r, \ldots, q$ ganze rationale Zahlen einzusetzen, so daß dadurch die Funktion $F(x, y, \ldots, w; t, r, \ldots, q)$ in eine irreduzible Funktion der Veränderlichen $x, y, \ldots, w$ übergeht.*

Wenn wir in der vorgelegten Funktion $F(x, y, \ldots, w; t, r, \ldots, q)$ die Substitution

$$y = \eta x, \quad \ldots, \quad w = \omega x$$

vornehmen und dann die etwa als gemeinsamer Faktor auftretende Potenz von x fortlassen, so entsteht eine Funktion $G(x, \eta, \ldots, \omega, t, r, \ldots, q)$ der Veränderlichen x und der Parameter $\eta, \ldots, \omega, t, r, \ldots, q$, welche ebenfalls irreduzibel ist. Wir setzen zunächst nach dem eben bewiesenen Satze für diese Parameter lineare ganzzahlige Funktionen eines einzigen Parameters u ein, nämlich

$$\eta = \eta_1 u + \eta_0, \quad \ldots, \quad \omega = \omega_1 u + \omega_0,$$

$$t = t_1 u + t_0, \quad \ldots, \quad q = q_1 u + q_0,$$

so daß jene Funktion übergeht in eine irreduzible Funktion $g(x, u)$ der beiden Veränderlichen x und u. Es läßt sich dann nach unserem Theoreme I für u eine ganze rationale Zahl u_0 einsetzen, so daß die Funktion $g(x, u_0)$ eine irreduzible Funktion der einen Veränderlichen x wird. Nunmehr erkennen wir, daß die ursprünglich vorgelegte Funktion $F(x, y, \ldots, w; t, r, \ldots, q)$ notwendig in eine irreduzible Funktion der Veränderlichen $x, y, \ldots, w$ übergeht, wenn wir für die Parameter die ganzen Zahlen

$$t = t_1 u_0 + t_0, \quad r = r_1 u_0 + r_0, \quad \ldots, \quad q = q_1 u_0 + q_0$$

einsetzen; denn die so entstehende Funktion würde in eine irreduzible Funktion der einen Veränderlichen x übergehen, wenn wir überdies noch setzen:

$$y = (\eta_1 u_0 + \eta_0) x, \quad \ldots, \quad w = (\omega_1 u_0 + \omega_0) x$$

und von einer etwa als Faktor auftretenden Potenz der Veränderlichen x absehen. Damit ist der verlangte Nachweis geführt.

Wir haben bisher in allen unseren Entwicklungen und Betrachtungen über die Irreduzibilität stets den Bereich der rationalen Zahlen zugrunde gelegt: eine ganze Funktion wurde dann kurzweg irreduzibel genannt, wenn sie sich nicht als Produkt von mehreren ganzen Funktionen mit ganzzahligen rationalen Koeffizienten darstellen ließ. Es ist jetzt notwendig, die gefundenen Sätze auf den Fall eines beliebigen durch eine algebraische Zahl bestimmten Rationalitätsbereiches auszudehnen. Wir nennen dementsprechend, wie es üblich ist, eine ganze rationale Funktion, deren Koeffizienten einem gegebenen durch eine algebraische Zahl bestimmten Rationalitätsbereiche angehören, irreduzibel in diesem Bereiche, wenn sie nicht als Produkt von mehreren ganzen rationalen Funktionen dargestellt werden kann, deren Koeffizienten in eben jenem Rationalitätsbereiche liegen. Es gilt dann das folgende Theorem:

III. *Wenn die Funktion $F(x, y, \ldots, w; t, r, \ldots, q)$ in einem gewissen durch eine algebraische Zahl bestimmten Rationalitätsbereiche irreduzibel ist, so ist es stets auf unendlich viele Weisen möglich, in dieser Funktion $F(x, y, \ldots, w; t, r, \ldots, q)$ für die Parameter $t, r, \ldots, q$ ganze rationale Zahlen einzusetzen, so daß dadurch diese Funktion in eine Funktion der Veränderlichen $x, y, \ldots, w$ übergeht, welche in eben jenem Rationalitätsbereiche irreduzibel ist.*

Das eben ausgesprochene Theorem III läßt sich auf das Theorem II zurückführen, und zwar mit Hilfe eines Verfahrens, welches L. Kronecker[1] anwendet, um in einem beliebigen Rationalitätsbereiche die Zerlegung einer ganzen rationalen Funktion in ihre irreduziblen Faktoren zu bewirken. Wir sorgen nötigenfalls zunächst durch Multiplikation mit einer Zahl des gegebenen Bereiches und durch geeignete Transformation der Veränderlichen dafür, daß die Funktion F mindestens ein Glied mit einem ganzen rationalen Koeffizienten enthält, und daß außerdem alle zu F konjugierten Funktionen voneinander verschieden sind. Wir bilden das Produkt dieser sämtlichen konjugierten Funktionen und erhalten dann nach Multiplikation mit einer geeigneten ganzen rationalen Zahl eine ganze rationale Funktion G von $x, y, \ldots, w, t, r, \ldots, q$ mit ganzen rationalen Koeffizienten, welche im Bereiche der rationalen Zahlen irreduzibel ist. Es lassen sich daher zufolge des Theorems II für $t, r, \ldots, q$ ganze rationale Zahlen so bestimmen, daß nach deren Einsetzung G in eine Funktion der Veränderlichen $x, y, \ldots, w$ übergeht, welche im Bereiche der rationalen Zahlen irreduzibel ist. Wie leicht gezeigt werden kann, geht dann die ursprünglich vorgelegte Funktion $F(x, y, \ldots, w; t, r, \ldots, q)$ nach Einsetzung der nämlichen ganzzahligen Werte für $t, r, \ldots, q$ in eine Funktion der Veränderlichen $x, y, \ldots, w$ über, welche in dem gegebenen durch jene algebraische Zahl bestimmten Rationalitätsbereiche irreduzibel ist.

Wir wenden nun die gewonnenen Resultate auf die Theorie der Gleichungen an. Es sei eine Gleichung n-ten Grades in x vorgelegt von der Gestalt

$$F_0 x^n + F_1 x^{n-1} + \cdots + F_n = 0,$$

[1] Vgl. Grundzüge einer arithmetischen Theorie der algebraischen Größen. J. reine angew. Math. Bd. 92 S. 12 u. 13.

deren Koeffizienten $F_0, F_1, \ldots, F_n$ ganze rationale Funktionen der Parameter $t, r, \ldots, q$ mit ganzen rationalen Zahlenkoeffizienten sind. Um die Gruppe Γ der Gleichung in dem durch die rationalen Zahlen und die Parameter $t, r, \ldots, q$ bestimmten Rationalitätsbereiche zu finden, bilden wir das über alle Permutationen $i_1, i_2, \ldots, i_n$ der n Zahlen $1, 2, \ldots, n$ erstreckte Produkt:

$$\Pi\,(u + x_{i_1} u_1 + x_{i_2} u_2 + \cdots + x_{i_n} u_n),$$

wo $u, u_1, u_2, \ldots, u_n$ unbestimmte Parameter und $x_1, x_2, \ldots, x_n$ die n Wurzeln der Gleichung bedeuten. Dieses Produkt Π wird nach Multiplikation mit $F_0^{n!}$ eine ganze ganzzahlige Funktion der Unbestimmten $u, u_1, u_2, \ldots, u_n, t, r, \ldots, q$, und wenn $G(u, u_1, \ldots, u_n, t, r, \ldots, q)$ ein ganzer ganzzahliger im Bereiche der rationalen Zahlen irreduzibler Faktor dieser Funktion ist, so wird die gesuchte Gruppe Γ durch diejenigen Permutationen bestimmt, welche die Funktion G ungeändert lassen. Wie wir jetzt mit Hilfe der obigen Entwicklungen zeigen wollen, *kann man in die vorgelegte Gleichung auf unendlich viele Weisen für die Parameter $t, r, \ldots, q$ ganze rationale Zahlen derart einsetzen, daß die so entstehende ganzzahlige Gleichung im Bereiche der rationalen Zahlen die nämliche Gruppe Γ besitzt.* Um dies zu beweisen, berechnen wir die Diskriminante D der vorgelegten Gleichung; dieselbe wird nach Multiplikation mit einer Potenz von F_0 eine ganze ganzzahlige nicht identisch verschwindende Funktion der Parameter $t, r, \ldots, q$. Wir können dann nach Theorem II zunächst für t unbegrenzt viele ganze rationale Zahlen bestimmen, nach deren Einsetzung G eine im Bereich der rationalen Zahlen irreduzible Funktion der Veränderlichen $u, u_1, \ldots, u_n, r, \ldots, q$ wird. Unter diesen ganzen rationalen Zahlen t wählen wir eine solche aus, für welche D nicht identisch verschwindet. Hierauf bestimmen wir eine ganze rationale Zahl r, bei deren Einsetzung die Funktion G eine im Bereiche der rationalen Zahlen irreduzible Funktion der übrigbleibenden Veränderlichen wird, und für welche überdies die Diskriminante D von Null verschieden bleibt. So fortfahrend erhalten wir für $t, r, \ldots, q$ ganze rationale Zahlen, nach deren Einsetzung G in eine ganze ganzzahlige irreduzible Funktion g der Unbestimmten $u, u_1, \ldots, u_n$ übergeht, und für welche die Diskriminante D der Gleichung eine von Null verschiedene rationale Zahl wird. Es ist nun einerseits offenbar, daß alle Substitutionen, welche G zuläßt, auch die Funktion g nicht ändern können, und andererseits kann die Funktion g außer diesen Substitutionen nicht noch andere Substitutionen zulassen, da die Ordnung der Gruppe für die entstehende ganzzahlige Gleichung jedenfalls nicht größer als die Ordnung der Gruppe Γ sein kann: Γ ist mithin zugleich die Gruppe der durch Einsetzung jener ganzen Zahlen entstehenden ganzzahligen Gleichung.

Nehmen wir beispielsweise in einer Gleichung die Koeffizienten selber als die unbestimmten Parameter $t, r, \ldots, q$ an, so ist die Gruppe Γ der Gleichung die symmetrische, und es folgt daher, *daß es unbegrenzt viele Gleichungen n-ten Grades mit ganzzahligen Koeffizienten gibt, deren Gruppe im Bereiche der rationalen Zahlen die symmetrische Gruppe ist.*

Zu solchen Gleichungen kann man im allgemeinen sogar gelangen, wenn man sich lediglich die geeignete Wahl des letzten Koeffizienten in der Gleichung vorbehält. Um dies einzusehen, nehmen wir in der Gleichung

$$f(x) = a_0 x^n + a_1 x^{n-1} + \cdots + a_{n-1} x + t = 0$$

die Koeffizienten $a_0, a_1, \ldots, a_{n-1}$ als ganze rationale Zahlen irgendwie an mit der Einschränkung, daß die Gleichung

$$f'(x) = n a_0 x^{n-1} + (n-1) a_1 x^{n-2} + \cdots + a_{n-1} = 0$$

lauter verschiedene Wurzeln besitzt und die Funktion $f(x)$ für diese Wurzeln lauter verschiedene Werte annimmt. Die Diskriminante der ersteren Gleichung wird dann eine ganze rationale Funktion $(n-1)$-ten Grades in t, welche lauter verschiedene Linearfaktoren besitzt. Aus diesem Umstande kann mit Hilfe derjenigen Prinzipien, welche Herr A. Hurwitz[1] dargelegt hat, gefolgert werden, daß die Monodromiegruppe jener Gleichung bezüglich des Parameters t die symmetrische ist[2]. Aus dem vorhin bewiesenen allgemeinen Satze ergibt sich sodann, daß man in unserer Gleichung auf unendlich viele Weisen für den letzten Koeffizienten t eine ganze Zahl derart einsetzen kann, daß die entstehende ganzzahlige Gleichung im Bereich der rationalen Zahlen die symmetrische Gruppe besitzt.

Durch ähnliche Schlüsse sind wir imstande zu zeigen, *daß es unbegrenzt viele Gleichungen mit ganzen rationalen Zahlenkoeffizienten gibt, deren Gruppe im Bereiche der rationalen Zahlen die alternierende Gruppe ist.* Zum Beweise brauchen wir einige Sätze, deren Richtigkeit man ohne Schwierigkeit mittels derjenigen Methoden erkennen kann, welche Herr A. Hurwitz in den vorhin angeführten Arbeiten auseinandersetzt. Der erste dieser Sätze lautet wie folgt:

Es sei $f(x)$ eine ganze rationale Funktion der Veränderlichen x vom *geraden* Grade n, welche den Faktor x^2 besitzt, und der Differentialquotient dieser Funktion habe die Gestalt

$$f'(x) = n\, x(x-a)^2 (x-b)^2 \cdots (x-k)^2;$$

dabei seien $a, b, \ldots, k$ von Null und untereinander verschiedene Größen, und auch die Werte $f(a), f(b), \ldots, f(k)$ seien untereinander verschieden: dann ist die Monodromiegruppe der Gleichung

$$f(x) + (-1)^{\frac{n}{2}} t^2 = 0$$

bezüglich des Parameters t gleich der alternierenden Gruppe.

---

[1] Math. Ann. Bd. 39 S. 1.

[2] Vgl. außerdem A. Hurwitz: Über diejenigen algebraischen Gebilde, welche eindeutige Transformationen in sich zulassen. Nachr. Ges. Wiss. Göttingen 1887 S. 103, wo die oben von mir benutzte Tatsache ebenfalls zur Geltung kommt.

Wir berechnen zunächst die Diskriminante dieser Gleichung, indem wir uns dabei einer bekannten Formel für die Resultante zweier ganzen Funktionen bedienen. Wenn nämlich $\varphi(x)$ und $\psi(x)$ zwei ganze rationale Funktionen der Veränderlichen x vom Grade ν und μ und mit den Nullstellen $\alpha_1, \alpha_2, \ldots, \alpha_\nu$ und $\beta_1, \beta_2, \ldots, \beta_\mu$ bedeuten, und wenn wir dementsprechend

$$\varphi(x) = \alpha(x-\alpha_1)(x-\alpha_2)\cdots(x-\alpha_\nu),$$
$$\psi(x) = \beta(x-\beta_1)(x-\beta_2)\cdots(x-\beta_\mu)$$

setzen, so gilt die Formel

$$\begin{aligned} R(\varphi,\psi) &= \beta^\nu\,\varphi(\beta_1)\,\varphi(\beta_2)\cdots\varphi(\beta_\mu) \\ &= (-1)^{\nu\mu}\,\alpha^\mu\,\psi(\alpha_1)\,\psi(\alpha_2)\cdots\psi(\alpha_\nu). \end{aligned}$$

Mit Hilfe derselben finden wir für die Diskriminante der obigen Gleichung, d. h. für das Produkt der quadrierten Wurzeldifferenzen, den Wert

$$D = n^n\,t^2(f(a)+(-1)^{\frac{n}{2}}t^2)^2\,(f(b)+(-1)^{\frac{n}{2}}t^2)^2\cdots(f(k)+(-1)^{\frac{n}{2}}t^2)^2,$$

und das Produkt der Wurzeldifferenzen selbst wird daher

$$D^{\frac{1}{2}} = n^{\frac{n}{2}}\,t(f(a)+(-1)^{\frac{n}{2}}t^2)\,(f(b)+(-1)^{\frac{n}{2}}t^2)\cdots(f(k)+(-1)^{\frac{n}{2}}t^2).$$

Wir setzen jetzt für $a, b, \ldots, k$ irgendwelche rationalen positiven und voneinander verschiedenen Zahlen. Nach Annahme dieser Zahlen ist $f(x)$ völlig bestimmt, und auch die Werte $f(a), f(b), \ldots, f(k)$ sind untereinander sämtlich verschieden; denn es ist beispielsweise $f(b) - f(a)$ gleich dem von a bis b erstreckten Integrale über die in diesem Intervalle nirgends negative Funktion $f'(x)$. Da n eine gerade Zahl ist, so ist der gefundene Ausdruck für $D^{\frac{1}{2}}$ eine ganze rationale Funktion von t mit rationalen Zahlenkoeffizienten, und folglich ist auch die Gruppe der Gleichung in dem durch die rationalen Zahlen und den Parameter t bestimmten Bereiche gleich der alternierenden Gruppe. Man kann jetzt nach dem oben bewiesenen allgemeinen Satze auf unendlich viele Weisen für t eine ganze Zahl einsetzen, so daß die entstehende ganzzahlige Gleichung im Bereiche der rationalen Zahlen die alternierende Gruppe besitzt, und damit ist unsere Behauptung für Gleichungen geraden Grades bewiesen.

Um die entsprechende Tatsache für Gleichungen vom ungeraden Grade n einzusehen, benutzen wir einen Satz, welcher wiederum ohne Schwierigkeit aus den von Herrn A. Hurwitz entwickelten Prinzipien gefolgert werden kann. Dieser Satz lautet:

Es sei $f(x)$ eine ganze rationale Funktion der Veränderlichen x vom *ungeraden* Grade n, welche mit ihrem Differentialquotienten $f'(x)$ durch die Formel

$$x\,f'(x) - f(x) = (n-1)\,(x-a)\,(x-b)^2\,(x-c)^2\cdots(x-k)^2$$

verbunden ist; dabei seien $a, b, c, \ldots, k$ von Null und untereinander verschiedene Größen, und auch die Werte $f'(b), f'(c), \ldots, f'(k)$ seien voneinander verschieden: dann ist die Monodromiegruppe der Gleichung

$$f(x) + \left((-1)^{\frac{n-1}{2}} t^2 - f'(a)\right) x = 0$$

bezüglich des Parameters t gleich der alternierenden Gruppe.

Indem wir uns der oben angegebenen Formel für die Resultante zweier ganzen Funktionen und außerdem der Formel

$$R(\varphi - x\psi, \psi) = R(\varphi, \psi)$$

bedienen, finden wir für die Diskriminante jener Gleichung, d. h. für das Produkt der quadrierten Wurzeldifferenzen, den Wert

$$D = (n-1)^{n-1} t^2 \left((-1)^{\frac{n-1}{2}} t^2 + f'(b) - f'(a)\right)^2 \cdots \left((-1)^{\frac{n-1}{2}} t^2 + f'(k) - f'(a)\right)^2,$$

und das Produkt der Wurzeldifferenzen selbst wird daher

$$D^{\frac{1}{2}} = (n-1)^{\frac{n-1}{2}} t \left((-1)^{\frac{n-1}{2}} t^2 + f'(b) - f'(a)\right) \cdots \left((-1)^{\frac{n-1}{2}} t^2 + f'(k) - f'(a)\right).$$

Wir wählen jetzt für $b, c, \ldots, k$ irgendwelche rationalen positiven und voneinander verschiedenen Zahlen und setzen

$$a = -\frac{1}{2\left(\frac{1}{b} + \frac{1}{c} + \cdots + \frac{1}{k}\right)}.$$

Infolge der letzteren Annahme verschwindet auf der rechten Seite der Formel

$$x f'(x) - f(x) = (n-1)(x-a)(x-b)^2(x-c)^2 \cdots (x-k)^2$$

der Koeffizient von x, gerade wie dies auf der linken Seite der Fall ist, und es läßt sich deswegen eine ganze rationale Funktion $f(x)$ vom n-ten Grade mit rationalen Zahlenkoeffizienten bestimmen, welche dieser Formel genügt. Diese Funktion $f(x)$ besitzt zugleich die Eigenschaft, daß die Werte $f'(b), f'(c), \ldots, f'(k)$ sämtlich voneinander verschieden sind; denn es ist beispielsweise

$$f'(c) - f'(b) = \frac{f(c)}{c} - \frac{f(b)}{b} = \int_b^c \frac{x f'(x) - f(x)}{x^2}\, dx,$$

und hierin wird die unter dem Integralzeichen stehende Funktion zwischen den Integrationsgrenzen nirgends negativ. Da n eine ungerade Zahl ist, so ist der gefundene Ausdruck für $D^{\frac{1}{2}}$ eine ganze rationale Funktion von t mit rationalen Zahlenkoeffizienten, und folglich ist auch die Gruppe der Gleichung in dem durch die rationalen Zahlen und den Parameter t bestimmten Bereiche gleich der alternierenden Gruppe. Man kann jetzt nach dem oben bewiesenen allgemeinen Satze auf unendlich viele Weisen für t eine ganze Zahl einsetzen, so daß die entstehende ganzzahlige Gleichung im Bereiche der rationalen Zahlen die alternierende Gruppe besitzt, und damit ist unsere Behauptung auch für Gleichungen ungeraden Grades bewiesen.

Mit Hilfe des Theorems III lassen sich die bisher über die Gruppe einer Gleichung angestellten Betrachtungen auf beliebige durch eine algebraische Zahl bestimmte Rationalitätsbereiche ausdehnen. Wir gelangen so durch die entsprechenden Schlüsse zu dem folgenden Satze:

IV. *Es sei eine algebraische Zahl* $\mathfrak{R}$ *und außerdem eine Gleichung n-ten Grades von der Gestalt*

$$F_0 x^n + F_1 x^{n-1} + \cdots + F_n = 0$$

gegeben; die Koeffizienten $F_0, F_1, \ldots, F_n$ *seien ganze rationale Funktionen der Parameter* $t, r, \ldots, q$, *deren Koeffizienten Zahlen des durch* $\mathfrak{R}$ *bestimmten Rationalitätsbereiches sind. Ist dann* Γ *die Gruppe der Gleichung in dem durch die algebraische Zahl* $\mathfrak{R}$ *und durch die Parameter* $t, r, \ldots, q$ *bestimmten Rationalitätsbereiche, so lassen sich stets auf unendlich viele Weisen für die Parameter* $t, r, \ldots, q$ *ganze rationale Zahlen einsetzen derart, daß die so entstehende numerische Gleichung in dem durch die algebraische Zahl* $\mathfrak{R}$ *bestimmten Rationalitätsbereiche eben jene Gruppe* Γ *besitzt.*

Dieser Satz bietet ein prinzipielles Interesse, indem er zeigt, daß die formal in den Koeffizienten der Gleichung und im Rationalitätsbereiche auftretenden Parameter stets durch ganze rationale *Zahlen* ersetzt werden können, sobald es sich lediglich um die gruppentheoretischen Eigenschaften der Gleichung handelt: man vermeidet also auf diesem Wege die Adjunktion algebraischer *Funktionen.*

Um zu zeigen, wie sich mit den gewonnenen Mitteln der Begriff der Monodromiegruppe in arithmetischer Weise erklären läßt, nehmen wir an, es sei eine Gleichung gegeben, deren Koeffizienten ganze rationale Funktionen des einen Parameters t sind, und die Koeffizienten dieser ganzen rationalen Funktionen seien Zahlen eines durch die Zahl $\mathfrak{R}$ bestimmten Rationalitätsbereiches. Wir setzen jetzt für t irgendeine ganze rationale Zahl ein und denken uns die Gruppen aller so entstehenden numerischen Gleichungen in dem durch $\mathfrak{R}$ bestimmten Rationalitätsbereiche aufgestellt. Es sei ferner $\mathfrak{A}$ eine algebraische Zahl, durch deren Adjunktion die Gruppen jener Gleichungen sämtlich eine Verkleinerung erleiden, und es gebe nun keine Zahl mehr, bei deren Adjunktion eine weitere Verkleinerung sämtlicher Gruppen eintritt. Diejenige von den verkleinerten Gruppen, welche die größte Ordnung besitzt, stimmt überein mit der Monodromiegruppe der ursprünglich gegebenen Gleichung bezüglich des Parameters t.

Auf Grund des Theorems IV können wir auch unsere früheren Sätze über die symmetrische und alternierende Gruppe verallgemeinern; wir finden dann folgende Tatsachen: *wenn ein beliebiger durch eine algebraische Zahl bestimmter*

Rationalitätsbereich gegeben ist, so kann man stets Gleichungen mit rationalen Zahlenkoeffizienten angeben, deren Gruppe in jenem Rationalitätsbereiche die symmetrische und ebenso solche, deren Gruppe in jenem Rationalitätsbereiche die alternierende ist. Es gibt also auch in jedem durch eine algebraische Zahl bestimmten Rationalitätsbereiche Gleichungen von beliebigem die Zahl vier übersteigendem Grade n mit rationalen Zahlenkoeffizienten, welche in jenem Bereiche durch Wurzelziehen nicht lösbar sind.

Ebenso zeigt man leicht, *daß es unbegrenzt viele voneinander verschiedene Bereiche von bestimmtem Grade n* (Gattungsbereiche n-ter Ordnung, Zahlenkörper n-ten Grades) *gibt, in denen — abgesehen vom Bereiche aller rationalen Zahlen — kein Bereich niederen Grades enthalten ist.* Gäbe es nämlich nur eine endliche Anzahl solcher Bereiche, so vereinigen wir diese zu einem neuen Rationalitätsbereiche $\mathfrak{R}$. Nach den obigen Entwicklungen gibt es dann eine Gleichung n-ten Grades mit rationalen Koeffizienten, welche im Bereiche $\mathfrak{R}$ die symmetrische Gruppe besitzt. Diese Gleichung definiert dann offenbar einen Bereich n-ten Grades, welcher von den eben angenommenen Bereichen n-ten Grades verschieden ist und überdies keinen Bereich niederen Grades enthält. Entsprechend beweisen wir die allgemeinere Tatsache, daß es unbegrenzt viele Bereiche vom Grade $n = \nu\mu$ gibt, welche einen gegebenen Bereich ν-ten Grades und — vom Bereiche aller rationalen Zahlen abgesehen — *nur* diesen enthalten.

In der vorstehenden Untersuchung ist lediglich die *Existenz* der Gleichungen und Bereiche von gewissen Eigenschaften behauptet und bewiesen worden. Es kann jedoch entsprechend dem oben bei Ableitung des Theorems I hervorgehobenen Umstande die Entwicklung so ergänzt werden, daß aus derselben zugleich hervorgeht, wie sich jene Gleichungen und Bereiche wirklich durch Rechnung aufstellen lassen.

Zum Schluß erwähne ich noch einen Satz, welcher sich ebenfalls mit den oben benutzten Hilfsmitteln erledigen läßt, aber auch direkt durch geeignete Anwendung von Potenzentwicklungen bewiesen werden kann. Dieser Satz lautet: Wenn eine algebraische Funktion von t für alle rationalen in einem beliebig kleinen Intervalle gelegenen Werte stets selber rationale Werte annimmt, so ist sie notwendig eine rationale Funktion[1].

---

[1] Eine analytische Funktion kann sehr wohl für alle rationalen Argumente rationale Werte annehmen, wie dies neuerdings von E. Strauss gezeigt worden ist.

19. Über die vollen Invariantensysteme*.

[Mathem. Annalen Bd. 42, S. 313—373 (1893).]

Einleitung.

Meine Abhandlung „Über die Theorie der algebraischen Formen"[1] enthält eine Reihe von Theoremen, welche für die Theorie der algebraischen Invarianten von Bedeutung sind. Insbesondere in Abschnitt V der genannten Abhandlung habe ich mit Hilfe jener Theoreme für beliebige Grundformen die *Endlichkeit* des vollen Invariantensystems bewiesen. *Dieser Satz von der Endlichkeit des vollen Invariantensystems bildet den Ausgangspunkt und die Grundlage für die Untersuchungen der vorliegenden Abhandlung*[2]. Die im folgenden entwickelten Methoden unterscheiden sich wesentlich von den bisher in der Invariantentheorie angewandten Mitteln; bei den nachfolgenden Untersuchungen nämlich ordnet sich die Theorie der algebraischen Invarianten unmittelbar unter die allgemeine Theorie der algebraischen Funktionenkörper unter: so daß die Theorie der Invarianten lediglich als ein besonders bemerkenswertes Beispiel für die Theorie der algebraischen Funktionenkörper mit mehr Veränderlichen erscheint — gerade wie man in der Zahlentheorie die Theorie der Kreisteilungskörper lediglich als ein besonders bemerkenswertes Beispiel aufzufassen hat, an welchem die wichtigsten Sätze der Theorie der allgemeinen Zahlenkörper zuerst erkannt und bewiesen worden sind.

Die im folgenden angewandten Methoden reichen für Grundformensysteme mit beliebig vielen Veränderlichen und Veränderlichenreihen aus, gleichviel, ob dieselben sämtlich denselben linearen Transformationen unterliegen oder ob sie in irgendwie vorgeschriebener Weise teilweise verschiedenen linearen Transformationen unterworfen werden sollen; dennoch werde ich bei

---

* Der vorliegenden Arbeit gehen drei Noten über den gleichen Gegenstand voraus (siehe das Zitat zu Beginn dieser Arbeit). Diejenigen Stellen der Noten, die über den Inhalt der vorliegenden Arbeit hinausgehen, mögen als Fußnoten hinzugefügt werden. [Anm. d. Hrgb.]

[1] Math. Ann. Bd. 36 S. 473; siehe auch diesen Band Abh. 16.

[2] Vgl. die 3 Noten des Verfassers: Über die Theorie der algebraischen Invarianten. Nachr. Ges. Wiss. Göttingen 1891 S. 232 (Note 1) und 1892 S. 6 und 439 (Note 2 und 3).

der folgenden Darstellung der Kürze und Anschaulichkeit wegen meist nur binäre oder ternäre Grundformen mit einer einzigen Veränderlichenreihe zugrunde legen.

Unter „*Invariante*" ohne weiteren Zusatz verstehen wir im folgenden stets eine ganze rationale Invariante, d. h. eine solche ganze rationale homogene Funktion der Koeffizienten a der Grundform oder des Grundformensystems, welche sich nur mit Potenzen der Substitutionsdeterminanten multipliziert, wenn man die Koeffizienten a durch die entsprechenden Koeffizienten b der linear transformierten Grundform ersetzt. Diese Invarianten besitzen, wie bekannt, die folgenden elementaren Eigenschaften:

1. Die Invarianten lassen die linearen Transformationen einer gewissen kontinuierlichen Gruppe zu.

2. Die Invarianten genügen gewissen partiellen linearen Differentialgleichungen.

3. Jede algebraische und insbesondere jede rationale Funktion von beliebig vielen Invarianten, welche in den Koeffizienten a der Grundformen ganz, rational und homogen wird, ist wiederum eine Invariante.

4. Wenn das Produkt zweier ganzen rationalen Funktionen der Koeffizienten a eine Invariante ist, so ist jeder der beiden Faktoren eine Invariante.

Die Sätze 1 und 2 gestatten die Umkehrung. Nach Satz 3 bildet das System aller Invarianten einen in sich abgeschlossenen Bereich von ganzen Funktionen, welcher durch algebraische Bildungen nicht mehr erweitert werden kann. Der Satz 4 sagt aus, daß in diesem Funktionenbereiche die gewöhnlichen Teilbarkeitsgesetze gültig sind, d. h.: jede Invariante läßt sich auf eine und nur auf eine Weise als Produkt von nicht zerlegbaren Invarianten darstellen.

Zur Berechnung der Invarianten und zur weiteren Entwicklung der Theorie bedürfen wir eines Hilfssatzes[1], welcher eine fundamentale Eigenschaft des sogenannten Ω-Prozesses betrifft und kurz wie folgt ausgesprochen werden kann:

Wenn man irgend eine ganze rationale Funktion der Koeffizienten b der linear transformierten Grundform bildet und auf diese den Ω-Prozeß so oft anwendet, bis sich ein von den Substitutionskoeffizienten freier Ausdruck ergibt, so ist der so entstehende Ausdruck eine Invariante.

---

[1] Vgl. meine oben zitierte Abhandlung S. 524 oder diesen Band Abh. 16, S. 248; der Satz stimmt im wesentlichen mit einem von P. GORDAN und F. MERTENS bewiesenen Satze überein. Neuerdings hat STORY in den Math. Ann. Bd. 41 S. 469 einen Differentiationsprozeß [ ] angegeben, welcher sich direkt aus Differentiationen nach den Koeffizienten a zusammensetzt und welcher den Ω-Prozeß zu ersetzen imstande ist; dieser Prozeß ist eine Verallgemeinerung des in meiner Inauguraldissertation für binäre Formen aufgestellten Prozesses [ ], vgl. Math. Ann. Bd. 30 S. 20 oder diesen Band, Abh. 4 S. 107.

An diese elementaren Sätze aus der Invariantentheorie schließt sich der bereits erwähnte Satz über die Endlichkeit an, welcher wie folgt lautet:

5. Es gibt eine endliche Anzahl von Invarianten, durch welche sich jede andere Invariante in ganzer rationaler Weise ausdrücken läßt. Wir bezeichnen diese endliche Anzahl von Invarianten kurz als *„das volle Invariantensystem"*.

Die zusammengestellten 5 Sätze regen die Frage an, welche der aufgezählten Eigenschaften sich gegenseitig bedingen und welche getrennt voneinander für ein Funktionensystem möglich sind. In meiner oben zitierten 1. Note „Über die Theorie der algebraischen Invarianten"[1] habe ich unter anderem an einem Beispiele gezeigt, daß es ein System von unbegrenzt vielen ganzen rationalen homogenen Funktionen gibt, welchem die Eigenschaften 2, 3, 5 zukommen, ohne daß der Satz 4 für dasselbe gilt*.

Schließlich sei erwähnt, daß aus den allgemeinen Theoremen meiner anfangs zitierten Abhandlung „Über die Theorie der algebraischen Formen" noch 2 weitere Endlichkeitssätze für die Invariantentheorie folgen, nämlich der Satz von der Endlichkeit der irreduziblen Syzygien und der Satz von der Syzygienkette, welche im Endlichen abbricht.

---

[1] S. 233.

* In der erwähnten Note befindet sich noch folgende Stelle: Ich hebe hier kurz hervor, daß es Systeme von unbegrenzt vielen ganzen rationalen homogenen Funktionen gibt, denen die Eigenschaft 3 zukommt, ohne daß Satz 5 gilt. Ein solches System ist beispielsweise das System aller derjenigen ganzen rationalen homogenen Funktionen von x und y, welche sich ganz und rational aus Funktionen der Reihe xy, x^2y^4, x^3y^9, x^4y^{16}, ... zusammensetzen lassen. Denn angenommen, man könnte eine Funktion der Form $x^\varkappa y^{\varkappa^2}$ durch die vorhergehenden Funktionen der Reihe ganz und rational ausdrücken und es wäre etwa $x^\alpha y^{\alpha^2} \cdot x^\beta y^{\beta^2} \cdot x^\lambda y^{\lambda^2}$ ein Glied dieses Ausdrucks, so müßten für die ganzen positiven Zahlen $\alpha, \beta, \ldots, \lambda$ die Gleichungen

$$\alpha + \beta + \cdots + \lambda = \varkappa$$
$$\alpha^2 + \beta^2 + \cdots + \lambda^2 = \varkappa^2$$

erfüllt sein, was unmöglich ist.

Es gibt ferner Funktionensysteme, denen die Eigenschaften 2, 3, 5 zukommen, ohne daß Satz 4 für dieselben gilt. Als Beispiel diene das System aller ganzen rationalen homogenen Funktionen f von x, y, z, t, welche der Differentialgleichung

$$x\frac{\partial f}{\partial x} - y\frac{\partial f}{\partial y} + z\frac{\partial f}{\partial z} - t\frac{\partial f}{\partial t} = 0$$

genügen. Der durch diese Funktionen bestimmte Integritätsbereich besitzt die endliche Basis xy, xt, yz, zt. Wie man sieht, sind x, y, z, t Faktoren von Funktionen des Systems, ohne selbst zum System zu gehören; die Funktionen xy, xt, yz, zt sind sämtlich in dem betrachteten Integritätsbereiche unzerlegbar, und die Identität

$$xy \cdot zt = xt \cdot yz$$

zeigt, daß die gewöhnlichen Teilbarkeitsgesetze in jenem Integritätsbereiche nicht gültig sind. [Anm. d. Hrgb.]

I. Der Invariantenkörper.

§ 1. Ein algebraischer Hilfssatz.

Die rationalen Invarianten einer Grundform oder eines Grundformensystems bestimmen einen Funktionenkörper, und die ganzen rationalen Invarianten sind die ganzen algebraischen Funktionen dieses Funktionenkörpers; um diese Tatsachen einzusehen, brauchen wir den folgenden einfachen Hilfssatz:

Wenn irgend m ganze rationale und homogene Funktionen $f_1, \ldots, f_m$ der n Veränderlichen $x_1, \ldots, x_n$ vorgelegt sind, so kann man stets aus denselben gewisse $\varkappa$ ganze rationale und homogene Funktionen $F_1, \ldots, F_\varkappa$ der nämlichen Veränderlichen zusammensetzen, zwischen denen keine algebraische Relation mit konstanten Koeffizienten stattfindet und durch welche sich jede der vorgelegten Funktionen $f_1, \ldots, f_m$ als *ganze* algebraische Funktion ausdrücken läßt.

Zum Beweise bezeichnen wir die Grade der Funktionen $f_1, \ldots, f_m$ in den Veränderlichen $x_1, \ldots, x_n$ beziehungsweise mit $\nu_1, \ldots, \nu_m$ und außerdem das Produkt dieser Gradzahlen mit ν: dann besitzen die m Funktionen

$$f_1' = f_1^{\frac{\nu}{\nu_1}}, \ldots, f_m' = f_m^{\frac{\nu}{\nu_m}}$$

sämtlich den Grad ν. Besteht nun zwischen diesen m Funktionen keine algebraische Relation mit konstanten Koeffizienten, so besteht auch zwischen den ursprünglichen Funktionen $f_1, \ldots, f_m$ keine solche Relation, und diese Funktionen bilden daher selbst schon ein System von Funktionen der verlangten Beschaffenheit. Im anderen Falle besteht eine Relation von der Gestalt

$$G(f_1', \ldots, f_m') = 0,$$

wo G eine ganze rationale homogene Funktion von $f_1', \ldots, f_m'$ bedeutet. Wir führen nun eine lineare Transformation der m Funktionen aus, indem wir setzen:

$$\begin{aligned} f_1' &= \alpha_{11} f_1'' + \cdots + \alpha_{1m} f_m'', \\ &\cdots\cdots\cdots\cdots \\ f_m' &= \alpha_{m1} f_1'' + \cdots + \alpha_{mm} f_m'', \end{aligned}$$

wo die Determinante der Substitutionskoeffizienten $\alpha_{11}, \ldots, \alpha_{mm}$ von 0 verschieden ist und wo außerdem für die $\alpha_{11}, \ldots, \alpha_{mm}$ solche Zahlenwerte gewählt sein mögen, daß in der linear transformierten Funktion $H(f_1'', \ldots, f_m'')$ der Koeffizient der höchsten Potenz von f_m'' gleich 1 wird. Dann ist offenbar f_m'' eine ganze algebraische Funktion von $f_1'', \ldots, f_{m-1}''$ und folglich sind auch die Funktionen $f_1', \ldots, f_m'$ und somit auch die ursprünglich vorgelegten Funktionen $f_1, \ldots, f_m$ sämtlich durch die $m-1$ Funktionen $f_1'', \ldots, f_{m-1}''$ ganz und algebraisch ausdrückbar. Besteht nun zwischen diesen $m-1$ Funktionen $f''_1, \ldots, f''_{m-1}$ keine algebraische Relation, so bilden diese $m-1$ Funktionen ein System von Funktionen der verlangten Beschaffenheit. Im anderen Falle behandeln wir die zwischen diesen $m-1$ Funktionen bestehende homogene Relation in der nämlichen Weise wie vorhin die Relation $G=0$, und so gelangen wir schließlich durch Fortsetzung dieses Verfahrens zu einem Systeme homogener Funktionen $F_1, \ldots, F_\varkappa$ vom nämlichen Grade ν in den Veränderlichen $x_1, \ldots, x_n$, welches die im Satze verlangte Beschaffenheit besitzt.

§ 2. Die Invarianten $J, J_1, \ldots, J_\varkappa$.

Es seien $i_1, \ldots, i_m$ die Invarianten eines vollen Invariantensystems; dieselben sind ganze rationale homogene Funktionen der Koeffizienten der Grundform und so folgt unmittelbar aus dem in § 1 bewiesenen Hilfssatze der Satz:

Ist eine beliebige Grundform oder ein Grundformensystem vorgelegt, so lassen sich stets gewisse $\varkappa$ Invarianten $J_1, \ldots, J_\varkappa$ bestimmen, zwischen denen keine algebraische Relation stattfindet und durch welche jede andere Invariante ganz und algebraisch ausgedrückt werden kann.

Die Zahl $\varkappa$ ist beispielsweise im Falle einer einzigen binären Grundform n-ter Ordnung gleich $n-2$ und im Falle einer ternären Grundform n-ter Ordnung gleich $\frac{1}{2}(n+1)(n+2)-8$.

Die nach dem obigen Verfahren sich ergebenden Invarianten $J_1, \ldots, J_\varkappa$ sind sämtlich von dem nämlichen Grade in den Koeffizienten der Grundform; dieser Grad werde mit ν bezeichnet.

Es gilt ferner der Satz:

Man kann zu den Invarianten $J_1, \ldots, J_\varkappa$ stets eine Invariante J hinzufügen, derart, daß eine jede andere Invariante der Grundform sich rational durch die Invarianten $J, J_1, \ldots, J_\varkappa$ ausdrücken läßt.

Um diese Invariante J zu finden, wählen wir irgend 2 Invarianten des vollen Invariantensystems aus, etwa i_1, i_2 von den Graden ν_1 bezüglich ν_2 und setzen dann

$$i'_1 = i_1^{\alpha_1} i_2^{\alpha_2},$$
$$i'_2 = i_1^{\beta_1} i_2^{\beta_2} J_1^{\gamma},$$

wo die Exponenten $\alpha_1, \alpha_2, \beta_1, \beta_2, \gamma$ ganze positive, den Bedingungen

$$\alpha_1 \nu_1 + \alpha_2 \nu_2 = \beta_1 \nu_1 + \beta_2 \nu_2 + \gamma \nu,$$
$$\alpha_1 \beta_2 - \alpha_2 \beta_1 = 1$$

genügende Zahlen sind. Um solche Zahlen zu finden, bestimme man zunächst 3 ganze positive Zahlen $\delta_1, \delta_2, \gamma$, so daß die Bedingung

$$\delta_1 \nu_1 + \delta_2 \nu_2 = \gamma \nu$$

erfüllt ist und außerdem die Zahlen δ_1 und δ_2 zueinander prim sind. Dann bestimme man 2 ganze positive Zahlen β_1 und β_2, so daß

$$\delta_1\beta_2 - \delta_2\beta_1 = 1$$

wird: die 5 Zahlen $\alpha_1 = \delta_1 + \beta_1$, $\alpha_2 = \delta_2 + \beta_2$, β_1, β_2, γ sind dann, wie man leicht sieht, von der verlangten Beschaffenheit.

Die Formeln

$$i_1 = i_1'^{\beta_2}\, i_2'^{-\alpha_2}\, J_1^{\alpha_2\gamma},$$
$$i_2 = i_1'^{-\beta_1}\, i_2'^{\alpha_1}\, J_1^{-\alpha_1\gamma}$$

lehren, daß i_1 und i_2 sich rational durch i_1', i_2', J_1 ausdrücken lassen. Da die beiden Invarianten i_1', i_2' von dem nämlichen Grade in den Koeffizienten der Grundform sind, so ist auch jede lineare Kombination

$$i'' = c_1 i_1' + c_2 i_2'$$

eine Invariante. In diesem Ausdrucke können nach einem bekannten Satze aus der Theorie der algebraischen Funktionen die Konstanten c_1, c_2 so bestimmt werden, daß sowohl i_1' als auch i_2' rationale Funktionen von $i'', J_1, \ldots, J_\varkappa$ sind. Hieraus folgt, daß sämtliche Invarianten der Grundform sich rational durch $i'', J_1, \ldots, J_\varkappa, i_3, i_4, \ldots, i_m$ ausdrücken lassen. Wählt man nun aus den Invarianten $i'', i_3, i_4, \ldots, i_m$ wiederum 2 Invarianten aus, etwa i'', i_3, so läßt sich in eben derselben Weise wie vorhin eine Invariante i''' bestimmen, derart, daß sowohl i'' als auch i_3 rationale Funktionen von $i''', J_1, \ldots, J_\varkappa$ und somit sämtliche Invarianten rationale Funktionen von $i''', J_1, \ldots, J_\varkappa, i_4, i_5, \ldots, i_m$ sind. Durch Fortsetzung dieses Verfahrens gelangen wir schließlich zu einer Invariante $i^{(m)} = J$ von der im Satze verlangten Beschaffenheit.

Nach den eben bewiesenen Sätzen ist jede Invariante eine rationale Funktion von $J, J_1, \ldots, J_\varkappa$ und eine ganze algebraische Funktion von $J_1, \ldots, J_\varkappa$; es ist aber auch umgekehrt jede von $J, J_1, \ldots, J_\varkappa$ rational und von $J_1, \ldots, J_\varkappa$ ganz und algebraisch abhängende Funktion i notwendigerweise eine Invariante der Grundform. Denn da die Funktion i rational von den Invarianten $J, J_1, \ldots, J_\varkappa$ abhängt, so ist dieselbe notwendig eine rationale Funktion von den Koeffizienten der Grundform: wir setzen $i = \frac{g}{h}$, wo g und h ganze rationale Funktionen von den Koeffizienten der Grundform ohne einen gemeinsamen Faktor sind. Ferner genügt i einer Gleichung von der Gestalt

$$i^k + G_1 i^{k-1} + \cdots + G_k = 0,$$

wo $G_1, \ldots, G_k$ ganze rationale Funktionen von $J_1, \ldots, J_\varkappa$ sind. Setzen wir in diese Gleichung $i = \frac{g}{h}$ ein und multiplizieren dieselbe dann mit h^{k-1}, so ergibt sich, daß $\frac{g^k}{h}$ eine ganze rationale Funktion von den Koeffizienten der

Grundform ist. Da aber g und h zueinander prim sind, so ist h notwendigerweise eine Konstante, d. h. i ist eine ganze rationale Funktion der Koeffizienten der Grundform und mithin eine ganze rationale Invariante. Hieraus folgt der Satz:

Die Invarianten $J, J_1, \ldots, J_\varkappa$ bestimmen einen Funktionenkörper, in welchem die ganzen algebraischen Funktionen genau das System der ganzen rationalen Invarianten ausmachen; dieser Funktionenkörper werde im folgenden kurz der Invariantenkörper der Grundform genannt.

Es gibt nun nach einem fundamentalen, von L. KRONECKER aufgestellten Satze in einem jeden Funktionenkörper stets eine endliche Anzahl ganzer Funktionen derart, daß jede andere ganze Funktion des Körpers als lineare Verbindung jener endlichen Anzahl dargestellt werden kann, wobei die Koeffizienten der linearen Verbindung ganze rationale Funktionen des Körpers sind, und die allgemeine, von L. KRONECKER entwickelte Theorie der algebraischen Funktionen lehrt zugleich, wie man die ganzen algebraischen Funktionen eines Körpers bestimmen kann. Um hiernach aus den Invarianten $J, J_1, \ldots, J_\varkappa$ das volle Invariantensystem $i_1, \ldots, i_m$ wieder zurückzugewinnen, berechne man zunächst die Diskriminante D der Gleichung k-ten Grades für J. Die Invarianten der Grundform, d. h. die ganzen algebraischen Funktionen des Invariantenkörpers sind dann sämtlich in der Gestalt

$$i = \frac{\Gamma_1 J^{k-1} + \Gamma_2 J^{k-2} + \cdots + \Gamma_k}{D}$$

darstellbar. Wenden wir das Theorem I in Abschnitt I meiner oben zitierten Arbeit[1] auf die aus den Funktionen $\Gamma_1, \Gamma_2, \ldots, \Gamma_k$ zu bildenden unendlichen Reihen an, so erkennen wir in der Tat, daß es eine endliche Zahl $j_1, \ldots, j_M$ von Invarianten gibt, derart, daß jede andere Invariante i in der Gestalt

$$i = A_1 j_1 + \cdots + A_M j_M$$

dargestellt werden kann, wo $A_1, \ldots, A_M$ ganze rationale Funktionen von $J_1, \ldots, J_\varkappa$ sind. Die Invarianten $J_1, \ldots, J_\varkappa, j_1, \ldots, j_M$ sind somit die Invarianten eines vollen Invariantensystems.

Nach Kenntnis der Invarianten $J, J_1, \ldots, J_\varkappa$ erfordert also die Aufstellung des vollen Invariantensystems nur noch die Lösung einer elementaren Aufgabe aus der arithmetischen Theorie der algebraischen Funktionen.

II. Das Verschwinden der Invarianten.

§ 3. Ein allgemeines Theorem über algebraische Formen.

Da alle Invarianten der Grundform ganze algebraische Funktionen von $J_1, \ldots, J_\varkappa$ sind, so folgt unmittelbar die weitere Tatsache:

---

[1] Math. Ann. Bd. 36 S. 474; siehe auch diesen Band Abh. 16, S. 199.

Wenn man den Koeffizienten der Grundform solche besonderen Werte erteilt, daß die $\varkappa$ *Invarianten* $J_1, \ldots, J_\varkappa$ *gleich* 0 *werden, so verschwinden zugleich auch sämtliche übrigen Invarianten der Grundform.*

Es ist nun von größter Bedeutung für die ganze hier zu entwickelnde Theorie, daß die in diesem Satze ausgesprochene Eigenschaft des Invariantensystems $J_1, \ldots, J_\varkappa$ auch umgekehrt die ursprüngliche in § 2 zugrunde gelegte Eigenschaft dieser Invarianten bedingt. Um den Nachweis hiervon zu führen, entwickeln wir zunächst ein Theorem, welches sich als drittes allgemeines Theorem aus der Theorie der algebraischen Funktionen den beiden Theoremen I und III meiner oben zitierten Arbeit[1] zugesellt. Dieses Theorem lautet:

Es seien m ganze rationale homogene Funktionen $f_1, \ldots, f_m$ *der n Veränderlichen* $x_1, \ldots, x_n$ *vorgelegt und ferner seien* $F, F', F'', \ldots$ *irgend welche ganze rationale homogene Funktionen der nämlichen Veränderlichen* $x_1, \ldots, x_n$ *von der Beschaffenheit, daß sie für alle diejenigen Wertsysteme dieser Veränderlichen verschwinden, für welche die vorgelegten m Funktionen* $f_1, \ldots, f_m$ *sämtlich gleich* 0 *sind: dann ist es stets möglich, eine ganze Zahl r zu bestimmen derart, daß jedes Produkt* $\Pi^{(r)}$ *von r beliebigen Funktionen der Reihe* $F, F', F'', \ldots$ *dargestellt werden kann in der Gestalt*

$$\Pi^{(r)} = a_1 f_1 + a_2 f_2 + \cdots + a_m f_m,$$

wo $a_1, a_2, \ldots, a_m$ *geeignet gewählte ganze rationale homogene Funktionen der Veränderlichen* $x_1, \ldots, x_n$ *sind.*

Im folgenden Beweise dieses Theorems nehmen wir zunächst an, daß die Formenreihe $F, F', F'', \ldots$ nur aus einer *endlichen* Anzahl von Formen besteht.

Der Beweis zerfällt in 2 Teile: in dem *ersten* Teile zeigen wir die Richtigkeit des Theorems für den besonderen Fall, daß die vorgelegten m Formen $f_1, \ldots, f_m$ nur eine *endliche* Anzahl gemeinsamer Nullstellen besitzen. Um diesen Nachweis zu führen, nehmen wir an, daß das Theorem für Formen mit einer gewissen Anzahl gemeinsamer Nullstellen bereits als gültig erkannt worden ist und zeigen dann, daß dasselbe auch für solche Formen gilt, welche noch eine weitere gemeinsame Nullstelle besitzen.

Die gemeinsamen Nullstellen der Formen $f_1, \ldots, f_m$ seien

$$\begin{array}{l} x_1 = \alpha_1, \quad x_2 = \alpha_2, \ldots, x_n = \alpha_n, \\ x_1 = \beta_1, \quad x_2 = \beta_2, \ldots, x_n = \beta_n, \\ \ldots\ldots\ldots\ldots\ldots\ldots \\ x_1 = \varkappa_1, \quad x_2 = \varkappa_2, \ldots, x_n = \varkappa_n. \end{array}$$

Wir setzen nun an Stelle der Veränderlichen $x_1, \ldots, x_n$ bezüglich die Aus-

[1] Vgl. Math. Ann. Bd. 36 S. 474 u. 492; dieser Band Abh. 16, S. 199 und 217.

drücke $x_1\xi_1, x_2\xi_1, \ldots, x_{n-1}\xi_1, \xi_2$ ein, wodurch die Formen $f_1, \ldots, f_m$ in binäre Formen von den Ordnungen $\nu_1, \ldots, \nu_m$ in den Veränderlichen ξ_1, ξ_2 übergehen, dann bilden wir die Ausdrücke

$$F_1 = u_1 f_1 + u_2 f_2 + \cdots + u_m f_m,$$
$$F_2 = v_1 f_1 + v_2 f_2 + \cdots + v_m f_m,$$

wo $u_1, \ldots, u_m, v_1, \ldots, v_m$ binäre Formen mit unbestimmten Koeffizienten und von solchen Ordnungen in den Veränderlichen ξ_1, ξ_2 sind, daß F_1 und F_2 in eben diesen Veränderlichen homogen werden. Die Resultante der beiden binären Formen F_1, F_2 in bezug auf die Veränderlichen ξ_1, ξ_2 wird gleich einer ganzen rationalen Funktion der in den Formen $u_1, \ldots, u_m, v_1, \ldots, v_m$ auftretenden unbestimmten Koeffizienten, und die Potenzen und Produkte dieser unbestimmten Koeffizienten erscheinen mit Formen multipliziert, welche nur die $n-1$ Veränderlichen $x_1, \ldots, x_{n-1}$ enthalten; diese Formen mögen mit $f'_1, \ldots, f'_{m'}$ bezeichnet werden. Aus den Eigenschaften der Resultante zweier binärer Formen wird leicht erkannt, daß die Formen $f'_1, \ldots, f'_{m'}$ nur die folgenden gemeinsamen Nullstellen besitzen:

$$x_1 = \alpha_1, \quad x_2 = \alpha_2, \ldots, x_{n-1} = \alpha_{n-1},$$
$$\cdots\cdots\cdots\cdots$$
$$x_1 = \varkappa_1, \quad x_2 = \varkappa_2, \ldots, x_{n-1} = \varkappa_{n-1}$$

und daß dieselben außerdem sämtlich gleich linearen Kombinationen der Formen $f_1, \ldots, f_m$ sind, d. h. es ist

$$\left.\begin{array}{l} f'_1 \equiv 0, \\ \cdots \\ f'_{m'} \equiv 0, \end{array}\right\} \quad (f_1, \ldots, f_m).$$

Wenden wir das eben angegebene Eliminationsverfahren nunmehr auf die Formen $f'_1, \ldots, f'_{m'}$ an, so gelangen wir zu einem Systeme von Formen $f''_1, \ldots, f''_{m''}$ der $n-2$ Veränderlichen $x_1, \ldots, x_{n-2}$, welche nur die gemeinsamen Nullstellen

$$x_1 = \alpha_1, \quad x_2 = \alpha_2, \ldots, x_{n-2} = \alpha_{n-2},$$
$$\cdots\cdots\cdots\cdots$$
$$x_1 = \varkappa_1, \quad x_2 = \varkappa_2, \ldots, x_{n-2} = \varkappa_{n-2}$$

besitzen und welche sämtlich nach dem Modul $(f'_1, \ldots, f'_{m'})$ und folglich auch nach dem Modul $(f_1, \ldots, f_m)$ kongruent 0 sind. Durch weitere Fortsetzung des Verfahrens ergibt sich schließlich ein System von binären Formen $f_1^{(n-2)}, \ldots, f_{m^{(n-2)}}^{(n-2)}$ der Veränderlichen x_1, x_2, welche nur die gemeinsamen Nullstellen

$$x_1 = \alpha_1, \quad x_2 = \alpha_2,$$
$$\cdots\cdots\cdots$$
$$x_1 = \varkappa_1, \quad x_2 = \varkappa_2$$

besitzen und welche sämtlich kongruent 0 sind nach dem Modul $(f_1, \ldots, f_m)$.

Wir wählen eine von diesen binären Formen aus und setzen dieselbe gleich $(\alpha_2 x_1 - \alpha_1 x_2)^{\varrho_{12}} \varphi_{12}$, wo ϱ_{12} eine ganze positive Zahl bedeutet und φ_{12} eine für $x_1 = \alpha_1$, $x_2 = \alpha_2$ nicht verschwindende binäre Form ist. Hierbei ist angenommen, daß die Größen α_1, α_2 nicht beide gleich 0 sind.

In gleicher Weise finden wir, falls α_1, α_3 nicht zugleich 0 sind, daß es eine ganze Zahl ϱ_{13} und eine für $x_1 = \alpha_1$, $x_3 = \alpha_3$ nicht verschwindende binäre Form φ_{13} der Veränderlichen x_1, x_3 gibt, derart, daß

$$(\alpha_3 x_1 - \alpha_1 x_3)^{\varrho_{13}} \varphi_{13} \equiv 0, \qquad (f_1, \ldots, f_m)$$

ist und es sei schließlich $\varrho_{n-1,n}$ eine ganze Zahl und $\varphi_{n-1,n}$ eine für $x_{n-1} = \alpha_{n-1}$, $x_n = \alpha_n$ nicht verschwindende binäre Form der Veränderlichen x_{n-1}, x_n derart, daß die Kongruenz

$$(\alpha_n x_{n-1} - \alpha_{n-1} x_n)^{\varrho_{n-1,n}} \varphi_{n-1,n} \equiv 0, \qquad (f_1, \ldots, f_m)$$

besteht.

Da nach Voraussetzung eine jede Form der Reihe $F, F', F'', \ldots$ für $x_1 = \alpha_1$, $x_2 = \alpha_2, \ldots, x_n = \alpha_n$ verschwindet, so kann allgemein

$$F^{(i)} = F_{12}^{(i)}(\alpha_2 x_1 - \alpha_1 x_2) + F_{13}^{(i)}(\alpha_3 x_1 - \alpha_1 x_3) + \cdots + F_{n-1,n}^{(i)}(\alpha_n x_{n-1} - \alpha_{n-1} x_n)$$

gesetzt werden, wo $F_{12}^{(i)}, F_{13}^{(i)}, \ldots, F_{n-1,n}^{(i)}$ Formen der n Veränderlichen $x_1, \ldots, x_n$ sind, und hieraus folgt mit Hilfe der obigen Kongruenzen, daß, wenn zur Abkürzung

$$\varrho = \varrho_{12} + \varrho_{13} + \cdots + \varrho_{n-1,n}$$

und

$$\Phi = \varphi_{12} \varphi_{13} \cdots \varphi_{n-1,n}$$

gesetzt wird, die Kongruenz

$$\Phi \Pi^{(\varrho)} \equiv 0, \qquad (f_1, \ldots, f_m)$$

besteht, wo Φ eine für $x_1 = \alpha_1$, $x_2 = \alpha_2, \ldots, x_n = \alpha_n$ nicht verschwindende Form und $\Pi^{(\varrho)}$ das Produkt von irgend ϱ Formen der Reihe $F, F', F'', \ldots$ bezeichnet.

Die Formen $\Phi, f_1, \ldots, f_m$ besitzen eine geringere Anzahl gemeinsamer Nullstellen als die Formen $f_1, \ldots, f_m$ des ursprünglichen Systems. Nehmen wir also an, daß das Theorem für ein Formensystem mit weniger gemeinsamen Nullstellen bereits als richtig erkannt ist, so folgt, daß es eine Zahl r gibt, derart, daß

$$\Pi^{(r)} \equiv 0, \qquad (\Phi, f_1, \ldots, f_m),$$

wo $\Pi^{(r)}$ ein Produkt aus irgend r Formen der Reihe $F, F', F'', \ldots$ ist, und hieraus folgt dann mit Hilfe der obigen Kongruenz

$$\Pi^{(\varrho+r)} \equiv 0, \qquad (f_1, \ldots, f_m),$$

wo $\Pi^{(\varrho+r)}$ ein Produkt aus irgend $\varrho + r$ Funktionen der Reihe $F, F', F'', \ldots$ bedeutet. Somit ist bewiesen, daß das Theorem unter der gemachten Annahme auch für das Formensystem $f_1, \ldots, f_m$ gilt.

Nun gilt das Theorem in dem Falle, wo die vorgelegten Formen *keine* gemeinsame Nullstelle haben. In der Tat, bei dieser Annahme haben auch die binären Formen $f_1^{(n-2)}, \ldots, f_{m^{(n-2)}}^{(n-2)}$ keine gemeinsame Nullstelle; es ist daher jede binäre Form von x_1, x_2, deren Ordnung oberhalb einer gewissen Grenze liegt, insbesondere also auch die Form $x_1^{\varrho_1}$ und die Form $x_2^{\varrho_2}$ für genügend große Exponenten ϱ_1 und ϱ_2 kongruent 0 nach dem Modul $(f_1, \ldots, f_m)$. Ebenso zeigt man, daß die Formen $x_3^{\varrho_3}, \ldots, x_n^{\varrho_n}$ bei genügend großen Exponenten $\varrho_3, \ldots, \varrho_n$ kongruent 0 sind nach dem Modul $(f_1, \ldots, f_m)$. Hieraus folgt, daß eine jede Form der Veränderlichen $x_1, \ldots, x_n$, deren Ordnung die Zahl $\varrho_1 + \varrho_2 + \cdots + \varrho_n$ übersteigt, kongruent 0 ist, nach eben jenem Modul, und damit ist die obige Behauptung bewiesen.

In dem *zweiten* Teil wird nun das Theorem allgemein bewiesen, und zwar nehmen wir zu diesem Zwecke an, daß dasselbe für beliebige Formen von $n-1$ Veränderlichen bereits als richtig erkannt ist und zeigen dann, daß es auch für n Veränderliche gilt.

Setzen wir $x_1 = t x_2$, so gehen die Formen $f_1, \ldots, f_m, F, F', \ldots$ in Formen der $n-1$ Veränderlichen $x_2, \ldots, x_n$ über, deren Koeffizienten ganze rationale Funktionen des Parameters t sind. Diese Formen von $n-1$ Veränderlichen bezeichnen wir bezüglich mit $g_1, \ldots, g_m, G, G', \ldots$. Wenn wir jetzt dem Parameter t irgend einen bestimmten endlichen Wert erteilen, so ist offenbar, daß jede Form der Reihe $G, G', \ldots$ für solche Werte der Veränderlichen $x_2, \ldots, x_n$ verschwindet, für welche die m Formen $g_1, \ldots, g_m$ sämtlich gleich 0 sind. Es sei nun das Theorem für den Fall von $n-1$ Veränderlichen bewiesen und es sei für diesen Fall auch bereits erkannt, daß man die Zahl r jedenfalls unterhalb einer Grenze wählen darf, welche nur von den Ordnungen und der Anzahl der Formen $g_1, \ldots, g_m, G, G', \ldots$ und nicht von deren Koeffizienten abhängt: dann wissen wir folgendes: Es gibt eine Zahl $r = \sigma_{12}$, so daß ein jedes Produkt $\Pi^{(\sigma_{12})}$ von σ_{12} Formen der Reihe $G, G', \ldots$ für jeden speziellen Wert von t eine Darstellung von der Gestalt

$$\Pi^{(\sigma_{12})} = b_1 g_1 + b_2 g_2 + \cdots + b_m g_m$$

gestattet, wo $b_1, \ldots, b_m$ ganze rationale homogene Funktionen der $n-1$ Veränderlichen $x_2, \ldots, x_n$ sind. Betrachten wir in dieser Formel die Koeffizienten u der Formen $b_1, \ldots, b_m$ als unbestimmte Größen und vergleichen dann auf der linken und rechten Seite die Koeffizienten der nämlichen Potenzen und Produkte der Veränderlichen $x_2, \ldots, x_n$, so erhalten wir ein System von linearen nicht homogenen Gleichungen zur Bestimmung der Koeffizienten u. Die Koeffizienten in diesen linearen Gleichungen sind ganze rationale Funktionen des Parameters t und wir wissen außerdem, daß dieses System von linearen Gleichungen für jeden besonderen endlichen Wert von t Lösungen besitzt.

Es gilt nun der folgende leicht zu beweisende Hilfssatz:

Wenn ein System von linearen Gleichungen von der Gestalt

$$c_{11} u_1 + \cdots + c_{1p} u_p = c_1 ,$$
$$\cdots\cdots\cdots\cdots$$
$$c_{q1} u_1 + \cdots + c_{qp} u_p = c_q$$

vorgelegt ist, wo $c_{11}, c_{12}, \ldots, c_{qp}, c_1, \ldots, c_q$ ganze rationale Funktionen eines Parameters t sind, für jeden besonderen Wert von t Auflösungen besitzt, so kann man für die Unbekannten $u_1, \ldots, u_p$ stets rationale Funktionen von t bestimmen, derart, daß nach Einsetzung derselben die obigen Gleichungen bezüglich des Parameters t identisch erfüllt sind.

Wenden wir diesen Hilfssatz auf die oben erhaltenen Gleichungen an und setzen dann $t = \frac{x_1}{x_2}$, so ergibt sich nach Fortschaffung der Nenner eine Kongruenz von der Gestalt

$$\psi_{12} \Pi^{(\sigma_{12})} \equiv 0 , \quad (f_1, \ldots, f_m),$$

wo ψ_{12} eine binäre Form der beiden Veränderlichen x_1, x_2 ist, und wo $\Pi^{(\sigma_{12})}$ ein Produkt von irgend σ_{12} Formen der Reihe $F, F', \ldots$ bedeutet.

In gleicher Weise erhalten wir eine Kongruenz von der Gestalt

$$\psi_{13} \Pi^{(\sigma_{13})} \equiv 0 , \quad (f_1, \ldots, f_m),$$

wo ψ_{13} eine binäre Form der beiden Veränderlichen x_1, x_3 ist und wo $\Pi^{(\sigma_{13})}$ ein Produkt von σ_{13} Formen der Reihe $F, F', \ldots$ bedeutet, und es sei schließlich $\sigma_{n-1,n}$ eine ganze Zahl und $\psi_{n-1,n}$ eine Form der beiden Veränderlichen x_{n-1}, x_n derart, daß die Kongruenz

$$\psi_{n-1,n} \Pi^{(\sigma_{n-1,n})} \equiv 0 , \quad (f_1, \ldots, f_m)$$

besteht. Da es nun offenbar nur eine endliche Anzahl von Wertsystemen gibt, für welche die Formen $\psi_{12}, \psi_{13}, \ldots, \psi_{n-1,n}, f_1, \ldots, f_m$ sämtlich verschwinden, so ist dieses Formensystem ein solches, für welches die Richtigkeit des Theorems bereits feststeht; es kann daher eine Zahl r gefunden werden, so daß die Kongruenz

$$\Pi^{(r)} \equiv 0 , \quad (\psi_{12}, \psi_{13}, \ldots, \psi_{n-1,n}, f_1, \ldots, f_m)$$

besteht. Mit Hilfe der obigen Kongruenzen ergibt sich hieraus

$$\Pi^{(\sigma+r)} \equiv 0 , \quad (f_1, \ldots, f_m),$$

wo σ die größte der Zahlen $\sigma_{12}, \sigma_{13}, \ldots, \sigma_{n-1,n}$ bezeichnet.

Da binäre Formen überhaupt nur eine endliche Anzahl von Nullstellen besitzen können, so gilt das Theorem nach dem ersten Teil des Beweises für den besonderen Fall $n = 2$ und somit auch allgemein für Formen von n Veränderlichen. Enthält nun die vorgelegte Reihe $F, F', \ldots$ unendlich viele Formen, so bestimme man — was nach Theorem I meiner oben zitierten

Arbeit stets möglich ist — eine Zahl μ derart, daß eine jede Form der Reihe $F, F', \ldots$ gleich einer linearen Kombination der μ Formen $F, F', \ldots, F^{(\mu-1)}$ wird. Ist dann das Produkt von irgend r der Formen $F, F', \ldots, F^{(\mu-1)}$ nach dem Modul $(f_1, \ldots, f_m)$ kongruent 0, so gilt offenbar das nämliche auch für jedes Produkt von r Formen der unendlichen Reihe $F, F', \ldots$ und somit ist das Theorem vollständig bewiesen.

Nach dem eben bewiesenen Theorem ist insbesondere die r-te Potenz irgend einer von jenen Formen $F, F', F'', \ldots$ kongruent 0 nach dem Modul $(f_1, f_2, \ldots, f_m)$ — eine Tatsache, welche für den speziellen Fall zweier nicht homogenen Veränderlichen bereits von E. NETTO[1] ausgesprochen und bewiesen worden ist.

§ 4.

Der grundlegende Satz über die Invarianten, deren Verschwinden das Verschwinden aller übrigen Invarianten zur Folge hat.

Wir nehmen jetzt die am Anfang des vorigen Paragraphen unterbrochenen Entwicklungen über die Theorie der Invarianten einer Grundform oder eines Grundformensystems wieder auf und beweisen den folgenden grundlegenden Satz:

Wenn irgend μ Invarianten $I_1, \ldots, I_\mu$ die Eigenschaft besitzen, daß das Verschwinden derselben stets notwendig das Verschwinden aller übrigen Invarianten der Grundform zur Folge hat, so sind alle Invarianten ganze algebraische Funktionen jener μ Invarianten $I_1, \ldots, I_\mu$.

Nach Voraussetzung sind die μ Invarianten $I_1, \ldots, I_\mu$ Funktionen der Koeffizienten der Grundform von der Beschaffenheit, daß allemal, wenn man diesen Koeffizienten solche besonderen Werte erteilt, welche die μ Invarianten $I_1, \ldots, I_\mu$ zu 0 machen, notwendig sämtliche Invarianten der Grundform verschwinden, und daher gibt es dem allgemeinen in § 3 bewiesenen Theorem zufolge eine Zahl r derart, daß jedes Produkt $\Pi^{(r)}$ von irgend r oder mehr Invarianten der Grundform in der Gestalt

$$\Pi^{(r)} = a_1 I_1 + a_2 I_2 + \cdots + a_\mu I_\mu$$

darstellbar ist, wo $a_1, a_2, \ldots, a_\mu$ ganze rationale homogene Funktionen der Koeffizienten der Grundform sind. Nunmehr bezeichnen wir wie früher mit $i_1, \ldots, i_m$ die Invarianten eines vollen Invariantensystems und ferner mit ν die größte von den Gradzahlen dieser Invarianten: dann stellt sich offenbar eine jede beliebige Invariante i der Grundform, deren Grad $\geqq \nu r$ ist, als Summe von Produkten $\Pi^{(r)}$ dar, und es wird somit

$$i = a'_1 I_1 + a'_2 I_2 + \cdots + a'_\mu I_\mu ,$$

wo $a'_1, a'_2, \ldots, a'_\mu$ wiederum ganze rationale homogene Funktionen der Koeffi-

[1] Vgl. Acta math. Bd. 7 S. 101.

zienten der Grundform sind. Nach den Entwicklungen des Abschnittes V meiner oben zitierten Abhandlung: „Über die Theorie der algebraischen Formen“[1] können in dieser Formel die Ausdrücke $a'_1, a'_2, \ldots, a'_\mu$ durch Invarianten bezüglich $i'_1, i'_2, \ldots, i'_\mu$ ersetzt werden, so daß sich eine Gleichung von der Gestalt

$$i = i'_1 I_1 + i'_2 I_2 + \cdots + i'_\mu I_\mu$$

ergibt. Die Invarianten $i'_1, i'_2, \ldots, i'_\mu$ sind sämtlich von niederem Grade in den Koeffizienten der Grundform als die Invariante i; sie können ihrerseits wiederum in der nämlichen Weise durch lineare Kombination der Invarianten $I_1, I_2, \ldots, I_\mu$ erhalten werden und dieses Verfahren läßt sich so lange fortsetzen, bis wir zu Invarianten gelangen, deren Grad $< \nu r$ ist. Wir denken uns sämtliche linear unabhängige Invarianten, deren Grad $< \nu r$ ist, aufgestellt und bezeichnen dieselben mit $j_1, j_2, \ldots, j_w$. Für eine beliebige Invariante i der Grundform besteht dann ein System von w Gleichungen der folgenden Gestalt:

$$\begin{aligned} i j_1 &= G_1^{(1)} j_1 + G_2^{(1)} j_2 + \cdots + G_w^{(1)} j_w, \\ i j_2 &= G_1^{(2)} j_1 + G_2^{(2)} j_2 + \cdots + G_w^{(2)} j_w, \\ &\cdots\cdots\cdots\cdots\cdots \\ i j_w &= G_1^{(w)} j_1 + G_2^{(w)} j_2 + \cdots + G_w^{(w)} j_w, \end{aligned}$$

wo $G_1^{(1)}, G_2^{(1)}, \ldots, G_w^{(w)}$ ganze rationale Funktionen der Invarianten $I_1, \ldots, I_\mu$ bedeuten. Durch Elimination von $j_1, j_2, \ldots, j_w$ folgt die Gleichung

$$\begin{vmatrix} G_1^{(1)} - i & G_2^{(1)} & \ldots G_w^{(1)} \\ G_1^{(2)} & G_2^{(2)} - i & \ldots G_w^{(2)} \\ \cdots & \cdots & \cdots \\ G_1^{(w)} & G_2^{(w)} & \ldots G_w^{(w)} - i \end{vmatrix} = 0,$$

welche zeigt, daß i eine *ganze* algebraische Funktion von $I_1, \ldots, I_\mu$ ist.

Es ist hiernach offenbar für das Studium der Invarianten einer Grundform von größter Wichtigkeit, die notwendigen und hinreichenden Bedingungen dafür zu kennen, daß für diese Grundform die Invarianten sämtlich gleich 0 sind; wir werden somit, wenn wir die N Koeffizienten der Grundform in bekannter Weise als die Koordinaten eines Raumes von $N - 1$ Dimensionen deuten, auf die Aufgabe geführt, dasjenige algebraische Gebilde Z in diesem Raume zu untersuchen, welches durch Nullsetzen aller Invarianten bestimmt ist. Bezeichnet wie früher $\varkappa$ die Anzahl der algebraisch unabhängigen Invarianten, so gibt es den früheren Betrachtungen zufolge genau $\varkappa$ Invarianten $I_1, \ldots, I_\varkappa$, durch deren Nullsetzen das algebraische Gebilde Z bereits völlig bestimmt ist; aus dem eben bewiesenen Satze folgt nun notwendig $\mu \geqq \varkappa$,

[1] Vgl. Math. Ann. Bd. 36 S. 527; dieser Band Abh. 16, S. 251.

d. h. es ist nicht möglich, eine noch kleinere Zahl von Invarianten anzugeben, durch deren Nullsetzen das Gebilde Z ebenfalls schon bestimmt wird.

§ 5. Das Verschwinden der sämtlichen Invarianten einer binären Grundform.

Der eben in § 4 bewiesene Satz bildet den Kern der ganzen hier zu entwickelnden Theorie der algebraischen Invarianten. Wir wenden denselben zunächst auf die Theorie der binären Formen an; für diese läßt sich das algebraische Gebilde Z ohne besondere Schwierigkeit allgemein angeben, wie der folgende Satz lehrt:

Wenn alle Invarianten einer binären Grundform von der Ordnung $n = 2h+1$ bezüglich $n = 2h$ gleich Null sind, so besitzt die Grundform einen $(h+1)$-fachen Linearfaktor und umgekehrt, wenn dieselbe einen $(h+1)$-fachen Linearfaktor besitzt, so sind sämtliche Invarianten gleich Null.

Um den ersten Teil dieses Satzes zu beweisen, bilden wir für die vorgelegte Grundform

$$f = a_0 x_1^n + \binom{n}{1} a_1 x_1^{n-1} x_2 + \cdots + a_n x_2^n$$

die folgenden Überschiebungen:

$$\begin{aligned}
F_1 &= [a_0 a_2 - a_1^2]\, x_1^{2(n-2)} + \cdots, \\
F_2 &= [a_0 a_4 - 4\, a_1 a_3 + 3\, a_2^2]\, x_1^{2(n-4)} + \cdots, \\
&\cdots\cdots\cdots\cdots\cdots\cdots\cdots\cdots \\
F_h &= \left[a_0 a_{2h} - \binom{2h}{1} a_1 a_{2h-1} + \cdots \pm \frac{1}{2}\binom{2h}{h} a_h^2\right] x_1^{2(n-2h)} + \cdots.
\end{aligned}$$

Wir stellen dann die Bedingungen dafür auf, daß die Formen $f, F_1, \ldots, F_h$ bezüglich $f, F_1, \ldots, F_{h-1}$ sämtlich die nämliche Linearform als Faktor gemein haben, was etwa auf folgende Weise geschehen kann. Es sei M das kleinste gemeinschaftliche Vielfache der Zahlen n, $2(n-2)$, $2(n-4)$, ..., $2(n-2h)$ und man setze

$$M = m\,n = 2\,m_1(n-2) = \cdots = 2\,m_h(n-2h),$$

bezüglich

$$M = m\,n = 2\,m_1(n-2) = \cdots = 2\,m_{h-1}(n-2h+2);$$

je nachdem n eine ungerade oder gerade Zahl ist. Dann bilde man die beiden Formen

$$\begin{aligned}
U &= u\, f^m + u_1 F_1^{m_1} + \cdots + u_h F_h^{m_h}, \\
V &= v\, f^m + v_1 F_1^{m_1} + \cdots + v_h F_h^{m_h},
\end{aligned}$$

bezüglich

$$\begin{aligned}
U &= u\, f^m + u_1 F_1^{m_1} + \cdots + u_{h-1} F_{h-1}^{m_{h-1}}, \\
V &= v\, f^m + v_1 F_1^{m_1} + \cdots + v_{h-1} F_{h-1}^{m_{h-1}},
\end{aligned}$$

wo $u, u_1, \ldots, u_h$ und $v, v_1, \ldots, v_h$ unbestimmte Parameter sind. Die Resultante dieser beiden Formen U, V ist von der Gestalt

$$R(U, V) = J_1 P_1 + \cdots + J_\mu P_\mu,$$

wo $P_1, \ldots, P_\mu$ gewisse Potenzen und Produkte der unbestimmten Parameter u, v und wo $J_1, \ldots, J_\mu$ Invarianten der Grundform sind. Die Gleichungen

$$J_1 = 0, \ldots, J_\mu = 0$$

stellen die notwendigen und hinreichenden Bedingungen dafür dar, daß die Formen $f, F_1, \ldots, F_h$ bezüglich die Formen $f, F_1, \ldots, F_{h-1}$ sämtlich die nämliche Linearform als Faktor enthalten. Denn wenn das letztere nicht der Fall wäre, so könnte man stets den Parametern u, v solche numerische Werte erteilen, daß die beiden Formen U, V keinen gemeinsamen Faktor enthielten, und dieser Umstand würde der Bedingung $R(U, V) = 0$ widersprechen. Wir transformieren jetzt die binäre Grundform f mittels der Substitution

$$y_1 = \alpha_1 x_1 + \alpha_2 x_2,$$
$$y_2 = \beta_1 x_1 + \beta_2 x_2,$$

wo $\beta_1 x_1 + \beta_2 x_2$ diejenige Linearform bezeichnet, welche eben in jenen Formen als gemeinsamer Faktor enthalten ist und wo α_1, α_2 so gewählt sind, daß die Determinante $\alpha_1\beta_2 - \alpha_2\beta_1$ von Null verschieden ausfällt. Die Koeffizienten der transformierten Form g bezeichnen wir mit $b_0, b_1, \ldots, b_n$. Da nun die transformierte Form g und ihre Überschiebungen sämtlich den Faktor y_2 besitzen, so müssen ihre Koeffizienten notwendig folgende Gleichungen befriedigen:

$$b_0 = 0,$$
$$b_0 b_2 - b_1^2 = 0,$$
$$\cdot \quad \cdot \quad \cdot \quad \cdot \quad \cdot$$
$$b_0 b_{2h} - \binom{2h}{1} b_1 b_{2h-1} + \cdots \pm \frac{1}{2}\binom{2h}{h} b_h^2 = 0$$

bezüglich

$$b_0 = 0,$$
$$b_0 b_2 - b_1^2 = 0,$$
$$\cdot \quad \cdot \quad \cdot \quad \cdot \quad \cdot$$
$$b_0 b_{2h-2} - \binom{2h-2}{1} b_1 b_{2h-3} + \cdots \pm \frac{1}{2}\binom{2h-2}{h-1} b_{h-1}^2 = 0.$$

Fügen wir im Falle eines geraden n noch die Gleichung $F_h = 0$ hinzu, so folgen für ein ungerades sowie für ein gerades n die Gleichungen

$$b_0 = 0, \quad b_1 = 0, \ldots, \quad b_h = 0,$$

und hieraus ergibt sich, daß die Form g den Faktor y_2 wenigstens $(h+1)$-fach enthält. Es ist selbstverständlich, daß in besonderen Fällen die Berechnung der Bedingungen dafür, daß f, $F_1, \ldots, F_h$ einen gemeinsamen Faktor haben, sich erheblich abkürzen läßt.

Der zweite Teil des Satzes wird unmittelbar als richtig erkannt, wenn wir die Grundform so transformieren, daß dadurch die ersten $h + 1$ Koeffizienten $b_0, b_1, \ldots, b_h$ sämtlich gleich 0 werden. In der Tat, wenn e_{h+1}, $e_{h+2}, \ldots, e_n$ beliebige ganze positive Zahlen bedeuten, so lautet das allgemeinste Glied, welches aus den übrigen Koeffizienten $b_{h+1}, b_{h+2}, \ldots, b_n$ gebildet werden kann, wie folgt

$$b_{h+1}^{e_{h+1}} b_{h+2}^{e_{h+2}} \cdots b_n^{e_n};$$

es ist aber für dieses Glied das doppelte Gewicht notwendig größer als das n-fache des Grades; jedes Glied einer Invariante enthält daher notwendig mindestens einen der Koeffizienten $b_0, b_1, \ldots, b_h$ als Faktor und hat folglich für unsere besondere Grundform den Wert 0.

Die vorhin aufgestellten Invarianten $I_1, \ldots, I_\mu$ bezüglich $I_1, \ldots, I_\mu, F_h$ bilden, wie eben gezeigt worden ist, ein System von Invarianten der Grundform f von der Art, daß das Verschwinden dieser Invarianten notwendig das Verschwinden aller Invarianten der Grundform zur Folge hat, und *nach dem in* § 4 *bewiesenen Satze sind mithin sämtliche Invarianten der Grundform f ganze algebraische Funktionen jener eben gefundenen. Zu der Herstellung dieses Systems von Invarianten haben wir lediglich Resultantenbildungen verwandt.*

§ 6. Anwendungen auf besondere binäre Grundformen und Grundformensysteme.

Die allgemeinen bisher von uns erhaltenen Resultate finden in allen besonderen berechneten Fällen die schönste Bestätigung, wie folgende Beispiele zeigen:

Für die binäre Form 5-ter Ordnung erfüllen die 3 Invarianten A, B, C von den Graden bezüglich 4, 8, 12 die Bedingungen des in § 4 bewiesenen Satzes. Denn das gleichzeitige Verschwinden derselben bedingt notwendig das Auftreten eines dreifachen Linearfaktors in f und dieser Umstand wiederum hat, wie der in § 5 bewiesene Satz lehrt, zur Folge, daß alle Invarianten der binären Form gleich Null sind. Es müssen daher alle Invarianten *ganze* algebraische Funktionen von A, B, C sein, und in der Tat enthält das volle System nur noch eine weitere Invariante, nämlich die schiefe Invariante R, deren Quadrat bekanntlich eine ganze rationale Funktion von A, B, C ist.

Die binäre Form 6-ter Ordnung besitzt 4 Invarianten A, B, C, D von den Graden bezüglich 2, 4, 6, 10, deren gleichzeitiges Verschwinden notwendig das Auftreten eines vierfachen Linearfaktors bedingt. Dieser Umstand hat wiederum zur Folge, daß alle Invarianten der Form gleich Null sind; in der Tat ist entsprechend unserem in § 4 bewiesenen Satze die noch übrige schiefe Invariante R der Grundform eine *ganze* algebraische Funktion von A, B, C, D, nämlich gleich der Quadratwurzel aus einer ganzen rationalen Funktion dieser 4 Invarianten.

Wir betrachten ferner eine binäre Grundform f von der 5-ten Ordnung und eine lineare Grundform l. Wenn die 6 simultanen Invarianten $A, B, C, (f, l^5)_5, (h, l^6)_6, (i, l^2)_2$ zugleich verschwinden, wo $h = (f, f)_2$ und $i = (f, f)_4$ gesetzt ist, so folgt: entweder tritt die Linearform l 3-fach als Faktor in f auf oder die Form f enthält irgend einen 3-fachen Faktor, während die Koeffizienten der Linearform l gleich 0 sind, oder die Koeffizienten der Form f sind sämtlich 0. In allen diesen 3 Fällen sind, wie man leicht erkennt, sämtliche Simultaninvarianten der beiden Grundformen gleich 0, und somit hat also das Verschwinden der genannten 6 Simultaninvarianten das Verschwinden aller übrigen Simultaninvarianten zur Folge. Hieraus folgt nach dem in § 4 bewiesenen Satze, daß alle Simultaninvarianten der beiden Grundformen f und l ganze algebraische Funktionen der genannten 6 Invarianten sind.

Da die in Rede stehenden Simultaninvarianten mit dem System der Invarianten und Kovarianten einer einzigen binären Grundform 5-ter Ordnung identisch sind, so folgt, daß sich sämtliche 23 invariante Formen einer binären Grundform 5-ter Ordnung als ganze algebraische Funktionen der 3 Invarianten A, B, C und der 3 Kovarianten f, h, i ausdrücken lassen. Berücksichtigen wir noch, daß alle Invarianten und Kovarianten der binären Grundform 5-ter Ordnung rationale Funktionen von $f, h, i, (f, h)_1, (f, h)_3$ sind, so kann nach unseren allgemeinen in Abschnitt I ausgeführten Entwicklungen aus diesen Angaben allein das bekannte System jener 23 invarianten Formen berechnet werden. Man hat zu dem Zwecke nur nötig, alle diejenigen Funktionen aufzustellen, welche *ganze* algebraische Funktionen von A, B, C, f, h, i und zugleich rationale Funktionen der Kovarianten $f, h, i, (f, h)_1, (f, h)_3$ sind.

Um die simultanen Invarianten zweier binären kubischen Formen f, g aufzustellen, bilden wir eine lineare Kombination $\varkappa f + \lambda g$ derselben und entwickeln die Diskriminante dieser Form nach den unbestimmten Parametern $\varkappa$ und λ wie folgt:

$$D(\varkappa f + \lambda g) = D_0 \varkappa^4 + D_1 \varkappa^3 \lambda + D_2 \varkappa^2 \lambda^2 + D_3 \varkappa \lambda^3 + D_4 \lambda^4.$$

Die 5 Invarianten D_0, D_1, D_2, D_3, D_4 sind offenbar nur dann sämtlich gleich Null, wenn die kubischen Formen f und g beide den nämlichen Linearfaktor zweifach enthalten, und dieser Umstand wiederum hat zur Folge, daß auch alle übrigen Simultaninvarianten Null sind. Unserem Satze zufolge müssen daher alle simultanen Invarianten der beiden kubischen Formen f und g ganze algebraische Funktionen von D_0, D_1, D_2, D_3, D_4 sein. Das volle

Invariantensystem enthält nun außer diesen 5 Invarianten nur noch 2 weitere Invarianten, nämlich die Überschiebung $(f, g)_3$ und die Resultante R der beiden Formen: man findet in der Tat durch Rechnung bestätigt, daß diese beiden Invarianten ganze algebraische Funktionen jener 5 Invarianten sind.

Um das simultane System einer kubischen Form f, einer quadratischen Form g und einer linearen Form l zu untersuchen, bezeichnen wir mit d_1, d_2, r bezüglich die Diskriminanten von f und g und die Resultante beider Formen; ferner bilden wir die Invarianten $(f, l^3)_3$, $(h, l^2)_2$, $(g, l^2)_2$ und $(h, g)_2$, wo h die Hessesche Kovariante von f bezeichnet. Wenn diese 7 Simultaninvarianten sämtlich gleich 0 sind, so nehmen, wie man ohne Schwierigkeit zeigt, die 3 Grundformen notwendig die Gestalt an

$$f = c\,p^2 q, \qquad g = c'\,p^2, \qquad l = c''\,p,$$

wo p, q lineare Formen und c, c', c'' gleich 0 oder von 0 verschiedene Konstante sind. Da nun für diese besonderen Grundformen offenbar sämtliche Simultaninvarianten gleich 0 sind, so folgt mit Hilfe des in § 4 bewiesenen Satzes, daß sämtliche Simultaninvarianten der 3 Grundformen ganze algebraische Funktionen jener 7 Simultaninvarianten sind, oder, was auf das nämliche hinausläuft, daß sämtliche simultane Invarianten und Kovarianten einer kubischen Form f und einer quadratischen Form g ganze algebraische Funktionen der 4 Invarianten $d_1, d_2, r, (h, g)_2$ und der 3 Formen f, h, g sind.

Wir behandeln endlich noch ein allgemeineres Beispiel, nämlich das System von ν binären linearen Formen

$$l_1 = a_1 x + b_1 y, \quad l_2 = a_2 x + b_2 y, \ldots, l_\nu = a_\nu x + b_\nu y.$$

Das volle Invariantensystem besteht aus den Determinanten

$$p_{ik} = a_i b_k - a_k b_i, \qquad (i, k = 1, 2, \ldots, \nu).$$

Wir bilden die beiden binären Formen $(\nu - 1)$-ter Ordnung

$$\varphi = a_1 \xi^{\nu-1} + a_2 \xi^{\nu-2} \eta + \cdots + a_\nu \eta^{\nu-1},$$
$$\psi = b_1 \xi^{\nu-1} + b_2 \xi^{\nu-2} \eta + \cdots + b_\nu \eta^{\nu-1}$$

und berechnen die Funktionaldeterminante derselben

$$(\varphi, \psi)_1 = p_0 \xi^{2\nu-4} + p_1 \xi^{2\nu-5} \eta + \cdots + p_{2\nu-4} \eta^{2\nu-4}.$$

Die Koeffizienten $p_0, p_1, \ldots, p_{2\nu-4}$ sind als lineare Kombinationen der Determinanten p_{ik} selber Invarianten der linearen Grundformen, und man erkennt leicht, daß, wenn diese Invarianten $p_0, p_1, \cdots, p_{2\nu-4}$ sämtlich Null sind, notwendig entweder alle Koeffizienten der Form φ oder diejenigen von ψ verschwinden oder beide Formen bis auf einen numerischen Faktor miteinander übereinstimmen. In allen diesen Fällen sind sämtliche Determinanten p_{ik} gleich Null, und hieraus folgt mit Hilfe unseres Satzes, daß die

Determinanten p_{ik} ganze algebraische Funktionen von $p_0, p_1, \ldots, p_{2\nu-4}$ sind[1], woraus zugleich die Unabhängigkeit der letzteren $2\nu - 3$ Invarianten geschlossen werden kann.

§ 7. Systeme von simultanen Grundformen.

Um die in § 5 für eine binäre Grundform erhaltenen Resultate auf ein System simultaner binärer Grundformen auszudehnen, verfahren wir wie folgt: wir betrachten die beiden binären Formen von der nämlichen Ordnung n

$$f = a_0 x_1^n + \binom{n}{1} a_1 x_1^{n-1} x_2 + \cdots + a_n x_2^n,$$

$$g = b_0 x_1^n + \binom{n}{1} b_1 x_1^{n-1} x_2 + \cdots + b_n x_2^n$$

und bilden dann eine lineare Kombination $\lambda f + \mu g$ derselben, wo λ und μ 2 Parameter bedeuten. Wenn nun die Invarianten von $\lambda f + \mu g$ für alle Werte λ und μ verschwinden, so muß nach dem in § 5 bewiesenen Satze die Form $\lambda f + \mu g$ notwendigerweise einen $\frac{n}{2} + 1$ bezüglich $\frac{n+1}{2}$-fachen Linearfaktor besitzen, was für Werte auch die Parameter λ und μ annehmen mögen, und hieraus folgt leicht, daß f und g selber die nämliche Linearform als $\frac{n}{2} + 1$ bezüglich $\frac{n+1}{2}$-fachen Faktor enthalten müssen, ein Umstand, welcher seinerseits zur Folge hat, daß auch sämtliche Simultaninvarianten der beiden Formen f und g gleich 0 sind, d. h.:

Wenn $J_1, \ldots, J_\mu$ solche Invarianten der einen Grundform f sind, durch welche sich alle übrigen Invarianten dieser Grundform ganz und algebraisch ausdrücken lassen, so gelangt man von diesen Invarianten $J_1, \ldots, J_\mu$ durch wiederholte Anwendung des Aronholdschen Prozesses

$$b_0 \frac{\partial}{\partial a_0} + b_1 \frac{\partial}{\partial a_1} + \cdots + b_n \frac{\partial}{\partial a_n}$$

zu einem System von Simultaninvarianten, welches die Eigenschaft besitzt, daß jede Simultaninvariante der beiden Formen f und g eine ganze algebraische Funktion der Simultaninvarianten dieses Systems ist.

Durch diesen Satz tritt eine neue fundamentale Eigenschaft des Aronholdschen Prozesses zutage.

Der besondere Fall $n = 3$ ist bereits oben behandelt worden. Im Fall zweier biquadratischer Grundformen haben wir die beiden Invarianten i und j

[1] Das nämliche Resultat habe ich auf einem völlig anderen Wege erhalten in meiner Arbeit: Über Büschel von binären Formen mit vorgeschriebener Funktionaldeterminante. Math. Ann. Bd. 33 S. 233; dieser Band Abh. 12, S. 172.

in Betracht zu ziehen und setzen

$$i(\lambda f + \mu g) = i_0 \lambda^2 + i_1 \lambda \mu + i_2 \mu^2,$$
$$j(\lambda f + \mu g) = j_0 \lambda^3 + j_1 \lambda^2 \mu + j_2 \lambda \mu^2 + j_3 \mu^3.$$

Es folgt dann aus entsprechenden Gründen wie vorhin, daß jede Simultaninvariante der beiden Formen f und g eine ganze algebraische Funktion der 7 Invarianten $i_0, i_1, i_2, j_0, j_1, j_2, j_3$ ist, und diese 7 Simultaninvarianten sind algebraisch voneinander unabhängig, da die Zahl $\varkappa$ für das betrachtete Grundformensystem den Wert 7 besitzt.

Setzt man an Stelle der binären Form g die n-te Potenz einer Linearform, so gewinnen wir das folgende Resultat:

Aus den Invarianten $J_1, \ldots, J_\mu$ der binären Grundform f ergibt sich durch wiederholte Anwendung des Prozesses

$$x_2^n \frac{\partial}{\partial a_0} - x_1 x_2^{n-1} \frac{\partial}{\partial a_1} + \cdots \pm x_1^n \frac{\partial}{\partial a_n}$$

ein System von Kovarianten, welches die Eigenschaft besitzt, daß alle übrigen Kovarianten der Grundform ganze algebraische Funktionen der Kovarianten des erhaltenen Systems und der Invarianten $J_1, \ldots, J_\mu$ sind.

Beispielsweise erhält man für die binäre kubische Grundform f durch ein- und zweimalige Anwendung jenes Prozesses auf ihre Diskriminante D die beiden Kovarianten $t = (f, h)_1$ und f^2; in der Tat ist die Hessesche Kovariante $h = (f, f)_2$ eine ganze algebraische Funktion von D, t und f, da ja ihre dritte Potenz eine ganze rationale Funktion dieser invarianten Bildungen wird. Wenden wir ferner auf die Invarianten i und j einer biquadratischen binären Form f jenen Prozeß an, so gelangen wir zu den Kovarianten f und $h = (f, f)_2$, und in der Tat ist das Quadrat der allein noch übrigen Kovariante $t = (f, h)_1$ eine ganze rationale Funktion von i, j, f und h.

Sämtliche Überlegungen lassen sich leicht auf die Theorie der Kombinanten von zwei oder mehr binären Grundformen übertragen. So zeigt sich, daß die Kombinantinvarianten der beiden Formen f und g dann und nur dann sämtlich verschwinden, wenn unter den Formen des Formenbüschels $\lambda f + \mu g$ sich zwei Formen befinden, von denen die eine einen r-fachen Linearfaktor besitzt und die andere diesen nämlichen Linearfaktor $(n + 1 - r)$-fach enthält und hieraus folgt der Satz:

Eine jede Kombinantinvariante zweier binärer Formen f, g ist eine ganze algebraische Funktion der Invarianten ihrer Funktionaldeterminante $(f, g)_1$.

Die Ausdehnung der bisherigen Entwicklungen auf die Theorie der Formen mit mehr Veränderlichen ist ohne weiteres nur in dem Maße möglich, als man die Besonderheit derjenigen Formen anzugeben weiß, welche die Eigenschaft besitzen, daß alle ihre Invarianten 0 sind. So ist beispielsweise im Falle einer ternären Form dritter Ordnung das Verschwinden aller Invarianten die Bedingung für das Auftreten eines Rückkehrpunktes in der durch Nullsetzen der Form dargestellten Kurve. Wenn wir nun 2 ternäre kubische Formen linear kombinieren und die beiden Invarianten

$$S(\lambda f + \mu g) = S_0 \lambda^4 + \cdots + S_4 \mu^4,$$
$$T(\lambda f + \mu g) = T_0 \lambda^6 + \cdots + T_6 \mu^6$$

bilden, so folgt durch die entsprechende Schlußweise, daß alle simultanen Invarianten der beiden Formen f und g ganze algebraische Funktionen der 12 Invarianten $S_0, \ldots, S_4, T_0, \ldots, T_6$ sind, und da die Zahl $\varkappa$ ebenfalls gleich 12 ist, so erkennen wir zugleich, daß diese 12 Invarianten voneinander algebraisch unabhängig sind.

Auch die ternäre biquadratische Form kann noch auf dem nämlichen Wege durch Rechnung behandelt werden, wogegen die Erledigung der entsprechenden Probleme für höhere Fälle neuer und allgemeinerer Methoden[1] bedarf.

III. Der Grad des Invariantenkörpers.

§ 8. Darstellung des asymptotischen Wertes der Zahl $\varphi(\sigma)$.

In § 2 ist ein System von Invarianten $J, J_1, \ldots, J_\varkappa$ bestimmt worden, von der Beschaffenheit, daß alle übrigen Invarianten der Grundform sich ganz und algebraisch durch $J_1, \ldots, J_\varkappa$ und rational durch $J, J_1, \ldots, J_\varkappa$ ausdrücken lassen. Die irreduzible Gleichung, welcher J genügt, ist von der Gestalt

$$J^k + G_1 J^{k-1} + G_2 J^{k-2} + \cdots + G_k = 0,$$

wo $G_1, G_2, \ldots, G_k$ ganze rationale Funktionen von $J_1, \ldots, J_\varkappa$ sind. Der Grad k dieser Gleichung ist zugleich der Grad des Invariantenkörpers.

Um zunächst für eine binäre Grundform f von der n-ten Ordnung die Zahl k zu bestimmen, betrachten wir die Anzahl $\varphi(\sigma)$ derjenigen Invarianten der Grundform f, deren Grad in den Koeffizienten der Grundform die Zahl σ nicht überschreitet und zwischen denen keine lineare Relation mit konstanten Koeffizienten stattfindet. Die Berechnung dieser Zahl $\varphi(\sigma)$ kann auf 2 verschiedenen Wegen geschehen, und die Vergleichung der auf beiden Wegen gefundenen Resultate für den Grenzfall $\sigma = \infty$ ergibt dann den gesuchten Wert von k.

Nach § 2 ist jede Invariante i in der Gestalt

$$i = \frac{\Gamma_1 J^{k-1} + \Gamma_2 J^{k-2} + \cdots + \Gamma_k}{D}$$

darstellbar, wo $\Gamma_1, \ldots, \Gamma_k, D$ ganze rationale Funktionen von $J_1, \ldots, J_\varkappa$ sind. Aus dieser Darstellungsweise können wir eine obere und eine untere

[1] Vgl. die Abschnitte IV und V dieser Arbeit.

Grenze für die Zahl $\varphi(\sigma)$ ableiten. Beachten wir nämlich, daß im vorliegenden Falle die Zahl $\varkappa$ den Wert $n-2$ hat und bezeichnen wir mit $\nu, \nu_1, \ldots, \nu_{n-2}, \delta$ die Grade der Invarianten $J, J_1, \ldots, J_{n-2}, D$ und mit $\lambda(\sigma)$ die Anzahl der Systeme von positiven ganzen Zahlen $\xi_1, \xi_2, \ldots, \xi_{n-2}$, welche der Ungleichung

$$\nu_1 \xi_1 + \nu_2 \xi_2 + \cdots + \nu_{n-2} \xi_{n-2} \leqq \sigma$$

genügen, so finden wir leicht

$$\lambda(\sigma) + \lambda(\sigma - \nu) + \lambda(\sigma - 2\nu) + \cdots + \lambda(\sigma - [k-1]\nu) \leqq \varphi(\sigma),$$

$$\varphi(\sigma) \leqq \lambda(\sigma + \delta) + \lambda(\sigma + \delta - \nu) + \lambda(\sigma + \delta - 2\nu) + \cdots + \lambda(\sigma + \delta - [k-1]\nu).$$

Nun gilt für die eben definierte Zahl $\lambda(\sigma)$ die Formel

$$\underset{\sigma=\infty}{L} \frac{\lambda(\sigma)}{\sigma^{n-2}} = \frac{1}{n-2!} \frac{1}{\nu_1 \nu_2 \ldots \nu_{n-2}}$$

und somit folgt aus obiger Ungleichung

$$\underset{\sigma=\infty}{L} \frac{\varphi(\sigma)}{\sigma^{n-2}} = \frac{1}{n-2!} \frac{k}{\nu_1 \nu_2 \cdots \nu_{n-2}}.$$

§ 9. Berechnung des Grades k des Invariantenkörpers für eine binäre Grundform n-ter Ordnung.

Wir können eben diesen Grenzwert noch auf einem anderen Wege, nämlich mit Hilfe derjenigen Methode bestimmen, welche von CAYLEY und SYLVESTER zur Abzählung der Invarianten von vorgeschriebenen Graden benutzt worden ist. Bekanntlich ist die Anzahl der linear unabhängigen Invarianten vom Grade σ in den Koffizienten der binären Grundform n-ter Ordnung gleich dem Koeffizienten von $r^{\frac{1}{2}n\sigma}$ in der Entwicklung des Ausdruckes

$$f(r) = \frac{(1 - r^{\sigma+1})(1 - r^{\sigma+2}) \cdots (1 - r^{\sigma+n})}{(1 - r^2)(1 - r^3) \cdots (1 - r^n)}\ {}^{1}.$$

Dieser Ausdruck kann in die Gestalt

$$f(r) = f_0(r) + r^{\sigma} f_1(r) + r^{2\sigma} f_2(r) + \cdots + r^{n\sigma} f_n(r)$$

gebracht werden, wo $f_0(r), f_1(r), \ldots, f_n(r)$ rationale Funktionen von r bedeuten, welche durch die Identität

$$u^n f_0 + u^{n-1} f_1 + \cdots + f_n = \frac{(u-r)(u-r^2) \cdots (u-r^n)}{(1-r^2)(1-r^3) \cdots (1-r^n)}$$

definiert sind. Zur Ausführung der Rechnung bedarf es der Unterscheidung zwischen ungerader und gerader Ordnung n.

Es sei erstens die Ordnung n eine ungerade Zahl. Da es in diesem Falle nur Invarianten von geradem Grade gibt, so erhalten wir offenbar die ge-

[1] Vgl. FAÀ DI BRUNO: Theorie der binären Formen S. 194. Leipzig 1881.

suchte Zahl $\varphi(\sigma)$, wenn wir den Koeffizienten

$$\begin{array}{llll} \text{von } r^n & \text{in dem Ausdruck} & f_0 + r^2 f_1 + r^4 f_2 + \cdots, \\ \quad ,, \; r^{2n} & ,, \quad ,, \quad ,, & f_0 + r^4 f_1 + r^8 f_2 + \cdots, \\ \quad ,, \; r^{3n} & ,, \quad ,, \quad ,, & f_0 + r^6 f_1 + r^{12} f_2 + \cdots, \\ \cdots & \cdots & \cdots \\ \quad ,, \; r^{\frac{\sigma}{2}n} & ,, \quad ,, \quad ,, & f_0 + r^{\sigma} f_1 + r^{2\sigma} f_2 + \cdots \end{array}$$

bestimmen und die Summe dieser Koeffizienten bilden oder, was auf das nämliche hinausläuft, wenn wir die Koeffizienten

$$\begin{array}{lllll} \text{von } r^n, & r^{2n}, & r^{3n}, & \ldots, r^{\frac{\sigma}{2}n} & \text{in } f_0, \\ \quad ,, \; r^{n-2}, & r^{2(n-2)}, & r^{3(n-2)}, & \ldots, r^{\frac{\sigma}{2}(n-2)} & ,, \; f_1, \\ \quad ,, \; r^{n-4}, & r^{2(n-4)}, & r^{3(n-4)}, & \ldots, r^{\frac{\sigma}{2}(n-4)} & ,, \; f_2, \\ \cdots & \cdots & \cdots & \cdots & \cdots \\ \quad ,, \; r, & r^2, & r^3, & \ldots, r^{\frac{\sigma}{2}} & ,, \; f_{\frac{n-1}{2}} \end{array}$$

sämtlich zueinander addieren. Verstehen wir nun unter ε_n eine primitive n-te Einheitswurzel, so ist, wie man sieht, die Summe der Koeffizienten von $r^n, r^{2n}, r^{3n}, \ldots, r^{\frac{\sigma}{2}n}$ in f_0 gleich dem n-ten Teil der Summe der ersten $\frac{\sigma}{2}\, n$ Koeffizienten in der Entwicklung des Ausdruckes

$$f_0'(r) = f_0(r) + f_0(\varepsilon_n r) + f_0(\varepsilon_n^2 r) + \cdots + f_0(\varepsilon_n^{n-1} r).$$

Verstehen wir ferner unter ε_{n-2} eine primitive $(n-2)$-te Einheitswurzel, so ist die Summe der betreffenden Koeffizienten in f_1 gleich dem $(n-2)$-ten Teile der Summe der ersten $\frac{\sigma}{2}(n-2)$ Koeffizienten in der Entwicklung des Ausdruckes

$$f_1'(r) = f_1(r) + f_1(\varepsilon_{n-2} r) + f_1(\varepsilon_{n-2}^2 r) + \cdots + f_1(\varepsilon_{n-2}^{n-3} r).$$

Endlich werde

$$f'_{\frac{n-1}{2}}(r) = f_{\frac{n-1}{2}}(r)$$

gesetzt. Wenn wir jetzt für den Parameter r in den Ausdrücken $f_0', f_1', \ldots, f'_{\frac{n-1}{2}}$ bezüglich die Größen

$$t^{\frac{1\cdot 3\cdot 5\cdots n}{n}}, \quad t^{\frac{1\cdot 3\cdot 5\cdots n}{n-2}}, \quad \ldots, \quad t^{1\cdot 3\cdot 5\cdots n}$$

einsetzen, so erkennen wir, daß die gesuchte Zahl $\varphi(\sigma)$ gleich der Summe der ersten $\frac{\sigma}{2}\,1\cdot 3\cdot 5\cdots n$ Koeffizienten in der Entwicklung des Ausdruckes

$$h(t) = \frac{1}{n} f_0'\left(t^{\frac{1\cdot 3\cdot 5\cdots n}{n}}\right) + \frac{1}{n-2} f_1'\left(t^{\frac{1\cdot 3\cdot 5\cdots n}{n-2}}\right) + \cdots + f'_{\frac{n-1}{2}}\left(t^{1\cdot 3\cdot 5\cdots n}\right)$$

wird.

Aus einem bekannten Satze von Abel läßt sich leicht die folgende Tatsache ableiten:

Wenn die Koeffizienten einer Potenzreihe

$$\mathfrak{P}(t) = a_0 + a_1 t + a_2 t^2 + \cdots$$

von der Beschaffenheit sind, daß, unter $\varkappa$ eine ganze Zahl verstanden, der Ausdruck

$$\frac{a_0 + a_1 + a_2 + \cdots + a_\varrho}{\varrho^\varkappa}$$

für unendlich wachsende ϱ sich einer endlichen Grenze nähert, so ist diese endliche Grenze

$$\frac{1}{\varkappa!} \underset{t=1}{L}\left[(1-t)^\varkappa \, \mathfrak{P}(t)\right].$$

Mit Hilfe dieses Satzes findet man

$$\underset{\sigma=\infty}{L} \frac{\varphi(\sigma)}{\left(\frac{\sigma}{2}\,1\cdot 3\cdot 5\cdots n\right)^{n-2}} = \frac{1}{(n-2)!} \underset{t=1}{L}\left[(1-t)^{n-2} h(t)\right].$$

Falls nun $n > 3$ ist, kann

$$h(t) = \frac{1}{n} f_0\left(t^{\frac{1\cdot 3\cdot 5\cdots n}{n}}\right) + \frac{1}{n-2} f_1\left(t^{\frac{1\cdot 3\cdot 5\cdots n}{n-2}}\right) + \cdots + f_{\frac{n-1}{2}}\left(t^{1\cdot 3\cdot 5\cdots n}\right) + h'(t)$$

gesetzt werden, wo $h'(t)$ eine solche rationale Funktion von t bedeutet, daß der Ausdruck $(1-t)^{n-2} h'(t)$ in der Grenze für $t=1$ verschwindet. Ferner ist für einen beliebigen Index i

$$(1-t)^{n-1} f_i(r) = \frac{g_i(r)}{\left[2\cdot\frac{1\cdot 3\cdot 5\cdots n}{n-2i}\right]\left[3\cdot\frac{1\cdot 3\cdot 5\cdots n}{n-2i}\right]\cdots\left[n\cdot\frac{1\cdot 3\cdot 5\cdots n}{n-2i}\right]},$$

wo zur Abkürzung

$$[M] = 1 + t + t^2 + \cdots + t^{M-1}$$

gesetzt ist und wo die Zeichen $g_i(r)$ rationale Funktionen von r bedeuten, welche durch die Identität

$$(u-r)(u-r^2)\cdots(u-r^n) = g_0(r)\,u^n + g_1(r)\,u^{n-1} + \cdots + g_n(r)$$

definiert sind. Nun führt eine einfache Rechnung zu folgender Formel

$$\underset{t=1}{L}\left[(1-t)^{n-2} h(t)\right] = \sum \frac{1}{n-2i} \frac{g_i(1)\left[\frac{dN(t)}{dt}\right]_{t=1} - \left[\frac{dg_i(r)}{dr}\right]_{r=1} \frac{1\cdot 3\cdot 5\cdots n}{n-2i} N(1)}{N^2(1)},$$

wo die Summe über die Zahlen $i = 0, 1, 2, \ldots, \frac{n-1}{2}$ zu erstrecken ist und wo zur Abkürzung

$$N(t) = \left[2 \cdot \frac{1 \cdot 3 \cdot 5 \cdots n}{n-2i}\right]\left[3 \cdot \frac{1 \cdot 3 \cdot 5 \cdots n}{n-2i}\right] \cdots \left[n \cdot \frac{1 \cdot 3 \cdot 5 \cdots n}{n-2i}\right]$$

gesetzt ist und hieraus folgt durch geeignete Umformung der Summe rechter Hand

$$\underset{t=1}{L}\,[(1-t)^{n-2} h(t)] = -\frac{1}{2 \cdot n!\,(1 \cdot 3 \cdot 5 \cdots n)^{n-2}} \sum (-1)^i \binom{n}{i} (n-2i)^{n-3},$$

wo die Summe wiederum über die Zahlen $i = 0, 1, 2, \ldots, \frac{n-1}{2}$ zu er strecken ist.

Die Vergleichung mit der am Schlusse des § 8 erhaltenen Formel liefert *das Resultat*

$$\frac{k}{\nu_1 \nu_2 \cdots \nu_{n-2}} = -\frac{1}{4}\,\frac{1}{n!} \sum^{i} (-1)^i \binom{n}{i} \left(\frac{n}{2} - i\right)^{n-3} * \qquad \left(i = 0, 1, 2, \ldots, \frac{n-1}{2}\right).$$

Die eben für den Grad k des Invariantenkörpers gewonnene Formel wird im Falle einer binären Grundform 5-ter Ordnung leicht bestätigt. Da nämlich die 3 Invarianten A, B, C bezüglich von den Graden 4, 8, 12 sind, so haben wir $\nu_1 = 4$, $\nu_2 = 8$, $\nu_3 = 12$ zu setzen, und es ergibt sich dann $k = 2$. In der Tat genügt die schiefe Invariante R einer Gleichung 2-ten Grades, und durch diese 4 Invarianten A, B, C, R ist der Invariantenkörper völlig bestimmt.

Es sei *zweitens* die Ordnung n eine gerade Zahl. Wir erhalten dann in entsprechender Weise wie vorhin die gesuchte Zahl $\varphi(\sigma)$, wenn wir die Koeffizienten

$$\begin{array}{lllllll}
\text{von } r^0, & r^{1\cdot\frac{n}{2}}, & r^{2\cdot\frac{n}{2}}, & r^{3\cdot\frac{n}{2}}, & \ldots, & r^{\sigma\cdot\frac{n}{2}} & \text{in } f_0, \\
\text{,, } r^0, & r^{1\left(\frac{n}{2}-1\right)}, & r^{2\left(\frac{n}{2}-1\right)}, & r^{3\left(\frac{n}{2}-1\right)}, & \ldots, & r^{\sigma\left(\frac{n}{2}-1\right)} & \text{,, } f_1, \\
\text{,, } r^0, & r^{1\left(\frac{n}{2}-2\right)}, & r^{2\left(\frac{n}{2}-2\right)}, & r^{3\left(\frac{n}{2}-2\right)}, & \ldots, & r^{\sigma\left(\frac{n}{2}-2\right)} & \text{,, } f_2, \\
\ldots & \ldots & \ldots & \ldots & \ldots & \ldots & \ldots \\
\text{,, } r^0, & r^1, & r^2, & r^3, & \ldots, & r^\sigma, & \text{,, } f_{\left(\frac{n}{2}-1\right)}
\end{array}$$

sämtlich zueinander addieren. Mit Hilfe der primitiven Einheitswurzeln $\varepsilon_{\frac{n}{2}}, \varepsilon_{\frac{n}{2}-1}, \ldots$ von den Geraden $\frac{n}{2}, \frac{n}{2} - 1, \ldots$ gelangen wir entsprechend

---

* Diese Formel sowie die entsprechende für eine gerade Ordnung n habe ich bereits in den Berichten der Gesellschaft der Naturforscher und Ärzte, Halle 1891, mitgeteilt; siehe Jahresbericht der deutschen Mathematiker-Vereinigung 1892 S. 62.

wie vorhin zu den Funktionen $f_0', f_1', \ldots, f'_{\left(\frac{n}{2}-1\right)}$, und wenn wir in diesen Funktionen für den Parameter r bezüglich die Größen $t^{\frac{\frac{n}{2}!}{\frac{n}{2}}}, t^{\frac{\frac{n}{2}!}{\frac{n}{2}-1}}, \ldots, t^{\frac{n}{2}!}$ einsetzen, so erkennen wir, daß die gesuchte Zahl $\varphi(\sigma)$ gleich der Summe der ersten $\sigma\frac{n}{2}!$ Koeffizienten in der Entwicklung des Ausdruckes

$$h(t) = \frac{1}{\frac{n}{2}} f_0'\left(t^{\frac{\frac{n}{2}!}{\frac{n}{2}}}\right) + \frac{1}{\frac{n}{2}-1} f_1'\left(t^{\frac{\frac{n}{2}!}{\frac{n}{2}-1}}\right) + \cdots + f'_{\left(\frac{n}{2}-1\right)}\left(t^{\frac{n}{2}!}\right)$$

ist und hieraus folgt dann durch dieselbe Schlußweise wie vorhin

$$\underset{\sigma=\infty}{L} \frac{\varphi(\sigma)}{\left(\sigma\frac{n}{2}!\right)^{n-2}} = \frac{1}{(n-2)!} \underset{t=1}{L}\left[(1-t)^{n-2} h(t)\right].$$

Falls nun $n > 4$ ist, kann wiederum

$$h(t) = \frac{1}{\frac{n}{2}} f_0\left(t^{\frac{\frac{n}{2}!}{\frac{n}{2}}}\right) + \frac{1}{\frac{n}{2}-1} f_1\left(t^{\frac{\frac{n}{2}!}{\frac{n}{2}-1}}\right) + \cdots + f_{\left(\frac{n}{2}-1\right)}\left(t^{\frac{n}{2}!}\right) + h'(t)$$

gesetzt werden, wo $h'(t)$ eine solche rationale Funktion von t bedeutet, daß der Ausdruck $(1-t)^{n-2}h'(t)$ in der Grenze für $t=1$ verschwindet. Ferner ist für einen beliebigen Index i unter Benutzung der oben erklärten Abkürzungen

$$(1-t)^{n-1} f_i(r) = \frac{g_i(r)}{\left[2\cdot\frac{\frac{n}{2}!}{\frac{n}{2}-i}\right]\left[3\cdot\frac{\frac{n}{2}!}{\frac{n}{2}-i}\right]\cdots\left[n\cdot\frac{\frac{n}{2}!}{\frac{n}{2}-i}\right]}.$$

Bezeichnen wir den Nenner des Ausdruckes rechter Hand mit $N(t)$, so wird

$$\underset{t=1}{L}\left[(1-t)^{n-2}h(t)\right] = \sum \frac{1}{n-2i} \frac{g_i(1)\left[\frac{dN(t)}{dt}\right]_{t=1} - \left[\frac{dg_i(r)}{dr}\right]_{r=1}\frac{\frac{n}{2}!}{\frac{n}{2}-i}N(1)}{N^2(1)}$$

$$= -\frac{1}{2\cdot n!\left(\frac{n}{2}!\right)^{n-2}}\sum(-1)^i\binom{n}{i}\left(\frac{n}{2}-i\right)^{n-3},$$

wo die Summe über die Zahlen $i = 0, 1, 2, \ldots, \frac{n}{2}-1$ zu erstrecken ist.

Die Vergleichung mit der am Schlusse des § 8 erhaltenen Formel liefert *das Resultat*

$$\frac{k}{\nu_1 \nu_2 \cdots \nu_{n-2}} = -\frac{1}{2}\frac{1}{n!}\sum^{i}(-1)^i \binom{n}{i}\left(\frac{n}{2}-i\right)^{n-3}$$

$$\left(i = 0, 1, 2, \ldots, \frac{n}{2}-1\right).$$

Die eben gewonnene Formel wird im Falle einer binären Grundform 6-ter Ordnung leicht bestätigt. Da nämlich die 4 Invarianten derselben A, B, C, D bezüglich von den Graden 2, 4, 6, 10 sind, so haben wir $\nu_1 = 2$, $\nu_2 = 4$, $\nu_3 = 6$, $\nu_4 = 10$ zu setzen, und es ergibt sich dann $k = 2$. In der Tat genügt die schiefe Invariante R einer Gleichung 2-ten Grades, und durch die 5 genannten Invarianten ist der Invariantenkörper völlig bestimmt.

§ 10. Die typische Darstellung einer binären Grundform.

Die in § 8 und § 9 angewandten Methoden führen zugleich zu einem neuen Beweise für die Möglichkeit einer typischen Darstellung der binären Grundform.

Um dies zu zeigen, nehmen wir *erstens* an, es sei die Ordnung der binären Grundform n eine ungerade Zahl. Die linearen Kovarianten der Grundform sind dann sämtlich von ungeradem Grade in den Koeffizienten der Grundform, und es bezeichne $\varphi_1(\sigma)$ die Anzahl der linearen Kovarianten, deren Grad in den Koeffizienten der Grundform die Zahl σ nicht überschreitet und zwischen denen keine lineare Relation mit konstanten Koeffizienten stattfindet. Um die typische Darstellung der Grundform auszuführen, bedarf es zweier linearer Kovarianten l und m, welche nicht durch eine Relation von der Gestalt

$$A\,l + B\,m = 0$$

miteinander verbunden sind, wenn man unter A und B geeignet gewählte Invarianten versteht. Die Existenz zweier solcher linearer Kovarianten kann wie folgt bewiesen werden: nehmen wir an, die Grundform besitze überhaupt keine lineare Kovariante, so hätte offenbar $\varphi_1(\sigma)$ für alle σ den Wert 0. Gäbe es andererseits eine lineare Kovariante l von der Art, daß alle übrigen Kovarianten der Grundform gleich $A\,l$ sind, wo A eine Invariante bedeutet, so wäre notwendigerweise, wenn λ den Grad von l bezeichnet

$$\varphi_1(\sigma) = \varphi(\sigma - \lambda)$$

und folglich

$$\underset{\sigma=\infty}{L}\ \frac{\varphi_1(\sigma)}{\varphi(\sigma)} = 1.$$

Nehmen wir endlich die Existenz zweier linearer Kovarianten l und m von der gewünschten Beschaffenheit an und bezeichnen wir mit $p_1, p_2, \ldots, p_r$ die übrigen im vollen Formensysteme vorkommenden linearen Kovarianten, so ist jede dieser Kovarianten in der Gestalt

$$p_i = \frac{A_i l + B_i m}{C_i}$$

darstellbar, wo A_i, B_i, C_i Invarianten sind, und es ist folglich eine jede lineare Kovariante p der Grundform in der Gestalt

$$p = \frac{A l + B m}{C_1 C_2 \cdots C_r}$$

darstellbar. Bezeichnen wir jetzt den Grad der linearen Kovariante m mit μ und den Grad der Invariante $C_1 C_2 \cdots C_r$ mit γ, so ergibt sich für $\varphi_1(\sigma)$ die Ungleichung

$$\varphi(\sigma - \lambda) + \varphi(\sigma - \mu) \leqq \varphi_1(\sigma) \leqq \varphi(\sigma - \lambda + \gamma) + \varphi(\sigma - \mu + \gamma)$$

und folglich ist

$$\underset{\sigma=\infty}{L} \frac{\varphi_1(\sigma)}{\varphi(\sigma)} = 2.$$

Um nun zu entscheiden, welchen Wert der Ausdruck $\underset{\sigma=\infty}{L} \frac{\varphi_1(\sigma)}{\varphi(\sigma)}$ in Wirklichkeit besitzt, wenden wir wiederum die Cayley-Sylvesterschen Abzählungssätze an. Diesen Sätzen zufolge ist die Zahl der linearen Kovarianten vom Grade σ gleich dem Koeffizienten von $r^{\frac{1}{2}(n\sigma-1)}$ in der Entwicklung des Ausdruckes f, und wir erhalten daher die gesuchte Zahl $\varphi_1(\sigma)$, wenn wir die Koeffizienten

$$\begin{array}{llllll}
\text{von } r^{\frac{1}{2}(n-1)}, & r^{\frac{1}{2}(3n-1)}, & r^{\frac{1}{2}(5n-1)}, & \ldots, & r^{\frac{1}{2}(\sigma n-1)} & \text{in } f_0, \\
\text{,, } r^{\frac{1}{2}(n-1)-1}, & r^{\frac{1}{2}(3n-1)-3}, & r^{\frac{1}{2}(5n-1)-5}, & \ldots, & r^{\frac{1}{2}(\sigma n-1)-\sigma} & \text{,, } f_1, \\
\text{,, } r^{\frac{1}{2}(n-1)-2}, & r^{\frac{1}{2}(3n-1)-6}, & r^{\frac{1}{2}(5n-1)-10}, & \ldots, & r^{\frac{1}{2}(\sigma n-1)-2\sigma} & \text{,, } f_2, \\
\cdots & \cdots & \cdots & \cdots & \cdots & \\
\text{,, } r^0, & r^1, & r^2, & \ldots, & r^{\frac{1}{2}(\sigma-1)} & \text{,, } f_{\left(\frac{n-1}{2}\right)}
\end{array}$$

sämtlich zueinander addieren. Die Ausführung der Rechnung ergibt dann unter der Voraussetzung $n > 3$ für den Ausdruck $\underset{\sigma=\infty}{L} \frac{\varphi_1(\sigma)}{\varphi(\sigma)}$ den Wert 2, und hiermit ist der gewünschte Nachweis geführt.

Ist *zweitens* die Ordnung n eine gerade Zahl, so bezeichnen wir mit $\varphi_2(\sigma)$ die Anzahl der quadratischen Kovarianten, deren Grad in den Koeffizienten der Grundform die Zahl σ nicht überschreitet und zwischen denen keine lineare Relation mit konstanten Koeffizienten stattfindet. Um die typische Darstellung der Grundform auszuführen, bedarf es dreier quadratischer Kovarianten l, m, p, zwischen denen keine Relation von der Gestalt

$$Al + Bm + Cp = 0$$

besteht, wo A, B, C Invarianten sind. Wir erkennen wiederum durch die nämliche Schlußweise wie vorhin, daß es 3 solche Kovarianten notwendig gibt, falls der Quotient $\frac{\varphi_2(\sigma)}{\varphi(\sigma)}$ in der Grenze für $\sigma = \infty$ den Wert 3 annimmt. Dies trifft unter der Voraussetzung $n > 4$ in der Tat zu, wie eine der vorigen entsprechende Rechnung zeigt.

Die bisherigen Resultate dieses Abschnittes III sind auf rein arithmetischem Wege abgeleitet worden, und nur am Anfange des § 8 ist die aus algebraischen Betrachtungen bekannte Tatsache benutzt worden, daß die Zahl $\varkappa$ der algebraisch unabhängigen Invarianten einer binären Grundform n-ter Ordnung den Wert $n - 2$ hat. Auch diese Tatsache ergibt sich, wie im folgenden kurz gezeigt werden soll, mit Hilfe unserer Methode ohne Benutzung eines Eliminationsverfahrens.

Die Überlegungen des § 8 zeigen, daß der Quotient $\frac{\varphi(\sigma)}{\sigma^{\varkappa}}$ in der Grenze für $\sigma = \infty$ einen endlichen von 0 verschiedenen Wert annimmt. In § 9 ist gezeigt worden, daß der Ausdruck $\underset{\sigma=\infty}{L} \frac{\varphi(\sigma)}{\sigma^{n-2}}$ bis auf einen von 0 verschiedenen Zahlenfaktor gleich der Summe

$$\sum^{i} (-1)^i \binom{n}{i} \left(\frac{n}{2} - i\right)^{n-3}, \qquad \left(i = 0, 1, 2, \ldots, \frac{n-1}{2} \text{ bez. } \frac{n}{2} - 1\right)$$

ist. Aus diesen Tatsachen kann $\varkappa = n - 2$ geschlossen werden, sobald der Nachweis dafür geführt ist, daß jene Summe eine von 0 verschiedene Zahl darstellt. Um diesen Nachweis zu führen, bestimmen wir die Anzahl der Kovarianten $l, m, \ldots, p$, welche in den Veränderlichen von der Ordnung ν sind und zwischen denen keine lineare Relation von der Gestalt

$$Al + Bm + \cdots + Ep = 0$$

besteht, wo $A, B, \ldots, E$ Invarianten sind. Diese Anzahl findet man gleich dem Ausdrucke $\underset{\sigma=\infty}{L} \frac{\varphi_\nu(\sigma)}{\varphi(\sigma)}$, wo $\varphi_\nu(\sigma)$ die Anzahl der Kovarianten ν-ter Ordnung bezeichnet, deren Grad in den Koeffizienten der Grundform die Zahl σ nicht überschreitet und zwischen denen keine lineare Relation mit konstanten Koeffizienten stattfindet. Berechnen wir diesen Grenzwert mit Hilfe der Cayley-Sylvesterschen Abzählungssätze entsprechend, wie dies oben für die Fälle $\nu = 1$ und $\nu = 2$ geschehen ist, so erhalten wir einen Ausdruck, in welchem wiederum jene Summe

$$\sum^{i} (-1)^i \binom{n}{i} \left(\frac{n}{2} - i\right)^{n-3}$$

auftritt. Trägt man in diesen Ausdruck an Stelle jener Summe den Wert 0 ein und legt dann der Zahl ν einen genügend großen Wert bei, so fällt, wie die Rechnung zeigt, der Wert des neu erhaltenen Ausdruckes größer als $\nu + 1$ aus, und dieser Umstand widerspricht der Tatsache, daß die Anzahl der Kovarianten $l, m, \ldots, p$ von der ν-ten Ordnung höchstens gleich $\nu + 1$ sein darf. Die Annahme, daß jene Summe den Wert 0 hat, trifft folglich nicht zu, und *damit ist zugleich der gewünschte Nachweis erbracht.*

Mit Hilfe der typischen Darstellung einer binären Grundform ist von A. Clebsch[1] der folgende Satz bewiesen worden:

Wenn für 2 binäre Formen von irgend einer Ordnung $n > 4$ mit numerischen Koeffizienten die entsprechenden Invarianten sämtlich die nämlichen Werte haben und außerdem eine gewisse im Nenner der typisch dargestellten Koeffizienten auftretende Invariante N von 0 verschieden ist, so gehören die beiden Formen zu der nämlichen Klasse.

Dabei bezeichne ich 2 binäre Formen als zugehörig zur nämlichen Klasse, wenn man dieselben durch eine lineare Substitution von nicht verschwindender Determinante ineinander transformieren kann. Wenn wir die Werte für die Invarianten $J_1, \ldots, J_{n-2}$ überdies derart wählen, daß die Diskriminante D der Gleichung für J von 0 verschieden ist, so gibt die Zahl k an, wie viel Werte von J mit jenen Werten von $J_1, \ldots, J_{n-2}$ vereinbar sind, und hieraus folgt:

Der Grad k des Invariantenkörpers gibt zugleich im allgemeinen die Zahl der voneinander verschiedenen Klassen von binären Formen an, deren Invarianten $J_1, \ldots, J_{n-2}$ gleich gegebenen Größen sind.

§ 11. Das System von ν binären Linearformen.

Die Methoden dieses Abschnittes III lassen sich auch auf Systeme von simultanen binären Grundformen anwenden. Als einfachstes Beispiel diene das System der ν binären Linearformen

$$a_1 x + b_1 y, \quad a_2 x + b_2 y, \quad \ldots, a_\nu x + b_\nu y,$$

welches bereits in § 6 behandelt worden ist. Das volle Invariantensystem besteht aus den Determinanten p_{ik}. Außerdem genügt jede dieser Invarianten der Differentialgleichung

$$a_1 \frac{\partial J}{\partial b_1} + a_2 \frac{\partial J}{\partial b_2} + \cdots + a_\nu \frac{\partial J}{\partial b_\nu} = 0$$

und umgekehrt jede dieser Differentialgleichung genügende Funktion J von der Gestalt

$$J = \sum C\, a_1^{r_1} a_2^{r_2} \cdots a_\nu^{r_\nu} b_1^{s_1} b_2^{s_2} \cdots b_\nu^{s_\nu}$$

$$r_1 + r_2 + \cdots + r_\nu = s_1 + s_2 + \cdots + s_\nu = \varrho$$

[1] Theorie der binären Formen 1872.

ist eine Invariante der Linearformen vom Gewichte ϱ. Hieraus kann bewiesen werden, daß die Anzahl der Invarianten vom Gewichte ϱ, zwischen denen keine lineare Relation mit konstanten Koeffizienten stattfindet, gleich ist

$$\chi(\varrho) = [\psi(\varrho)]^2 - \psi(\varrho - 1)\,\psi(\varrho + 1),$$

wo $\psi(\varrho)$ die Anzahl der positiven ganzzahligen Lösungen der Gleichung

$$r_1 + r_2 + \cdots + r_\nu = \varrho$$

bedeutet und daher den Wert $\frac{(\varrho + \nu - 1)!}{\varrho!\,(\nu - 1)!}$ besitzt. Durch Einsetzung dieses Wertes finden wir

$$\chi(\varrho) = \frac{(\varrho + 1)(\varrho + 2)^2(\varrho + 3)^2 \cdots (\varrho + \nu - 2)^2(\varrho + \nu - 1)}{(\nu - 1)!\,(\nu - 2)!}.$$

In § 6 ist ein System von Invarianten $p_0, p_1, \ldots, p_{2\nu-4}$ aufgestellt worden, durch welche sich alle übrigen Invarianten der Grundform ganz und algebraisch ausdrücken lassen. Ferner werde eine lineare Funktion p der Invarianten p_{ik} mit konstanten Koeffizienten bestimmt derart, daß alle Invarianten p_{ik} rationale Funktionen von $p, p_0, p_1, \ldots, p_{2\nu-4}$ sind. Da infolgedessen die Invarianten $p, p_0, p_1, \ldots, p_{2\nu-4}$ ein Invariantensystem von der in § 2 behandelten Art bilden, so können wir mit Hilfe der in § 8 angewandten Methode den Grad k des durch diese Invarianten bestimmten Invariantenkörpers berechnen. Es ergibt sich auf diese Weise

$$k = (2\nu - 4)! \mathop{L}_{\varrho = \infty} \frac{\chi(\varrho)}{\varrho^{2\nu-4}} = \frac{(2\nu - 4)!}{(\nu - 1)!\,(\nu - 2)!}.$$

Auch kann zugleich gezeigt werden, daß die $2\nu - 3$ Invarianten $p_0, p_1, \ldots, p_{2\nu-4}$ algebraisch voneinander unabhängig sind.

Gehen wir zurück auf die Bestimmungsweise der $p_0, p_1, \ldots, p_{2\nu-4}$ in § 6, so erkennen wir, daß die für k gefundene Zahl zugleich die Anzahl der Büschel von binären Formen angibt, deren Funktionaldeterminante eine vorgeschriebene binäre Form von der $(2\nu - 4)$-ten Ordnung ist[1].

Endlich sei noch erwähnt, daß die Funktion $\chi(\varrho)$ nichts anderes ist, als die sogenannte „charakteristische Funktion" desjenigen algebraischen Gebildes, welches man erhält, wenn man

$$p_{ik} = a_i b_k - a_k b_i, \qquad (i, k = 1, 2, \ldots, \nu)$$

setzt und hierin die Größen p_{ik} als die Veränderlichen, a_i, b_i als willkürliche Parameter auffaßt. Somit zeigt das eben behandelte Beispiel zugleich, wie die in der vorliegenden Abhandlung entwickelten Prinzipien sich mit denjenigen

[1] Vgl. meine Arbeit: Über Büschel von binären Formen mit vorgeschriebener Funktionaldeterminante. Math. Ann. Bd. 33 S. 227 sowie die dort ausführlich zitierte Literatur dieses Problems; dieser Band Abh. 12.

auf allgemeine Moduln bezüglichen Methoden in Verbindung bringen lassen, welche ich in Abschnitt III und IV meiner Abhandlung „Über die Theorie der algebraischen Formen“ auseinandergesetzt habe. In Übereinstimmung mit den dort gemachten allgemeinen Angaben[1] ist der Grad $2\nu - 4$ der charakteristischen Funktion in bezug auf ϱ die Dimension des algebraischen Gebildes, während der Koeffizient der $(2\nu - 4)$-ten Potenz von ϱ nach Multiplikation mit $(2\nu - 4)!$ in der Tat die Ordnung jenes algebraischen Gebildes liefert.

IV. Der Begriff der Nullform.

§ 12. Die Substitutionsdeterminante als Funktion der Koeffizienten der transformierten Grundform.

Nach den Auseinandersetzungen in Abschnitt I und II ist es zur Aufstellung und Untersuchung des vollen Invariantensystems einer Grundform vor allem erforderlich, ein endliches System von solchen Invarianten zu kennen, deren Verschwinden notwendig das Verschwinden sämtlicher Invarianten der Grundform zur Folge hat. Die Aufgabe, ein System solcher Invarianten zu finden, ist in § 5 für eine binäre Grundform f gelöst, jedoch auf einem Wege, welcher bei Benutzung der bisherigen Hilfsmittel keiner Ausdehnung auf Grundformen von mehr Veränderlichen fähig ist. Zwar die Existenz eines solchen Systems von Invarianten, deren Verschwinden das Verschwinden aller übrigen zur Folge hat, folgt unmittelbar aus dem Theorem I in Abschnitt I meiner Arbeit „Über die Theorie der algebraischen Formen“[2]; aber dieses allgemeine Theorem gibt durchaus kein Mittel in die Hand, ein solches System von Invarianten durch eine endliche Anzahl schon vor Beginn der Rechnung übersehbarer Prozesse aufzustellen in der Art, daß beispielsweise eine obere Grenze für die Zahl der Invarianten dieses Systems oder für ihre Grade in den Koeffizienten der Grundform angegeben werden kann. Die hierin liegende Schwierigkeit wird nun vollständig überwunden durch die nachfolgenden Entwicklungen, bei deren Darstellung wir uns der Kürze halber auf den Fall einer einzigen Grundform beschränken, obwohl die Methoden und Resultate von allgemeinster Gültigkeit sind.

Es sei eine ternäre Grundform f von der n-ten Ordnung in den Veränderlichen x_1, x_2, x_3 vorgelegt, deren $N = \frac{1}{2}(n+1)(n+2)$ Koeffizienten $a_1, a_2, \ldots, a_N$ sämtlich bestimmte numerische Werte besitzen: dann besteht zunächst unsere Aufgabe darin, zu entscheiden, ob es noch irgend eine Invariante J gibt, welche für die vorgelegte besondere Grundform f von 0 verschieden ist oder ob alle Invarianten von f gleich 0 sind. Um diese Entschei-

[1] Vgl. meine Abhandlung: Über die Theorie der algebraischen Formen. Math. Ann. Bd. 36 S. 520 oder dieser Band Abh. 16, S. 244.

[2] Math. Ann. Bd. 36 S. 474; siehe auch diesen Band Abh. 16, S. 199.

dung zu ermöglichen, transformieren wir die Form f der 3 Veränderlichen x_1, x_2, x_3 mittels der linearen Substitution

$$\begin{aligned} x_1 &= \alpha_{11} y_1 + \alpha_{12} y_2 + \alpha_{13} y_3, \\ x_2 &= \alpha_{21} y_1 + \alpha_{22} y_2 + \alpha_{23} y_3, \\ x_3 &= \alpha_{31} y_1 + \alpha_{32} y_2 + \alpha_{33} y_3, \end{aligned} \qquad \delta = \begin{vmatrix} \alpha_{11} & \alpha_{12} & \alpha_{13} \\ \alpha_{21} & \alpha_{22} & \alpha_{23} \\ \alpha_{31} & \alpha_{32} & \alpha_{33} \end{vmatrix},$$

wo die Substitutionskoeffizienten $\alpha_{11}, \alpha_{12}, \ldots, \alpha_{33}$ unbestimmte Größen sind. Die Koeffizienten der transformierten Form $g(y_1, y_2, y_3)$ bezeichnen wir mit $b_1, b_2, \ldots, b_N$; dieselben sind ganze rationale Funktionen vom n-ten Grade in $\alpha_{11}, \alpha_{12}, \ldots, \alpha_{33}$ mit bestimmten numerischen Koeffizienten. Nehmen wir nun an, es gebe eine Invariante J, welche für die besondere Grundform f verschieden von 0 ist, so wäre

$$J(g) = \delta^p J(f),$$

wo p das Gewicht der Invariante J bedeutet und $J(f)$ eine von 0 verschiedene Zahl ist. Nach der Division durch diese Zahl lehrt die letztere Gleichung, daß die Substitutionsdeterminante δ einer Gleichung genügt, deren erster Koeffizient gleich 1 ist und deren übrige Koeffizienten ganze rationale Funktionen von $b_1, b_2, \ldots, b_N$ sind, d. h. die Substitutionsdeterminante δ ist unter jener Annahme, eine *ganze* algebraische Funktion der Koeffizienten $b_1, b_2, \ldots, b_N$.

Es ist nun sehr wesentlich, daß der hierin ausgesprochene Satz auch umgekehrt gilt. Um dies zu zeigen, nehmen wir an, es sei δ eine ganze algebraische Funktion von $b_1, b_2, \ldots, b_N$ und genüge etwa der Gleichung

$$\delta^p + G_1(b)\,\delta^{p-1} + \cdots + G_p(b) = 0,$$

wo $G_1, G_2, \ldots, G_p$ ganze rationale Funktionen von $b_1, b_2, \ldots, b_N$ mit numerischen Koeffizienten sind. Diese Gleichung muß identisch erfüllt sein, wenn wir für die Substitutionsdeterminante δ und für die $b_1, \ldots, b_N$ ihre Ausdrücke in den $\alpha_{11}, \alpha_{12}, \ldots, \alpha_{33}$ eintragen. Da nun δ homogen vom 3-ten Grade und die $b_1, \ldots, b_N$ homogen vom n-ten Grade in den $\alpha_{11}, \alpha_{12}, \ldots, \alpha_{33}$ sind, so können wir offenbar annehmen, daß in der obigen Gleichung diejenigen Koeffizienten G_s gleich 0 sind, für welche $\frac{3s}{n}$ eine gebrochene Zahl ist, und daß die übrigen Funktionen G_s in den Größen $b_1, b_2, \ldots, b_N$ homogen vom Grade $\frac{3s}{n}$ sind. Wir denken uns ferner für den Augenblick in der Form f die Koeffizienten $a_1, a_2, \ldots, a_N$ als unbestimmte Größen, und $b_1, b_2, \ldots, b_N$ dementsprechend als Funktionen nicht nur der Substitutionskoeffizienten $\alpha_{11}, \alpha_{12}, \ldots, \alpha_{33}$, sondern zugleich als linear von $a_1, a_2, \ldots, a_N$ abhängig. Die linke Seite der obigen Gleichung, nämlich der Ausdruck

$$\delta^p + G_1(b)\,\delta^{p-1} + \cdots + G_p(b)$$

wird nunmehr erst dann identisch für alle Werte von $\alpha_{11}, \alpha_{12}, \ldots, \alpha_{33}$ verschwinden, sobald wir wieder statt der Größen $a_1, a_2, \ldots, a_N$ die betreffenden numerischen Koeffizienten der besonderen Grundform f einsetzen. Indem wir auf diesen Ausdruck p-mal den Prozeß

$$\Omega = \begin{vmatrix} \frac{\partial}{\partial \alpha_{11}} & \frac{\partial}{\partial \alpha_{12}} & \frac{\partial}{\partial \alpha_{13}} \\ \frac{\partial}{\partial \alpha_{21}} & \frac{\partial}{\partial \alpha_{22}} & \frac{\partial}{\partial \alpha_{23}} \\ \frac{\partial}{\partial \alpha_{31}} & \frac{\partial}{\partial \alpha_{32}} & \frac{\partial}{\partial \alpha_{33}} \end{vmatrix}$$

anwenden, erhalten wir zufolge des in Abschnitt V meiner Abhandlung „Über die Theorie der algebraischen Formen"[1] bewiesenen Satzes einen Ausdruck von der Gestalt

$$C_p + J_1(a) + J_2(a) + \cdots + J_\nu(a),$$

wo C_p eine von 0 verschiedene Zahl bedeutet und $J_1(a), J_2(a), \ldots, J_p(a)$ Invarianten der Grundform f mit den unbestimmt gedachten Koeffizienten $a_1, a_2, \ldots, a_N$ sind. Dieser Ausdruck muß nun 0 sein, sobald man für die Größen $a_1, a_2, \ldots, a_N$ die betreffenden numerischen Koeffizienten der Form f einführt, und daraus folgt, daß nicht sämtliche Invarianten $J_1, J_2, \ldots, J_p$ für die besondere Grundform f verschwinden können. Wir sprechen dieses Resultat in folgendem Satze aus:

Eine Grundform mit bestimmten numerischen Koeffizienten besitzt dann und nur dann eine von 0 *verschiedene Invariante, wenn die Substitutionsdeterminante δ eine* g a n z e *algebraische Funktion der Koeffizienten der linear transformierten Form ist.*

§ 13. Die Entscheidung, ob die vorgelegte Grundform eine von 0 verschiedene Invariante besitzt oder nicht.

Nunmehr soll der Weg angegeben werden, wie man durch endliche und von vornherein übersehbare Prozesse entscheiden kann, ob δ eine ganze algebraische Funktion der Größen $b_1, b_2, \ldots, b_N$ ist oder nicht. Zunächst lehrt der in § 1 bewiesene Hilfssatz, daß es stets möglich ist, aus den Größen $b_1, b_2, \ldots, b_N$ mittels geeigneter numerischer Koeffizienten $c_{11}, c_{12}, \ldots, c_{rN}$ solche r lineare Ausdrücke

$$\begin{gathered} B_1 = c_{11} b_1 + c_{12} b_2 + \cdots + c_{1N} b_N, \\ \cdots\cdots\cdots\cdots\cdots \\ B_r = c_{r1} b_1 + c_{r2} b_2 + \cdots + c_{rN} b_N \end{gathered}$$

zu bilden, durch welche alle Größen $b_1, b_2, \ldots, b_N$ sich als ganze algebraische Funktionen ausdrücken lassen und zwischen denen keine algebraische Relation

[1] Math. Ann. Bd. 36 S. 524; dieser Band Abh. 16, S. 248.

stattfindet. Die r Ausdrücke $B_1, \ldots, B_r$ sind dann ebenso wie die Größen $b_1, \ldots, b_N$ ganze rationale homogene Funktionen n-ten Grades von $\alpha_{11}, \alpha_{12}, \ldots, \alpha_{33}$ mit numerischen Koeffizienten, und da zwischen irgend 10 solchen Funktionen von $\alpha_{11}, \alpha_{12}, \ldots, \alpha_{33}$ stets eine algebraische Relation bestehen muß, so hat r jedenfalls höchstens den Wert 9.

Um zu untersuchen, unter welchen Umständen die Zahl $r < 9$ ausfällt, denken wir uns in der transformierten Form $\bar{g}(y_1, y_2, y_3)$ für die Veränderlichen der Reihe nach irgend 8 Wertsysteme

$$\begin{gathered} y_1 = y_1', \; y_1 = y_1'', \ldots, y_1 = y_1^{(8)}, \\ y_2 = y_2', \; y_2 = y_2'', \ldots, y_2 = y_2^{(8)}, \\ y_3 = y_3', \; y_3 = y_3'', \ldots, y_3 = y_3^{(8)} \end{gathered}$$

eingesetzt; wir gelangen so zu 8 linearen Ausdrücken $g', g'', \ldots, g^{(8)}$ von der Art der Ausdrücke B. Zwischen g und diesen 8 Ausdrücken bestehe die algebraische Relation

$$G(g, g', \ldots, g^{(8)}) = 0,$$

wo angenommen werden kann, daß nicht auch die Differentialquotienten der ganzen rationalen Funktion G nach den $g, g', \ldots, g^{(8)}$ für alle $\alpha_{11}, \alpha_{12}, \ldots, \alpha_{33}$ identisch verschwinden. Durch Differentiation der obigen Identität nach den $\alpha_{11}, \alpha_{12}, \ldots, \alpha_{33}$ erhalten wir

$$\begin{gathered} \frac{\partial G}{\partial g}\frac{\partial g}{\partial \alpha_{11}} + \frac{\partial G}{\partial g'}\frac{\partial g'}{\partial \alpha_{11}} + \cdots + \frac{\partial G}{\partial g^{(8)}}\frac{\partial g^{(8)}}{\partial \alpha_{11}} = 0, \\ \cdots\cdots\cdots\cdots\cdots\cdots\cdots \\ \frac{\partial G}{\partial g}\frac{\partial g}{\partial \alpha_{33}} + \frac{\partial G}{\partial g'}\frac{\partial g'}{\partial \alpha_{33}} + \cdots + \frac{\partial G}{\partial g^{(8)}}\frac{\partial g^{(8)}}{\partial \alpha_{33}} = 0, \end{gathered}$$

und hieraus folgt

$$\begin{vmatrix} \frac{\partial g}{\partial \alpha_{11}} & \frac{\partial g'}{\partial \alpha_{11}} & \cdots & \frac{\partial g^{(8)}}{\partial \alpha_{11}} \\ \cdot & \cdot & \cdots & \cdot \\ \frac{\partial g}{\partial \alpha_{33}} & \frac{\partial g'}{\partial \alpha_{33}} & \cdots & \frac{\partial g^{(8)}}{\partial \alpha_{33}} \end{vmatrix} = 0.$$

Berücksichtigen wir die Gleichungen

$$\frac{\partial g}{\partial \alpha_{ik}} = y_k \frac{\partial f}{\partial x_i}, \qquad (i, k = 1, 2, 3),$$

so liefert die Entwicklung der obigen Determinante nach den Elementen der ersten Vertikalreihe eine Relation von der Gestalt

$$\begin{aligned} & D_{11}\, y_1 \frac{\partial f}{\partial x_1} + D_{21}\, y_2 \frac{\partial f}{\partial x_1} + D_{31}\, y_3 \frac{\partial f}{\partial x_1} \\ + & D_{12}\, y_1 \frac{\partial f}{\partial x_2} + D_{22}\, y_2 \frac{\partial f}{\partial x_2} + D_{32}\, y_3 \frac{\partial f}{\partial x_2} \\ + & D_{13}\, y_1 \frac{\partial f}{\partial x_3} + D_{23}\, y_2 \frac{\partial f}{\partial x_3} + D_{33}\, y_3 \frac{\partial f}{\partial x_3} = 0, \end{aligned}$$

wo $D_{11}, D_{21}, \ldots, D_{33}$ ganze rationale Funktionen der Größen $\alpha_{11}, \alpha_{12}, \ldots, \alpha_{33}$, $y'_1, y'_2, y'_3, \ldots, y_1^{(8)}, y_2^{(8)}, y_3^{(8)}$ sind. Wir nehmen an, daß die Unterdeterminanten $D_{11}, D_{21}, \ldots, D_{33}$ nicht sämtlich identisch für alle diese Parameter verschwinden und legen den letzteren dann solche numerische Werte bei, daß wenigstens eine jener Unterdeterminanten von 0 verschieden ist. Da die y_1, y_2, y_3 lineare Funktionen von x_1, x_2, x_3 sind, so ergibt sich hiernach aus der obigen Relation eine lineare Differentialgleichung für f von der Gestalt

$$l_1 \frac{\partial f}{\partial x_1} + l_2 \frac{\partial f}{\partial x_2} + l_3 \frac{\partial f}{\partial x_3} = 0,$$

wo l_1, l_2, l_3 lineare homogene Funktionen von x_1, x_2, x_3 sind. Wenn jedoch die obige Annahme nicht zutrifft und somit alle Unterdeterminanten der obigen Determinante identisch verschwinden, so stelle man mit irgend einer dieser Unterdeterminanten die entsprechende Überlegung an: man gelangt dann wiederum zu einer linearen Differentialgleichung für f.

Die gewonnene lineare Differentialgleichung für f kann durch Anwendung einer geeigneten linearen Transformation der Veränderlichen leicht näher untersucht werden; es ergibt sich dann das Resultat:

Die Zahl r ist im allgemeinen nur dann < 9, wenn die vorgelegte Form f die besondere Eigenschaft hat, lineare kontinuierliche Transformationen in sich selbst zu gestatten.

Wir kehren nun zu der am Anfang dieses Paragraphen angestellten Betrachtung zurück und bestimmen, falls $r < 9$ ist, irgend $9 - r$ Funktionen $B_{r+1}, \ldots, B_9$ vom Grade n in $\alpha_{11}, \alpha_{12}, \ldots, \alpha_{33}$ und mit numerischen Koeffizienten derart, daß zwischen den 9 Funktionen $B_1, \ldots, B_9$ ebenfalls keine algebraische Relation stattfindet. Daß dies unter den obwaltenden Umständen immer möglich ist, läßt sich leicht mit Hilfe einer bekannten Eigenschaft der Funktionaldeterminante zeigen. Nunmehr werde die irreduzible Gleichung aufgestellt, welche zwischen $\delta, B_1, \ldots, B_9$ besteht; dieselbe sei von der Gestalt

$$\Gamma_0 \delta^\pi + \Gamma_1 \delta^{\pi-1} + \cdots + \Gamma_\pi = 0,$$

wo $\Gamma_0, \Gamma_1, \ldots, \Gamma_\pi$ ganze rationale Funktionen von $B_1, \ldots, B_9$ bedeuten. Nehmen wir an, es sei δ eine ganze algebraische Funktion der Größen $b_1, b_2, \ldots, b_N$, so hängt δ notwendig auch ganz und algebraisch von $B_1, \ldots, B_r$ ab und genügt folglich einer Gleichung von der Gestalt

$$\delta^\varrho + E_1 \delta^{\varrho-1} + \cdots + E_\varrho = 0,$$

wo $E_1, \ldots, E_\varrho$ ganze rationale Funktionen von $B_1, \ldots, B_r$ sind. Die linke Seite dieser Gleichung muß aber die linke Seite der vorigen Gleichung als Faktor enthalten und hieraus kann leicht geschlossen werden, daß Γ_0 gleich einer von 0 verschiedenen Konstanten ist und daß die übrigen Koeffizienten $\Gamma_1, \ldots, \Gamma_\pi$ lediglich ganze rationale Funktionen der Ausdrücke $B_1, \ldots, B_r$ sind. Um also die gewünschte Entscheidung zu treffen, ist es nur nötig festzustellen, ob die irreduzible, zwischen $\delta, B_1, \ldots, B_9$ bestehende Gleichung von der soeben genannten Beschaffenheit ist oder nicht.

§ 14. Eine obere Grenze für die Gewichte der Invarianten $J_1, \ldots, J_\varkappa$.

Wir können zugleich für den Grad π jener irreduziblen Gleichung eine obere Grenze finden, und zwar mit Hilfe der folgenden Betrachtung:

Es seien $h+1$ Formen $H_1, \ldots, H_{h+1}$ gegeben, welche sämtlich vom Grade m in den h homogenen Veränderlichen $u_1, \ldots, u_h$ sind. Wir bilden alle Potenzen und Produkte R-ten Grades der Größen $H_1, \ldots, H_{h+1}$ und betrachten die Gleichung

$$\sum C_{s_1, s_2, \ldots, s_{h+1}} H_1^{s_1} H_2^{s_2} \cdots H_{h+1}^{s_{h+1}} = 0$$

$$(s_1 + s_2 + \cdots + s_{h+1} = R).$$

Indem wir auf der linken Seite nach Ausführung der Multiplikation sämtliche Potenzen und Produkte der Veränderlichen $u_1, \ldots, u_h$ gleich 0 setzen, ergibt sich zur Bestimmung der

$$\frac{(R+1)(R+2)\cdots(R+h)}{1\cdot 2\cdots h}$$

Koeffizienten $C_{s_1, s_2, \ldots, s_{h+1}}$ ein System von

$$\frac{(mR+1)(mR+2)\cdots(mR+h-1)}{1\cdot 2\cdots h-1}$$

linearen homogenen Gleichungen; diese Gleichungen werden stets Lösungen haben, sobald

$$\frac{(R+1)\cdots(R+h)}{1\cdot 2\cdots h} > \frac{(mR+1)\cdots(mR+h-1)}{1\cdot 2\cdots h-1}$$

und folglich um so mehr, sobald

$$(R+1)^h > h(mR+h-1)^{h-1}$$

ist. Diese Ungleichung wird jedenfalls dann erfüllt sein, wenn wir $R = h(m+1)^{h-1}$ nehmen. Hieraus folgt, daß zwischen den Funktionen $H_1, \ldots, H_{h+1}$ notwendig eine Relation bestehen muß, deren Grad kleiner oder gleich der Zahl $h(m+1)^{h-1}$ ist.

Wir wenden diesen Satz auf die 10 Formen $\delta^n, B_1^3, \ldots, B_9^3$ an, von denen jede homogen vom $3n$-ten Grade in den 9 Veränderlichen $\alpha_{11}, \alpha_{12}, \ldots, \alpha_{33}$ ist; wir setzen also $h=9$ und $m=3n$. Auf diese Weise ergibt sich, daß der Grad π der oben aufgestellten Gleichung jedenfalls die Zahl $9n(3n+1)^8$ nicht übersteigt. Hieraus folgt unter Anwendung des in § 12 eingeschlagenen Beweisverfahrens der Satz:

Wenn die Substitutionsdeterminante δ eine ganze algebraische Funktion der Koeffizienten der linear transformierten Grundform ist, so gibt es notwendig eine von 0 verschiedene Invariante, deren Gewicht die Zahl $9n(3n+1)^8$ nicht übersteigt.

Dieser Satz führt dann mit Hilfe der in § 4 und § 12 bewiesenen Sätze unmittelbar zu folgendem Satze:

Sämtliche Invarianten einer ternären Grundform n-ter Ordnung lassen sich als ganze algebraische Funktionen derjenigen Invarianten ausdrücken, deren Gewicht $\leqq 9n(3n+1)^8$ ist.

Hiernach können auch die in Abschnitt I behandelten Invarianten $J_1, \ldots, J_\varkappa$ stets so angenommen werden, daß die Gewichte derselben unterhalb einer gewissen nur von n abhängigen Grenze liegen, und aus der oberen Grenze für die Gewichte folgt dann unmittelbar eine obere Grenze für die Grade der Invarianten $J_1, \ldots, J_\varkappa$.

Um die in diesem Abschnitt IV gefundenen Resultate und die späterhin aus denselben zu ziehenden Folgerungen kürzer aussprechen zu können, führen wir den Begriff der Nullform ein.

Eine Grundform wird eine Nullform genannt, wenn ihre Koeffizienten solche besonderen numerischen Werte besitzen, daß alle Invarianten für dieselbe gleich 0 sind.

Ist eine Nullform f vorgelegt, so lehren die obigen Betrachtungen, daß für gewisse endliche, durch $\Gamma_0 = 0$ bestimmte Werte von $B_1, \ldots, B_r$ die Determinante δ unendlich große Werte annehmen muß. Da nun für endliche $B_1, \ldots, B_r$ auch die Größen $b_1, \ldots, b_N$ sämtlich endliche Werte haben müssen, so kann — in richtig zu verstehendem Sinne — *die Nullform f auch als eine Form bezeichnet werden, welche die Eigenschaft besitzt, endliche Koeffizienten zu behalten bei Anwendung gewisser linearer Substitutionen von unendlich großer Determinante.* Diese Eigenschaft der Nullform findet in dem folgenden Paragraphen ihren genauen algebraischen Ausdruck.

V. Die Aufstellung der Nullformen.

§ 15. Eine der Nullform eigentümliche lineare Transformation.

Aus den Betrachtungen des Abschnittes IV geht hervor, wie man durch eine endliche Anzahl rationaler Operationen ein System von Invarianten $J_1, \ldots, J_\varkappa$ mit den in Abschnitt I aufgeführten Eigenschaften finden kann. Was die praktische Berechnung eines solchen Systems in bestimmten Fällen angeht, so wird dieselbe offenbar wesentlich erleichtert werden, wenn man von vornherein anzugeben weiß, welche Bedeutung das Verschwinden sämtlicher Invarianten für die vorgelegte Grundform besitzt. Diese Bedeutung ist für eine binäre Grundform in § 5 ermittelt worden und ich habe dann auch auf Grund dieser Kenntnis ein System von Invarianten aufgestellt, durch welche sich alle übrigen Invarianten der binären Grundform ganz und algebraisch ausdrücken lassen. Versucht man auf diesem im binären Gebiete eingeschlagenen Wege oder durch Rechnung auch im Falle von mehr Veränderlichen die Nullformen aufzustellen, so stößt man auf wesentliche Schwierigkeiten, und es ist mir nur für eine kubische und eine biquadratische ternäre Grundform durch mühsame Rechnung gelungen, die Nullformen auf solche Weise zu finden. Im gegenwärtigen Abschnitte wird mittels einer neuen und allgemeinen Methode die Aufgabe, alle Nullformen zu finden, vollständig gelöst werden. Bei der Entwicklung dieser Methode werde ich wiederum der Kürze halber eine einzige ternäre Form zugrunde legen. Die Methode beruht auf dem folgenden Hilfssatze:

Wenn eine ternäre Nullform f von der n-ten Ordnung mit den Koeffizienten $a_1, \ldots, a_N$ vorgelegt ist, so läßt sich stets eine lineare Substitution von der Gestalt finden

$$(\alpha) = \begin{pmatrix} \tau^{\mu_1}\mathfrak{P}_{11}, & \tau^{\mu_1}\mathfrak{P}_{12}, & \tau^{\mu_1}\mathfrak{P}_{13} \\ \tau^{\mu_2}\mathfrak{P}_{21}, & \tau^{\mu_2}\mathfrak{P}_{22}, & \tau^{\mu_2}\mathfrak{P}_{23} \\ \tau^{\mu_3}\mathfrak{P}_{31}, & \tau^{\mu_3}\mathfrak{P}_{32}, & \tau^{\mu_3}\mathfrak{P}_{33} \end{pmatrix},$$

wo μ_1, μ_2, μ_3 ganze Zahlen und $\mathfrak{P}_{11}, \mathfrak{P}_{12}, \ldots, \mathfrak{P}_{33}$ gewöhnliche nach ganzen positiven Potenzen der Veränderlichen τ fortschreitende Reihen sind und für welche die Koeffizienten $b_1, \ldots, b_N$ der transformierten Nullform g in der Grenze für $\tau = 0$ sämtlich endlich bleiben, während die Determinante der Substitution

$$\delta = \begin{vmatrix} \tau^{\mu_1}\mathfrak{P}_{11}, & \tau^{\mu_1}\mathfrak{P}_{12}, & \tau^{\mu_1}\mathfrak{P}_{13} \\ \tau^{\mu_2}\mathfrak{P}_{21}, & \tau^{\mu_2}\mathfrak{P}_{22}, & \tau^{\mu_2}\mathfrak{P}_{23} \\ \tau^{\mu_3}\mathfrak{P}_{31}, & \tau^{\mu_3}\mathfrak{P}_{32}, & \tau^{\mu_3}\mathfrak{P}_{33} \end{vmatrix} = \tau^{\mu}\mathfrak{Q}$$

für $\tau = 0$ unendlich wird.

Zum Beweise transformieren wir die vorgelegte Nullform f mittels der linearen Substitution

$$\begin{aligned} x_1 &= \alpha_{11}y_1 + \alpha_{12}y_2 + \alpha_{13}y_3, \\ x_2 &= \alpha_{21}y_1 + \alpha_{22}y_2 + \alpha_{23}y_3, \\ x_3 &= \alpha_{31}y_1 + \alpha_{32}y_2 + \alpha_{33}y_3, \end{aligned} \qquad \delta = \begin{vmatrix} \alpha_{11} & \alpha_{12} & \alpha_{13} \\ \alpha_{21} & \alpha_{22} & \alpha_{23} \\ \alpha_{31} & \alpha_{32} & \alpha_{33} \end{vmatrix},$$

wo $\alpha_{11}, \alpha_{12}, \ldots, \alpha_{33}$ unbestimmte Parameter sind. Es entsteht so eine Form g, deren Koeffizienten $b_1, \ldots, b_N$ ganze rationale Funktionen n-ten Grades von $\alpha_{11}, \alpha_{12}, \ldots, \alpha_{33}$ mit bestimmten numerischen Koeffizienten sind. Wir konstruieren dann in der Weise, wie gegen Ende des § 13 dargelegt worden ist,

9 algebraisch voneinander unabhängige Funktionen $B_1, \ldots, B_9$, durch welche sich alle Funktionen $b_1, \ldots, b_N$ ganz und algebraisch ausdrücken und bilden auch wie dort die irreduzible Gleichung, welche zwischen $\delta, B_1, \ldots, B_9$ besteht; dieselbe ist von der Gestalt

$$\Gamma_0 \delta^\pi + \Gamma_1 \delta^{\pi-1} + \cdots + \Gamma_\pi = 0,$$

wo $\Gamma_0, \Gamma_1, \ldots, \Gamma_\pi$ ganze rationale homogene Funktionen von $B_1, \ldots, B_9$ sind und wo insbesondere der erste Koeffizient Γ_0 notwendigerweise ein Ausdruck ist, welcher einige der Größen $B_1, \ldots, B_9$ wirklich enthält. Denn im entgegengesetzten Falle wäre δ eine ganze algebraische Funktion von $b_1, \ldots, b_N$ und dann könnte f nicht, wie vorausgesetzt worden ist, eine Nullform sein.

Nunmehr bestimme man 9 Zahlen $B_1^0, \ldots, B_9^0$ derart, daß, wenn man dieselben bezüglich für $B_1, \ldots, B_9$ einsetzt, der Ausdruck Γ_0 verschwindet, dagegen wenigstens einer der übrigen Koeffizienten $\Gamma_1, \ldots, \Gamma_\pi$ jener irreduziblen Gleichung von 0 verschieden bleibt. Ferner bestimme man 9 Zahlen $B_1^{00}, \ldots, B_9^{00}$ derart, daß, wenn man in jene irreduzible Gleichung

$$\begin{gathered} B_1 = B_1^0 + B_1^{00} t, \\ \cdots\cdots\cdots \\ B_9 = B_9^0 + B_9^{00} t \end{gathered}$$

einsetzt, dieselbe dann in eine Gleichung zwischen δ und t übergeht, welche ebenfalls irreduzibel ist[1]. Diese Gleichung zwischen δ und t sei folgende:

$$\Gamma_0^0 \delta^\pi + \Gamma_1^0 \delta^{\pi-1} + \cdots + \Gamma_\pi^0 = 0,$$

wo $\Gamma_0^0, \Gamma_1^0, \ldots, \Gamma_\pi^0$ ganze rationale Funktionen von t bedeuten.

Nunmehr betrachten wir die folgenden 9 Gleichungen

$$\begin{gathered} B_1(\alpha_{11}, \alpha_{12}, \ldots, \alpha_{33}) = B_1^0 + B_1^{00} t, \\ \cdots\cdots\cdots\cdots\cdots \\ B_9(\alpha_{11}, \alpha_{12}, \ldots, \alpha_{33}) = B_9^0 + B_9^{00} t. \end{gathered}$$

Da zwischen den 9 Funktionen $B_1, \ldots, B_9$ keine algebraische Relation besteht, so verschwindet die Funktionaldeterminante derselben

$$\begin{vmatrix} \frac{\partial B_1}{\partial \alpha_{11}} & \cdots & \frac{\partial B_9}{\partial \alpha_{11}} \\ \cdot & \cdot & \cdot \\ \frac{\partial B_1}{\partial \alpha_{33}} & \cdots & \frac{\partial B_9}{\partial \alpha_{33}} \end{vmatrix}$$

nicht identisch für alle $\alpha_{11}, \alpha_{12}, \ldots, \alpha_{33}$, und folglich sind durch jene 9 Gleichungen die 9 Größen $\alpha_{11}, \alpha_{12}, \ldots, \alpha_{33}$ als algebraische Funktionen von t de-

[1] Daß eine solche Bestimmung der $B_1^{00}, \ldots, B_9^{00}$ stets möglich ist, habe ich in meiner Abhandlung: Über die Irreduzibilität ganzer rationaler Funktionen mit ganzzahligen Koeffizienten, Crelles Journ. Bd. 110 S. 104, gezeigt; dieser Band Abh. 18.

finiert. Ein System zusammengehöriger Zweige dieser algebraischen Funktionen werde in der Umgebung der Stelle $t = 0$ durch die folgenden Entwicklungen

$$\alpha_{ik} = t^{\nu_{ik}} P_{ik}\left(t^{\frac{1}{m}}\right), \qquad (i, k = 1, 2, 3)$$

dargestellt, wo m eine positive ganze Zahl, ν_{ik} rationale Zahlen und P_{ik} gewöhnliche nach ganzen positiven Potenzen des Argumentes $t^{\frac{1}{m}}$ fortschreitende Reihen sind. Die Determinante der 9 entwickelten Größen

$$\delta = \left| t^{\nu_{ik}} P_{ik}\left(t^{\frac{1}{m}}\right)\right| = t^{\nu} Q\left(t^{\frac{1}{m}}\right)$$

ist von der nämlichen Gestalt und stellt einen Zweig der algebraischen Funktion $\delta(t)$ dar, welche durch jene Gleichung

$$\Gamma_0^0 \delta^{\pi} + \Gamma_1^0 \delta^{\pi-1} + \cdots + \Gamma_{\pi}^0 = 0$$

definiert ist. Da diese Gleichung nun irreduzibel ist, so können sämtliche übrigen $\pi - 1$ Zweige der algebraischen Funktion $\delta(t)$ aus dem eben gewonnenen Zweige $\delta = t^{\nu} Q\left(t^{\frac{1}{m}}\right)$ durch analytische Fortsetzung erhalten werden. Diese weiteren $\pi - 1$ Zweige seien

$$\delta' = t^{\nu'} Q'\left(t^{\frac{1}{m'}}\right),$$

$$\delta'' = t^{\nu''} Q''\left(t^{\frac{1}{m''}}\right),$$

$$\cdots\cdots\cdots\cdots$$

$$\delta^{(\pi-1)} = t^{\nu^{(\pi-1)}} Q^{(\pi-1)}\left(t^{\frac{1}{m^{(\pi-1)}}}\right),$$

und zwar möge der ursprüngliche Zweig δ übergehen in die Zweige $\delta', \delta'', \ldots, \delta^{(\pi-1)}$ bezüglich auf den Wegen $W', W'', \ldots, W^{(\pi-1)}$, und diese $\pi - 1$ Wege seien in der komplexen Ebene der Veränderlichen t so gewählt, daß die Unstetigkeitspunkte der algebraischen Funktionen $\alpha_{ik}(t)$ und $\delta(t)$ sämtlich außerhalb dieser Wege liegen. Nun verschwindet Γ_0^0 für $t = 0$, während die übrigen Koeffizienten $\Gamma_1^0, \ldots, \Gamma_{\pi}^0$ für $t = 0$ nicht sämtlich gleich 0 sind, und daher muß wenigstens einer der π Zweige $\delta, \delta', \ldots, \delta^{(\pi-1)}$ für $t = 0$ den Wert ∞ annehmen; es sei dies etwa der Zweig $\delta' = t^{\nu'} Q'$. Da Q' eine nach ganzen positiven Potenzen von $t^{\frac{1}{m'}}$ fortschreitende Reihe ist und m' hierbei eine ganze positive Zahl bedeutet, so muß ν' notwendig eine negative Zahl sein. Nunmehr verfolgen wir die Werte derjenigen zusammengehörigen Zweige, welche durch das System von Potenzreihen

$$\alpha_{ik} = t^{\nu_{ik}} P_{ik}\left(t^{\frac{1}{m}}\right), \qquad (i, k = 1, 2, 3)$$

dargestellt sind, auf dem Wege W' und gelangen dadurch zu einem anderen System von zusammengehörigen Zweigen der algebraischen Funktionen $\alpha_{ik}(t)$; das System dieser Zweige werde in der Umgebung der Stelle $t=0$ durch die Potenzreihen

$$\alpha'_{ik} = t^{\nu'_{ik}} P'_{ik}\left(t^{\frac{1}{m'}}\right)$$

dargestellt. Bezeichnet M eine positive ganze Zahl, welche sowohl durch m' als auch durch die Nenner der rationalen Zahlen ν'_{ik} teilbar ist, so liefert die Substitution $t=\tau^M$ ein System von Potenzentwicklungen für die algebraischen Funktionen α_{ik} von der Gestalt

$$\alpha_{ik} = \tau^{\mu_i}\, \mathfrak{P}_{ik}(\tau). \qquad (i, k = 1, 2, 3),$$

wo die μ_i ganze Zahlen sind, und dies System ist von der im Satze verlangten Beschaffenheit; denn für $t=0$ erhalten die Größen $B_1, \ldots, B_9$ die Werte $B_1^0, \ldots, B_9^0$, und folglich bleiben auch die Größen $b_1, \ldots, b_N$, da dieselben ganze algebraische Funktionen von $B_1, \ldots, B_9$ sind, sämtlich für $\tau = 0$ endlich.

Die Umkehrung des eben bewiesenen Satzes ist unmittelbar einzusehen. In der Tat, wenn man für die Größen $\alpha_{11}, \alpha_{12}, \ldots, \alpha_{33}$ Potenzreihen von der genannten Eigenschaft angeben kann, so ist jedenfalls δ nicht eine ganze algebraische Funktion von $b_1, \ldots, b_N$, und folglich ist die Grundform f eine Nullform.

§ 16. Ein Hilfssatz über lineare Substitutionen, deren Koeffizienten Potenzreihen sind.

Um den in § 15 gefundenen Satz auf die Berechnung der Nullformen anzuwenden, brauchen wir einen Hilfssatz über die Normierung von linearen Substitutionen, deren Koeffizienten Potenzreihen einer Veränderlichen τ sind. Dieser Hilfssatz lautet:

Wenn eine Substitution von der in § 15 bezeichneten Art

$$(\alpha) = \begin{pmatrix} \tau^{\mu_1}\mathfrak{P}_{11}, & \tau^{\mu_1}\mathfrak{P}_{12}, & \tau^{\mu_1}\mathfrak{P}_{13} \\ \tau^{\mu_2}\mathfrak{P}_{21}, & \tau^{\mu_2}\mathfrak{P}_{22}, & \tau^{\mu_2}\mathfrak{P}_{23} \\ \tau^{\mu_3}\mathfrak{P}_{31}, & \tau^{\mu_3}\mathfrak{P}_{32}, & \tau^{\mu_3}\mathfrak{P}_{33} \end{pmatrix},$$

mit der Determinante

$$\delta = \tau^{\mu}\,\mathfrak{Q}$$

gegeben ist, wo μ_1, μ_2, μ_3, μ ganze Zahlen und $\mathfrak{P}_{11}, \mathfrak{P}_{12}, \ldots, \mathfrak{P}_{33}$ gewöhnliche nach ganzen positiven Potenzen der Veränderlichen τ fortschreitende Reihen sind, so lassen sich stets 2 andere lineare Substitutionen bestimmen

$$(\beta) = \begin{pmatrix} \beta_{11} & \beta_{12} & \beta_{13} \\ \beta_{21} & \beta_{22} & \beta_{23} \\ \beta_{31} & \beta_{32} & \beta_{33} \end{pmatrix}, \qquad (\gamma) = \begin{pmatrix} \gamma_{11} & \gamma_{12} & \gamma_{13} \\ \gamma_{21} & \gamma_{22} & \gamma_{23} \\ \gamma_{31} & \gamma_{32} & \gamma_{33} \end{pmatrix},$$

welche von folgender Beschaffenheit sind:

1. Die Elemente der beiden Substitutionen (β) und (γ) sind gewöhnliche nach ganzen positiven Potenzen von τ fortschreitende Reihen, etwa

$$\beta_{ik} = (\beta_{ik})_0 + (\beta_{ik})_1\,\tau + (\beta_{ik})_2\,\tau^2 + \cdots,$$
$$\gamma_{ik} = (\gamma_{ik})_0 + (\gamma_{ik})_1\,\tau + (\gamma_{ik})_2\,\tau^2 + \cdots,$$

deren konstante Glieder den Bedingungen

$$\begin{vmatrix} (\beta_{11})_0 & (\beta_{12})_0 & (\beta_{13})_0 \\ (\beta_{21})_0 & (\beta_{22})_0 & (\beta_{23})_0 \\ (\beta_{31})_0 & (\beta_{32})_0 & (\beta_{33})_0 \end{vmatrix} = 1, \qquad \begin{vmatrix} (\gamma_{11})_0 & (\gamma_{12})_0 & (\gamma_{13})_0 \\ (\gamma_{21})_0 & (\gamma_{22})_0 & (\gamma_{23})_0 \\ (\gamma_{31})_0 & (\gamma_{32})_0 & (\gamma_{33})_0 \end{vmatrix} = 1$$

genügen.

2. Die aufeinanderfolgende Anwendung der Substitutionen (β), (α), (γ) liefert eine Substitution von der Gestalt

$$(\gamma)\,(\alpha)\,(\beta) = \begin{pmatrix} \tau^{\lambda_1} & 0 & 0 \\ 0 & \tau^{\lambda_2} & 0 \\ 0 & 0 & \tau^{\lambda_3} \end{pmatrix},$$

wo λ_1, λ_2, λ_3 gewisse ganze Zahlen sind.

Zum Beweise setzen wir

$$\mathfrak{P}_{ik} = (\mathfrak{P}_{ik})_0 + (\mathfrak{P}_{ik})_1\,\tau + (\mathfrak{P}_{ik})_2\,\tau^2 + \cdots,$$
$$\mathfrak{Q} \;= (\mathfrak{Q})_0 \;+ (\mathfrak{Q})_1\,\tau \;+ (\mathfrak{Q})_2\,\tau^2 \;+ \cdots;$$

hierbei darf $(\mathfrak{Q})_0$ verschieden von 0 angenommen werden, da man im anderen Falle die Zahl μ um eine oder mehrere Einheiten größer wählen kann. Außerdem nehmen wir noch $\mu_1 \geqq \mu_2 \geqq \mu_3$ an. Ist dann $\mu_1 + \mu_2 + \mu_3 = \mu$, so wird die Determinante

$$\begin{vmatrix} (\mathfrak{P}_{11})_0 & (\mathfrak{P}_{12})_0 & (\mathfrak{P}_{13})_0 \\ (\mathfrak{P}_{21})_0 & (\mathfrak{P}_{22})_0 & (\mathfrak{P}_{23})_0 \\ (\mathfrak{P}_{31})_0 & (\mathfrak{P}_{32})_0 & (\mathfrak{P}_{33})_0 \end{vmatrix}$$

gleich einer von 0 verschiedenen Konstanten sein, und folglich liefert die Umkehrung der Substitution

$$(\mathfrak{P}) = \begin{pmatrix} \mathfrak{P}_{11} & \mathfrak{P}_{12} & \mathfrak{P}_{13} \\ \mathfrak{P}_{21} & \mathfrak{P}_{22} & \mathfrak{P}_{23} \\ \mathfrak{P}_{31} & \mathfrak{P}_{32} & \mathfrak{P}_{33} \end{pmatrix}$$

eine Substitution $(\mathfrak{P})^{-1}$, deren Elemente wiederum gewöhnliche nach ganzen positiven Potenzen von τ fortschreitende Reihen sind. Man erhält somit unmittelbar 2 Substitutionen von der im Satze verlangten Beschaffenheit, wenn man setzt

$$(\beta) = \begin{pmatrix} 1 & 0 & 0 \\ 0 & 1 & 0 \\ 0 & 0 & 1 \end{pmatrix}, \qquad (\gamma) = (\mathfrak{P})^{-1},$$

$$\mu_1 = \lambda_1, \quad \mu_2 = \lambda_2, \quad \mu_3 = \lambda_3.$$

Ist andererseits $\mu_1 + \mu_2 + \mu_3 < \mu$, so muß jene Determinante $|(\mathfrak{P}_{ik})_0|$ den Wert 0 haben, und wir können dann 3 nicht sämtlich verschwindende Zahlen ε_1, ε_2, ε_3 finden, so daß

$$\varepsilon_1 (\mathfrak{P}_{1i})_0 + \varepsilon_2 (\mathfrak{P}_{2i})_0 + \varepsilon_3 (\mathfrak{P}_{3i})_0 = 0, \qquad (i = 1, 2, 3)$$

wird. Nunmehr haben wir 3 Fälle zu untersuchen.

1. Es sei $\varepsilon_1 \neq 0$; wir setzen $\varepsilon_1 = 1$. Dann ist

$$(\varepsilon) = \begin{pmatrix} \varepsilon_1 & \tau^{\mu_1 - \mu_2} \varepsilon_2 & \tau^{\mu_1 - \mu_3} \varepsilon_3 \\ 0 & 1 & 0 \\ 0 & 0 & 1 \end{pmatrix}$$

eine Substitution von der Determinante $\varepsilon_1 = 1$, deren Elemente ganze rationale Funktionen von τ sind, und es wird

$$(\alpha') = (\alpha)\,(\varepsilon) = \begin{pmatrix} \tau^{\mu_1'} \mathfrak{P}_{11}', & \tau^{\mu_1'} \mathfrak{P}_{12}', & \tau^{\mu_1'} \mathfrak{P}_{13}' \\ \tau^{\mu_2} \mathfrak{P}_{21}, & \tau^{\mu_2} \mathfrak{P}_{22}, & \tau^{\mu_2} \mathfrak{P}_{23} \\ \tau^{\mu_3} \mathfrak{P}_{31}, & \tau^{\mu_3} \mathfrak{P}_{32}, & \tau^{\mu_3} \mathfrak{P}_{33} \end{pmatrix},$$

wo μ_1' eine ganze Zahl $> \mu_1$ ist, und wo $\mathfrak{P}_{11}'$, $\mathfrak{P}_{12}'$, $\mathfrak{P}_{13}'$ wiederum nach ganzen positiven Potenzen von τ fortschreitende Reihen sind.

2. Es sei $\varepsilon_1 = 0$ und $\varepsilon_2 \neq 0$; wir nehmen $\varepsilon_2 = 1$ an. Dann ist

$$(\varepsilon) = \begin{pmatrix} 1 & 0 & 0 \\ 0 & \varepsilon_2 & \tau^{\mu_2 - \mu_3} \varepsilon_3 \\ 0 & 0 & 1 \end{pmatrix}$$

wiederum eine Substitution von der Determinante $\varepsilon_2 = 1$, deren Elemente ganze rationale Funktionen von τ sind, und es wird

$$(\alpha') = (\alpha)\,(\varepsilon) = \begin{pmatrix} \tau^{\mu_1} \mathfrak{P}_{11}, & \tau^{\mu_1} \mathfrak{P}_{12}, & \tau^{\mu_1} \mathfrak{P}_{13} \\ \tau^{\mu_2'} \mathfrak{P}_{21}', & \tau^{\mu_2'} \mathfrak{P}_{22}', & \tau^{\mu_2'} \mathfrak{P}_{23}' \\ \tau^{\mu_3} \mathfrak{P}_{31}, & \tau^{\mu_3} \mathfrak{P}_{32}, & \tau^{\mu_3} \mathfrak{P}_{33} \end{pmatrix},$$

wo μ_2' eine ganze Zahl $> \mu_2$ ist und wo $\mathfrak{P}_{21}'$, $\mathfrak{P}_{22}'$, $\mathfrak{P}_{23}'$ nach ganzen positiven Potenzen von τ fortschreitende Reihen sind.

3. Es sei $\varepsilon_1 = 0$, $\varepsilon_2 = 0$, und $\varepsilon_3 \neq 0$; wir setzen $\varepsilon_3 = 1$. Dann ist

$$(\mathfrak{P}_{31})_0 = 0, \quad (\mathfrak{P}_{32})_0 = 0, \quad (\mathfrak{P}_{33})_0 = 0,$$

und folglich können wir setzen

$$(\alpha') = (\alpha) = \begin{pmatrix} \tau^{\mu_1} \mathfrak{P}_{11}, & \tau^{\mu_1} \mathfrak{P}_{12}, & \tau^{\mu_1} \mathfrak{P}_{13} \\ \tau^{\mu_2} \mathfrak{P}_{21}, & \tau^{\mu_2} \mathfrak{P}_{22}, & \tau^{\mu_2} \mathfrak{P}_{23} \\ \tau^{\mu_3'} \mathfrak{P}_{31}', & \tau^{\mu_3'} \mathfrak{P}_{32}', & \tau^{\mu_3'} \mathfrak{P}_{33}' \end{pmatrix},$$

wo μ_3' eine Zahl $> \mu_3$ ist und wo $\mathfrak{P}_{31}', \mathfrak{P}_{32}', \mathfrak{P}_{33}'$ wiederum nach ganzen positiven Potenzen von τ fortschreitende Reihen sind.

Ist nun die Exponentensumme $\mu_1' + \mu_2 + \mu_3$ bezüglich $\mu_1 + \mu_2' + \mu_3$, $\mu_1 + \mu_2 + \mu_3' = \mu$, so ist nach dem vorhin Bewiesenen für die Substitution (α') unser Satz richtig, und folglich gilt derselbe, wenn wir die Gleichung

$$(\gamma)\,(\alpha')\,(\beta) = (\gamma)\,(\alpha)\,\{(\varepsilon)\,(\beta)\}$$

berücksichtigen, auch für die Substitution (α). Ist jedoch jene Exponentensumme $< \mu$, so wiederhole man das eben auf (α) angewandte Verfahren nunmehr für die Substitution (α'). Da bei jedem weiteren Schritte die bezügliche Exponentensumme sich wenigstens um eine Einheit vermehrt, so wird man nach einer endlichen Zahl r von Wiederholungen des beschriebenen Verfahrens zu einer Substitution $(\alpha^{(r)})$ gelangen, für welche die Exponentensumme gleich μ ist. Damit ist der Beweis für unseren Hilfssatz erbracht.

§ 17. Die kanonische Nullform.

Die Elemente der Substitution

$$(\beta_0) = \begin{pmatrix} (\beta_{11})_0 & (\beta_{12})_0 & (\beta_{13})_0 \\ (\beta_{21})_0 & (\beta_{22})_0 & (\beta_{23})_0 \\ (\beta_{31})_0 & (\beta_{32})_0 & (\beta_{33})_0 \end{pmatrix}$$

sind konstante Zahlen, und da überdies die Determinante $|(\beta_{ik})_0| = 1$ ist, so gestattet diese Substitution die Umkehrung. Wir transformieren nun die vorgelegte Nullform f mittels dieser Umkehrung und erhalten so eine Nullform $f' = (\beta_0)^{-1} f$, deren Koeffizienten wiederum Konstante sind. Infolge der in § 16 aufgestellten Formel ist

$$\underset{\tau=0}{L} \left[\begin{pmatrix} \tau^{\lambda_1} & 0 & 0 \\ 0 & \tau^{\lambda_2} & 0 \\ 0 & 0 & \tau^{\lambda_3} \end{pmatrix} f' \right] = \underset{\tau=0}{L} [(\gamma)\,(\alpha)\,(\beta) f'] .$$

Andererseits ist

$$\underset{\tau=0}{L} [(\gamma)\,(\alpha)\,(\beta) f'] = \underset{\tau=0}{L} [(\gamma)\,(\alpha) \underset{\tau=0}{L} \{(\beta) f'\}] = \underset{\tau=0}{L} [(\gamma)\,(\alpha) f] .$$

Nach § 15 liefert die Anwendung der Substitution (α) auf f eine Form, deren Koeffizienten für $\tau = 0$ sämtlich endlich bleiben, und da (γ) eine Substitution ist, deren Elemente nach ganzen positiven Potenzen fortschreitende Reihen sind, so ist auch $(\gamma)\,(\alpha) f$ eine Form, deren Koeffizienten für $\tau = 0$ sämtlich endlich bleiben. Somit folgt dann die nämliche Eigenschaft auch für die Form

$$\begin{pmatrix} \tau^{\lambda_1} & 0 & 0 \\ 0 & \tau^{\lambda_2} & 0 \\ 0 & 0 & \tau^{\lambda_3} \end{pmatrix} f' = f'(\tau^{\lambda_1} x_1, \; \tau^{\lambda_2} x_2, \; \tau^{\lambda_3} x_3).$$

Da die Determinante der Substitution (α) für $\tau = 0$ unendlich wird, so ist die Summe $\lambda_1 + \lambda_2 + \lambda_3$ notwendig eine negative Zahl.

Umgekehrt, wenn es für eine Form f mit numerischen Koeffizienten 3 ganze Zahlen $\lambda_1, \lambda_2, \lambda_3$ von den genannten Eigenschaften gibt, so ist die Form f offenbar eine Nullform; wir wollen eine Nullform von dieser besonderen Art eine kanonische Nullform nennen und sprechen dann die folgende Definition aus:

Eine ternäre Form $f = \sum a_{n_1 n_2 n_3} x_1^{n_1} x_2^{n_2} x_3^{n_3}$ *von der Ordnung* n *möge eine „kanonische Nullform" heißen, wenn sich* 3 *ganze Zahlen* $\lambda_1, \lambda_2, \lambda_3$, *deren Summe negativ ist, finden lassen von der Art, daß jeder Koeffizient* $a_{n_1 n_2 n_3}$ *den Wert* 0 *hat, für welchen die Zahl* $\lambda_1 n_1 + \lambda_2 n_2 + \lambda_3 n_3$ *negativ ausfällt, während die übrigen Koeffizienten beliebige numerische Werte besitzen.*

Die vorigen Entwicklungen lehren dann den Satz:

Eine jede Nullform kann mittels einer geeigneten linearen Substitution von der Determinante 1 *in eine kanonische Nullform transformiert werden.*

Verstehen wir unter einer Klasse von Formen die Gesamtheit aller derjenigen Formen, welche durch lineare Substitution mit nicht verschwindender Determinante ineinander transformiert werden können, so spricht sich der eben gewonnene Satz wie folgt aus:

In jeder Klasse von Nullformen gibt es eine kanonische Nullform.

Die Aufgabe, alle Nullformen aufzustellen, ist somit auf die Frage nach den kanonischen Nullformen zurückgeführt, und diese Frage verlangt lediglich die Konstruktion aller Systeme ganzer Zahlen $\lambda_1, \lambda_2, \lambda_3$ von der oben genannten Beschaffenheit.

§ 18. Die Aufstellung der kanonischen Nullformen.

Um die am Schlusse des vorigen Paragraphen gestellte Aufgabe zu lösen, nehmen wir in einer Ebene ein gleichseitiges Dreieck ABC mit der Seitenlänge n als Koordinatendreieck an und bestimmen dann die Koordinaten eines Punktes P dieser Ebene wie folgt: wir ziehen durch P je eine Parallele zu den Seiten AC, BA, CB, welche die Dreiecksseiten BC, CA, AB bezüglich in den Punkten A', B', C' treffen mögen. Die Abschnitte $\xi_1 = PA'$, $\xi_2 = PB'$, $\xi_3 = PC'$ seien dann die Koordinaten des Punktes P. Teilen wir jetzt jede der 3 Dreiecksseiten in n gleiche Teile und ziehen dann durch diese Teilpunkte zu jeder Seite je $n - 1$ Parallele, so zerfällt das Koordinatendreieck in lauter gleichseitige Dreiecke von der Seitenlänge 1. Jedem so entstehenden im Inneren oder auf den Seiten des Koordinatendreiecks gelegenen Eckpunkte $\xi_1 = n_1$, $\xi_2 = n_2$, $\xi_3 = n_3$ entspricht dann ein Glied $a_{n_1 n_2 n_3} x_1^{n_1} x_2^{n_2} x_3^{n_3}$ der ternären Form von der n-ten Ordnung, und es entspricht auch umgekehrt einem jeden Gliede der ternären Form je ein Eckpunkt der konstruierten Dreiecke.

Sind nun u_1, u_2, u_3 beliebige reelle Konstante, deren Summe $u_1 + u_2 + u_3$ von 0 verschieden ist, so stellt die Gleichung

$$u_1 \xi_1 + u_2 \xi_2 + u_3 \xi_3 = 0$$

eine Gerade dar, welche nicht durch den Mittelpunkt M des Koordinatendreieckes hindurchgeht. Wir bestimmen alle diejenigen Eckpunkte n_1, n_2, n_3, welche außerhalb und mit dem Mittelpunkte M auf der nämlichen Seite von jener Geraden $u_1 \xi_1 + u_2 \xi_2 + u_3 \xi_3 = 0$ gelegen sind und setzen dann in der ternären Form n-ter Ordnung alle diesen Eckpunkten n_1, n_2, n_3 entsprechenden Koeffizienten $a_{n_1 n_2 n_3}$ gleich 0, dagegen die übrigen Koeffizienten gleich irgendwelchen numerischen Werten. Die so erhaltene Form werde mit $f_{u_1 u_2 u_3}$ bezeichnet; dieselbe ist eine kanonische Nullform. Um dies einzusehen, bestimmen wir 3 rationale Zahlen u_1', u_2', u_3' von nicht verschwindender Summe und von der Beschaffenheit, daß alle außerhalb und mit M auf ein und der nämlichen Seite von jener Geraden $u_1 \xi_1 + u_2 \xi_2 + u_3 \xi_3 = 0$ gelegenen Eckpunkte auch außerhalb und mit M auf der nämlichen Seite von der Geraden $u_1' \xi_1 + u_2' \xi_2 + u_3' \xi_3 = 0$ liegen und umgekehrt. Daß dies immer möglich ist, sieht man leicht ein, wenn man die 3 Fälle unterscheidet, daß auf jener Geraden $u_1 \xi_1 + u_2 \xi_2 + u_3 \xi_3 = 0$ keine, eine oder mehrere der betrachteten Eckpunkte gelegen sind und man dann die u_1', u_2', u_3' genügend wenig von u_1, u_2, u_3 verschieden annimmt. Dann bestimmen wir eine positive oder negative ganze Zahl u derart, daß die Produkte $u u_1'$, $u u_2'$, $u u_3'$ ganze Zahlen mit negativer Summe sind. Setzt man diese ganzen Zahlen bezüglich gleich λ_1, λ_2, λ_3, so erweist sich mittels derselben in der Tat die vorhin konstruierte Form $f_{u_1 u_2 u_3}$ als kanonische Nullform, da in $f_{u_1 u_2 u_3}$ alle diejenigen Koeffizienten $a_{n_1 n_2 n_3}$ gleich 0 sind, für welche

$$\lambda_1 n_1 + \lambda_2 n_2 + \lambda_3 n_3 < 0$$

ausfällt.

Sind ferner v_1, v_2, v_3 reelle Konstante, deren Summe verschwindet, so stellt die Gleichung $v_1 \xi_1 + v_2 \xi_2 + v_3 \xi_3 = 0$ eine Gerade dar, welche durch den Mittelpunkt M geht. In diesem Falle bestimmen wir alle diejenigen Eckpunkte u_1, u_2, u_3, welche auf jener Geraden $v_1 \xi_1 + v_2 \xi_2 + v_3 \xi_3 = 0$ liegen, sowie alle diejenigen, welche außerhalb und mit dem Koordinateneckpunkt A auf der nämlichen Seite jener Geraden $v_1 \xi_1 + v_2 \xi_2 + v_3 \xi_3 = 0$ gelegen sind und setzen dann in der ternären Form n-ter Ordnung alle diesen Eckpunkten

n_1, n_2, n_3 entsprechenden Koeffizienten $a_{n_1 n_2 n_3}$ gleich 0, dagegen die übrigen gleich beliebigen Werten. Die so erhaltene Form werde mit $f_{v_1 v_2 v_3}$ bezeichnet; dieselbe ist wiederum eine kanonische Nullform. Um dies einzusehen, verschieben wir die Gerade $v_1 \xi_1 + v_2 \xi_2 + v_3 \xi_3 = 0$ parallel mit sich und in der Richtung von A weg derart, daß dabei kein Eckpunkt von der Geraden überschritten wird, welcher nicht schon zu Anfang auf der Geraden lag. Ist dann die neue Lage der Geraden durch die Gleichung $u_1 \xi_1 + u_2 \xi_2 + u_3 \xi_3 = 0$ dargestellt, so stimmt die Form $f_{v_1 v_2 v_3}$ offenbar mit $f_{u_1 u_2 u_3}$ überein und ist daher nach dem Vorhergehenden eine kanonische Nullform.

Bei der Definition der kanonischen Nullform $f_{v_1 v_2 v_3}$ hätten wir an Stelle der dem Punkte A zugewandten Seite der Geraden $v_1 \xi_1 + v_2 \xi_2 + v_3 \xi_3 = 0$ auch mit gleichem Rechte die andere Seite in Betracht ziehen können. Die so entstehende kanonische Nullform ist der ersteren umkehrbar eindeutig zugeordnet.

Die kanonischen Nullformen $f_{u_1 u_2 u_3}$ sind nun lediglich spezielle Fälle der zuletzt behandelten kanonischen Nullformen $f_{v_1 v_2 v_3}$. Um dies zu beweisen, nehmen wir an, daß die Punkte M und A auf der nämlichen Seite der zu betrachtenden Geraden $u_1 \xi_1 + u_2 \xi_2 + u_3 \xi_3 = 0$ liegen und ziehen dann zu dieser Geraden durch M eine Parallele; die Gleichung dieser Parallelen sei $v_1 \xi_1 + v_2 \xi_2 + v_3 \xi_3 = 0$, wo die Summe $v_1 + v_2 + v_3 = 0$ ist. Man erhält nun die Form $f_{u_1 u_2 u_3}$ aus der Form $f_{v_1 v_2 v_3}$, wenn man in letzterer alle diejenigen Koeffizienten gleich 0 nimmt, welche durch die zwischen beiden Parallelen gelegenen Eckpunkte dargestellt werden.

Liegen die Punkte M und A nicht auf der nämlichen Seite der Geraden $u_1 \xi_1 + u_2 \xi_2 + u_3 \xi_3 = 0$, so ist noch zuvor eine Vertauschung der Koordinaten notwendig.

Nach dem Vorstehenden ist es zur Aufstellung einer vollständigen Tabelle der kanonischen Nullformen nur nötig, die kanonischen Nullformen $f_{v_1 v_2 v_3}$ zu ermitteln, und wir erhalten somit zur Konstruktion jener Tabelle die folgende Regel:

Man ziehe durch den Mittelpunkt M irgend eine gerade Linie und bestimme dann diejenigen Eckpunkte, welche auf dieser Geraden oder auf der dem Punkte A zugewandten Seite außerhalb dieser Geraden gelegen sind. Die diesen Eckpunkten n_1, n_2, n_3 entsprechenden Koeffizienten $a_{n_1 n_2 n_3}$ in der ternären Form n-ter Ordnung setze man gleich 0, während man die übrigen Koeffizienten beliebig lasse.

Da man auf die angegebene Art alle kanonischen Nullformen erhält, so folgt, daß die Anzahl der verschiedenen Arten von Nullformen übereinstimmt mit der Anzahl der wesentlich verschiedenen Stellungen, welche ein durch M gehender Strahl den betrachteten Eckpunkten gegenüber einnehmen kann. Dabei dürfen jedoch diejenigen Stellungen unberücksichtigt bleiben, für welche die entsprechenden Formen *spezielle* kanonische Nullformen sind.

Um die gefundene Regel an einigen Beispielen zu erläutern, habe ich die untenstehenden Abbildungen entworfen, denen man sofort die ternären kanonischen Nullformen bis zur 6-ten Ordnung entnimmt. Man erhält dann die folgende Tabelle, in welcher der Kürze halber $x_1 = 1$, $x_2 = x$, $x_3 = y$

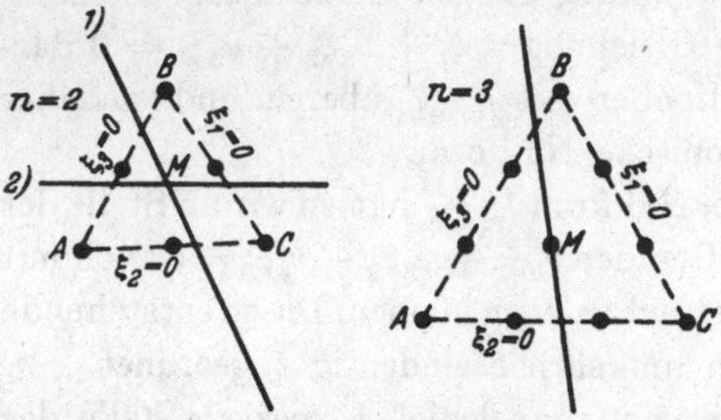

Abb. 3a und b.

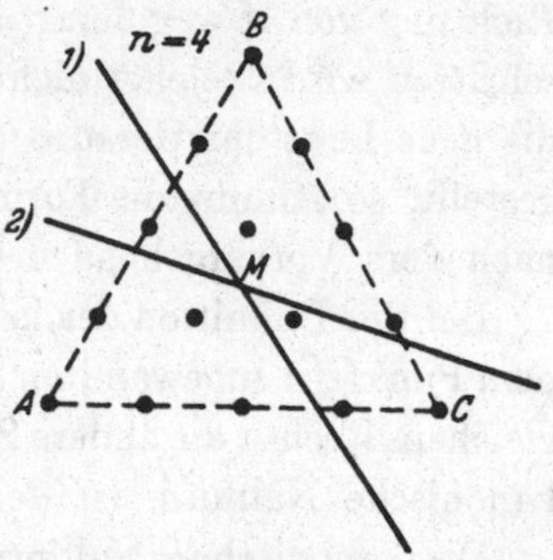

Abb. 4a.

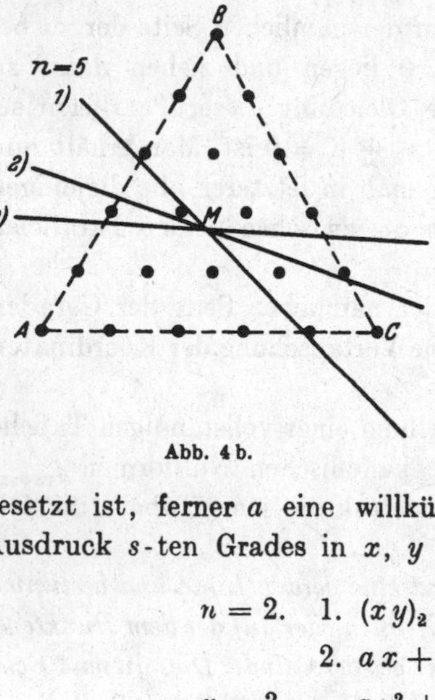

Abb. 4b.

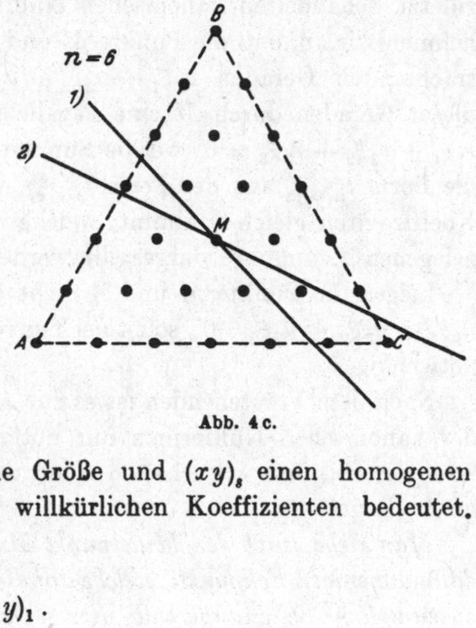

Abb. 4c.

gesetzt ist, ferner a eine willkürliche Größe und $(xy)_s$ einen homogenen Ausdruck s-ten Grades in x, y mit willkürlichen Koeffizienten bedeutet.

$n = 2.$ 1. $(xy)_2$,

2. $ax + x(xy)_1$.

$n = 3.$ $ay^2 + (xy)_3$.

$n = 4.$ 1. $(xy)_3 + (xy)_4$,

2. $x\{ax + x(xy)_1 + (xy)_3\}$.

$n = 5.$ 1. $ax^3 + (xy)_4 + (xy)_5$,

2. $x\{x(xy)_1 + x(xy)_2 + (xy)_4\}$,

3. $x^2\{a + (xy)_1 + (xy)_2 + (xy)_3\}$.

$n = 6.$ 1. $x^3(xy)_1 + (xy)_5 + (xy)_6$,

2. $x\{ax^2 + x^2(xy)_1 + x(xy)_3 + (xy)_5\}$.

Zu bemerken ist, daß im Falle $n = 2$ die beiden kanonischen Nullformen durch lineare Transformationen ineinander übergeführt werden können, so daß in diesem Falle tatsächlich nur eine Nullform existiert.

Nach Berechnung der Nullformen kann man leicht angeben, welche Ausartung diejenigen ebenen Kurven aufweisen, die durch Nullsetzen dieser Nullformen definiert sind. So erhält man aus dieser Tabelle für eine kubische ternäre Form das oben in § 7 S. 307 angegebene Resultat bestätigt. Ferner finden wir beispielsweise, daß für eine biquadratische Form f sämtliche Invarianten dann und nur dann verschwinden, wenn die Kurve $f = 0$ entweder einen 3-fachen Punkt besitzt oder wenn sie in eine kubische Kurve und eine Wendetangente derselben zerfällt.

§ 19. Die quaternären kubischen Nullformen.

Die dargelegte zur Aufstellung aller ternären Nullformen dienende Methode läßt sich unmittelbar auf den Fall von Formen und Formensystemen mit beliebig vielen Veränderlichen und Veränderlichenreihen ausdehnen.

Um beispielsweise die quaternären Nullformen von der 3-ten Ordnung aufzustellen, konstruieren wir im Raume ein reguläres Tetraeder mit der Kantenlänge 3, teilen dann jede Kante in 3 gleiche Stücke und ziehen durch die Teilpunkte zu jeder der 4 Seitenflächen je 2 Parallelebenen; dieselben zerschneiden das Tetraeder in lauter reguläre Tetraeder mit der Kantenlänge 1. Je einem Eckpunkte (n_1, n_2, n_3, n_4) dieser Tetraeder entspricht ein Glied der quaternären kubischen Form. Um alle kanonischen Nullformen zu ermitteln, haben wir alle möglichen Stellungen aufzusuchen, welche eine durch den Mittelpunkt M des Tetraeders gehende Ebene gegenüber den bezeichneten Eckpunkten einnehmen kann. Zu dem Zwecke benutzen wir das ursprüngliche Tetraeder zu einer ähnlichen Koordinatenbestimmung im Raume, wie vorhin das gleichseitige Dreieck in der Ebene. Dann wird eine jede den Mittelpunkt $M = (1, 1, 1, 1)$ enthaltende Ebene durch eine Gleichung von der Gestalt $u_1\xi_1 + u_2\xi_2 + u_3\xi_3 + u_4\xi_4 = 0$ dargestellt, wo $u_1 + u_2 + u_3 + u_4 = 0$ ist. Wir nehmen $u_1 \geqq u_2 \geqq u_3 \geqq u_4$ an und nennen kurz einen Punkt $(\xi_1^0, \xi_2^0, \xi_3^0, \xi_4^0)$ des Raumes links oder rechts von der Ebene $u_1\xi_1 + u_2\xi_2 + u_3\xi_3 + u_4\xi_4 = 0$ gelegen, je nachdem $u_1\xi_1^0 + u_2\xi_2^0 + u_3\xi_3^0 + u_4\xi_4^0 \geqq$ oder < 0 ist. Aus der Gleichung $u_1 + u_2 + u_3 + u_4 = 0$ und den angenommenen Ungleichungen folgt $u_1 > 0$. Wir unterscheiden nun die beiden Fälle 1. $u_2 \leqq 0$, 2. $u_2 > 0$. Im Falle 1 erkennen wir leicht, daß die 9 Punkte (3, 0, 0, 0), (2, 1, 0, 0), (2, 0, 1, 0), (2, 0, 0, 1), (1, 2, 0, 0), (1, 0, 2, 0), (1, 1, 1, 0), (1, 1, 0, 1), (1, 0, 1, 1) notwendigerweise links von jener Geraden liegen, und die Gleichung $5\,\xi_1 - \xi_2 - \xi_3 - 3\,\xi_4 = 0$ stellt auch wirklich eine Ebene dar, auf deren linker Seite gerade jene 9 Punkte liegen, während sämtliche übrigen 11 Eckpunkte rechts von derselben gelegen sind. Im Falle 2 haben wir 2 Unterfälle 2a und 2b zu unterscheiden, je nachdem $u_3 \leqq 0$ oder $u_3 > 0$ ist. Im Falle 2a liegen notwendigerweise die 8 Eckpunkte (3, 0, 0, 0), (2, 1, 0, 0), (2, 0, 1, 0), (2, 0, 0, 1), (1, 2, 0, 0), (1, 1, 1, 0), (1, 1, 0, 1), (0, 3, 0, 0) links von jener Ebene, und die Gleichung $5\,\xi_1 + \xi_2 - 3\,\xi_3 - 3\,\xi_4 = 0$ stellt auch wirklich eine Ebene dar, auf deren linker Seite jene 8 Punkte liegen, während sämtliche übrigen 12 Eckpunkte rechts von derselben gelegen sind. Der Fall 2b führt zu einer Ebene, auf deren linker Seite diejenigen 10 Eckpunkte, für welche $\xi_4 = 0$ ist und auf deren rechter Seite die übrigen 10 Eckpunkte gelegen sind. Wenn wir nun der Kürze wegen $x_1 = 1$, $x_2 = x$, $x_3 = y$, $x_4 = z$ setzen und unter a eine willkürliche Größe, unter $(xyz)_s$ und $(yz)_s$ homogene Ausdrücke s-ten Grades von x, y, z bezüglich y, z mit beliebigen Koeffizienten verstehen, so erhalten wir folgende Tabelle der Nullformen:

1. $z^2 + (xyz)_3$,

2a. $(yz)_2 + (yz)_3 + x\,(yz)_2 + x^2 (yz)_1$,

2b. $az + z\,(xyz)_1 + z\,(xyz)_2$.

Da aber, wie leicht zu sehen, die Nullform 2b durch Anwendung einer geeigneten linearen Substitution in eine Gestalt transformiert werden kann, welche in der Form 2a als Spezialfall enthalten ist, so folgt, daß es nur 2 wesentlich verschiedene Arten von Nullformen gibt. Indem wir ferner die Ausartungen derjenigen kubischen Flächen ermitteln, welche durch Nullsetzen dieser Nullformen dargestellt werden, finden wir den folgenden Satz:

Für eine quaternäre kubische Form f verschwinden dann und nur dann sämtliche Invarianten, wenn die durch $f = 0$ dargestellte Fläche entweder einen Doppelpunkt besitzt, für welchen die 2-te Polare eine doppelt gezählte Ebene ist oder wenn dieselbe einen Doppelpunkt besitzt, für welchen die 2-te Polare aus 2 getrennten Ebenen besteht, deren Schnittlinie ganz auf der Fläche liegt.

Auch die Theorie der quadratischen und bilinearen Formen mit beliebig vielen Veränderlichen kann auf dem eingeschlagenen Wege behandelt werden.

Ferner lassen sich durch die nunmehr gewonnenen Hilfsmittel alle diejenigen Sätze auf Formen mit 3 und mehr Veränderlichen ausdehnen, welche in Abschnitt II lediglich für binäre Formen abgeleitet sind. *Insbesondere erweist sich der in § 7 gefundene Satz über eine fundamentale Eigenschaft des Aronholdschen Prozesses als allgemein gültig.*

Die gewonnenen Resultate über ternäre Nullformen gestatten die folgende geometrische Deutung: wenn wir die ternäre Form f durch einen Punkt in einem Raume von $N - 1$ Dimensionen darstellen, so ist in diesem Raume durch das Nullsetzen aller Invarianten ein algebraisches Gebilde bestimmt, dessen irreduzible Bestandteile zufolge der obigen Entwicklung von vornherein angegeben werden können; zugleich sieht man, daß diese Gebilde sämtlich rational, d. h. von solcher Art sind, daß man ihre Punkte erhalten kann, indem man die Koordinaten derselben gleich rationalen Funktionen von Parametern einsetzt.

Fassen wir alle Invarianten der ternären Grundform zu einem Modul zusammen, so haben wir durch die obigen Entwicklungen zugleich alle diejenigen irreduziblen Moduln bestimmt, welche in jenem Modul enthalten sind.

§ 20. Das Verschwinden der Invarianten einer Nullform und die Ordnung dieses Verschwindens.

Die Tatsache, daß für eine kanonische Nullform sämtliche Invarianten 0 sind, kann auch direkt aus der obigen Definition der kanonischen Nullform abgeleitet werden, und auf diesem Wege erhalten wir zugleich einen bemerkenswerten Aufschluß über die Vielfachheit des Verschwindens der Invarianten einer beliebigen Nullform.

Eine Invariante der Grundform

$$f = \sum a_{n_1 n_2 n_3} x_1^{n_1} x_2^{n_2} x_3^{n_3}$$

ist nämlich eine ganze rationale Funktion der Koeffizienten $a_{n_1 n_2 n_3}$, deren Glieder sämtlich den gleichen Grad g und die gleichen Gewichte $p = \frac{1}{3} ng$ besitzen. Schreiben wir dieselbe also in der Gestalt

$$J = \sum C \prod a_{n_1 n_2 n_3}^{e_{n_1 n_2 n_3}},$$

wo C den Zahlenkoeffizienten des betreffenden Gliedes bezeichnet, so gelten für die Exponenten $e_{n_1 n_2 n_3}$ die folgenden 3 Gleichungen:

$$\sum n_1 e_{n_1 n_2 n_3} = \tfrac{1}{3} ng,$$
$$\sum n_2 e_{n_1 n_2 n_3} = \tfrac{1}{3} ng,$$
$$\sum n_3 e_{n_1 n_2 n_3} = \tfrac{1}{3} ng,$$

wo die Summe über alle Systeme von Zahlen n_1, n_2, n_3 zu erstrecken ist, deren Summe n beträgt. Es möge nun λ_1, λ_2, λ_3 ein System von 3 Zahlen sein, durch welche eine kanonische Nullform der oben gegebenen Definition gemäß bestimmt wird. Die Summe dieser 3 Zahlen sei gleich $-\lambda$, wo λ eine positive von 0 verschiedene Zahl bedeutet. Aus den letzteren Gleichungen folgt dann:

$$\sum (\lambda_1 n_1 + \lambda_2 n_2 + \lambda_3 n_3) e_{n_1 n_2 n_3} = \tfrac{1}{3} ng (\lambda_1 + \lambda_2 + \lambda_3) = -\tfrac{1}{3} \lambda ng.$$

Lassen wir in der Summe linker Hand alle diejenigen Glieder weg, deren Werte $\geqq 0$ sind, so erhalten wir

$$\sum' (\lambda_1 n_1 + \lambda_2 n_2 + \lambda_3 n_3) e_{n_1 n_2 n_3} \leqq -\tfrac{1}{3} \lambda ng$$

oder

$$\sum' (|\lambda_1 n_1 + \lambda_2 n_2 + \lambda_3 n_3|) e_{n_1 n_2 n_3} \geqq \tfrac{1}{3} \lambda ng,$$

wo die Summe $\sum'$ über alle Systeme von Zahlen n_1, n_2, n_3 zu erstrecken ist, für welche $\lambda_1 n_1 + \lambda_2 n_2 + \lambda_3 n_3$ negativ ausfällt. Bezeichnet ferner Λ den größten der absoluten Werte von λ_1, λ_2, λ_3, so ist

$$|\lambda_1 n_1 + \lambda_2 n_2 + \lambda_3 n_3| \leqq n\Lambda,$$

und hieraus ergibt sich

$$\sum' e_{n_1 n_2 n_3} \geqq \frac{\lambda g}{3\Lambda},$$

d. h. in jedem Gliede $C\,\Pi a_{n_1 n_2 n_3}^{e_{n_1 n_2 n_3}}$ einer Invariante erreicht oder übersteigt die Summe der Exponenten derjenigen Koeffizienten $a_{n_1 n_2 n_3}$, welche für eine kanonische Nullform gleich 0 sind, eine gewisse positive Zahl $\frac{\lambda g}{3\Lambda}$, und daher *verschwinden für eine kanonische Nullform nicht nur alle Invarianten, sondern auch sämtliche nach den* $a_{n_1 n_2 n_3}$ *genommenen Differentialquotienten derselben bis zu einer gewissen Ordnung G hin, wo G die größte ganze, den Wert* $\frac{\lambda g}{3\Lambda}$ *nicht übersteigende Zahl bedeutet* und mithin eine Zahl ist, welche zugleich mit dem Grade g selbst über alle Grenzen hinauswächst. Da nun jede beliebige Nullform nach dem obigen Satze in eine kanonische Nullform transformiert werden kann, *so gilt die eben gefundene Eigenschaft für eine jede Nullform*, und auf diesen Umstand läßt sich ein neuer Beweis für die Endlichkeit des vollen Invariantensystems gründen, auf welchen ich jedoch hier nicht näher eingehe[1]*.

---

[1] Diesen Beweis habe ich dargelegt in meiner 3. oben zitierten Note S. 445; derselbe gebraucht nicht das Theorem I meiner Arbeit: Über die Theorie der algebraischen Formen. Math. Ann. Bd. 36 S. 474 oder dieser Band Abh. 16 S. 199.

* Dieser in der Anmerkung des Verfassers zitierte Beweis möge hier als Fußnote hinzugefügt werden.

Zu diesem neuen Beweise brauchen wir den folgenden Hilfssatz:

Sind m ganze rationale homogene Funktionen $f_1, \ldots, f_m$ der n Veränderlichen $x_1, \ldots, x_n$ vorgelegt, so läßt sich stets eine ganze Zahl r bestimmen von der Beschaffenheit, daß eine jede ganze rationale homogene Funktion F der nämlichen Veränderlichen, welche nebst allen ihren Differentialquotienten der r-ten Ordnung für sämtliche den Funktionen $f_1, \ldots, f_m$ gemeinsamen Nullstellen verschwindet, in der Gestalt

$$F = A_1 f_1 + A_2 f_2 + \cdots + A_m f_m$$

dargestellt werden kann, wo $A_1, A_2, \ldots, A_m$ geeignet gewählte ganze rationale homogene Funktionen der Veränderlichen $x_1, \ldots, x_n$ sind.

Dieser Satz kann in ähnlicher Weise bewiesen werden wie der in der vorliegenden Arbeit (Abh. 19) auf S. 294 stehende Satz.

Wir konstruieren nun für eine ternäre Grundform f ein System von Invarianten $i_1, \ldots, i_m$, deren Gewichte die Zahl $9\,n(3\,n+1)^8$ nicht übersteigen und durch welche sich eine jede andere Invariante, deren Gewicht die Zahl ebenfalls nicht übersteigt, linear mit konstanten Koeffizienten zusammensetzen läßt. Nach den Entwicklungen auf S. 319f. dieser Arbeit 19 bilden diese Invarianten $i_1, \ldots, i_m$ ein System von solchen Invarianten, deren Verschwinden das Verschwinden sämtlicher Invarianten der Grundform zur Folge

VI. Die Aufstellung des vollen Invariantensystems.

§ 21. Die drei Schritte zur Erlangung des vollen Invariantensystems.

Um nach der in Abschnitt I und II entwickelten Methode das volle Invariantensystem zu erhalten, hat man der Reihe nach die folgenden 3 Aufgaben zu lösen:

---

hat. Auf dieses System von Invarianten $i_1, \ldots, i_m$ wenden wir den eben ausgesprochenen Hilfssatz an und schließen aus demselben, daß es eine Zahl r gibt von der Beschaffenheit, daß eine jede Funktion F der Koeffizienten von f, welche nebst ihren r-ten Differentialquotienten für die gemeinsamen Nullstellen aller Invarianten der Grundform 0 ist, in die Gestalt

$$F = A_1 i_1 + A_2 i_2 + \cdots + A_m i_m$$

gebracht werden kann, wo die $A_1, A_2, \ldots, A_m$ geeignet gewählte Funktionen der Koeffizienten der Grundform sind, oder in kürzerer Ausdrucksweise: Es gibt eine ganze Zahl r derart, daß jede ganze rationale Funktion der Koeffizienten der Grundform, welche nebst ihren r-ten Differentialquotienten für die gemeinsamen Nullstellen sämtlicher Invarianten verschwindet, der 0 kongruent ist nach dem Modul $(i_1, \ldots, i_m)$.

Andererseits können wir nun, wie groß auch r sein möge, zufolge der Betrachtungen dieser Arbeit eine Zahl g finden derart, daß eine jede Invariante, deren Grad diese Zahl g übersteigt, nebst ihren r-ten Differentialquotienten für die gemeinsamen Nullstellen sämtlicher Invarianten der Grundform verschwindet, und demnach muß jede Invariante von höherem als g-tem Grade kongruent 0 sein nach dem Modul $(i_1, \ldots, i_m)$. Aus der letzteren Tatsache schließen wir genau in derselben Weise, wie dies auf S. 299—300 der vorliegenden Arbeit geschehen ist, daß alle Invarianten der Grundform ganze algebraische Funktionen der $i_1, \ldots, i_m$ sind. Dieser Satz ergibt folgendermaßen die Endlichkeit des vollen Invariantensystems: Wenn nämlich $i_1, \ldots, i_m$ ein System von Invarianten ist, durch welche alle anderen Invarianten als ganze rationale Funktionen dargestellt werden können, so kann man einen von L. Kronecker (Grundzüge einer arithmetischen Theorie der algebraischen Größen § 6) gegebenen fundamentalen Satz der Theorie der algebraischen Funktionen anwenden und findet so in dem durch alle Invarianten bestimmten Rationalitätsbereiche eine endliche Zahl $I_1, I_2, \ldots, I_\mu$ von ganzen algebraischen Funktionen der Größen $i_1, i_2, \ldots, i_m$ von der Art, daß jede andere ganze algebraische Funktion i des betrachteten Rationalitätsbereiches in der Gestalt

$$i = a_1 I_1 + a_2 I_2 + \cdots + a_\mu I_\mu$$

dargestellt werden kann, wo $a_1, a_2, \ldots, a_\mu$ ganze rationale Funktionen von $i_1, i_2, \ldots, i_m$ sind. Nun sind $I_1, I_2, \ldots, I_\mu$ ganze rationale Invarianten; denn es kann leicht gezeigt werden, daß jede rationale Invariante, welche ganze algebraische Funktion der ganzen rationalen Invarianten $i_1, i_2, \ldots, i_m$ ist, notwendig selber eine ganze rationale Invariante ist. Die Invarianten $i_1, i_2, \ldots, i_m, I_1, I_2, \ldots, I_\mu$ bilden folglich eine endliche Basis des Systems aller Invarianten der Grundform. *Nach Kenntnis einer Systems von Invarianten $i_1, i_2, \ldots, i_m$, durch welche sich alle Invarianten als ganze algebraische Funktionen ausdrücken lassen, erfordert also die Aufstellung des vollen Invariantensystems nur noch die Lösung einer elementaren Aufgabe der arithmetischen Theorie der algebraischen Funktionen.* Bei der wirklichen Ausführung der Rechnung kommt es vor allem auf die Berechnung der Diskriminante einer den Rationalitätsbereich bestimmenden Gleichung an, da bei der Darstellung der Funktionen des Fundamentalsystems diese Diskriminante allein im Nenner auftreten kann (Anm. d. Herausgebers).

1. Man stelle ein System S_1 von Invarianten auf, durch welche sich alle übrigen Invarianten der Grundform als ganze algebraische Funktionen ausdrücken lassen.

2. Man stelle ein System S_2 von Invarianten auf, durch welche sich alle übrigen Invarianten rational ausdrücken lassen.

3. Man berechne ein vollständiges System S_3 von ganzen algebraischen Funktionen in dem durch die Systeme S_1 und S_2 bestimmten Invariantenkörper. Die Funktionen dieses Systems S_3 sind Invarianten und bilden, zusammengenommen mit den Invarianten S_1, das gesuchte volle Invariantensystem.

Von diesen 3 Aufgaben ist die erste die schwierigste. Nach dem in § 4 bewiesenen Satze erhält man ein System S_1, indem man solche Invarianten ermittelt, deren Verschwinden notwendig das Verschwinden aller Invarianten zur Folge hat, und hierzu wiederum genügt es nach dem in § 14 bewiesenen Satze, alle diejenigen Invarianten in Betracht zu ziehen, deren Gewicht eine gewisse Zahl nicht übersteigt. Was endlich die wirkliche Berechnung eines solchen Systems S_1 in bestimmten Fällen angeht, so wird dieselbe wesentlich durch die in § 18 gewonnene Kenntnis der Nullformen erleichtert; denn mittels dieser Kenntnis kann in jedem besonderen Falle offenbar leicht entschieden werden, ob irgend welche bereits gefundenen Invarianten von der Beschaffenheit sind, daß ihr Verschwinden notwendig das Verschwinden sämtlicher Invarianten zur Folge hat.

Die Aufstellung eines Systems S_2 ist mit Hilfe einer typischen Darstellung oder durch eine geeignete in jedem besonderen Falle anzustellende Rechnung möglich. Wir wollen jedoch im folgenden Paragraphen zeigen, wie auch ohne die Kenntnis eines Systems S_2 das volle Invariantensystem aufgestellt werden kann.

§ 22. Die Ableitung des vollen Invariantensystems aus den Invarianten $J_1, \ldots, J_\varkappa$.

Es sei $i_1, \ldots, i_m$ ein System S_1 von Invarianten, durch welche sich alle übrigen ganz und algebraisch ausdrücken lassen. Der in § 1 bewiesene Hilfssatz lehrt dann, aus diesen Invarianten ein System von $\varkappa$ Invarianten $J_1, \ldots, J_\varkappa$ zu berechnen, durch welche sich ebenfalls alle Invarianten der Grundform ganz und algebraisch ausdrücken lassen, und zwischen denen keine algebraische Relation stattfindet. Ist dies geschehen, so wähle man aus den Funktionen $b_1, \ldots, b_N$ eine gewisse Zahl τ von Funktionen aus — es seien dies etwa $b_1, \ldots, b_\tau$, so daß zwischen $J_1, \ldots, J_\varkappa, b_1, \ldots, b_\tau$ keine algebraische Relation stattfindet und daß sämtliche übrigen Funktionen $b_{\tau+1}, b_{\tau+2}, \ldots, b_N$ algebraische Funktionen von $J_1, \ldots, J_\varkappa, b_1, \ldots, b_\tau$ sind[1]. Nun gilt, wenn p_1

[1] Die Zahl $\varkappa$ hat in dem vorliegenden Falle einer ternären Grundform n-ter Ordnung den Wert $N - 8$, und die Zahl τ hat den Wert 9.

das Gewicht der Invariante J_1 bezeichnet, die Gleichung

$$\delta^{p_1} J_1 (a_1, \ldots, a_N) = J_1 (b_1, \ldots, b_N)$$

und da infolgedessen die Größe δ eine algebraische Funktion von $J_1, b_1, \ldots, b_N$ ist, so lassen sich nach einem bekannten Satze in dem Ausdrucke

$$B = c\,\delta + c_{\tau+1}\, b_{\tau+1} + c_{\tau+2}\, b_{\tau+2} + \cdots + c_N\, b_N$$

die Konstanten $c, c_{\tau+1}, c_{\tau+2}, \ldots, c_N$ derart bestimmen, daß sämtliche Größen $\delta, b_{\tau+1}, b_{\tau+2}, \ldots, b_N$ rationale Funktionen von $B, J_1, \ldots, J_\varkappa, b_1, \ldots, b_\tau$ sind. Die Funktion B genügt einer Gleichung von der Gestalt

$$B^\mu + R_1 B^{\mu-1} + \cdots + R_\mu = 0,$$

wo $R_1, \ldots, R_\mu$ rationale Funktionen von $J_1, \ldots, J_\varkappa, b_1, \ldots, b_\tau$ sind.

Wir betrachten jetzt $J_1, \ldots, J_\varkappa, b_1, \ldots, b_\tau$ als die unabhängigen Veränderlichen und bestimmen dann in dem durch B definierten Funktionenkörper ein Fundamentalsystem, d. h. ein System von ganzen algebraischen Funktionen $B_1, \ldots, B_M$ des Körpers derart, daß jede andere ganze Funktion des Körpers sich in der Gestalt

$$G_1 B_1 + G_2 B_2 + \cdots + G_M B_M$$

darstellen läßt, wo $G_1, G_2, \ldots, G_M$ ganze rationale Funktionen von $J_1, \ldots, J_\varkappa, b_1, \ldots, b_\tau$ sind. Die Funktionen B_s genügen, da sie ganze algebraische Funktionen von $J_1, \ldots, J_\varkappa, b_1, \ldots, b_\tau$ sind, je einer Gleichung von der Gestalt

$$B_s^\mu + \Gamma_{1s} B_s^{\mu-1} + \cdots + \Gamma_{\mu s} = 0, \qquad (s = 1, 2, \ldots, M),$$

wo $\Gamma_{1s}, \ldots, \Gamma_{\mu s}$ ganze rationale Funktionen von $J_1, \ldots, J_\varkappa, b_1, \ldots, b_\tau$ sind, und da diese Funktionen andererseits rational von $B, J_1, \ldots, J_\varkappa, b_1, \ldots, b_\tau$ abhängen, so gehen dieselben, wenn man an Stelle der Größen $b_1, \ldots, b_N$ ihre Ausdrücke in $a_1, \ldots, a_N, \alpha_{11}, \alpha_{12}, \ldots, \alpha_{33}$ einsetzt, über in ganze rationale Funktionen von $a_1, \ldots, a_N, \alpha_{11}, \alpha_{12}, \ldots, \alpha_{33}$.

Bezeichnen wir, wenn irgend ein von $\alpha_{11}, \alpha_{12}, \ldots, \alpha_{33}$ ganz und rational abhängender Ausdruck A vorgelegt ist, allgemein das von diesen Größen $\alpha_{11}, \alpha_{12}, \ldots, \alpha_{33}$ freie Glied mit $[A]$, so sind offenbar die Ausdrücke $[B_1], \ldots, [B_M]$ sämtlich Invarianten der Grundform. In der Tat, $[B_s]$ genügt der Gleichung

$$[B_s]^\mu + [\Gamma_{1s}]\,[B_s]^{\mu-1} + \cdots + [\Gamma_{\mu s}] = 0,$$

und da nun lediglich die Größen $b_1, \ldots, b_\tau$ noch die Substitutionskoeffizienten $\alpha_{11}, \alpha_{12}, \ldots, \alpha_{33}$ enthalten, so ist klar, daß die Ausdrücke $[\Gamma_{11}], \ldots, [\Gamma_{1s}], \ldots, [\Gamma_{\mu s}]$ ganze rationale Funktionen der Invarianten $J_1, \ldots, J_\varkappa$ sind. Hieraus folgt wegen der in der Einleitung genannten Eigenschaft 3 des Invariantensystems, daß $[B_1], \ldots, [B_M]$ Invarianten sind.

Andererseits ist eine jede Invariante J der Grundform f wegen der Gleichung

$$\delta^{\nu} J(a_1, \ldots, a_N) = J(b_1, \ldots, b_N)$$

eine rationale Funktion der Größen $\delta, b_1, \ldots, b_N$, und da sie außerdem ganz und algebraisch von $J_1, \ldots, J_\varkappa$ abhängt, so ist sie eine ganze algebraische Funktion des betrachteten Körpers und als solche notwendig in der Gestalt

$$J = G_1 B_1 + \cdots + G_M B_M$$

darstellbar, wo $G_1, \ldots, G_M$ ganze rationale Funktionen von $J_1, \ldots, J_\varkappa$, $b_1, \ldots, b_\tau$ sind. Aus dieser Formel erhält man

$$J = [G_1][B_1] + \cdots + [G_M][B_M],$$

wo $[G_1], \ldots, [G_M]$ ganze rationale Funktionen von $J_1, \ldots, J_\varkappa$ sind. Diese Gleichung sagt aus, daß $J_1, \ldots, J_\varkappa, [B_1], \ldots, [B_M]$ ein System von Invarianten bilden, durch welche sich eine jede andere Invariante der Grundform f ganz und rational ausdrücken läßt.

Die auseinandergesetzte Methode zur Aufstellung des vollen Invariantensystems erfordert lediglich rationale und von vornherein übersehbare Prozesse, und die nähere Ausführung liefert auch zugleich eine nur von n abhängige obere Grenze für die Gewichte der Invarianten des vollen Invariantensystems. Hiermit sind, glaube ich, die wichtigsten allgemeinen Ziele einer Theorie der durch die Invarianten gebildeten Funktionenkörper erreicht.

Königsberg, den 29. September 1892.

20. Über ternäre definite Formen.

[Acta math. Bd. 17, S. 169—197 (1893).]

Eine ganze rationale homogene Funktion f der drei Veränderlichen x, y, z, deren Ordnung n eine gerade Zahl ist und deren $N = \frac{1}{2}(n+1)(n+2)$ Koeffizienten reelle Zahlen sind, möge eine ternäre definite Form genannt werden, wenn dieselbe für reelle Werte der Veränderlichen x, y, z stets positiv ausfällt oder den Wert 0 annimmt. Gibt es reelle von $x = y = z = 0$ verschiedene Wertsysteme der Veränderlichen, für welche die definite Form f den Wert 0 annimmt, so ist, wie man leicht zeigt, die Diskriminante der Form f notwendig gleich 0.

Die eben aufgestellte Definition läßt unmittelbar erkennen, daß durch beliebig oft wiederholte Addition und Multiplikation von definiten Formen stets Formen entstehen, welche wiederum definit sind, d. h. die Gesamtheit aller definiten Formen bildet einen Formenbereich von der Beschaffenheit, daß jede durch Addition und Multiplikation aus Formen des Bereiches zusammengesetzte Form wiederum dem Bereiche angehört. Ferner ist jedes Quadrat einer beliebigen Form mit reellen Koeffizienten eine definite Form, und wir erhalten daher durch Addition und Multiplikation solcher Formenquadrate stets wiederum definite Formen. Ich habe jedoch in einer Abhandlung: „Über die Darstellung definiter Formen als Summe von Formenquadraten"[1] gezeigt, daß nicht jede definite Form auf diese Weise als Summe von Formenquadraten dargestellt werden kann, und zwar lautet der bezügliche dort von mir bewiesene Satz wie folgt:

Eine jede ternäre quadratische und biquadratische definite Form läßt sich als Summe von drei Quadraten reeller Formen darstellen. Unter den definiten Formen von der 6-ten oder von höherer Ordnung gibt es jedoch stets solche, welche nicht einer endlichen Summe von Quadraten reeller Formen gleich sind.

Um dennoch zu einer allgemein gültigen Darstellungsform für die definiten Formen zu gelangen, beachten wir zunächst die Tatsache, daß allemal, wenn ein Faktor einer definiten Form definit ist, notwendig auch der übrigbleibende Faktor eine definite Form sein muß; es würde daher der definite

[1] Math. Ann. Bd. 32 S. 342. Siehe diesen Bd. Abh. 10.

Charakter einer Form auch bereits dann erkennbar sein, wenn dieselbe sich als Bruch darstellen ließe, dessen Zähler und Nenner gleich Summen von Formenquadraten sind. *Eine solche Darstellung ist nun in der Tat stets möglich*, wie im folgenden gezeigt werden wird. Der Beweis dafür bietet erhebliche Schwierigkeiten dar; ich teile der Übersicht halber die Darlegung desselben in 9 Abschnitte und kennzeichne kurz am Anfange eines jeden Abschnittes das zu erstrebende Ziel, am Schlusse des Abschnittes die in demselben gefundenen Resultate.

1.

Um die Existenz von gewissen definiten Formen, deren Besonderheit später ausführlich dargelegt werden wird, nachzuweisen, bedienen wir uns des folgenden Hilfssatzes:

Es sei eine ternäre Form F von der n-ten Ordnung und mit reellen Koeffizienten vorgelegt von der Beschaffenheit, daß die Kurve $F = 0$ δ gewöhnliche Doppelpunkte $P_1, \ldots, P_\delta$ mit getrennt liegenden Tangenten und außerdem beliebige andere Doppelpunkte besitzt; es sei ferner F' eine Form von derselben Ordnung n und mit reellen Koeffizienten, welche in den Punkten $P_1, \ldots, P_\delta$ verschwindet, dagegen in sämtlichen übrigen Doppelpunkten der Kurve $F = 0$ einen von 0 verschiedenen Wert annimmt; endlich soll es möglich sein, $N - \delta$ Punkte in der Ebene zu bestimmen derart, daß durch diese und durch die δ Punkte $P_1, \ldots, P_\delta$ sich keine Kurve n-ter Ordnung hindurchlegen läßt: unter diesen Voraussetzungen gibt es stets eine Kurve $G = 0$ von der nämlichen Ordnung n, deren Koeffizienten sich von den Koeffizienten der Form F nur um beliebig kleine Größen unterscheiden und welche in beliebiger Nähe der Punkte $P_1, \ldots, P_\delta$ je einen gewöhnlichen Doppelpunkt mit getrennten Tangenten besitzt, sonst aber keinen weiteren singulären Punkt aufweist.

Der Einfachheit halber setzen wir im folgenden stets die dritte Koordinate z der Einheit gleich; die Koordinaten der δ Punkte $P_1, \ldots, P_\delta$ seien dann bezüglich

$$x = a_1, \ldots, x = a_\delta,$$
$$y = b_1, \ldots, y = b_\delta.$$

Die gesuchte Form G nehmen wir an in der Gestalt

$$G = F + t(F' + \Omega),$$

wo t eine Veränderliche und Ω wiederum eine Form n-ter Ordnung bedeutet: wir wollen dann die N Koeffizienten $u_1, \ldots, u_N$ dieser Form Ω als Funktionen von t derart bestimmen, daß die Form G für genügend kleine Werte von t die Bedingungen des obigen Hilfssatzes erfüllt. Zu dem Zwecke führen wir die folgenden Ausdrücke ein:

$$\left.\begin{aligned}\alpha_s &= a_s + t(A_s + \xi_s),\\ \beta_s &= b_s + t(B_s + \eta_s)\end{aligned}\right\} \qquad (s = 1, \ldots, \delta),$$

wo ξ_s, η_s noch zu bestimmende Funktionen von t sind und wo

$$A_s = \left[\frac{\dfrac{\partial F'}{\partial y}\dfrac{\partial^2 F}{\partial x\,\partial y} - \dfrac{\partial F'}{\partial x}\dfrac{\partial^2 F}{\partial y^2}}{\dfrac{\partial^2 F}{\partial x^2}\dfrac{\partial^2 F}{\partial y^2} - \left(\dfrac{\partial^2 F}{\partial x\,\partial y}\right)^2}\right]_{\substack{x=a_s\\ y=b_s}},$$

$$B_s = \left[\frac{\dfrac{\partial F'}{\partial x}\dfrac{\partial^2 F}{\partial x\,\partial y} - \dfrac{\partial F'}{\partial y}\dfrac{\partial^2 F}{\partial x^2}}{\dfrac{\partial^2 F}{\partial x^2}\dfrac{\partial^2 F}{\partial y^2} - \left(\dfrac{\partial^2 F}{\partial x\,\partial y}\right)^2}\right]_{\substack{x=a_s\\ y=b_s}}$$

einzusetzen sind. Nunmehr betrachten wir die 3δ Gleichungen

$$\left.\begin{aligned} G(\alpha_s, \beta_s) &= 0,\\ \frac{\partial G}{\partial x}(\alpha_s, \beta_s) &= 0,\\ \frac{\partial G}{\partial y}(\alpha_s, \beta_s) &= 0\end{aligned}\right\} \qquad (s = 1, \ldots, \delta).$$

Dieselben nehmen wegen

$$\left.\begin{aligned} F(a_s, b_s) = 0, \quad \frac{\partial F}{\partial x}(a_s, b_s) = 0, \quad \frac{\partial F}{\partial y}(a_s, b_s) = 0,\\ F'(a_s, b_s) = 0 \end{aligned}\right\} \quad (s = 1, \ldots, \delta),$$

nach Weglassung des Faktors t auf der linken Seite, die Gestalt an

$$\begin{gathered} \Omega(a_s, b_s) + t\,\Gamma_1 + t^2\,\Gamma_2 + \cdots = 0,\\ \frac{\partial \Omega}{\partial x}(a_s, b_s) + \xi_s \frac{\partial^2 F}{\partial x^2}(a_s, b_s) + \eta_s \frac{\partial^2 F}{\partial x\,\partial y}(a_s, b_s) + t\,\Gamma_1' + \cdots = 0,\\ \frac{\partial \Omega}{\partial y}(a_s, b_s) + \xi_s \frac{\partial^2 F}{\partial x\,\partial y}(a_s, b_s) + \eta_s \frac{\partial^2 F}{\partial y^2}(a_s, b_s) + t\,\Gamma_1'' + \cdots = 0,\\ (s = 1, 2, \ldots, \delta), \end{gathered}$$

wo $\Gamma_1, \Gamma_2, \ldots, \Gamma_1', \ldots, \Gamma_1'', \ldots$ ganze rationale Ausdrücke in $u_1, \ldots, u_N$; ξ_s, η_s bedeuten.

Es gilt nun bekanntlich der folgende Satz[1]:

Wenn m Gleichungen von der Gestalt

$$\begin{gathered} a_{11}x_1 + \cdots + a_{1m}x_m + t\,\mathfrak{P}_{11}(x_1, \ldots, x_m) + t^2\,\mathfrak{P}_{12}(x_1, \ldots, x_m) + \cdots = 0,\\ \cdots\cdots\cdots\cdots\cdots\cdots\cdots\cdots\cdots\cdots\\ a_{m1}x_1 + \cdots + a_{mm}x_m + t\,\mathfrak{P}_{m1}(x_1, \ldots, x_m) + t^2\,\mathfrak{P}_{m2}(x_1, \ldots, x_m) + \cdots = 0 \end{gathered}$$

[1] Vgl. L. KÖNIGSBERGER: Theorie der Differentialgleichungen mit einer unabhängigen Variabeln, S. 43. Leipzig 1889.

gegeben sind, wo die linken Seiten Potenzreihen der $m+1$ Veränderlichen $x_1, \ldots, x_m$, t bedeuten und die Determinante der Koeffizienten $a_{11}, a_{12}, \ldots, a_{mm}$ einen von 0 verschiedenen Wert besitzt, so lassen sich für die Größen $x_1, \ldots, x_m$ eindeutig bestimmte, nach ganzen Potenzen von t fortschreitende Reihen finden, welche obige m Gleichungen identisch für alle Werte von t befriedigen.

Nach der Voraussetzung des zu beweisenden Hilfssatzes gibt es in der Ebene $N-\delta$ Punkte $P_{\delta+1}, \ldots, P_N$ von der Beschaffenheit, daß durch die N Punkte $P_1, \ldots, P_N$ keine Kurve n-ter Ordnung sich legen läßt. Die Koordinaten solcher $N-\delta$ Punkte bezeichnen wir bezüglich mit:

$$x = a_{\delta+1}, \ldots, x = a_N,$$
$$y = b_{\delta+1}, \ldots, y = b_N.$$

Wir fügen dann den obigen 3δ Gleichungen noch die folgenden $N-\delta$ Gleichungen

$$\Omega(a_s, b_s) = 0, \qquad (s = \delta+1, \ldots, N)$$

hinzu und betrachten in dem so entstehenden Systeme von $N+2\delta$ Gleichungen die Größe t als unabhängige Veränderliche und die $N+2\delta$ Größen $u_1, \ldots, u_N; \xi_1, \eta_1; \xi_2, \eta_2; \ldots; \xi_\delta, \eta_\delta$ als die zu bestimmenden Funktionen von t. Auf dieses Gleichungssystem läßt sich der obige Satz anwenden; denn diese $N+2\delta$ Gleichungen haben die verlangte Gestalt und die betreffende Determinante der Koeffizienten von $u_1, \ldots, u_N; \xi_1, \eta_1; \xi_2, \eta_2; \ldots; \xi_\delta, \eta_\delta$ nimmt den Wert an

$$\prod^{s=1,2,\ldots,\delta} \left[\frac{\partial^2 F}{\partial x^2}\frac{\partial^2 F}{\partial y^2} - \left(\frac{\partial^2 F}{\partial x\, \partial y}\right)^2\right]_{\substack{x=a_s\\ y=b_s}} \cdot \begin{vmatrix} a_1^n & a_1^{n-1} b_1 & a_1^{n-1} & \ldots & 1 \\ a_2^n & a_2^{n-1} b_2 & a_2^{n-1} & \ldots & 1 \\ \cdot & \cdot & \cdot & \cdot & \cdot \\ a_N^n & a_N^{n-1} b_N & a_N^{n-1} & \ldots & 1 \end{vmatrix}.$$

Hier haben die δ Faktoren des Produktes Π sämtlich einen von 0 verschiedenen Wert, da nach Voraussetzung die Punkte $P_1, \ldots, P_\delta$ für die Kurve $F=0$ gewöhnliche Doppelpunkte mit getrennten Tangenten sind, und die N-reihige Determinante ist wegen der zuvor angenommenen Eigenschaft der Punkte $P_1, \ldots, P_N$ ebenfalls eine von 0 verschiedene Größe.

Damit haben wir die Koeffizienten der Form Ω als Funktionen von t bestimmt, und es bleibt nur noch übrig zu zeigen, daß für genügend kleine Werte t die Kurve $G=0$ außer den δ Doppelpunkten $\alpha_1, \beta_1; \ldots; \alpha_\delta, \beta_\delta$ keine anderen singulären Punkte besitzt. Dieser Nachweis geschieht wie folgt. Die Koordinaten der singulären Punkte der Kurve $G=0$ bestimmen sich aus den Gleichungen

$$G=0, \qquad \frac{\partial G}{\partial x} = 0, \qquad \frac{\partial G}{\partial y} = 0$$

und sind daher, wie man leicht durch Elimination erkennt, algebraische Funktionen von t. Besäßen also diese 3 Gleichungen für beliebige Werte von t außer den δ Lösungen $\alpha_1, \beta_1; \ldots; \alpha_\delta, \beta_\delta$ noch eine andere gemeinsame Lösung, so müßte dieselbe sich wie folgt entwickeln lassen

$$x = a_0 + a_1 t^{\nu_1} + a_2 t^{\nu_2} + \cdots,$$
$$y = b_0 + b_1 t^{\mu_1} + b_2 t^{\mu_2} + \cdots,$$

wo die Exponenten $\nu_1, \nu_2, \ldots, \mu_1, \mu_2, \ldots$, positive rationale Zahlen und wo a_1, b_1 von 0 verschieden angenommen werden können. Für $t = 0$ folgt, daß der Punkt $x = a_0$, $y = b_0$ ein singulärer Punkt der Kurve $F = 0$ ist. Nach der im Hilfssatze gemachten Voraussetzung nimmt die Form F' in den singulären Punkten der Kurve $F = 0$ einen von 0 verschiedenen Wert an. Es sei $F'(a_0, b_0) = a$. Verlegen wir nun den Anfang des Koordinatensystems in den Punkt $x = a_0$, $y = b_0$, so nehmen die obigen 3 Gleichungen die Gestalt an

$$xy + \cdots + t(a + a'x + a''y + \cdots) + \cdots = 0,$$
$$y + \cdots + t(a' + \cdots \qquad) + \cdots = 0,$$
$$x + \cdots + t(a'' + \cdots \qquad) + \cdots = 0,$$

und man überzeugt sich leicht, daß diese Gleichungen durch die Reihen

$$x = a_1 t^{\nu_1} + \cdots, \quad y = b_1 t^{\mu_1} + \cdots$$

nicht identisch für alle Werte t befriedigt werden können. Damit ist der Beweis für unseren Hilfssatz vollständig erbracht.

Der Hilfssatz ist nach verschiedenen Richtungen hin einer Verallgemeinerung fähig; ich möchte überdies hervorheben, daß derselbe in der Theorie der algebraischen Kurven und Flächen zur Erledigung von Existenzfragen wesentliche Dienste leistet.

2.

In diesem Abschnitte werde ich eine ternäre definite irreduzible Form G von der Beschaffenheit konstruieren, daß $G = 0$ eine Kurve mit $\frac{1}{2}(n-1)(n-2)$ getrennt liegenden Doppelpunkten darstellt, welche zum Teil reell und isoliert, zum Teil paarweise konjugiert imaginär sind.

Ich nehme zu diesem Zweck an, es sei bereits eine ternäre definite irreduzible Form Γ von der $(n-2)$-ten Ordnung konstruiert von der Eigenschaft, daß $\Gamma = 0$ eine Kurve mit $\frac{1}{2}(n-3)(n-4)$ getrennt liegenden Doppelpunkten darstellt; ferner nehme ich 2 lineare Formen l und l' mit reellen Koeffizienten und von der Beschaffenheit an, daß die imaginäre gerade Linie $l + il' = 0$ die Kurve $\Gamma = 0$ in $n - 2$ getrennt liegenden imaginären Punkten $Q_1, \ldots, Q_{n-2}$ schneidet. Die konjugiert imaginäre Gerade $l - il' = 0$ schneidet dann die Kurve $\Gamma = 0$ bezüglich in den $n - 2$ konjugiert imaginären Punkten $Q'_1, \ldots, Q'_{n-2}$, und diese letzteren Punkte liegen wiederum alle untereinander und von den Punkten $Q_1, \ldots, Q_{n-2}$ getrennt. Ferner nehme man auf $\Gamma = 0$ irgend $3(n-2)$ paarweise konjugiert imaginäre Punkte $R_1, \ldots, R_{3(n-2)}$ und auf der Geraden $l + il' = 0$ zwei imaginäre Punkte S_1, S_2 an; die zu diesen konjugiert imaginären Punkte S'_1, S'_2 liegen auf der Geraden $l - il' = 0$. Endlich sei P irgend ein außerhalb der Kurven $\Gamma = 0$, $l + il' = 0$, $l - il' = 0$ gelegener reeller Punkt der Ebene. Ich konstruiere jetzt eine Form F' von der n-ten Ordnung, welche in den $\frac{1}{2}(n-3)(n-4)$ Doppelpunkten von $\Gamma = 0$, ferner in den Punkten $Q_1, \ldots, Q_{n-3}, Q'_1, \ldots, Q'_{n-3}, R_1, \ldots, R_{3(n-2)}, S_1, S_2, S'_1, S'_2$, in dem Punkte P und in dem Schnittpunkte der beiden Geraden $l = 0$, $l' = 0$ verschwindet. Eine solche Form existiert stets, da die Gesamtzahl der angegebenen Punkte gleich $\frac{1}{2}n(n+3)$ ist. Die Form F' nimmt in den beiden Punkten Q_{n-2}, Q'_{n-2} einen von 0 verschiedenen Wert an; denn im entgegengesetzten Falle würde die Kurve $F' = 0$ mit der Kurve $\Gamma = 0$ mehr als $n(n-2)$ Punkte und mit den Geraden $l + il' = 0$, $l - il' = 0$ mehr als n Punkte gemein haben, und folglich müßte die Form F' mit der Form $F = (l^2 + l'^2)\Gamma$ bis auf einen konstanten Faktor übereinstimmen. Dies ist aber nicht der Fall, da die letztere Form F im Punkte P einen von 0 verschiedenen Wert hat, die Form F' dagegen im Punkte P verschwindet.

Wir wenden jetzt den in Abschnitt 1 bewiesenen Hilfssatz auf die Kurve $F = 0$ an. Diese Kurve hat die $\frac{1}{2}(n-3)(n-4)$ Doppelpunkte von $\Gamma = 0$, ferner die Punkte $Q_1, \ldots, Q_{n-2}, Q'_1, \ldots, Q'_{n-2}$ und außerdem den Punkt $l = 0$, $l' = 0$ zu gewöhnlichen Doppelpunkten mit getrennten Tangenten. Die Form F' verschwindet in diesen sämtlichen Punkten, ausgenommen in den beiden Punkten Q_{n-2}, Q'_{n-2}. Es gibt daher nach jenem Satze eine Kurve $G = 0$ von der nämlichen Ordnung n, welche in der Umgebung der Doppelpunkte von $\Gamma = 0$, der Punkte $Q_1, \ldots, Q_{n-3}, Q'_1, \ldots, Q'_{n-3}$ und des Punktes $l = 0$, $l' = 0$ je einen gewöhnlichen Doppelpunkt mit getrennten Tangenten besitzt, sonst aber keinen Doppelpunkt aufweist. Die Zahl der Doppelpunkte der Kurve $G = 0$ ist daher genau gleich $\frac{1}{2}(n-1)(n-2)$.

Die Form G ist für hinreichend kleine Werte des Parameters t eine definite Form. Denn hätte die Kurve $G = 0$ einen reellen Zug, so müßte dieser für $t = 0$ sich in einen reellen isolierten Doppelpunkt der Kurve $F = 0$ zusammenziehen. Andererseits kann für jede um einen solchen Doppelpunkt abgegrenzte Umgebung ein von 0 verschiedener Wert von t gefunden werden, so daß die diesem Werte t entsprechende Form G in jener Umgebung positiv oder Null ist. Man sieht dies leicht ein, wenn man den Mittelpunkt des Koordinatensystems in den variierenden Doppelpunkt verlegt.

Daß die erhaltene Form G für beliebige, zwischen gewissen Grenzen liegende Werte von t irreduzibel ist, kann durch folgende Betrachtung gezeigt werden. Wir denken uns durch die Gleichung $G = 0$ die Größe y als algebraische Funktion von x bestimmt und dann über der komplexen x-Ebene die zu dieser Funktion y zugehörige Riemannsche Fläche konstruiert. Für $t = 0$ zerfällt diese Riemannsche Fläche in 3 getrennte den Gleichungen $\Gamma = 0$, $l + il' = 0$, $l - il' = 0$ entsprechende Teile: der erste der Gleichung $\Gamma = 0$ entsprechende Teil bedeckt die komplexe x-Ebene $(n-2)$-fach und ist wegen der Irreduzibilität jener Gleichung in sich zusammenhängend; die beiden anderen Teile bedecken die x-Ebene je einfach. Lassen wir nun den Parameter t von 0 an wachsen, so werden die Doppelpunkte Q_{n-2}, Q'_{n-2} aufgelöst, und infolgedessen erhalten die beiden letzteren Teile je 2 Verzweigungspunkte, welche dieselben mit dem ersteren Teile zu einer einzigen in sich zusammenhängenden Riemannschen Fläche verbinden. Damit ist der verlangte Beweis geführt.

Wir haben jetzt eine irreduzible definite Form G von der Eigenschaft gefunden, daß die Gleichung $G = 0$ eine Kurve mit $\frac{1}{2}(n-1)(n-2)$ gewöhnlichen getrennt liegenden Doppelpunkten darstellt.

3.

In diesem Abschnitt wollen wir die soeben konstruierte Form G als Bruch darstellen, dessen Zähler gleich der Summe von 3 Formenquadraten ist.

Zu dem Zwecke wählen wir auf der Kurve $G = 0$ irgend $n - 4$ getrennt liegende und paarweise konjugiert imaginäre Punkte $A_1, \ldots, A_{n-4}$ aus und bilden dann 3 voneinander linear unabhängige Formen $\varrho, \sigma, \varkappa$ von der $(n-2)$-ten Ordnung und mit reellen Koeffizienten, welche in den $\frac{1}{2}(n-1)(n-2)$ Doppelpunkten und in den $n - 4$ Punkten $A_1, \ldots, A_{n-4}$ verschwinden. Dies ist stets möglich, da die Zahl der auferlegten Bedingungen gerade um 3 kleiner ist als die Zahl der Koeffizienten einer Form von der $(n-2)$-ten Ordnung. Wenn wir nunmehr die Kurve $G(x, y, z) = 0$ vermöge der Formeln

$$\xi : \eta : \zeta = \varrho(x, y, z) : \sigma(x, y, z) : \varkappa(x, y, z)$$

transformieren, so erhalten wir eine Gleichung von der Gestalt $g(\xi, \eta, \zeta) = 0$. Hier ist g eine irreduzible quadratische Form von ξ, η, ζ, da unter den $n(n-2)$ Schnittpunkten der beiden Kurven $G = 0$ und $u\varrho + v\sigma + w\varkappa = 0$ nur 2 mit den unbestimmten Parametern u, v, w veränderliche Punkte vorhanden sind. Die Ausführung der Transformation ergibt Formeln von der Gestalt

$$x : y : z = r(\xi, \eta, \zeta) : s(\xi, \eta, \zeta) : k(\xi, \eta, \zeta),$$

wo r, s, k Formen der Veränderlichen ξ, η, ζ mit reellen Koeffizienten sind. Hieraus folgt, daß g eine definite Form ist; denn wäre $g(\xi, \eta, \zeta) = 0$ die Gleichung eines reellen Kegelschnittes, so würden sich durch Berechnung der Formen r, s, k unendlich viele reelle Wertsysteme x, y, z ergeben, für welche G verschwindet. Die Form g gestattet daher eine Darstellung von der Gestalt

$$g(\xi, \eta, \zeta) = (c_1\xi + d_1\eta + e_1\zeta)^2 + (c_2\xi + d_2\eta + e_2\zeta)^2 + (c_3\xi + d_3\eta + e_3\zeta)^2,$$

wo c, d, e reelle Konstanten sind, deren Determinante von 0 verschieden ist.

Wenn wir nun in der Form g statt der Veränderlichen ξ, η, ζ die Formen ϱ, σ, $\varkappa$ einsetzen, so entsteht eine Form von der $(2n-4)$-ten Ordnung in x, y, z, welche die Form G als Faktor enthält. Wir setzen

$$g(\varrho, \sigma, \varkappa) = h(x, y, z)\, G(x, y, z),$$

wo h eine definite Form von der $(n-4)$-ten Ordnung in x, y, z bedeutet.

Die 9 reellen Konstanten c, d, e sind noch zum Teil willkürlich: man wähle die 3 Konstanten c_1, d_1, e_1 derart, daß die Kurve $(n-2)$-ter Ordnung $c_1\varrho + d_1\sigma + e_1\varkappa = 0$ aus der Kurve $G = 0$ außer jenen $\frac{1}{2}(n-1)(n-2)$ Doppelpunkten und den $n-4$ festen Punkten $A_1, \ldots, A_{n-4}$ zwei von diesen und untereinander getrennt liegende Punkte A und B ausschneidet.

Setzen wir der Kürze wegen

$$\begin{aligned} c_1\varrho + d_1\sigma + e_1\varkappa &= \mathrm{P}(x, y, z), \\ c_2\varrho + d_2\sigma + e_2\varkappa &= \Sigma(x, y, z), \\ c_3\varrho + d_3\sigma + e_3\varkappa &= \mathrm{K}(x, y, z), \end{aligned}$$

so erhalten wir:

$$hG = \mathrm{P}^2 + \Sigma^2 + \mathrm{K}^2.$$

Aus dieser Formel sieht man unmittelbar, daß die Form h in den $n-4$ Punkten $A_1, \ldots, A_{n-4}$ verschwindet; außerdem ist für die weitere Entwicklung der Umstand wesentlich, daß h in den Doppelpunkten der Kurve $G = 0$ nicht verschwindet. Um das letztere zu beweisen, nehmen wir das Gegenteil an und verlegen den Anfang des Koordinatensystems in den betreffenden Doppelpunkt, für welchen $h = 0$ ist. Dann haben die in Betracht kommenden Formen die Gestalt

$$\begin{aligned} h &= h_1 x + h_2 y + \cdots, \\ G &= G_{11}x^2 + 2G_{12}xy + G_{22}y^2 + \cdots, \\ \mathrm{P} &= \mathrm{P}_1 x + \mathrm{P}_2 y + \cdots, \\ \Sigma &= \Sigma_1 x + \Sigma_2 y + \cdots, \\ \mathrm{K} &= \mathrm{K}_1 x + \mathrm{K}_2 y + \cdots, \end{aligned}$$

wo nur die Glieder niedrigster Ordnung in x, y hingeschrieben sind. Aus der obigen Identität folgt leicht

$$(\mathrm{P}_1 x + \mathrm{P}_2 y)^2 + (\Sigma_1 x + \Sigma_2 y)^2 + (\mathrm{K}_1 x + \mathrm{K}_2 y)^2 = 0,$$

und hieraus wiederum ergibt sich, daß die 3 linearen Formen

$$\mathrm{P}_1 x + \mathrm{P}_2 y, \qquad \Sigma_1 x + \Sigma_2 y, \qquad \mathrm{K}_1 x + \mathrm{K}_2 y$$

entweder identisch 0 sind oder sich untereinander nur um einen konstanten Faktor unterscheiden. Wir können daher jedenfalls aus den Formen P, Σ, K 2 lineare Kombinationen Π_1, Π_2 herstellen, welche keine Glieder erster Ordnung in x, y enthalten. Dann wählen wir auf $G = 0$ einen beliebigen Punkt P und bestimmen die Konstanten λ_1, λ_2 so, daß die Form $\Pi = \lambda_1\Pi_1 + \lambda_2\Pi_2$ im Punkte P verschwindet. Die Kurve $\Pi = 0$ besitzt dann in dem Anfangspunkte des Koordinatensystems einen Doppelpunkt und geht außerdem durch die übrigen Doppelpunkte der Kurve $G = 0$ und durch die Punkte $A_1, \ldots, A_{n-4}$, P je einfach hindurch; sie würde daher die Kurve $G = 0$ in mehr als $n(n-2)$ Punkten schneiden, was unmöglich ist. Die Annahme, derzufolge h in jenem Doppelpunkte verschwindet, ist daher unzulässig.

Wir haben in diesem Abschnitte gezeigt, daß die in Abschnitt 2 konstruierte Form G die Darstellung

$$G = \frac{\mathsf{P}^2 + \Sigma^2 + \mathsf{K}^2}{h}$$

gestattet, wo P, Σ, K Formen $(n-2)$-ter Ordnung mit reellen Koeffizienten bedeuten, welche in den $\frac{1}{2}(n-1)(n-2)$ Doppelpunkten und außerdem in den $n-4$ paarweise konjugiert imaginären Punkten $A_1, \ldots, A_{n-4}$ der Kurve $G = 0$ verschwinden. Außerdem ist h eine Form $(n-4)$-ter Ordnung, welche in jenen $\frac{1}{2}(n-1)(n-2)$ Doppelpunkten von 0 verschieden ist, dagegen in den $n-4$ Punkten $A_1, \ldots, A_{n-4}$ verschwindet. Die Kurve $\mathsf{P} = 0$ schneidet auf $G = 0$ noch die beiden weiteren einander konjugiert imaginären Punkte A, B aus, in welchen h von 0 verschieden angenommen werden kann.

4.

Die Form G ist eine Form mit verschwindender Diskriminante. Wir werden jetzt mit Hilfe dieser Form G eine Form f mit nicht verschwindender Diskriminante konstruieren, welche die nämliche Darstellung wie G gestattet.

Aus den am Schlusse des vorigen Abschnittes angestellten Betrachtungen folgt, daß für einen Doppelpunkt der Kurve $G = 0$ die 3 Determinanten

$$\begin{vmatrix} \frac{\partial \mathsf{P}}{\partial x} & \frac{\partial \mathsf{P}}{\partial y} \\ \frac{\partial \Sigma}{\partial x} & \frac{\partial \Sigma}{\partial y} \end{vmatrix}, \quad \begin{vmatrix} \frac{\partial \mathsf{P}}{\partial x} & \frac{\partial \mathsf{P}}{\partial y} \\ \frac{\partial \mathsf{K}}{\partial x} & \frac{\partial \mathsf{K}}{\partial y} \end{vmatrix}, \quad \begin{vmatrix} \frac{\partial \Sigma}{\partial x} & \frac{\partial \Sigma}{\partial y} \\ \frac{\partial \mathsf{K}}{\partial x} & \frac{\partial \mathsf{K}}{\partial y} \end{vmatrix}$$

nicht sämtlich verschwinden, und es ist daher möglich, 3 quadratische Formen p, q, m zu bestimmen von der Beschaffenheit, daß die Determinante

$$\begin{vmatrix} \frac{\partial \mathsf{P}}{\partial x} & \frac{\partial \mathsf{P}}{\partial y} & p \\ \frac{\partial \Sigma}{\partial x} & \frac{\partial \Sigma}{\partial y} & q \\ \frac{\partial \mathsf{K}}{\partial x} & \frac{\partial \mathsf{K}}{\partial y} & m \end{vmatrix}$$

eine Funktion wird, welche in sämtlichen Doppelpunkten von $G=0$ einen von 0 verschiedenen Wert annimmt. Wir setzen nun

$$\begin{aligned}
\varphi &= \mathrm{P} + thp,\\
\psi &= \Sigma + thq,\\
\chi &= \mathrm{K} + thm,\\
f &= G + 2t(\mathrm{P}p + \Sigma q + \mathrm{K}m) + t^2 h(p^2+q^2+m^2)
\end{aligned}$$

und haben dann infolge der Formel für G die Identität

$$hf = \varphi^2 + \psi^2 + \chi^2,$$

wo die Formen $h, f, \varphi, \psi, \chi$ offenbar sämtlich in den Punkten $A_1, \ldots, A_{n-4}$ gleich 0 sind.

Um den Nachweis zu führen, daß die Form f für beliebige zwischen gewissen Grenzen liegende Werte von t eine von 0 verschiedene Diskriminante besitzt, nehmen wir im Gegenteile an, es gebe für beliebige t stets ein Wertepaar x, y, welches den Gleichungen

$$f=0, \qquad \frac{\partial f}{\partial x}=0, \qquad \frac{\partial f}{\partial y}=0$$

genügt. Durch Elimination erkennt man leicht, daß die Lösungen x, y algebraische Funktionen von t sind und daher eine Entwicklung von der Gestalt

$$\begin{aligned}
x &= a_0 + a_1 t^{\nu_1} + a_2 t^{\nu_2} + \cdots,\\
y &= b_0 + b_1 t^{\mu_1} + b_2 t^{\mu_2} + \cdots
\end{aligned}$$

gestatten würden, wo die Exponenten $\nu_1, \nu_2, \ldots, \mu_1, \mu_2, \ldots$ positive rationale Zahlen sind und wo a_1, b_1 von 0 verschieden angenommen werden können. Für $t=0$ folgt, daß der Punkt $x=a_0$, $y=b_0$ ein Doppelpunkt der Kurve $G=0$ ist. Verlegen wir den Anfang des Koordinatensystems in diesen Doppelpunkt, so erhalten die in Betracht kommenden Formen die Gestalt

$$\begin{aligned}
G &= G_{11}x^2 + 2G_{12}xy + G_{22}y^2 + \cdots,\\
\mathrm{P}p + \Sigma q + \mathrm{K}m &= C_1 x + C_2 y + \cdots,\\
h(p^2+q^2+m^2) &= c_0 + \cdots,
\end{aligned}$$

und es wird folglich

$$\begin{aligned}
\frac{1}{2}\frac{\partial f}{\partial x} &= G_{11}x + G_{12}y + C_1 t + \cdots,\\
\frac{1}{2}\frac{\partial f}{\partial y} &= G_{12}x + G_{22}y + C_2 t + \cdots,\\
f - \frac{x}{2}\frac{\partial f}{\partial x} - \frac{y}{2}\frac{\partial f}{\partial y} &= C_1 xt + C_2 yt + c_0 t^2 + \cdots,
\end{aligned}$$

wo rechter Hand nur die Glieder niedrigster Ordnung in x, y, t hingeschrieben sind. Damit nun diese 3 Ausdrücke nach Einsetzung der Werte

$$x = a_1 t^{\nu_1} + \cdots, \qquad y = b_1 t^{\nu_1} + \cdots$$

identisch für alle t verschwinden, ist es, wie man leicht zeigt, notwendig, daß jene Reihen für x, y nach *ganzen* Potenzen von t fortschreiten und daß die Determinante

$$\Delta = \begin{vmatrix} G_{11} & G_{12} & C_1 \\ G_{12} & G_{22} & C_2 \\ C_1 & C_2 & c_0 \end{vmatrix}$$

den Wert 0 hat.

Zur Berechnung der Determinante Δ setzen wir

$$\begin{aligned} \mathsf{P} &= \mathsf{P}_1 x + \mathsf{P}_2 y + \cdots, & p &= p_0 t + \cdots, \\ \Sigma &= \Sigma_1 x + \Sigma_2 y + \cdots, & q &= q_0 t + \cdots, \\ \mathsf{K} &= \mathsf{K}_1 x + \mathsf{K}_2 y + \cdots, & m &= m_0 t + \cdots, \\ & & h &= h_0 + \cdots, \end{aligned}$$

wo h_0 wegen der früher bewiesenen Eigenschaft der Form h von 0 verschieden ist. Aus der Formel

$$hG = \mathsf{P}^2 + \Sigma^2 + \mathsf{K}^2$$

folgt

$$\begin{aligned} h_0 G_{11} &= \mathsf{P}_1^2 + \Sigma_1^2 + \mathsf{K}_1^2, \\ h_0 G_{12} &= \mathsf{P}_1 \mathsf{P}_2 + \Sigma_1 \Sigma_2 + \mathsf{K}_1 \mathsf{K}_2, \\ h_0 G_{22} &= \mathsf{P}_2^2 + \Sigma_2^2 + \mathsf{K}_2^2, \end{aligned}$$

und die Determinante Δ ist daher bis auf den Faktor h_0 gleich der Diskriminante der quadratischen Form

$$(\mathsf{P}_1 X + \mathsf{P}_2 Y + h_0 p_0 T)^2 + (\Sigma_1 X + \Sigma_2 Y + h_0 q_0 T)^2 + (\mathsf{K}_1 X + \mathsf{K}_2 Y + h_0 m_0 T)^2;$$

diese Diskriminante ist aber bis auf den Faktor h_0 gleich dem Quadrat der Determinante

$$\begin{vmatrix} \mathsf{P}_1 & \mathsf{P}_2 & p_0 \\ \Sigma_1 & \Sigma_2 & q_0 \\ \mathsf{K}_1 & \mathsf{K}_2 & m_0 \end{vmatrix},$$

welche ihrerseits infolge der vorhin getroffenen Wahl der quadratischen Formen p, q, m eine von 0 verschiedene Zahl darstellt. Wir sind somit auf einen Widerspruch geführt, und hieraus folgt die Unzulässigkeit unserer Annahme, der zufolge die Diskriminante der Form f für alle Werte t verschwinden sollte.

Wir kehren zu den im vorigen Abschnitte konstruierten Formen zurück. Da die Form P im Punkte A verschwindet, so wird eine der beiden Formen $\Sigma + i\mathsf{K}$ oder $\Sigma - i\mathsf{K}$ ebenfalls in A gleich 0; es sei dies etwa die Form $\Sigma + i\mathsf{K}$. Dann wird zugleich die konjugiert imaginäre Form $\Sigma - i\mathsf{K}$ in dem zu A konjugiert imaginären Punkte B gleich 0 und die Form $\Sigma + i\mathsf{K}$ hat notwendig in B, die Form $\Sigma - i\mathsf{K}$ in A einen von 0 verschiedenen Wert; denn im entgegengesetzten Falle müßten Σ und K in A verschwinden, und da h in A von 0 verschieden ist, so würde folgen, daß die Kurve $G = 0$ in A einen Doppelpunkt besitzt, was nicht der Fall ist.

Wir beweisen ferner, daß die Kurve $\Sigma + i\mathsf{K} = 0$ die Kurve $G = 0$ in A berührt. Zu dem Zwecke verlegen wir den Anfang des Koordinatensystems in den Punkt A und wählen die Tangente von $G = 0$ im Punkte A zur y-Achse; die in Betracht kommenden Formen nehmen dann die Gestalt an

$$\mathsf{P} = \mathsf{P}_1 x + \mathsf{P}_2 y + \cdots, \qquad G = G_1 x + \cdots,$$
$$\Sigma + i\mathsf{K} = T_1 x + T_2 y + \cdots, \qquad h = h_0 + \cdots,$$
$$\Sigma - i\mathsf{K} = T_0' + \cdots,$$

wo T_0', G_1, h_0 von 0 verschiedene Zahlen sind. Aus der Relation

$$hG = \mathsf{P}^2 + (\Sigma + i\mathsf{K})(\Sigma - i\mathsf{K})$$

folgt $T_2 = 0$, und damit ist die Behauptung bewiesen.

Die Formen f, φ, ψ, χ enthalten noch die Veränderliche t. Durch Wahl eines genügend kleinen Wertes für t können wir offenbar erreichen, daß die Schnittpunkte der Kurve $f = 0$ mit den Kurven $\psi + i\chi = 0$, $\psi - i\chi = 0$ in beliebige Nähe der bezüglichen Schnittpunkte der Kurve $G = 0$ mit den Kurven $\Sigma + i\mathsf{K}$, $\Sigma - i\mathsf{K} = 0$ fallen, wobei die Entfernung zweier Punkte etwa durch die Summe der absoluten Beträge der Koordinatendifferenzen gemessen werden möge. Wir grenzen nun unter Zugrundelegung eben derselben Definition der Entfernung um die $\frac{1}{2}(n-1)(n-2)$ Doppelpunkte von $G = 0$ je ein so kleines Gebiet ab, daß h in jedem Punkte dieser Gebiete von 0 verschieden ist, und daß außerdem keine Form von der $(n-3)$-ten Ordnung existiert, welche in jedem dieser $\frac{1}{2}(n-1)(n-2)$ Gebiete eine Nullstelle besitzt. Daß letzteres stets möglich ist, geht aus dem Umstande hervor, daß es keine Kurve $(n-3)$-ter Ordnung gibt, welche durch die sämtlichen $\frac{1}{2}(n-1)(n-2)$ Doppelpunkte von $G = 0$ hindurchgeht. Außerdem grenze man auch um die beiden Punkte A, B je ein Gebiet ab, in welchem h von 0 verschieden ist. Nun wähle man t so klein, daß die Schnittpunkte der Kurven $\psi + i\chi = 0$ und $\psi - i\chi = 0$ mit der Kurve $f = 0$ sämtlich in die abgegrenzten Gebiete fallen, abgesehen von den $n - 4$ Schnittpunkten $A_1, \ldots, A_{n-4}$, welche fest bleiben. Berücksichtigen wir dann die Identität

$$pf = \varphi^2 + \psi^2 + \chi^2$$

und die Tatsache, daß $f = 0$ keinen Doppelpunkt besitzt, so erhalten wir durch eine ähnliche Schlußweise, wie sie kurz zuvor angewandt worden ist, das folgende Resultat: die Kurve $\psi + i\chi = 0$ berührt die Kurve $f = 0$ in einem Punkte des um A abgegrenzten Gebietes und in je einem Punkte derjenigen Gebiete, welche um die $\frac{1}{2}(n-1)(n-2)$ Doppelpunkte von $G = 0$ abgegrenzt sind; wir bezeichnen die Berührungspunkte bezüglich mit $A, U_1, \ldots, U_{\frac{1}{2}(n-1)(n-2)}$. Die Kurve $\psi - i\chi = 0$ berührt die Kurve $f = 0$ in einem Punkte des um B abgegrenzten Gebietes und in je einem Punkte der um die $\frac{1}{2}(n-1)(n-2)$ Doppelpunkte abgegrenzten Gebiete; wir bezeichnen die Berührungspunkte bezüglich mit $B, V_1, \ldots, V_{\frac{1}{2}(n-1)(n-2)}$.

Somit haben wir eine definite Form f mit nicht verschwindender Diskriminante konstruiert, welche die Darstellung

$$f = \frac{\varphi^2 + \psi^2 + \chi^2}{h}$$

gestattet; dabei sind φ, ψ, χ Formen von der $(n-2)$-ten Ordnung mit reellen Koeffizienten und mit den folgenden Eigenschaften: die Kurven $\varphi = 0$, $\psi = 0$, $\chi = 0$ haben mit der Kurve $f = 0$ gewisse $n - 4$ paarweise konjugiert imaginäre Punkte $A_1, \ldots, A_{n-4}$ gemein; die Kurve $\psi + i\chi = 0$ berührt außerdem die Kurve $f = 0$ in den $1 + \frac{1}{2}(n-1)(n-2)$ imaginären Punkten $A, U_1, \ldots, U_{\frac{1}{2}(n-1)(n-2)}$; die Kurve $\psi - i\chi = 0$ berührt $f = 0$ in den konjugiert imaginären Punkten $B, V_1, \ldots, V_{\frac{1}{2}(n-1)(n-2)}$; die Kurve $\varphi = 0$ schneidet die Kurve $f = 0$ noch in den weiteren Punkten $A, U_1, \ldots, U_{\frac{1}{2}(n-1)(n-2)}$, $B, V_1, \ldots, V_{\frac{1}{2}(n-1)(n-2)}$. Sämtliche in Betracht gezogene Punkte liegen voneinander getrennt, und die Berührungspunkte $U_1, \ldots, U_{\frac{1}{2}(n-1)(n-2)}$ sowie die Berührungspunkte $V_1, \ldots, V_{\frac{1}{2}(n-1)(n-2)}$ liegen nicht auf einer Kurve $(n-3)$-ter Ordnung.

5.

In den nun folgenden Abschnitten werden wir sowohl die Koeffizienten der eben konstruierten Form f als auch die auf der Kurve $f = 0$ gelegenen Punkte A, B, U, V einer stetigen Veränderung unterwerfen, und zwar derart, daß dabei die sämtlichen Koeffizienten von f und die Koordinaten der Punkte $A_1, \ldots, A_{n-4}, A$ als die unabhängigen Veränderlichen, dagegen die Koordinaten der Punkte $U_1, \ldots, U_{\frac{1}{2}(n-1)(n-2)}$ als Funktionen jener unabhängigen Veränderlichen betrachtet werden. Dabei benutzen wir einige Tatsachen aus der Theorie der Abelschen Funktionen, welche sich für unseren Zweck wie folgt aussprechen lassen.

Es sei F eine beliebige Form von der n-ten Ordnung mit reellen Koeffizienten und von nicht verschwindender Diskriminante. Durch die Gleichung $F = 0$ wird y als algebraische Funktion von x definiert. Da die Kurve $F = 0$ keinen Doppelpunkt besitzt, so hat das Geschlecht derselben den Wert

$$p = \tfrac{1}{2}(n-1)(n-2).$$

Die p überall endlichen Integrale der Kurve haben die Gestalt

$$w = \int \frac{x^\mu y^\nu}{\frac{\partial F}{\partial x}} dx,$$

wo die Summe der Exponenten μ, ν die Zahl $n-3$ nicht überschreitet.

Für unseren Zweck kommt das Problem in Betracht, eine Kurve von der $(n-2)$-ten Ordnung zu konstruieren, welche die gegebene Kurve $F=0$ in den gegebenen Punkten $A_1, \ldots, A_{n-4}$ schneidet, in dem ebenfalls gegebenen Punkte A berührt und endlich in p weiteren zu bestimmenden Punkten berührt. Dieses Problem führt auf eine Teilungsaufgabe; dasselbe ist daher mit Hilfe des Jacobischen Umkehrproblems lösbar.

Es seien p bestimmte überall endliche Integrale nach der von Riemann angegebenen Vorschrift ausgewählt; wir bezeichnen dieselben mit $w_1, \ldots, w_p$ und verstehen allgemein unter $w(P)$ den Wert eines solchen Integrals im Punkte P.

I. Sind dann $P_1, \ldots, P_{n(n-2)}$ die Schnittpunkte irgend einer Kurve $(n-2)$-ter Ordnung mit der Kurve $F=0$, so ist nach dem Abelschen Theorem

$$w_s(P_1) + \cdots + w_s(P_{n(n-2)}) \equiv \beta_s, \qquad (s = 1, 2, \ldots, p),$$

wo $\beta_1, \ldots, \beta_p$ gewisse Summen von überall endlichen Integralen bedeuten, welche nicht von den Punkten $P_1, \ldots, P_{n(n-2)}$, sondern nur von den Koeffizienten der Form F abhängen.

Aus der Umkehrung des Abelschen Theorems ergibt sich ferner der folgende Satz:

II. Wenn für $n(n-2)$ Punkte $P_1, \ldots, P_{n(n-2)}$ der Kurve $F=0$ die in Satz I angegebenen Kongruenzen erfüllt sind, so können diese durch eine Kurve $(n-2)$-ter Ordnung ausgeschnitten werden.

Wir verstehen im folgenden unter $w(x)$ den Wert, welchen das Integral w in dem Punkte mit den Koordinaten x, y annimmt. Es gelten dann für die zu unserem algebraischen Gebilde zugehörige Funktion Θ von p Veränderlichen die folgenden Sätze:

III. Wenn die p Punkte $U_1, \ldots, U_p$ *nicht* auf einer Kurve $(n-3)$-ter Ordnung liegen, so verschwindet die Funktion

$$\Theta[w_1(x) - w_1(U_1) - \cdots - w_1(U_p), \ldots, w_p(x) - w_p(U_1) - \cdots - w_p(U_p)]$$

nicht identisch für alle Werte von x.

IV. Wenn die obige Funktion Θ nicht identisch für alle Werte von x verschwindet, so hat sie, als Funktion von x betrachtet, die p Punkte $U_1, \ldots, U_p$ und nur diese zu Nullstellen, und wenn man dann in jener Funktion Θ die Werte

$$w_s(U_1) + \cdots + w_s(U_p) \equiv \frac{\beta_s}{2} - \frac{1}{2}[w_s(A_1) + \cdots + w_s(A_{n-4})] - w_s(A)$$
$$(s = 1, 2, \ldots, p)$$

einsetzt, so sind die p Nullstellen die Berührungspunkte einer Kurve $(n-2)$-ter Ordnung, welche $F=0$ in den gegebenen Punkten $A_1, \ldots, A_{n-4}$ schneidet und in dem gegebenen Punkte A berührt.

V. Die Funktion Θ verschwindet identisch, wenn es möglich ist, in jeder beliebig kleinen Umgebung der p Punkte $U_1, \ldots, U_p$ andere p Punkte $U'_1, \ldots, U'_p$ zu finden von der Art, daß diese ebenfalls Berührungspunkte einer Kurve $(n-2)$-ter Ordnung sind, welche $F=0$ in den gegebenen Punkten $A_1, \ldots, A_{n-4}$ schneidet und in dem gegebenen Punkte A berührt.

VI. Umgekehrt, wenn die obige Funktion Θ identisch für alle Werte von x verschwindet, so gibt es in beliebiger Nähe der Punkte $U_1, \ldots, U_p$ stets p andere Punkte $U'_1, \ldots, U'_p$ von der Art, daß die letzteren die Berührungspunkte einer durch $A_1, \ldots, A_{n-4}$ hindurchgehenden und in A berührenden Kurve $(n-2)$-ter Ordnung sind.

6.

Mit Hilfe der angeführten Sätze läßt sich die stetige Änderung der Koeffizienten der Form f in der Weise vollziehen, wie dies am Anfang des vorigen Abschnittes in Aussicht genommen worden ist. Zu dem Zwecke bilden wir für die besondere Form f die Funktion

$$\Theta\,[w_1(x) - w_1(U_1) - \cdots - w_1(U_p), \ldots, w_p(x) - w_p(U_1) - \cdots - w_p(U_p)]$$

und denken uns darin die auf die Punkte U bezüglichen Integralsummen durch die bekannten Größen ersetzt, in der Weise, wie dies in Satz IV des vorigen Abschnittes geschehen ist. Da nach der in Abschnitt 4 ausgeführten Konstruktion von f die p Berührungspunkte $U_1, \ldots, U_p$ nicht auf einer Kurve $(n-3)$-ter Ordnung liegen, so ist nach Satz III des vorigen Abschnittes die Funktion Θ nicht identisch für alle Werte von x gleich 0. Die Funktion Θ besitzt daher nach Satz IV nur in den p Punkten $U_1, \ldots, U_p$ den Wert 0. Die Perioden und Argumente der Funktion Θ setzen sich in bestimmt vorgeschriebener Weise aus den zur Kurve $f=0$ gehörigen überall endlichen Integralen zusammen. Wenn wir daher die Koeffizienten der Form f und die gegebenen Punkte $A_1, \ldots, A_{n-4}, A$ einer stetigen Änderung unterwerfen, so ändern sich auch die Perioden und Argumente der Funktion Θ stetig, solange nur die Diskriminante der Form f nicht 0 wird. Es läßt sich nun die Funktion Θ nach Potenzen der Perioden und Argumente entwickeln und nach einem bekannten Satze von Weierstrass[1] sind folglich auch die Nullstellen der Funktion Θ stetige Funktionen der Perioden und Argumente. Damit ist gezeigt, daß diese Nullstellen ebenfalls sich stetig ändern, wenn man die Koeffi-

[1] Vgl. die Abhandlung: Einige auf die Theorie der analytischen Funktionen mehrerer Veränderlichen sich beziehende Sätze. Ges. Werke Bd. II (1895) S. 135, Abschnitt I.

zienten der Form f und die gegebenen Punkte $A_1, \ldots, A_{n-4}, A$ einer stetigen Änderung unterwirft.

Die Nullstellen $U_1, \ldots, U_p$ der Funktion Θ sind, wie eben ausgeführt worden ist, die Berührungspunkte einer Kurve $(n-2)$-ter Ordnung. Da durch diese p Berührungspunkte und durch die gegebenen Punkte $A_1, \ldots, A_{n-4}, A$ die Berührungskurve $\psi + i\chi = 0$ völlig bestimmt ist, so folgt, daß auch die Koeffizienten der Form $\psi + i\chi$ bei jener stetigen Änderung selber eine stetige Änderung erfahren, und das gleiche gilt daher auch von den Koeffizienten der Formen ψ und χ.

Es kommt nun wesentlich darauf an, zu zeigen, daß jede durch stetige Änderung aus f entstehende Form F eine ebensolche Darstellung gestattet wie die Form f. Um diesen Beweis zu führen, konstruieren wir zunächst aus den p Nullstellen der Funktion Θ für die Kurve $F = 0$ die bezügliche Berührungskurve; es sei $\Psi + i\,\mathrm{X} = 0$ die Gleichung dieser Berührungskurve; dabei müssen die $n-4$ einfachen Schnittpunkte dieser Berührungskurve mit $F = 0$ paarweise konjugiert imaginär gewählt sein; wir bezeichnen dieselben wiederum mit $A_1, \ldots, A_{n-4}$. Die Berührungspunkte heißen wiederum $A, U_1, \ldots, U_p$ und die zu diesen konjugiert imaginären Punkte $B, V_1, \ldots, V_p$ sind dann offenbar diejenigen Punkte, in welchen die ebenfalls durch $A_1, \ldots, A_{n-4}$ hindurchgehende Kurve $\Psi - i\,\mathrm{X} = 0$ die Kurve $F = 0$ berührt.

Nach Satz I ist

$$w_s(A_1) + \cdots + w_s(A_{n-4}) + 2[w_s(A) + w_s(U_1) + \cdots + w_s(U_p)] \equiv \beta_s,$$
$$w_s(A_1) + \cdots + w_s(A_{n-4}) + 2[w_s(B) + w_s(V_1) + \cdots + w_s(V_p)] \equiv \beta_s$$
$$(s = 1, 2, \ldots, p),$$

und wenn man diese beiden Formeln addiert und die so entstehende Kongruenz durch 2 dividiert, so wird

$$w_s(A_1) + \cdots + w_s(A_{n-4}) + w_s(A) + w_s(U_1) + \cdots + w_s(U_p)$$
$$+ w_s(B) + w_s(V_1) + \cdots + w_s(V_p) \equiv \beta_s + \frac{\varepsilon}{2}\Pi_s, \quad (s = 1, 2, \ldots, p),$$

wo $\Pi_1, \ldots, \Pi_p$ ein Periodensystem ist und wo ε entweder 0 oder 1 bedeutet. Um zu entscheiden, welcher von diesen beiden Fällen eintritt, beachten wir, daß die auf $f = 0$ gelegenen Punkte $A_1, \ldots, A_{n-4}, A, U_1, \ldots, U_p, B, V_1, \ldots, V_p$ sämtlich durch eine Kurve $(n-2)$-ter Ordnung, nämlich durch die Kurve $\varphi = 0$ ausgeschnitten werden und daß daher nach Satz I

$$w_s(A_1) + \cdots + w_s(A_{n-4}) + w_s(A) + w_s(U_1) + \cdots + w_s(U_p)$$
$$+ w_s(B) + w_s(V_1) + \cdots + w_s(V_p) \equiv \beta_s, \qquad (s = 1, \ldots, p)$$

ist. Da aber durch stetige Änderung der Koeffizienten der Form F und der Koordinaten der Punkte $A_1, \ldots, A_{n-4}, A$ die obige Formel in diese letztere übergeführt wird und die Perioden $\Pi_1, \ldots, \Pi_p$ bei dieser Änderung nicht sämtlich verschwinden können, so folgt, daß in der ersteren Formel ε den Wert 0 hat, und nach Satz II können daher die auf $F = 0$ gelegenen Punkte $A_1, \ldots, A_{n-4}, A, U_1, \ldots, U_p, B, V_1, \ldots, V_p$ ebenfalls durch eine Kurve $(n-2)$-ter Ordnung ausgeschnitten werden; dieselbe sei durch die Gleichung $\Phi = 0$ dargestellt, wo Φ eine Form $(n-2)$-ter Ordnung mit reellen Koeffizienten bedeutet.

Jede der beiden Kurven $\Phi^2 = 0$ und $\Psi^2 + X^2 = 0$ schneidet die Kurve $F = 0$ in den $n(n-2)$ Punkten $A_1, \ldots, A_{n-4}, A, U_1, \ldots, U_p, B, V_1, \ldots, V_p$, und zwar zählt offenbar jeder dieser Punkte als 2-facher Schnittpunkt. Bestimmen wir daher die Konstante λ derart, daß die Form $\lambda\Phi^2 + \Psi^2 + X^2$ mit der Form F noch eine weitere Nullstelle gemein hat, so wird jene Form $\lambda\Phi^2 + \Psi^2 + X^2$ notwendig die Form F als Faktor enthalten. Dabei ist die Konstante λ eine reelle Zahl; denn wäre sie komplex und bezeichnen wir ihren konjugiert imaginären Wert mit λ', so folgt, daß auch zugleich die Form $\lambda'\Phi^2 + \Psi^2 + X^2$ durch F teilbar sein müßte, was offenbar nicht zutrifft. Nehmen wir ferner die Quadratwurzel aus dem absoluten Wert von λ mit in die Bezeichnung der Form Φ auf, so erhalten wir eine Relation von der Gestalt

$$HF = \pm\,\Phi^2 + \Psi^2 + X^2.$$

Da wir durch stetige Änderung der Koeffizienten von F, Φ, Ψ, X notwendigerweise wieder zu den bezüglichen Koeffizienten der Formen f, φ, ψ, χ zurückgelangen können und zwischen diesen letzteren Formen die Relation

$$hf = \varphi^2 + \psi^2 + \chi^2$$

besteht, so muß auch in der obigen Formel das positive Vorzeichen gelten, und wir haben somit gezeigt, daß die Form F die Darstellung

$$F = \frac{\Phi^2 + \Psi^2 + X^2}{H}$$

gestattet. Dabei ist F eine Form mit reellen Koeffizienten, welche aus der Form f durch beliebige stetige Änderung der Koeffizienten entstanden ist, mit der Einschränkung jedoch, daß bei der vorgenommenen Änderung keine Form auftritt, deren Diskriminante gleich 0 ist oder für welche die betreffende Funktion Θ identisch für alle Werte von x verschwindet.

7.

Wir untersuchen in diesem Abschnitte, unter welchen Umständen aus der Form f durch stetige Veränderung der Koeffizienten eine Form entstehen kann, für welche die betreffende Funktion Θ identisch verschwindet. Für diese Untersuchung brauchen wir einen Hilfssatz aus der Theorie der Elimination, der wie folgt lautet:

Es seien m Gleichungen von der Gestalt

$$G_1(x, y, \ldots, p, q, \ldots) = 0,$$
$$\ldots\ldots\ldots\ldots$$
$$G_m(x, y, \ldots, p, q, \ldots) = 0$$

vorgelegt, wo $G_1, \ldots, G_m$ ganze rationale Funktionen der Unbekannten $x, y, \ldots$ und der Parameter $p, q, \ldots$ sind. Diese Gleichungen seien für $x = 0$, $y = 0, \ldots, p = 0, q = 0, \ldots$ erfüllt, und es gebe ferner eine positive Größe δ von der Art, daß allemal, wenn die Werte der Parameter $p, q, \ldots$ absolut genommen die Größe δ nicht überschreiten, ein und nur ein System von Größen $x, y, \ldots$ gefunden werden kann, welche jene Gleichungen befriedigen und deren absolute Beträge ebenfalls sämtlich die Größe δ nicht überschreiten: dann sind notwendig die Größen $x, y, \ldots$ algebraische Funktionen der Parameter $p, q, \ldots$ d. h. jede der Funktionen $x, y, \ldots$ genügt einer algebraischen Gleichung, deren Koeffizienten rational von $p, q, \ldots$ abhängen.

Der Beweis bietet keine wesentliche Schwierigkeit; ich gehe jedoch auf denselben hier nicht näher ein.

Mit Hilfe des eben ausgesprochenen Satzes läßt sich der Beweis führen, daß die Koordinaten der Berührungspunkte $U_1, \ldots, U_p$ algebraische Funktionen der Koeffizienten der Form F und der Koordinaten der Punkte $A_1, \ldots, A_{n-4}, A$ sind. In der Tat, wenn man die Bedingungen dafür aufstellt, daß $U_1, \ldots, U_p$ die Berührungspunkte einer Kurve $(n-2)$-ter Ordnung sind, welche die Kurve $F = 0$ in den gegebenen Punkten $A_1, \ldots, A_{n-4}$ schneidet und in dem gegebenen Punkte A berührt, so erhält man ein System von algebraischen Gleichungen; und wenn wir dann die Koeffizienten der Form F und die Koordinaten der Punkte $A_1, \ldots, A_{n-4}, A$ stetig ändern lassen, so entspricht jedem dadurch entstehenden Systeme von Koeffizienten und Koordinaten eine bestimmte Funktion Θ, deren Nullstellen eben jene Berührungspunkte darstellen. Somit sind unter Berücksichtigung der Sätze IV und V in Abschnitt 5 alle Bedingungen unseres Hilfssatzes erfüllt, und es folgt daher aus demselben, daß die Koordinaten der Berührungspunkte $U_1, \ldots, U_p$ algebraischen Gleichungen genügen, deren Koeffizienten ganze rationale Funktionen von den gegebenen Größen, nämlich von den Koordinaten der Form F und den Koordinaten der Punkte $A_1, \ldots, A_{n-4}, A$ sind. Wir denken uns diese algebraischen Gleichungen aufgestellt und nehmen an, daß die Koeffizienten dieser Gleichungen nicht sämtlich eine ganze rationale Funktion der gegebenen Größen als gemeinsamen Faktor enthalten.

Soll nun die Form F die Besonderheit haben, daß die bezügliche Funktion Θ für alle Werte von x und für alle Werte der Koordinaten von $A_1, \ldots,$ A_{n-4} identisch verschwindet, so gibt es nach dem Satze VI des Abschnittes 5 in beliebiger Nähe der Punkte $U_1, \ldots, U_p$ noch andere Werte $U'_1, \ldots, U'_p$, welche jene Gleichungen befriedigen, d. h. jene Gleichungen haben unendlich viele Lösungen und daher müßten in diesem Falle mindestens in einer jener Gleichungen sämtliche Koeffizienten verschwinden. Durch Nullsetzen dieser sämtlichen Koeffizienten entsteht dann ein Gleichungssystem von der Gestalt

$$C_1 = 0, \ldots, C_M = 0,$$

wo $C_1, \ldots, C_M$ ganze rationale Funktionen von den Koeffizienten $a_1, \ldots, a_N$ der Form F sind. Diese Funktionen können nicht sämtlich ein und denselben Faktor enthalten, da ja die linken Seiten der obigen Gleichungen sonst ebenfalls diesen Faktor enthalten müßten, was unserer Festsetzung widerspricht. Wegen der gefundenen Eigenschaft definieren diese Gleichungen, wenn wir die Koeffizienten $a_1, \ldots, a_N$ von F als homogene Punktkoordinaten in einem Raume R von $N-1$ Dimensionen deuten, gewisse algebraische Gebilde, welche von niedrigerer als von der $(N-2)$-ten Dimension sind, und somit hat sich ergeben, daß die Funktion Θ bei beliebiger Wahl der Punkte $A_1, \ldots, A_{n-4}$, A nur dann identisch verschwinden kann, wenn die Koeffizienten $a_1, \ldots, a_N$ der betreffenden Form F im Raume R von $N-1$ Dimensionen einen Punkt darstellen, welcher auf gewissen algebraischen Gebilden von niederer als der $(N-2)$-ten Dimension gelegen ist.

8.

Wir sind nun in den Stand gesetzt, die am Schlusse des Abschnittes 6 gefundenen Resultate auf alle definiten Formen auszudehnen. Zu dem Zwecke beweisen wir zuvor den folgenden Satz:

Es sei $f_1, f_2, \ldots$ eine unendliche Reihe definiter Formen, von denen jede eine Darstellung in der oben gefundenen Weise gestattet und deren Koeffizienten in der Grenze bezüglich den Koeffizienten einer bestimmten Form F gleich sind: diese Form F ist dann ebenfalls in der fraglichen Weise darstellbar.

Zum Beweise setzen wir

$$f_s = \frac{\varphi_s^2 + \psi_s^2 + \chi_s^2}{h_s}, \qquad (s = 1, 2, \ldots)$$

und denken uns für jeden Wert von s den Bruch auf der rechten Seite so eingerichtet, daß der absolut größte Koeffizient in den Formen $\varphi_s, \psi_s, \chi_s$ der Einheit gleich wird, was sich offenbar stets erreichen läßt, indem wir Zähler und Nenner des Bruches durch das Quadrat dieses absolut größten Koeffizienten dividieren. Da nach der Voraussetzung auch die Koeffizienten der Formen f_s sämtlich absolut genommen unter einer gewissen Grenze liegen, so gilt das nämliche auch von den Koeffizienten h_s. Betrachten wir nun die unendliche Reihe der Koeffizienten in den Formen $\varphi_s, \psi_s, \chi_s, h_s$, so folgt aus einem bekannten Satze, daß sich mindestens *ein* System von zugehörigen Werten finden läßt, in dessen Umgebung sich die Koeffizientenwerte der

Formenreihe verdichten. Die aus diesen Verdichtungswerten gebildeten Formen bezeichnen wir mit Φ, Ψ, X, H. Dann ist es für ein beliebig klein vorgeschriebenes δ stets möglich, eine Zahl s zu finden, so daß

$$|\Phi - \varphi_s| < \delta, \quad |\Psi - \psi_s| < \delta, \quad |X - \chi_s| < \delta, \quad |H - h_s| < \delta$$

ausfällt. Hieraus kann leicht bewiesen werden, daß

$$H F = \Phi^2 + \Psi^2 + X^2$$

ist; wäre nämlich

$$H F - \Phi^2 - \Psi^2 - X^2 = \Delta,$$

wo Δ eine Form ist, welche mindestens *einen* von 0 verschiedenen Koeffizienten hat, so setze man

$$H = h_s + \pi_s, \quad F = f_s + \varkappa_s, \quad \Phi = \varphi_s + \delta_s, \quad \Psi = \psi_s + \varepsilon_s, \quad X = \chi_s + \eta_s,$$

in die letztere Gleichung ein und beachte, daß durch geeignete Wahl von s sämtliche Koeffizienten der Formen π_s, $\varkappa_s$, δ_s, ε_s, η_s unter jeden noch so kleinen Wert herabgedrückt werden können. Hiermit aber wäre es unvereinbar, daß Δ einen von 0 verschiedenen Koeffizienten hat.

Durch eine leichte Überlegung folgt zugleich, daß notwendigerweise, wenn für jedes s die 3 Formen φ_s, ψ_s, χ_s eine gewisse Anzahl gemeinsamer Nullstellen haben, auch die Grenzformen Φ, Ψ, X ebenso viele gemeinsame Nullstellen besitzen müssen.

Der leichteren Darstellung wegen deuten wir im folgenden die N Koeffizienten $a_1, \ldots, a_N$ der Form F als homogene Punktkoordinaten im Raume R von $N - 1$ Dimensionen und betrachten in diesem Raume zunächst die durch die Gleichung $D = 0$ dargestellte Fläche, wo D die Diskriminante der Form F bedeutet. Diese Fläche ist von der $(N-2)$-ten Dimension und teilt den Raum in verschiedene Gebiete. Wir denken uns ferner in dem Raume R die durch die Gleichungen $C_1 = 0, \ldots, C_M = 0$ dargestellten algebraischen Gebilde konstruiert; dieselben sind den Ausführungen des vorigen Abschnittes zufolge von niederer als von der $(N-2)$-ten Dimension. Nunmehr fassen wir insbesondere diejenigen Punkte des Raumes R ins Auge, welche den definiten Formen entsprechen. Wie leicht einzusehen und auch bereits in meiner oben zitierten Arbeit: „Über die Darstellung definiter Formen als Summe von Formenquadraten"[1] bewiesen worden ist, können zwei definite Formen durch stetige Änderung der reellen Koeffizienten ineinander übergeführt werden, ohne daß dabei eine Form mit verschwindender Diskriminante passiert wird, d. h. die den definiten Formen entsprechenden Punkte des Raumes R erfüllen ein einziges zusammenhängendes Gebiet. An der Grenze dieses Gebietes liegen

---

[1] Vgl. Math. Ann. Bd. 32 S. 344; dieser Band Abh. 10, S. 156.

solche Punkte, denen definite Formen mit verschwindender Diskriminante entsprechen, und außerdem ragen in jenes Gebiet der definiten Formen noch isolierte Gebilde von der $(N-3)$-ten und von niederen Dimensionen hinein, deren Punkte ebenfalls Formen mit verschwindender Diskriminante darstellen. Da die Gebilde $C_1 = 0, \ldots, C_M = 0$ ebenfalls höchstens von der $(N-3)$-ten Dimension sind, so können auch diese den Zusammenhang des Gebietes der definiten Formen nicht stören, und wenn daher f und F zwei definite Formen sind, so ist es stets möglich, durch stetige Änderung der reellen Koeffizienten die Form f in die Form F überzuführen, ohne daß dabei ein Punkt der Diskriminantenfläche $D = 0$ oder ein Punkt des Gebildes $C_1 = 0, \ldots, C_M = 0$ überschritten wird.

Wir verstehen jetzt unter f die in Abschnitt 4 konstruierte definite Form. Da die Berührungspunkte $U_1, \ldots, U_p$ nicht auf einer Kurve $(n-3)$-ter Ordnung liegen, so verschwindet die Funktion Θ nicht identisch, und der entsprechende Punkt im Raume R liegt daher nicht auf jenen Gebilden $C_1 = 0, \ldots, C_M = 0$, zugleich liegt derselbe außerhalb der Diskriminantenfläche. Nun bezeichne F irgend eine beliebige definite Form, so daß der entsprechende Punkt entweder außerhalb oder auf jenen besonderen Gebilden zu liegen kommt. Dann verbinde ich in der eben betrachteten Weise f mit F durch einen Weg, auf welchem die Form f stetig in F übergeht, ohne daß dabei ein auf jenen besonderen Gebilden gelegener Punkt passiert wird.

Wir führen nunmehr den Beweis dafür, daß jedem Punkte dieses Weges eine Form entspricht, welche die fragliche Darstellung als Quotient gestattet. In der Tat, wenn wir den Weg bis zu einem bestimmten Punkte hin durchlaufen und wenn allen bis dahin durchlaufenen Punkten Formen entsprechen, welche jene Darstellung gestatten, so ist auch für die diesem Punkte entsprechende Form jene Darstellung möglich, wie aus dem zu Anfang dieses Abschnittes bewiesenen Satze folgt. Andererseits ergibt sich aus Abschnitt 6 die folgende Tatsache: wenn für eine Form F, welche einem Punkte des konstruierten Weges entspricht, die Darstellbarkeit bereits bewiesen worden ist, so läßt sich von diesem Punkte ab auf dem Wege stets ein endliches Stück abgrenzen derart, daß auch alle diesem Wegstücke entsprechende Formen jene Darstellung gestatten, und da die dem Endpunkt des Weges entsprechende Form F eine beliebige definite Form ist, so haben wir den folgenden Satz bewiesen:

Jede beliebige ternäre definite Form F von der n-ten Ordnung ist in der Gestalt darstellbar

$$F = \frac{\Phi^2 + \Psi^2 + X^2}{H},$$

wo Φ, Ψ, X Formen mit reellen Koeffizienten von der $(n-2)$-ten Ordnung sind, und H die $(n-4)$-te Ordnung besitzt.

9.

Das eben gewonnene Ergebnis liefert unmittelbar den Beweis für den in der Einleitung ausgesprochenen Satz; denn die rechter Hand im Nenner des Bruches auftretende Form H von der $(n-4)$-ten Ordnung ist offenbar ebenfalls eine definite Form und gestattet daher wiederum nach eben jenem Satze die Darstellung als Bruch, dessen Zähler eine Summe von 3 Formenquadraten und dessen Nenner eine definite Form von der $(n-8)$-ten Ordnung ist. Durch Fortsetzung dieses Verfahrens gelangen wir schließlich zu einem Bruche, dessen Nenner eine Konstante oder eine quadratische definite Form ist. Da letztere ebenfalls einer Summe von Formenquadraten gleich ist, so erhalten wir nach Ausführung der Multiplikationen eine Darstellung der ursprünglichen Form F als Quotient von Quadratsummen. Wir sprechen den so gewonnenen Satz wie folgt aus:

Eine jede ternäre definite Form F läßt sich in der Gestalt

$$F = \frac{\Phi_1^2 + \Phi_2^2 + \cdots + \Phi_P^2}{\varphi_1^2 + \varphi_2^2 + \cdots + \varphi_\varrho^2}$$

darstellen, wo $\Phi_1, \Phi_2, \ldots, \Phi_P, \varphi_1, \varphi_2, \ldots, \varphi_\varrho$ Formen mit reellen Koeffizienten sind.

Königsberg in Pr., 18. Februar 1892.

21. Ein Beitrag zur Theorie des Legendreschen Polynoms.

[Acta Mathematica Bd. 18, S. 155—159 (1894).]

Die vorliegende Mitteilung beschäftigt sich mit der Frage nach dem kleinsten von 0 verschiedenen Werte, dessen das Integral

$$I = \int_{\alpha}^{\beta} [f(x)]^2 dx \qquad (\beta > \alpha)$$

fähig ist, wenn man für $f(x)$ eine ganze rationale Funktion $(n-1)$-ten Grades mit *ganzzahligen* Koeffizienten wählt und wenn man unter α und β gegebene Konstanten versteht. Wird

$$f(x) = a_1 x^{n-1} + a_2 x^{n-2} + \cdots + a_n$$

gesetzt, so geht das Integral in eine definite quadratische Form der n Veränderlichen $a_1, a_2, \ldots, a_n$ über:

$$I = \sum^{i,k} \alpha_{ik} a_i a_k \qquad (i, k = 1, 2, \ldots, n),$$

deren Koeffizienten durch die Formel

$$\alpha_{ik} = \int_{\alpha}^{\beta} x^{2n-i-k} dx = \frac{\beta^{2n-i-k+1} - \alpha^{2n-i-k+1}}{2n-i-k+1}$$

gegeben sind.

Um eine obere Grenze für das Minimum dieser quadratischen Form I zu erhalten, bedarf es der Berechnung ihrer Diskriminante

$$D_{\alpha\beta} = \begin{vmatrix} \alpha_{11} & \alpha_{12} & \ldots & \alpha_{1n} \\ \alpha_{21} & \alpha_{22} & \ldots & \alpha_{2n} \\ \cdot & \cdot & \cdot & \cdot \\ \alpha_{n1} & \alpha_{n2} & \ldots & \alpha_{nn} \end{vmatrix}.$$

Ersetzen wir in dieser Determinante jedes Element durch seinen Integralausdruck und verwenden dabei in allen Elementen der ersten Horizontalreihe die Integrationsveränderliche $x = x_1$, in den Elementen der 2-ten, ..., n-ten Horizontalreihe bezüglich die Integrationsveränderlichen $x = x_2, \ldots, x = x_n$, so stellt sich die Diskriminante der quadratischen Form I als ein n-faches Integral von der folgenden Gestalt dar:

$$D_{\alpha\beta} = \int_\alpha^\beta \cdots \int_\alpha^\beta x_1^{n-1} x_2^{n-2} \cdots x_n^0 \prod^{i<k} (x_i - x_k)\, dx_1 \cdots dx_n .$$

Die Vertauschung der n Integrationsveränderlichen $x_1, \ldots, x_n$ und die Addition der dadurch entstehenden Gleichungen liefert dann

$$D_{\alpha\beta} = \frac{1}{n!} \int_\alpha^\beta \cdots \int_\alpha^\beta \prod^{i<k} (x_i - x_k)^2\, dx_1 \cdots dx_n$$

und wenn wir mittels

$$x_i = \tfrac{1}{2}(\beta - \alpha)\, y_i + \tfrac{1}{2}(\beta + \alpha) \qquad (i = 1, 2, \ldots, n)$$

die neuen Integrationsveränderlichen $y_1, \ldots, y_n$ einführen, *so gewinnen wir die Formel*

$$D_{\alpha\beta} = \left(\frac{\beta - \alpha}{2}\right)^{n^2} D,$$

wo zur Abkürzung $D = D_{-1,+1}$ gesetzt ist.

Beispielsweise folgt für $\alpha = 0$, $\beta = 1$

$$D = 2^n \begin{vmatrix} 1 & 0 & \frac{1}{3} & 0 & \frac{1}{5} & \cdots \\ 0 & \frac{1}{3} & 0 & \frac{1}{5} & 0 & \cdots \\ \frac{1}{3} & 0 & \frac{1}{5} & 0 & \frac{1}{7} & \cdots \\ \cdot & \cdot & \cdot & \cdot & \cdot & \cdots \end{vmatrix} = 2^{n^2} \begin{vmatrix} 1 & \frac{1}{2} & \frac{1}{3} & \frac{1}{4} & \cdots & \frac{1}{n} \\ \frac{1}{2} & \frac{1}{3} & \frac{1}{4} & \frac{1}{5} & \cdots & \frac{1}{n+1} \\ \frac{1}{3} & \frac{1}{4} & \frac{1}{5} & \frac{1}{6} & \cdots & \frac{1}{n+2} \\ \cdot & \cdot & \cdot & \cdot & \cdots & \cdot \\ \frac{1}{n} & \frac{1}{n+1} & \frac{1}{n+2} & \frac{1}{n+3} & \cdots & \frac{1}{2n-1} \end{vmatrix}.$$

Um nun D zu berechnen, entwickeln wir die ganze rationale Funktion $f(x)$ in eine nach Legendreschen Polynomen X_m fortschreitende Reihe. Wegen

$$x^m = c_m X_m + c'_m X_{m-1} + \cdots + c_m^{(m)} X_0 ,$$

wo

$$c_m = \frac{m!}{1 \cdot 3 \cdot 5 \cdots (2m-1)}$$

ist, erhalten wir

$$\begin{aligned} f(x) &= a_1(c_{n-1} X_{n-1} + c'_{n-1} X_{n-2} + \cdots) + a_2(c_{n-2} X_{n-2} + c'_{n-2} X_{n-3} + \cdots) + \cdots \\ &= c_{n-1} a_1 X_{n-1} + (c'_{n-1} a_1 + c_{n-2} a_2) X_{n-2} + (c''_{n-1} a_1 + c'_{n-2} a_2 + c_{n-3} a_3) X_{n-3} + \cdots \end{aligned}$$

und mit Hilfe der Formeln

$$\int_{-1}^{+1} X_m^2\, dx = \frac{2}{2m+1}, \qquad \int_{-1}^{+1} X_m X_k\, dx = 0 \qquad (m \neq k)$$

folgt somit

$$[I]_{\substack{\alpha=-1\\ \beta=+1}} = \int\limits_{-1}^{+1} f^2(x)\,dx = \frac{2}{2n-1}b_1^2 + \frac{2}{2n-3}b_2^2 + \frac{2}{2n-5}b_3^2 + \cdots,$$

wo

$$\begin{aligned} b_1 &= c_{n-1}a_1, \\ b_2 &= c'_{n-1}a_1 + c_{n-2}a_2, \\ b_3 &= c''_{n-1}a_1 + c'_{n-2}a_2 + c_{n-3}a_3, \\ &\cdots\cdots\cdots\cdots\cdots \end{aligned}$$

gesetzt ist. Auf Grund dieser Darstellung als Summe von Quadraten linearer Formen gewinnt man für die Diskriminante D den Wert

$$\begin{aligned} D &= \frac{2^n}{1\cdot 3\cdot 5\cdots(2n-1)}(c_0 c_1\cdots c_{n-1})^2 \\ &= 2^{n^2}\frac{\{1^{n-1}\,2^{n-2}\cdots(n-2)^2\,(n-1)^1\}^4}{1^{2n-1}\,2^{2n-2}\cdots(2n-2)^2\,(2n-1)^1}, \end{aligned}$$

und hierin ist die rechte Seite genau identisch mit $\frac{2^{n^2}}{\Delta}$, wo Δ denjenigen Wert bedeutet, welchen ich in meiner Abhandlung: *Über die Diskriminante der im Endlichen abbrechenden hypergeometrischen Reihe*[1] für die Diskriminante des einer gewissen linearen Transformation unterworfenen Legendreschen Polynoms n-ten Grades erhalten habe. Unter Berücksichtigung der oben für D aufgestellten Formel folgt hieraus das Resultat:

Die Diskriminante der quadratischen Form $\int\limits_0^1 f^2(x)\,dx$ *hat den Wert*

$$\begin{vmatrix} 1 & \frac{1}{2} & \frac{1}{3} & \cdots & \frac{1}{n} \\ \frac{1}{2} & \frac{1}{3} & \frac{1}{4} & \cdots & \frac{1}{n+1} \\ \frac{1}{3} & \frac{1}{4} & \frac{1}{5} & \cdots & \frac{1}{n+2} \\ \cdot & \cdot & \cdot & \cdots & \cdot \\ \frac{1}{n} & \frac{1}{n+1} & \frac{1}{n+2} & \cdots & \frac{1}{2n-1} \end{vmatrix} = \frac{\{1^{n-1}\,2^{n-2}\cdots(n-2)^2\,(n-1)^1\}^4}{1^{2n-1}\,2^{2n-2}\cdots(2n-2)^2\,(2n-1)^1}$$

und stimmt genau überein mit dem reziproken Wert der Diskriminante der Gleichung n-ten Grades

$$\xi^n + \binom{n}{1}^2\xi^{n-1} + \binom{n}{2}^2\xi^{n-2} + \cdots + 1 = 0,$$

deren linke Seite sich durch eine lineare Transformation der Veränderlichen ξ ***in das Legendresche Polynom*** X_n ***überführen läßt.***

[1] Crelles J. Bd. 103 S. 342; siehe auch diesen Band Abh. 8, S. 145.

Wir kehren zu der ursprünglich gestellten Frage zurück. Die Anwendung der Stirlingschen Formel liefert, wenn N eine positive Zahl bedeutet, die Gleichung

$$N\,l\,1 + (N-1)\,l\,2 + \cdots + 2\,l(N-1) + 1\,l\,N = \tfrac{1}{2}N^2\,l\,N - \tfrac{3}{4}N^2(1+\varepsilon_N)\,,$$

wo ε_n eine mit wachsendem N verschwindende Zahl bedeutet. Mit Hilfe dieser Formel findet man leicht

$$l\,D = (1+\varepsilon_n')\,l(2^{-n^2})\,,$$

wo ε_n' mit wachsendem n verschwindet, d. h.

$$D = \eta_n\, 2^{-n^2}$$

und folglich

$$D_{\alpha\beta} = \eta_n \left(\frac{\beta-\alpha}{4}\right)^{n^2},$$

wo η_n mit wachsendem n sich der Einheit nähert.

Nun ist es, einem Satze von H. Minkowski[1] zufolge, stets möglich, in einer definiten quadratischen Form die n Veränderlichen derart als ganze Zahlen zu bestimmen, daß der Wert der quadratischen Form kleiner ausfällt als das n-fache der n-ten Wurzel aus ihrer Diskriminante. Wird daher die positive Differenz $\beta - \alpha$ kleiner als 4 angenommen, so folgt, daß es stets möglich ist, eine ganze rationale Funktion $f(x)$ mit ganzzahligen Koeffizienten zu bestimmen, für welche der Wert des Integrals $I = \int\limits_\alpha^\beta f^2(x)\,dx$ kleiner ausfällt als $n\eta_n'\left(\frac{|\beta-\alpha|}{4}\right)^n$. Da aber $\eta_n' = \sqrt[n]{\eta_n}$ mit wachsendem n sich ebenfalls der Einheit nähert, so erhalten wir das Resultat:

Das Integral $\int\limits_\alpha^\beta f^2(x)\,dx$ *kann einen beliebig kleinen positiven Wert erhalten, wenn man die ganze ganzzahlige Funktion* $f(x)$ *geeignet wählt, vorausgesetzt, daß das Integrationsintervall* α *bis* β *kleiner als* 4 *ist.*

Königsberg i. Pr., 13. März 1893.

---

[1] Crelles J. Bd. 107 S. 291.

22. Zur Theorie der aus n Haupteinheiten gebildeten komplexen Größen.

[Nachrichten der Gesellschaft der Wissenschaften zu Göttingen 1896. S. 179—183.]

Im Anschluß an die in diesen Nachrichten vom Jahre 1884 veröffentlichten Untersuchungen von K. WEIERSTRASS über komplexe Zahlensysteme hat R. DEDEKIND in diesen Nachrichten vom Jahre 1885 einen Satz aufgestellt und bewiesen, dessen wesentlicher Inhalt sich wie folgt aussprechen läßt:

Man denke sich $e_1, \ldots, e_n$ als n komplexe Haupteinheiten eines Zahlengebietes A, und es sei die lineare Verbindung

$$\alpha = \alpha_1 e_1 + \cdots + \alpha_n e_n$$

mit beliebigen reellen oder imaginären Koeffizienten $\alpha_1, \ldots, \alpha_n$ der allgemeinste eindeutige Ausdruck einer Zahl jenes komplexen Zahlengebietes A. Das Produkt zweier Haupteinheiten sei durch die Formeln

$$e_i e_k = \varepsilon_1^{(ik)} e_1 + \cdots + \varepsilon_n^{(ik)} e_n \qquad (i, k, = 1, 2, \ldots, n) \tag{1}$$

definiert, wo $\varepsilon_1^{(ik)}, \ldots, \varepsilon_n^{(ik)}$ gewöhnliche reelle oder imaginäre Zahlen bedeuten. Für die Zahlen α des komplexen Gebietes A sollen die gewöhnlichen Gesetze der Addition und Multiplikation, nämlich das assoziative, das kommutative und das distributive Gesetz Gültigkeit haben, woraus unmittelbar für die Konstanten $\varepsilon_1^{(ik)}, \ldots, \varepsilon_n^{(ik)}$ die Bedingungen

$$\left.\begin{aligned} \varepsilon_s^{(ik)} &= \varepsilon_s^{(ki)}, \\ \sum_{(s)} \varepsilon_t^{(is)} \varepsilon_s^{(rk)} &= \sum_{(s)} \varepsilon_t^{(ks)} \varepsilon_s^{(ri)} \end{aligned}\right\} \qquad (i, k, s, t, r = 1, 2, \ldots, n)$$

folgen. Dementsprechend geschehe das Rechnen mit den Zahlen α des komplexen Gebietes A so, als wären $e_1, \ldots, e_n$ unbestimmte Parameter, deren Produkte und Potenzen man vermöge der Gleichungen (1) stets auf lineare Kombinationen dieser Parameter $e_1, \ldots, e_n$ zurückzuführen habe.

Soll dann noch für das komplexe Zahlengebiet A der Umstand zutreffen, daß das Quadrat einer Zahl α des komplexen Gebietes nur dann verschwinden kann, wenn die Zahl α selbst verschwindet, so ist es stets möglich, an Stelle der Haupteinheiten $e_1, \ldots, e_n$ gewisse lineare Kombinationen $e'_1, \ldots, e'_n$ derselben mit nicht verschwindender Determinante als neue Haupteinheiten einzuführen, für welche die einfachen Multiplikationsregeln

$$\left.\begin{aligned} e_i'^2 &= e_i', \\ e_i' e_k' &= 0 \quad (i \neq k) \end{aligned}\right\} \qquad (i, k = 1, \ldots, n) \tag{2}$$

gelten und durch welche offenbar wird, daß jede Rechnung in dem komplexen Zahlengebiete A auf n parallel laufende Rechnungen im Gebiete der gewöhnlichen reellen oder imaginären Zahlen hinauskommt.

Die diesem Satze von R. Dedekind zugrunde liegende rein algebraische Tatsache ist vor kurzem von G. Frobenius in den Berliner Sitzungsberichten auf neue und einfachere Art bewiesen und verallgemeinert worden. Die nachfolgenden Zeilen sollen zeigen, wie der Dedekindsche Satz ohne rechnerische Hilfsmittel aus einem allgemeinen Theoreme fließt, welches ich in meinen Untersuchungen über die Theorie der algebraischen Invarianten benutzt habe und welches wie folgt lautet:

Es seien m ganze rationale homogene Funktionen $f_1, \ldots, f_m$ der n Veränderlichen $x_1, \ldots, x_n$ vorgelegt, und ferner sei F eine ganze rationale Funktion der nämlichen Veränderlichen $x_1, \ldots, x_n$ von der Beschaffenheit, daß sie für alle diejenigen Wertsysteme dieser Veränderlichen verschwindet, für welche die vorgelegten m Funktionen $f_1, \ldots, f_m$ sämtlich zugleich verschwinden: dann ist es stets möglich, eine ganze Zahl h zu bestimmen derart, daß die h-te Potenz der Funktion F dargestellt werden kann in der Gestalt

$$F^h = A_1 f_1 + \cdots + A_m f_m,$$

wo $A_1, \ldots, A_m$ geeignet gewählte ganze rationale Funktionen der Veränderlichen $x_1, \ldots, x_n$ sind.

Dieses Theorem habe ich für den Fall, daß es sich um homogene Funktionen handelt, in den Mathematischen Annalen Bd. 42 S. 320 bis 325 ausgesprochen und bewiesen[1]. Im vorliegenden allgemeineren Falle inhomogener Funktionen braucht man nur eine $(n+1)$-te homogen machende Veränderliche einzufügen und zugleich noch die Funktion F mit einer Potenz dieser neuen Veränderlichen zu multiplizieren; wendet man dann das von mir bewiesene Theorem für homogene Funktionen an, so ergibt sich unmittelbar auch die Gültigkeit desselben für den allgemeineren Fall.

Wir beweisen zunächst die Tatsache, daß die Gleichungen (1), wenn wir darin $e_1, \ldots, e_n$ als unbekannte Größen auffassen, außer dem Lösungssystem $e_1 = 0, \ldots, e_n = 0$ noch genau n weitere Lösungssysteme

$$e_1 = e_1^{(k)}, \ldots, e_n = e_n^{(k)} \qquad (k = 1, 2, \ldots, n) \tag{3}$$

---

[1] Dieser Band Abh. 16, S. 293—299. Vgl. auch meine Note „Über die Theorie der algebraischen Invarianten" in Nachr. Ges. Wiss. Göttingen 1891.

besitzen und daß die n-reihige Determinante E aus den letzteren n Lösungssystemen von 0 verschieden ist.

In der Tat: es kann die Anzahl solcher Lösungssysteme $e_1 = e_1^*, \ldots, e_n = e_n^*$ der Gleichungen (1) nicht größer als n sein. Denn verstehen wir unter $u_1, \ldots, u_n$ Unbestimmte und setzen

$$u = u_1 e_1^* + \cdots + u_n e_n^*,$$

so wird unter Anwendung der Gleichungen (1)

$$\left.\begin{array}{l} u e_1^* = l_{11} e_1^* + \cdots + l_{1n} e_n^*, \\ \cdots\cdots\cdots\cdots \\ u e_n^* = l_{n1} e_1^* + \cdots + l_{nn} e_n^*, \end{array}\right\} \qquad (4)$$

wo $l_{11}, \ldots, l_{nn}$ lineare Funktionen von $u_1, \ldots, u_n$ sind, deren Koeffizienten in leicht anzugebender Weise sich aus $\varepsilon_1^{(ik)}, \ldots, \varepsilon_n^{(ik)}$ zusammensetzen. Die Elimination von $e_1^*, \ldots, e_n^*$ aus (4) liefert

$$\begin{vmatrix} l_{11} - u, & \ldots, & l_{1n} \\ \cdot & \cdots & \cdot \\ l_{n1}, & \ldots, & l_{nn} - u \end{vmatrix} = 0,$$

und da dies eine Gleichung n-ten Grades in u darstellt, so gibt es höchstens n verschiedene Ausdrücke für u.

Andererseits besitzen die Gleichungen (1) keinesfalls insgesamt weniger als n Lösungssysteme und auch keinesfalls nur solche n Lösungssysteme, für welche die zugehörige n-reihige Determinante E verschwindet, wobei stets von dem Lösungssystem $e_1 = 0, \ldots, e_n = 0$ abgesehen wird. Denn wäre dies der Fall, so ließe sich offenbar eine lineare homogene Funktion von $e_1, \ldots, e_n$ von der Gestalt

$$\alpha = \alpha_1 e_1 + \cdots + \alpha_n e_n$$

mit reellen oder imaginären, nicht sämtlich verschwindenden Koeffizienten $\alpha_1, \ldots, \alpha_n$ ermitteln, welche für alle gemeinsamen Nullstellen der n^2 Funktionen

$$E_{ik} = e_i e_k - \varepsilon_1^{(ik)} e_1 - \cdots - \varepsilon_n^{(ik)} e_n$$

selber verschwindet, und es müßte daher nach dem eben ausgesprochenen Theorem einen Exponenten h geben derart, daß für die h-te Potenz der linearen Funktion α identisch in $e_1, \ldots, e_n$ eine Gleichung von der Gestalt

$$\alpha^h = A_{11} E_{11} + A_{12} E_{12} + \cdots + A_{nn} E_{nn} \qquad (5)$$

gilt, wo $A_{11}, A_{12}, \ldots, A_{nn}$ geeignete ganze rationale Funktionen von $e_1, \ldots, e_n$ sind. Fassen wir nun α als Zahl des komplexen Gebietes A auf, so wird infolge der Identität (5) notwendig $\alpha^h = 0$, und wenn etwa 2^γ eine über h hinausliegende Potenz von 2 ist, so wird offenbar auch $\alpha^{2^\gamma} = 0$ sein. Der Umstand, daß im Zahlengebiet A jede Zahl verschwinden muß, deren Quadrat verschwindet, bedingt nun der Reihe nach die Gleichungen

$$\alpha^{2^\eta-1}=0,\quad \alpha^{2^\eta-2}=0,\ldots,\quad \alpha^2=0,\quad \alpha=0,$$

d. h. es müßte

$$\alpha_1=0,\ldots,\alpha_n=0$$

sein, was der Bestimmungsweise der Koeffizienten $\alpha_1,\ldots,\alpha_n$ widerspricht. Damit ist der Nachweis dafür erbracht, daß die Gleichungen (1) außer dem Lösungssystem $e_1=0,\ldots,e_n=0$ genau n Lösungssysteme (3) besitzen und daß die Determinante E dieser n Lösungssysteme von 0 verschieden ist.

Wir setzen nunmehr

$$e_k'=\frac{E_1^{(k)}e_1+\cdots+E_n^{(k)}e_n}{E}\qquad (k=1,2,\ldots,n),$$

wo $E_1^{(k)},\ldots,E_n^{(k)}$ die Unterdeterminanten von E bezüglich für die Elemente $e_1^{(k)},\ldots,e_n^{(k)}$ bedeuten. Dann sind $e_1',\ldots,e_n'$ solche n lineare homogene Funktionen von $e_1,\ldots,e_n$ mit der Determinante $\frac{1}{E}$, welche für die n Lösungssysteme (3) bezüglich die n Wertsysteme

$$\left.\begin{array}{l}e_1'=1,\quad e_2'=0,\ldots,\quad e_n'=0,\\ e_1'=0,\quad e_2'=1,\ldots,\quad e_n'=0,\\ \ldots\ldots\ldots\ldots\ldots\\ e_1'=0,\quad e_2'=0,\ldots,\quad e_n'=1\end{array}\right|\qquad (6)$$

annehmen. Setzen wir daher die Multiplikationsregeln für die neuen Haupteinheiten $e_1',\ldots,e_n'$ in der Gestalt

$$e_i'e_k'=\varepsilon_1'^{(ik)}e_1'+\cdots+\varepsilon_n'^{(ik)}e_n'\qquad (i,k=1,2,\ldots,n)$$

an, so müssen dieselben, als Gleichungen aufgefaßt, die n Lösungssysteme (6) zulassen, und hieraus ergibt sich sofort ihre Übereinstimmung mit (2). Damit ist der Beweis des Dedekindschen Satzes erbracht.

Um die in der genannten Abhandlung von R. Dedekind aufgestellten Behauptungen in allen Teilen zu beweisen, ist die Betrachtung der Determinante

$$\varDelta=\begin{vmatrix}\varDelta_{11},\ldots,\varDelta_{1n}\\ \ldots\ldots\\ \varDelta_{n1},\ldots,\varDelta_{nn}\end{vmatrix}$$

nötig, worin

$$\varDelta_{ik}=\sum_{(r,s)}\varepsilon_r^{(rs)}\varepsilon_s^{(ik)}$$

gesetzt ist. Mit Benutzung der neu eingeführten Haupteinheiten $e_1',\ldots,e_n'$ kann man leicht einsehen, daß die Determinante $\varDelta$ von 0 verschieden ist. Läßt man jedoch für das Zahlensystem die oben gestellte Forderung fallen, wonach das Quadrat jeder von 0 verschiedenen komplexen Zahl ebenfalls von 0 verschieden ist, und führt eine solche Zahl, deren Quadrat verschwindet, zugleich mit geeignet gewählten $n-1$ weiteren Zahlen als neue Haupteinheiten ein, so erkennt man sofort, daß die Determinante Δ verschwindet. Die Forderung, daß Δ von 0 verschieden bleibt, ist daher mit der in Rede stehenden Forderung für das System der komplexen Zahlen gleichbedeutend.

Wenn eine ganze rationale Funktion F von $e_1, \ldots, e_n$ ohne konstantes Glied, als komplexe Zahl aufgefaßt, verschwinden soll, so ist dazu notwendig und hinreichend, daß die Funktion numerisch verschwindet, wenn man in ihr jedes der n Lösungssysteme (3) für $e_1, \ldots, e_n$ einsetzt. In der Tat ist diese Bedingung offenbar notwendig; sie ist aber auch zugleich hinreichend, da ja dann nach dem oben ausgesprochenen allgemeinen Theorem jedenfalls eine Potenz von F eine Kombination der Ausdrücke E_{ik} sein muß und sich hieraus wiederum ergibt, daß F selbst, als komplexe Zahl betrachtet, verschwindet.

Göttingen, den 3. Juli 1896.

23. Über die Theorie der algebraischen Invarianten.

[Math. papers read at the international Math. Congress Chikago 1893 S. 116—124. New York: Macmillan & Co. 1896.]

Unter den algebraischen Funktionen von mehreren Veränderlichen nehmen die sogenannten algebraischen Invarianten wegen ihrer merkwürdigen Eigenschaften eine ausgezeichnete Stellung ein. Die Theorie dieser Gebilde erhob sich, von speziellen Aufgaben ausgehend, rasch zu großer Allgemeinheit[1] — dank vor allem dem Umstande, daß es gelang, eine Reihe von besonderen der Invariantentheorie eigentümlichen Prozessen zu entdecken, deren Anwendung die Aufstellung und Behandlung invarianter Bildungen beträchtlich erleichterte. Seit dieser Entdeckung ist die mathematische Literatur reich an Abhandlungen, welche vorzugsweise die technische Vervollkommnung dieser Prozesse und der auf denselben begründeten sogenannten symbolischen Methoden bezwecken. Ich habe nun in einer Reihe von Abhandlungen[2] die Invariantentheorie nach neuen, von den genannten Methoden wesentlich verschiedenen Prinzipien entwickelt. Das Nachfolgende enthält eine kurze Übersicht über die hauptsächlichsten Resultate, zu welchen ich mit Hilfe dieser neuen Prinzipien gelangt bin.

Obwohl die mitzuteilenden Prinzipien für Grundformen und Grundformensysteme mit beliebig vielen Veränderlichen und Veränderlichenreihen ausreichen, so werde ich doch der Kürze und des leichteren Verständnisses wegen zunächst nur eine einzige binäre Grundform f von der n-ten Ordnung mit den Veränderlichen x_1, x_2 und mit den Koeffizienten a zugrunde legen. In dieser Grundform werde

$$x_1 = \alpha_{11} y_1 + \alpha_{12} y_2,$$
$$x_2 = \alpha_{21} y_1 + \alpha_{22} y_2$$
$$(\delta = \alpha_{11}\alpha_{22} - \alpha_{12}\alpha_{21})$$

---

[1] Vgl. den umfassenden von Franz Meyer im Jber. dtsch. Math.-Ver. Bd. 1 (1892) S. 79 veröffentlichten Bericht „Über den gegenwärtigen Stand der Invariantentheorie".

[2] Vgl. die beiden zusammenfassenden Arbeiten des Verfassers „Über die Theorie der algebraischen Formen", Math. Ann. Bd. 36 S. 473 und „Über die vollen Invariantensysteme", Bd. 42 S. 313, sowie die kürzeren Mitteilungen „Zur Theorie der algebraischen Gebilde", Nachr. Ges. Wiss. Göttingen 1888 S. 450 (erste Note) und 1889 S. 25 und 423 (zweite und dritte Note), und „Über die Theorie der algebraischen Invarianten", Nachr. Ges. Wiss. Göttingen 1891 S. 232 (erste Note) und 1892 S. 6 und 439 (zweite und dritte Note); siehe auch diesen Band Abh. 16, 19 und 13, 14, 15.

eingesetzt; die Koeffizienten b der transformierten Form g sind dann ganze rationale Funktionen vom ersten Grade in den a und vom n-ten Grade in den $\alpha_{11}, \alpha_{12}, \alpha_{21}, \alpha_{22}$. Unter „Invariante" ohne weiteren Zusatz verstehen wir stets eine solche ganze rationale homogene Funktion der Koeffizienten a der Grundform f, welche sich nur mit einer Potenz der Substitutionsdeterminante δ multipliziert, wenn man die Koeffizienten a durch die entsprechenden Koeffizienten b der transformierten Grundform g ersetzt. Die wichtigsten bekannten Eigenschaften der Invarianten sind:

1. Die Invarianten lassen die linearen Transformationen einer gewissen kontinuierlichen Gruppe zu.

2. Die Invarianten genügen gewissen partiellen linearen Differentialgleichungen.

3. Jede algebraische und insbesondere jede rationale Funktion von beliebig vielen Invarianten, welche in den Koeffizienten a der Grundformen ganz, rational und homogen wird, ist wiederum eine Invariante.

Das System aller Invarianten bildet diesem Satz zufolge einen in sich abgeschlossenen Bereich von ganzen Funktionen, welcher durch algebraische Bildungen nicht mehr erweitert werden kann.

4. Wenn das Produkt zweier ganzen rationalen Funktionen der Koeffizienten a eine Invariante ist, so ist jeder der beiden Faktoren eine Invariante.

Dieser Satz sagt aus, daß im Bereiche der Invarianten die gewöhnlichen Teilbarkeitsgesetze gültig sind, d. h. jede Invariante läßt sich auf eine und nur auf eine Weise als Produkt von unzerlegbaren Invarianten darstellen.

5. Wenn man auf irgend eine ganze rationale Funktion der Koeffizienten b der transformierten Grundform g den Differentiationsprozeß

$$\Omega = \frac{\partial^2}{\partial \alpha_{11}\, \partial \alpha_{22}} - \frac{\partial^2}{\partial \alpha_{12}\, \partial \alpha_{21}}$$

so oft anwendet, bis sich ein von den Substitutionskoeffizienten α freier Ausdruck ergibt, so ist der so entstehende Ausdruck eine Invariante.

Von tieferer Bedeutung als diese elementaren Sätze ist der Satz über die Endlichkeit[1] des Invariantensystems; derselbe lautet:

---

[1] Für binäre Grundformen mit einer Veränderlichenreihe ist dieser Endlichkeitssatz zuerst von P. GORDAN mit Hilfe der symbolischen Methode bewiesen worden, vgl. Vorlesungen über Invariantentheorie, Bd. 2 (1885) S. 231. Weitere Beweise vgl. F. MERTENS: Crelles J. Bd. 100 S. 223, und die Note des Verfassers, Math. Ann. Bd. 33 S. 223 oder dieser Band Abh. 11. — Der oben skizzierte Beweis des Verfassers ist von allgemeinster Gültigkeit, vgl. Math. Ann. Bd. 36 S. 521 oder dieser Band Abh. 16, S. 245 und Nachr. Ges. Wiss. Göttingen Nov. 1888 S. 452 oder dieser Band Abh. 13, S. 178 und 1892 S. 445.

6. *Es gibt eine endliche Anzahl von Invarianten $i_1, i_2, \ldots, i_m$, durch welche sich jede andere Invariante in ganzer rationaler Weise ausdrücken läßt.*

Zum Beweis dieses Satzes bedarf es des folgenden Hilfstheorems[1]:

Ist irgend eine nicht abbrechende Reihe von Formen der N Veränderlichen $a_1, a_2, \ldots, a_N$ vorgelegt, etwa $F_1, F_2, F_3, \ldots$, so gibt es stets eine Zahl m von der Art, daß eine jede Form jener Reihe sich in die Gestalt

$$F = A_1 F_1 + A_2 F_2 + \cdots + A_m F_m$$

bringen läßt, wo $A_1, A_2, \ldots, A_m$ geeignete Formen der nämlichen N Veränderlichen sind.

Wenden wir dieses Hilfstheorem auf das System aller Invarianten der Grundform f an, so folgt unmittelbar die Existenz einer endlichen Anzahl m von Invarianten $i_1, i_2, \ldots, i_m$ von der Beschaffenheit, daß eine jede andere Invariante i der Grundform f in der Gestalt

$$i = A_1 i_1 + A_2 i_2 + \cdots + A_m i_m$$

ausgedrückt werden kann, wo $A_1, A_2, \ldots, A_m$ ganze homogene Funktionen der Koeffizienten a der Grundform f sind. Der zweite Schritt des Beweises besteht nun darin, zu zeigen, daß in dem Ausdrucke rechter Hand die Funktionen $A_1, A_2, \ldots, A_m$ stets durch Invarianten $i'_1, i'_2, \ldots, i'_m$ ersetzt werden können, ohne daß sich dabei der Wert i jenes Ausdrucks ändert. Dieser Nachweis wird geführt, indem man in jene Relation an Stelle der Koeffizienten a die Koeffizienten b der transformierten Grundform einträgt und dann den Satz 5 anwendet[2].

An den Endlichkeitssatz 6 schließen sich zunächst zwei weitere Endlichkeitssätze an, deren Beweise ebenfalls auf der Anwendung des obigen Hilfstheorems beruhen. Verstehen wir in der üblichen Ausdrucksweise unter einer irreduziblen Syzygie eine solche Relation zwischen den Invarianten $i_1, i_2, \ldots, i_m$, deren linke Seite nicht durch lineare Kombination von Syzygien niederer Grade erhalten werden kann, so gilt der Satz:

7. *Es gibt nur eine endliche Anzahl von irreduziblen Syzygien.*

Als Beispiel diene das volle Invariantensystem von 3 binären quadratischen Grundformen, welches bekanntlich aus 7 Invarianten und 6 Kovarianten besteht. Es läßt sich zeigen, daß es für dieses Invariantensystem 14 irreduzible Syzygien gibt, aus denen jede andere Syzygie durch lineare Kombination erhalten werden kann.

---

[1] Neuerdings hat P. Gordan dieses Hilfstheorem einer weiteren Behandlung unterworfen, vgl. Math. Ann. Bd. 42 S. 132.

[2] Story hat in den Math. Ann. Bd. 41 S. 469 einen Differentiationsprozeß [ ] angegeben, welcher den Prozeß Ω zu ersetzen imstande ist; derselbe entsteht durch Verallgemeinerung des in meiner Inauguraldissertation für binäre Formen aufgestellten Prozesses [ ], vgl. Math. Ann. Bd. 30 S. 20 oder dieser Band Abh. 4, S. 107.

Zwischen den Syzygien ihrerseits bestehen gleichfalls im allgemeinen lineare Relationen, sogenannte Syzygien zweiter Art, deren Koeffizienten Invarianten sind und welche wiederum selber durch lineare Relationen, sogenannte Syzygien dritter Art, verbunden sind. Von dem hierdurch eingeleiteten Verfahren gilt der Satz:

8. *Die Systeme der irreduziblen Syzygien erster Art, zweiter Art, usf. bilden eine Kette, welche stets im Endlichen abbricht, und zwar gibt es keinesfalls Syzygien von höherer als der* $(m+1)$*-ten Art, wenn* m *die Zahl der Invarianten bezeichnet.*

Der Endlichkeitssatz 6 bildet den Ausgangspunkt und die Grundlage für die weiteren Entwicklungen. Die Invarianten $i_1, i_2, \ldots, i_m$ heißen das volle Invariantensystem. Zunächst erkennt man ohne besondere Schwierigkeit die folgenden Tatsachen:

9. *Man kann stets eine gewisse Zahl* $\varkappa$ *von Invarianten* $I_1, \ldots, I_\varkappa$ *bestimmen, zwischen denen keine algebraische Relation stattfindet und durch welche jede andere Invariante* i *ganz und algebraisch ausgedrückt werden kann, d. h. so daß* i *einer Gleichung von der Gestalt*

$$i^k + G_1 i^{k-1} + \cdots + G_k = 0$$

genügt, wo $G_1, \ldots, G_k$ *ganze und rationale Funktionen von* $I_1, \ldots, I_\varkappa$ *sind. Man kann ferner zu diesen Invarianten* $I_1, \ldots, I_\varkappa$ *stets eine Invariante* I *hinzufügen, derart, daß eine jede andere Invariante* i *der Grundform* f *sich rational durch die Invarianten* $I, I_1, \ldots, I_\varkappa$ *ausdrücken läßt.*

Will man umgekehrt aus den Invarianten $I, I_1, \ldots, I_\varkappa$ wieder das volle Invariantensystem $i_1, \ldots, i_m$ zurückgewinnen, so hat man nur nötig, alle Funktionen aufzustellen, welche rational durch $I, I_1, \ldots, I_\varkappa$ und ganz und algebraisch durch $I_1, \ldots, I_\varkappa$ ausdrückbar sind, und dies ist eine bekannte elementare Aufgabe aus der arithmetischen Theorie der algebraischen Funktionen.

Für den vorliegenden Fall einer einzigen binären Grundform hat die Zahl $\varkappa$ den Wert $n-2$.

In Übereinstimmung mit dem Gesagten besteht das volle Invariantensystem einer binären Form 5-ter Ordnung aus den 3 geraden Invarianten A, B, C von den Graden bezüglich 4, 8, 12 und der schiefen Invariante R, und da R^2 eine ganze rationale Funktion von A, B, C ist, so sind alle Invarianten der Grundform ganz und algebraisch durch A, B, C ausdrückbar. In gleicher Weise erkennt man, daß alle Invarianten einer binären Form 6-ter Ordnung durch die 4 geraden Invarianten A, B, C, D von den Graden bezüglich 2, 4, 6, 10 ganz und algebraisch ausdrückbar sind.

Die Zahl k, welche den Grad der Gleichung für eine beliebige Invariante i angibt, läßt sich für den vorliegenden Fall einer binären Form n-ter Ordnung allgemein bestimmen. Es ist nämlich, wenn man mit N das Produkt der Grade der $\varkappa = n - 2$ Invarianten $I_1, \ldots, I_\varkappa$ bezeichnet

$$\frac{k}{N} = -\frac{1}{4}\frac{1}{n!}\sum^{i}(-1)^i\binom{n}{i}\left(\frac{n}{2}-i\right)^{n-3} \qquad \left(i = 0, 1, 2, \ldots, \frac{n-1}{2}\right)$$

bezüglich

$$\frac{k}{N} = -\frac{1}{2}\frac{1}{n!}\sum^{i}(-1)^i\binom{n}{i}\left(\frac{n}{2}-i\right)^{n-3} \qquad \left(i = 0, 1, 2, \ldots, \frac{n}{2}-1\right),$$

je nachdem n ungerade oder gerade ist. Diese Formel liefert in der Tat für $n = 5$ und $n = 6$ den Wert $k = 2$.

Die Zahl k bedeutet zugleich im allgemeinen die Zahl der durch lineare Transformation *nicht* auseinander hervorgehenden Grundformen, deren Invarianten $I_1, \ldots, I_\varkappa$ gleich gegebenen Größen sind.

Da eine jede Invariante i einer Gleichung von der Gestalt

$$i^k + G_1 i^{k-1} + \cdots + G_k = 0$$

genügt, so folgt unmittelbar die weitere Tatsache: Wenn man den Koeffizienten der Grundform f solche besonderen Werte erteilt, daß die $\varkappa$ Invarianten $I_1, \ldots, I_\varkappa$ gleich Null werden, so verschwinden zugleich auch sämtliche übrige Invarianten der Grundform. Es ist nun von größter Bedeutung für die ganze Theorie, daß die in diesem Satze ausgesprochene Eigenschaft des Invariantensystems $I_1, \ldots, I_\varkappa$ auch umgekehrt die ursprüngliche diese Invarianten definierende Eigenschaft bedingt, wie der folgende Satz lehrt:

10. *Wenn irgend μ Invarianten $I_1, \ldots, I_\mu$ die Eigenschaft besitzen, daß das Verschwinden derselben stets notwendig das Verschwinden aller übrigen Invarianten der Grundform zur Folge hat, so sind alle Invarianten ganze algebraische Funktionen jener μ Invarianten $I_1, \ldots, I_\mu$.*

Der Beweis dieses Satzes verursacht erhebliche Schwierigkeiten. Die Zahl μ ist notwendig $\geqq \varkappa$. Um die Fruchtbarkeit des Satzes zu erschöpfen, bedarf es der Kenntnis der Bedingungen, welche erfüllt sein müssen, damit die Invarianten der Grundform sämtlich 0 sind. Wir nehmen die Grundform mit bestimmten numerischen Koeffizienten an. Die Frage, ob diese Grundform eine Invariante besitzt, welche von 0 verschieden ist, wird dann durch den folgenden Satz beantwortet:

11. *Eine Grundform f mit bestimmten numerischen Koeffizienten a besitzt dann und nur dann eine von 0 verschiedene Invariante, wenn die Substitutionsdeterminante δ eine ganze algebraische Funktion der Koeffizienten b der linear transformierten Form g ist.*

Für den vorliegenden Fall der binären Grundform gelangt man ohne bemerkenswerte Schwierigkeit zu der weiteren Tatsache: Wenn alle Invarianten einer binären Grundform von der Ordnung $n = 2h + 1$ bezüglich $n = 2h$ gleich Null sind, so besitzt die Grundform einen $(h + 1)$-fachen Linearfaktor und umgekehrt, wenn dieselbe einen $(h + 1)$-fachen Linearfaktor besitzt, so sind sämtliche Invarianten gleich Null. Beispielsweise hat, wie man leicht erkennt, das gleichzeitige Verschwinden der 3 Invarianten A, B, C einer binären Grundform f 5-ter Ordnung notwendig das Auftreten eines 3-fachen Linearfaktors in f zur Folge und daher wegen der eben angeführten Tatsache zugleich auch das Verschwinden aller Invarianten von f. Folglich müssen nach Satz 10 alle Invarianten von f ganze algebraische Funktionen von A, B, C sein, und in der Tat enthält das volle Invariantensystem nur noch eine weitere Invariante, nämlich die schiefe Invariante R, deren Quadrat bekanntlich eine ganze rationale Funktion von A, B, C ist. Was die binäre Form f 6-ter Ordnung betrifft, so hat das gleichzeitige Verschwinden der 4 Invarianten A, B, C, D notwendig das Auftreten eines 4-fachen Linearfaktors in f zur Folge; und dieser Umstand bedingt wiederum das Verschwinden aller Invarianten. Folglich müssen nach Satz 10 alle Invarianten von f ganz und algebraisch durch A, B, C, D ausdrückbar sein, und in der Tat ist die allein übrige schiefe Invariante R gleich der Quadratwurzel aus einer ganzen Funktion von A, B, C, D.

Auch erkennt man zugleich für den Fall der binären Grundform, daß es lediglich geeigneter Resultantenbildungen bedarf, um ein solches System $I_1, \ldots, I_\mu$ von Invarianten aufzustellen, deren Verschwinden das Verschwinden aller Invarianten bedingt.

Um jedoch zu einer allgemein gültigen, über den besonderen vorliegenden Fall der binären Grundform hinausreichenden Theorie zu gelangen, bedarf es der Einführung der Begriffe „Nullform" und „kanonische Nullform". Eine Grundform wird eine Nullform genannt, wenn ihre Koeffizienten solche besonderen numerischen Werte besitzen, daß alle Invarianten für dieselbe gleich Null sind. Was die Definition der kanonischen Nullform betrifft, so heißt eine binäre Grundform von der Ordnung $n = 2h + 1$ bezüglich $n = 2h$ eine kanonische Nullform, wenn die Koeffizienten $a_0, a_1, \ldots, a_h$ sämtlich gleich Null sind. Eine ternäre Form

$$f = \sum^{n_1, n_2, n_3} a_{n_1 n_2 n_3} x_1^{n_1} x_2^{n_2} x_3^{n_3}$$

von der Ordnung n wird eine kanonische Nullform genannt, wenn sich 3 ganze Zahlen x_1, x_2, x_3, deren Summe negativ ist, finden lassen von der Art, daß jeder Koeffizient $a_{n_1 n_2 n_3}$ den Wert 0 hat, für welchen die Zahl $x_1 n_1 + x_2 n_2 + x_3 n_3$ negativ ausfällt, während die übrigen Koeffizienten beliebige numerische Werte besitzen. Man erhält die folgende Tabelle der ternären kanonischen Nullformen bis zur 6-ten Ordnung, worin a eine willkürliche Größe und $(xy)_s$ den allgemeinen homogenen Ausdruck s-ten Grades in x, y bezeichnet.

$$n = 2. \quad (1)\ a x + x (x y)_1,$$
$$(2)\ (x y)_2.$$
$$n = 3. \quad a y^2 + (x y)_3.$$
$$n = 4. \quad (1)\ (x y)_3 + (x y)_4,$$
$$(2)\ x \{a x + x (x y)_1 + (x y)_3\}.$$
$$n = 5. \quad (1)\ a x^3 + (x y)_4 + (x y)_5,$$
$$(2)\ x \{x (x y)_1 + x (x y)_2 + (x y)_4\},$$
$$(3)\ x^2 \{a + (x y)_1 + (x y)_2 + (x y)_3\}.$$
$$n = 6. \quad (1)\ x^3 (x y)_1 + (x y)_5 + (x y)_6,$$
$$(2)\ x \{a x^2 + x^2 (x y)_1 + x (x y)_3 + (x y)_5\}.$$

Während somit die Aufstellung der kanonischen Nullformen eine leichte Aufgabe ist, bietet es ganz erhebliche prinzipielle Schwierigkeiten, den Nachweis zu führen, daß mit den kanonischen Nullformen im wesentlichen, d. h. abgesehen von linearen Transformationen mit willkürlichen Substitutionskoeffizienten zugleich sämtliche Nullformen gegeben sind. Es gilt nämlich der Satz:

12. *Eine jede Nullform kann mittels einer geeigneten linearen Substitution von der Determinante* 1 *in eine kanonische Nullform transformiert werden.*

Durch diesen Satz ist man imstande, auch für Grundformen von höherer Ordnung und mit mehreren Veränderlichen leicht zu entscheiden, ob ein vorgelegtes System von Invarianten $I_1, \ldots, I_\mu$ die Eigenschaft besitzt, daß durch dieselben alle übrigen Invarianten der Grundform ganz und algebraisch ausdrückbar sind; man hat zu dem Zweck nur nötig, zu untersuchen, ob das Nullsetzen der Invarianten $I_1, \ldots, I_\mu$ hinreicht, um die Grundform als Nullform zu charakterisieren. Unter den mannigfachen sich anknüpfenden Folgerungen sei hier nur noch auf einen Satz von prinzipieller Bedeutung hingewiesen, welcher für den Fall einer ternären Grundform wie folgt lautet:

Sämtliche Invarianten einer ternären Grundform n-ter Ordnung lassen sich als ganze algebraische Funktionen derjenigen Invarianten ausdrücken, deren Gewicht $\leqq 9n(3n + 1)^8$ ist.

Auf Grund dieses Satzes findet die fundamentale Aufgabe der Invariantentheorie ihre Erledigung, nämlich die Aufstellung des vollen Invariantensystems, vermöge einer endlichen Rechnung; ich spreche diese Tatsache in folgendem Satze aus:

13. *Die Aufstellung des vollen Invariantensystems* $i_1, \ldots, i_m$ *erfordert lediglich rationale Operationen, deren Anzahl endlich ist und unterhalb einer vor der Rechnung angebbaren Grenze liegt.*

In der Geschichte einer mathematischen Theorie lassen sich meist 3 Entwicklungsperioden leicht und deutlich unterscheiden: Die naive, die formale und die kritische. Was die Theorie der algebraischen Invarianten anbetrifft, so sind die ersten Begründer derselben, CAYLEY und SYLVESTER, zugleich auch als die Vertreter der naiven Periode anzusehen: an der Aufstellung der einfachsten Invariantenbildungen und an den eleganten Anwendungen auf die Auflösung der Gleichungen der ersten 4 Grade hatten sie die unmittelbare Freude der ersten Entdeckung. Die Erfinder und Vervollkommner der symbolischen Rechnung CLEBSCH und GORDAN sind die Vertreter der zweiten Periode, während die kritische Periode in den oben genannten Sätzen 6 bis 13 ihren Ausdruck findet.

Ostseebad Cranz, 9. Juni 1893.

24. Über diophantische Gleichungen.

[Nachrichten der Gesellschaft der Wissenschaften zu Göttingen 1897. S. 48—54.]

Die Diskriminante D der Gleichung n-ten Grades in t

$$x_0 t^n + x_1 t^{n-1} + \cdots + x_n = 0 \tag{1}$$

mit den unbestimmten Koeffizienten $x_0, x_1, \ldots, x_n$ und den Wurzeln $t_1, \ldots, t_n$ wird durch den Ausdruck

$$D = x_0^{2n-2} \Pi_{(i,k)} (t_i - t_k)^2 \qquad (i=1, 2, \ldots, n; \; k = i+1, i+2, \ldots, n)$$

definiert; die Diskriminante D ist eine ganze rationale Funktion vom Grade $2n-2$ in den Unbestimmten $x_0, x_1, \ldots, x_n$ und mit ganzen rationalen Zahlenkoeffizienten. Im folgenden behandeln wir die diophantische Gleichung

$$D = \pm 1. \tag{2}$$

I. Die diophantische Gleichung (2) *ist stets in rationalen Zahlen* $x_0, x_1, \ldots, x_n$ *auflösbar.*

Um dies einzusehen, setzen wir in der Gleichung (1) $x_1 = 0$, $x_2 = 0, \ldots$, $x_{n-2} = 0$; es entsteht dann eine trinomische Gleichung, und wir finden für die Diskriminante derselben den Wert:

$$D = (-1)^{\frac{n(n-1)}{2}} \{ n^n x_0^{n-1} x_n^{n-1} + (1-n)^{n-1} x_0^{n-2} x_{n-1}^n \}.$$

Der rechts in geschwungener Klammer stehende Ausdruck wird gleich ± 1, sobald wir bezüglich

bei ungeradem n

$$x_0 = (1-n)^{\frac{n-1}{2}}, \quad x_{n-1} = (1-n)^{\frac{-n+1}{2}}, \quad x_n = 0,$$

bei geradem n

$$x_0 = (1-n)^{\frac{n}{2}-1}, \quad x_{n-1} = (1-n)^{-\frac{n}{2}+1}, \quad x_n = n^{-1}(1-n)^{-\frac{n}{2}+1}$$

einsetzen.

Von erheblichem Interesse erscheint mir nun die Frage nach den *ganzen* rationalen Lösungen der diophantischen Gleichung (2); diese Frage wird durch folgenden Satz beantwortet:

II. Die diophantische Gleichung (2) *ist für* $n > 3$ *in* ***ganzen*** *rationalen Zahlen* $x_0, x_1, \ldots, x_n$ *nicht lösbar. Die einzigen Gleichungen mit* ***ganzen*** *rationalen Koeffizienten und mit der Diskriminante* ± 1 *sind*

die quadratische

$$(u\,t + v)\,(u'\,t + v') = 0$$

und die kubische

$$(u\,t + v)\,(u'\,t + v')\,([u + u']\,t + [v + v']) = 0;$$

dabei bedeuten u, u', v, v' *beliebige ganze rationale Zahlen mit der Bedingung*

$$u\,v' - u'\,v = \pm 1.$$

Wir beweisen zunächst die folgende Tatsache:

Es sei eine im Bereich der rationalen Zahlen irreduzible Gleichung n-ten Grades in t vorgelegt

$$a_0 t^n + a_1 t^{n-1} + \cdots + a_n = 0, \tag{3}$$

deren Koeffizienten $a_0, a_1, \ldots, a_n$ ganze rationale Zahlen sind; es sei α eine Wurzel dieser Gleichung und k der durch α bestimmte Zahlkörper n-ten Grades: dann ist die Diskriminante D dieser Gleichung (3) stets eine solche ganze rationale Zahl, welche die Diskriminante d des Körpers k als Faktor enthält.

Zum Beweise setzen wir $\alpha = \frac{\alpha_1}{\alpha_2}$ so, daß α_1, α_2 ganze Zahlen des Körpers k sind; wir bezeichnen ferner mit $\mathfrak{a}$ den größten gemeinsamen Idealteiler der beiden Zahlen α_1, α_2 und verstehen unter $\mathfrak{a}_1$, $\mathfrak{a}_2$ solche Ideale des Körpers k, daß

$$\alpha_1 = \mathfrak{a}\,\mathfrak{a}_1\,, \quad \alpha_2 = \mathfrak{a}\,\mathfrak{a}_2$$

wird. Endlich sei β_2 eine durch $\mathfrak{a}_2$ teilbare ganze Zahl in k von der Art, daß der Quotient $\frac{\beta_2}{\mathfrak{a}_2}$ zu der Diskriminante d des Körpers k prim ausfällt. Das Produkt $\alpha\beta_2$ ist eine ganze Zahl des Körpers k, weil $\alpha_1\beta_2$ durch das Ideal $\alpha_2 = \mathfrak{a}\,\mathfrak{a}_2$ teilbar ist; wir setzen $\beta_1 = \alpha\beta_2$ und haben dann $\alpha = \frac{\beta_1}{\beta_2}$. Um den größten gemeinsamen Idealteiler $\mathfrak{b}$ der beiden ganzen Zahlen β_1, β_2 zu bestimmen, bezeichnen wir die den ganzen Zahlen β_1, β_2 entsprechenden Hauptideale des Körpers k ebenfalls bezüglich mit β_1, β_2; wir erhalten dann

$$\beta_1 = \frac{\beta_2}{\mathfrak{a}_2}\,\mathfrak{a}_1\,, \qquad \beta_2 = \frac{\beta_2}{\mathfrak{a}_2}\,\mathfrak{a}_2\,.$$

Da $\mathfrak{a}_1$, $\mathfrak{a}_2$ den größten gemeinsamen Idealteiler 1 haben, so ergibt sich der größte gemeinsame Teiler $\mathfrak{b}$ der beiden ganzen Zahlen β_1, β_2 gleich dem Quotient $\frac{\beta_2}{\mathfrak{a}_2}$ und folglich fällt $\mathfrak{b}$ zu der Diskriminante d des Körpers k prim aus.

Bezeichnen wir die zu den Zahlen α, β_1, β_2 konjugierten Zahlen bezüglich mit $\alpha', \ldots, \alpha^{(n-1)}$, $\beta_1', \ldots, \beta_1^{(n-1)}$; $\beta_2', \ldots, \beta_2^{(n-1)}$, so ergibt sich für die Diskriminante D der Gleichung (3) der Wert

$$D = a_0^{2n-2} \begin{vmatrix} 1 & \alpha & \dots \alpha^{n-1} \\ 1 & \alpha' & \dots \alpha'^{n-1} \\ \cdot & \cdot & \cdot \\ 1 & \alpha^{(n-1)} & \dots (\alpha^{(n-1)})^{n-1} \end{vmatrix}^2$$

und, wenn wir $\alpha = \frac{\beta_1}{\beta_2}$, $\alpha' = \frac{\beta_1'}{\beta_2'}$, $\dots$, $\alpha^{(n-1)} = \frac{\beta_1^{(n-1)}}{\beta_2^{(n-1)}}$ einsetzen,

$$D = \frac{a_0^{2n-2} B}{(n(\beta_2))^{2n-2}}, \tag{4}$$

wo $n(\beta_2)$ die Norm der Zahl β_2 in k bedeutet und wo zur Abkürzung

$$B = \begin{vmatrix} \beta_1^{n-1}, & \beta_1^{n-2}\beta_2, & \dots, \beta_2^{n-1} \\ \beta_1'^{n-1}, & \beta_1'^{n-2}\beta_2', & \dots, \beta_2'^{n-1} \\ \cdot & \cdot & \cdot \\ (\beta_1^{(n-1)})^{n-1}, & (\beta_1^{(n-1)})^{n-2}\beta_2^{(n-1)}, & \dots, (\beta_2^{(n-1)})^{n-1} \end{vmatrix}^2 \tag{5}$$

gesetzt ist.

Verstehen wir unter t einen unbestimmten Parameter, so ist das Produkt

$$(\beta_2 t - \beta_1)(\beta_2' t - \beta_1') \cdots (\beta_2^{(n-1)} t - \beta_1^{(n-1)})$$

eine ganze rationale Funktion von t mit ganzen rationalen Zahlenkoeffizienten. Nach einem zuerst von KRONECKER[1] aufgestellten und bewiesenen Satze ist der größte gemeinsame Teiler dieser ganzen rationalen Koeffizienten gleich der Norm $n(\mathfrak{b})$ des Ideals $\mathfrak{b}$. Es ist für unseren Beweis offenbar keine Einschränkung, wenn wir annehmen, daß die Koeffizienten $a_0, a_1, \dots, a_n$ in (3) den größten gemeinsamen Teiler 1 haben. Unter dieser Voraussetzung ergeben unsere Ausführungen die in t identische Relation

$$(\beta_2 t - \beta_1)(\beta_2' t - \beta_1') \cdots (\beta_2^{(n-1)} t - \beta_1^{(n-1)}) = \pm\, n(\mathfrak{b})(a_0 t^n + a_1 t^{n-1} + \dots + a_n),$$

und durch Vergleichung der Koeffizienten von t^n erhalten wir somit

$$n(\beta_2) = \pm\, a_0\, n(\mathfrak{b}).$$

Mit Benutzung dieser Gleichung nimmt die Gleichung (4) die Gestalt an

$$D = \frac{B}{(n(\mathfrak{b}))^{2n-2}}.$$

Da B, wie man sofort aus (5) sieht, durch die Diskriminante d des Körpers k

---

[1] Grundzüge einer arithmetischen Theorie der algebraischen Größen. J. Math. Bd. 92 S. 1. Vgl. ferner meinen demnächst erscheinenden Bericht für die Deutsche Mathematiker-Vereinigung „Die Theorie der algebraischen Zahlkörper" Bd. 4 Satz 20, S. 190; siehe auch Ges. Abh. Bd. 1 S. 80.

teilbar ist und da $\mathfrak{b}$ und folglich auch $n(\mathfrak{b})$ zu d prim ausfällt, so folgt aus dieser Gleichung die Richtigkeit der aufgestellten Behauptung.

Um nun den Satz II über die diophantische Gleichung (2) zu beweisen, wenden wir den Satz von H. Minkowski[1] an, demzufolge die Diskriminante eines algebraischen Zahlkörpers stets von ± 1 verschieden ist. Mit Rücksicht auf die vorhin bewiesene Tatsache muß hiernach auch jede im Bereich der rationalen Zahlen irreduzible Gleichung (3) eine Diskriminante haben, die von ± 1 verschieden ist. Ist andererseits eine reduzible Gleichung mit ganzen rationalen Zahlenkoeffizienten vorgelegt, so muß ihre Diskriminante einem bekannten Satze zufolge durch die Diskriminante eines jeden ganzzahligen Faktors ihrer linken Seite teilbar sein. Hieraus folgt, daß die Diskriminante D einer Gleichung jedenfalls nur dann gleich ± 1 sein kann, wenn ihre linke Seite in lauter lineare Faktoren mit ganzen rationalen Zahlenkoeffizienten zerfällt.

Soll nun die Diskriminante einer Gleichung n-ten Grades

$$(ut+v)\,(u't+v')\cdots(u^{(n-1)}t+v^{(n-1)})=0, \tag{6}$$

worin $u, v, u', v', \ldots, u^{(n-1)}, v^{(n-1)}$ ganze rationale Zahlen bedeuten, gleich ± 1 werden, so muß notwendig jede der $\frac{n(n-1)}{2}$ Determinanten

$$uv'-u'v,\; uv''-u''v,\; \ldots,\; u^{(n-2)}v^{(n-1)}-u^{(n-1)}v^{(n-2)} \tag{7}$$

den Wert ± 1 haben. Setzen wir in (6)

$$t=\frac{-v+v't'}{u-u't'}$$

und multiplizieren dann mit $(u-u't')^n$, so geht die linke Seite der Gleichung (6) in eine Gleichung von der nämlichen Gestalt (6) über; doch ist nunmehr

$$u=\pm 1,\quad v=0,\quad u'=0,\quad v'=\pm 1.$$

Da die Ausdrücke (7) den Wert ± 1 haben sollen, so ergibt sich daraus leicht, daß der Grad n nur gleich 2 oder gleich 3 sein kann und daß im letzteren Falle

$$u''=\pm 1,\quad v''=\pm 1$$

sein muß; damit ist der Satz II vollständig bewiesen.

Ich schließe hier noch einige allgemeine Bemerkungen über diophantische Gleichungen an.

Wenn es sich um den Nachweis handelt, daß eine vorgelegte diophantische Gleichung in rationalen Zahlen nicht lösbar ist, so gelingt dieser Nachweis in vielen Fällen dadurch, daß man die diophantische Gleichung in eine Kon-

[1] Geometrie der Zahlen. S. 130. Leipzig 1896. Vgl. auch meinen oben zitierten Bericht, Satz 44. S. 211 oder Ges. Abh. Bd. 1 S. 100.

gruenz umwandelt und dann die Unmöglichkeit einer Lösung dieser Kongruenz nach einer Primzahl oder Primzahlpotenz feststellt. Für den Fall einer quadratischen diophantischen Gleichung mit zwei Unbekannten folgt umgekehrt aus der Lösbarkeit sämtlicher aus ihr entspringenden Kongruenzen die Lösbarkeit der Gleichung in rationalen Zahlen. Wir können nämlich auf Grund der bekannten Kriterien für die Lösbarkeit einer quadratischen ternären diophantischen Gleichung den folgenden *Satz*[1] ableiten:

Wenn m, n beliebige ganze rationale Zahlen bedeuten, so ist die diophantische Gleichung

$$m x^2 + n y^2 = 1$$

in rationalen Zahlen x, y stets dann lösbar, wenn die Kongruenz

$$m x^2 + n y^2 \equiv 1$$

nach jeder Primzahl und nach jeder Primzahlpotenz in ganzen rationalen Zahlen x, y lösbar ist.

Daß dieser Satz auf diophantische Gleichungen höheren Grades jedenfalls nicht unmittelbar übertragen werden darf, zeigen die Beispiele

$$y^2 + 7(x^2+1)(x^2-2)^2(x^2+2)^2 = 0, \tag{8}$$

$$y^2 - 3(x^2+1)^2(x^2-2)^2(x^2+2)^2(x^2+7) = 0. \tag{9}$$

Die linken Seiten dieser Gleichungen sind irreduzible Funktionen von x, y. Keine der beiden Gleichungen (8), (9) ist in rationalen Zahlen x, y lösbar. Bedeutet p eine beliebige ungerade Primzahl, so ist jedenfalls eine der drei Zahlen -1, $+2$, -2, quadratischer Rest nach p; bezeichnen wir denselben mit r und bedeutet e einen beliebigen ganzzahligen Exponenten, so läßt sich offenbar eine ganze rationale Zahl a finden, für welche $a^2 \equiv r$ nach p^e ausfällt, und es hat mithin die Kongruenz

$$y^2 + 7(x^2+1)(x^2-2)^2(x^2+2)^2 \equiv 0, \qquad (p^e)$$

die Lösung $x = a$, $y = 0$. Ist ferner 2^e eine beliebige Potenz von 2, so gibt es, wie leicht zu sehen, stets eine ganze rationale Zahl b, so daß $b^2 + 7\cdot 2^4 \equiv 0$ nach 2^e wird, und es ist mithin $x = 0$, $y = b$ eine Lösung der Kongruenz

$$y^2 + 7(x^2+1)(x^2-2)^2(x^2+2)^2 \equiv 0, \qquad (2^e).$$

Ähnlich folgt die Richtigkeit unserer Behauptung für die diophantische Gleichung (9).

Das eben besprochene Vorkommnis legt uns die Vermutung nahe, daß es sehr wohl ganze rationale Funktionen von t mit ganzen rationalen Zahlenkoeffizienten geben könnte, die im Bereich der rationalen Zahlen irreduzibel sind und

---

[1] Vgl. meinen oben zitierten Bericht, Satz 102, S. 299 oder Ges. Abh. Bd. 1 S. 173.

trotzdem im Sinne der Kongruenz nach jeder Primzahl und nach jeder Primzahlpotenz reduzibel sind. In der Tat stellt beispielsweise das Produkt

$$\left(t+\frac{\sqrt{5}+\sqrt{-31}}{2}\right)\left(t+\frac{-\sqrt{5}+\sqrt{-31}}{2}\right)\left(t+\frac{\sqrt{5}-\sqrt{-31}}{2}\right)\left(t+\frac{-\sqrt{5}-\sqrt{-31}}{2}\right)$$

$$= t^4 + 13t^2 + 81 \qquad (10)$$

eine irreduzible Funktion 4-ten Grades mit ganzen rationalen Koeffizienten dar, welche im Sinne der Kongruenz nach jeder Primzahl und nach jeder Primzahlpotenz in das Produkt von zwei ganzen Funktionen mit ganzen rationalen Zahlenkoeffizienten zerfällt. Der Beweis ergibt sich leicht in folgender Weise. Die Primzahl 31 ist in dem durch $\sqrt{5}$ bestimmten quadratischen Körper $k_1 = k(\sqrt{5})$ und die Primzahl 5 ist in dem durch $\sqrt{-31}$ bestimmten quadratischen Körper $k_2 = k(\sqrt{-31})$ je in zwei voneinander verschiedene Primideale zerlegbar. Ferner ist leicht zu sehen, daß jede von 5 und 31 verschiedene Primzahl mindestens in einem der drei quadratischen Körper k_1, k_2 oder $k_3 = k(\sqrt{-5\cdot 31})$ als Produkt zweier voneinander verschiedener Primideale zerlegt werden kann. Es bedeute nun p irgendeine Primzahl und k einen solchen unter den drei quadratischen Körpern k_1, k_2, k_3, in dem p in zwei voneinander verschiedene Primideale $\mathfrak{p}$, $\mathfrak{p}'$ zerfällt; dann wählen wir in dem Produkt auf der linken Seite von (10) zwei Faktoren aus derart, daß ihr Produkt eine quadratische Funktion

$$t^2 + \alpha t + \beta$$

mit ganzen algebraischen, in k gelegenen Koeffizienten wird. Das Produkt der beiden übrigen Faktoren sei

$$t^2 + \alpha' t + \beta';$$

hierin sind dann α', β' ebenfalls ganze Zahlen in k. Da $\mathfrak{p}$ ein in p nur zur ersten Potenz vorkommendes Primideal ersten Grades in k ist, so gibt es, wenn e einen beliebigen Exponenten bedeutet, stets vier ganze rationale Zahlen a, b, a', b', so daß $\alpha \equiv a$, $\beta \equiv b$, $\alpha' \equiv a'$, $\beta' \equiv b'$ nach $\mathfrak{p}^e$ ausfällt. Daraus folgt

$$(t^2 + \alpha t + \beta)(t^2 + \alpha' t + \beta') \equiv (t^2 + a t + b)(t^2 + a' t + b'), \qquad (\mathfrak{p}^e)$$

und folglich auch

$$t^4 + 13t^2 + 81 \equiv (t^2 + a t + b)(t^2 + a' t + b'), \qquad (p^e).$$

Göttingen, den 20. Februar 1897.

25. Über die Invarianten eines Systems von beliebig vielen Grundformen.

[Mathem. Abhandlungen HERMANN AMANDUS SCHWARZ zu seinem 50. Doktorjubiläum, S. 448—451. Berlin: Julius Springer 1914.]

Es sei F eine Form mit irgend einer Anzahl von Variablen und irgend einer Ordnung; die Anzahl ihrer Koeffizienten sei n. Wir betrachten nun das Grundformensystem (F), welches aus N solcher Formen F besteht, so daß sämtliche Grundformen des Systems (F) dieselben Variablen und die gleiche Ordnung besitzen; dabei sei die Anzahl $N > n$.

Wir greifen n Formen $F_1, \ldots, F_n$ aus den Formen (F) heraus und bezeichnen mit (J) das volle System von ganzen rationalen Invarianten dieser n Formen derart, daß jede ganze rationale Invariante derselben sich ganz und rational durch die Invarianten (J) ausdrücken läßt.

Die *erste* Frage ist die, ob und auf welche Weise aus den Invarianten (J) ein solches System von ganzen rationalen Invarianten des Grundformensystems (F) abgeleitet werden kann, durch welche sich jede ganze rationale Invariante von (F) *rational* darstellen läßt. Diese Frage ist leicht folgendermaßen zu beantworten.

Unter den Invarianten (J) kommt gewiß die n-reihige aus den n Koeffizienten der n Grundformen $F_1, \ldots, F_n$ zu bildende Determinante Δ vor. Verstehen wir nun unter (Δ) das System aller n-reihigen Determinanten, die sich überhaupt aus den Koeffizienten von irgend n unter den N Formen (F) bilden lassen, *so ist das aus den Invarianten* (J) *und* (Δ) *bestehende System* (J, Δ) *gewiß ein solches von der verlangten Art.*

Um dies einzusehen, bedenken wir, daß für jeden Index $h > n$ gewiß eine Relation von der Gestalt

$$F_h = \frac{\Delta_{1h} F_1 + \Delta_{2h} F_2 + \cdots + \Delta_{nh} F_n}{\Delta} \tag{1}$$

besteht, wo Δ die Determinante der Formen $F_1, \ldots, F_n$ und $\Delta_{1h}, \ldots, \Delta_{nh}$ gewisse andere Determinanten des Systems (Δ) bedeuten. Indem wir die Koeffizienten der entsprechenden Glieder auf beiden Seiten der Formel (1) einander gleichsetzen, erhalten wir Gleichungen von der Gestalt

$$A_h^{(k)} = \frac{\Delta_{1h} A_1^{(k)} + \Delta_{2h} A_2^{(k)} + \cdots + \Delta_{nh} A_n^{(k)}}{\Delta} \qquad (h > n,\ k = 1, 2, \ldots, n), \tag{2}$$

wo $A_h^{(k)}$ die Koeffizienten der Grundformen (F) bedeuten.

Ist nun S irgend eine ganze rationale Invariante des Grundformensystems (F) und setzen wir darin für die Koeffizienten der Formen $F_{n+1}, \ldots, F_N$ die Ausdrücke (2) ein, so erhalten wir für S einen Bruch, dessen Nenner eine Potenz von Δ ist und dessen Zähler ganz und rational von $\Delta_{1h}, \ldots, \Delta_{nh}$ abhängt, wobei die Koeffizienten ganze rationale Invarianten der n Formen $F_1, \ldots, F_n$ sind und als solche sich ganz und rational durch die Invarianten des Invariantensystems (J) darstellen lassen. Damit ist unsere Behauptung bewiesen.

Wir fragen *zweitens*, ob und auf welche Weise aus den Invarianten (J) ein solches System von ganzen rationalen Invarianten des Grundformensystems (F) abgeleitet werden kann, durch welche sich jede ganze rationale Invariante von (F) *ganz und algebraisch* darstellen läßt. Diese Frage läßt sich ebenfalls leicht beantworten, wenn man sich eines gewissen tief liegenden allgemeinen Theorems[1] über die ganze algebraische Darstellung von Invarianten bedient. Dieses Theorem lautet:

Wenn irgend eine gewisse Anzahl von Invarianten die Eigenschaft besitzen, daß das Verschwinden derselben stets notwendig das Verschwinden aller übrigen Invarianten des Grundformensystems zur Folge hat, so sind alle Invarianten *ganze* algebraische Funktionen jener Invarianten.

Ich bilde nun aus den Invarianten (J) alle diejenigen Invarianten (VJ), die entstehen, wenn wir statt der Koeffizienten der Formen $F_1, \ldots, F_n$ irgendwie die entsprechenden Koeffizienten der Formen $F_{n+1}, \ldots, F_N$ einführen, so daß das aus (J) und (VJ) zusammengesetzte Invariantensystem (J, VJ) alle diejenigen ganzen rationalen Invarianten des Grundformensystems (F) enthält, in denen jedesmal nur die Koeffizienten von irgend n oder weniger Grundformen vorkommen; alsdann stelle ich den folgenden Satz auf:

Jede ganze rationale Invariante unseres Grundformensystems (F) von N Formen ist eine ganze algebraische Funktion der Invarianten (J, VJ).

Um die Richtigkeit dieses Satzes einzusehen, bedarf es nur der Erkenntnis, daß den Invarianten (J, VJ) die in obigem Theorem genannte Eigenschaft für das aus den N Formen bestehende Grundformensystem (F) zukommt. Diese Erkenntnis gewinnen wir leicht durch folgende Überlegung, bei der wir der Kürze wegen $N = n + 1$ nehmen. Es seien $F_1^0, F_2^0, \ldots, F_{n+1}^0$ Formen unseres Grundformensystems mit speziellen numerischen Koeffizienten von solcher Art, daß für sie sämtliche Invarianten (J, VJ) verschwinden. Nun

[1] Vgl. meine Abhandlung: Über die vollen Invariantensysteme § 4. Math. Ann. Bd. 42 S. 326, oder dieser Band Abh. 19. S. 299.

gibt es gewiß numerische Werte $\alpha_1, \ldots, \alpha_{n+1}$, die nicht sämtlich Null sind und für welche identisch in allen Variablen der Formen

$$\alpha_1 F_1 + \alpha_2 F_2 + \cdots + \alpha_{n+1} F_{n+1} = 0 \tag{3}$$

ausfällt; indem wir etwa $\alpha_h \neq 0$ annehmen, finden wir aus (3)

$$F_h = -\frac{\alpha_1}{\alpha_h} F_1 - \cdots - \frac{\alpha_{h-1}}{\alpha_h} F_{h-1} - \frac{\alpha_{h+1}}{\alpha_h} F_{h+1} - \cdots - \frac{\alpha_{n+1}}{\alpha_h} F_{n+1}. \tag{4}$$

Es sei jetzt S irgend eine ganze rationale Invariante unseres aus $n+1$ Invarianten bestehenden Grundformensystems; tragen wir darin für F_h den Ausdruck (4) ein, so erhalten wir für S einen Ausdruck als Invariante der n Formen $F_1, \ldots, F_{h-1}, F_{h+1}, \ldots, F_{n+1}$ und da alle diese Invarianten zu den Invarianten (J, VJ) gehören und daher für unsere speziellen Grundformen $F_1^0, F_2^0, \ldots, F_{n+1}^0$ mit numerischen Koeffizienten Null sein sollten, so wird auch die Invariante S für unsere speziellen Grundformen ebenfalls Null. Es bilden demnach die Invarianten (J, VJ) ein solches System von Invarianten unseres Grundformensystems, deren Verschwinden gewiß das Verschwinden überhaupt einer jeden Invariante des Grundformensystems (F) zur Folge hat. Damit ist der gewünschte Beweis erbracht.

Es entsteht *drittens* die Frage, ob und auf welche Weise aus den Invarianten (J) ein solches System von ganzen rationalen Invarianten des Grundformensystems (F) abgeleitet werden kann, durch welche sich jede ganze rationale Invariante von (F) *ganz und rational* darstellen läßt. Nun ist die bekannte Polarisation

$$P = A_h^{(1)} \frac{\partial}{\partial A_k^{(1)}} + A_h^{(2)} \frac{\partial}{\partial A^{(2)}} + \cdots + A_h^{(n)} \frac{\partial}{\partial A_k^{(n)}}$$

ein solcher Differentiationsprozeß, der, auf irgend eine Invariante angewandt, wiederum eine Invariante erzeugt. Bezeichnen wir mit (PJ) die sämtlichen aus den Invarianten (J) durch Polarisation erzeugte Invarianten, so möchte ich hier das Problem nennen, festzustellen, ob wirklich das aus (J) und (PJ) zusammengesetzte Invariantensystem ein solches volles Invariantensystem für (F) liefert, durch welches die ganze und rationale Darstellung aller Invarianten von (F) möglich ist*.

---

* Die zuletzt von HILBERT gestellte Frage ist nach G. PEANO: Atti Accad. Sci. Torino 17 (1882) S. 580 bejahend zu beantworten. [Anm. d. Herausgebers.]

26. Über die Gleichung neunten Grades.

[Mathem. Annalen Bd. 97, S. 243—250 (1927).]

Die Mehrzahl derjenigen Probleme, die ich in meinem Vortrage „Mathematische Probleme“[1] genannt hatte, und die verschiedenen Gebieten der Mathematik angehören, sind seitdem auf mannigfache Weise erfolgreich behandelt worden. In der folgenden Mitteilung möchte ich auf einige dieser Probleme zurückkommen, und zwar auf solche, die zu ihrer Behandlung rein algebraische Hilfsmittel und Methoden erfordern, während die Fragestellungen selbst aus andern, nicht algebraischen Disziplinen entsprungen sind.

Eine erste Klasse solcher Probleme betrifft die Frage nach der Endlichkeit gewisser voller Funktionensysteme — eine Fragestellung, die wir der Invariantentheorie verdanken. Das einfachste Problem dieser Klasse scheint mir folgendes zu sein.

Es seien eine Anzahl m von ganzen rationalen Funktionen $X_1, \ldots, X_m$ der Variablen x mit bestimmten numerischen Koeffizienten vorgelegt; dann wird offenbar jede ganze rationale Verbindung von $X_1, \ldots, X_m$ nach Eintragung dieser Ausdrücke stets eine ganze rationale Funktion von x. Es kann jedoch sehr wohl gebrochene rationale Funktionen von $X_1, \ldots, X_m$ geben, die nach jener Eintragung ebenfalls zu ganzen Funktionen von x werden. Das Problem besteht nun darin, zu zeigen, daß sich eine *endliche* Anzahl solcher gebrochener Funktionen von $X_1, \ldots, X_m$ finden läßt, aus denen, zusammen mit den Funktionen $X_1, \ldots, X_m$ selbst, jede andere solche gebrochene Funktion in ganzer rationaler Weise zusammengesetzt werden kann[2].

Das genannte Problem liefert ein Beispiel dafür, wie das in der Arithmetik so häufige Vorkommnis, daß eine höchst einfach zu stellende und naheliegende Frage der Beantwortung große Schwierigkeit bietet, auch im Bereiche der reinen Algebra eintreten kann.

---

[1] Gehalten auf dem internationalen Mathematiker-Kongreß zu Paris: Nachr. Ges. Wiss. Göttingen 1900 S. 253—297, sowie Arch. Mathematik u. Physik 1901 3. Reihe Bd. 1 S. 44—63 und S. 213—237.

[2] Vgl. das 14. Problem meines zitierten Vortrages.

Eine andere Klasse algebraischer Probleme der gekennzeichneten Art entsteht, wenn man topologisch wichtige und interessante Kurven, Flächen oder sonstige geometrische Gebilde, die eventuell mit solchen Besonderheiten ausgestattet sind, wie sie die topologischen Untersuchungen neuerer Zeit zum Gegenstand haben, auf algebraische Weise zu realisieren trachtet[1].

Ein sehr einfaches Beispiel hierfür ist die Aufgabe, die projektive Ebene umkehrbar eindeutig und überall regulär ins Endliche zu projizieren. Bekanntlich gelingt dies im dreidimensionalen Raume durch die von Boy in seiner Dissertation angegebene Fläche — eine Fläche, die in einer Raumkurve mit dreifachem Punkte sich selbst durchdringt. Es entsteht die Frage, ob etwa im vierdimensionalen Raume eine zweidimensionale singularitätenfreie Fläche vom nämlichen Zusammenhange und *ohne* Selbstdurchdringung existiert.

Die gestellte Frage findet ihre Beantwortung im bejahenden Sinne, und zwar auf die einfachste Weise durch die Erkenntnis, daß bereits eine sehr einfach durch quadratische Funktionen definierbare Fläche die gewünschte Abbildung auf die projektive Ebene gestattet, nämlich die durch folgende Formeln dargestellte Fläche:

$$\begin{aligned} x &= \eta\zeta, \\ y &= \zeta\xi, \\ z &= \xi\eta, \\ t &= \xi^2 - \eta^2, \\ \xi^2 + \eta^2 &+ \zeta^2 = 1; \end{aligned}$$

dabei bedeuten x, y, z, t die rechtwinkligen Koordinaten eines vierdimensionalen Raumes und die Parameter ξ, η, ζ die rechtwinkligen Koordinaten in einem dreidimensionalen Raum. Die durch diese Formeln dargestellte Fläche verläuft im vierdimensionalen Raume offenbar überall regulär, und da einem Punkte ξ, η, ζ der Kugel des dreidimensionalen Raumes stets der nämliche Punkt x, y, z, t der Fläche entspricht wie seinem Pole $-\xi, -\eta, -\zeta$, so besitzt die Fläche im vierdimensionalen Raume auch den gewünschten Zusammenhang der projektiven Ebene. Es bedarf demnach nur noch des Nachweises, daß die betrachtete Fläche keinerlei Selbstdurchdringung besitzt, d. h. daß einem jeden Punkte x, y, z, t der Fläche nur *ein* Paar von Wertetripeln ξ, η, ζ und $-\xi, -\eta, -\zeta$ entspricht.

Für diesen Nachweis bedenken wir, daß infolge der Formel

$$t^2 + 4z^2 = (\xi^2 + \eta^2)^2$$

durch t und z eindeutig $\xi^2 + \eta^2$ bestimmt ist, und da t selbst $\xi^2 - \eta^2$ ist, so

[1] Diese Fragestellung ist als eine Verallgemeinerung und Vertiefung des 16. Problems meines Vortrages zu betrachten.

ergeben sich aus t und z auch der Wert von ξ^2 und derjenige von η^2 etwa $= p$ bzw. q eindeutig.

Nehmen wir nun zunächst an, es falle $p > 0$ aus, so folgen unter Zuziehung der Gleichungen

$$z = \xi\eta \quad \text{und} \quad y = \zeta\xi$$

für ξ, η, ζ die Tripelpaare

$$\xi = \sqrt{p}, \qquad \eta = \frac{z}{\sqrt{p}}, \qquad \zeta = \frac{y}{\sqrt{p}}$$

und

$$\xi = -\sqrt{p}, \qquad \eta = -\frac{z}{\sqrt{p}}, \qquad \zeta = -\frac{y}{\sqrt{p}},$$

und damit ist die zu beweisende Behauptung als zutreffend erkannt. Fällt andererseits $p = 0$ aus, so ziehen wir den Wert q für η^2 in Betracht. Ist alsdann $q > 0$, so folgen unter Zuziehung der Gleichung

$$x = \eta\zeta$$

für ξ, η, ζ die Tripelpaare

$$\xi = 0, \qquad \eta = \sqrt{q}, \qquad \zeta = \frac{x}{\sqrt{q}}$$

und

$$\xi = 0, \qquad \eta = -\sqrt{q}, \qquad \zeta = -\frac{x}{\sqrt{q}};$$

dies entspricht wiederum der zu beweisenden Behauptung. Fällt endlich auch $q = 0$ aus, so liefert die Gleichung

$$\xi^2 + \eta^2 + \zeta^2 = 1$$

für ξ, η, ζ ausschließlich die beiden Wertetripel

$$\xi = 0, \qquad \eta = 0, \qquad \zeta = 1$$

und

$$\xi = 0, \qquad \eta = 0, \quad \zeta = -1,$$

und damit erkennen wir, daß unsere Behauptung stets zutrifft.

Die vorhin erwähnte von Boy angegebene Fläche im dreidimensionalen Raume ist neuerdings von F. Schilling in sehr schöner und anschaulicher Weise dargestellt worden; die Aufgabe, diese Fläche algebraisch in möglichst einfacher Weise zu realisieren, gehört in den Bereich unserer Probleme.

Eine dritte Klasse von Problemen der bezeichneten Art entspringt aus den Anregungen, die die Nomographie bietet[1]. Diese Disziplin legt uns nämlich nahe, die Funktionen von beliebig vielen Argumenten danach zu charakterisieren, ob sie aus Funktionen von einer gewissen festen Anzahl von Argumenten zusammengesetzt werden können.

[1] Vgl. das 13. Problem meines Vortrages.

Aus Funktionen nur eines Argumentes erhalten wir durch Einsetzungen immer wieder nur Funktionen eines Argumentes. Wollen wir also zu Funktionen mehrerer Variablen gelangen, so ist es nötig, zu dem Bereich der Funktionen eines Argumentes mindestens noch eine Funktion von zwei Variablen zu adjungieren. Wir wählen dazu die Summe $u + v$ der beiden Variablen u, v und erkennen dann sofort, daß damit zugleich die drei anderen Rechnungsspezies: Subtraktion, Multiplikation und Division in den Bereich der ausführbaren Operationen fallen — lassen sich diese doch aus Funktionen *eines* Argumentes und der Summe wie folgt zusammensetzen:

$$u - v = u + (-v),$$

$$u \cdot v = \frac{1}{4}\{(u+v)^2 - (u-v)^2\},$$

$$\frac{u}{v} = u \cdot \frac{1}{v}.$$

Es erhebt sich zunächst die Frage, ob es überhaupt außer der Summe noch andere analytische Funktionen von wesentlich zwei Argumenten, d. h. solche analytische Funktionen gibt, die sich nicht durch Funktionen eines Argumentes und durch die Summe ausdrücken lassen. Der Nachweis der Existenz solcher Funktionen läßt sich in der Tat auf verschiedene Weise führen. Die weitreichendsten Resultate in dieser Richtung sind diejenigen, zu denen A. Ostrowski[1] gelangt ist. Diesen zufolge ist insbesondere die Funktion der zwei Variablen u, v

$$\zeta(u, v) = \sum_{n=1,2,3,\ldots} \frac{u^n}{n^v}$$

eine solche, die sich nicht zusammensetzen läßt aus analytischen Funktionen eines Argumentes und algebraischen Funktionen mit einer beliebigen Anzahl von Argumenten.

Eine weitere Frage ist die nach der Existenz von *algebraischen* Funktionen solcher Art, d. h. die Frage, ob es eine solche algebraische Funktion gibt, die sich nicht durch Funktionen eines Argumentes und durch die Summe ausdrücken läßt.

In der bezeichneten Richtung gibt uns die Methode der Tschirnhausen-Transformation einige wichtige Aufschlüsse. Diese Methode besteht bekanntlich in folgendem.

Es sei die Gleichung n-ten Grades

$$x^n + u_1 x^{n-1} + u_2 x^{n-2} + \cdots + u_n = 0$$

vorgelegt. Um die Wurzel x als Funktion der n Variablen $u_1, u_2, \ldots, u_n$ dar-

[1] Vgl. dessen Abhandlung: Über Dirichletsche Reihen und algebraische Differentialgleichungen. Math. Z. Bd. 8 S. 241.

zustellen, machen wir mit unbestimmten Koeffizienten $t_1, \ldots, t_{n-1}$ den Ansatz

$$X = x^{n-1} + t_1 x^{n-2} + \cdots + t_{n-1}$$

und stellen die Gleichung für X auf; dieselbe lautet

$$X^n + U_1 X^{n-1} + \cdots + U_n = 0,$$

wo allgemein

$$U_h = U_h(t_1, \ldots, t_{n-1})$$

eine Funktion h-ten Grades in $t_1, \ldots, t_{n-1}$ ist. Bestimmt man dann die Parameter $t_1, \ldots, t_{n-1}$ so, daß

$$U_1 = 0, \quad U_2 = 0, \quad U_3 = 0$$

wird, so ergibt sich, daß allein durch rationale Prozesse und durch Wurzelziehen unsere ursprüngliche Gleichung sich in die Gestalt

$$X^n + U_4 X^{n-4} + U_5 X^{n-5} + \cdots + U_n = 0$$

bringen läßt. Setzt man schließlich noch

$$X = \sqrt[n]{U_n}\, Y,$$

so entsteht für die neue Unbekannte Y eine Gleichung n-ten Grades, in der nicht nur die Koeffizienten von Y^{n-1}, Y^{n-2}, Y^{n-3} Null, sondern auch der erste und letzte Koeffizient gleich 1 geworden sind.

Hiernach erhalten die Gleichungen vom fünften bis neunten Grade folgende Normalformen:

$$x^5 + u x + 1 = 0,$$
$$x^6 + u x^2 + v x + 1 = 0,$$
$$x^7 + u x^3 + v x^2 + w x + 1 = 0,$$
$$x^8 + u x^4 + v x^3 + w x^2 + p x + 1 = 0,$$
$$x^9 + u x^5 + v x^4 + w x^3 + p x^2 + q x + 1 = 0.$$

Da die Operation des Wurzelziehens auch nur eine Funktion eines Argumentes ist, so erkennen wir zugleich, daß die Herstellung jener Normalformen lediglich Funktionen eines Argumentes und die Summenoperation erfordert. Was unsere Frage nach einer algebraischen Funktion von wesentlich zwei Argumenten im angegebenen Sinne betrifft, so kann offenbar die Gleichung fünften Grades eine solche noch nicht liefern; denn da die obige Normalform vom fünften Grade nur den einen Parameter u enthält, so ist offenbar auch die allgemeine Gleichung fünften Grades durch Funktionen eines Argumentes unter Hinzunahme der Summenoperation auflösbar.

Für die Normalform sechsten Grades

$$x^6 + u x^2 + v x + 1 = 0$$

mißlingen, wie es scheint, die Versuche, sie durch Funktionen nur eines

Argumentes mit Hinzunahme der Summe zu lösen; es liegt daher die Vermutung nahe, daß die Wurzel dieser Gleichung sechsten Grades eine Funktion von der verlangten Beschaffenheit darstellt.

Was die Gleichung siebenten Grades

$$x^7 + u x^3 + v x^2 + w x + 1 = 0$$

anbetrifft, so habe ich schon in meinem zu Anfang dieser Mitteilung genannten Vortrage die Vermutung ausgesprochen, daß dieselbe sogar mit Hilfe beliebiger stetiger Funktionen zweier Argumente nicht lösbar ist; auch für diese Behauptung steht der Nachweis noch aus.

Desgleichen ist vermutlich die Wurzel der Gleichung achten Grades nicht zusammensetzbar aus Funktionen von nur drei Argumenten, vielmehr scheint es, daß die obige Normalgleichung achten Grades im fraglichen Sinne wesentlich eine Funktion der vier Argumente u, v, w, p ist.

Um so bemerkenswerter erscheint es mir, daß infolge des Zusammentreffens verschiedener Umstände *die allgemeine Gleichung neunten Grades zu ihrer Auflösung auch nur Funktionen von vier Argumenten erfordert*, indem die fünf Koeffizienten u, v, w, p, q der obigen Normalform eine Reduktion auf vier Variable zulassen und also nicht wesentliche Variable in unserm Sinne sind.

Um dies einzusehen, wenden wir die Methode der Tschirnhausen-Transformation an und gelangen so zu einer Gleichung für X von folgender Gestalt

$$X^9 + U_1 X^8 + U_2 X^7 + \cdots + U_9 = 0,$$

wo $U_1, U_2, \ldots, U_9$ ganze rationale Funktionen von $t_1, \ldots, t_8$ sind.

Wir drücken nun mittels der in $t_1, \ldots, t_8$ linearen Gleichung

$$U_1(t_1, \ldots, t_8) = 0$$

den Parameter t_8 durch die anderen Parameter $t_1, \ldots, t_7$ aus. Setzen wir den so entstehenden Wert von t_8 in U_2, U_3, U_4 ein, so gehen diese Ausdrücke in gewisse Ausdrücke U_2', U_3', U_4' über, die in $t_1, \ldots, t_7$ bzw. vom zweiten, dritten, vierten Grade sind. Indem wir sodann U_2' als Summe von acht Quadraten linearer Funktionen $L_1, \ldots, L_8$ der Parameter $t_1, \ldots, t_7$ darstellen wie folgt

$$U_2'(t_1, \ldots, t_7) = L_1^2 + L_2^2 + \cdots + L_8^2,$$

erkennen wir, daß die Gleichung

$$U_2'(t_1, \ldots, t_7) = 0$$

durch die Ansätze

$$\begin{aligned} L_1 + i L_2 &= 0, \\ L_3 + i L_4 &= 0, \\ L_5 + i L_6 &= 0, \\ L_7 + i L_8 &= 0 \end{aligned}$$

befriedigt werden kann. Dies sind vier lineare Gleichungen für die Parameter $t_1, \ldots, t_7$. Wir drücken mittels derselben t_4, t_5, t_6, t_7 durch t_1, t_2, t_3 aus und setzen die auf diese Weise erhaltenen in t_1, t_2, t_3 linearen Werte in U_3', U_4' ein: es entsteht dann je ein in t_1, t_2, t_3 kubischer bzw. ein biquadratischer Ausdruck

$$U_3''(t_1, t_2, t_3) \quad \text{bzw.} \quad U_4''(t_1, t_2, t_3).$$

Nunmehr kommt es darauf an, t_1, t_2, t_3 so zu bestimmen, daß auch diese beiden Ausdrücke verschwinden.

Zu dem Zwecke bedenken wir, daß die Gleichung

$$U_3''(t_1, t_2, t_3) = 0$$

in dem dreidimensionalen $t_1 t_2 t_3$-Raume eine kubische zweidimensionale Fläche darstellt. Auf einer solchen Fläche liegen 27 gerade Linien. Um eine derselben zu finden, hat man eine Gleichung 27-ten Grades aufzulösen, deren Koeffizienten rational von den Koeffizienten in $U_3'' = 0$ abhängen.

Wir wollen nun untersuchen, wie weit sich die Anzahl der Koeffizienten der Gleichung $U_3'' = 0$ reduzieren läßt. Bekanntlich gestattet eine ganze rationale Funktion dritten Grades von drei Variablen stets die Darstellung als Summe von fünf Kuben wie folgt:

$$U_3''(t_1, t_2, t_3) = M_1^3 + M_2^3 + M_3^3 + M_4^3 + M_5^3,$$

wo M_1, M_2, M_3, M_4, M_5 lineare Funktionen von t_1, t_2, t_3 sind. Diese Darstellung ist im wesentlichen eindeutig: die Kuben $M_1^3, M_2^3, M_3^3, M_4^3, M_5^3$ sind Wurzeln einer Gleichung fünften Grades, deren Koeffizienten sich rational durch die Koeffizienten der kubischen Funktion U_3'' ausdrücken. Wir erkennen hieraus, daß zur Darstellung der Kuben $M_1^3, M_2^3, M_3^3, M_4^3, M_5^3$ und mithin auch der linearen Funktionen M_1, M_2, M_3, M_4, M_5 selbst außer der Summenoperation nur Funktionen von *einem* Argument erforderlich sind. Wenn wir nun an Stelle von t_1, t_2, t_3 die linear gebrochenen Werte

$$m_1 = \frac{M_1}{M_4}, \quad m_2 = \frac{M_2}{M_4}, \quad m_3 = \frac{M_3}{M_4}$$

als neue Variable einführen, so wird aus der Gleichung $U_3'' = 0$ eine Gleichung von der Gestalt

$$m_1^3 + m_2^3 + m_3^3 + 1 + (V_1 m_1 + V_2 m_2 + V_3 m_3 + V_4)^3 = 0,$$

die nur die vier Parameter V_1, V_2, V_3, V_4 in ihren Koeffizienten enthält. Daraus folgt, daß, wenn die Gleichungen

$$t_1 = \varrho_1 s + \sigma_1,$$
$$t_2 = \varrho_2 s + \sigma_2,$$
$$t_3 = \varrho_3 s + \sigma_3,$$

mit der Variablen s eine der 27 Geraden unserer Fläche $U_3'' = 0$ darstellen, die Koeffizienten $\varrho_1, \varrho_2, \varrho_3, \sigma_1, \sigma_2, \sigma_3$ ebenfalls algebraische Funktionen jener vier Parameter V_1, V_2, V_3, V_4 sind.

Setzen wir endlich noch in U_4'' an Stelle von t_1, t_2, t_3 obige lineare Funktionen von s ein, so geht die Gleichung

$$U_4''(t_1, t_2, t_3) = 0$$

in die biquadratische Gleichung

$$U_4'''(s) = 0$$

für s über, und die Auflösung dieser erfordert wiederum außer der Summenoperation nur Funktionen von einem Argument.

Die gefundene Tschirnhausen-Transformation liefert nunmehr, wenn wir noch in U_5, U_6, U_7, U_8, U_9 die entsprechenden Einsetzungen machen, an Stelle der ursprünglich vorliegenden Gleichung neunten Grades eine Gleichung von der Gestalt

$$X^9 + U_5^* X^4 + U_6^* X^3 + U_7^* X^2 + U_8^* X + U_9^* = 0$$

und, indem wir noch die Substitution

$$X = \sqrt[9]{U_9^*}\, Y$$

anwenden, gelangen wir zu einer Gleichung von der Gestalt

$$Y^9 + W_1 Y^4 + W_2 Y^3 + W_3 Y^2 + W_4 Y + 1 = 0,$$

in der nur die vier Parameter W_1, W_2, W_3, W_4 auftreten. *Die Auflösung der allgemeinen Gleichung neunten Grades erfordert* also *nur algebraische Funktionen von vier Argumenten*, und zwar kommt man mit Funktionen eines Argumentes, der Summe und noch zweier spezieller algebraischer Funktionen von vier Argumenten aus. Es ist unwahrscheinlich, daß für die allgemeine Gleichung neunten Grades sich die Anzahl der Argumente noch weiter reduzieren läßt.

Für die Gleichungen höheren Grades gilt offenbar die entsprechende Reduktion der Anzahl der Argumente.

Nachwort zu Hilberts algebraischen Arbeiten.

Von B. L. van der Waerden.

Von Hilberts algebraischen Arbeiten haben vorwiegend die Abhandlungen „16. Über die Theorie der algebraischen Formen“ und „19. Über die vollen Invariantensysteme“ einen umwälzenden Einfluß auf das algebraische Denken gehabt. Diese Arbeiten bilden den Abschluß von Hilberts invariantentheoretischen Untersuchungen; sie ragen aber in Methode und Bedeutung über den Bereich der Invariantentheorie weit hinaus. Ihr wesentlicher Kern, der in der zweiten Arbeit von Hilbert selbst bewußt formuliert wird, besteht in der Anwendung arithmetischer Methoden auf algebraische Probleme. Den Ausgangspunkt bildet die auf Kronecker und Dedekind zurückgehende Erkenntnis, daß die ganzen rationalen und algebraischen Funktionen irgendwelcher Veränderlichen mit demselben begrifflichen Apparat behandelt werden können wie die ganzen rationalen und algebraischen Zahlen. Indem Hilbert in diesen Abhandlungen den Invariantenkörper als Spezialfall eines Funktionenkörpers betrachtet, steht er am Wendepunkt einer historischen Entwicklung: Vor ihm war das Interesse der Algebraiker vorwiegend auf eine möglichst explizite Aufstellung aller Invarianten gegebener Grundformen gerichtet, nach ihm mehr auf die allgemeinen arithmetischen und algebraischen Eigenschaften von Systemen rationaler und algebraischer Funktionen. Aus diesem Gedankenkreis ist später in natürlicher Weise die allgemeine Theorie der abstrakten Körper, Ringe und Moduln erwachsen.

Das als Hilbertscher Basissatz bekannte Theorem I, das die Grundlage der Arbeit 16. bildet, ist, wie sich später gezeigt hat, nicht auf Formen beschränkt, sondern gilt genau so für inhomogene Polynome. Seine prägnanteste Fassung, aus der die Hilbertsche Formulierung ohne Mühe folgt, lautet: Jedes Ideal im Polynombereich von n Variablen besitzt eine endliche Idealbasis, vorausgesetzt, daß im Koeffizientenbereich jedes Ideal eine endliche Idealbasis besitzt. Die Spezialfälle: Koeffizientenbereich ein unendlicher Körper oder der Bereich der ganzen rationalen Zahlen, ergeben die Hilbertschen Theoreme I und II. Kürzere Beweise des Theorems I gaben P. Gordan[1], und E. Noether[2]. Die wohl endgültig einfachste und allgemeinste Fassung des Beweises gab E. Artin im Anschluß an den Hilbertschen Beweis des Theorems II[3].

An verschiedenen Stellen in den Arbeiten 16. und 19. betont HILBERT die Wichtigkeit einer Übertragung des M. Noetherschen Fundamentalsatzes, der die Bedingungen für Darstellbarkeit einer ternären Form F in der Gestalt $Af + B\varphi$ mit gegebenen f und φ angibt, auf mehr als 3 Veränderliche und mehr als 2 Formen. Diese Übertragung ist von E. LASKER[4] wirklich durchgeführt, womit die Grundlage der Idealtheorie der Polynombereiche gelegt war. Im Rahmen dieser Idealtheorie, die von F. S. MACAULAY weiter ausgebaut und zusammenfassend dargestellt wurde[5], ergeben sich auch für die Hilbertschen Sätze über die charakteristische Funktion (Theorem IV der Arbeit 16.) und für den grundlegenden Hilbertschen Nullstellensatz der Arbeit 19. (§ 3) übersichtliche, einfache Beweise. Den einfachsten Beweis des Hilbertschen Nullstellensatzes hat übrigens E. RABINOWITSCH[6] gegeben. Der größte Erfolg für die Hilbertsche Methode wurde aber errungen, als 1921[7] E. NOETHER zeigte, daß die gesamte Laskersche Idealtheorie ausschließlich aus dem Hilbertschen Basissatz hergeleitet werden kann, und somit für alle diejenigen Ringbereiche gilt, in denen jedes Ideal eine endliche Basis besitzt. Damit war eine gemeinsame Grundlage für die Idealtheorie der ganzen algebraischen Zahlen und der ganzen algebraischen Funktionen, insbesondere der Polynome geschaffen, welche in späteren Arbeiten von E. NOETHER und ihrer Schule noch weiter ausgebaut wurde. Eine zusammenfassende Darstellung findet sich in der schon zitierten Modernen Algebra II.

Die Endlichkeitsfragen der vollen Invariantensysteme und allgemeinerer Systeme von rationalen Funktionen wurden mit Hilbertschen Methoden erfolgreich weiter bearbeitet von E. NOETHER[8] und A. OSTROWSKI[9]. Von den übrigen algebraischen Arbeiten HILBERTS haben vor allem die Arbeit 18. „Über die Irreduzibilität ganzer rationaler Funktionen" und 20. „Über ternäre definite Formen" Anlaß zu einer weiteren Entwicklung gegeben. Für den Hauptsatz der Arbeit 18., den Hilbertschen Irreduzibilitätssatz, haben F. MERTENS, TH. SKOLEM und K. DÖRGE neue Beweise und Verschärfungen angegeben[10]. Die Frage, inwieweit der Irreduzibilitätssatz sich auf allgemeinere Grundkörper ausdehnen läßt, hat W. FRANZ[11] untersucht. Die in der Arbeit 18. ebenfalls behandelte Frage nach der Existenz von Gleichungen mit vorgeschriebener Gruppe hat E. NOETHER[12] wieder aufgegriffen und für eine Reihe von Fällen erledigt. Hieran schließen sich die Arbeiten von BREUER[13], FURTWÄNGLER[14] und GRÖBNER[15], ferner in anderer Richtung die von TSCHEBOTARÖW[16] und SCHOLZ[17].

Die Hilbertschen Arbeiten 10. und 20. befassen sich mit der Frage nach der Darstellung definiter Formen als Summe von Quadraten. Nachdem in der Arbeit 10. mit sehr scharfsinnigen Methoden bewiesen war, daß eine solche Darstellung im allgemeinen im Bereich der ganzen rationalen Funktionen nicht möglich ist, wird die Darstellbarkeit der ternären Formen als Quotienten von Quadratsummen (oder, was auf dasselbe hinauskommt, als die Summe von Quadraten rationaler Funktionen) in der Arbeit 20. dargetan. Die Darstellbarkeit der binären Formen oder der Polynome als Summen von Quadraten von Polynomen mit ganzen rationalen Koeffizienten hatte inzwischen E. LANDAU[18] bewiesen. Das allgemeine Problem der Darstellbarkeit der definiten rationalen Funktionen von beliebig vielen Veränderlichen als Summen von Quadraten aber wurde erst von E. ARTIN[19] mit den Methoden der allgemeinen Körpertheorie gelöst. Das von HILBERT in der Abhandlung 26 gestellte Problem, die Lösung der allgemeinen Gleichung n-ten Grades mit Hilfe von Funktionen von möglichst wenig Argumenten zu bewerkstelligen, ist von N. TSCHEBOTARÖW weiter bearbeitet worden. Über diese Untersuchungen berichtet dessen Vortrag auf dem Internationalen Mathematiker-Kongreß Zürich 1932[16].

Literaturverzeichnis.

1. Nachr. K. Ges. Wiss. Göttingen 1899 S. 240—242.
2. Jber. dtsch. Math.-Ver. Bd. 28 (1919) S. 288 Anm. 2.
3. Abgedruckt bei B. L. VAN DER WAERDEN: Moderne Algebra II, § 80.
4. Math. Annalen Bd. 60 (1905) S. 20—116.
5. Cambridge Tracts in Math. Bd. 19 (1916).
6. Math. Annalen Bd. 102 (1929) S. 33.
7. Math. Annalen Bd. 83 S. 24—66.
8. Math. Annalen Bd. 76 S. 161—196; Bd. 77 (1916) S. 89—92; Nachr. K. Ges. Wiss. Göttingen 1919 S. 1—17 und 1926 S. 28—35.
9. Math. Annalen Bd. 78 (1918) S. 94—119; Bd. 81 (1920) S. 21—24.
10. Siehe K. DÖRGE: Math. Annalen Bd. 95 S. 84—97; Bd. 96 S. 176—182.
11. Math. Zeitschr. Bd. 33 (1931) S. 275—293.
12. Math. Annalen Bd. 78 (1917) S. 221—229.
13. Math. Annalen Bd. 92 (1924) S. 126—144; J. Math. Bd. 156 (1926) S. 13—42; Bd. 166 (1932) S. 54—58.
14. Sitzungsberichte der Akad. d. Wiss. in Wien Bd. 134 (1925) S. 69—82.
15. Akad. der Wiss. Wien. Akad. Anz. Nr. 5 (1932).
16. Verhandlungen des Internationalen Math. Kongresses Bd. 1 (1932) S. 128—132.
17. Math. Zeitschr. Bd. 30 (1929) S. 332—356; S.-B. Heidelberger Akad. 1929 14. Abh.
18. Math. Annalen Bd. 57 S. 53; Bd. 62 S. 272.
19. Abh. Math. Sem. Hamburg Bd. 5 (1926) S. 100.

Zu Hilberts Grundlegung der Geometrie.

Von Arnold Schmidt.

Die Arbeiten Hilberts zur Grundlegung der Geometrie sind teils als Festschrift zur Einweihung des Göttinger Gauß-Weber-Denkmals[1], teils als „Anhänge I—IV" zu dieser Festschrift in dem Buche „Grundlagen der Geometrie"[2] vereinigt. Ein Abdruck des Buches, das vor kurzem seine 7. Auflage erlebte, verbietet sich; es sei hier über seinen Inhalt und über die wichtigsten unmittelbaren Auswirkungen[3] Bericht erstattet. Als Basis dieses Berichtes mögen die Hilbertschen Axiome (in der Fassung der 7. Auflage) und ihre Einführung zitiert werden.

„Erklärung. Wir denken drei verschiedene Systeme von Dingen: die Dinge des ersten Systems nennen wir Punkte und bezeichnen sie mit $A, B, C, \ldots$; die Dinge des zweiten Systems nennen wir Geraden und bezeichnen sie mit $a, b, c, \ldots$; die Dinge des dritten Systems nennen wir Ebenen und bezeichnen sie mit $\alpha, \beta, \gamma, \ldots$." ... „Wir denken die Punkte, Geraden, Ebenen in gewissen gegenseitigen Beziehungen und bezeichnen diese Beziehungen durch Worte, wie ‚liegen', ‚zwischen', ‚kongruent', ‚parallel', ‚stetig'; die genaue und für mathematische Zwecke vollständige Beschreibung dieser Beziehungen erfolgt durch die Axiome der Geometrie."

I. Axiome der Verknüpfung. 1. Zu zwei Punkten A, B gibt es stets eine Gerade a, die mit jedem der beiden Punkte A, B zusammengehört. 2. Zu zwei Punkten A, B gibt es nicht mehr als eine Gerade, die mit jedem der beiden Punkte A, B zusammengehört. 3. Auf einer Geraden gibt es stets wenigstens zwei Punkte. Es gibt wenigstens drei Punkte, die nicht auf einer Geraden liegen. 4. Zu irgend drei nicht auf ein und derselben Geraden liegenden Punkten A, B, C gibt es stets eine Ebene α,

---

[1] Leipzig 1899.

[2] 2. Aufl. 1903; 7. Aufl. 1930, Leipzig. — Übersetzungen: Les principes fondamentaux de la geometrie, Ann. sci. Ecole norm. Paris, 3. Reihe, Bd. 17; The Foundations of Geometry. Chicago 1902.

[3] Wichtige, die Grundlagen der Geometrie betreffende Arbeiten, welche zu den Hilbertschen Untersuchungen nur in mittelbarem Zusammenhange stehen, konnten hier nicht zitiert werden.

die mit jedem der drei Punkte A, B, C zusammengehört. Zu jeder Ebene gibt es stets einen mit ihr zusammengehörigen Punkt. 5. Zu irgend drei nicht auf ein und derselben Geraden liegenden Punkten A, B, C gibt es nicht mehr als eine Ebene, die mit jedem der drei Punkte A, B, C zusammengehört. 6. Wenn zwei Punkte einer Geraden a in einer Ebene α liegen, so liegt jeder Punkt von a in der Ebene α. 7. Wenn zwei Ebenen einen Punkt gemein haben, so haben sie wenigstens noch einen weiteren Punkt gemein. 8. Es gibt wenigstens vier nicht in einer Ebene gelegene Punkte.

II. Axiome der Anordnung. 1. Wenn ein Punkt B zwischen einem Punkt A und einem Punkt C liegt, so sind A, B, C drei verschiedene Punkte einer Geraden, und B liegt dann auch zwischen C und A. 2. Zu zwei Punkten A und C gibt es stets wenigstens einen Punkt B auf der Geraden AC, so daß C zwischen A und B liegt. 3. Unter irgend drei Punkten einer Geraden gibt es nicht mehr als einen, der zwischen den beiden anderen liegt. 4. Es seien A, B, C drei nicht in gerader Linie gelegene Punkte und a eine Gerade in der Ebene ABC, die keinen der Punkte A, B, C trifft: wenn dann die Gerade a durch einen Punkt der Strecke AB geht, so geht sie gewiß auch entweder durch einen Punkt der Strecke AC oder durch einen Punkt der Strecke BC. — Die Verknüpfungs- und Anordnungsaxiome gestatten, die in den folgenden Axiomen auftretenden Begriffe „Strecke“, „Seite einer Geraden bzw. Ebene“, „Halbstrahl“, „Winkel“ zu definieren.

III. Axiome der Kongruenz. 1. Wenn A, B zwei Punkte auf einer Geraden a und ferner A' ein Punkt auf derselben oder einer anderen Geraden a' ist, so kann man auf einer gegebenen Seite der Geraden a' von A' stets einen Punkt B' finden, so daß die Strecke AB der Strecke $A'B'$ kongruent ist, in Zeichen: $AB \equiv A'B'$. 2. Wenn eine Strecke $A'B'$ und eine Strecke $A''B''$ derselben Strecke AB kongruent sind, so ist auch die Strecke $A'B'$ der Strecke $A''B''$ kongruent. 3. Es seien AB und BC zwei Strecken ohne gemeinsame Punkte auf der Geraden a und ferner $A'B'$ und $B'C'$ zwei Strecken auf derselben oder einer anderen Geraden a' ebenfalls ohne gemeinsame Punkte; wenn dann $AB \equiv A'B'$ und $BC \equiv B'C'$ ist, so ist auch stets $AC \equiv A'C'$. 4. Es sei ein Winkel $\sphericalangle(h, k)$ in einer Ebene α und eine Gerade a' in einer Ebene α' sowie eine bestimmte Seite von a' in α' gegeben. Es bedeute h' einen Halbstrahl der Geraden a', der vom Punkte O' ausgeht: dann gibt es in der Ebene α' einen und nur einen Halbstrahl k', so daß der Winkel $\sphericalangle(h, k)$ kongruent dem Winkel $\sphericalangle(h', k')$ ist und zugleich alle inneren Punkte des Winkels $\sphericalangle(h', k')$ auf der gegebenen Seite von a' liegen, in Zeichen: $\sphericalangle(h, k) \equiv \sphericalangle(h', k')$. Jeder Winkel ist sich selbst kongruent. 5. Wenn für zwei Dreiecke ABC und $A'B'C'$ die Kongruenzen $AB \equiv A'B'$, $AC \equiv A'C'$, $\sphericalangle BAC \equiv \sphericalangle B'A'C'$ gelten, so ist auch stets die Kongruenz $\sphericalangle ABC \equiv \sphericalangle A'B'C'$ erfüllt.

IV. Axiom der Parallelen. Es sei a eine beliebige Gerade und A ein Punkt außerhalb a: dann gibt es in der durch a und A bestimmten Ebene höchstens (bzw. genau) eine Gerade, die durch A läuft und a nicht schneidet.

V. Axiome der Stetigkeit. 1. (Archimedisches Axiom.) Sind AB und CD irgendwelche Strecken, so gibt es auf der Geraden AB eine Anzahl von Punkten $A_1, A_2, \ldots, A_n$, so daß die Strecken $AA_1, A_1A_2, \ldots, A_{n-1}A_n$ der Strecke CD kongruent sind und B zwischen A und A_n liegt. 2. (Vollständigkeitsaxiom.) Die Punkte der Geraden bilden ein System, welches bei Aufrechterhaltung der Axiome I 1—2, II, III, V1 keiner Erweiterung mehr fähig ist.

Der Verzicht auf eine vorangehende Definition oder Beschreibung der Grundbegriffe, welche vielmehr durch die Angabe genügend vieler axiomatischer Aussagen über sie *implizit definiert* werden dergestalt, daß alle einschlägigen Urteile in eindeutiger Weise sich als wahr oder falsch herausstellen, gab den Anstoß zu einer neuen Art axiomatischen Denkens. Von den mannigfachen Einsichten und Problemen, zu denen man im Verfolg dieser Richtung der Abstraktion gelangt, sei hier nur das Problem der Widerspruchsfreiheit erwähnt; die Widerspruchsfreiheit der geometrischen Axiome führte Hilbert auf diejenige der Arithmetik zurück[1], deren Nachweis der Hauptgegenstand von Hilberts neueren Untersuchungen ist.

In der Formulierung der Axiome erkennt man zwei sich ergänzende Tendenzen. Einmal ermöglicht die Unbekümmertheit um Herkunft und apriorische Evidenz der Axiome jene ins Auge fallende Abgerundetheit des Axiomensystems; die Sorge um die empirische Zugänglichkeit der Axiome ist in gewisser Weise ersetzt durch das Streben nach logisch übersichtlichen Sachverhalten. (Diese Einstellung findet sich übrigens auch in Hilberts axiomatischen Betrachtungen zur Physik wieder.) Dem steht die andere Tendenz gegenüber, der logischen Ökonomie doch in jedem Falle die begriffliche Einsichtigkeit und Anschaulichkeit vorzuziehen. Die letztere Tendenz ist im Laufe der weiteren Entwicklung der geometrischen Grundlegung nicht überall anerkannt worden; es sei kurz erläutert, in welcher Weise sie in Hilberts Festschrift zur Geltung kommt. — Hilbert führt solche geometrischen Begriffe, die anschaulich und begrifflich zunächst als eigenständige erscheinen, auch einzeln als eigene Grundbegriffe ein: so trennt er im Gegensatz zu seinen Vorgängern scharf die Verknüpfungs- und die Anordnungstatsachen, was vom logisch ökonomischen Standpunkt unnötig sein würde; so ist weiter in den Kongruenzaxiomen von Strecken und Winkeln die Rede, obwohl sich die Winkelkongruenz auf die Streckenkongruenz zurückführen läßt. Eine solche Reduktion, die ihre axiomatischen Vorteile hat, ist später von Veblen[2]

[1] „Grundlagen . . .", Kap. II.

[2] The Foundations of Geometry; Monogr. on Modern Math. ed. by I. W. A. Young. London 1911.

durchgeführt worden. — Weiter setzt HILBERT die Axiome gleich in einer Weise an, in der die trivialen Grundeigenschaften der geometrischen Relationen präsumiert sind, so ist die Strecke AB definitionsgemäß dasselbe wie die Strecke BA, der Winkel $\sphericalangle(h,k)$ dasselbe wie der Winkel $\sphericalangle(k,h)$; die Gruppe der Anordnungsaxiome beginnt mit der Forderung, daß mit „B zwischen A und C" auch „B zwischen C und A" statthaben solle. Das Parallelenaxiom, dessen Allgemeingültigkeit bei Zuhilfenahme aller anderen Axiome unschwer aus seinem Zutreffen auf *einen* Punkt und eine Gerade folgt, wird trotzdem in allgemeiner Form ausgesprochen, weil die Heraushebung eines Punkt-Geraden-Paares der geometrischen Anschauung inadäquat wäre. Entsprechendes gilt für das Archimedische Axiom. In den angeführten und ähnlichen Fällen blieben für eine rein ökonomisch orientierte Axiomatik Betätigungsfelder; bezüglich der Anordnung haben VEBLEN[1] und SCHWEITZER[2] Reduktionen durchgeführt, bezüglich des Parallelenaxioms und des Archimedischen Axioms BALDUS[3]. — In gewissen der Hilbertschen Axiomgruppen werden Begriffe (wie Strecke usw.) zugrunde gelegt, die sich nur mit Hilfe der vorangehenden Axiomgruppen definieren lassen. Die Frage nach der gegenseitigen Unabhängigkeit der Axiome wird auf diese Weise ganz zwangsläufig auf die geometrisch belangvollen Unabhängigkeitsfragen beschränkt. (Bei Zulassung unnötiger Prämissen in den Axiomen wäre offenbar leicht jede gewünschte Unabhängigkeit zu erzwingen.) — Endlich ist hier das Vollständigkeitsaxiom hervorzuheben, das die Axiome von CANTOR und DEDEKIND ersetzt; die Prägnanz dieses Axioms hängt allerdings mit seinem Charakter eines „Axioms über Axiome" zusammen.

Übrigens haben die Axiome auch bei Einhaltung der beiden geschilderten Tendenzen HILBERTS einige *Reduktionen* gestattet (die in der Formulierung der oben aufgeführten Axiome der 7. Auflage bereits berücksichtigt wurden); hier sind vor allem die erfolgreichen Bemühungen von BERNAYS[4], MOORE[5], ROSENTHAL[6] und WALD[7] zu nennen. Darüber hinaus hat HILBERTS geometrische Axiomatik zahlreiche Mathematiker angeregt, je nach Einstellung und speziellem Bedürfnis andere Axiomensysteme aufzustellen oder die Rolle einzelner geometrischer Relationen erschöpfend zu analysieren; aus der Fülle der hierunter fallenden Arbeiten sei nur das VEBLENsche Axiomensystem für die projektive Geometrie[8] erwähnt.

In der Entwicklung der geometrischen Grundlagenforschung lassen sich

---

[1] Trans. Math. Soc. 1904. [2] Amer. Journ. 1909.

[3] Atti Congr. Bologna Bd. 4 (1928) und Sitzgsber. Heidelberg. Ak. Math. nat. Kl. 1930.

[4] HILBERT: Grundlagen ..., 7. Aufl. S. 31. [5] Trans. Math. Soc. 1902.

[6] Math. Annalen Bd. 69 und 71. [7] HILBERT: Grundlagen ..., 7. Aufl. S. 6.

[8] Trans. Amer. Math. Soc. Bd. 5; vgl. auch R. MOORE: Trans. Amer. Math. Soc. Bd. 9.

drei konstruktive Direktiven für die Auswahl und die Behandlung der Einzelprobleme unterscheiden. Die erste, diejenige der Ausschaltung jeder Parallelenannahme und die damit im Zusammenhang stehende, von KLEIN[1] vorgeschlagene, strenge Beschränkung auf Axiome im überblickbaren Raumstück, war bereits vor HILBERT — insbesondere von PASCH[2] und PEANO[3] in ihre Konsequenzen hinein verfolgt worden. Der zweiten Direktive, Stetigkeitsannahmen zu vermeiden, war VERONESES geometrisches Werk[4] gewidmet; die Konsistenz seines „Nicht-Archimedischen" Aufbaus der Geometrie ist allerdings schwer durchschaubar und unterlag mehrfachen Einwendungen[5]. HILBERT nahm diese Tendenz auf. Er konstruierte eine Nicht-Archimedische Geometrie, in der die Axiome der Gruppen I—IV erfüllt sind und deren Konsistenz unmittelbar aus derjenigen der reellen Zahlen folgt[6]. Darüber hinaus werden in der Festschrift alle Einzelprobleme nach Möglichkeit unter *Ausschaltung der Stetigkeitsaxiome* behandelt; gegebenenfalls werden Notwendigkeit und Reichweite solcher Axiome einer ausführlichen Untersuchung unterzogen. Dazu gesellt sich als weitere für alle Einzelprobleme charakteristische Zielsetzung das Streben, *die ebene Geometrie selbständig, unabhängig von räumlichen Voraussetzungen aufzubauen* und darüber hinaus die Rolle der räumlichen Daten in der ebenen Geometrie festzulegen.

Beide Direktiven treten hervor bei der *Algebraisierung der ebenen Geometrie unter Heranziehung des Desarguesschen und des Pappusschen Satzes* ohne Kongruenz- und Stetigkeitsannahmen, welche etwa gleichzeitig von HILBERT und F. SCHUR durchgeführt wurde — von SCHUR, indem er in der ebenen projektiven Geometrie den Fundamentalsatz ohne Stetigkeitsannahmen aus den beiden angegebenen Schnittpunktsätzen bewies[7], von HILBERT durch eine Streckenrechnung auf Grund der ebenen Axiome I, II, IV und des Desarguesschen Satzes[8]. Diese Streckenrechnung gestattet eine nichtkommutative Algebraisierung der Geometrie, und HILBERT zeigte weiter, daß die Kommutativität der Multiplikation dieser Algebraisierung 1. nicht aus den

---

[1] U. a. Math. Annalen Bd. 4.

[2] Vorlesungen über neuere Geometrie. Leipzig 1882.

[3] Fondamenti di Geometria. Riv. Mat. Bd. 4 (1894).

[4] Fondamenti di Geometria. Padua 1891.

[5] Z. B. SCHOENFLIES: Jber. dtsch. Math.-Ver. Bd. 5 und 15.

[6] „Grundlagen ...", Kap. II.

[7] Math. Annalen Bd. 51. Die Möglichkeit eines solchen Beweises war bereits von H. WIENER (Jber. dtsch. Math.-Ver. 1892) behauptet worden. — Neuerdings ist — unter etwas veränderten Gesichtspunkten — die Abhängigkeit bestimmter Schnittpunktsätze voneinander von R. MOUFANG untersucht worden: Math. Annalen Bd. 105/106.

[8] Die Streckenrechnung wurde später von ARNOLD SCHMIDT vereinfacht (HILBERT: Grundlagen ..., 7. Aufl., Kap. V). — Eine andere Streckenrechnung gab HESSENBERG an: Acta Math. Bd. 29.

angegebenen Annahmen folgt, 2. hingegen eine Folge des Archimedischen Axioms ist, 3. äquivalent dem Pappusschen Satze ist. Daraus ergibt sich zugleich die Stellung der herangezogenen Schnittpunktsätze zu den Axiomen I, II, IV: Der Pappussche Satz[1] ist von den ebenen und räumlichen Axiomen I, II, IV unabhängig, jedoch im Rahmen dieser Axiome eine Folge des Archimedischen Axioms; der Desarguessche Satz[2] ist bei Zugrundelegung lediglich der *ebenen* Axiome I, II, IV nicht nur notwendig, sondern auch *hinreichend* für die Einbettbarkeit der betreffenden ebenen Geometrie in eine räumliche. Zusammen mit HESSENBERGS Beweis des Desarguesschen Satzes aus dem Pappusschen[3] lehrt die Algebraisierung, daß im Rahmen der ebenen Axiome I, II, IV der Pappussche Satz alle reinen Schnittpunktsätze nach sich zieht.

Bei Verzicht auf die axiomatische Heranziehung der Schnittpunktsätze erhebt sich die Frage nach der *Algebraisierung der Geometrie bei Benutzung der Kongruenz.* Auch diese Frage wurde von HILBERT und SCHUR gleichzeitig untersucht. SCHUR bewies den Pappusschen Satz ohne Stetigkeitsbetrachtungen, dagegen unter räumlichen Voraussetzungen[4], womit nach dem Vorigen die Algebraisierung der räumlichen absoluten Geometrie ohne Stetigkeitsannahmen durchgeführt war. HILBERT leitete den Pappusschen Satz aus den *ebenen* Axiomen I bis IV her und gab eine auf dem Pappusschen Satze und diesen Axiomen fußende Streckenrechnung[5] an, womit die (kommutative) *Algebraisierung der ebenen euklidischen Geometrie* ohne Stetigkeitsannahmen vollendet war. Der Desarguessche Satz ergibt sich in diesem Zusammenhange aus der Algebraisierung; HILBERT zeigte noch, daß beim Beweise des Desarguesschen Satzes aus den ebenen Axiomen I—IV das Axiom der Dreieckskongruenz III 5 nicht entbehrt werden kann[6]. Dies Ergebnis lehrt zusammen mit dem oben erwähnten Kriterium für Einbettbarkeit, daß nicht jede Geometrie, in der die ebenen Axiome I, II, IV gelten, in eine räumliche eingebettet werden kann, welche allen Axiomen I, II, IV genügt.

Mit HILBERTS Algebraisierung der ebenen euklidischen Geometrie war zugleich die Begründung der *Proportionenlehre* ohne Voraussetzungen über Raum, Stetigkeit oder Flächeninhalte erledigt; in einem Kapitel der „Grundlagen" wird ein kurzer, direkter Weg zu den Sätzen dieser Theorie dargelegt[7].

Auf ganz anderem Wege führte HILBERT die Algebraisierung der ebenen *hyperbolischen* Geometrie — Axiom IV ist durch ein entsprechendes Axiom

---

[1] „Grundlagen . . .", Kap. VI. [2] „Grundlagen . . .", Kap. V.

[3] Math. Annalen Bd. 61. [4] Math. Annalen Bd. 51.

[5] „Grundlagen . . .", Kap. III.

[6] Nach HILBERT konstruierte MOULTON (Trans. Math. Soc. 1902) eine etwas einfachere „Nicht-Desarguessche Geometrie".

[7] „Grundlagen . . .", Kap. III.

ersetzt — ohne Stetigkeitsannahmen durch[1]; er bediente sich dabei einer „Endenrechnung", welche die Einführung von Linienkoordinaten gestattet. Kurz darauf führte HESSENBERG[2] — unter Benutzung Dehnscher Methoden[3] — die Algebraisierung der ebenen *elliptischen* Geometrie auf diejenige der ebenen euklidischen Geometrie ohne Stetigkeitsannahmen zurück. Schließlich brachte HJELMSLEV[4] einen Beweis des Pappusschen Satzes auf Grund allein der ebenen Hilbertschen Axiome I—III; diese Abhängigkeit führt nach Herleitung des Desarguesschen Satzes zu jenem Resultat, das den Abschluß des Fragenkomplexes darstellt: Die ebene Geometrie läßt sich ohne axiomatische Einführung eines (nichttrivialen) Schnittpunktsatzes und jede Annahme über Parallelität, Stetigkeit oder Raum algebraisieren[5].

Als letztes klassisches Problem im axiomatischen Aufbau der Geometrie verbleibt die *Polygoninhaltslehre*. Die stillschweigende Voraussetzung EUKLIDS, Flächeninhalte seien als Größen zu behandeln, die sich in seinem Gebrauche des Satzes „Das Ganze ist größer als sein Teil"[6] offenbart, war von DE ZOLT[7] in die explizite Form eines Axioms über Polygoninhalte gebracht worden: Nimmt man ein Teildreieck irgendeiner Dreieckszerlegung eines Vielecks fort, so läßt sich mit den übrigen das Vieleck nicht ausfüllen. SCHUR[8] gab eine Begründung der Polygoninhaltslehre mit Hilfe des Archimedischen Axioms, in der der fundamentale Satz von der Zerlegungsgleichheit zweier Dreiecke mit gleicher Grundlinie und Höhe ohne das de Zoltsche Axiom bewiesen und dieses letztere sodann hergeleitet wird. HILBERT zeigte, daß zum Beweise des genannten fundamentalen Satzes das Archimedische Axiom unentbehrlich ist. Nach Einführung der Begriffe des Inhaltsmaßes eines Polygons (d. i. ein gewisses Streckenaggregat im Sinne der Desarguesschen Streckenrechnung) und der Ergänzungsgleichheit zweier Polygone (Ergänzbarkeit zu zerlegungsgleichen Polygonen durch paarweise kongruente Dreiecke) bewies HILBERT sodann ohne Benutzung des Archimedischen Axioms die Äquivalenz der Prädikate „ergänzungsgleich" und „von gleichem Inhaltsmaß"; damit ist die Polygoninhaltslehre ohne räumliche Voraussetzungen, ohne ein Axiom über Flächeninhalte und ohne Stetigkeitsannahmen begründet[9]. — Auf den Satz „Das Ganze ist größer als sein Teil" kommt HILBERT in einer anderen Arbeit[10] zurück, in welcher gezeigt ist, daß bei Verzicht auf das Archi-

---

[1] Math. Annalen Bd. 57. Abgedruckt als „Anhang III" der Grundlagen ....

[2] Math. Annalen Bd. 61. [3] Math. Annalen Bd. 53. [4] Math. Annalen Bd. 64.

[5] Bei etwas veränderter Einführung der Kongruenz lassen sich nach HJELMSLEV in dieser Herleitung sogar noch die Anordnungsaxiome ausschalten. Math. Fys. Meddelelser Bd. 10.

[6] Elemente, 1. Buch, 39. Satz.

[7] Principii della eguaglianza di poligoni. Mailand 1881, 1883.

[8] Sitzgsber. Dorpater Naturf. Ges. 1892. [9] „Grundlagen ...", Kap. IV.

[10] Proc. London Math. Soc. 4. Abgedruckt als „Anhang II" der Grundlagen ....

medische Axiom und bei einer noch zu besprechenden engeren Fassung des Dreieckskongruenzaxioms III 5 die Ergänzungsgleichheit eines Vielecks mit einem Teil nicht ausgeschlossen ist.

Dehn gab eine Begründung der Polygoninhaltslehre in der ebenen elliptischen Geometrie[1], welche sich mit gewissen Modifikationen auf die hyperbolische Geometrie übertragen läßt. Er zeigte weiter[2], daß der Begriff der Ergänzungsgleichheit von Polyedern nicht zur Begründung der Polyederinhaltslehre ausreicht, indem er das von Hilbert in seinem Pariser Vortrage[3] gestellte Problem löste, zwei Tetraeder von gleicher Grundfläche und Höhe anzugeben, die nicht ergänzungsgleich sind. Für diesen Tatbestand wurde später von Kagan[4] und Vahlen[5] ein sehr kurzer Beweis gegeben. W. Süss[6] lieferte eine Begründung der Polyederinhaltslehre ohne Stetigkeitsannahmen, welche auf dem Begriff der Ergänzungsgleichheit von Polygonen aufgebaut ist.

Den besprochenen Einzelproblemen prägt die oben erwähnte Direktive, die ebene Geometrie von räumlichen Vorstellungen frei zu machen, ihren Stempel auf. Solche stecken nun implizite bereits in der herkömmlichen Auffassung der Kongruenz, welche auch bei der selbständigen Betrachtung der *ebenen* Geometrie ebene Bewegung und Umklappung bzw. Spiegelung zusammenzufassen pflegt. Die Eigenschaften der Spiegelung in der Ebene sind offenbar weit weniger elementar als die der Bewegung, so daß es gegen die eingangs angeführte Tendenz der reinlichen Scheidung anschaulich und begrifflich verschiedener Tatbestände verstoßen würde, Bewegung und Spiegelung axiomatisch als eines anzusehen, statt die Abhängigkeit der letzteren zu untersuchen. Hilbert stellte daher die Frage nach der *Notwendigkeit von Spiegelungsaxiomen*[7], welche sich nach Auswahl der „ebenen" Axiome aus dem Hilbertschen räumlichen Axiomensystem in folgende Form kleidet: Wie hängt Axiom III 5 — der „Umklappungssatz" — von jenem engeren Axiom III 5* ab, daß aus ihm bei Anfügung der Einschränkung entsteht: „vorausgesetzt, daß AB und $A'B'$ *gleichliegende* Schenkel der Winkel $\sphericalangle BAC$ bzw. $\sphericalangle B'A'C'$ sind"? (Es zeigt sich, daß bei Zugrundelegung dieses engeren Axioms stets noch — als III 6 — die Transitivität der Winkelkongruenz axiomatisch gefordert werden muß.) — Zunächst drängt sich der Satz von den Basiswinkeln des gleichschenkligen Dreiecks als Vermittler auf; Hilberts diesbezügliches Resultat sei gleich mit einer von Bernays[8] herrührenden

1 Math. Annalen Bd. 60.
2 Nachr. K. Ges. Wiss. Göttingen 1900 und Math. Annalen Bd. 57.
3 Nachr. K. Ges. Wiss. Göttingen 1900, Problem Nr. 3.
4 Math. Annalen Bd. 57. 5 Math. Annalen Bd. 104. 6 Math. Annalen Bd. 82.
7 Proc. London Math. Soc. Bd. 4. Abgedruckt als „Anhang II" der Grundlagen ....
8 Bisher nicht veröffentlicht.

Verschärfung angegeben: der Umklappungssatz ergibt sich ohne jede Stetigkeitsannahme aus den Axiomen der Gruppen I, II, den engeren Kongruenzaxiomen und dem Basiswinkelsatz bei Hinzuziehung noch eines Kongruenzaxioms (III 7): „Ein Winkel kann nicht in einem kongruenten mit demselben Scheitel liegen." — Der Basiswinkelsatz ist nun allerdings selbst eine Eigenschaft der Umklappung. Bei dem Versuch, auf die axiomatische Forderung einer solchen ganz zu verzichten, sieht man sich genötigt, auf Annahmen über Parallelismus und Stetigkeit zurückzugreifen; außer dem Archimedischen Axiom V 1 zieht HILBERT das „Nachbarschaftsaxiom" V 3 heran: „Ist irgendeine Strecke AB vorgelegt, so gibt es stets ein Dreieck, in dessen Innerem sich keine zu AB kongruente Strecke finden läßt." Hierzu sei wiederum gleich eine Verschärfung des Hilbertschen Resultats angeführt: Aus den Axiomen der Gruppen I, II, IV, den engeren Kongruenzaxiomen (III 1—4, 5*, 6—7) und den Stetigkeitsaxiomen V 1, 3 folgt der Umklappungssatz; alle Eigenschaften der Spiegelung lassen sich also *herleiten*[1]. An Hand zweier merkwürdiger „Nicht-Pythagoreischer Geometrien" zeigte HILBERT, daß hierbei keines der beiden Axiome V 1, 3 entbehrt werden kann. Nachdem ROSEMANN[2] entdeckt hatte, daß in der letzten dieser Geometrien der sogenannte Seitenkongruenzsatz auch für gleichliegende Dreiecke nicht erfüllt ist, konnte ARNOLD SCHMIDT[1] zeigen: Die Aufnahme dieses Kongruenzsatzes unter die Kongruenzaxiome macht das Nachbarschaftsaxiom (nicht aber das Archimedische Axiom) entbehrlich, so daß die Umklappung sich bereits als abhängig von einem System erweist, das außer den Axiomen der Gruppen I, II, IV und den engeren Kongruenzaxiomen einschließlich des Seitenkongruenzsatzes nur das Archimedische Axiom umfaßt. Die Notwendigkeit eines Axioms wie III 7 — oder aber einer „Archimedischen" Forderung für Winkel — wurde dabei auf einen gruppentheoretisch-algebraischen Satz zurückgeführt, der neuerdings von B. NEUMANN[3] bewiesen wurde.

In einer der erwähnten „nichtpythagoreischen" Geometrien gilt nicht der Satz, daß die Summe zweier Seiten eines Dreiecks größer als die dritte sei. Früher hatte HILBERT die Stellung dieses Satzes bei Zugrundelegung eines Axiomensystems, das auf die Axiome I, II, III 1—3 (lineare Kongruenzaxiome), V 1—2 hinausläuft, untersucht[4]; er gab eine Maßbestimmung an, welche allgemeiner als die „euklidische" und die „nichteuklidische" Maßbestimmung ist und der genannten *Dreiecksungleichung* genügt. Nachdem MINKOWSKI[5] noch eine andere Art solcher Maßbestimmungen angegeben hatte, ermittelte HAMEL[6] auf HILBERTS Anregung die allgemeinste derartige Maßbestimmung,

---

[1] A. SCHMIDT. Erscheint in Math. Annalen 1933. [2] Math. Annalen Bd. 90.

[3] Sitzgsber. Preuß. Akad. d. Wiss. Berlin 1933, X.

[4] Math. Annalen Bd. 46. Abgedruckt als „Anhang I" der Grundlagen ....

[5] Geometrie der Zahlen. Leipzig 1896. [6] Math. Annalen Bd. 57.

bei welcher die Geraden die Kürzesten sind — allerdings unter einer weiteren axiomatischen Einschränkung, deren geometrische Plausibilität umstritten ist: die Längenfunktion solle viermal differenzierbar sein. (In der Ebene ist außerdem noch der Desarguessche Satz vorauszusetzen.) FUNK zeigte, daß die Hilbertsche Maßbestimmung durch Hinzunahme der Forderungen konstanten inneren Krümmungsmaßes und der Symmetrie der Länge erhalten wird[1]; und er untersuchte weiterhin die Rolle der Forderung, daß Äquidistante der Geraden wieder Gerade sein sollen[2].

HILBERT wandte sich auch der Frage der elementaren *Konstruktionsmittel*[3] zu; sein Resultat lautet nach Einbeziehung einer Reduktion von KÜRSCHAK[4]: Die auf Grund der Axiome I—IV lösbaren elementaren Konstruktionsaufgaben lassen sich mittels Lineals und Eichmaßes — eines Instrumentes zum Abtragen *einer* Strecke — ausführen. Der Beweis stützt sich naturgemäß auf die Axiome I—IV. — HJELMSLEV schaltete auch noch das Parallelenaxiom aus, indem er an Hand der Axiome I—III die entsprechende Behauptung für die Axiome I—III bewies[5]. — Schließlich gab HILBERT ein Kriterium dafür an, daß eine mit Lineal und Zirkel ausführbare Konstruktion auch allein mit Lineal und Eichmaß ausführbar sei: es genügt und ist nötig, daß die Aufgabe für alle Lagen der vorgegebenen Punkte genau 2^n reelle Lösungen besitzt, wo n die kleinste Zahl der Quadratwurzeln ist, die zur Berechnung der Lösungen ausreichen. Der Beweis macht von der Darstellbarkeit einer rationalen Funktion als Summe von Quadraten (vgl. hier S. 402—403) Gebrauch. Dem genannten Kriterium braucht übrigens, wie HILBERT erwähnt, bereits die Konstruktion eines rechtwinkligen Dreiecks mit gegebener Hypotenuse und einer gegebenen Kathete nicht zu genügen.

Die bislang geschilderten Untersuchungen — mit Ausnahme etwa derjenigen über die Geraden als Kürzeste — gehören der an EUKLID anschließenden konstruktiven Art geometrischer Axiomatik an. Auch zu derjenigen Begründungsweise der Geometrie, die dieser Axiomatik gegenübersteht, hat HILBERT beigetragen — zu dem von RIEMANN[6] und HELMHOLTZ[7] intendierten Aufbau der Geometrie, bei welchem man den Raum von vornherein als dreidimensionale, stetige Punktmannigfaltigkeit betrachtet und durch *abstrakte Charakterisierung der Bewegung der Punktgesamtheit* den Anschluß an die

---

[1] Math. Annalen Bd. 101.

[2] Monh. Math. Phys. Bd. 37. — Auch eine Arbeit von BUSEMANN (Math. Annalen Bd. 106) knüpft an die in Rede stehenden Fragestellungen an; die axiomatische Einstellung ist allerdings eine andere.

[3] „Grundlagen ...", Kap. VII. [4] Math. Annalen Bd. 55.

[5] Opuscula Math. A. WIMAN dedicata, 1930.

[6] Nachr. K. Ges. Wiss. Göttingen Bd. 13.

[7] Verhandl. Math.-hist. u. med. Vereins Heidelberg Bd. 4; Nachr. K. Ges. Wiss. Göttingen 1868.

analytische Geometrie herzustellen sucht. Diese Begründung der Geometrie war von LIE[1] — und auch von POINCARÉ[2] — unter Herausstellung des Gruppenbegriffs in strenger Weise durchgeführt worden, wobei sie Differenzierbarkeit der die Bewegungen charakterisierenden Funktionen vorausgesetzt hatten; auch hier zeigte sich die Sonderstellung der Ebene, bei deren selbständiger Betrachtung ein zusätzliches Axiom (etwa das Helmholtzsche Monodromieaxiom) benötigt wurde. HILBERT leitete — bei Definition der Ebene und der Bewegung im oben angedeuteten Sinne — die ebene Geometrie unter Vermeidung der Differenzierbarkeitsannahmen aus dem folgenden minimalen Axiomensystem her[3]:

I Die Bewegungen bilden eine Gruppe. II Der Kreis (d. i. die Gesamtheit aller Punkte, in die ein Punkt unter Festhaltung eines anderen Punktes M durch Bewegung übergeführt werden kann) besteht aus unendlich vielen Punkten. III Die Bewegungen bilden ein abgeschlossenes System, d. h. wenn es Bewegungen gibt, durch welche Punktetripel in beliebiger Nähe des Punktetripels ABC in beliebige Nähe des Punktetripels $A'B'C'$ übergeführt werden können, so gibt es auch eine Bewegung, durch die ABC in $A'B'C'$ übergeht.

Der aus einer langen Kette von Einzelbetrachtungen bestehende Beweis, in welchem zunächst der Kreis als geschlossene Jordansche Kurve erkannt und dann die Gerade definiert wird, benutzt weitgehend die Theorie der reellen Funktionen.

Nach Ausbau gruppentheoretischer und topologischer Methoden wurden später von verschiedenen Autoren weitere Begründungen der Geometrie auf Axiomen über die Gruppe der Bewegungen oder über Abstände durchgeführt; erwähnt sei hier die Untersuchung von SÜSS[4], in welcher die von HILBERT gelegentlich eines Vortrages gestellte Frage behandelt wird: Inwieweit kann in der Hilbertschen Begründung der Geometrie Axiom III durch die Forderung ersetzt werden, daß sich zwei Punkte nicht durch Bewegung beliebig nahekommen können?

---

[1] Theorie der Transformationsgruppen Bd. 3.

[2] Bull. Soc. Math. de France Bd. 15.

[3] Math. Annalen Bd. 56. Abgedruckt als „Anhang IV" der Grundlagen....

[4] Tohoku Math. J. Bd. 26 (vgl. auch Bd. 27).

27. Über die reellen Züge algebraischer Kurven.

[Mathem. Annalen Bd. 38, S. 115–138 (1891).]

A. HARNACK[1] hat bewiesen, daß die Anzahl der reellen Züge einer ebenen algebraischen Kurve n-ter Ordnung höchstens gleich $\frac{1}{2}(n-1)(n-2)+1$ ist, und er hat zugleich ein Verfahren angegeben, mittels dessen man in der Tat ebene Kurven n-ter Ordnung mit $\frac{1}{2}(n-1)(n-2)+1$ reellen Zügen konstruieren kann. Da eine solche Kurve mit der Maximalzahl reeller Züge keinenfalls einen Doppelpunkt besitzt, so darf kein Zug der Kurve sich selber oder einen anderen Zug durchschneiden, und die Kurve besteht daher, wenn die Ordnung n gerade ist, nur aus paaren Zügen. Ist die Ordnung n ungerade, so besitzt die Kurve einen unpaaren Zug; die übrigen Züge sind sämtlich paar.

Um die wesentlichen Eigenschaften eines paaren und eines unpaaren Zuges klar hervortreten zu lassen[2], deuten wir die ternären homogenen Koordinaten x_1, x_2, x_3 als Koordinaten eines Punktes im Raume, bezogen auf ein rechtwinkliges Koordinatensystem, so daß jedem Punkte der ursprünglichen Ebene eine durch den Anfangspunkt O gehende gerade Linie und jedem Zuge der ebenen Kurve ein Kegel entspricht, dessen Spitze im Anfangspunkte O liegt. Ein solcher Kegel teilt nun den Raum entweder in zwei oder in drei Gebiete. Im *ersteren* Falle ist es möglich, eine jede durch den Anfangspunkt O gehende Gerade durch Drehung um O in jede andere durch O gehende Gerade überzuführen, ohne den Kegel zu überschreiten, d. h. ohne daß die Gerade inzwischen einmal mit einer Erzeugenden des Kegels zusammenfällt. Es wird dann der Kegel und der entsprechende Kurvenzug ein unpaarer genannt. Im *zweiten* Falle gehören zwei Raumgebiete als Scheitelräume zusammen, insofern alle geraden Linien, welche das eine erfüllen, nach ihrer Verlängerung in das andere Gebiet hineinragen. Der Kegel und der entsprechende Kurvenzug heißen dann paar. Die beiden zusammengehörigen Raumgebiete und das entsprechende Gebiet der Ebene bilden das *Innere* des Kegels oder der Kurve. Alle übrigen durch O hindurchlaufenden Geraden erfüllen das dritte Raum-

[1] Math. Ann. Bd. 10 S. 189.

[2] Vgl. MÖBIUS: Über die Grundformen der Linien der dritten Ordnung, Gesammelte Werke Bd. 2. S. 89 und v. STAUDT: Geometrie der Lage S. 81.

gebiet. Dieses und das entsprechende Gebiet der Ebene heißt das *äußere* Gebiet. Zwei unpaare Züge schneiden sich in einer ungeraden Anzahl von Punkten; zwei paare Züge, sowie ein unpaarer und ein paarer Zug schneiden sich in einer geraden Anzahl von Punkten. Jeder durch das Innere eines paaren Zuges gelegte unpaare Zug schneidet den paaren Zug wenigstens in zwei Punkten.

Durch die vorstehenden Betrachtungen ist das Innere und das Äußere eines paaren Kurvenzuges in bestimmter Weise unterschieden, und wenn daher eine Kurve mit mehreren Zügen gegeben ist, so können wir für jeden einzelnen paaren Zug angeben, welche Züge außerhalb oder innerhalb desselben liegen und welche denselben umschließen. Was hierbei die verschiedenen Möglichkeiten anbetrifft, so erscheint es vor allem nötig, die äußersten Vorkommnisse bei der Gruppierung der Züge in Betracht zu ziehen, und wir untersuchen daher im folgenden die Frage, wie viele von den Zügen einer Kurve mit der Maximalzahl reeller Züge höchstens ineinander eingeschachtelt sein können, d. h. wie viele Züge derart liegen können, daß der erste Zug vollständig im Inneren des zweiten, der zweite im Inneren des dritten Zuges verläuft usf.

Man erkennt leicht, *daß bei einer geraden Ordnung* n (> 4) *höchstens* $\frac{n}{2} - 1$ *Züge in der eben beschriebenen Weise eingeschachtelt sind.* Denn gäbe es $\frac{n}{2}$ eingeschachtelte Züge, so nehme man auf einem der übrigen Züge einen beliebigen Punkt A an und verbinde diesen Punkt A mit einem Punkte des zuinnerst gelegenen Kurvenzuges durch eine Gerade. Da die so gelegte Gerade den Zug, auf welchem A liegt, und außerdem jeden der $\frac{n}{2}$ eingeschachtelten Züge mindestens in 2 Punkten trifft, so hätte sie mit der Kurve im ganzen wenigstens $n + 2$ Punkte gemein, was unmöglich ist.

Wenn wir die Existenz einer Kurve der geraden Ordnung n mit der Maximalzahl reeller Züge annehmen, von denen in der Tat $\frac{n}{2} - 1$ auf die vorhin beschriebene Weise ineinander eingeschachtelt liegen, so ist leicht ersichtlich, daß die übrigen $\frac{1}{2}(n^2 - 4n + 6)$ Züge sämtlich untereinander getrennt verlaufen. Denn würde auch nur einer dieser Züge einen anderen umschließen, so hätte die Verbindungslinie eines Punktes des letzteren Zuges mit einem Punkte des zu innerst gelegenen Zuges der Kurve mindestens $n + 2$ Punkte gemein, und dieser Fall ist unmöglich. Dagegen hindert nichts, daß die übrigen $\frac{1}{2}(n^2 - 4n + 6)$ Züge auf verschiedene Weise in den ringförmigen Gebieten verteilt sind, welche durch die $\frac{n}{2} - 1$ eingeschachtelten Züge gebildet werden.

Ist die Ordnung n ungerade, so besitzt die Kurve einen unpaaren Zug und *es sind höchstens* $\frac{1}{2}(n - 3)$ *paare Züge der Kurve ineinander eingeschachtelt.* Denn gäbe es $\frac{1}{2}(n - 1)$ eingeschachtelte Züge, so nehme man auf einem der übrigen Züge einen beliebigen Punkt an und verbinde diesen Punkt mit einem Punkte des zu innerst gelegenen Kurvenzuges durch eine Gerade. Da die so gelegte Gerade außerdem den unpaaren Zug der Kurve wenigstens in einem Punkte schneiden muß, so hätte sie mit der Kurve im ganzen wenigstens $n+2$ Punkte gemein, was unmöglich ist. Die übrigen $\frac{1}{2}(n^2-4n+7)$ Züge liegen wie vorhin untereinander getrennt.

Wir wollen jetzt zeigen, *daß Kurven von der in Rede stehenden Art in der Tat existieren.* Zu dem Zwecke nehmen wir an, es sei $f=0$ die Gleichung einer Kurve von der Ordnung n mit der Maximalzahl reeller Züge, unter denen, je nachdem n gerade oder ungerade ist, die $\frac{n}{2}-1$ Züge $Z_1, Z_2, \ldots, Z_{\frac{n}{2}-1}$ bzw. die $\frac{1}{2}(n-3)$ Züge $Z_1, Z_2, \ldots, Z_{\frac{1}{2}(n-3)}$ auf die verlangte Weise ineinander eingeschachtelt sind. Außerdem möge es eine Ellipse $k=0$ geben, welche entweder den äußersten Zug $Z_{\frac{n}{2}-1}$ bzw. $Z_{\frac{1}{2}(n-3)}$ umschließt oder ganz im innersten Zuge Z_1 liegt oder allgemein den Zug Z_ν umschließt und zugleich im Innern des Zuges $Z_{\nu+1}$ liegt, wobei ν eine der Zahlen $1, 2, \ldots, \frac{n}{2}-2$ bzw. eine der Zahlen $1, 2, \ldots, \frac{1}{2}(n-5)$ bedeutet. Diese Ellipse $k=0$ schneide einen der übrigen $\frac{1}{2}(n^2-4n+6)$ bzw. $\frac{1}{2}(n^2-4n+7)$ Züge in $2n$ Punkten $A_1, A_2, \ldots, A_{2n}$, und zwar derart, daß letztere als Punkte der Ellipse in der nämlichen Reihe aufeinanderfolgen, wie wenn wir den Kurvenzug durchlaufen. Wir nehmen nun auf der Ellipse zwischen zweien dieser Punkte, etwa zwischen A_1 und A_2, $2n+4$ Punkte $B_1, B_2, \ldots, B_{2n+4}$ beliebig an und verbinden B_1 mit B_2, B_3 mit $B_4, \ldots, B_{2n+3}$ mit B_{2n+4} durch gerade Linien. Die linken Seiten der Gleichungen dieser geraden Linien multiplizieren wir miteinander und bezeichnen das entstehende Produkt, welches eine ternäre Form von der $n+2$-ten Ordnung ist, mit g. Wird dann eine Größe δ genügend klein bestimmt, so ist bei geeignet gewähltem Vorzeichen

$$fk \pm \delta g = 0$$

die Gleichung einer Kurve der $n+2$-ten Ordnung, welche

$$\tfrac{1}{2}(n-1)(n-2)+1+(2n-1)=\tfrac{1}{2}(n+1)n+1\,,$$

d. h. die Maximalzahl von Zügen besitzt, unter denen in der Tat $\frac{n}{2}$ bzw. $\frac{1}{2}(n-1)$ Züge ineinander eingeschachtelt sind. Denn jeder der eingeschachtelten Züge $Z_1, Z_2, \ldots, Z_{\frac{n}{2}-1}$ bzw. $Z_1, Z_2, \ldots, Z_{\frac{1}{2}(n-3)}$ gibt zu einem nahebei gelegenen Zug der neuen Kurve Anlaß. Wir bezeichnen die so entstehenden Züge der neuen Kurve mit $Z'_1, Z'_2, \ldots, Z'_{\frac{n}{2}-1}$ bzw. mit $Z'_1, Z'_2, \ldots, Z'_{\frac{1}{2}(n-3)}$. Zugleich entsteht aus der Ellipse $k=0$ ein besonderer Zug Z', welcher die Ellipse entweder außen umschließt oder sich derselben von innen anschmiegt, so daß die Ellipse entweder zwischen den Zügen Z'_ν und Z' oder zwischen den Zügen Z' und $Z'_{\nu+1}$ eingeschachtelt ist. Die Ellipse $k = 0$ schneidet einen der neu entstandenen Züge in den $2n + 4$ Punkten $B_1, B_2, \ldots, B_{2n+4}$, und zwar derart, daß die Reihenfolge dieser Schnittpunkte auf der Ellipse und auf dem Kurvenzuge die nämliche ist. Wir erkennen somit, daß die Ellipse $k = 0$ gegenüber der neu gebildeten Kurve $n + 2$-ter Ordnung genau die entsprechende Lage einnimmt, wie gegenüber der ursprünglichen Kurve n-ter Ordnung. Das beschriebene Verfahren ist daher von neuem anwendbar, und bei jedem weiteren Schritte gelangen wir zu einer neuen Kurve von der verlangten Beschaffenheit, deren Ordnung um zwei Einheiten größer ist. Da für die niedrigsten Ordnungen die Existenz der Kurven von der verlangten Beschaffenheit leicht erkannt wird, so folgt dieselbe allgemein.

Durch das angegebene Verfahren gelangen wir in den Fällen $n = 6$, $n = 7$, $n = 8$ zu folgenden Kurven der in Rede stehenden Beschaffenheit.

$\boldsymbol{n = 6}$*. 1. Ein Zug Z, innerhalb desselben ein einzelner Zug, außerhalb des Zuges Z 9 untereinander getrennt liegende Züge.

2. Ein Zug Z, innerhalb desselben 9 getrennt liegende Züge, außerhalb des Zuges Z ein einzelner Zug.

$\boldsymbol{n = 7}$. 1. Ein Zug Z, innerhalb desselben 2 getrennt liegende Züge, außerhalb des Zuges Z 12 getrennte paare Züge und ein unpaarer Zug.

2. Ein Zug Z, innerhalb desselben 12 getrennte Züge, außerhalb des Zuges Z 2 paare Züge und ein unpaarer Zug.

3. Ein Zug Z, innerhalb desselben 3 getrennte Züge, außerhalb des Zuges Z 11 paare Züge und ein unpaarer Zug.

4. Ein Zug Z, innerhalb desselben 13 getrennte Züge, außerhalb des Zuges Z ein paarer und ein unpaarer Zug.

$\boldsymbol{n = 8}$. 1. Ein Zug Z_1, innerhalb desselben ein einzelner Zug, außerhalb des Zuges Z_1 2 getrennt liegende Züge; diese beiden letzteren Züge sowie der Zug Z_1 werden gleichzeitig umschlossen von einem Zuge Z_2, außerhalb des Zuges Z_2 17 getrennt liegende Züge.

2. Ein Zug Z_1, innerhalb desselben 17 getrennte Züge, außerhalb des Zuges Z_1 2 getrennt liegende Züge, die beiden letzteren Züge sowie der Zug Z_1

---

* Diesen Fall $n = 6$ habe ich einer weiteren eingehenden Untersuchung unterworfen, wobei ich — freilich auf einem außerordentlich umständlichen Wege — fand, daß die elf Züge einer Kurve 6-ter Ordnung keinesfalls sämtlich außerhalb und voneinander getrennt verlaufen können. Dieses Resultat erscheint mir deshalb von Interesse, weil es zeigt, daß für Kurven mit der Maximalzahl von Zügen der topologisch einfachste Fall nicht immer möglich ist. Zugleich folgt aus dem erwähnten Umstande, daß eine Fläche 4-ter Ordnung mit zwölf Mänteln *nicht* existieren kann; vgl. die Preisschrift von K. Rohn: Die Flächen 4-ter Ordnung hinsichtlich ihrer Knotenpunkte und ihrer Gestaltung S. 42, wo die Zahl zwölf als obere Grenze für die Anzahl der Flächenmäntel angegeben wird; siehe auch diesen Band Abh. 29.

werden umschlossen von einem Zuge Z_2; außerhalb des Zuges Z_2 ein einzelner Zug.

3. Ein Zug Z_1, innerhalb desselben ein einzelner Zug, außerhalb des Zuges Z_1 14 getrennt liegende Züge, diese letzteren 14 Züge sowie der Zug Z_1 werden umschlossen von einem Zuge Z_2, außerhalb des Zuges Z_2 5 getrennte Züge.

4. Ein Zug Z_1, innerhalb desselben 5 getrennt liegende Züge, außerhalb des Zuges Z_1 14 Züge, diese 14 Züge sowie der Zug Z_1 werden zugleich umschlossen von einem Zuge Z_2, außerhalb des Zuges Z_2 ein einzelner Zug.

Die Frage nach der Maximalzahl der reellen Züge gestattet auch für die algebraischen Raumkurven eine vollständige Erledigung.

Wir untersuchen zunächst, aus wie vielen Zügen eine irreduzible Raumkurve n-ter Ordnung höchstens bestehen kann. HALPHEN[1] und M. NOETHER[2] haben gezeigt, daß eine irreduzible nicht ebene Kurve n-ter Ordnung vom Maximalgeschlecht notwendig auf einer Fläche zweiter Ordnung liegt. Dieses Maximalgeschlecht wird $\frac{1}{4}(n-2)^2$ bzw. $\frac{1}{4}(n-1)(n-3)$, je nachdem die Ordnung n gerade oder ungerade ist. Es sei nun eine nicht ebene Kurve n-ter Ordnung mit der Maximalzahl reeller Züge gegeben; projizieren wir dieselbe von irgend einem Punkte aus auf eine Ebene, so entspricht einem jeden Zuge der Raumkurve ein Zug der ebenen Kurve, und das Geschlecht der Raumkurve stimmt überein mit dem Geschlechte der ebenen Kurve. Die Anzahl der reellen Züge einer jeden ebenen Kurve ist, wie A. HARNACK in der zu Anfang zitierten Arbeit ebenfalls bewiesen hat, höchstens gleich dem um Eins vermehrten Geschlechte der Kurve und es ist daher die Zahl der Züge der Projektionskurve und folglich auch die Zahl der Züge der ursprünglichen Raumkurve höchstens gleich $\frac{1}{4}(n-2)^2+1$ bzw. $\frac{1}{4}(n-1)(n-3)+1$, je nachdem n gerade oder ungerade ist. Zugleich folgt, daß eine jede nicht ebene Kurve n-ter Ordnung, welche genau $\frac{1}{4}(n-2)^2+1$ bzw. $\frac{1}{4}(n-1)(n-3)+1$ Züge besitzt, notwendig auf einer Fläche zweiter Ordnung liegen muß.

Wir wollen nunmehr zeigen, daß die eben gefundene obere Grenze für die Anzahl der Züge auch wirklich erreicht wird. Zu dem Zwecke nehmen wir an, es sei eine Kurve C_n von der geraden Ordnung n als Schnitt eines einschaligen Hyperboloides $H=0$ und einer Fläche $F=0$ von der Ordnung $\frac{n}{2}$ gegeben und diese Kurve C_n habe die Maximalzahl $\frac{1}{4}(n-2)^2+1$ von reellen Zügen. Außerdem möge auf dem Hyperboloide $H=0$ mittels der Ebene $E=0$ eine Ellipse ausgeschnitten sein, welche einen von den Zügen der Kurve C_n in n aufeinanderfolgenden Punkten $A_1, A_2, \ldots, A_n$ schneidet. Wir nehmen auf dieser Ellipse zwischen den Punkten A_1 und A_2

---

[1] Bull. Soc. franç. Math. Bd. 2 S. 42.

[2] Zur Grundlegung der Theorie der algebraischen Raumkurven. Crelles Journ. Bd. 93 S. 293.

$n+2$ Punkte $B_1, B_2, \ldots, B_{n+2}$ beliebig an und konstruieren $\frac{1}{2}(n+2)$ Ebenen, von denen die erste durch B_1 und B_2, die zweite durch B_3 und $B_4, \ldots$ und die $\frac{1}{2}(n+2)$-te durch B_{n+1} und B_{n+2} hindurchgeht; es soll keine dieser Ebenen mit der Ebene $E=0$ zusammenfallen. Das Produkt der linken Seiten der Gleichungen dieser $\frac{1}{2}(n+2)$ Ebenen ist eine quaternäre Form G von der $\frac{1}{2}(n+2)$-ten Ordnung. Wird dann eine Größe δ genügend klein bestimmt, so ist bei geeignet gewähltem Vorzeichen

$$FE \pm \delta G = 0$$

die Gleichung einer Fläche von der $\frac{1}{2}(n+2)$-ten Ordnung, welche aus dem Hyperboloide $H=0$ eine Raumkurve C_{n+2} der $n+2$-ten Ordnung mit

$$\tfrac{1}{4}(n-2)^2+1+(n-1)=\tfrac{1}{4}n^2+1$$

reellen Zügen ausschneidet; denn bei jenem Verfahren entsteht aus jedem Zuge von C_n ein Zug der Kurve C_{n+2}, und die Ellipse zusammen mit dem in n Punkten geschnittenen Zuge von C_n gibt zu n neuen Zügen der Kurve C_{n+2} Anlaß. Die erhaltene Anzahl von Zügen ist die Maximalzahl. Außerdem schneidet einer der n neu entstandenen Züge die Ellipse $E=0$ in den $n+2$ aufeinanderfolgenden Punkten $B_1, B_2, \ldots, B_{n+2}$, so daß das eben auf C_n angewandte Verfahren in entsprechender Weise auf die neu entstandene Kurve C_{n+2} anwendbar wird. Da für $n=2$ jene Maximalzahl gleich Eins wird, so kann für das eben beschriebene Verfahren eine beliebige Ellipse auf dem Hyperboloide $H=0$ als Ausgang dienen, und wir erkennen dann durch den Schluß von n auf $n+2$ allgemein für jede gerade Ordnung n die Existenz von Raumkurven mit $\frac{1}{4}(n-2)^2+1$ reellen Zügen.

Um die entsprechende Tatsache für Kurven von der ungeraden Ordnung n nachzuweisen, nehmen wir an, die Fläche $F=0$ von der $\frac{1}{2}(n+1)$-ten Ordnung schneide das einschalige Hyperboloid $H=0$ in einer Hilfsgeraden L und in einer Kurve n-ter Ordnung C_n, welche $\frac{1}{4}(n-1)(n-3)+1$ Züge besitzt. Außerdem möge auf dem Hyperboloide $H=0$ mittels der Ebene $E=0$ eine Ellipse ausgeschnitten sein, welche einen von den Zügen der Kurve C_n in den n Punkten $A_1, A_2, \ldots, A_n$ schneidet. Die Punkte mögen sämtlich auf einem ganz im Endlichen sich erstreckenden Teile des Kurvenzuges liegen, und zwar sei beim Durchlaufen dieses endlichen Kurventeiles die Reihenfolge der Punkte genau die angegebene. Die Hilfsgerade L treffe die Ellipse im Punkte A und die Lage des Punktes A auf der Ellipse sei derart, daß beim Durchlaufen der Ellipse der Reihe nach die Punkte $A, A_1, A_2, \ldots, A_n$ aufeinanderfolgen. Wir nehmen nun auf der Ellipse zwischen den Punkten A und A_1 $n+2$ Punkte $B_1, B_2, \ldots, B_{n+2}$ beliebig an und konstruieren eine Ebene, welche durch die Gerade L und durch den Punkt B_1 geht und hierauf noch $\frac{1}{2}(n+1)$ Ebenen, von denen die erste durch B_2 und B_3, die zweite durch B_4 und B_5 und die $\frac{1}{2}(n+1)$-te durch B_{n+1} und B_{n+2} hindurchgeht.

Das Produkt der linken Seiten der Gleichungen dieser $\frac{1}{2}(n+3)$ Ebenen werde mit G bezeichnet. Bestimmen wir dann eine Größe δ genügend klein, so ist bei geeigneter Wahl des Vorzeichens

$$F E \pm \delta G = 0$$

die Gleichung einer Fläche von der $\frac{1}{2}(n+3)$-ten Ordnung, welche aus dem Hyperboloide $H = 0$ die Gerade L und überdies eine Raumkurve C_{n+2} von der $n+2$-ten Ordnung mit

$$\tfrac{1}{4}(n-1)(n-3)+1+(n-1)=\tfrac{1}{4}(n+1)(n-1)+1$$

Zügen, d. h. mit der Maximalzahl von Zügen ausschneidet. Überdies schneidet einer dieser Züge die Ellipse $E = 0$ in den $n+2$ Punkten $B_1, B_2, \ldots, B_{n+2}$. Die letzteren Punkte liegen wiederum sämtlich auf einem ganz im Endlichen sich erstreckenden Kurvenstücke, und wenn $B_1, B_2, \ldots, B_{n+2}$ die Reihenfolge der Punkte beim Durchlaufen dieses endlichen Kurvenstückes angibt, so herrscht auf der Ellipse die Reihenfolge $A, B_1, B_2, \ldots, B_{n+2}$. Das eben auf C_n angewandte Verfahren wird daher in entsprechender Weise auf die neu entstandene Kurve C_{n+2} anwendbar. Da für $n = 1$ jene Maximalzahl gleich Eins wird, so kann für das eben beschriebene Verfahren eine beliebige Gerade des Hyperboloides $H = 0$ als Ausgang dienen, und wenn wir dann irgend eine Gerade aus der anderen Schar der Erzeugenden des Hyperboloides als Hilfslinie L hinzunehmen, so folgt durch den Schluß von n auf $n+2$ allgemein, daß es Raumkurven von der ungeraden Ordnung n mit $\frac{1}{4}(n-1)(n-3)+1$ Zügen gibt. Wir sprechen daher den Satz aus:

Die Zahl der reellen Züge einer irreduziblen Raumkurve n-ter Ordnung ist höchstens $\frac{1}{4}(n-2)^2+1$ bzw. $\frac{1}{4}(n-1)(n-3)+1$, je nachdem die Ordnung n gerade oder ungerade ist, und es gibt in beiden Fällen Raumkurven, welche wirklich aus so vielen Zügen gebildet sind.

Wir untersuchen nunmehr Lage und Gestalt der Raumkurven mit der Maximalzahl reeller Züge. Da nach den obigen Ausführungen diese Kurven auf einer Fläche zweiter Ordnung liegen, so ist es nicht möglich, daß ein Zug derselben sich in einen der übrigen Züge hineinschlingt. Die Züge der Raumkurve liegen vielmehr sämtlich getrennt im Raume, derart, daß jeder Zug durch stetige Änderung auf einen Punkt zusammengezogen werden kann, ohne daß er währenddessen einen der anderen Züge durchschneidet. Doch ist damit sehr wohl verträglich, daß einer der Kurvenzüge auf der Fläche zweiter Ordnung einen der anderen Züge umschließt, und es sind sogar im allgemeinen für die nämliche Kurvenordnung n verschiedene Gruppierungen der Züge auf der Fläche zweiter Ordnung möglich.

Wir sehen ferner leicht ein, daß eine Raumkurve mit der Maximalzahl reeller Züge keinen wirklichen Doppelpunkt besitzen darf. Wenn wir nämlich das Gegenteil annehmen und dann außerhalb der Raumkurve auf der dic

Raumkurve tragenden Fläche zweiter Ordnung einen Punkt P so bestimmen, daß keine der beiden in diesem Punkte P sich schneidenden Geraden der Fläche den Doppelpunkt der Kurve trifft, so liefert die Projektion der Raumkurve von diesem Punkte aus eine ebene Kurve von der n-ten Ordnung, welche einen gewöhnlichen Doppelpunkt und außerdem einen n_1-fachen und einen n_2-fachen Punkt besitzt, wobei $n_1 + n_2 = n$ ist. Das Geschlecht der ebenen Kurve wäre folglich kleiner als $\frac{1}{4}(n-2)^2$ bzw. $\frac{1}{4}(n-1)(n-3)$. Da aber die Zahl der Züge einer Kurve höchstens um eine Einheit größer sein kann als ihr Geschlecht, so könnte die ebene Kurve hiernach höchstens $\frac{1}{4}(n-2)^2$ bzw. $\frac{1}{4}(n-1)(n-3)$ Züge haben und das nämliche wäre daher auch für die Raumkurve der Fall. Dieser Umstand widerspricht unserer Annahme, zufolge derer die Raumkurve die Maximalzahl reeller Züge besitzt. Die Betrachtung lehrt zugleich die Werte der Zahlen n_1 und n_2 erkennen. Denn da die durch Projektion entstandene ebene Kurve notwendig das Geschlecht $\frac{1}{4}(n-2)^2$ bzw. $\frac{1}{4}(n-1)(n-3)$ besitzt, so ergeben sich die Werte $n_1 = \frac{n}{2}$, $n_2 = \frac{n}{2}$ bzw. $n_1 = \frac{1}{2}(n+1)$, $n_2 = \frac{1}{2}(n-1)$, je nachdem die Ordnung n gerade oder ungerade ist.

Die vorhin konstruierten Raumkurven mit der Maximalzahl reeller Züge besitzen, wie man sieht, keinen oder einen einzigen unpaaren Zug, je nachdem ihre Ordnung n gerade oder ungerade ist. Es entsteht so die weitere Frage, ob — ebenso wie für ebene Kurven — die Forderung der Maximalzahl reeller Züge das Auftreten *mehrerer* unpaarer Züge ausschließt oder ob außer den vorhin konstruierten Raumkurven noch andere Arten von Raumkurven mit der Maximalzahl von Zügen vorhanden sind.

Um zunächst eine obere Grenze für die Anzahl der unpaaren Züge einer Raumkurve n-ter Ordnung mit der Maximalzahl reeller Züge zu bestimmen, projizieren wir wie vorhin die Raumkurve von einem Punkte P der quadratischen Fläche auf eine Ebene; der Punkt P soll nicht auf der Raumkurve selbst liegen. Die entstandene ebene Kurve n-ter Ordnung besitzt zwei $\frac{n}{2}$-fache oder einen $\frac{1}{2}(n+1)$-fachen und einen $\frac{1}{2}(n-1)$-fachen Punkt, je nachdem n gerade oder ungerade ist. Wir bezeichnen diese beiden Punkte mit A und B. Außer diesen beiden Singularitäten besitzt die ebene Kurve — wie vorhin gezeigt worden ist — keinen mehrfachen Punkt. Jedem unpaaren Zuge der Raumkurve entspricht auch ein unpaarer Zug der ebenen Kurve und umgekehrt. Denn wenn wir durch den Projektionsmittelpunkt P eine Ebene legen und wenn diese Ebene einen Zug der Raumkurve in einer ungeraden Zahl von Punkten schneidet, so trifft die durch die Ebene bestimmte Gerade den entsprechenden Zug der ebenen Kurve in der nämlichen ungeraden Anzahl von Punkten. Somit kommen wir auf die Untersuchung der durch Projektion entstandenen ebenen Kurve zurück.

Wir beweisen leicht, daß die ebene Kurve höchstens *einen* unpaaren Zug besitzen kann, welcher durch jeden der beiden Punkte A und B eine ungerade Anzahl von Malen hindurchgeht. In der Tat nehmen wir an, es gäbe zwei solche Züge und berücksichtigen wir, daß diese Züge außerhalb der Punkte A und B einander nicht durchschneiden dürfen, so würde folgen, daß die beiden unpaaren Züge im ganzen eine gerade Anzahl von Malen einander durchschneiden, und dies ist nicht möglich. In der entsprechenden Weise erkennt man, daß beim Vorhandensein mehrerer unpaarer Züge kein einziger von diesen sowohl durch A wie durch B eine gerade Anzahl von Malen hindurchläuft. Wenn also die ebene Kurve mehrere unpaare Züge besitzt, so gibt es unter diesen stets einen unpaaren Zug Z, welcher durch einen der beiden singulären Punkte, etwa durch A, eine ungerade Anzahl von Malen und durch den anderen singulären Punkt B eine gerade Anzahl von Malen hindurchgeht. Es müssen dann aber notwendig auch die übrigen unpaaren Züge der Kurve den nämlichen Punkt A eine ungerade Anzahl von Malen und den Punkt B eine gerade Anzahl von Malen schneiden — abgesehen von dem einen etwa vorhandenen unpaaren Zuge, welcher durch jeden der beiden Punkte A und B eine ungerade Anzahl von Malen hindurchgeht. In der Tat, wenn es einen unpaaren Zug gäbe, welcher A eine gerade und B eine ungerade Anzahl von Malen schnitte, so müßte dieser unpaare Zug den unpaaren Zug Z in einer geraden Anzahl von Punkten durchschneiden, und dies ist unmöglich.

Die bisherigen Ausführungen zeigen, daß jeder unpaare Zug durch einen der singulären Punkte, etwa durch A, eine ungerade Anzahl von Malen, also mindestens einmal, hindurchgeht. Da nun A ein $\frac{n}{2}$-facher bzw. ein $\frac{1}{2}(n \pm 1)$-facher Punkt ist, je nachdem die Ordnung n gerade oder ungerade ist, so kann die Kurve jedenfalls höchstens $\frac{n}{2}$ bzw. $\frac{1}{2}(n+1)$ unpaare Züge besitzen. Diese obere Grenze für die Zahl der unpaaren Züge wird jedoch nicht erreicht, wie man in folgender Weise zeigt.

Wir setzen *erstens* $n = 4\nu$, wo ν eine ganze Zahl bedeutet, und nehmen an, es existiere eine Kurve von der Ordnung n mit der Maximalzahl von Zügen, welche in A und in B je einen 2ν-fachen Punkt besitzt; 2ν Züge der Kurve seien unpaar, und jeder dieser 2ν Züge gehe einmal durch den Punkt A. Nach den obigen Ausführungen könnte es dann höchstens einen unter den 2ν unpaaren Zügen geben, welcher durch den Punkt B eine ungerade Anzahl von Malen hindurchgeht. Da Punkt B ein 2ν-facher Punkt der Kurve ist, so müßten, abgesehen von jenen unpaaren Zügen, noch eine ungerade Anzahl reeller Zweige der Kurve durch B hindurchlaufen. Die übrigen unpaaren Züge der Kurve laufen aber sämtlich durch B eine gerade Anzahl von Malen hindurch, und es müßte daher mindestens einen paaren Zug der Kurve geben, welcher durch B eine ungerade Anzahl von Malen hindurchgeht. Dieser paare

Zug kann nicht auch durch A laufen, weil sich in A bereits 2ν unpaare Züge schneiden. Da der paare Zug außerhalb der Punkte A und B nirgends einen anderen Zug schneiden kann, so würde er jenen unpaaren, durch B eine ungerade Zahl von Malen hindurchlaufenden Zug in einer ungeraden Anzahl von Punkten schneiden müssen, und dies ist nicht möglich. Damit ist gezeigt, daß jeder der 2ν unpaaren Züge durch B eine gerade Anzahl von Malen hindurchläuft. Wir nehmen jetzt $n > 4$ an; es existiert dann außer den 2ν unpaaren Zügen jedenfalls noch ein paarer Zug. Wir ziehen von einem beliebigen Punkte eines paaren Zuges der Kurve eine Gerade nach dem Punkte B. Da diese gerade Linie in B mit jedem der unpaaren Züge eine gerade Anzahl von Punkten gemein hat, so folgt, daß dieselbe noch jeden der unpaaren Züge in einer ungeraden Zahl von Punkten, also mindestens in je einem Punkte, außerhalb B treffen muß. Nun ist B ein 2ν-facher Punkt der Kurve, und es würde also die gerade Linie mit der Kurve mindestens $4\nu + 1$ Punkte gemein haben. Diese Folgerung steht im Widerspruch mit der angenommenen Irreduzibilität der Kurve. Die Kurve kann daher nicht 2ν unpaare Züge besitzen, und da eine Kurve gerader Ordnung auch eine gerade Anzahl unpaarer Züge besitzen muß, so folgt, daß unsere ebene Kurve und daher auch die anfänglich betrachtete Raumkurve von der Ordnung $n = 4\nu$ mit der Maximalzahl reeller Züge höchstens $2\nu - 2$ unpaare Züge besitzen kann. Ausgenommen ist die Kurve 4-ter Ordnung, für welche die Annahme zweier unpaarer Züge freisteht.

Wir setzen *zweitens* die Ordnung $n = 4\nu + 2$ und zeigen, daß in diesem Falle unsere Kurve gar keinen unpaaren Zug besitzen darf. Nach den früheren Überlegungen müßte nämlich jeder der vorhandenen unpaaren Züge durch einen der beiden singulären Punkte, etwa durch A, eine ungerade Anzahl von Malen hindurchlaufen. Nun ist die Zahl der sämtlichen unpaaren Züge notwendig gerade, und da A ein $2\nu + 1$-facher Punkt der Kurve ist, so müßte mindestens ein paarer Zug Z existieren, welcher den Punkt A eine ungerade Anzahl von Malen schneidet. Andererseits darf höchstens *ein* unpaarer Zug zugleich auch durch B eine ungerade Anzahl von Malen laufen, und infolgedessen müßte es jedenfalls einen unpaaren Zug geben, welcher durch B eine gerade Anzahl von Malen läuft. Dieser unpaare Zug würde jenen paaren Zug Z eine ungerade Anzahl von Malen schneiden, und dies ist unmöglich.

Es sei *drittens* die Ordnung $n = 4\nu + 1$; die vorhin für die Anzahl der unpaaren Züge gefundene obere Grenze ist in diesem Falle gleich $2\nu + 1$. Diese Grenze wird wiederum nicht erreicht. Wir nehmen, um dies einzusehen, an, es gäbe eine Kurve mit der Maximalzahl von Zügen; $2\nu + 1$ von diesen Zügen seien unpaar und liefen je einmal durch den $2\nu + 1$-fachen Punkt A. Höchstens einer von diesen $2\nu + 1$ unpaaren Zügen darf zugleich auch durch B eine ungerade Anzahl von Malen hindurchgehen. Da aber B ein 2ν-facher

Punkt der Kurve ist, so müßte in diesem Falle mindestens *ein* paarer Zug vorhanden sein, welcher durch B eine ungerade Anzahl von Malen hindurchläuft. Dieser paare Zug kann nicht durch A laufen, weil sich im Punkte A bereits $2\nu + 1$ Zweige der Kurve schneiden; er würde folglich jenen unpaaren, eine ungerade Zahl von Malen durch B laufenden Zug eine ungerade Anzahl von Malen schneiden. Dies ist unmöglich, und es ist damit gezeigt, daß keiner der $2\nu + 1$ unpaaren Züge durch B eine ungerade Anzahl von Malen hindurchgehen darf. Außer den $2\nu + 1$ unpaaren Zügen existiert, falls die Ordnung der Kurve $n > 5$ ist, noch ein paarer Zug, und wir sehen, wie im ersten Falle, leicht ein, daß eine durch B und einen beliebigen Punkt des paaren Zuges gelegte Gerade mit der Kurve mehr als n Punkte gemein haben würde. Die Kurve kann also nicht $2\nu + 1$ unpaare Züge besitzen, und da eine Kurve von ungerader Ordnung notwendig eine ungerade Anzahl von unpaaren Zügen besitzt, so folgt, daß eine Raumkurve von der Ordnung $n = 4\nu + 1$ mit der Maximalzahl reeller Züge höchstens $2\nu - 1$ unpaare Züge besitzen kann. Ausgenommen ist die Kurve 5-ter Ordnung, für welche die Annahme von 3 unpaaren Zügen freisteht.

Wir setzen endlich *viertens* die Ordnung $n = 4\nu + 3$. Die Kurve könnte dann den früheren Betrachtungen zufolge höchstens $2\nu + 2$ oder vielmehr, da sie von ungerader Ordnung ist, höchstens $2\nu + 1$ unpaare Züge besitzen. Auch diese Anzahl wird nicht erreicht. Wir nehmen an, es existiere eine Kurve der verlangten Art mit $2\nu + 1$ unpaaren Zügen und haben dann zu unterscheiden, ob jeder von diesen unpaaren Zügen durch den $2\nu + 2$-fachen Punkt A oder durch den $2\nu + 1$-fachen Punkt B einmal hindurchläuft. Im ersteren Falle müßte es außerdem noch einen paaren Zug Z der Kurve geben, welcher den Punkt A einmal schneidet. Für $n > 3$ wird $2\nu + 1 > 1$, und es gibt daher unter dieser Voraussetzung jedenfalls einen unpaaren Zug, welcher durch B eine gerade Anzahl von Malen hindurchläuft. Dieser unpaare Zug würde jenen paaren Zug Z eine ungerade Zahl von Malen schneiden, was unmöglich ist. Nehmen wir zweitens an, es liefen die $2\nu + 1$ unpaaren Züge der Kurve sämtlich durch den $2\nu + 1$-fachen Punkt B einmal hindurch, so ist zunächst, wie man leicht einsieht, ausgeschlossen, daß einer dieser unpaaren Züge auch durch A eine ungerade Zahl von Malen hindurchläuft. Wird dann wiederum $n > 3$ angenommen, so besitzt unsere Kurve jedenfalls noch einen paaren Zug, und wir erkennen dann wie oben bei Behandlung der Fälle $n = 4\nu$ und $n = 4\nu + 1$, daß eine durch A und einen beliebigen Punkt des paaren Zuges gelegte gerade Linie mit der Kurve mehr als n Punkte gemein haben würde, und dies ist unmöglich. Es folgt also, daß eine Raumkurve von der Ordnung $n = 4\nu + 3$ mit der Maximalzahl reeller Züge höchstens $2\nu - 1$ unpaare Züge besitzen kann. Ausgenommen ist die Kurve dritter Ordnung; diese besteht aus einem unpaaren Zuge.

Wir fassen die erhaltenen Resultate wie folgt zusammen:

Eine irreduzible Raumkurve n-ter Ordnung mit der Maximalzahl reeller Züge besitzt unter diesen beziehungsweise höchstens $2\nu - 2$, $2\nu - 1$, $2\nu - 1$ *unpaare Züge, je nachdem* $n = 4\nu$, $4\nu + 1$, $4\nu + 3$ *ist. In dem Falle* $n = 4\nu + 2$ *sind sämtliche Züge notwendig paar. Ausgenommen sind die Kurven* 3-*ter*, 4-*ter und* 5-*ter Ordnung, für welche beziehungsweise die Annahme von* 1, 2, 3 *unpaaren Zügen freisteht.*

Es wird im folgenden gezeigt, daß die in diesem Satze ausgesprochenen Einschränkungen für die Zahl der unpaaren Züge auch hinreichend sind, d. h. wenn man eine die gefundenen Grenzen nicht überschreitende gerade oder ungerade Zahl wählt, so existieren stets Raumkurven von gerader bzw. ungerader Ordnung mit der Maximalzahl reeller Züge und mit soviel unpaaren Zügen als jene Zahl angibt. Dieser Nachweis bildet den schwierigsten Teil unserer Aufgabe.

Es ist zunächst notwendig, die Konstruktion einer Raumkurve 4-ter Ordnung mit 2 unpaaren Zügen auszuführen. Zu dem Zwecke nehmen wir auf einem einschaligen Hyperboloide $H = 0$ zwei Paare von geraden Linien an, von denen das eine Paar L, M der einen Schar und das zweite Paar L', M' der anderen Schar von Erzeugenden angehört. Wir legen dann durch die beiden Geraden L und L' sowie durch die beiden Geraden L und M' je eine Ebene und bezeichnen das Produkt der linken Seiten der Gleichungen dieser beiden Ebenen mit P. Es wird dann die quadratische Form P in einem durch L' und M' begrenzten Teile der Oberfläche des Hyperboloides überall null oder positiv und in dem anderen Teile der Oberfläche null oder negativ. Hierauf legen wir durch die beiden Geraden M und L' sowie durch die beiden Geraden M und M' je eine Ebene und bilden das Produkt Q der linken Seiten der Gleichungen der beiden Ebenen. Da auch die so erhaltene quadratische Form Q auf dem Hyperboloide nur beim Überschreiten der Linien L' und M' ihr Vorzeichen ändern kann, so ist bei geeigneter Wahl des Vorzeichens $P \pm Q$ eine quadratische Form, welche in den Punkten von L' und M' verschwindet und in allen anderen Punkten des Hyperboloides einen von null verschiedenen Wert hat. Bezeichnen wir daher mit G eine beliebige quaternäre quadratische Form, so stellt die Gleichung

$$F = P \pm Q + \delta G = 0$$

für genügend kleine Werte δ eine quadratische Fläche dar, welche aus dem Hyperboloide eine irreduzible Kurve C_4 von der 4-ten Ordnung mit 2 unpaaren Zügen ausschneidet. Zugleich ist klar, daß die beiden Scharen von Erzeugenden des Hyperboloides sich gegenüber den Zügen der Kurve verschieden verhalten: die Geraden der einen Schar schneiden entweder einen der beiden Kurvenzüge in 2 reellen Punkten oder sie schneiden die Kurve überhaupt nicht, und die Geraden der anderen Schar schneiden jeden der beiden unpaaren Züge in einem Punkte.

Die eben konstruierte Kurve C_4 von der 4-ten Ordnung ist vom Geschlechte 1, und es lassen sich daher die Koordinaten ihrer Punkte als elliptische Funktionen eines Parameters t darstellen, derart, daß die Parameterwerte $t = 0$ bis $t = \omega$ alle Punkte des einen Zuges und die Parameterwerte $t = \frac{i\omega'}{2} + 0$ bis $t = \frac{i\omega'}{2} + \omega$ alle Punkte des anderen Zuges liefern. Dabei bedeuten ω, ω' zwei reelle Größen, und $\omega, i\omega'$ sind die beiden Perioden der Kurve[1]. Der Parameter t sei so normiert, daß die Summe der Parameterwerte für die 4 Schnittpunkte der Kurve mit irgend einer Ebene gleich $\frac{i\omega'}{2}$ wird. Nach dem Abelschen Theoreme ist dann die Kongruenz

$$t_1 + t_2 + \cdots + t_{4m} \equiv \frac{m\,i\omega'}{2}, \qquad (\omega, i\omega')$$

die notwendige und hinreichende Bedingung dafür, daß die $4m$ Punkte t_1, $t_2, \ldots, t_{4m}$ durch eine Fläche m-ter Ordnung aus der Raumkurve C_4 ausgeschnitten werden können. Es sei L eine gerade Linie des Hyperboloides $H = 0$, welche die beiden unpaaren Züge der Kurve C_4 in je einem reellen Punkte trifft. Die Parameter dieser beiden Punkte seien λ_1 und $\frac{i\omega'}{2} + \lambda_2$, wo λ_1 und λ_2 reelle Größen bedeuten. Ferner sei L' eine Erzeugende des Hyperboloides, welche der anderen Schar angehört und einen der unpaaren Züge in den beiden Punkten $t = \lambda_1'$ und $t = \lambda_2'$ schneidet, wo λ_1' und λ_2' ebenfalls reelle Größen bedeuten. Zur Abkürzung setzen wir

$$\tau = -\lambda_1 - \lambda_2 \equiv \lambda_1' + \lambda_2', \qquad (\omega).$$

Wenn wir nun durch die Gerade L eine Fläche von der ungeraden Ordnung m legen, so schneidet dieselbe unsere Kurve C_4 noch in $4m - 2$ weiteren Punkten, und nach dem angeführten Satze gilt für die Parameter $t_1, t_2, \ldots, t_{4m-2}$ dieser Punkte die Relation

$$t_1 + t_2 + \cdots + t_{4m-2} \equiv \tau, \qquad (\omega, i\omega').$$

Ist umgekehrt bei ungerader Zahl m die letztere Bedingung erfüllt, so gibt es stets eine Fläche m-ter Ordnung, welche die Gerade L enthält und aus der Kurve C_4 jene $4m - 2$ Punkte $t_1, t_2, \ldots, t_{4m-2}$ ausschneidet. Denn stellt die Gleichung $G = 0$ eine Fläche m-ter Ordnung dar, welche aus der Kurve C_4 die $4m$ Punkte $t_1, t_2, \ldots, t_{4m-2}, \lambda_1, \frac{i\omega'}{2} + \lambda_2$ ausschneidet, so ist es stets möglich, eine quaternäre Form K von der $m - 2$-ten Ordnung derart zu bestimmen, daß die Fläche $G + KF = 0$ noch $m - 1$ weitere Punkte mit der Geraden L gemein hat und folglich die Gerade ganz enthält.

[1] Vgl. CLEBSCH-LINDEMANN: Vorlesungen über Geometrie Bd. I S. 610.

Ist m eine gerade Zahl, so erkennt man in derselben Weise die Bedingung

$$t_1 + t_2 + \cdots + t_{4m-2} \equiv -\tau \qquad (\omega, i\omega')$$

als notwendig und hinreichend dafür, daß eine Fläche von der m-ten Ordnung existiert, welche die Gerade L' enthält und aus der Kurve C_4 die weiteren $4m - 2$ Punkte $t_1, t_2, \ldots, t_{4m-2}$ ausschneidet.

Die Konstante τ ist, wie man leicht erkennt, unabhängig von der besonderen Wahl der geraden Linien L und L' in den bezüglichen Scharen von Erzeugenden. Die aufgestellte Bedingung

$$t_1 + t_2 + \cdots + t_{4m-2} \equiv \pm\tau \qquad (\omega, i\omega')$$

ist daher allgemein notwendig und hinreichend für die Existenz einer Fläche m-ter Ordnung, welche aus der Kurve C_4 die $4m - 2$ Punkte $t_1, t_2, \ldots, t_{4m-2}$ ausschneidet und außerdem eine beliebig gegebene Gerade der einen bzw. der anderen Schar enthält.

Dagegen ändert die Konstante τ ihren Wert, wenn wir statt des Hyperboloides $H = 0$ etwa das Hyperboloid $H + F = 0$ zugrunde legen, welches ebenfalls die Kurve C_4 enthält, aber mit dem Hyperboloide $H = 0$ keine Erzeugende gemein hat. Infolge dieses Umstandes können wir annehmen, daß die Konstante τ weder gleich null noch gleich einem Vielfachen der Periode ω ausfällt.

Nach diesen Vorbereitungen führen wir den Nachweis für die Existenz der möglichen Arten von Raumkurven.

Wir setzen *erstens* die Ordnung $n = 4\nu$ und bestimmen 8 reelle Größen $t_1^{(1)}$, $t_2^{(1)}, \ldots, t_8^{(1)}$, welche den Bedingungen

$$t_1^{(1)} < 0 < t_2^{(1)} < t_3^{(1)} < \cdots < t_8^{(1)},$$

$$t_1^{(1)} + t_2^{(1)} + t_3^{(1)} + \cdots + t_1^{(8)} = 0$$

genügen. Außerdem sei $t = 0$ ein im Endlichen liegender Punkt der Raumkurve C_4, und der größeren Anschaulichkeit wegen nehmen wir die Größen $t_1^{(1)}$ und $t_8^{(1)}$ dem absoluten Betrage nach so klein an, daß, während der Parameter t von $t_1^{(1)}$ bis $t_8^{(1)}$ wächst, der entsprechende Punkt eine ganz im Endlichen gelegene Strecke der Kurve C_4 durchläuft. Darauf bestimmen wir 16 reelle Größen $t_1^{(2)}, t_2^{(2)}, \ldots, t_{16}^{(2)}$, welche den Bedingungen

$$t_1^{(1)} < t_1^{(2)} < 0 < t_2^{(2)} < t_3^{(2)} < \cdots < t_{16}^{(2)} < t_2^{(1)},$$

$$t_1^{(2)} + t_2^{(2)} + t_3^{(2)} + \cdots + t_{16}^{(2)} = 0$$

genügen, dann 24 reelle Größen $t_1^{(3)}, t_2^{(3)}, \ldots, t_{24}^{(3)}$ mit den Bedingungen

$$t_1^{(2)} < t_1^{(3)} < 0 < t_2^{(3)} < t_3^{(3)} < \cdots < t_{24}^{(3)} < t_2^{(2)},$$

$$t_1^{(3)} + t_2^{(3)} + t_3^{(3)} + \cdots + t_{24}^{(3)} = 0$$

usf., bis wir zu einem System von $8(\nu - 1)$ Größen

$$t_1^{(\nu-1)},\ t_2^{(\nu-1)},\ \ldots,\ t_{8(\nu-1)}^{(\nu-1)}$$

gelangen, für welche die Bedingungen

$$t_1^{(\nu-2)} < t_1^{(\nu-1)} < 0 < t_2^{(\nu-1)} < t_3^{(\nu-1)} < \cdots < t_{8(\nu-1)}^{(\nu-1)} < t_2^{(\nu-2)},$$

$$t_1^{(\nu-1)} + t_2^{(\nu-1)} + t_3^{(\nu-1)} + \cdots + t_{8(\nu-1)}^{(\nu-1)} = 0$$

erfüllt sind.

Nach den obigen Ausführungen sind durch die Parameterwerte $t_1^{(1)}$, $t_2^{(1)}, \ldots, t_8^{(1)}$ auf einem der beiden unpaaren Züge der Kurve C_4 8 Punkte bestimmt, welche durch eine Fläche 2-ter Ordnung aus derselben ausgeschnitten werden können. Die Gleichung dieser Fläche 2-ter Ordnung sei $G^{(1)} = 0$. Für genügend kleine Werte $\delta^{(1)}$ stellt dann die Gleichung

$$F^{(1)} = F + \delta^{(1)} G^{(1)} = 0$$

eine quadratische Fläche dar, deren Schnitt mit dem Hyperboloide $H = 0$ ebenfalls eine Kurve 4-ter Ordnung mit 2 unpaaren Zügen ist. Der eine von diesen beiden unpaaren Zügen schneidet den entsprechenden Zug der ursprünglichen Kurve C_4 in den 8 Punkten $t_1^{(1)}, t_2^{(1)}, \ldots, t_8^{(1)}$, und zwar in der Weise, daß beim Durchlaufen des unpaaren Zuges der neuen Kurve jene 8 Punkte $t_1^{(1)}$, $t_2^{(1)}, \ldots, t_8^{(1)}$ in der nämlichen Reihenfolge auftreten wie beim Durchlaufen der Kurve C_4. Der zweite Zug der neuentstandenen Kurve läuft neben dem entsprechenden Zuge der ursprünglichen Kurve C_4 entlang, ohne ihn zu schneiden. Es sei nun $G^{(2)} = 0$ die Gleichung einer Fläche 4-ter Ordnung, welche aus der ursprünglichen Kurve C_4 die 16 Punkte $t_1^{(2)}, t_2^{(2)}, \ldots, t_{16}^{(2)}$ ausschneidet. Dann stellt die Gleichung

$$F^{(2)} = F F^{(1)} \pm \delta^{(2)} G^{(2)} = 0$$

bei geeignet gewähltem Vorzeichen und für genügend kleine Werte $\delta^{(2)}$ eine Fläche 4-ter Ordnung dar, welche aus dem Hyperboloide $H = 0$ eine Kurve 8-ter Ordnung mit 2 unpaaren und 8 paaren Zügen ausschneidet. Denn von den 4 unpaaren durch $F = 0$ und $F^{(1)} = 0$ bestimmten Zügen bleiben lediglich die beiden sich gegenseitig nicht schneidenden unpaaren Züge auch nach der angegebenen Variation unpaar, während die unendlichen Teile der beiden anderen unpaaren Züge einen einzigen ins Unendliche sich erstreckenden paaren Zug liefern. Die übrigen neu entstehenden 7 paaren Züge verlaufen sämtlich im Endlichen. Unter ihnen ist einer vorhanden, welcher einen der unpaaren Züge der Kurve C_4 in den 16 Punkten $t_1^{(2)}$, $t_2^{(2)}, \ldots, t_{16}^{(2)}$ schneidet, und zwar derart, daß beim Durchlaufen jenes paaren Zuges die 16 Punkte in der nämlichen Reihenfolge $t_1^{(2)}, t_2^{(2)}, \ldots, t_{16}^{(2)}$ erscheinen wie beim Durchlaufen des unpaaren Zuges der Kurve C_4. Wenn ferner $G^{(3)} = 0$ die Gleichung einer Fläche der 6-ten Ordnung darstellt, welche aus der ursprünglichen Kurve C_4 die 24 Punkte $t_1^{(3)}, t_2^{(3)}, \ldots, t_{24}^{(3)}$ ausschneidet, so ist

$$F^{(3)} = F F^{(2)} \pm \delta^{(3)} G^{(3)} = 0$$

bei geeignet gewähltem Vorzeichen und für genügend kleine Werte $\delta^{(3)}$ die Gleichung einer Fläche 6-ter Ordnung, welche aus dem Hyperboloide $H = 0$ eine Kurve 12-ter Ordnung mit 4 unpaaren und mit $8 + 14 = 22$ paaren Zügen ausschneidet. Denn einer von den unpaaren Zügen der Kurve C_4 und der von diesem in 16 Punkten geschnittene paare Zug liefern zusammen einen unpaaren Zug und 15 paare Züge. Einer dieser 15 paaren Züge schneidet einen der unpaaren Züge der ursprünglichen Kurve C_4 in den 24 aufeinanderfolgenden Punkten $t_1^{(3)}, t_2^{(3)}, \ldots, t_{24}^{(3)}$. Fahren wir in derselben Weise fort, so erhalten wir bei dem nächsten Schritte eine Fläche $F^{(4)}$ von der 8-ten Ordnung, welche aus dem Hyperboloide $H = 0$ eine Kurve von der 16-ten Ordnung mit 6 unpaaren und mit $8 + 14 + 22 = 44$ paaren Zügen ausschneidet. Wie man sieht, kommen mit jedem weiteren Schritte noch 2 unpaare Züge zu den vorhandenen hinzu, während der Zuwachs zur Anzahl der paaren Züge mit jedem weiteren Schritte um 8 Einheiten größer ist als bei dem vorhergehenden Schritte. Wir gelangen daher nach $\mu - 1$ Schritten zu einer Fläche

$$F^{(\mu)} = F\, F^{(\mu-1)} \pm \delta^{(\mu)} G^{(\mu)} = 0$$

von der 2μ-ten Ordnung, welche aus dem Hyperboloide $H = 0$ eine Kurve von der 4μ-ten Ordnung mit $2\mu - 2$ unpaaren und mit

$$8 + 14 + 22 + 30 + \cdots + (8\mu - 10) = 4\mu^2 - 6\mu + 4$$

paaren Zügen ausschneidet. Dabei ist μ eine Zahl, welche die Zahl ν nicht überschreitet.

Die Fläche $G^{(\mu)} = 0$ von der 2μ-ten Ordnung schneidet einen der beiden unpaaren Züge der Kurve C_4 in den 8μ Punkten $t_1^{(\mu)}, t_2^{(\mu)}, \ldots, t_{8\mu}^{(\mu)}$. Es sei jetzt $G'^{(\mu)} = 0$ die Gleichung einer Fläche von der nämlichen Ordnung 2μ, welche aus dem *anderen* unpaaren Zuge der Kurve C_4 irgend 8μ reelle Punkte ausschneidet. Dann wird bei geeigneter Wahl des Vorzeichens und für genügend kleine Werte $\delta'^{(\mu)}$ die Gleichung

$$F'^{(\mu)} = F\, F^{(\mu-1)} \pm \delta'^{(\mu)} G'^{(\mu)} = 0$$

eine Fläche darstellen, welche aus dem Hyperboloide $H = 0$ eine Kurve 4μ-ter Ordnung von der nämlichen Gestalt ausschneidet wie die Fläche $F^{(\mu)} = 0$. Auch trifft diese Schnittkurve 4μ-ter Ordnung die ursprüngliche Kurve C_4 in 8μ aufeinanderfolgenden Punkten; aber es ist jetzt ein unpaarer Zug, welcher die 8μ Punkte aus der Kurve C_4 ausschneidet. Nunmehr sei $G^{(\mu+1)} = 0$ die Gleichung einer Fläche von der Ordnung $2\mu + 2$, welche aus dem *ersteren* unpaaren Zuge der Kurve C_4 irgend $8\mu + 8$ reelle Punkte ausschneidet; dann stellt die Gleichung

$$F^{(\mu+1)} = F\, F'^{(\mu)} \pm \delta^{(\mu+1)} G^{(\mu+1)} = 0$$

bei geeigneter Wahl des Vorzeichens und für genügend kleine Werte $\delta^{(\mu+1)}$

eine Fläche dar, welche aus dem Hyperboloide $H = 0$ eine Kurve von der $4\mu + 4$-ten Ordnung mit $2\mu - 2$ unpaaren Zügen und mit $(4\mu^2 - 6\mu + 4) + 8\mu$ paaren Zügen ausschneidet. Denn die sich ins Unendliche erstreckenden Teile der beiden sich schneidenden unpaaren Züge liefern nach der Variation einen einzigen paaren Zug, so daß die Gesamtzahl der unpaaren Züge bei dem Verfahren ungeändert bleibt. Einer von den unpaaren Zügen der eben konstruierten Kurve der $4\mu + 4$-ten Ordnung schneidet einen der beiden unpaaren Züge der Kurve C_4 in $8\mu + 8$ aufeinanderfolgenden Punkten, und es wird daher der nächste Schritt auf eine Fläche $F^{(\mu+2)} = 0$ führen, welche aus dem Hyperboloide $H = 0$ eine Kurve mit der nämlichen Anzahl $2\mu - 2$ von unpaaren Zügen und mit $(4\mu^2 - 6\mu + 4) + 8\mu + (8\mu + 8)$ paaren Zügen ausschneidet. Die Schnittpunkte mit der Kurve C_4 nehmen wir bei jedem weiteren Schritte abwechselnd auf dem einen und dann auf dem anderen unpaaren Zuge der Kurve C_4 an, so daß es stets ein unpaarer Zug der neu konstruierten Kurve ist, welcher einen von den unpaaren Zügen der Kurve C_4 schneidet, und infolgedessen die Zahl der unpaaren Züge bei allen weiteren Schritten ungeändert bleibt. Andererseits wird der Zuwachs für die Anzahl der paaren Züge bei jedem Schritte, ebenso wie früher, um 8 Einheiten vergrößert. Nach $\nu - \mu$ Schritten gelangen wir so zu einer Kurve von der Ordnung $n = 4\nu$ mit $2\mu - 2$ unpaaren und mit

$$(4\mu^2 - 6\mu + 4) + 8\mu + (8\mu + 8) + \cdots + \{8(\nu - 1)\}$$
$$= 4\nu^2 - 4\nu - 2\mu + 4$$

paaren Zügen; dieselbe besitzt also insgesamt

$$4\nu^2 - 4\nu + 2 = \tfrac{1}{4}(n-2)^2 + 1$$

Züge, und dies ist, wie früher gezeigt worden, die Maximalzahl. Setzen wir der Reihe nach $\mu = 2, 3, \ldots, \nu$, so erhalten wir Raumkurven 4ν-ter Ordnung mit der Maximalzahl reeller Züge, unter denen beziehungsweise $2, 4, \ldots, 2\nu - 2$ Züge unpaar sind. Da die Existenz von Raumkurven mit der Maximalzahl von Zügen *ohne* einen unpaaren Zug bereits oben nachgewiesen worden ist, so ist damit die gestellte Aufgabe im ersten Falle $n = 4\nu$ erledigt.

Im *zweiten* Falle $n = 4\nu + 2$ darf eine Kurve mit der Maximalzahl reeller Züge unseren früheren Entwicklungen zufolge überhaupt gar keinen unpaaren Zug besitzen, und wir wenden uns daher sofort zu der Untersuchung des *dritten* Falles $n = 4\nu + 1$. Zu dem Zwecke erinnern wir uns der vorhin aufgestellten Bedingung für die Existenz einer Fläche m-ter Ordnung, welche $4m - 2$ gegebene Punkte aus der Kurve C_4 ausschneidet und zugleich eine gegebene Gerade des Hyperboloides enthält. Die dort bis auf ein Vielfaches der Periode ω definierte Konstante τ werde nun so gewählt, daß ihr Wert zwischen 0 und ω fällt. Durch eine lineare Transformation des Hyperboloides $H = 0$ können wir leicht bewirken, daß diejenige Strecke der Kurve C_4 ganz ins Endliche fällt, welche der Punkt beschreibt, während der Parameter t von 0 bis τ wächst. Ferner sei ε eine positive Größe, welche kleiner ist als jede der beiden Zahlen $\frac{9}{17}$ und $\frac{\tau}{2}$, so daß die Ungleichungen

$$0 < \frac{\varepsilon^{\nu-1}}{9} < \frac{\varepsilon^{\nu-2}}{17} < \cdots < \frac{\varepsilon}{8\nu-7}$$

$$\frac{\varepsilon}{8\nu-7} < \tau - \varepsilon < \tau - \varepsilon^2 < \cdots < \tau - \varepsilon^{\nu-1} < \tau$$

erfüllt sind. Wir bestimmen jetzt 9 reelle Größen

$$t_1^{(1)}, t_2^{(1)}, \ldots, t_9^{(1)},$$

ferner 17 Größen

$$t_1^{(2)}, t_2^{(2)}, \ldots, t_{17}^{(2)}$$

und schließlich $8\nu - 7$ Größen

$$t_1^{(\nu-1)}, t_2^{(\nu-1)}, \ldots, t_{8\nu-7}^{(\nu-1)},$$

welche den Bedingungen

$$\begin{array}{l} 0 < t_1^{(1)} < t_2^{(1)} < \cdots < t_9^{(1)} < t_1^{(2)}, \\ \quad t_1^{(2)} < t_2^{(2)} < \cdots < t_{17}^{(2)} < t_1^{(3)}, \\ \quad t_1^{(3)} < t_2^{(3)} < \cdots < t_{25}^{(3)} < t_1^{(4)}, \\ \quad \cdots\cdots\cdots\cdots\cdots \\ \quad t_1^{(\nu-1)} < t_2^{(\nu-1)} < \cdots < t_{8\nu-7}^{(\nu-1)} < \tau - \varepsilon; \\ \quad t_1^{(1)} + t_2^{(1)} + \cdots + t_9^{(1)} = \varepsilon^{\nu-1}, \\ \quad t_1^{(2)} + t_2^{(2)} + \cdots + t_{17}^{(2)} = \varepsilon^{\nu-2}, \\ \quad \cdots\cdots\cdots\cdots\cdots \\ \quad t_1^{(\nu-1)} + t_2^{(\nu-1)} + \cdots + t_{8\nu-7}^{(\nu-1)} = \varepsilon \end{array}$$

genügen. Es lassen sich solche Größen offenbar leicht finden, indem man jede der Größen $t_1^{(1)}, t_2^{(1)}, \ldots, t_9^{(1)}$ genügend wenig verschieden von dem Werte $\frac{\varepsilon^{\nu-1}}{9}$ annimmt, ferner jede der Größen

$$t_1^{(2)}, t_2^{(2)}, \ldots, t_{17}^{(2)}$$

genügend wenig von $\frac{\varepsilon^{\nu-2}}{17}$ verschieden und schließlich jede der Größen

$$t_1^{(\nu-1)}, t_2^{(\nu-1)}, \ldots, t_{8\nu-7}^{(\nu-1)}$$

genügend nahe dem Werte $\frac{\varepsilon}{8\nu-7}$ annimmt. Setzen wir noch

$$t_{10}^{(1)} = \tau - \varepsilon^{\nu-1}, \; t_{18}^{(2)} = \tau - \varepsilon^{\nu-2}, \ldots, \; t_{8\nu-6}^{(\nu-1)} = \tau - \varepsilon,$$

so gelten die Bedingungen

$$\begin{array}{lllllll}
0 & < t_1^{(1)} & < t_2^{(1)} & < \cdots < t_9^{(1)} & < t_{10}^{(1)} & < \tau, \\
t_9^{(1)} & < t_1^{(2)} & < t_2^{(2)} & < \cdots < t_{17}^{(2)} & < t_{18}^{(2)} & < t_{10}^{(1)}, \\
t_{17}^{(2)} & < t_1^{(3)} & < t_2^{(3)} & < \cdots < t_{25}^{(3)} & < t_{26}^{(3)} & < t_{18}^{(2)}, \\
\cdots & & & & & \\
t_{8\nu-15}^{(\nu-2)} & < t_1^{(\nu-1)} & < t_2^{(\nu-1)} & < \cdots < t_{8\nu-7}^{(\nu-1)} & < t_{8\nu-6}^{(\nu-1)} & < t_{8\nu-14}^{(\nu-2)};
\end{array}$$

$$\begin{array}{l}
t_1^{(1)} + t_2^{(1)} + \cdots + t_9^{(1)} + t_{10}^{(1)} = \tau, \\
t_1^{(2)} + t_2^{(2)} + \cdots + t_{17}^{(2)} + t_{18}^{(2)} = \tau, \\
\cdots \\
t_1^{(\nu-1)} + t_2^{(\nu-1)} + \cdots + t_{8\nu-7}^{(\nu-1)} + t_{8\nu-6}^{(\nu-1)} = \tau.
\end{array}$$

Es sei jetzt L eine gerade Linie auf dem Hyperboloide, welche jeden der beiden unpaaren Züge der Kurve C_4 schneidet. Außerdem sei diese Gerade L so gewählt, daß von ihr diejenige Strecke der Kurve C_4 gar nicht getroffen wird, welche ein Punkt beschreibt, dessen Parameter von 0 bis τ wächst. Wir wählen dann aus der anderen Schar der Erzeugenden eine solche Gerade L' aus, welche die Kurve C_4 überhaupt nicht schneidet. Die Ebene, welche die Geraden L und L' enthält, sei durch die Gleichung $E = 0$ dargestellt. Den früheren Ausführungen zufolge gibt es eine Fläche 3-ter Ordnung, welche die 10 Punkte $t_1^{(1)}, t_2^{(1)}, \ldots, t_{10}^{(1)}$ aus einem der Züge der Kurve C_4 ausschneidet und zugleich die Gerade L enthält. Die Gleichung dieser Fläche sei $G^{(1)} = 0$. Für genügend kleine Werte $\delta^{(1)}$ stellt dann die Gleichung

$$F^{(1)} = F\,E + \delta^{(1)} G^{(1)} = 0$$

eine Fläche 3-ter Ordnung dar, welche die Gerade L enthält und überdies aus dem Hyperboloide $H = 0$ eine Kurve 5-ter Ordnung mit 3 unpaaren Zügen ausschneidet. Der eine dieser unpaaren Züge schneidet den bezüglichen unpaaren Zug der Kurve C_4 in den 10 Punkten $t_1^{(1)}, t_2^{(1)}, \ldots, t_{10}^{(1)}$, und zwar in der Weise, daß beim Durchlaufen des unpaaren Zuges jener Kurve 5-ter Ordnung die 10 Punkte in der nämlichen Reihenfolge auftreten wie beim Durchlaufen der Kurve C_4. Es sei nun $G^{(2)} = 0$ die Gleichung einer Fläche 5-ter Ordnung, welche die Gerade L enthält und aus der Kurve C_4 die 18 Punkte $t_1^{(2)}, t_2^{(2)}, \ldots, t_{18}^{(2)}$ ausschneidet. Dann stellt die Gleichung

$$F^{(2)} = F\,F^{(1)} \pm \delta^{(2)} G^{(2)} = 0$$

bei geeignet gewähltem Vorzeichen und für genügend kleine Werte $\delta^{(2)}$ eine Fläche 5-ter Ordnung dar, welche aus dem Hyperboloide $H = 0$ die Gerade L und außerdem eine Kurve 9-ter Ordnung mit 3 unpaaren und mit 10 paaren Zügen ausschneidet. Denn nur die 3 sich gegenseitig nicht schneidenden Züge bleiben auch nach der Variation unpaar, während die unendlichen Teile der beiden anderen unpaaren Züge einen einzigen sich ins Unendliche erstrekkenden paaren Zug liefern. Die übrigen 9 neu entstehenden paaren Züge verlaufen sämtlich im Endlichen. Unter ihnen ist einer vorhanden, welcher den bezüglichen unpaaren Zug der Kurve C_4 in den 18 aufeinanderfolgenden Punkten $t_1^{(2)}, t_2^{(2)}, \ldots, t_{18}^{(2)}$ schneidet. Stellt jetzt $G^{(3)} = 0$ eine Fläche 7-ter Ordnung dar, welche die Gerade L enthält und aus der Kurve C_4 die 26 Punkte $t_1^{(3)}$, $t_2^{(3)}, \ldots, t_{26}^{(3)}$ ausschneidet, so ist

$$F^{(3)} = F\,F^{(2)} \pm \delta^{(3)} G^{(3)} = 0$$

bei geeignet gewähltem Vorzeichen und für genügend kleine Werte $\delta^{(3)}$ die Gleichung einer Fläche 7-ter Ordnung, welche aus dem Hyperboloide $H = 0$ die Gerade L und außerdem eine Kurve 13-ter Ordnung mit 5 unpaaren und $10 + 16 = 26$ paaren Zügen ausschneidet. Fahren wir in derselben Weise fort, so erhalten wir bei dem nächsten Schritte eine Fläche $F^{(4)} = 0$ von der 9-ten Ordnung, welche aus dem Hyperboloide $H = 0$ die Gerade L und eine Kurve von der 17-ten Ordnung mit 7 unpaaren und $10 + 16 + 24 = 50$ paaren Zügen ausschneidet. Wie man sieht, kommen mit jedem weiteren Schritte noch 2 unpaare Züge zu den vorhandenen hinzu, während der Zuwachs zur Anzahl der paaren Züge mit jedem weiteren Schritte um 8 Einheiten größer ist als bei dem vorhergehenden Schritte. Wir gelangen daher nach $\nu - 1$ Schritten zu einer Fläche $F^{(\nu)} = 0$ von der $2\nu + 1$-ten Ordnung, welche aus dem Hyperboloide $H = 0$ die Gerade $L = 0$ und eine Kurve von der $4\nu + 1$-ten Ordnung mit $2\nu - 1$ unpaaren und mit

$$10 + 16 + 24 + 32 + \cdots + 8(\nu - 1) = 4\nu^2 - 4\nu + 2$$

paaren Zügen ausschneidet. Diese schließlich entstandene Kurve von der Ordnung $n = 4\nu + 1$ besitzt also insgesamt

$$4\nu^2 - 2\nu + 1 = \tfrac{1}{4}(n-1)(n-3) + 1$$

reelle Züge, und dies ist, wie früher gezeigt worden, die Maximalzahl.

Es bietet nunmehr keine Schwierigkeit, auch die Existenz der Kurven $4\nu + 1$-ter Ordnung mit der Maximalzahl von Zügen nachzuweisen, unter denen weniger als $2\nu - 1$ unpaare Züge vorhanden sind. Wir bezeichnen mit μ eine Zahl, welche kleiner ist als ν. Das eben beschriebene Verfahren führt dann nach $\mu - 1$ Schritten zu einer Kurve von der $4\mu + 1$-ten Ordnung mit $2\mu - 1$ unpaaren Zügen. Diese Kurve behandeln wir mittels der vorhin im ersten Falle $n = 4\nu$ angewandten Methode, indem wir durch abwechselnde Benutzung beider unpaaren Züge der Kurve C_4 bewirken, daß allemal ein unpaarer Zug der neu konstruierten Kurve einen der unpaaren Züge der Kurve C_4 in lauter aufeinanderfolgenden Punkten trifft und infolgedessen bei allen weiteren Schritten die Zahl der unpaaren Züge ungeändert bleibt. Die Lage der Punkte auf den beiden Zügen der Kurve C_4 ist so zu wählen, daß nach der Variation die größtmögliche Anzahl neuer Züge entsteht. Nach

$\nu - \mu$ Schritten entsteht eine Kurve von der Ordnung $n = 4\nu + 1$ mit der Maximalzahl reeller Züge, unter denen $2\mu - 1$ unpaare Züge vorhanden sind. Hierbei ist $\mu > 1$ angenommen. Doch ist bereits früher nachgewiesen worden, daß es auch Kurven von der Ordnung $n = 4\nu + 1$ mit der Maximalzahl reeller Züge gibt, unter denen nur *ein* unpaarer Zug vorhanden ist.

Um schließlich den *letzten* Fall $n = 4\nu + 3$ zu erledigen, setzen wir $\tau' = \omega - \tau$ und bewirken durch lineare Transformation der Koordinaten, daß diejenige Strecke der Kurve C_4 ganz ins Endliche fällt, welche der Punkt beschreibt, während der Parameter t von 0 bis τ' wächst. Ferner bezeichne ε' eine positive Größe, welche kleiner ist als jede der beiden Zahlen $\frac{5}{13}$ und $\frac{\tau'}{2}$, so daß die Ungleichungen

$$0 < \frac{\varepsilon'^{\nu}}{5} < \frac{\varepsilon'^{\nu-1}}{13} < \cdots < \frac{\varepsilon'}{8\nu - 3}$$

$$\frac{\varepsilon'}{8\nu - 3} < \tau' - \varepsilon' < \tau' - \varepsilon'^2 < \cdots < \tau' - \varepsilon'^{\nu} < \tau'$$

erfüllt sind. Mit Berücksichtigung dieser Ungleichungen ist es in entsprechender Weise wie vorhin im Falle $n = 4\nu + 1$ leicht, 6 reelle Größen $t_1^{(1)}$, $t_2^{(1)}, \ldots, t_6^{(1)}$, ferner 14 Größen $t_1^{(2)}, t_2^{(2)}, \ldots, t_{14}^{(2)}$ und schließlich $8\nu - 2$ Größen $t_1^{(\nu)}$, $t_2^{(\nu)}, \ldots, t_{8\nu-2}^{(\nu)}$ zu finden, welche den folgenden Bedingungen genügen:

$$\begin{array}{l}
0 < t_1^{(1)} < t_2^{(1)} < \cdots < t_5^{(1)} < t_6^{(1)} < \tau', \\
t_5^{(1)} < t_1^{(2)} < t_2^{(2)} < \cdots < t_{13}^{(2)} < t_{14}^{(2)} < t_6^{(1)}, \\
t_{13}^{(2)} < t_1^{(3)} < t_2^{(3)} < \cdots < t_{21}^{(3)} < t_{22}^{(3)} < t_{14}^{(2)}, \\
\cdots\cdots\cdots\cdots\cdots\cdots \\
t_{8\nu-11}^{(\nu-1)} < t_1^{(\nu)} < t_2^{(\nu)} < \cdots < t_{8\nu-3}^{(\nu)} < t_{8\nu-2}^{(\nu)} < t_{8\nu-10}^{(\nu-1)}, \\
t_1^{(1)} + t_2^{(1)} + \cdots + t_6^{(1)} = \tau', \\
t_1^{(2)} + t_2^{(2)} + \cdots + t_{14}^{(2)} = \tau', \\
\cdots\cdots\cdots\cdots\cdots\cdots \\
t_1^{(\nu)} + t_2^{(\nu)} + \cdots + t_{8\nu-2}^{(\nu)} = \tau'.
\end{array}$$

Es sei L' eine Erzeugende des Hyperboloides $H = 0$, welche keinen der beiden unpaaren Züge der Kurve C_4 trifft. Den früheren Ausführungen zufolge gibt es dann eine Fläche 2-ter Ordnung, welche die Linie L' enthält und aus dem einen der Züge der Kurve C_4 die 6 Punkte $t_1^{(1)}, t_2^{(1)}, \ldots, t_6^{(1)}$ ausschneidet. Die Gleichung dieser Fläche sei $F^{(1)} = 0$. Es werde ferner durch die Gleichung $G^{(2)} = 0$ eine Fläche 4-ter Ordnung dargestellt, welche die Gerade L' enthält und aus der Kurve C_4 die 14 Punkte $t_1^{(2)}, t_2^{(2)}, \ldots, t_{14}^{(2)}$ ausschneidet. Dann stellt die Gleichung

$$F^{(2)} = F F^{(1)} \pm \delta^{(2)} G^{(2)} = 0$$

bei geeignet gewähltem Vorzeichen und für genügend kleine Werte $\delta^{(2)}$ eine

Fläche 4-ter Ordnung dar, welche aus dem Hyperboloide $H = 0$ die Gerade L' und eine Kurve 7-ter Ordnung mit einem unpaaren und 6 paaren Zügen ausschneidet. Einer von diesen paaren Zügen schneidet einen unpaaren Zug der Kurve C_4 in 14 aufeinanderfolgenden Punkten. Ist ferner $G^{(3)} = 0$ die Gleichung einer Fläche 6-ter Ordnung, welche die Gerade L' enthält und aus der Kurve C_4 die 22 Punkte $t_1^{(3)}, t_2^{(3)}, \ldots, t_{22}^{(3)}$ ausschneidet, so stellt bei geeignet gewähltem Vorzeichen und für genügend kleine Werte $\delta^{(3)}$ die Gleichung

$$F^{(3)} = F F^{(2)} \pm \delta^{(3)} G^{(3)} = 0$$

eine Fläche 6-ter Ordnung dar, welche die Gerade L' enthält und aus dem Hyperboloide $H = 0$ eine Kurve 11-ter Ordnung mit 3 unpaaren und mit 18 paaren Zügen ausschneidet. Wir gelangen so schließlich zu einer Fläche $F^{(\nu+1)} = 0$ von der $2\nu + 2$-ten Ordnung, welche die Gerade L' enthält und aus dem Hyperboloide $H = 0$ eine Kurve von der Ordnung $n = 4\nu + 3$ mit $2\nu - 1$ unpaaren und mit $4\nu^2 + 2$ paaren Zügen ausschneidet. Diese Kurve besitzt folglich insgesamt

$$4\nu^2 + 2\nu + 1 = \tfrac{1}{4}(n-1)(n-3) + 1$$

reelle Züge, und dies ist, wie früher gezeigt worden, die Maximalzahl.

Der Nachweis für die Existenz von Kurven der Ordnung $n = 4\nu + 3$ mit der Maximalzahl reeller Züge, unter denen weniger als $2\nu - 1$ unpaare Züge vorhanden sind, wird in entsprechender Weise geführt, wie oben in den Fällen $n = 4\nu$ und $n = 4\nu + 1$ geschehen ist.

Die eben ausgeführten Konstruktionen liefern, wie man sieht, alle diejenigen Arten von irreduziblen Raumkurven, welche in dem früher abgeleiteten Satze nicht als unmöglich ausgeschlossen worden sind. *Es ist daher im vorstehenden die Frage nach den gestaltlich verschiedenen Arten der Raumkurven von einer beliebigen Ordnung n mit der Maximalzahl reeller Züge vollkommen erledigt.*

Königsberg, i. Pr., den 19. November 1890.

28. Über Flächen von konstanter Gaußscher Krümmung.

[Transactions of the American mathematical Society Bd. 2, S. 87–99 (1901)[1].]

Über Flächen von negativer konstanter Krümmung.

Nach Beltrami[2] verwirklicht eine Fläche von negativer konstanter Krümmung ein Stück einer Lobatschefskijschen (Nicht-Euklidischen) Ebene, wenn man als Geraden der Lobatschefskijschen Ebene die geodätischen Linien der Fläche von konstanter Krümmung betrachtet und als Längen und Winkel in der Lobatschefskijschen Ebene die wirklichen Längen und Winkel auf der Fläche nimmt. Unter den bisher untersuchten Flächen negativer konstanter Krümmung finden wir *keine*, die sich stetig und mit stetiger Änderung ihrer Tangentialebene in der Umgebung jeder Stelle überallhin ausdehnt; vielmehr besitzen die bekannten Flächen negativer konstanter Krümmung singuläre Linien, über die hinaus eine stetige Fortsetzung mit stetiger Änderung der Tangentialebene nicht möglich ist. Aus diesem Grunde gelingt es mittels keiner der bisher bekannten Flächen negativer konstanter Krümmung, die *ganze* Lobatschefskijsche Ebene zu verwirklichen, und es erscheint uns die Frage von prinzipiellem Interesse, *ob die ganze Lobatschefskijsche Ebene überhaupt nicht durch eine analytische*[3] *Fläche negativer konstanter Krümmung auf die Beltramische Weise zur Darstellung gebracht werden kann.*

Um diese Frage zu beantworten, gehen wir von der Annahme einer analytischen Fläche der negativen konstanten Krümmung -1 aus, die im Endlichen überall sich regulär verhält und keine singulären Stellen aufweist; wir werden dann zeigen, daß die Annahme auf einen Widerspruch führt. Eine

---

[1] Presented to the Society, October 27, 1900. Received for publication October 9, 1900.

[2] Giornale di Matematiche Bd. 6 (1868).

[3] Der leichteren Ausdrucksweise setze ich hier für die zu betrachtende Fläche analytischen Charakter voraus, obwohl die Beweisführung und das erlangte Resultat (vgl. S. 446) gültig bleiben, wenn in Gl. (I) $\mathfrak{P}(x, y)$ eine genügend oft differenzierbare nicht analytische Funktion bedeutet. Daß es tatsächlich reguläre und nicht analytische Flächen von konstanter negativer Krümmung gibt, hat auf meine Anregung hin G. Lütkemeyer in seiner Inauguraldissertation: Über den analytischen Charakter der Integrale von partiellen Differentialgleichungen, Göttingen 1902, bewiesen.

solche Fläche, wie wir sie annehmen wollen, ist durch folgende Aussagen vollständig charakterisiert:

Jede im Endlichen gelegene Verdichtungsstelle von Punkten der Fläche ist ebenfalls ein Punkt der Fläche.

Bedeutet O irgend einen Punkt der Fläche, so ist es stets möglich, das rechtwinklige Koordinatenkreuz x, y, z so zu legen, daß O der Anfangspunkt des Koordinatensystems wird und die Gleichung der Fläche in der Umgebung dieses Punktes O wie folgt lautet:

$$z = a x^2 + b y^2 + \mathfrak{P}(x, y), \tag{I}$$

wo die Konstanten a, b die Relation

$$4ab = -1$$

befriedigen und die Potenzreihe $\mathfrak{P}(x, y)$ nur Glieder dritter oder höherer Dimension in x, y enthält. Offenbar ist dann die z-Achse die Normale der Fläche und die x- und y-Achse geben die Richtungen an, die durch die Hauptkrümmungen der Fläche bestimmt sind.

Die Gleichung

$$a x^2 + b y^2 = 0$$

bestimmt die beiden Haupttangenten der Fläche durch den Punkt O in der xy-Ebene; dieselben sind daher stets von einander getrennt und geben die Richtungen an, in denen die beiden Asymptotenkurven der Fläche durch den beliebigen Punkt O verlaufen. Jede dieser Asymptotenkurven gehört einer einfachen Schar von Asymptotenkurven an, die die ganze Umgebung des Punktes O auf der Fläche regulär und lückenlos überdecken. Verstehen wir daher unter u, v genügend kleine Werte, so können wir gewiß folgende Konstruktion ausführen. Wir tragen auf einer der beiden durch O gehenden Asymptotenkurven den Parameterwert u von O als Länge ab, ziehen durch den erhaltenen Endpunkt die andere mögliche Asymptotenkurve und tragen auf dieser den Parameterwert v ab: der nun erhaltene Endpunkt ist ein Punkt der Fläche, der durch die Parameterwerte u, v eindeutig bestimmt ist. Fassen wir demgemäß die rechtwinkligen Koordinaten x, y, z der Fläche als Funktionen von u, v auf, indem wir setzen:

$$x = x(u, v), \quad y = y(u, v), \quad z = z(u, v), \tag{1}$$

so sind diese jedenfalls für genügend kleine Werte von u, v reguläre analytische Funktionen von u, v.

Die bekannte Theorie der Flächen von der konstanten Krümmung -1 liefert uns ferner die folgenden Tatsachen:

Bedeutet φ den Winkel zwischen den beiden Asymptotenkurven durch den Punkt u, v, so erhalten die drei Fundamentalgrößen der Fläche die Werte:

$$e \equiv \left(\frac{\partial x}{\partial u}\right)^2 + \left(\frac{\partial y}{\partial u}\right)^2 + \left(\frac{\partial z}{\partial u}\right)^2 = 1,$$

$$f \equiv \frac{\partial x}{\partial u}\frac{\partial x}{\partial v} + \frac{\partial y}{\partial u}\frac{\partial y}{\partial v} + \frac{\partial z}{\partial u}\frac{\partial z}{\partial v} = \cos\varphi,$$

$$g \equiv \left(\frac{\partial x}{\partial v}\right)^2 + \left(\frac{\partial y}{\partial v}\right)^2 + \left(\frac{\partial z}{\partial v}\right)^2 = 1,$$

und mithin wird das Quadrat der Ableitung der Bogenlänge einer beliebigen Kurve auf der Fläche nach einem Parameter t von der Form:

$$\left(\frac{ds}{dt}\right)^2 = \left(\frac{du}{dt}\right)^2 + 2\cos\varphi\,\frac{du}{dt}\frac{dv}{dt} + \left(\frac{dv}{dt}\right)^2. \qquad (2)$$

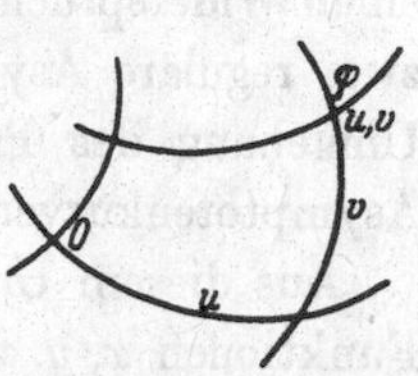

Abb. 5.

Der Winkel φ genügt als Funktion von u, v der partiellen Differentialgleichung

$$\frac{\partial^2\varphi}{\partial u\,\partial v} = \sin\varphi^*. \qquad (3)$$

Die Formeln (2) und (3) beweisen den bekannten Satz[1]:

In jedem Vierecke, das von vier Asymptotenkurven unserer Fläche gebildet wird, sind die gegenüberliegenden Bogen einander gleich.

Die Formel (3) gestattet die Berechnung des Flächeninhaltes eines von Asymptotenkurven gebildeten Viereckes mittels seiner Winkel; DARBOUX[2] ist auf diesem Wege zu dem folgenden Satze gelangt:

Der Flächeninhalt eines aus Asymptotenkurven gebildeten Vierecks auf unserer Fläche ist gleich der Summe der Winkel des Viereckes vermindert um 2π.

Die Formeln (1) liefern eine Parameterdarstellung unserer Fläche, bei welcher die Koordinatenlinien

$$u = \text{const}, \quad v = \text{const}$$

die Asymptotenkurven sind. Nach den obigen Ausführungen erweisen sich die rechtwinkligen Koordinaten x, y, z gewiß für genügend kleine Werte von u, v als umkehrbar eindeutige Funktionen der Variabeln u, v, d. h. die Formeln (1) vermitteln jedenfalls die umkehrbar eindeutige Abbildung eines *Stückes* der uv-Ebene in der Umgebung des Punktes $u = 0$, $v = 0$ auf ein *Stück* unserer

* Wie HOLMGREN kurz nach Erscheinen dieser Arbeit zeigte, läßt sich das Resultat auf S. 446 kürzer auf mehr analytischem Wege herleiten. (C. R. Acad. Sci., Paris Bd. 1 (1902) S. 740). Der folgende topologische Beweis ist in den „Grundlagen der Geometrie" Anhang V, Leipzig 1930, 7. Auflage durch eine Darstellung des Holmgrenschen Beweises, die an W. BLASCHKE: Vorlesungen über Differentialgeometrie Bd. 1 (1924) § 80 anknüpft, ersetzt worden. Die hier folgende topologische Überlegung dürfte aber noch heute grundsätzliches Interesse haben. Zu diesem Beweise beachte man auch die Ausführungen von L. BIEBERBACH: Acta math. Bd. 48 S. 319. [Anm. d. Hrgb.]

[1] DINI: Ann. Matemat. pura appl. Bd. 4 (1870) S. 175. DARBOUX: Leçons sur la théorie générale des surfaces Bd. 3 Nr. 773. BIANCHI: Lezioni di geometria differenziale Bologna 1927 § 67.

[2] a. a. O. Bd. 3 Nr. 773.

Fläche in der Umgebung des Punktes O. Unsere Aufgabe besteht darin, die gesamte Abbildung der uv-Ebene auf unsere Fläche zu untersuchen, welche durch die analytische Fortsetzung der Formeln (1) erhalten wird.

Fassen wir irgendeine Asymptotenkurve unserer Fläche ins Auge, so erkennen wir sofort, daß dieselbe im Endlichen keinen singulären Punkt haben und daher auch nirgends aufhören darf; denn bei Annahme einer solchen singulären Stelle könnten wir in dieselbe den Punkt O verlegen, und dies gäbe einen Widerspruch mit unseren früheren Ausführungen, wonach durch O stets zwei reguläre Asymptotenkurven hindurchlaufen und eine genügend kleine Umgebung des Punktes O auf unserer Fläche durch regulär verlaufende Asymptotenkurven lückenlos erfüllt wird.

Aus diesem Umstande entnehmen wir die analytische Tatsache, daß die Funktionen x, y, z für alle reellen u, v eindeutig und unbegrenzt fortsetzbar sind. Um dies sicher zu erkennen, tragen wir vom Punkte O aus auf der Asymptotenkurve $v = 0$ die Länge u nach der einen oder anderen Richtung hin, je nachdem u positiv oder negativ ist, ab, ziehen durch den erhaltenen Endpunkt die andere Asymptotenkurve, tragen dann auf dieser die Länge v nach der einen oder anderen Richtung hin, je nachdem v positiv oder negativ ausfällt, ab und erteilen endlich dem so erhaltenen Endpunkte, der die rechtwinkligen Koordinaten x, y, z haben möge, die Parameterwerte u, v. Auf diese Weise ist jedem Punkte der uv-Ebene jedenfalls ein bestimmter Punkt unserer Fläche zugeordnet, und die Funktionen x, y, z, die diese Zuordnung vermitteln, sind eindeutige, für alle reellen Variabeln u, v definierte und reguläre analytische Funktionen.

Auch zeigt sich sofort, daß umgekehrt jedem Punkte unserer Fläche mindestens ein Wertepaar u, v entspricht. Um dies einzusehen, bezeichnen wir diejenigen Punkte, deren Koordinaten durch Funktionswerte

$$x(u, v), \quad y(u, v), \quad z(u, v)$$

dargestellt werden, mit P, dagegen die Punkte der Fläche, die durch unsere Abbildung nicht betroffen werden, mit Q. Würden nun im Endlichen ein oder mehrere Punkte Q vorhanden sein, so müßte es gewiß mindestens einen Punkt A auf der Fläche geben, in dessen beliebiger Nähe sowohl Punkte P als auch Punkte Q gelegen sind.

Nach den früheren Ausführungen existieren nun für die Umgebung des Punktes A zwei Scharen von Asymptotenkurven, deren jede diese Umgebung einfach und lückenlos überdeckt. Unter diesen Asymptotenkurven muß notwendig mindestens eine solche vorhanden sein, die sowohl einen Punkt P als auch einen Punkt Q enthält. In der Tat, fassen wir eine der beiden durch A hindurchgehenden Asymptotenkurven ins Auge und nehmen wir an, dieselbe bestände aus lauter Punkten P (bzw. Q), so würden die Asymptotenkurven derjenigen Schar, zu welcher jene erstere Asymptotenkurve nicht gehört, mindestens je einen Punkt P (bzw. Q), nämlich den Schnittpunkt mit der ersteren Asymptotenkurve, enthalten. Die sämtlichen Kurven dieser Schar können aber gewiß nicht aus lauter Punkten P (bzw. Q) bestehen, da sonst die ganze Umgebung von A nur Punkte P (bzw. Q) enthielte.

Es sei nun l die Länge eines Stückes einer Asymptotenkurve, deren Anfangspunkt ein Punkt P und deren Endpunkt ein Punkt Q sein möge. Fassen wir die beiden durch den Anfangspunkt P laufenden Asymptotenkurven der Fläche ins Auge, so ist jenes Stück von der Länge l notwendig die Fortsetzung einer dieser beiden Asymptotenkurven, und wenn daher u, v die Koordinaten des Anfangspunktes P sind, so wird der Endpunkt jenes Kurvenstückes entweder durch die Parameterwerte $u \pm l, v$ oder $u, v \pm l$ dargestellt — entgegen unserer Annahme, derzufolge der Endpunkt Q nicht durch die Formeln (1) darstellbar sein sollte.

Damit ist bewiesen worden, daß durch die Formeln (1) die ganze Fläche zur Darstellung gebracht wird, wenn u, v alle reellen Zahlenwerte durchläuft.

Endlich ist es für unsere Untersuchung notwendig, einzusehen, daß die Formeln (1) jeden Punkt der Fläche nur durch *ein* Wertepaar u, v darstellen, d. h. daß die gefundene Abbildung (1) unserer Fläche auf die uv-Ebene nicht bloß für genügend kleine Gebiete, sondern im ganzen genommen eine *umkehrbar*-eindeutige sein muß.

Wir beweisen zu dem Zwecke der Reihe nach folgende Sätze:

1. *Es gibt auf unserer Fläche keine geschlossene, d. h. in sich zurückkehrende Asymptotenkurve.*

Zum Beweise nehmen wir im Gegenteil an, es sei eine solche Asymptotenkurve auf unserer Fläche vorhanden. Wir konstruieren durch jeden Punkt derselben die andere Asymptotenkurve und tragen auf diesen Kurven stets ein Stück s nach derselben Seite hin ab. Die erhaltenen Endpunkte werden dann entweder eine in sich zurücklaufende Asymptotenkurve bilden, oder die Endpunkte des Stückes s beschreiben erst nach zweimaligem Durchlaufen der Grundkurve eine in sich zurückkehrende Asymptotenkurve — ein Fall, der eintreten könnte, wenn unsere Fläche eine sogenannte Doppelfläche wäre. Fassen wir nun eine derjenigen Asymptotenkurven von der Länge s ins Auge, die uns vorhin zur Konstruktion der neuen geschlossenen Asymptotenkurve diente, so bildet dieselbe, doppelt gerechnet, zusammen mit den beiden geschlossenen Asymptotenkurven ein Asymptotenviereck, dessen Winkelsumme offenbar genau gleich 2π ist. Diese Tatsache aber steht im Widerspruch zu dem vorhin angeführten Satze, wonach der Inhalt eines Asymptotenkurven-

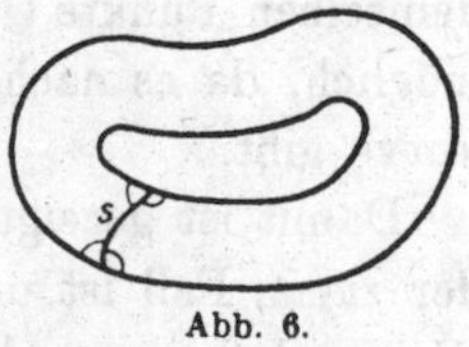

Abb. 6.

vierecks stets gleich dem Überschuß der Summe seiner Winkel über 2π ist und dieser Überschuß daher notwendig positiv sein muß.

2. *Irgend zwei durch einen Punkt gehende Asymptotenkurven schneiden sich in keinem anderen Punkt unserer Fläche.*

Wir denken uns eine Asymptotenkurve a nach beiden Richtungen hin ins Unendliche verlängert und dann durch einen Punkt P_0 derselben nach einer Seite die andere Asymptotenkurve b gezogen. Nehmen wir dann im Gegensatz zu unserer Behauptung an, daß diese Asymptotenkurve b die ursprüngliche a zum erstenmal im Punkt P_1 schnitte, so sind die folgenden zwei Fälle denkbar:

Erstens: die Asymptotenkurve b könnte so verlaufen, daß sie in P_1 von derselben Seite der Asymptotenkurve a her eintritt, als sie dieselbe verlassen hat.

Zweitens: die Asymptotenkurve b könnte derart verlaufen, daß sie von der anderen Seite der ursprünglichen Asymptotenkurve a herkommt und mithin nach Verlassen des Schnittpunktes P_1 nach der nämlichen Seite der Asymptotenkurve a gerichtet ist, wie anfänglich, als sie vom Punkte P_0 ausging.

Wir wollen zeigen, daß beide Fälle unmöglich sind. Was den *ersten* Fall betrifft, so bezeichnen wir die Länge der Strecke P_0P_1 auf b mit l und die Mitte dieser Strecke mit Q. Sodann denken wir uns durch jeden Punkt der Asymptotenkurve a die andere Asymptotenkurve gezogen und nach der Seite, nach welcher hin die fragliche Strecke P_0P_1 auf b liegt, die Länge $\frac{1}{2}l$ abgetragen. Aus den Punkten P_0 und P_1 der Kurve a erhalten wir auf diese Weise den nämlichen Punkt Q als Endpunkt. Die sämtlichen erhaltenen Endpunkte bilden mithin eine Asymptotenkurve, welche durch den Punkt Q geht und zu demselben Punkte Q mit der nämlichen Tangente zurückkehrt. Dies ist unmöglich, da es nach 1. auf unserer Fläche keine geschlossene Asymptotenkurve gibt.

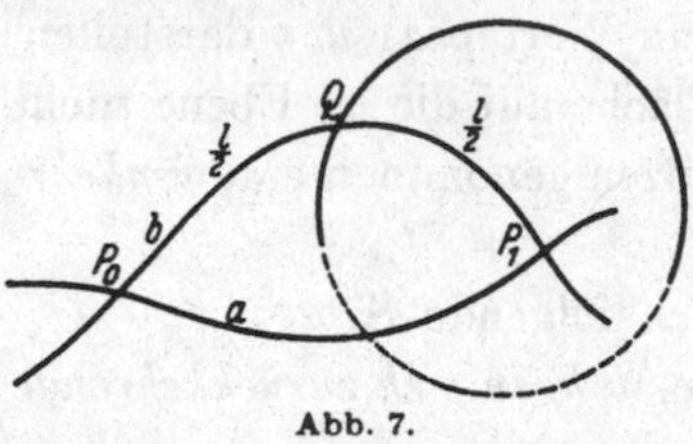

Abb. 7.

Damit ist gezeigt, daß der erste Fall nicht stattfinden kann. Aber auch der *zweite* Fall ist unmöglich. Verliefe nämlich die Asymptotenkurve in der Weise, daß sie nach Überschreitung des Schnittpunktes P_1 die nämliche Richtung aufweist, wie früher in P_0, so könnten wir die Fortsetzung dieses Stückes P_0P_1 der Asymptotenkurve b über P_1 hinaus offenbar dadurch erhalten, daß wir, von P_0 ausgehend, durch jeden Punkt des Stückes P_0P_1 von b die andere Asymptotenkurve konstruieren und auf allen diesen Asymptotenkurven nach der betreffenden Seite hin das gleiche Stück P_0P_1 der Asymptotenkurve a abtragen. Die erhaltenen Endpunkte bilden die Fortsetzung der Asymptotenkurve b von P_1 bis zu einem Punkte P_2 auf a. Aus diesem Stücke P_1P_2 der Asymptotenkurve b können wir in gleicher Weise ein neues Stück der Asymptotenkurve b konstruieren, welches über P_2 hinaus geht und bis zu einem Punkte P_3 auf a reicht usf. Auch ist klar, wie wir die Asymptotenkurve b nach der anderen Richtung hin über P_0 hinaus durch die entsprechende Konstruktion fortsetzen können und so der Reihe nach zu den Kurvenstücken $P_0 P_{-1}$, $P_{-1} P_{-2}$, ... gelangen. Die Asymptotenkurve b schneidet also die Asymptotenkurve a in den unendlich vielen, gleichweit voneinander entfernten Punkten:

$$\ldots P_{-3},\ P_{-2},\ P_{-1},\ P_0,\ P_1,\ P_2,\ P_3 \ldots$$

Die Winkel, die die Asymptotenkurve b mit a in bestimmten Sinne in jenen Schnittpunkten bildet, bezeichnen wir beziehungsweise mit

$$\ldots \alpha_{-3},\ \alpha_{-2},\ \alpha_{-1},\ \alpha_0,\ \alpha_1,\ \alpha_2,\ \alpha_3 \ldots .$$

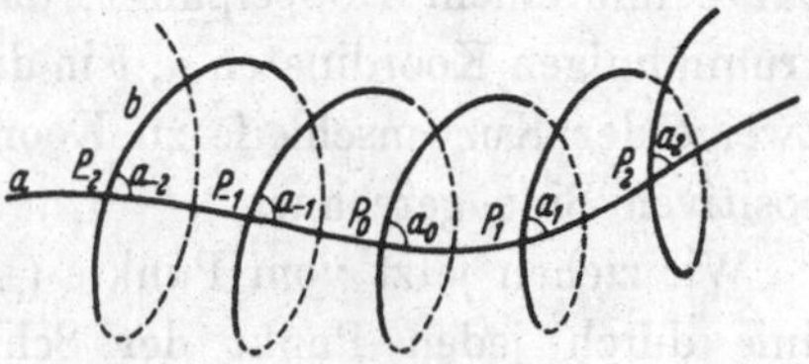

Abb. 8.

Wir betrachten nun das Asymptotenkurvenviereck $P_0 P_1 P_2 P_1 P_0$, welches von den Stücken $P_0 P_1$ auf a, $P_1 P_2$ auf b, $P_2 P_1$ auf a, $P_1 P_0$ auf b gebildet wird. Die vier Winkel dieses Vierecks sind

$$\alpha_0, \quad \pi - \alpha_1, \quad \alpha_2, \quad \pi - \alpha_1,$$

und da nach dem angeführten Satze über das Asymptotenkurvenviereck der Inhalt desselben gleich dem Überschuß der Summe seiner Winkel über 2π ist und dieser Überschuß daher positiv sein muß, so folgt

$$\alpha_0 + \pi - \alpha_1 + \alpha_2 + \pi - \alpha_1 > 2\pi,$$

d. h.

$$\alpha_0 - \alpha_1 > \alpha_1 - \alpha_2. \tag{4}$$

Ebenso folgt allgemein

$$\alpha_k - \alpha_{k+1} > \alpha_{k+1} - \alpha_{k+2}, \qquad (k = 0, \pm 1, \pm 2, \ldots). \tag{5}$$

Wegen der obigen Ungleichung (4) können jedenfalls $\alpha_0 - \alpha_1$ und $\alpha_1 - \alpha_2$ nicht zugleich 0 sein; wir dürfen die Annahme

$$\alpha_0 - \alpha_1 \neq 0$$

treffen. Aus (5) folgen die Ungleichungen:

$$\alpha_{-p} - \alpha_{-p+1} > \alpha_0 - \alpha_1 \qquad (p = 1, 2, 3, \ldots), \tag{6}$$

und

$$\alpha_0 \quad - \alpha_1 \quad > \alpha_p - \alpha_{p+1}$$

oder

$$\alpha_{p+1} - \alpha_p \quad > \alpha_1 - \alpha_0 \qquad (p = 1, 2, 3, \ldots). \tag{7}$$

Bilden wir die Ungleichungen (6) und (7) für $p = 1, 2, 3, \ldots, n$, so folgt durch Addition derselben leicht

$$\alpha_{-n} > \alpha_0 + n(\alpha_0 - \alpha_1),$$

$$\alpha_{n+1} > \alpha_1 + n(\alpha_1 - \alpha_0).$$

Fällt nun $a_0 - a_1 > 0$ aus, so ist für genügend große Werte von n jedenfalls die erstere dieser beiden Gleichungen unmöglich, da die Winkel a_k sämtlich kleiner als π sind; fällt dagegen $a_1 - a_0 > 0$ aus, so folgt aus demselben Grunde für genügend große Werte von n die Unmöglichkeit der letzteren Gleichung.

Die Asymptotenkurve b darf daher auf keine der beiden angenommenen Arten verlaufen und mithin ist der Beweis für 2. vollständig erbracht.

3. *Eine Asymptotenkurve unserer Fläche durchsetzt sich selbst an keiner Stelle, d. h. sie besitzt keinen Doppelpunkt.*

Zum Beweise nehmen wir im Gegenteil an, es existiere eine Asymptotenkurve mit einem Doppelpunkt; dann verlegen wir den Anfangspunkt der krummlinigen Koordinaten u, v in diesen Doppelpunkt und wählen die beiden Zweige der Kurvenschleife zu Koordinatenlinien, nach der Schleife hin den positiven Sinn gerechnet.

Wir ziehen jetzt vom Punkte $(-s, 0)$ beginnend auf der u-Koordinatenlinie durch jeden Punkt der Schleife die andere Asymptotenkurve und tragen auf dieser nach der positiven Seite hin eine Strecke s ab; wählen wir diese Strecke s genügend klein, so werden die sämtlichen erhaltenen Endpunkte nach einem oben angeführten Satze über das Asymptotenkurvenviereck wiederum eine Asymptotenkurve bilden. Diese Asymptotenkurve geht vom Punkte $(-s, s)$ aus, durchsetzt sich selbst im Punkte (s, s) bzw. $(-s, s)$ und endigt im Punkte $(s, 0)$ bzw. $(-s, 0)$. Wir sehen also, daß die eben konstruierte Asymptotenkurve die ursprüngliche Asymptotenkurve in zwei verschiedenen Punkten $(0, s)$ und $(s, 0)$ bzw. $(0, s)$ und $(-s, 0)$ schneidet; dies ist nach 2. unmöglich.

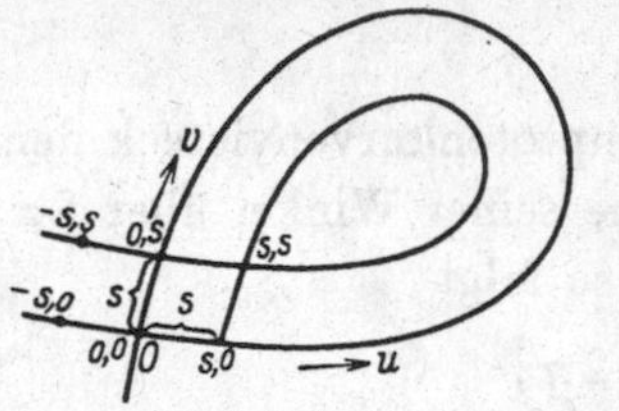

Abb. 9.

4. *Wenn wir durch jeden Punkt einer Asymptotenkurve a die andere Asymptotenkurve ziehen und auf dieser nach der nämlichen Seite hin eine bestimmte Strecke s abtragen, so bilden die erhaltenen Endpunkte eine neue Asymptotenkurve b, die die ursprüngliche Asymptotenkurve a an keiner Stelle schneidet.*

Denn wäre P ein Schnittpunkt der Asymptotenkurve b mit der ursprünglichen a, und tragen wir von P aus auf der Asymptotenkurve b die Strecke s nach der betreffenden Seite von a hin ab, so müßte der weitere durch den entstehenden Endpunkt Q hindurchgehende Asymptotenkurvenzweig ebenfalls zur Asymptotenkurve b gehören, und mithin wäre Q ein Doppelpunkt der Asymptotenkurve b; das Auftreten eines Doppelpunktes ist aber nach 3. unmöglich.

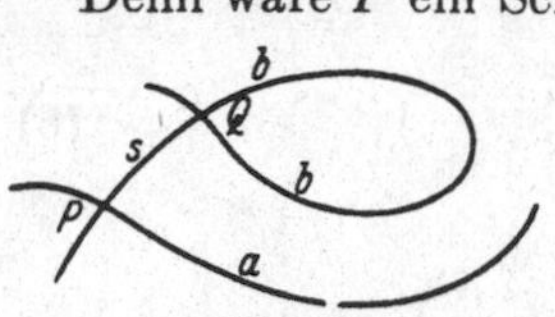

Abb. 10.

Aus den Sätzen 1. bis 4. können wir sofort diese Schlußfolgerungen ziehen:

Die sämtlichen Asymptotenkurven unserer Fläche zerfallen in zwei Scharen. Irgend zwei derselben Schar angehörende Asymptotenkurven schneiden sich nicht;

dagegen schneiden sich je zwei Asymptotenkurven, die verschiedenen Scharen angehören, stets in einem und nur einem Punkte der Fläche.

Die Koordinatenlinien $u = 0$, $v = 0$ sind zwei Asymptotenkurven, die verschiedenen Scharen angehören. Wegen der Bedeutung der Koordinaten u, v als Längen gewisser Koordinatenabschnitte entnehmen wir aus den eben ausgesprochenen Tatsachen zugleich, daß zu bestimmt gegebenen Werten von u, v stets nur ein Punkt unserer Fläche gehört, d. h. *die zu untersuchende Abbildung* (1) *unserer Fläche auf die uv-Ebene ist notwendig eine umkehrbar eindeutige. Insbesondere folgt hieraus, daß unsere Fläche einen einfachen Zusammenhang besitzt und keine Doppelfläche ist.*

Nachdem wir zu dieser wichtigen Einsicht gelangt sind, berechnen wir den gesamten Inhalt unserer Fläche auf zwei Wegen; wir werden dadurch zu einem Widerspruch gelangen.

Der erstere Weg ist der folgende. Wir betrachten auf unserer Fläche dasjenige aus Asymptotenkurven gebildete Viereck, dessen Ecken durch die Koordinaten

$$u,\, v; \quad -u,\, v; \quad -u,\, -v; \quad u,\, -v$$

bestimmt sind. Da jeder Winkel dieses Viereckes $< \pi$ sein muß, so ist die Summe der Winkel des Viereckes jedenfalls $< 4\pi$ und der Inhalt des Viereckes, d. h. der Überschuß der Summe seiner Winkel über 2π ist mithin notwendig $< 2\pi$. Lassen wir nun die Werte von u, v unbegrenzt wachsen, so kommt jeder bestimmte Punkt der Fläche sicher einmal im Inneren eines Viereckes zu liegen und bleibt dann im Inneren aller weiteren Vierecke, so daß das unbegrenzt wachsende Viereck schließlich die ganze Oberfläche umfaßt. Wir entnehmen daraus, daß der Gesamtinhalt unserer Fläche $\leqq 2\pi$ sein muß.

Andererseits betrachten wir die geodätischen Linien auf unserer Fläche. Wegen der negativen Krümmung unserer Fläche ist jede geodätische Linie zwischen irgend zweien ihrer Punkte gewiß kürzeste Linie, d. h. von kleinerer Länge als jede andere Linie, die auf der Fläche zwischen den nämlichen zwei Punkten verläuft und sich durch stetige Änderung in die geodätische Linie überführen läßt. Wir fassen nun irgend zwei vom Punkt O ausgehende geodätische Linien auf unserer Fläche ins Auge und nehmen an, dieselben schnitten sich noch in einem anderen Punkt P der Fläche. Da nach dem oben Bewiesenen unsere Fläche einen einfachen Zusammenhang besitzt, so läßt sich jede dieser beiden geodätischen Linien OP in die andere durch stetige Veränderung überführen; es müßte also nach dem eben Ausgeführten jede derselben kürzer sein als die andere, was nicht möglich ist. Unsere Annahme der Existenz eines Schnittpunktes P ist also zu verwerfen. Durch die nämlichen Schlüsse erkennen wir auch, daß eine geodätische Linie unserer Fläche weder sich durchsetzen, noch in sich selbst zurücklaufen darf.

Denken wir uns nun auf allen von O ausgehenden geodätischen Linien die gleiche Länge r abgetragen, so bilden die erhaltenen Endpunkte eine geschlossene doppelpunktlose Kurve auf unserer Fläche. Das von dieser Kurve umspannte Gebiet besitzt nach den bekannten Formeln der Lobatschefskijschen Geometrie den Flächeninhalt

$$\pi\left(e^{\frac{r}{2}} - e^{-\frac{r}{2}}\right)^2.$$

Da dieser Ausdruck für unendlich wachsende Werte von r selbst über alle Grenzen wächst, so entnehmen wir hieraus, daß auch der Gesamtinhalt unserer Fläche unendlich groß sein müßte. Diese Folgerung steht im Widerspruch mit der vorhin bewiesenen Tatsache, wonach jener Inhalt stets $\leqq 2\pi$ ausfallen sollte. Wir sind daher gezwungen, unsere Grundannahme zu verwerfen, d. h. wir erkennen, *daß es eine singularitätenfreie und überall regulär analytische Fläche von konstanter negativer Krümmung nicht gibt. Insbesondere ist daher auch die zu Anfang aufgeworfene Frage zu verneinen, ob auf die Beltramische Weise die ganze Lobatschefskijsche Ebene durch eine regulär analytische* Fläche im Raume sich verwirklichen läßt.*

Über Flächen von positiver konstanter Krümmung[1].

Wir gingen zu Anfang dieser Untersuchung aus von der Frage nach einer Fläche negativer konstanter Krümmung, die überall im Endlichen regulär analytisch verläuft, und gelangten zu dem Resultate, daß es eine solche Fläche nicht gibt. Wir wollen nunmehr mittels der entsprechenden Methode die gleiche Frage für positive konstante Krümmung behandeln. Offenbar ist die Kugel eine geschlossene singularitätenfreie Fläche positiver konstanter Krümmung, und nach dem von H. Liebmann[2] geführten Beweise gibt es auch keine andere geschlossene Fläche von derselben Eigenschaft. Diese Tatsache nun wollen wir aus einem Satze herleiten, der von einem be-

* Vgl. die Anmerkung 3 auf S. 437.

[1] Die Frage der Verwirklichung der Nicht-Euklidischen elliptischen ebenen Geometrie durch die Punkte einer überall stetig gekrümmten Fläche ist auf meine Anregung von W. Boy untersucht worden: „Über die Curvatura integra und die Topologie geschlossener Flächen." Inauguraldissertation, Göttingen 1901 und Math. Ann. Bd. 57 (1903) S. 151. W. Boy hat in dieser Arbeit eine topologisch sehr interessante, ganz im Endlichen gelegene einseitige, geschlossene Fläche angegeben, die, abgesehen von einer geschlossenen Doppelkurve mit dreifachem Punkt, in welcher sich die Mäntel der Fläche durchdringen, keine Singularität aufweist und den Zusammenhang der Nicht-Euklidischen elliptischen Ebene besitzt.

[2] Göttinger Nachrichten 1899 S. 44. Vgl. ferner die Arbeiten desselben Verfassers in Math. Ann. Bd. 53 S. 81 und Bd. 54 S. 505.

liebigen singularitätenfreien Stücke einer Fläche positiver konstanter Krümmung[1] gilt und folgendermaßen lautet.

Auf einer analytischen Fläche der positiven konstanten Krümmung $+1$ *sei ein singularitätenfreies einfach oder mehrfach zusammenhängendes Gebiet im Endlichen abgegrenzt: denken wir uns dann in jedem Punkte dieses Gebietes sowie in den Randpunkten desselben die beiden Hauptkrümmungsradien der Fläche konstruiert, so wird das Maximum der größeren und folglich auch das Minimum der kleineren der beiden Hauptkrümmungsradien gewiß in keinem Punkte angenommen, der im Inneren des Gebietes liegt — es sei denn unsere Fläche ein Stück der Kugel mit dem Radius* 1.

Zum Beweise bedenken wir zunächst, daß wegen unserer Voraussetzung das Produkt der beiden Hauptkrümmungsradien überall $= 1$ und daher der größere der beiden Hauptkrümmungsradien stets $\geqq 1$ sein muß. Aus diesem Grunde ist das Maximum der größeren Hauptkrümmungsradien offenbar nur dann $= 1$, wenn beide Hauptkrümmungsradien in jedem Punkte unseres Flächenstückes $= 1$ sind. In diesem besonderen Falle ist jeder Punkt des Flächenstückes ein Nabelpunkt, und man schließt dann leicht in bekannter Weise, daß das Flächenstück ein Stück der Kugel mit dem Radius 1 sein muß.

Nunmehr sei das Maximum der größeren der beiden Hauptkrümmungsradien unserer Fläche > 1; dann nehmen wir im Gegensatz zu der Behauptung an, es gäbe *im Inneren* des Flächenstückes einen Punkt O, in welchem jenes Maximum stattfinde. Da dieser Punkt O gewiß kein Nabelpunkt sein kann und überdies ein regulärer Punkt unserer Fläche ist, so wird die Umgebung dieses Punktes lückenlos und einfach von jeder der beiden Scharen von Krümmungslinien der Fläche bedeckt. Benutzen wir diese Krümmungslinien als Koordinatenlinien und den Punkt O selbst als Anfangspunkt des krummlinigen Koordinatensystems, so gelten nach der bekannten Theorie der Flächen positiver konstanter Krümmung die folgenden Tatsachen[2].

Es bedeute r_1 den größeren der beiden Hauptkrümmungsradien für den Punkt (u, v) in der Umgebung des Anfangspunktes $O = (0, 0)$; es ist in dieser Umgebung $r_1 > 1$. Man setze

$$\varrho = \tfrac{1}{2} \log \frac{r_1 + 1}{r_1 - 1};$$

dann genügt die positive reelle Größe ϱ als Funktion von u, v der partiellen Differentialgleichung

$$\frac{\partial^2 \varrho}{\partial u^2} + \frac{\partial^2 \varrho}{\partial v^2} = \frac{e^{-2\varrho} - e^{2\varrho}}{4}. \tag{8}$$

---

[1] Den analytischen Charakter der Flächen konstanter positiver Krümmung nachzuweisen, ist G. Lütkemeyer in der S. 437 genannten Inauguraldissertation und E. Holmgren in den Math. Ann. Bd. 57 S. 409 gelungen.

[2] Darboux: Leçons sur la theorie générale des surfaces Bd. 3 Nr. 776. Bianchi: Lezioni di geometria differenziale § 264.

Da bei abnehmendem r_1 die Funktion ϱ notwendig wächst, so muß ϱ als Funktion von u, v an der Stelle $u = 0$, $v = 0$ einen Minimalwert aufweisen, und demnach hat die Entwicklung von ϱ nach Potenzen der Variabeln u, v notwendig die Gestalt

$$\varrho = a + \alpha u^2 + 2\beta u v + \gamma v^2 + \cdots,$$

wo a, α, β, γ Konstante bedeuten und dabei die quadratische Form

$$\alpha u^2 + 2\beta u v + \gamma v^2,$$

für reelle u, v niemals negative Werte annehmen darf. Aus letzterem Umstande folgen für die Konstanten α und γ notwendig die Ungleichungen:

$$\alpha \geqq 0 \quad \text{und} \quad \gamma \geqq 0. \tag{9}$$

Andrerseits wollen wir die Entwicklung für ϱ in die Differentialgleichung (8) einsetzen: für $u = 0$, $v = 0$ erhalten wir dann

$$2(\alpha + \gamma) = \frac{e^{-2a} - e^{2a}}{4}.$$

Da die Konstante a den Wert von ϱ im Punkte $O = (0, 0)$ darstellt und mithin positiv ausfällt, so ist hier der Ausdruck rechter Hand jedenfalls < 0; die letztere Gleichung führt deshalb zu der Ungleichung

$$\alpha + \gamma < 0,$$

welche mit den Ungleichungen (9) in Widerspruch steht. Damit ist unsere ursprüngliche Annahme, wonach die Stelle des Maximums im Inneren des Flächenstückes liege, als unzutreffend und mithin der oben aufgestellte Satz als richtig erkannt.

Der eben bewiesene Satz lehrt offenbar folgende Tatsache. Wenn wir aus der Kugeloberfläche ein beliebiges Stück ausgeschnitten denken und dann dieses Stück beliebig verbiegen, so findet sich das Maximum aller größeren vorkommenden Hauptkrümmungsradien stets auf dem Rande des Flächenstückes. Eine geschlossene Fläche besitzt keinen Rand und daraus folgt, wie bereits oben bemerkt, sofort der Satz, *daß eine geschlossene analytische singularitätenfreie Fläche mit der positiven konstanten Krümmung* 1 *stets die Kugel mit dem Radius* 1 *sein muß*. Dieses Resultat drückt zugleich aus, daß man die Kugel als Ganzes nicht verbiegen kann, ohne den regulär analytischen Charakter der Fläche irgendwo zu stören.

Göttingen, 1900.

29. Über die Gestalt einer Fläche vierter Ordnung.

[Nachrichten der Gesellschaft der Wissenschaften zu Göttingen 1909, S. 308—313.]

Bei der Untersuchung der Gestalten algebraischer Flächen wird die Kenntnis derjenigen singularitätenfreien Flächen, die topologisch am mannigfaltigsten gestaltet sind, von besonderer Wichtigkeit sein.

Es soll, wenn

$$F(x, y, z, t) = 0$$

eine Gleichung mit reellen Koeffizienten in den homogenen Koordinaten x, y, z, t ist, unter dem *Mantel* einer durch diese Gleichung dargestellten Fläche ein solches System von reellen Punkten $(x : y : z : t)$ bezeichnet werden, welches stetig zusammenhängt — so daß bei Benutzung gewöhnlicher rechtwinkliger Koordinaten x, y, z $(t = 1)$ auch diejenigen Teile der Fläche im Raume, welche nur im Unendlichen zusammenhängen, als zu demselben Mantel gehörig anzusehen sind. Ein Flächenmantel heiße wie üblich vom Geschlechte p, wenn auf demselben p und nicht mehr als p getrennte in sich zurückkehrende Schnitte möglich sind, die den Flächenmantel nicht zerstückeln. Einem Flächenmantel vom Geschlechte p schreibe ich die Rangzahl $p + 1$ zu und verstehe alsdann unter dem *Rang* irgendeiner algebraischen Fläche stets die Summe der Rangzahlen ihrer Mäntel.

Was nun die Fläche 4-ter Ordnung betrifft, so folgt aus den Untersuchungen von K. Rohn[1], daß dieselbe keinen höheren als den Rang 12 besitzen kann. Andererseits dürften unter den bisher bekannten Flächen 4-ter Ordnung wohl diejenigen den höchsten Rang aufweisen, die aus 10 getrennten Ovalen bestehen und denen mithin der Rang 10 zukommt. Im folgenden will ich *eine singularitätenfreie Fläche 4-ter Ordnung angeben, die wirklich den Maximalrang 12 besitzt und mithin ein Extremum hinsichtlich der Mannigfaltigkeit der Gestalten der Flächen 4-ter Ordnung repräsentiert.*

Zu dem Zwecke konstruieren wir den Kreis mit dem Radius 1 um den Nullpunkt des Koordinatensystems (x, y) als Mittelpunkt und sodann eine

---

[1] Preisschriften, herausgegeben von der Fürstlich Jablonowskischen Gesellschaft. Leipzig 1886.

Ellipse, die jenen Kreis in den 4 reellen Punkten A, B, C, D schneidet. Wir setzen

$$k(x, y) = x^2 + y^2 - 1$$

und bezeichnen mit E die linke Seite der Ellipsengleichung, mit einem solchen Vorzeichen versehen, daß E im Inneren der Ellipse negativ ausfällt. Ferner bestimmen wir in der xy-Ebene 4 gerade Linien

$$l_1 = 0, \quad l_2 = 0, \quad l_3 = 0, \quad l_4 = 0,$$

von denen jede den außerhalb der Ellipse gelegenen Kreisbogen AB in

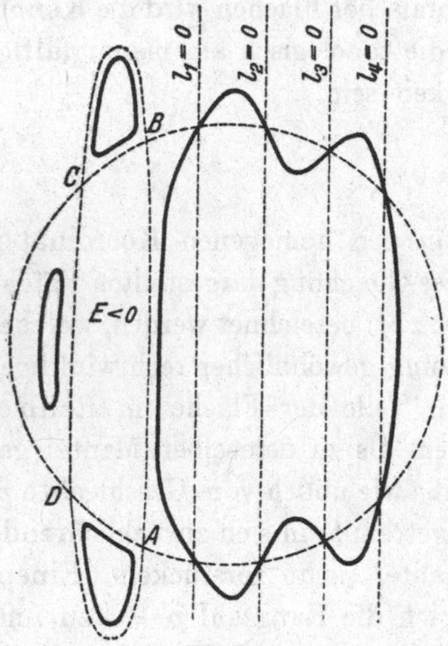

Abb. 11.

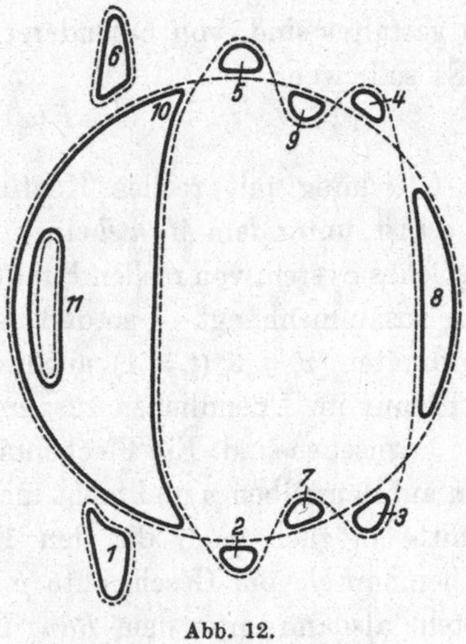

Abb. 12.

zwei Punkten trifft; dann ist es gewiß möglich, die Konstante ε positiv oder negativ so klein zu wählen, daß die durch die Gleichung

$$C(x, y) \equiv kE + \varepsilon\, l_1 l_2 l_3 l_4 = 0$$

dargestellte Kurve 4-ter Ordnung in der Weise, wie Abb. 11 zeigt, vier geschlossene Kurvenzüge aufweist, von denen einer den Kreisbogen AB in aufeinander folgenden acht Punkten schneidet. Endlich möge die Konstante π positiv so klein gewählt werden, daß die durch die Gleichung

$$D(x, y) \equiv kC + \pi^2 = 0$$

dargestellte Kurve 6-ter Ordnung in der Weise, wie Abb. 12 zeigt, elf geschlossene Kurvenzüge besitzt, von denen die sechs Züge *1, 2, . . ., 6* voneinander getrennt außerhalb des Kreises $k = 0$ verlaufen, während die fünf anderen *7, 8, . . ., 11* innerhalb des Kreises liegen, und zwar so, daß einer der Züge, nämlich *10*, den Zug *11* umschließt, während die drei anderen *7, 8, 9* außerhalb *10* gelegen sind. Diesem Umstande entsprechend fällt die Funktion D innerhalb der Züge *1, 2, ..., 9* und ebenso in dem ringförmigen, innerhalb *10* und außerhalb *11* gelegenen Gebiete negativ aus.

Wir untersuchen nun die Gestalt derjenigen Fläche 4-ter Ordnung, deren Gleichung im xyz-Raume wie folgt lautet:

$$F \equiv k z^2 + 2\pi z - C = 0 .$$

Vermöge dieser Gleichung gehören zu einem Wertsysteme x, y dann und nur dann zwei reelle Werte von z, wenn $D > 0$ ausfällt, und diese Werte sind beide gewiß endlich außer für $k = 0$; in diesem Falle wird einer der beiden Wurzelwerte z unendlich, und zwar zeigt die Entwickelung nach steigenden Potenzen von k in der Form

$$z = -\frac{2\pi}{k} + \mathfrak{P}(k),$$

daß derselbe negativ bzw. positiv über alle Grenzen wächst, je nachdem sich der Punkt x, y in der xy-Ebene von außen oder von innen her dem Kreise $k = 0$ nähert. Die unendlich ferne Ebene schneidet unsere Fläche $F = 0$ in einer Kurve, die durch den Kegel

$$(x^2 + y^2) z^2 - (x, y)_4 = 0$$

bestimmt ist, wobei $(x, y)_4$ zur Abkürzung für den in C auftretenden homogenen Ausdruck 4-ter Ordnung in den Variablen x, y gesetzt ist. Da die Kurve 4-ter Ordnung $C = 0$ ganz im Endlichen der xy-Ebene verläuft und C für genügend große Werte x, y positiv ausfällt, so ist $(x, y)_4$ eine positiv definite Funktion. Hieraus folgt, daß die durch die Ebene $z = 1$ von jenem Kegel ausgeschnittene Kurve 4-ter Ordnung

$$x^2 + y^2 - (x, y)_4 = 0$$

nur aus einem geschlossenen Zuge besteht und den Punkt $x = 0$, $y = 0$, der innerhalb dieses Zuges liegt, als isolierten Doppelpunkt besitzt — in Übereinstimmung damit, daß für die Fläche $F = 0$ der unendlich ferne Punkt der z-Achse ein Knotenpunkt ist. Die Projektion des eben betrachteten Kurvenzuges der Kurve 4-ter Ordnung vom Koordinatenanfangspunkt aus, d. h. der unendlich ferne Kurvenzug unserer Fläche 4-ter Ordnung $F = 0$, werde mit Ω bezeichnet.

Diese Ergebnisse genügen, um ein anschauliches Bild der Fläche $F = 0$ zu gewinnen. Aus dem Unendlichen von Ω her, zunächst ganz in dem negativen unterhalb der xy-Ebene liegenden Halbraume verlaufend, kommt ein Blatt der Fläche her, bleibt stets außerhalb des Kreiszylinders $k = 0$ und nähert sich diesem von außen her nach unten zu asymptotisch für negativ über alle Grenzen wachsende z an. Zugleich kommt ebenfalls aus dem Unendlichen von Ω her, zunächst ganz in dem positiven über der xy-Ebene liegenden

Halbraume verlaufend, ein zweites Blatt; dieses durchdringt den Kreiszylinder $k = 0$ und kehrt dann nach demselben zurück, sich an ihn von innen in die Höhe für positiv unendlich wachsende z asymptotisch anschmiegend. Die beiden außerhalb des Kreiszylinders $k = 0$ übereinander herziehenden Blätter der Fläche hängen nun längs derjenigen Kurven zusammen, deren Projektionen auf die xy-Ebene die Züge *1, 2, . . ., 6* sind: dadurch entstehen in der Fläche sechs außerhalb des Kreiszylinders $k = 0$ befindliche Löcher. Das obere Blatt liefert ferner wegen derjenigen Kurven, deren Projektionen in die xy-Ebene die Züge *7, 8, 9, 10* sind und längs deren es mit sich selbst zusammenhängt, noch vier weitere Löcher für unsere Fläche. Der Kurvenzug *11* endlich gibt zu einem von den bisher beschriebenen Blättern getrennt verlaufenden neuen Mantel der Fläche, einem einfachen Ovale, Anlaß.

Wenn wir nun unsere Fläche $F = 0$ längs den sämtlichen zehn Kurven, deren Projektionen die Züge *1, 2, . . ., 10* sind, aufschneiden, so wird dadurch im Endlichen das obere Blatt völlig von dem unteren abgetrennt, außerdem aber auch das innerhalb des Kreiszylinders $k = 0$ verlaufende, sich gegen diesen anschmiegende letzte Flächenstück des oberen Blattes von dem übrigen Teil dieses Blattes losgelöst.

Nun ist vorhin gezeigt worden, daß das obere Blatt unserer Fläche mit dem unteren durch die unendlichferne Kurve Ω zusammenhängt; andererseits stoßen das untere Blatt und das losgelöste Flächenstück des oberen in dem unendlichfernen Knotenpunkt der Fläche aneinander. Um also eine Fläche ohne einen Knoten zu erhalten, welche durch jene zehn Schnitte nicht zerstückelt wird, haben wir nur nötig, F derart zu variieren, daß die Kurve, welche die variierte Fläche aus der unendlichfernen Ebene ausschneidet, an Stelle des Doppelpunktes einen neuen reellen Zug aufweist. Dies geschieht durch Konstruktion einer Fläche, deren Gleichung wie folgt lautet:

$$G \equiv -\varepsilon z^4 + k z^2 + 2\pi z - C = 0,$$

wo ε eine so kleine positive Konstante bedeutet, daß G sowie alle für noch kleinere positive ε gebildeten Funktionen eine von Null verschiedene Diskriminante aufweisen. In der Tat ist die unendlich ferne Kurve dieser Fläche durch den Kegel

$$-\varepsilon z^4 + (x^2 + y^2) z^2 - (x, y)_4 = 0$$

gegeben, und der Schnitt dieses Kegels mit der Ebene $z = 1$ ist eine Kurve 4-ter Ordnung, welche aus zwei Zügen besteht. Der innere Zug, der aus dem Doppelpunkte $x = 0$, $y = 0$ der früheren Kurve entstanden ist, vermittelt den Zusammenhang des oberen in dem positiven Halbraume für positiv unendlich wachsende z sich immer mehr erweiternden Flächenstückes mit dem unteren in der negativen Halbebene für negativ unendlich wachsende z sich ebenfalls immer mehr erweiternden Blatte der neuen Fläche $G = 0$.

Damit ist eine singularitätenfreie Fläche 4-ter Ordnung angegeben worden, die aus zwei Mänteln besteht, von denen der eine das Geschlecht 10, mithin den Rang 11 und der andere das Geschlecht 0, mithin den Rang 1 aufweist. Diese Fläche besitzt den Maximalrang 12.

Zum Schlusse sei noch bemerkt, *daß die zwecks Realisierung des Ranges 12 nächstliegenden Fälle, nämlich zwölf einfache Ovale oder ein Mantel mit elf Löchern bei Flächen 4-ter Ordnung nicht vorkommen können.* Nehmen wir nämlich an, daß eine solche Fläche vorläge, so müßte es möglich sein, durch geeignete Variation der Koeffizienten der Flächengleichung im ersteren Falle zu einer Fläche 4-ter Ordnung mit einem isolierten Knotenpunkt und im letzteren Falle zu einer solchen Fläche 4-ter Ordnung zu gelangen, die einen Knotenpunkt mit reellem Tangentialkegel besitzt, ohne vorher eine Fläche mit einer Singularität passiert zu haben. Durch Projektion der erhaltenen Fläche von ihrem Knotenpunkt aus auf eine Ebene würde in beiden Fällen eine ebene Kurve 6-ter Ordnung hervorgehen, die aus elf außerhalb voneinander getrennt verlaufenden Zügen bestände. Daß aber eine solche Kurve nicht existiert, ist einer der tiefstliegenden Sätze aus der Topologie der ebenen algebraischen Kurven; derselbe ist kürzlich von G. Kahn und K. Loebenstein[1] auf einem von mir angegebenen Wege bewiesen worden.

[1] Vgl. die Göttinger Dissertationen derselben Verfasserinnen.

Offsetdruck: Julius Beltz, Weinheim/Bergstr.

Printed in the United States
By Bookmasters